普通高等教育"十四五"规划教材
应用型本科食品科学与工程类专业系列教材

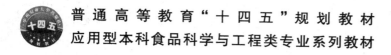

食品化学与应用

邹　建　徐宝成　主编
阚建全　李述刚　主审

中国农业大学出版社
·北京·

内 容 简 介

《食品化学与应用》共分为 16 章，包括食品化学导论、水、碳水化合物、脂类、蛋白质、酶、维生素、矿物质、色素、风味物质、食品添加剂、食品中的有害成分、生物活性物质、食品体系基础理论、食品体系组分相互作用及食品化学发展趋势和研究前沿动态。本书系统阐明了食品的化学组成、结构、性质及在食品加工中的作用，同时对近年食品化学中的热点问题做了系统介绍，力求反映最新的研究成果。为了便于读者更好地理解和把握本书的知识体系，每章前都有学习目的与要求、学习重点、学习难点，每章后都有思考题和参考文献。

本书可作为高等院校，尤其是应用型本科院校食品类专业、生物类专业和制药类专业等本科生的食品化学教材或研究生的参考教材，也可供食品科研和食品加工行业的科技人员阅读参考。

图书在版编目（CIP）数据

食品化学与应用/邹建，徐宝成主编. —北京：中国农业大学出版社，2021.1
ISBN 978-7-5655-2343-4

Ⅰ.①食… Ⅱ.①邹… ②徐… Ⅲ.①食品化学—高等学校—教材 Ⅳ.①TS201.2

中国版本图书馆 CIP 数据核字（2020）第 054780 号

书　名	食品化学与应用
作　者	邹　建　徐宝成　主编　阚建全　李述刚　主审

策划编辑	张　程　李卫峰		责任编辑	韩元凤
封面设计	郑　川			
出版发行	中国农业大学出版社			
社　址	北京市海淀区圆明园西路 2 号		邮政编码	100083
电　话	发行部 010-62733489，1190		读者服务部	010-62732336
	编辑部 010-62732617，2618		出　版　部	010-62733440
网　址	http://www.caupress.cn		E-mail	cbsszs@cau.edu.cn
经　销	新华书店			
印　刷	涿州市星河印刷有限公司			
版　次	2021 年 4 月第 1 版　2021 年 4 月第 1 次印刷			
规　格	889×1194　16 开本　25 印张　700 千字			
定　价	78.00 元			

图书如有质量问题本社发行部负责调换

应用型本科食品科学与工程类专业系列教材
编审指导委员会委员

（按姓氏拼音排序）

编 审 人 员

主　编　邹　建（河南牧业经济学院）

徐宝成（河南科技大学）

副主编　高雪丽（许昌学院）

程丽英（郑州工程技术学院）

王　钊（河南牧业经济学院）

江利华（河北工程大学）

参　编　李　丽（武昌工学院）

雷萌萌（河南农业大学）

苏　杰（内蒙古农业大学职业技术学院）

杨俊峰（内蒙古农业大学职业技术学院）

胡　燕（河南牧业经济学院）

沈　玥（河南农业大学）

陈琼玲（中国农业科学院农产品加工研究所）

龙娇妍（河南牧业经济学院）

刘　欣（沈阳工学院）

许美娟（河南牧业经济学院）

主　审　阚建全（西南大学）

李述刚（湖北工业大学）

出 版 说 明

随着世界人口增长、社会经济发展、生存环境改变，人类对食品供给、营养、健康、安全、美味、方便的关注不断加深。食品消费在现代社会早已成为经济发展、文明程度提高的主要标志。从全球看，食品工业已经超过了汽车、航空、信息等行业成为世界上的第一大产业。预计未来 20 年里，世界人口每年将增加超过 7300 万，对食品的需求量势必剧增。食品产业已经成为民生产业、健康产业、国民经济支柱产业，在可预期的未来更是朝阳产业。

在我国，食品消费是人生存权的最根本保障，食品工业的发展直接关系到人民生活、社会稳定和国家安全，在国民经济中的地位和作用日益突出。食品工业在发展我国经济、保障人们健康、提高人民生活水平方面发挥了越来越重要的作用。随着新时代我国工业化、城镇化建设和发展特别是全面建成小康社会带来的巨大的消费市场需求，食品产业的发展潜力巨大。

展望未来食品科学技术和相关产业的发展，有专家指出，食品营养健康的突破，将成为食品发展的新引擎；食品物性科学的进展，将成为食品制造的新源泉；食品危害物发现与控制的成果，将成为安全主动保障的新支撑；绿色制造技术的突破，将成为食品工业可持续发展的新驱动；食品加工智能化装备的革命，将成为食品工业升级的新动能；食品全链条技术的融合，将成为食品产业的新模式。

随着工农业的快速发展，环境污染的加剧，食品中各种化学性、生物性、物理性危害的风险不同程度地存在或增大，影响着人民群众的身体健康与生命安全以及国家的经济发展与社会稳定；同时，各种与食物有关的慢性疾病不断增长，对食品的营养、品质和安全提出了更高的要求。

鉴于以上食品科学与行业的发展状况，我国对食品科学与工程类的人才需求量必将不断增加，对食品类人才素质、知识、能力结构的要求必将不断提高，对食品类人才培养的层次与类型必将发生相应变化。

2015 年教育部 国家发展改革委 财政部发布《关于引导部分地方普通本科高校向应用型转变的指导意见》（教育部 国家发展改革委 财政部 2015 年 10 月 21 日 教发〔2015〕7 号。以下简称《转型指导意见》）。《转型指导意见》提出，培养应用型人才，确立应用型的类型定位和培养应用型技术技能型人才的职责使命，根据所服务区域、行业的发展需求，找准切入点、创新点、增长点。抓住新产业、新业态和新技术发展机遇，以服务新产业、新业态、新技术为突破口，形成一批服务产业转型升级和先进技术转移应用特色鲜明的应用技术大学、学院。建立紧密对接产业链、创新链的专业体系。按需重组人才培养结构和流程，围绕产业链、创新链调整专业设置，形成特色专业集群。通过改造传统专业、设立复合型新专业、建立课程超市等方式，大幅度提高复合型技术技能人才培养比重。创新应用型技术技能型人才培养模式，建立以提高实践能力为引领的人才培养流程和产教融合、协同育人的人才培养模式，实现专业链与产业链、课程内容与职业标准、教学过程与生产过程对接。

为了贯彻落实《转型指导意见》精神，更好地推动应用型高校建设进程，充分发挥教材在教育教学中的基础性作用，近年来中国农业大学出版社就全国高等教育食品科学类专业教材出版和使用情况深入相关院校和教学一线调查研究，先后 3 次召开教学研讨会，总计有 400 余人次近 200 名食品院校专家和老师参加。在深入学习《转型指导意见》《普通高等学校本科专业类教学质量国家标准》（以下简称《教学质量国家标准》）和《工程教育认证标准》（包括《通用标准》和食品科学与工程类专业《补充标准》）的基础上，出版社和相关院校形成高度共识，决定建设一套服务于全国应用型本科院校教学的食品科学与工程类专业

系列教材，并拟定了具体建设计划。

历时 4 年，"应用型本科食品科学与工程类专业系列教材"终于与大家见面了。本系列教材具有以下几个特点：

1. 充分体现《转型指导意见》精神。坚持应用型的准确类型定位和培养应用型技术技能型人才的职责使命。教材的编写坚持以"四个转变"为指导，即把办学思路真正转到服务地方经济社会发展上来，转到产教融合、校企合作上来，转到培养应用型技术技能型人才上来，转到增强学生就业创业能力上来。强化"一个认识"，即知识是基础、能力是根本、思维是关键。坚持"三个对接"，即专业链与产业链对接、课程内容与职业标准对接、教学过程与生产过程对接，实现教材内容由学科学术体系向生产实际需要的突破和从"重理论、轻实践"向以提高实践能力为主转变。教材出版创新，要做到"两个突破"，即编写队伍突破清一色院校教师的格局，教材形态突破清一色的文本形式。

2. 以《教学质量国家标准》为依据。2018 年 1 月《普通高等学校本科专业类教学质量国家标准》正式公布（以下简称《标准》）。此套教材编写团队认真对照《标准》，以教材内容和要求不少于和低于《标准》规定为基本要求，全面体现《标准》提出的"专业培养目标"和"知识体系"，教学学时数适当高于《标准》规定，并在教材中以"学习目的和要求""学习重点""学习难点"等专栏标注细化体现《标准》各项要求。

3. 充分体现《工程教育认证标准》有关精神和要求。整套教材编写融入以学生为中心的理念、教学反向设计的理念、教学质量持续改进的理念，体现以学生为中心，以培养目标和毕业要求为导向，以保证课程教学效果为目标，审核确定每一门课程在整个教学体系中的地位与作用，细化教材内容和教学要求。

4. 整套教材遵循专业教学与思政教学同向同行。坚持以立德树人贯穿教学全过程，结合食品专业特点和课程重点将思想政治教育功能有机融合，通过专业课程教学培养学生树立正确的人生观、世界观和价值观，达到合力培养社会主义事业建设者和接班人的目的。

5. 在新形态教材建设上努力做出探索。按课程内容教学需要，按有益于学生学习、有益于教师教学的要求，将纸质主教材、教学资源、教学形式、在线课程等统筹规划，制订新形态教材建设工作计划，有力推动信息技术与教育教学深度融合，实现从形式的改变转变为方法的变革，从技术辅助手段转变为交织交融，从简单结合物理变化转变为发生化学反应。

6. 系列教材编写体例坚持因课制宜的原则，不做统一要求。与生产实际关系比较密切的课程教材倡导以项目式、案例式为主，坚持问题导向、生产导向、流程导向；基础理论课程教材，提倡紧密联系生产实践并为后续应用型课程打基础。各类教材均在引导式、讨论式教学方面做出新的尝试。

希望"应用型本科食品科学与工程类专业系列教材"的推出对推进全国本科院校应用型转型工作起到积极作用。毕竟是"转型"实践的初次探索，此套系列教材一定会存在许多缺点和不足，恳请广大师生在教材使用过程中及时将有关意见和建议反馈给我们，以便及时修正，并在修订时进一步提高质量。

中国农业大学出版社

2020 年 2 月

前　　言

食品化学作为一门应用化学学科，近年来随着科学技术的不断发展，它的理论体系逐渐趋于完善，研究领域也随之更为广泛。揭示食品成分和生物化学变化及其对人体产生的效应，是当今食品化学、营养学、临床医学和预防医学共同关注的问题。近 10 年来，随着人民生活水平日益提高，食品工业向更健康的方向发展，客观上更加依赖新科技的进步，把食品工业科研重心转向新理论和新技术的创新方向，这将为食品化学快速发展创造更加有利的机会。

随着食品新的分析技术手段和加工技术的应用，以及食品生物化学理论和食品应用化学理论的进展，人们对食品组成成分的微观组成结构和成分反应机制有了更深入的了解。采用现代生物技术手段和现代化工业机械加工技术改变食品的成分、结构与营养性，从食品分子水平微观上分析功能食品中的主要功能因子，分析其成分所具有的特定生理活性及特有保健作用，将对今后食品化学的理论和应用创新产生进一步的促进作用。随着食品新资源的开发，运用新技术手段对功能性食品中特定功能因子的组成、含量、结构、生理活性、安全性评估、保健作用、提取、分离、纯化方法及应用进行探索研究，以及功能性食品的快速发展等，越来越需要对食品化学涉及的基本原理、基础知识进行更深的研究和推广。

大多数应用型院校的学生，通过食品化学知识体系的学习，结合食品加工过程中的实际应用，可以较好地理解食品加工过程中的化学变化机理，为食品新产品开发和新资源的研究提供理论和依据。

本书可作为高等院校，尤其是应用型本科院校食品类专业、生物类专业和制药类专业等本科生的食品化学教材或研究生的参考教材，也可供食品科研和食品加工行业的科技人员阅读参考。

本书共由 16 章构成，由河南牧业经济学院邹建和河南科技大学徐宝成任主编，由高雪丽、程丽英、王钊、江利华任副主编，第 1 章由王钊、许美娟和李丽编写，第 2 章由沈玥编写，第 3 章和第 4 章第 9～10 节由胡燕编写，第 4 章第 1～8 节由王钊编写，第 5 章由邹建编写，第 6 章和第 7 章由徐宝成编写，第 8 章由陈琼玲编写，第 9 章由刘欣编写，第 10 章由苏杰编写，第 11 章由高雪丽编写，第 12 章由程丽英编写，第 13 章由龙娇妍编写，第 14 章由雷萌萌编写，第 15 章由程丽英编写，第 16 章由杨俊峰和江利华编写。

本书由邹建对全书进行统筹和布局。全书编写得到了部分相关食品行业的专家、教授以及食品产业从业人士的大力支持与协助，尤其是有幸得到西南大学阚建全教授、湖北工业大学李述刚教授的审阅，他们对本书编写提出了许多宝贵的意见和建议，在此表示衷心的感谢。由于编者水平有限，书中可能存在纰漏和错误之处，敬请同行和读者提出宝贵意见。

《食品化学与应用》编写组

2020 年 10 月

目　　录

第1章　食品化学导论 ……………… 1
第1节　引言 ……………………… 2
一、食品化学的概念 …………… 2
二、食品化学的发展简史 ……… 3
第2节　食品化学的研究内容 …… 4
一、水 …………………………… 4
二、碳水化合物 ………………… 5
三、脂质 ………………………… 5
四、蛋白质 ……………………… 5
五、酶 …………………………… 5
六、维生素 ……………………… 5
七、矿物质 ……………………… 6
八、色素 ………………………… 6
九、风味物质 …………………… 6
十、食品添加剂 ………………… 6
十一、食品中的有害成分 ……… 6
十二、生物活性成分 …………… 7
第3节　食品化学的研究方法 …… 7
第4节　食品化学的前景与展望 … 8
思考题 …………………………… 9
参考文献 ………………………… 9
第2章　水 ………………………… 10
第1节　引言 ……………………… 11
第2节　水和冰的物理特性 ……… 11
第3节　水和冰的结构 …………… 12
一、水 …………………………… 12
二、冰的结构 …………………… 14
三、水的结构 …………………… 16
第4节　食品中水与非水组分之间的相互作用
………………………………… 17
一、概述 ………………………… 17
二、水与离子和离子基团的相互作用 …… 19
三、水与具有氢键键合能力的中性基团的相互
作用 ………………………… 20

四、水与非极性物质的相互作用 ……… 20
五、食品中水的存在形式 ……… 22
第5节　水分活度 ………………… 25
一、水分活度的概念 …………… 25
二、水分活度与温度的关系 …… 26
三、水分活度与水分含量的关系 ……… 28
第6节　水与食品的稳定性 ……… 30
一、水分活度与食品的稳定性 … 30
二、冷冻与食品的稳定性 ……… 34
第7节　分子流动性和食品的稳定性 …… 35
一、概述 ………………………… 35
二、状态图 ……………………… 37
三、分子流动性（Mm）与食品性质的相关性
………………………………… 39
四、分子流动性（Mm）与状态图的相关性 …
………………………………… 39
五、分子流动性（Mm）与干燥 … 41
六、食品货架期的预测 ………… 42
第8节　食品中与水相关的反应和性质 … 43
一、水与碳水化合物 …………… 43
二、水与氨基酸、肽和蛋白质 … 44
三、水与油脂水解 ……………… 44
四、水与维生素 ………………… 44
五、水与酶 ……………………… 44
六、水与着色剂 ………………… 44
本章小结 ………………………… 44
思考题 …………………………… 45
参考文献 ………………………… 45
第3章　碳水化合物 ……………… 46
第1节　引言 ……………………… 47
第2节　碳水化合物的结构 ……… 47
一、单糖 ………………………… 47
二、糖苷 ………………………… 50
三、低聚糖（寡糖） …………… 50

四、多糖 …………………………… 52
第3节　碳水化合物的经典反应 …… 53
　　一、氧化反应 ………………………… 53
　　二、还原反应 ………………………… 53
　　三、酯化与醚化 …………………… 54
　　四、水解反应 ………………………… 54
　　五、脱水与热裂解反应 …………… 55
第4节　碳水化合物在食品加工及贮藏中的变化
………………………………………… 55
　　一、美拉德反应 …………………… 56
　　二、焦糖化反应 …………………… 61
第5节　食品中重要的碳水化合物 … 62
　　一、食品中重要的单糖和低聚糖 … 62
　　二、食品中重要的多糖 …………… 65
第6节　碳水化合物在食品加工中的应用 … 73
　　一、碳水化合物与食品感官特性的关系 … 73
　　二、碳水化合物与食品营养的关系 … 73
本章小结 ……………………………… 74
思考题 ………………………………… 74
参考文献 ……………………………… 74

第4章　脂类 …………………………… 75
第1节　引言 …………………………… 76
第2节　脂肪酸 ………………………… 76
　　一、脂肪酸的化学结构 …………… 76
　　二、脂肪酸的命名 ………………… 76
　　三、脂肪酸的分类 ………………… 77
第3节　脂类 …………………………… 79
　　一、甘油三酯 ……………………… 80
　　二、其他甘油酯 …………………… 81
　　三、磷脂 …………………………… 81
　　四、糖脂 …………………………… 82
　　五、鞘脂 …………………………… 82
　　六、醚脂 …………………………… 83
　　七、甾醇 …………………………… 83
　　八、蜡 ……………………………… 84
　　九、烃类 …………………………… 85
　　十、其他类脂 ……………………… 85
第4节　油脂的物理性质 ……………… 85
　　一、熔点 …………………………… 85
　　二、密度 …………………………… 85

三、黏度 ……………………………… 86
四、折光率 …………………………… 86
五、油脂的晶型和同质多晶 ………… 86
六、油脂的塑性 …………………… 88
七、油脂的烟点、闪点和燃点 …… 90
八、溶解性 …………………………… 90
第5节　油脂的化学反应 …………… 91
　　一、甘油三酯的生成 ……………… 91
　　二、水解反应 ……………………… 91
　　三、酯交换反应 …………………… 92
　　四、氢化反应 ……………………… 92
　　五、氧化反应 ……………………… 94
　　六、油脂的高温反应 …………… 101
第6节　油脂的质量及评价指标 …… 102
　　一、皂化值（SV） ………………… 102
　　二、酸价（AV） ………………… 102
　　三、碘值（IV） …………………… 102
　　四、羟基值（OHV） ……………… 102
　　五、油脂氧化情况的检测 ……… 102
第7节　油脂的功能性质 …………… 103
　　一、质地 ………………………… 103
　　二、外观 ………………………… 103
　　三、风味 ………………………… 103
　　四、热量与营养 ………………… 103
　　五、重要的脂肪酸及其功能 …… 104
第8节　油脂在食品加工中的作用 … 104
　　一、起酥性 ……………………… 104
　　二、涂布性 ……………………… 105
　　三、油炸特性 …………………… 105
　　四、乳状液和乳化剂 …………… 105
第9节　油脂的精炼 ………………… 107
　　一、脱胶 ………………………… 107
　　二、脱酸 ………………………… 107
　　三、脱色 ………………………… 107
　　四、除臭 ………………………… 107
第10节　食品中重要的油脂种类 …… 108
　　一、陆生动物油脂 ……………… 108
　　二、乳脂 ………………………… 108
　　三、水产油脂 …………………… 108
　　四、植物油脂 …………………… 108

本章小结 ……………………………………… 109

思考题 ……………………………………… 110

参考文献 …………………………………… 110

第 5 章　蛋白质 …………………………… 111

第 1 节　引言 ……………………………… 112

第 2 节　氨基酸 …………………………… 113

　一、氨基酸的结构和分类 ………………… 113

　二、氨基酸的立体构型和光学性质 ……… 116

　三、氨基酸的两性和溶解性 ……………… 117

　四、氨基酸的化学性质 …………………… 118

第 3 节　蛋白质 …………………………… 119

　一、蛋白质的分类 ………………………… 120

　二、蛋白质的结构 ………………………… 121

第 4 节　蛋白质的功能性质 ……………… 125

　一、蛋白质的水合性质 …………………… 126

　二、蛋白质的界面性质 …………………… 128

　三、风味结合 ……………………………… 131

　四、蛋白质的流变性质 …………………… 132

第 5 节　蛋白质在食品加工过程中的主要变化
………………………………………… 134

　一、蛋白质的变性 ………………………… 134

　二、蛋白质的水解 ………………………… 137

　三、其他 …………………………………… 138

第 6 节　食品中重要的蛋白质资源 ……… 138

　一、肉类蛋白和血浆蛋白 ………………… 138

　二、乳蛋白和酪蛋白 ……………………… 139

　三、禽蛋蛋白 ……………………………… 140

　四、大豆蛋白 ……………………………… 140

　五、谷物蛋白 ……………………………… 141

　六、油料蛋白 ……………………………… 142

　七、昆虫蛋白 ……………………………… 143

　八、叶蛋白 ………………………………… 144

　九、单细胞蛋白 …………………………… 144

　十、浓缩鱼蛋白 …………………………… 145

第 7 节　蛋白质在食品加工中的作用 …… 145

　一、营养作用 ……………………………… 145

　二、感官品质 ……………………………… 147

本章小结 …………………………………… 147

思考题 ……………………………………… 147

参考文献 …………………………………… 147

第 6 章　酶 ………………………………… 149

第 1 节　引言 ……………………………… 150

第 2 节　酶学基础 ………………………… 150

　一、酶的化学本质 ………………………… 150

　二、酶的命名和分类 ……………………… 151

　三、酶的基本特征 ………………………… 153

第 3 节　酶催化反应动力学 ……………… 156

　一、酶催化反应的速度 …………………… 156

　二、影响酶催化反应速度的因素 ………… 156

第 4 节　食品内源酶及内源酶的调控 …… 162

　一、酶对食品色泽的影响 ………………… 162

　二、酶对食品质地的影响 ………………… 165

　三、酶对食品风味的影响 ………………… 168

　四、酶对食品营养特性的影响 …………… 169

第 5 节　酶制剂在食品加工中的应用 …… 171

　一、酶制剂在淀粉类食品加工中的应用
………………………………………… 171

　二、酶制剂在水果加工中的应用 ………… 172

　三、酶制剂在乳品加工中的应用 ………… 172

　四、酶制剂在肉、蛋及鱼类产品加工中的应用
………………………………………… 172

　五、酶制剂在酒类等酿造中的应用 ……… 172

　六、酶制剂在面包等焙烤食品加工中的应用
………………………………………… 173

第 6 节　酶的固定化及在食品加工中的应用
………………………………………… 173

　一、酶的固定化方法 ……………………… 173

　二、固定化酶在食品工业中的应用 ……… 174

本章小结 …………………………………… 174

思考题 ……………………………………… 175

参考文献 …………………………………… 175

第 7 章　维生素 …………………………… 176

第 1 节　引言 ……………………………… 177

第 2 节　水溶性维生素 …………………… 177

　一、维生素 C ……………………………… 177

　二、维生素 B_1 …………………………… 180

　三、维生素 B_2 …………………………… 182

　四、烟酸 …………………………………… 184

　五、维生素 B_6 …………………………… 185

　六、叶酸 …………………………………… 186

七、维生素 B$_{12}$ ·············· 189

八、泛酸 ······················· 190

九、生物素 ······················· 191

第 3 节　脂溶性维生素 ············· 192

一、维生素 A ·················· 192

二、维生素 D ·················· 195

三、维生素 E ·················· 196

四、维生素 K ·················· 198

第 4 节　维生素在食品加工和储藏中的变化 ···

·································· 199

一、食品原料自身的影响 ········ 199

二、加工前的预处理 ············ 200

三、食品在加工和储藏过程中维生素的变化

·································· 200

本章小结 ···························· 201

思考题 ······························ 202

参考文献 ···························· 202

第 8 章　矿物质 ···················· 203

第 1 节　引言 ······················ 204

一、食品中矿物质的存在形式与分类 ··· 204

二、食品中矿物质的作用 ········ 204

第 2 节　食品中矿物质的主要性质 ··· 205

一、溶解性 ······················ 205

二、酸碱性 ······················ 205

三、氧化还原性 ·················· 205

四、螯合效应 ···················· 205

五、微量元素的浓度 ············ 205

六、生物利用率 ·················· 205

七、食品中矿物质的安全性 ······ 206

第 3 节　食品中的主要矿物质 ······ 207

一、钙 ·························· 207

二、磷 ·························· 207

三、镁 ·························· 208

四、钾 ·························· 208

五、钠 ·························· 209

六、氯 ·························· 209

七、铁 ·························· 210

八、锌 ·························· 210

九、硒 ·························· 210

十、碘 ·························· 211

十一、铜 ······················· 211

十二、铬 ······················· 211

十三、氟 ······················· 212

十四、钼 ······················· 212

十五、钴 ······················· 212

第 4 节　食品中矿物质的含量及影响因素 ···

·································· 213

一、食品中矿物质的含量 ········ 213

二、食品中矿物质含量的影响因素 ··· 213

本章小结 ···························· 215

思考题 ······························ 215

参考文献 ···························· 215

第 9 章　色素 ······················ 216

第 1 节　引言 ······················ 217

一、食品色素的定义 ············ 217

二、食品色素的作用 ············ 217

三、食品色素的使用现状 ········ 218

第 2 节　食品中天然色素 ············ 218

一、血红素化合物 ·············· 219

二、叶绿素类 ···················· 222

三、类胡萝卜素化合物 ·········· 226

四、类黄酮与其他酚类物质 ······ 228

五、甜菜色素类 ·················· 231

第 3 节　人工色素 ·················· 232

一、苋菜红 ······················ 232

二、胭脂红 ······················ 233

三、柠檬黄 ······················ 233

四、日落黄 ······················ 233

五、靛蓝 ························ 233

六、亮蓝 ························ 234

七、赤藓红 ······················ 234

八、新红 ························ 234

第 4 节　色素的使用 ················ 234

一、食用着色剂的日允许摄入量 ······ 234

二、国际上食品添加剂的使用情况 ··· 235

三、着色剂的使用 ·············· 236

四、食品的具体着色法 ·········· 237

五、我国食用色素发展思路 ······ 237

本章小结 ···························· 238

思考题 ······························ 238

参考文献 ……………………………… 239
第 10 章 风味物质 ……………………… 240
第 1 节 引言 ………………………… 241
　一、食品风味的概念 ……………… 241
　二、食品风味的分类 ……………… 242
　三、风味物质的特点 ……………… 242
第 2 节 风味感觉 …………………… 243
　一、味觉 …………………………… 243
　二、嗅觉 …………………………… 246
第 3 节 呈味物质 …………………… 248
　一、甜味与甜味物质 ……………… 248
　二、苦味与苦味物质 ……………… 251
　三、酸味与酸味物质 ……………… 253
　四、咸味与咸味物质 ……………… 255
　五、鲜味与鲜味物质 ……………… 255
　六、辣味与辣味物质 ……………… 256
　七、涩味和涩味物质 ……………… 258
　八、清凉味 ………………………… 258
　九、金属味 ………………………… 258
第 4 节 食品的香气及香气成分 …… 258
　一、果蔬的香气及香气成分 ……… 258
　二、肉的香气及香气成分 ………… 259
　三、水产品的香气及香气成分 …… 259
　四、乳制品的香气及香气成分 …… 259
　五、焙烤食品的香气及香气成分 … 259
　六、发酵食品的香气及香气成分 … 260
第 5 节 食品中风味形成途径 ……… 260
　一、生物合成作用 ………………… 260
　二、酶的作用 ……………………… 262
　三、发酵作用 ……………………… 263
　四、食物调香 ……………………… 263
　五、高温分解作用 ………………… 263
第 6 节 食品加工与香气控制 ……… 266
　一、食品加工中香气的生成与损失 … 266
　二、食品香气的控制 ……………… 266
　三、食品香气的增强 ……………… 266
本章小结 ……………………………… 267
思考题 ………………………………… 268
参考文献 ……………………………… 268
第 11 章 食品添加剂 …………………… 269

第 1 节 引言 ………………………… 270
第 2 节 膨松剂 ……………………… 270
　一、生物膨松剂 …………………… 271
　二、化学膨松剂 …………………… 271
　三、膨松剂在面包制品中的应用举例 … 272
第 3 节 食品防腐剂 ………………… 272
　一、山梨酸及其盐类 ……………… 273
　二、对羟基苯甲酸酯类 …………… 273
第 4 节 食品抗氧化剂 ……………… 274
　一、抗氧化剂的种类 ……………… 274
　二、使用抗氧化剂的注意事项 …… 274
　三、食品抗氧化剂的应用 ………… 276
第 5 节 非营养型甜味剂 …………… 276
　一、糖精钠 ………………………… 276
　二、环己基氨基磺酸钠 …………… 277
　三、乙酰磺胺酸钾 ………………… 277
　四、天冬氨酰苯丙氨酸甲酯 ……… 278
　五、三氯蔗糖 ……………………… 278
第 6 节 酸度调节剂 ………………… 279
　一、酸味剂 ………………………… 279
　二、碱性剂 ………………………… 280
　三、缓冲剂 ………………………… 280
第 7 节 水分保持剂 ………………… 280
　一、磷酸三钠 ……………………… 281
　二、磷酸氢二钠和磷酸二氢钠 …… 281
　三、磷酸氢二钾和磷酸二氢钾 …… 282
　四、磷酸二氢钙 …………………… 282
第 8 节 稳定剂和凝固剂 …………… 282
　一、硫酸钙 ………………………… 282
　二、氯化钙 ………………………… 282
　三、氯化镁 ………………………… 283
　四、葡萄糖酸-δ-内酯 …………… 283
　五、乙二胺四乙酸二钠 …………… 283
　六、丙二醇 ………………………… 283
第 9 节 抗结剂 ……………………… 283
　一、亚铁氰化钾和亚铁氰化钠 …… 283
　二、微晶纤维素 …………………… 284
　三、二氧化硅 ……………………… 284
　四、硅铝酸钠 ……………………… 284
　五、磷酸三钙 ……………………… 284

本章小结 …………………………………… 284

思考题 ……………………………………… 285

参考文献 …………………………………… 285

第 12 章　食品中的有害成分 ……………… 286

第 1 节　引言 ……………………………… 287

第 2 节　微生物毒素 ……………………… 288

一、霉菌毒素 …………………………… 288

二、细菌毒素 …………………………… 291

三、蕈类毒素 …………………………… 292

第 3 节　植物性毒素 ……………………… 294

一、有毒蛋白质类 ……………………… 295

二、有毒氨基酸 ………………………… 295

三、生物碱类毒素 ……………………… 295

四、毒苷 ………………………………… 295

五、皂苷 ………………………………… 295

六、亚硝酸盐 …………………………… 296

第 4 节　动物性毒素 ……………………… 296

一、河豚鱼毒素 ………………………… 296

二、麻痹性贝类毒素 …………………… 296

三、组胺 ………………………………… 297

第 5 节　食品加工过程中产生的毒性成分 ……

…………………………………………… 297

一、亚硝酸盐及亚硝胺 ………………… 297

二、丙烯酰胺 …………………………… 297

三、3，4-苯并芘 ………………………… 299

四、氯代丙醇 …………………………… 299

五、杂环芳胺类 ………………………… 299

本章小结 …………………………………… 301

思考题 ……………………………………… 301

参考文献 …………………………………… 301

第 13 章　生物活性物质 …………………… 302

第 1 节　引言 ……………………………… 303

第 2 节　生物活性多糖 …………………… 303

一、生物活性多糖生理功能 …………… 303

二、生物活性多糖的种类、性质及应用 ……

…………………………………………… 304

第 3 节　功能性低聚糖 …………………… 305

一、功能性低聚糖生理功能 …………… 306

二、功能性低聚糖的种类、性质及应用 ……

…………………………………………… 307

第 4 节　生物活性多肽 …………………… 310

一、酪蛋白磷酸肽 ……………………… 310

二、谷胱甘肽 …………………………… 311

三、降血压肽 …………………………… 312

第 5 节　功能性油脂类 …………………… 313

一、多不饱和脂肪酸 …………………… 313

二、磷脂 ………………………………… 314

第 6 节　功能性植物化学物 ……………… 315

一、植物化学物的生理功能 …………… 315

二、植物化学物的种类、性质及应用 … 316

第 7 节　功能性微生物 …………………… 319

一、益生菌定义、分类 ………………… 319

二、益生菌的生理功能 ………………… 320

三、益生菌在食品中的应用 …………… 320

本章小结 …………………………………… 321

思考题 ……………………………………… 321

参考文献 …………………………………… 321

第 14 章　食品体系基础理论 ……………… 322

第 1 节　引言 ……………………………… 323

一、食品分散体系 ……………………… 323

二、食品分散体系的特征 ……………… 323

三、食品分散体系对反应速率的影响 … 324

第 2 节　分散系的表面现象 ……………… 324

一、界面张力 …………………………… 325

二、接触角 ……………………………… 325

三、弯曲界面和拉普拉斯压力 ………… 326

四、奥斯特瓦尔德熟化 ………………… 326

五、界面的流变性 ……………………… 327

六、表面张力梯度 ……………………… 327

七、表面活性剂的功能 ………………… 327

第 3 节　胶体间的相互作用及影响因素 … 328

一、分散粒子间的范德华引力 ………… 328

二、双电层 ……………………………… 329

三、DLVO 理论 ………………………… 329

四、空间排斥效应 ……………………… 330

五、排空相互作用 ……………………… 330

六、聚集和聚结 ………………………… 330

七、其他作用 …………………………… 331

第 4 节　液体分散体系 …………………… 331

一、概述 ………………………………… 331

二、沉降作用 ┈┈┈┈┈┈┈┈┈┈ 331

第 5 节　软固体 ┈┈┈┈┈┈┈┈┈ 333
　一、凝胶 ┈┈┈┈┈┈┈┈┈┈┈┈ 333
　二、功能性质 ┈┈┈┈┈┈┈┈┈┈ 334
　三、一些食品凝胶 ┈┈┈┈┈┈┈┈ 335
　四、食物的口感 ┈┈┈┈┈┈┈┈┈ 336

第 6 节　乳状液 ┈┈┈┈┈┈┈┈┈ 336
　一、概述 ┈┈┈┈┈┈┈┈┈┈┈┈ 336
　二、乳状液的形成 ┈┈┈┈┈┈┈┈ 337
　三、不稳定的类型 ┈┈┈┈┈┈┈┈ 338
　四、凝聚 ┈┈┈┈┈┈┈┈┈┈┈┈ 339
　五、部分凝聚 ┈┈┈┈┈┈┈┈┈┈ 339

第 7 节　泡沫 ┈┈┈┈┈┈┈┈┈┈ 340
　一、形成 ┈┈┈┈┈┈┈┈┈┈┈┈ 340
　二、泡沫的结构 ┈┈┈┈┈┈┈┈┈ 341
　三、影响泡沫稳定性的因素 ┈┈┈┈ 341

本章小结 ┈┈┈┈┈┈┈┈┈┈┈┈ 343
思考题 ┈┈┈┈┈┈┈┈┈┈┈┈┈ 343
参考文献 ┈┈┈┈┈┈┈┈┈┈┈┈ 343

第 15 章　食品体系组分相互作用 ┈┈┈ 344
第 1 节　引言 ┈┈┈┈┈┈┈┈┈┈ 345
　一、美拉德反应 ┈┈┈┈┈┈┈┈┈ 346
　二、碱性条件由热引起的反应 ┈┈┈ 346

第 2 节　蛋白质与其他组分的相互作用 ┈┈ 349
　一、蛋白质与多糖以及蛋白质与蛋白质间
　　　的相互作用 ┈┈┈┈┈┈┈┈┈ 349
　二、蛋白质与脂质的相互作用 ┈┈┈ 352
　三、蛋白质与植物多酚的相互作用 ┈┈ 353
　四、蛋白质与淀粉、脂质三组分的相互作用
　　　┈┈┈┈┈┈┈┈┈┈┈┈┈┈ 355
　五、蛋白质与小分子表面活性剂的相互作用
　　　┈┈┈┈┈┈┈┈┈┈┈┈┈┈ 356

第 3 节　多糖与其他组分的相互作用 ┈┈┈ 359
　一、多糖与脂质的相互作用 ┈┈┈┈ 359
　二、多糖与多糖的相互作用 ┈┈┈┈ 360
　三、多糖与多酚的相互作用 ┈┈┈┈ 363
　四、多糖、蛋白质和多酚的相互作用 ┈┈ 363

第 4 节　影响食品色泽的相互作用 ┈┈┈┈ 364
　一、肌红蛋白（血红蛋白）的变化 ┈┈ 364
　二、类胡萝卜素的相互作用 ┈┈┈┈ 364
　三、花青素的相互作用 ┈┈┈┈┈┈ 365
　四、非酶促褐变及黑斑生成 ┈┈┈┈ 365
　五、金属离子导致的变色 ┈┈┈┈┈ 365

第 5 节　影响食品风味的相互作用 ┈┈┈┈ 365
　一、风味化合物与食品主要组分的相互作用
　　　┈┈┈┈┈┈┈┈┈┈┈┈┈┈ 365
　二、水解反应 ┈┈┈┈┈┈┈┈┈┈ 366
　三、氧化反应 ┈┈┈┈┈┈┈┈┈┈ 366

第 6 节　影响食品质构和流变性的相互作用 ┈
　　　┈┈┈┈┈┈┈┈┈┈┈┈┈┈ 366
　一、蛋白质的冷冻变性 ┈┈┈┈┈┈ 366
　二、凝胶内的交联作用 ┈┈┈┈┈┈ 367
　三、生物可降解膜的形成 ┈┈┈┈┈ 367
　四、面团及面包烘焙中的交互作用 ┈┈ 367

本章小结 ┈┈┈┈┈┈┈┈┈┈┈┈ 369
思考题 ┈┈┈┈┈┈┈┈┈┈┈┈┈ 369
参考文献 ┈┈┈┈┈┈┈┈┈┈┈┈ 369

第 16 章　食品化学发展趋势和研究前沿动态 ┈
　　　┈┈┈┈┈┈┈┈┈┈┈┈┈┈ 371
第 1 节　食品化学的发展趋势 ┈┈┈┈┈ 372
第 2 节　食品中主要成分研究的前沿动态 ┈┈
　　　┈┈┈┈┈┈┈┈┈┈┈┈┈┈ 372
　一、食品中 7 种主要营养素研究发展方向 ┈
　　　┈┈┈┈┈┈┈┈┈┈┈┈┈┈ 372
　二、蛋白质研究的前沿动态 ┈┈┈┈ 373
　三、脂质研究的前沿动态 ┈┈┈┈┈ 375
　四、糖类研究的前沿动态 ┈┈┈┈┈ 376
　五、维生素研究的前沿动态 ┈┈┈┈ 377
　六、水分研究的前沿动态 ┈┈┈┈┈ 378
　七、矿物质研究的前沿动态 ┈┈┈┈ 379
　八、膳食纤维研究的前沿动态 ┈┈┈ 380

本章小结 ┈┈┈┈┈┈┈┈┈┈┈┈ 381
思考题 ┈┈┈┈┈┈┈┈┈┈┈┈┈ 381
参考文献 ┈┈┈┈┈┈┈┈┈┈┈┈ 381

HAPTER
1

第1章
食品化学导论

学习目的与要求：

熟悉食品化学发展的历史和重要成果，了解食品的化学组成、分类以及食品化学在食品工业中的地位和作用，掌握食品化学的定义、内涵、研究方法和研究内容。

学习重点：

食品的化学组成，在食品工业中的作用，食品化学的定义、特点、研究方法和研究内容。

学习难点：

食品的化学组成和研究内容。

■ **研究型院校**：熟悉食品化学发展的历史和重要成果，了解食品的化学组成、分类以及食品化学在食品工业中的地位和作用，掌握食品化学的定义、内涵、研究方法和研究内容。

■ **应用型院校**：熟悉食品化学发展的历史，了解食品的化学组成、分类以及食品化学在食品工业中的地位和作用，掌握食品化学的定义、研究内容。

■ **农业类院校**：熟悉食品化学发展的历史，了解食品的化学组成、食品化学在食品工业中的作用，掌握食品化学的定义、研究方法和研究内容。

■ **工科类院校**：熟悉食品化学发展的历史，了解食品的化学组成及食品化学在食品工业中的作用，掌握食品化学的定义、研究方法和研究内容。

食物是自然界中普遍存在的可食用物质，以其天然或加工（如烹调）形式为人类提供生存的营养和物质的享受。自然界中的食物通常来自现存的常规动植物，也有少部分源于藻类或微生物，但所含主要成分种类是较为相似的，人们将其称为营养素（nutrients），一般包含蛋白质（proteins）、脂质（lipids）、碳水化合物（carbohydrates）、维生素（vitamins）、矿物质（minerals）和水（water）。食物中的营养素可以为生物提供能量、构建机体、维护和修复组织器官、提供保持正常生理活动的各种化学物质。因此，食物对于动物（如人类）生存的重要性是不言而喻的。

时至今日，人类可以获取的食物种类已经极为丰富，包括肉类、鱼类、乳类、水果、蔬菜、谷物等众多动植物食物资源，其中的化学成分种类繁多，在加工和烹制的过程中更是发生了许多极其复杂的生化（酶促）反应和化学（非酶）反应。为更好地对食物的各种性质和反应进行研究，并指导其生产实践，食品科学研究应运而生，并进一步产生了众多分支学科。食品科学主要研究食品的物理、化学、生物特性以及营养和社会属性（如稳定性、成本、质量、加工、安全性、营养价值、健康性和便利性等）。食品科学是生物科学的一个重要领域，是一门主要涉及微生物学、化学、生物学和工程学

的跨学科领域的综合学科，其最重要的分支学科之一就是食品化学。

第1节　引言

一、食品化学的概念

作为食品科学的一个重要分支领域，食品化学主要研究食品的组成和性质（表1-1），以及食品在其不同加工阶段和储存期间的组成和化学、物理、功能性质的变化。由于这些变化最终会影响食品的质量属性、感官特性以及安全性能，因此食品化学在提高食品品质和食品安全方面有着突出的贡献。

表1-1　食品中常见的化学组成

天然成分		非天然成分	
无机成分	有机成分	食品添加剂	污染物
水	蛋白质	天然来源	加工中不可避免的污染物
矿物质	脂质	人工合成	环境污染物
	碳水化合物		
	维生素		
	色素		
	风味物质		
	激素		
	有毒物质		

食品化学是在现代化学和生物化学的基础上发展起来的一门学科，并与生理化学、植物学、动物学和分子生物学密切相关。然而，食品化学的研究领域在与生物化学较为相似的同时也存着巨大的差异：生物化学主要的研究内容包括繁殖、生长和生物物质在与生命相容或勉强相容的环境条件下所经历的变化；与之相反，食品化学主要关注死亡或死亡的生物物质（植物的采后生理学和肌肉的死后生理学），以及它们在各种环境条件下所经历的变化。

在实际的食品生产中，食品的品质和安全不仅受原料和产品的物质组成影响，同时还与受各种物理和化学因素影响下发生的良好或不利化学反应有关。通过对食品的化学成分、微量营养素、污染物、添加剂以及影响食品品质和安全的各种反应机理的研究，食品化学可以深入了解食品制备、加工

和储存过程中发生的各种反应的原理和机理。通过对食品中所发生化学反应的研究和了解，可以更好地指导促进健康的良好化合物的产生，同时最大限度地减少食品处理和制备过程中有害物质的形成。例如酶促和非酶褐变（美拉德反应）、脂质氧化、淀粉水解、反式脂肪酸的形成、蛋白质的交联和变性、凝胶的形成、淀粉回生、肉结构的增韧软化、维生素降解、风味的开发和异味的消除、烹饪过程中致癌化合物的形成，各种化学试剂从包装材料迁移到食品的过程及其相互作用，以及在处理、加工和储存过程中为减少食品变质而采取的措施等。

由于食品的种类丰富、成分多样，且在生产过程中受多重外界环境条件（如温度、氧气、水分、酸度）的影响，其所发生的化学反应具有高度复杂的特点。因此，为深入了解食品中的化学反应，人们常将食品中的物质分解为不同的模型体系，从食品成分的检测、分离和结构表征开始，跟踪单一成分或简单混合物的化学反应，随后对某一种反应占主导地位的食品进行研究。从本质上讲，这样的研究从给定的化合物开始，因此并不局限于某种或某类特定的食品。通过对食品中发生的化学反应的观察和研究，有助于解决具体的技术问题和工艺优化。

为了便于对食品中化学反应的观测和对食品品质的全面评价，食品化学领域对分析方法和技术的发展与应用有着客观的、迫切的需求，特别是在食品可能受到对人类健康具有潜在危害和风险的物质污染时。因此，食品化学与环境问题也有着密切的联系。

综上所述，食品化学研究的意义在于建立客观的评价标准，通过这些标准，可以评估食品的营养价值、享乐价值、是否含有毒化合物和便利性，从而促进高质量食品的生产。食品化学不同于其他化学分支学科之处在于其既涉及特定种类的化合物，也涉及特定的方法，是一门在化学理论和应用领域都有着广泛涉猎的学科。当前，食品化学的重要研究领域主要集中在与食品品质和食品安全领域密切相关的食品成分和添加剂的化学性质和反应方面，未来，食品化学的发展将扩展到功能性食品和营养品等领域。

二、食品化学的发展简史

食品化学的真正起源已不可考，其历史细节也并未有过严格的研究和记录。事实上，人们常常认为食品化学源自远古时代人类对食物的原始烹饪和对食物可食用性的简单辨别。此后，随着农业的发展，人类开始获得更多更好的食物，并尝试不同的处理和烹制方法，因此，食品化学的历史与农业化学的历史高度地重叠了起来。

虽然食品化学的起源很难追溯，但它与现代化学各个分支的发展以及生物化学的发展密切相关。通常，人们认为 18 世纪末有机化学家们对食物化学性质的探索是近代食品化学的开端。有机化学家们对食品包含的化学成分产生了大量的兴趣，并对碳水化合物、蛋白质、脂质等主要营养物质的化学结构和理化性质进行了表征。在 1780—1850 年间许多著名的化学家有了重要的、直接或间接地与食品有关的发现，其中就包含了现代食品化学的起源。例如卡尔·威廉·谢勒（Carl Wilhelm Scheele，1742—1786），瑞典药剂师，是有史以来最伟大的化学家之一。除了在氯、甘油和氧方面的著名发现外，他还分离和研究了乳糖（1780 年）的性质，通过乳酸氧化制备了黏液酸（1780 年），设计了一种通过加热保存醋的方法（1782 年，早于阿佩尔的"发现"），从柠檬汁（1784 年）和醋栗（1785 年）中分离出柠檬酸，从苹果（1785 年）中分离出苹果酸，并测试了 20 种常见水果中是否存在柠檬酸、苹果酸和酒石酸（1785 年）。他从植物和动物物质中分离出各种新的化合物，被认为是农业和食品化学精确分析研究的开始。

法国化学家安托万·劳伦特·拉瓦锡（Antoine Laurent Lavoisier，1743—1794）在《金融时报》上否定了流传已久的"燃素理论"，其对化学研究的阐述构成了现代化学原理的重要基石。在食品化学方面，他确立了有机物燃烧分析法的基本原理，并首先证明了发酵过程可以用一个平衡方程来表示；他对酒精的元素组成进行了尝试测定（1784 年）；他关于多种水果中有机酸的研究论文是该类研究中最早的论文之一（1786 年）。

英国化学家汉弗莱·戴维（Sir Humphrey Davy，1778—1829）在 1813 年出版了第一本《农业化学原理》，并在其中论述了食品化学的一些相关内容。法国化学家米歇尔·尤金·谢弗勒尔（Michel Eugene Chevreul，1786—1889）在动物脂肪成分上的经典研究导致了硬脂酸和油酸的发现与命名。德国的汉尼伯格（W. Hanneberg）和斯托曼（F. Stohmann）于 1860 年发明了一种用来常规测定食品中主要成分的方法，即先将某一样品分为几部分，以测定其中的水分、粗脂肪、灰分和氮的含量，将含氮量乘以 6.25 即得蛋白质含量，然后相继用稀酸和稀碱消化样品，得到的残渣被称为粗纤维，除去蛋白质、脂肪、灰分和粗纤维后的剩余部分称为"无氮提取物"。1871 年，让·巴普蒂斯特·杜曼（Jean Baptiste Duman，1800—1884）提出只有蛋白质、碳水化合物和脂肪组成的饮食是不足以维持生命的。朱斯图斯·冯·利比希（Justus von Liebig，1803—1873）在 1837 年的许多显著成就中表明，在醋发酵过程中，乙醛是乙醇和乙酸之间的中间产物，并于 1847 年出版了《食品化学研究》一书。该书显然是第一本关于食品化学的书，其中包括了他对肌肉水溶性成分（肌酸、肌酐、肌氨酸、肌苷酸、乳酸等）的研究。

在此期间还有许多化学家在食品化学的研究领域卓有成效，虽然在今天看来，这些化学家的研究成果过于简单，然而从历史的角度出发，正是他们在当时极端落后的条件下对食品中化学成分的探索，开启了食品化学这一学科的正规化、科学化、学术化研究之路，为食品化学的建立和发展奠定了坚实的基础。

随着时代和科技的发展，当前已知的多种维生素在 20 世纪初被陆续发现，而对宏观和微观营养素的生物合成及其代谢的研究也将 20 世纪的食品化学和食品生物化学联系在一起。此外，为了揭露食品供应商掺杂制假的行为，在对食品成分进行研究的同时，针对食品的化学分析方法也在不断发展进步。由于 20 世纪 60 年代现代分析仪器的发展，食品分析已经从传统的化学分析法转向使用光谱和分光光度法的精密仪器分析。物理科学在质地和图像分析领域的发展使得人们可以通过可量化程度更高的方式对食物的感官性状进行描述，而且食物的物理特性可以展示得更加明确。在此基础上，食品工业的不同行业纷纷创建自身的专业化学科目，如粮油化学、果蔬化学、乳品化学、糖业化学、肉禽蛋化学、水产化学、添加剂化学和风味化学等，为系统的食品化学学科的建立奠定了坚实的基础。同时，在 20 世纪 30—50 年代，具有世界影响的 *Journal of Food Science*、*Journal of Agricultaral and Food Chemistry* 和 *Food Chemistry* 等杂志的相继创立，标志着食品化学作为一门学科的正式建立。

第 2 节　食品化学的研究内容

食品化学是一门动态、发展的学科，涉及了食品加工和储存过程中所发生的诸多生化反应和化学反应，以及各成分间的相互作用和物理变化。通过对这些物理或化学变化的了解和掌握，既是对食品质量妥善监管的前提，也可以有效地对食品生产过程进行优化，以便获得具有高营养及感官和卫生毒理学价值的优质食品，以满足消费者的需求。由于食品中的主要成分为各类营养素和部分其他有机或无机成分，因此对食品中生化和化学反应的了解应始于对各类营养素的了解，而食品化学这一学科的主要研究内容也正是食品中的各类营养素和其他生化成分的理化性质、结构特征和它们发生的各种生化和化学反应。

一、水

水是生命之源。水分子通过两个牢固的 O—H 极性共价键，将两个氢原子和一个氧原子结合在一起。由于极性键的原因，导致氧原子和氢原子表面不再保持中性，其中氢原子带有少量正电荷、氧原子带有少量负电荷，并由此形成分子间氢键。由于氢键的存在，使得水可以和其他水分子、蛋白质、果胶、糖和淀粉结合，因此水是食品中重要的溶剂或分散介质，可形成溶液或凝胶（详见第 2 章）。适当数量、位置和方向的水对食品的结构、外观和味道有着深刻影响，并影响着食品的腐败能力。水的活性（溶液中水的蒸汽压与纯水的蒸汽压之比）对食品中的许多化学反应（如水解反应、非酶褐变、脂质氧化、显色反应）的速率和微生物的生长速率有着深远的影响。

二、碳水化合物

碳水化合物是人类饮食中最丰富的营养成分和最重要的能量来源。碳水化合物从化学结构来看为多羟基醛或酮及其衍生物。碳水化合物分子有各种形状和大小，从单糖分子到含有数千个单糖单位的复杂聚合物。碳水化合物是食品的重要成分，不仅因为它们的营养价值，而且因为它们的功能特性。碳水化合物，尤其是多糖，可以用作甜味剂、增稠剂、稳定剂、胶凝剂和脂肪替代品。还原糖具有一个自由羰基，与蛋白质的自由氨基酸基发生反应，形成各种有利和有色化合物（例如黑色素，一种棕色色素）。羰基与氨基酸的相互作用被称为美拉德反应，在食品的生产和随后的储存期间，美拉德反应会使食品（如面包制品、超高温牛奶和奶粉）呈现棕色。美拉德反应也可能导致各种有毒化合物的形成和可用赖氨酸的损失。另一方面，在极高的温度下，糖可以单独分解产生棕色化合物，这种反应通常被称为焦糖化，这是一种非氨基酸的褐变类型。此外，乳糖通过生产各种有机酸（如甲酸、乳酸、丙酮酸、乙酰丙酸和乙酸）进行热降解，这些有机酸在热处理过程中会降低牛奶的 pH，从而导致牛奶和乳制品的热凝。

三、脂质

食品中的脂质大部分是脂肪酸和甘油形成的酯类物质，通常被称为甘油三酯或三酰甘油酯，在水中溶解性较差，但在醚、氯仿、丙酮和苯等有机溶剂中溶解性较好。脂质是提供（9 kcal/g）能量的能源和储备的主要膳食成分，动植物原料中高达 99% 的脂类是由脂肪和油组成的甘油三酯。在室温下，脂肪是固体，而油是液体。甘油三酯中的脂肪酸可以是饱和的或不饱和的，这取决于碳氢链中碳-碳双键的数量。脂肪的熔点通常不明显，但由于低、中、高熔点甘油三酯的变化而在一定范围内，脂肪在冷却时能形成不同的晶体。控制油脂结晶可以改善食品的功能特性。食品中的脂类会受到许多化学反应的影响，这些化学反应会影响它们的质量和应用。

四、蛋白质

蛋白质在生物系统中起着核心作用，身体肌肉和众多器官都是由蛋白质构成的，而某些特定的蛋白质起着酶的作用，还有一些蛋白质起代谢调节的作用。蛋白质提供的能量为 4 kcal/g。蛋白质是由不同氨基酸通过肽键连接在一起的聚合物。由于与不同氨基酸相连后蛋白质具有各种侧链，因此显示出不同的化学性质。蛋白质有四级结构类型，即一级结构、二级结构、三级结构和四级结构，并通过肽键、氢键、二硫键、疏水性相互作用、离子相互作用和范德华相互作用来稳定其结构。食品蛋白质可定义为易于消化、无毒、营养充足、功能性可用于食品中并可大量获得的蛋白质。蛋白质在食物中有许多有用的功能特性，如水合作用、乳化作用、凝胶作用和发泡作用。因此，它们可以用作增稠剂、黏合剂、凝胶剂、乳化剂或发泡剂。蛋白质通常对食物的质地、风味、颜色和外观等感官属性有很大的影响。此外，蛋白质还容易受到许多化学反应的影响，这些化学反应会影响其营养和功能特性。

五、酶

酶是具有催化性质的蛋白质。虽然酶在许多食品中仅为微量成分，但在食品中发挥着重要作用。天然存在于食品中的酶能促使食品的某些成分发生人们期望的变化，同时也会导致某些不良变化的产生。鉴于酶引起的变化很多都是不良的，因此必须使相应的酶失活。由于酶是蛋白质中的一大类，各种化学试剂和物理因素，如热、强酸和强碱、有机溶剂可以使它们变性并破坏其活性。食品中的酶涉及众多化学反应，如氧化、脂解和褐变。脂肪酶和脂肪氧合酶可以导致短链脂肪酸和其他高脂肪食品酸败异味的形成。多酚氧化酶是水果和蔬菜在接触氧气后发生褐变的重要原因。另一方面，食品酶也可以引发许多有益于食品品质提升的化学反应。

六、维生素

维生素在食品中的含量很少，但在人体营养与健康中起着重要作用。一些维生素作为辅酶的一部分发挥作用，而另一些维生素则作为维生素原存在于食物中。它们分为两类：水溶性维生素和脂溶性维生素。维生素来源于动植物产品。化学上，许多维生素在热处理和储存过程中是不稳定的。如维生素 A 和类胡萝卜素在缺乏氧气的情况下对热相对

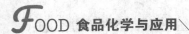

稳定，但由于不饱和，在光照下很容易氧化，维生素 D 也容易被光降解。维生素 E 可以作为抗氧化剂，提高高度不饱和植物油的稳定性。维生素 K 对热处理相当稳定，但据报道某些脂肪替代品会损害维生素 K 的吸收。维生素 C（抗坏血酸）在自然界中广泛分布，主要存在于植物产品中。维生素 C 由于其还原性和抗氧化性，通常用作食品配料/添加剂，还可以防止酶促褐变，抑制腌制肉类中亚硝胺的形成，并有助于减少金属离子。然而，维生素 C 是所有维生素中最不稳定的，在热处理和储存过程中很容易被破坏。与脂溶性维生素相比，水溶性维生素在加工处理过程中很容易滤出。

七、矿物质

矿物质通常是指食物中除 C、H、O 和 N 以外的其他元素。矿物质可作为无机盐或有机盐存在，或可与有机材料结合。主要矿物质包括钙、磷、镁、钠、钾和氯化物。微量元素包括铁、碘、锌、硒、铬、铜、氟、铅和锡。矿物质在生物和食物中都起着重要作用。矿物质在化学上对热、光、氧化剂和极端的酸碱度是惰性的。然而，矿物质可以通过浸出或物理分离从食物中去除，造成食品中矿物质的损失。矿物质有与其他食物成分相互作用的趋势，这些成分会影响食物的物理和化学性质。

八、色素

天然产物中有相当一部分为有色化合物，该类物质结构多样，理化性质极其复杂。有色化合物的颜色主要受其发色团影响，其呈色机理往往需要参考它们的分子轨道结构来解释。通常，食物中的色素根据其结构可分为两大类：一类具有较大共轭结构的发色团，如类胡萝卜素、花青素、甜菜碱、焦糖色素等化合物；另一类往往为卟啉环结构，通过与不同的金属离子配位显示不同的颜色，包括肌红蛋白、叶绿素及其衍生物等。通过对食用色素基本理化性质的了解和研究，首先，可以为开发和制备相应的着色剂提供理论支持；其次，可以为食物天然色泽的保持或消除食品中不理想的颜色变化提供实践基础。

九、风味物质

风味是食物产生的美好或不良的感觉，可分为味道和气味，分别由味觉和嗅觉感知。在某些情况下，风味还意味着产生感觉的原料特性之和。风味在食品加工中的主要作用是使食品可口，以便更受人们喜爱。许多食品在加工后会发生极大的风味变化，而这种变化并不总是有利的，因此额外添加风味物质成为人们改善食品风味的重要方式。与此同时，风味的改善也增加了饮食的多样性以及食品的功能和经济价值。风味物质通常由天然香料以及通过模仿天然香料的主要成分而获得的合成香料化合物产生。风味物质的应用往往取决于对感官活性化合物的鉴定，在食品中产生许多独特风味的生化反应和化学反应极其复杂，难以详知。风味化合物的构效关系是食品应用的一个重要领域。

十、食品添加剂

当前，大量化学物质被用于食品工业，其中包括天然产物和合成物质，这些化学品被统称为食品添加剂，即为达到特定的物理或技术效果而添加到食品中的物质。食品添加剂的种类繁多，功能复杂，既可用于食品的保存和加工，也可用于改善食品的外观、风味、营养价值和质地等质量因素，或作为食品生产中的加工助剂（如食用酸、缓冲剂、隔离剂）。根据其在食品中的特殊功能，食品添加剂包括防结块/自由流动剂（硅酸钙）、抗菌剂（苯甲酸）、抗氧化剂（维生素 E）、乳化剂（卵磷脂）、稳定剂（羧甲基纤维素）、保湿剂（单硬脂酸甘油酯）、漂白剂/熟化剂（过氧化苯甲酰）、膨松剂（山梨醇）、紧实剂（氯化钙）、调味剂（醛类）/增味剂（谷氨酸钠）、着色剂（花青素）、固化剂（硝酸钠）、面团调理剂/改良剂（氯化铵）、发酵剂（碳酸氢铵）、脂肪替代品（蔗糖聚酯）、甜味剂（高果糖玉米糖浆）、低热量甜味剂（阿斯巴甜）等。

十一、食品中的有害成分

食品中的有害成分，是指食品中的有毒物质、微生物或者寄生虫等影响食品感官、营养以及损害人体健康的成分，含有有害成分的食物就被称为污染食品。食品污染是一个严重的问题，不但影响食品的品质，还会导致食源性疾病，造成经济损失、危害社会安宁。因此，了解食品中的有害成分是构建良好营养体系的重要组成部分。在某些条件下，食物中可能会产生各种物质，或从外部环境渗透到食物中，从而对人体健康产生不利影响。在农业生产（农用化学品）、食品加工以及储存、运输和销售过程中，或由于环境污染意外进入食品中的危害物质可称为食品中的有害成分（或食品污染物），此外食品污染物还包括一些有毒的微生物次生代谢物。

十二、生物活性成分

食物中的生物活性成分主要指对人体有各种生物作用的膳食物质，通常被分为营养物质和有毒物质。食物中的营养物质是食物中对人体具有增益作用的生物活性成分，其功能超出了一般营养素的范畴，可以起到促进健康和预防疾病的效果。相比之下，有毒物质是食物天然具有或因加工产生的对人体健康不利的生物活性成分。同一种食物中通常同时具有营养物质和有毒物质，但是其种类和丰度各不相同。一般来说，大多数水果和蔬菜中的营养物质的含量要高于有毒物质，因此具有潜在的健康增益效用。由于营养物质和有毒物质往往同时存在，因此人们在饮食过程中会同时摄入两者，它们在人体内可能发生复杂的相互作用，并对整体健康结果产生影响（包括有益与不利，降低与增加疾病风险）。生物活性食品成分由于其巨大的公众利益而日益受到重视，是目前食品和营养领域研究最为深入的领域之一。

第3节　食品化学的研究方法

虽然对于食品中各种营养成分的研究是食品化学课程中非常重要的内容，但更重要的是如何将这些研究内容和实际的食品加工生产结合，从而确定不同类别化学成分之间的因果关系和结构-功能作用关系，进而将从一种食品或模型系统的研究中得出的事实应用于对其他食品的理解。

在研究中，食品化学除了关注各种营养成分外，还应对食品进行整体科学的分析，首先，应确定安全、优质食品的重要特性；其次，确定对食品品质产生不良影响或破坏其完整性的化学和生物化学反应；再次，通过对前面两点的理解和整合，抓住影响食品的质量和安全的关键化学和生物化学反应，并思考其作用机制；最后，理论联系实际，应对食品配方、加工和储存过程中遇到的各种问题。

表1-2为食品的质量属性及其在加工和储存过程中可能发生的一些变化。

表 1-2　食品在加工或存储过程中可能发生的变化的分类

属性	特性改变
质地	失去溶解性、失去分散性、失去持水力、质地变坚韧、质地软化
风味	产生酸败味、产生臭味、产生焦糖味和芳香味、产生其他异味
颜色	褐变（暗色）、漂白（褪色）、出现异常颜色、出现诱人色彩
营养价值	蛋白质、脂类、维生素和矿物质的降解或损失及生物利用性改变，其他具有生理功能的物质的损失或降解
安全性	产生毒物、纯化毒物、产生具有调节生理机能作用的物质

许多化学和生物化学反应可以改变食品的质量或安全。表1-3列出了这些反应中一些比较重要的类别。根据特定食品和处理、加工或储存的特殊条件，每个反应类别可能涉及不同的反应物或基质。

表 1-3　改变食品品质或安全性的一些化学反应和生物化学反应种类

反应种类	实例
非酶褐变	焙烤类食品色、香、味的形成
酶促褐变	切开的水果迅速变褐
氧化反应	脂肪产生异味，维生素降解，色素褪色，蛋白质营养价值降低
水解反应	脂类、蛋白质、维生素、碳水化合物、色素等的水解
金属相互作用	与花青素作用改变颜色（络合反应）、叶绿素脱镁变色、催化自动氧化
脂类异构化反应	顺式不饱和脂肪酸-反式不饱和脂肪酸，非共轭脂肪酸-共轭脂肪酸
脂类环化反应	产生单环脂肪酸
脂类氧化聚合反应	油炸中油的泡沫的产生和黏稠度的增加
蛋白质的变性反应	卵清凝固、酶失活
蛋白质的交联反应	在碱性条件下加工蛋白质使其营养价值降低
多糖合成与降解	收获后的植物
糖分解反应	宰后动物组织和采后植物组织的无氧呼吸

表1-4中列出的反应导致了表1-2中列出的变化，食品变质通常由一系列的一级变化和二级变化组成，二级变化则表现为质量属性的改变。

将两者相互结合，有助于我们了解食物变质的本质原因和培养分析处理食品中发生变化问题的能力。

表1-4 食品在储藏或加工中发生变化的因果关系

初期变化	二次变化	对食品的影响
脂类发生水解	游离脂肪酸与蛋白质的反应	质地、风味、营养价值改变
多糖发生水解	糖与蛋白质发生反应	质地、风味、颜色、营养价值改变
脂类发生氧化	氧化产物与食品中其他成分的反应	质地、风味、颜色、营养价值改变，毒物产生
水果被破碎	细胞打破、酶释放、氧气进入	质地、风味、颜色、营养价值改变
绿色蔬菜被加热	细胞壁和膜完整性破坏、酸释放、酶失活	质地、风味、颜色、营养价值改变
肌肉组织被加热	蛋白质变性和聚集、酶失活	质地、风味、颜色、营养价值改变
不饱和脂肪酸顺-反异构化	在深度油炸中油发生热聚合	产生泡沫、降低油脂的营养价值和生物利用率，油的黏稠度增加

对食品中各类有利或不利变化的研究和控制是当代食品化学研究的核心内容，主要通过实验和理论探讨从分子水平上分析和综合认识食品物质变化的方法。与传统的化学不同，食品化学是一个复杂的有机体，需要将食品的化学组成、理化性质及变化与食品品质和安全性统一起来。

从实验设计开始，食品化学的研究就带有揭示食品品质或安全性变化的目的，并且把实际的食品物质系统和主要食品加工工艺条件作为实验设计的重要依据。由于食品是一个非常复杂的物质系统，在食品的配制、加工和储藏过程中可发生许多复杂的物理化学变化，因此简单因素叠加的理论研究在解释复杂的实际食品体系时，往往存在先天不足。

在具体研究时，应首先确定食品的化学组成、营养价值、功能（工艺）性质、安全性和品质等重要性质，然后对食品在加工和储藏过程中可能发生的各种化学和生物化学变化及其反应动力学进行理论模型的构建和实际现象的分析，并指导食品生产实践。根据方法的不同，食品化学的实验研究手段通常分为理化实验和感官实验。理化实验主要是对食品进行成分分析和结果分析，即分析实验的物质系统中的营养成分、有害成分、色素和风味物的存在、分解、生成量和性质及其化学结构；感官实验是通过人的直观检评来分析实验系统的质构、风味和颜色的变化。

根据实验结果和资料查证，可在变化的起始物

和终产物间建立有效的化学反应方程，也可能得出比较合理的假设机理，并预测这种反应对食品品质和安全性的影响，然后再用加工研究实验来验证。在此基础上展开相应的反应动力学研究，一方面可以深入了解反应的机理；另一方面探索影响反应速度的因素，以便为控制这种反应奠定理论依据和寻求控制方法。化学反应动力学是探讨物质浓度、碰撞概率、空间障碍、活化能垒、反应温度和压力以及反应时间对反应速度和反应平衡影响的研究体系。通过速率方程和动力学方程的建立和研究，对反应中间产物、催化因素和反应方向及程度受各种条件影响的认识将得到深化。有了这些理论基础，食品化学家将能够在食品加工和储藏中选择适当的条件，把握和控制对食品品质和安全性有重大影响的化学反应的速度。

上述的食品化学研究成果最终将转化为：合理的原料配比，有效的反应物接触屏障的建立，适当的保护或催化措施的应用，最佳反应时间和温度的设定，光照、氧含量、水分活度和 pH 等的确定，从而得出最佳的食品加工储藏方法。

第4节 食品化学的前景与展望

传统食品已不能满足人们对高层次食品的需求，现代食品正向着加强营养、卫生和保健作用方向发展。食品化学的基础理论和应用研究成果，正

在并将继续指导人们依靠科技进步,健康而持续地发展食品工业,可以说没有食品化学的理论指导就不可能有日益发展的现代食品工业。

农业和食品工业是生物工程最广阔的应用领域之一,生物工程的发展为食用农产品的品质改造、新食品和食品添加剂以及酶制剂的开发拓宽了道路,但生物工程在食品中应用的成功与否紧紧依赖着食品化学。首先,必须通过食品化学的研究来指明原有生物原料的物性有哪些需要改造和改造的关键在哪里,指明何种食品添加剂和酶制剂是急需的以及它们的结构和性质如何;其次,生物工程产品的结构和性质有时并不和食品中的应用要求完全相同,需要进一步分离、纯化、复配、化学改性和修饰,在这些工作中,食品化学具有最直接的指导意义;最后,生物工程可能生产出传统食品中没有用过的材料,需由食品化学研究其在食品中利用的可能性、安全性和有效性。

当前,食品科学与工程领域发展了许多高新技术,并正在逐步把它们推向食品工业的应用。例如可降解食品包装材料、生物技术、微波食品加工技术、辐照保鲜技术、超临界萃取和分子蒸馏技术、膜分离技术、活性包装技术和微胶囊技术等,这些新技术实际应用的成功关键依然是对物质结构、物性和变化的把握,因此它们的发展速度也紧紧依赖于食品化学在这一新领域内的发展速度。

近年来,我国食品工业一直快速向前发展,为了满足人民生活水平日益提高的需要,今后的食品工业必将会更快和更健康的发展,这从客观上要求食品工业更加依赖科技进步。把食品科研投资的重点转向高、深、新的理论和技术方向,将为食品化学的发展创造极有利的机会。同时,由于新的现代分析手段、分析方法和食品技术的应用以及生物学理论和应用化学理论的进展,使得我们对食品成分的结构和反应机理有了更进一步的了解。采用生物技术和其他技术改变食品的成分、结构与营养性,从分子水平上对功能食品中的功能因子所具有的生理活性进行深入研究等将使得今后食品化学的理论和应用产生新的突破和飞跃。

思考题

1. 什么是食品化学?它的研究内容和范畴是什么?
2. 试述食品中主要的化学变化及对食品品质和安全性的影响。
3. 食品化学的研究方法有何特色?
4. 你认为食品化学有哪些"生长点"?

参考文献

[1] 江波,杨瑞金. 食品化学. 2版. 北京:中国轻工业出版社,2018.

[2] 阚建全. 食品化学. 3版. 北京:中国农业大学出版社,2016.

[3] 汪东风. 食品化学. 2版. 北京:化学工业出版社,2014.

[4] 王璋,许时婴,江波,等译. 食品化学. 4版. 北京:中国轻工业出版社,2013.

[5] 谢笔均. 食品化学. 3版. 北京:科学出版社,2011.

[6] 王璋,许时婴,汤坚. 食品化学. 北京:中国轻工业出版社,2011.

[7] 冯凤琴,叶立扬. 食品化学. 北京:化学工业出版社,2005.

[8] DeMan J M, et al. Principles of Food Chemistry. 4th ed. Germany:Springer-Verlag Berlin Heidelberg,2018.

[9] Wong D W S. Mechanism and Theory in Food Chemistry. 2nd ed. Germany:Springer-Verlag Berlin Heidelberg,2018.

[10] Parkin K L, et al. Fennema's Food chemistry. 5th ed. New York:CRC Press,2017.

[11] Peter C K, Cheung, et al. Handbook of Food Chemistry. Germany:Springer-Verlag Berlin Heidelberg,2015.

[12] Velisek J. The Chemistry of Food. New York:John Wiley & Sons,2014.

[13] Wang D F, et al. Food chemistry. New York:Nova,2012.

[14] Belitz H D, et al. Food chemistry. 4th ed. Germany:Springer-Verlag Berlin Heidelberg,2009.

第2章
水

学习目的与要求：
介绍水的性质、作用、存在状态及水分活度的相关知识。

学习重点：
水在食品中的存在状态、水分活度和水分吸附等温线的概念及意义。

学习难点：
水的相关性质在食品中的应用。

FOOD CHEMISTRY

教学目的与要求

■ **研究型院校：** 了解水在食品中的重要作用，水和冰的结构及性质；掌握水在食品中的存在状态、水分活度和水分吸附等温线的概念及意义；熟练掌握水分活度、分子流动性与食品稳定性之间的关系，大多数食品加工的单元操作如干燥、浓缩、冷冻、水的固定等过程中水的变化过程。

■ **应用型院校：** 了解水在食品中的重要作用，水和冰的结构及性质；理解水在食品体系中的行为对食品质地、风味和稳定性的影响；掌握水在食品中的存在状态、水分活度和水分吸附等温线的概念及意义；熟练掌握水分活度、水分吸附等温线、冷冻、分子流动性与食品稳定性之间的关系。

■ **农业类院校：** 了解水在不同食物中的重要作用，水和冰的结构及性质；掌握水在不同食物中的存在状态、水分活度和水分等温吸湿曲线的概念及意义以及水分活度、冷冻与食品稳定性之间的关系。

■ **工科类院校：** 了解水在食品中的重要作用，水和冰的结构及性质；掌握水在食品中的存在状态、水分活度和水分等温吸湿曲线的概念及意义以及水分活度、冷冻与食品稳定性之间的关系；熟练掌握大多数食品加工的单元操作如干燥、浓缩、冷冻、水的固定等过程中水的作用及调控。

第1节　引言

水是唯一以三种物理状态形式广泛存在的物质。对食品进行成分分析表明，水是食品中非常重要的一种成分，也是构成大多数食品的主要成分，每种食品都有其特定的含水量。

水对食品影响主要在以下几个方面：①食品理化性质。水作为食品的溶剂，起着溶解、分散蛋白质、淀粉等水溶性成分的作用。②食品质地。水作为食品中的反应物或反应介质及作为大分子化合物构象的稳定剂，对食品的新鲜度、硬度、风味、流动性、色泽、耐贮性和加工适应性均有影响。③食品安全性。水是微生物繁殖的必需条件。④食品工艺。水起着膨润、浸透、均匀化等功能。另外，大多数食品加工的单元操作都与水有关，如干燥、浓缩、冷冻、水的固定等。

因此，了解水及液态溶质的本质以及特征，从而了解水在食品体系中所承担的多重角色，进而理解水在食品化学中的中心作用。

第2节　水和冰的物理特性

要熟悉水，首先应了解水的物理性质（表2-1）。为了确定水的性质是否特殊，将水与一些具有相似分子质量以及相似原子组成的分子性质进行比较，例如元素周期表中邻近氧的某些元素的氢化物 CH_4、NH_3、HF、H_2S、H_2Se 和 H_2Te 等。结果表明，除了黏度外，其他物理性质均有显著差异。水具有异常高的熔点和沸点，介电常数、表面张力、热容且相变热值（熔化热、蒸发热和升华热）等物理常数也都比这些氢化物要高得多，但密度却较低，在凝固结冰时体积增大，表现出异常的膨胀特性。水这样的异常液体具有正常黏度的原因将在第3节中予以解释。

表 2-1　水和冰的物理常数

物理量名称	物理常数值
相对分子质量	18.015 3
相变性质	
熔点（101.3 kPa）/℃	0.000
沸点（101.3 kPa）/℃	100.000
临界温度/℃	373.99
临界压力/MPa	22.064（218.6 atm）
三相点	0.01℃ 和 611.73 Pa（4.589 mmHg）

续表 2-1

物理量名称		物理常数值		
熔化热（0 ℃）/(kJ/mol)		6.012 (1.436 kcal)		
蒸发热（100 ℃）/(kJ/mol)		40.657 (9.711 kcal)		
升华热（0 ℃）/(kJ/mol)		50.91 (12.06 kcal)		
其他性质	20 ℃（水）	0 ℃（水）	0 ℃（冰）	20 ℃（冰）
密度/(g/cm³)	0.998 21	0.999 84	0.916 8	0.919 3
黏度/(Pa·s)	$1.002×10^{-3}$	$1.793×10^{-3}$	—	—
界面张力（相对于空气）/(N/m)	$72.75×10^{-3}$	$75.64×10^{-3}$		
蒸汽压/kPa	2.338 8	0.611 3	0.611 3	0.103
热容量/[J/(g·K)]	4.181 8	4.217 6	2.100 9	1.954 4
热传导（液体）/[W/(m·K)]	0.598 4	0.561	2.24	2.433
热扩散系数/(m²/S)	$1.4×10^{-7}$	$1.3×10^{-7}$	$11.7×10^{-7}$	$11.8×10^{-7}$
介电常数	80.2	87.9	～90	～98

来源：Lide，D. R. （1993/1994）

此外，水的热导率大于其他液态物质，冰的热导率也大于其他非金属固体。值得一提的是，0 ℃时冰的热导率约为同一温度下水的 4 倍，这说明冰的热能传导速率比非流动的水（如在生物组织中）快得多。由于水的热容大约是冰的 2 倍，那么冰的热扩散速率为水的 9 倍。因此，在一定的环境条件下，冰的温度变化速率是液态水的 9 倍。水和冰在热导率和热扩散速率的显著差异可以解释在温差相等的情况下，为什么生物组织的冻结速度比解冻速度更快。

第 3 节　水和冰的结构

一、水

（一）水分子的结构

由第 2 节中水的特殊物理性质可以推测：水分子间存在着很强的吸引力，且水和冰可能具有不同的结构。先研究单个水分子的性质，进而讨论一小群水分子束特性，最终考察整体水的特征，有助于我们更清楚地解释冰的特殊物理性质。从分子结构来看，水分子中氧的 6 个价电子参与杂化，形成 4 个 sp³ 杂化轨道，其中两个 sp³ 杂化轨道为氧原子本身的孤对电子所占据（Φ_1^2，Φ_2^2），另外两个 sp³ 成键轨道由两个氢原子接近氧结合成两个 σ 共价键（$\Phi_3^1+H_{1s}^1$，$\Phi_4^1+H_{1s}^1$）（具有 40% 离子特性），其中每个 σ 键

的解离能为 $4.614×10^2$ kJ/mol （110.2 kcal/mol）。氧的两个定域分子轨道对称地定向在原来轨道轴的周围，因此，水分子保持近似四面体的结构。水分子的轨道模型示意如图 2-1 （1）所示，范德华半径如图 2-1 （2）所示。

单个水分子（气态）的键角由于受到了氧的未成键电子对的排斥作用，压缩为 104.5°，接近正四面体角 109.5°，氢和氧的范德华半径分别为 0.12 nm 和 0.14 nm。

需要指出的是，为了便于理解，以上对水的示意图是简化图，仅可用于描述普通的水分子（HOH 分子）。在纯净的水中除含普通的水分子外，还存在许多其他微量成分，如由 ¹⁶O 和 ¹H 的同位素 ¹⁷O、¹⁸O、²H 和 ³H 所构成的水分子，共有 18 种水分子的同位素变种；此外，水中还有离子微粒如氢离子（以 H_3O^+ 存在）和羟基离子，以及它们的同位素变种，因此，实际上水中总共有 33 种以上 HOH 的化学变种。但由于这些变种仅少量存在于水中，大多数情况下可以忽略不计。

（二）水分子的缔合作用

水分子中的氢、氢原子呈"V"字形排序，O—H 键具有极性，所以分子中的电荷是非对称分布的。纯水在蒸汽状态下，分子的偶极矩为 1.84D（德拜），这样的偶极矩使分子间产生显著吸引力，因此，水分子间有很强的缔合作用。但是水分子

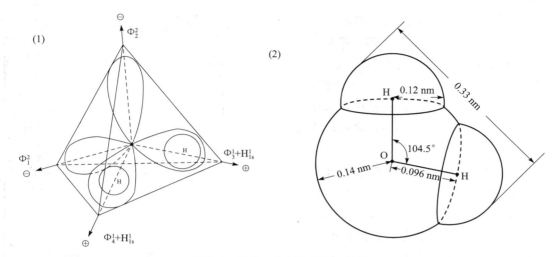

图 2-1　单个水分子的结构示意图

（1）sp³ 可能构型；（2）处于蒸汽状态的一个水分子的范德华半径

的大偶极距并不足以阐释水分子间异常大的引力。偶极矩反映的是整个分子的特性，而单个电荷暴露的程度和分子的几何形状，而这些因素也会对分子缔合产生重要影响。因此我们接下来探索水分子中的这些因素。

水分子中氧原子的电负性大，使 O—H 键的共用电子对强烈地偏向于氧原子一方，导致每个氢原子带有部分正电荷且电子屏蔽最小，表现出裸质子的特征。氢—氧成键轨道在水分子假想四面体的两个轴上如图 2-1（1）所示，这两个轴代表正作用力线（氢键供体部位），氧原子的两个孤对电子轨道位于假想四面体的另外两个轴上，它们代表负作用力线（氢键受体部位）。根据四面体中 4 个作用力的定位，每个水分子最多能够与另外 4 个水分子通过氢键结合，得到如图 2-2 中表示的四面体排列。

由于每个水分子具有相等数目的氢键供体和受体，能够在三维空间形成氢键网络结构。因此，水分子间的吸引力比同样靠氢键结合在一起的其他小分子要大得多（例如 NH_3 和 HF）。氨分子由 3 个氢供体和 1 个氢受体形成四面体排列，氟化氢的四面体排列只有 1 个氢供体和 3 个氢受体，说明它们没有相同数目的氢供体和受体。因此，它们只能在二维空间形成氢键网络结构，并且每个分子都比水分子含有较少的氢键。

如果把同位素变体、水合氢离子和羟基离子也

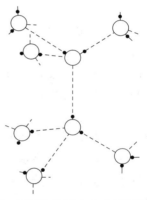

图 2-2　四面体构型中水分子间的氢键

大球代表氧原子，小球代表氢原子，虚线代表氢键。

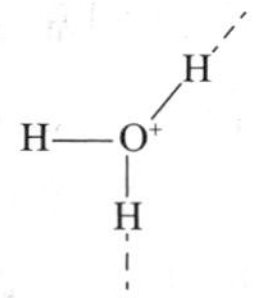

考虑在内，那么水分子间的缔合就会变得极其复杂。水合氢离子因为带正电荷，它比非离子化的水有更大的氢键供体潜力；羟基离子带负电荷，比非离子化的水有更大的氢键受体潜力（图 2-3 和图 2-4）。

图 2-3　水合氢离子的结构及其和氢键结合的可能结构

虚线代表氢键。

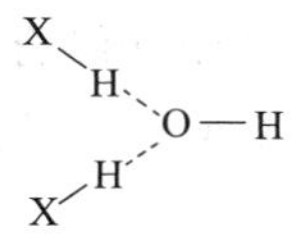

图 2-4　羟基离子的结构及其和氢键结合的可能结构

虚线代表氢键，X—H 代表溶质或另一个水分子。

13

由于水分子在三维空间形成多重氢键缔合，因而水分子间存在着很大的吸引力。氢键（键能 2～40 kJ/mol）与共价键（平均键能约 355 kJ/mol）相比较，其键能很小，且具有较大且易变的键长。与 O—H 共价键（键长约 0.1 nm）相比，水分子中 O—H 键的键长（0.17～0.20 nm）较长，解离能为 11～25 kJ/mol。

由于静电力是氢键能量的主要来源，同时水的静电模型相对简单，且从该模型可导出一个基本正确的如冰中水分子所具有的 HOH 几何图形，因此，进一步讨论由水分子缔合形成的几何模型时将着重于静电效应。虽然这种简化可满足对水分子缔合的解释，但如果要满意地解释水的其他特性，例如极性溶剂的影响时，还需要加以改进。

水的三维氢键缔合能力可以从理论上解释水的许多异常物理性质。例如，水的高热容、高熔点、高沸点、高表面张力和高相变热，都是由于破坏水分子间的氢键需要供给足够的能量。

水的反常介电常数也与氢键缔合有关。虽然水分子是偶极分子，但单凭这一点还不足以解释水的高介电常数。事实上，这是因为水分子间靠氢键缔合而成的氢键分子束会引发多分子偶极，使水的介电常数明显增大。

二、冰的结构

相对于水的结构而言，我们更了解冰的结构，因此我们首先讨论冰的结构，然后再介绍水的结构。

（一）纯冰的结构

水结冰时，水分子之间靠氢键有序的排列形成晶体，X 射线、中子衍射、电子衍射、红外和拉曼光谱分析表明该晶体是一种低密度的刚性结构，其晶胞如图 2-5 所示。冰中最邻近的水分子的 O—O 核间距为 0.276 nm，O—O—O 键角约为 109°，十分接近理想四面体的键角 109°28′。从图 2-5 可以看出，每个水分子 W 能够缔合另外 4 个水分子即 1、2、3 和 W′，形成四面体结构，所以配位数等于 4。

当几个晶胞结合在一起时，从顶部沿着 c 轴观察，便可看到冰的正六方形对称结构［图 2-6（1）］。

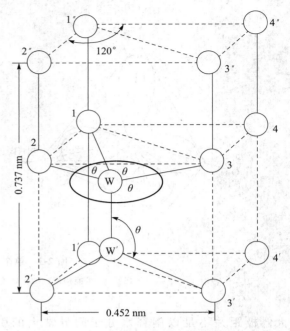

图 2-5　0℃时普通冰的晶胞

圆圈表示水分子的氧原子。

图中 W 和最邻近的另外 4 个水分子显示出冰的四面体亚结构，其中 W、1、2、3 四个水分子可以清楚地看见，第四个水分子正好位于 W 分子所在纸平面的下面。以三维形式观察图 2-6（1）时即可得到如图 2-6（2）所示的图形。它包含水分子的两个平面（分别用空心球和实心球表示），这两个平面平行而且很紧密地结合在一起；在压力作用下，冰"滑动"或"流动"时，平面对如同一个整体"滑动"，或者像冰河中的冰在压力的作用下所产生的"流动"。

这种平面对构成了冰的基面，几个基面堆积起来便得到扩展的冰结构。图 2-7 是三个基面结合在一起形成的结构，沿着 c 轴向下观察，可以看出它的外形跟图 2-6（1）所表示的完全相同，这表明基面沿该方向有规则地排列成一行。冰在此方向是单折射的，而所有其他方向都是双折射的，因此，我们称 c 轴为冰的光轴。

早在 20 世纪 50 年代末期，曾有人用衍射方法确定了冰中氢原子的位置，一般认为：

（1）在邻近的两个氧原子的每一条连接线上有一个氢原子，它距离共价结合的氧为（0.1±0.001）nm，距离氢键结合的氧为（0.176±0.001）nm，如图 2-8（1）表示。

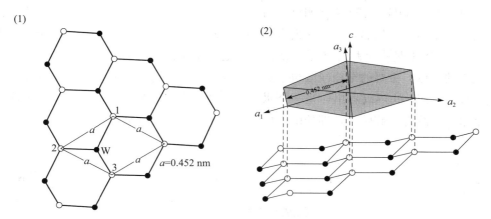

图 2-6　冰的基础平面（由高度略有差异的两个平面构成）

圆圈代表水分子的氧原子，空心和实心圆圈分别代表上层和下层基面的氧原子

（1）沿 c 轴向下观察到的六方形结构，编号的分子代表图 2-5 中的晶胞；（2）基础平面的三维图，
这个视角的前缘对应着图（1）的下缘，晶轴定位与外部对称性是一致的。

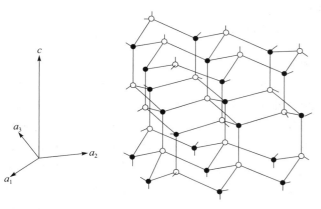

图 2-7　普通冰的扩展结构

空心和实心圆分别代表上层和下层基面中的氧原子。

（2）如果在一段时间内观察氢原子的位置，可以得到与图 2-8（1）略微不同的图形。氢原子在两个最邻近的氧原子 X 和 Y 的连接线上，它可以处于距离 x 轴 0.1 nm 或距离 y 轴 0.1 nm 的两个位置。这正如 Pauling 所预言，后来为 Peterson 等所证实的那样，氢原子占据这两个位置的概率相等，即氢原子平均占据每个位置各一半的时间，这可能是因为除了在极低温度以外，水分子可以协同旋转，使氢原子能够在两个邻近的氧原子之间"跳动"。通常我们把这种平均结构称为半氢结构、Pauling 结构或统计结构。见图 2-8（2）。

冰有 11 种结晶类型，普通冰的结晶属于六方晶系的双六方双锥体晶型。另外，还有 9 种同质多

晶和 1 种非结晶或玻璃态的无定型结构。在常压下，这 11 种结构中只有普通六方晶型冰在 0℃ 时是稳定的。

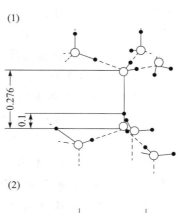

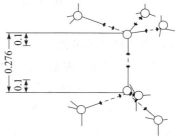

图 2-8　冰结构中氢原子（•）的位置（单位：nm）

（1）瞬时结构；（2）平均结构〔也称半氢（•）、
Pauling 或统计结构〕，○为氧原子

然而冰的真正结构并非如上所述那么简单。冰并不完全是由精确排列的水分子组成的静态体系，每个氢原子也不一定恰好位于一对氧原子之间的连接线上。这是因为：①纯冰不仅含有普通水分子，

而且还有 H^+（H_3O^+）和 OH^- 离子以及 HOH 的同位素变体（同位素变体的数量非常少，在大多数情况下可忽略），因此冰不是一个均匀体系；②冰的结晶并不是完美的晶体，主要的结构缺陷包括定向型和离子型两种。从图 2-9 可以看出，当一个水分子与另外 4 个水分子缔合并旋转时，即伴随着中和定向调节使质子发生错位，或者由于质子在两邻近水分子的连线上跳动，形成 H_3O^+ 和 OH^- 而引起质子错位。前者属于定向缺陷，后者是离子缺陷。这些结构缺陷的存在为冰中质子超预期的高流动性和水冻结时电导率下降幅度略微降低等现象提供了理论上的依据。

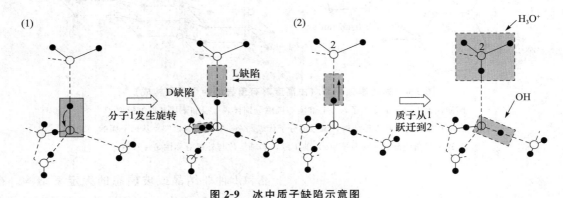

图 2-9 冰中质子缺陷示意图
（1）定向缺陷的形成；（2）离子缺陷的形成

除晶体产生缺陷而引起原子的迁移外，冰还有其他"活动"形式。在 $-10\,^\circ\mathrm{C}$ 时，冰中的每个 HOH 分子以大约 0.04 nm 均方根的振幅振动，而且存在于冰的孔隙中的 HOH 分子会缓慢地扩散通过晶格。这说明冰并不是一种静态或均匀的体系。冰的 HOH 分子只有在温度接近 $-180\,^\circ\mathrm{C}$ 或更低时，才不会发生氢键断裂，全部氢键保持完整状态。随着温度上升，由于热运动体系混乱程度增大，完整氢键平均数将会逐渐减少。食品和生物材料在低温下储藏时的变质速度与冰的"活动"程度有关。

（二）溶质存在时的冰晶结构

溶质的存在会影响液体体系中冰的数量（通过热力学效应）和生长模式（通过动力学效应）。溶质的种类和含量可以影响冰晶的数量、大小、结构、位置和取向。下面我们仅讨论溶质对冰晶结构的影响。Luyet 等研究了各种溶质，例如蔗糖、甘油、明胶、清蛋白、肌球蛋白和聚乙烯吡咯烷酮（PVP），在不同冷却条件下所生成的冰晶的表观特征。他们还根据形态、对称要素和形成各种冰结构所需的冷却速率，将冰的结构分为 4 种主要类型：六方形、不规则树枝状、粗糙球状、易消失的球晶。此外，还存在各种各样中间形式的结晶。

六方形是大多数冷冻食品中重要的冰晶形式，是一种高度有序的结晶形式。样品在最适度低温冷却剂中缓慢冷冻，体系中只含一类溶质且溶质浓度不会严重干扰水分子的流动性（容易发生空间重组）时，才有可能形成六方形冰结晶。例如高浓度明胶水溶液冷冻时会有不规则冰晶形成。Dowell 等在研究冻结的明胶溶液时发现，随着冷冻速度增大或明胶浓度的提高，冰晶以六方形和玻璃状冰结晶为主。显然，像明胶这类大而复杂的亲水性分子，不仅能限制水分子的运动，而且能阻碍水形成高度有序的六方形结晶。尽管在食品和生物材料中除形成六方晶型外，也能形成其他形式的结晶，但这些晶型一般是不常见的。

三、水的结构

纯水是具有一定结构的液体，虽然不足以构成长程有序的刚性结构，但远比蒸汽态分子的排列规则，并足以使指定水分子的定向与流动性显著地受到相邻水分子的影响。

在液态水中，水的分子并不是以单个分子形式存在，而是由若干个分子靠氢键缔合形成大分子 $(H_2O)_n$，因此水分子的取向和运动都将受到周围其他水分子的明显影响，下面的一些事实可以进一步证明这一点：①液态水是一种"稀疏"（open）液体，其密度仅相当于紧密堆积的非结构液体的60％。这是因为氢键键合形成了规则排列的四面体，这种结构使水的密度降低。从冰的结构也可以解释水密度降低的原因。②冰的熔化热大，足以破坏水中15％左右的氢键。虽然在水中不一定需要保留可能存在的全部氢键的85％（例如，可能有更多的氢键破坏，能量变化将被同时增大的范德华相互作用力所补偿），实际上很可能仍然有相当多的氢键存在，因而使水分子保持广泛的氢键缔合。③根据水的许多其他性质和 X 射线、核磁共振、红外和拉曼光谱分析测定的结果，以及水的计算机模拟体系的研究，进一步证明水分子具有这种缔合作用。

Stillinger 的研究结果表明，在室温或低于室温下，液态水中包含着连续的三维氢键轨道，这种由氢键构成的网络结构为四面体形状，其中有很多变形的和断裂的键。水分子的这种排列是动态的，它们之间的氢键可迅速断裂，同时通过彼此交换又可形成新的氢键，因此能很快地改变各个分子氢键键合的排列方式，但在恒温时整个体系可以保持氢键键合程度不变的完整网络。

关于液态水的结构目前提出了 3 种结构模型：即混合模型、间隙模型和连续模型（或称均一模型）。混合模型体现了分子之间氢键的概念，由于水分子间的氢键相互作用，它们瞬间聚集成由3、4、5 或 8 聚体等构成的庞大水分子簇，这些水分子簇与其他更高密度的水分子处于动态平衡，此处"瞬间"为 10～11 s。

连续模型主要观点是水分子间的氢键均匀地分布在整个水体系中，当冰熔化时，冰中许多氢键只是发生变形而不是断裂。根据这个模型可以认为水分子的动态连续网络结构是存在的，变形的氢键通过在网络结构中的转移可以重新定位。

间隙模型是指水保留了一个略微变形的像冰或是笼形的氢键网络结构，未参与氢键连接的水分子填满整个笼的间隙中。以上 3 种模型主要的结构特征是液态水分子通过氢键缔合形成短暂、扭曲的四

面体结构。在所有这些模型中单个水分子之间的氢键是在频繁地交换，一个氢键一旦断裂则随即迅速转变成另一个新的氢键。在恒定的温度下，从宏观观点看，整个体系的氢键缔合程度和网络结构是保持不变的；然而从微观角度讲，各个氢键是处在一个不停运动的状态，而且氢键的破坏和形成之间建立了一个动态平衡。

至此，可以解释水这样的异常液体具有正常黏度的原因。水的低黏度与结构有关，因为氢键网络是高度动态的，在允许分子在纳秒甚至皮秒这样短暂的时间内改变它们与邻近分子之间的氢键键合关系时，会增大分子的流动性。

氢键的键合程度有温度依赖性。在 0℃时冰中水分子的配位数（临近水分子数目）为 4，与邻近水分子间的距离为 0.276 nm。当输入熔化潜热时，冰熔化，熔化潜热使一部分氢键断裂（最邻近的水分子间距离增大），其他氢键拉紧，刚性结构受到破坏，水分子呈现更紧密缔合的流体状态。随着温度上升，水的配位数增多。例如，0℃时冰中水分子的配位数为 4，水在 1.5℃和 83℃时的配位数分别为 4.4 和 4.9。而邻近的水分子间的距离则随着温度升高而加大，从 0℃时的 0.276 nm 增至 1.5℃时 0.29 nm 和 83℃时 0.305 nm。水的密度随着邻近分子间距离的增大而降低，随着邻近水分子平均数的增多而增加。所以冰转变成水时，净密度增大，当继续温和加热至 3.98℃时密度可达到最大值。随着温度继续上升密度开始逐渐下降。显然，在温度 0℃和 3.98℃之间，配位数增多的效应占优势，使水的密度增大；而温度超过 3.98℃时，热膨胀效应占优势，使邻近水分子间的距离增大，密度减小。

第4节　食品中水与非水组分之间的相互作用

一、概述

水是食品中非常重要的一种成分，也是构成大多数食品的主要组分，各种食品都有能显示其品质特性的水分含量（表 2-2）。

表 2-2 某些代表性食品的典型水分含量

食品名称	水分含量/%
肉类	
猪肉	53～60
牛肉（碎块）	50～70
鸡（无皮肉）	74
鱼（肌肉蛋白）	65～81
水果	
香蕉	75
浆果、樱桃、梨、葡萄、猕猴桃、柿子、榅桲、菠萝	80～85
苹果、桃、橘、葡萄柚、甜橙、李子、无花果	85～90
草莓、杏、椰子	90～95
蔬菜	
青豌豆、甜玉米	74～80
甜菜、硬花甘蓝、胡萝卜、马铃薯	80～90
芦笋、青大豆、大白菜、红辣椒、花菜、莴苣、番茄、西瓜	90～95
谷物	
全粒谷物	10～12
面粉、粗燕麦粉、粗面粉	10～13
乳制品	
奶油	15
山羊奶	87
奶酪（含水量与品种有关）	40～75
奶粉	4
冰激凌	65
人造奶油	15
焙烤食品	
面包	35～45
饼干	5～8
馅饼	43～59
糖及其制品	
蜂蜜	20
果冻、果酱	≤35
蔗糖、硬糖、纯巧克力	≤1

在所有的食品体系中，都是水和溶质并存，这样不仅会改变溶质的性质，也会显著改变水的性质。亲水性物质靠离子—偶极或偶极—偶极相互作用同水强烈地相互作用，从而改变水的结构和流动性，以及亲水性物质的结构和反应性。溶质的疏水基团与邻近的水分子仅产生微弱的相互作用，邻近疏水基团的水比纯水的结构更为有序。这种热力学上不利的变化过程，是由于熵减小的原因引起的。为使这种热力学上不利的变化降到最低，必须尽可能使疏水基团聚集，以便让它们同水分子的接触机会降至最低，这种过程称为疏水相互作用。

宏观水平上，术语"水结合（water binding）和水合作用（hydration）"用来描述水和亲水性物质缔合程度的强弱。水结合或水合作用的强弱，取决于体系中非水成分的性质、盐组成、pH和温度等许多因素。

微观水平上，与未混合相比，水与溶质的混合同时改变了这两者的性质，这种变化由分子之间的相互作用引起，因而受分子水平上溶液特性的影响。亲水性溶质可以改变溶质周围邻近水的结构和流动性，同时水也会引起亲水性溶质反应性改变，有时甚至导致结构变化。与之相对应的是，添加疏水性物质到水中，溶质的疏水基团仅与邻近水发生微弱的相互作用，而且优先在非水环境中发生。不过，这种弱的相互作用也可能对结构产生显著影响。

水与溶质的结合力十分重要，现将它们的相互作用总结在表2-3中。

表2-3　水—溶质相互作用分类

种类	实例	相互作用的强度（与 $H_2O—H_2O$ 氢键[1] 比较）
偶极—离子	H_2O—游离离子 H_2O—有机分子中的带电基团	较强[2]
偶极—偶极	H_2O—蛋白质 NH	接近或者相等
	H_2O—蛋白质 CO H_2O—蛋白质侧链 OH	
疏水水合 疏水相互作用	H_2O+R[3]$→R$（水合） R（水合）+R（水合）$→R_2$（水合）+H_2O	远小于（$\Delta G>0$） 不可比较[4]（$G<0$）

① 12～25 kJ/mol；②远低于单个共价键的强度；③R是烷基；④疏水相互作用是熵驱动的，而偶极—离子和偶极—偶极相互作用是焓驱动的。

二、水与离子和离子基团的相互作用

如前所述（表2-3），与离子或有机分子的离子基团相互作用的水是食品中结合得最紧密的一部分水。水中添加可解离的溶质，可能会破坏纯水的正常结构（靠氢键键合形成的四面体）。对于既不具有氢键受体又没有供体的简单无机离子，它们与水相互作用时仅仅是离子—偶极的极性结合。图2-10表示NaCl邻近的水分子（图中仅指出了纸平面上第一层水分子）可能出现的相互作用方式。这种作用通常称为离子水合作用。例如，Na^+、Cl^- 和解离基团—COO^-、NH_3^+ 等靠所带的电荷与水分子的偶极矩产生静电相互作用。Na^+ 与水分子的结合能大约是水分子间氢键键能的4倍，然而低于共价键能。在高浓度的盐溶液中不可能存在体相水，这种溶液中水的结构与邻近离子的水相同，也就是水的结构完全由离子所控制。

在稀盐溶液中，离子的周围存在多层水，离子对最内层和最外层的水产生的影响相反，因而使水的结构遭到破坏，以致最内层的邻近水（即第二层水）和最外层的体相水的某些物理性质不

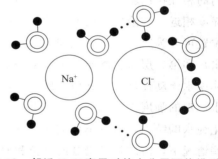

图2-10　邻近 NaCl 离子对的水分子可能排列方式

图中仅显示纸平面中的水分子。

相同，第二层水由于受到第一层水（最内层水）和更远的体相水在结构上相反的影响，因而水分子的结构被扰乱，最外层的体相水与稀溶液中水的性质相似。

在稀盐溶液中，离子对水结构的影响是不同的，某些离子，例如 K^+、Rb^+、Cs^+、NH_4^+、Cl^-、Br^-、I^-、NO_3^-、BrO_3^-、IO_3^- 和 ClO_4^- 等，具有"静结构破坏"效应，使盐溶液的流动性比纯水更大，但其中 K^+ 的作用很小。这是由于这些离子大多数是电场强度较弱的负离子和离子半径大的正离子，它们阻碍水形成网状结构，同时建立的新结构又不足以补偿这种结构上的损失。另一类

是电场强度较强、离子半径小的离子，或多价离子，它们有助于水形成网状结构，因此这类离子的水溶液比纯水的流动性小，具有"静结构形成"效应。例如 Li^+、Na^+、H_3O^+、Ca^{2+}、Ba^{2+}、Mg^{2+}、Al^{3+}、F^- 和 OH^- 等属于这一类。实际上，从水的正常结构来看，所有的离子对水的结构都起破坏作用，比如它们能阻止水在 0 ℃下结冰，这是因为正常的水结构不具有放射对称性。

离子对水的效应不仅是影响水的结构，还有很多其他的重要效应。通过它们水合能力的差异，改变水的结构，影响水的介电常数和胶体周围的双电子层厚度，显著影响水与非水溶质和悬浮物的"相容"程度。因此，蛋白质的构象与胶体的稳定性（盐溶和盐析）将受到共存离子的种类与数量的影响。

三、水与具有氢键键合能力的中性基团的相互作用

水与非离子、亲水溶质之间的氢键键合比水与离子之间的相互作用弱，而与水分子之间氢键相互作用的强度相近。与溶质氢键键合的水，按其所在的特定位置可分为第一层水（例如与亲水基团紧密相邻的水）和第二层水。溶质周围的第一层水是否呈现比体相水流动性低或者其他性质改变，取决于溶质—水氢键的强度。凡能够产生氢键键合的溶质可以强化纯水的结构，至少不会破坏这种结构。然而在某些情况下，溶质氢键键合的部位和取向在几何构型上与正常水不同。因此，这些溶质通常对水的正常结构也会产生破坏。尿素可作为具有形成氢键能力的分子溶质的典型范例，由于几何构型原因，它对水的正常结构有明显的破坏作用。同样，可以预料大多数氢键键合溶质都会阻碍水结冰。但也应该看到，当体系中添加具有氢键键合能力的溶质时，每摩尔溶液中的氢键总数不会明显地改变。这可能是因为已断裂的水—水氢键被水—溶质氢键所代替，因此，这类溶质对水的网状结构几乎没有影响。

水还能与某些基团，例如羟基、氨基、羰基、酰氨基和亚氨基等极性基团，发生氢键键合。另外，在生物大分子的两个部位或两个大分子之间可形成由几个水分子所构成的"水桥"。图 2-11 和

图 2-12 分别表示木瓜蛋白酶肽链之间存在一个 3 分子水构成的水桥，以及水与蛋白质分子中的两种功能团之间形成的氢键。

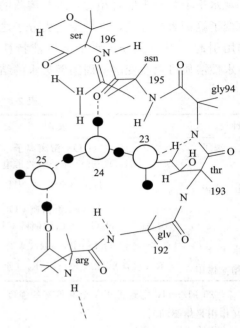

图 2-11　木瓜蛋白酶中的 3 分子水桥
23、24、25 是水桥中的 3 个水分子。

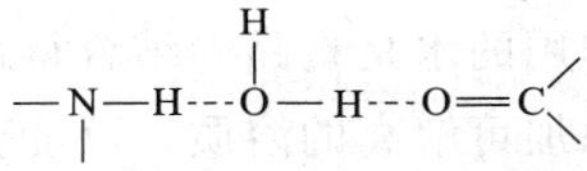

$$-N-H\cdots O-H\cdots O=C\overset{\displaystyle H}{\underset{}{\big|}}$$

图 2-12　水与蛋白质分子中两种功能团形成的氢键
虚线代表氢键。

与某些糖一样，许多结晶大分子的亲水基团间的距离与纯水中最邻近两个氧原子间的距离相等。如果在水合大分子中这种间隔占优势，这将会促进第一层水和第二层水之间相互形成氢键，以提高分子束的稳定性。

四、水与非极性物质的相互作用

如表 2-3 所示，向水中加入疏水性物质，例如烃、稀有气体及引入脂肪酸、氨基酸、蛋白质的非极性基团，在热力学上无疑是不利的（$\Delta G > 0$）。由于它们与水分子产生斥力，从而使疏水基团附近的水分子之间的氢键键合增强。处于这种状态的水与纯水的结构相似，甚至比纯水的结构更为有序，从而熵减小，引起热力学上不利的变化。该过程被定义为疏水水合［表 2-3，图 2-13（1）］。

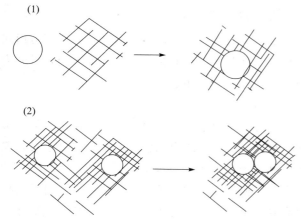

(1)

(2)

图 2-13 疏水水合（1）和疏水缔合（2）的示意图

空心圆球代表疏水基团，阴影区域代表水。

由于疏水水合在热力学上是不利的，所以体系会通过自身调整以尽可能地减少水与非极性物质的缔合。因此，当有两个分离的非极性基团存在时，疏水基团与邻近水分子只产生微弱的相互作用，而疏水基团之间相互聚集，从而使它们与水的接触面积减小，结果使体系的熵增大（图 2-13）。这是热力学上有利的过程。此过程是疏水水合的部分逆转，被称为"疏水相互作用"，可以用下式进行简单的描述：

$$R（水合的）＋R（水合的）\longrightarrow R_2（水合的）＋H_2O$$

式中 R 是一个非极性基团［图 2-13（2）］。

由于水和非极性基团具有相对抗的关系，因此，水的结构就会调整到尽可能减少与非极性基团接触的状态。图 2-14 所示的邻近非极性基团水的结构被确定是存在的。有关水和疏水基团间对抗关系，还有两个方面值得进一步探讨：一个是非极性物质能和水形成笼状水合物（clathrate hydrates），另一个是上面讲的水与蛋白质分子中疏水基团的缔合。

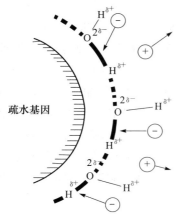

图 2-14 疏水表面上水分子的假想定向示意图

笼状水合物是像冰一样的包合物，水是这类化合物的"主体"，它们靠氢键键合形成像笼一样的结构，通过物理作用方式将非极性物质截留在笼中，被截留的物质称为"客体"。笼状水合物的"主体"一般由 20～74 个水分子组成，"客体"是低分子质量化合物，只有它们的形状和大小适合于笼的"主体"才能被截留。典型的"客体"包括低分子质量烃，稀有气体，短链的一级、二级和三级胺，烷基铵盐，卤烃，二氧化碳，二氧化硫，环氧乙烷，乙醇，硫，磷盐等。"主体"水分子与"客体"分子的相互作用很弱，一般是弱的范德华力或静电相互作用，因此"客体"分子在笼内可以自由旋转。此外，分子质量大的"客体"如蛋白质、糖类、脂类和生物细胞内的其他物质也能与水形成笼状水合物，使水合物的凝固点降低。

笼状水合物的微结晶与冰的晶体很相似，但当形成大的晶体时，原来的四面体结构逐渐变成多面体结构，在外表上与冰的结构存在很大的差异，这是氢键几何形状轻微变化的结果。笼状水合物晶体在 0 ℃以上和适当压力下仍能保持稳定的晶体结构。

有证据表明，生物物质中天然存在类似晶体的笼状水合物但尺寸稍小的氢键结构。如此，笼状水合物的结构就比结晶水合物要重要得多，因为它们很可能对蛋白质等生物大分子的构象、反应性和稳定性有影响。例如，已有报道指出在裸露的蛋白质疏水基团附近存在部分笼状结构。笼状水合物晶体目前尚未开发利用，在海水脱盐、溶液浓缩和防止氧化等方面可能具有应用前景。

假设在一个大分子中，极性、亲水性和疏水性区域共存，那么相互作用和相互干扰就是不可避免的。以蛋白质为例，水与蛋白质的疏水基团间不可避免的缔合对于蛋白质的功能特性具有重要的影响。因为典型的低聚食品蛋白质分子中大约 40% 的氨基酸含有非极性基团，因此疏水基团相互聚集的程度很高，从而影响蛋白质的功能性。蛋白质的非极性基团包括丙氨酸的甲基、苯丙氨酸的苄基、缬氨酸的异丙基、半胱氨酸的巯基、亮氨酸的仲丁基和异丁基。其他化合物例如醇类、脂肪酸和游离氨基酸的非极性基团也参与疏水相互作用，但这些相互作用的结果重要性不及蛋白质中那些相互作用。

蛋白质的非极性基团暴露在水中，这在热力学上是不利的，因而促使了疏水基团缔合或发生"疏水相互作用"（图 2-15）。蛋白质在水溶液环境中尽管产生疏水相互作用，但球状蛋白质的非极性基团有 40%～50% 仍然占据在蛋白质的表面，暴露在水中，暴露的疏水基团与邻近的水除了产生微弱的范德华力外，它们相互之间并无吸引力。从图 2-14 可看出疏水基团周围的水分子对正离子产生排斥，吸引负离子；这与许多蛋白质在等电点以上 pH 时能结合某些负离子的实验结果一致。综上所述，蛋白质在水溶液中总的效果（净结果）是一个熵增过程。可以这样认为，疏水相互作用是蛋白质折叠的主要驱动力，结果导致许多疏水残基位于蛋白质分子的内部，是维持蛋白质三级结构的重要因素。因此，水及水的结构在蛋白质结构中起着重要作用。另外必须指出，疏水相互作用与温度有关，降低温度疏水相互作用变弱，而氢键增强，蛋白质的结构也会相应改变。如图 2-15 所示，蛋白质的疏水基团受周围水分子的排斥而相互靠范德华力或疏水键结合得更加紧密，如果蛋白质暴露的非极性基团太多，就很容易聚集并产生沉淀。

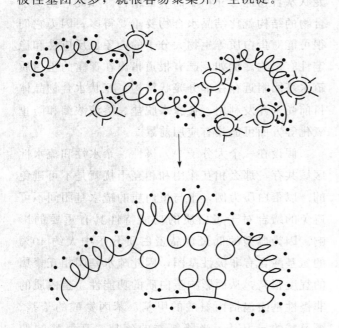

图 2-15 球状蛋白质内部疏水相互作用示意图
空心圆球代表疏水基团，L 形图标代表定向于疏水表面附近的水分子，实心圆点代表与极性基团结合的水分子。

五、食品中水的存在形式

食品中的水分，根据连接水分子的作用力形式和水分子与非水成分的相互作用程度不同，可分为两类，结合水和体相水。

（一）结合水

结合水是分子水平术语，虽广泛使用，但却很难进行定义。对于结合水曾有人下过几种定义，但关于哪一个最恰当始终没有定论。鉴于"结合水"这个术语概念上不够清楚，容易混淆，有科学家提议废除这个术语。但由于"结合水"这个术语在文献中使用得特别普遍，因此我们必须讨论它，并注意它的局限性。

结合水的定义列举如下：

（1）结合水是指在某一温度和相对湿度时，生物或食品样品中的平衡水分含量。

（2）结合水是指高频电场下的介电常数无显著影响的那部分水，其转动迁移率受到与水缔合的物质的限制。

（3）结合水是指确定的某一低温（一般是 -40 ℃或者更低）条件下不能够结冰的水。

（4）结合水是指不能用作再添加溶质的溶剂的那部分水。

（5）结合水是指核磁共振（NMR）氢谱实验中使谱线变宽的那部分水。

（6）结合水是指沉淀速度、黏度或扩散等实验中和大分子一起运动的水。

（7）结合水是指位于溶质和其他非水物质的附近，在性质上与同一体系中的体相水明显不同的水。

一般认为上述定义在合适的条件下都是正确的，但是在分析同一种类样品中的结合水含量时，结果都不相同。从概念上来看，我们可以把结合水看成"存在于溶质或其他非水组分附近的那部分水，并呈现出与同体系的'体相水'显著不同的性质"。与同一体系中的体相水相比，结合水分子的运动减小，并使水的其他性质明显地发生改变，例如在 -40 ℃时不能结冰是其主要的特征。

在考虑食品中的结合水时，应注意下面一些问题：

（1）结合水的表观数量常常因所采用的测定方法而异。

（2）结合水的真实含水量因产品的种类而异。

（3）结合水主要以化合水、邻近水和多层水 3 种状态存在（表 2-4、表 2-5）。水在复杂体系中，结合得最牢固的是构成非水物质组成的那些水，这部分水称为化合水，它只占高水分食品中总水分含量的一小部分，例如，位于蛋白质空隙中或者作为化学水合物中的水。第二种结合水称为邻近水，它是处在非水组分亲水性最强的基团周围的第一层位置，与离子或离子基团缔合的水是结合最紧密的邻近水。多层水是指位于以上所说的第一层的剩余位置的水和邻近水的外层形成的几个水层。尽管多层水不像邻近水那样牢固地结合，但仍然与非水组分结合得非常紧密，且性质也发生明显的变化，所以与纯水的性质也不相同。因此，结合水包括化合水和邻近水以及几乎全部多层水。即使在结合水的每一类中以及类与类之间，水的结合程度也不相同。

表 2-4　食品中化合水的性质

性质	化合水
冰点（与纯水比较）	$-40\ ℃$ 不结冰
溶解溶质的能力	无
平动运动（分子水平，与纯水比较）	无
蒸发焓（与纯水比较）	增大
在高水分食品（90% H_2O 或 9 g H_2O/g 干物质）中占总水分含量的百分数	<0.03%
与吸附等温线（图 2-20）的关系（等温线区间）	化合水的水活性（A_w）近似等于 0，位于 I 区间的左末端
通常引起食品变质的原因	自动氧化

表 2-5　食品中邻近水和多层水的性质

性质	邻近水	多分子层水
冰点（与纯水比较）	$-40\ ℃$ 不结冰	在 $-40\ ℃$ 时大部分不结冰。其余可结冰的部分，冰点将大大降低
溶解溶质的能力	无	微溶至适度溶解
平动运动（分子水平，与纯水比较）	大大降低	略微至大大降低
蒸发焓（与纯水比较）	增大	略微至适度增大
在高水分食品（90% H_2O 或 9 g H_2O/g 干物质）中占总水分含量的百分数	0.5%±0.4%	3%±2%
与吸附等温线（图 2-20）的关系（等温线区间）	等温线 I 区间的水包括微量的化合水和部分邻近水，I 区间上部的边界不明显，且随着食品种类和温度不同而略微有些变化	等温线 II 区间的水包括 I 区间的水加上 II 区间边界以内增加或除去的水，后者全部是多分子层水，II 区间的边界不明显，随食品种类和温度不同而略微有些变化
通常引起食品变质的原因	最适宜食品稳定性的水分活度值为 0.2～0.3（即单层分子层值）	当水分含量增加到超过这个区间的下部范围时，几乎所有的反应速度都增大

（4）除上面讨论的化学结合水外，细胞体系中有少量的水由于受到细小毛细管（毛细管半径小于 0.1 μm）的物理作用的限制，流动性和蒸汽压均降低，它们也属于结合水的范畴。

（5）一定的水分子与其他物质分子的结合方式，随着体系中水分的总含量（特别在低水分食品中）的改变而变化。

（6）与亲水物质相结合的水，比普通水的水分子更有序，但它不同于普通冰的结构。

（7）结合水不应看成是完全不流动的，因为随着水的结合程度增大，水分子与邻近的水分子之间相互交换位置的速率也随之降低，但通常不会降低到零。

（8）虽然食品中的结合水很重要，但大多数高

水分食品中结合水的含量较少。例如，每克干蛋白质中结合水的含量从 $0.3\sim0.5$ g 不等。

（9）就低水分食品而言，水分活度是一个比结合水更有意义的概念。水分活度在第 5 节会进行详细讨论。

（二）体相水

体相水也称自由水，主要是指食品中的容易结冰且能溶解溶质的水。它们主要是靠毛细管力维持着，大致可以分为三类：自由流动水、不可移动水或滞化水或截留水和毛细管水（表2-6）。

表 2-6　食品中体相水的种类和性质

性质	体相水		
	自由流动水	截留水	毛细管水
冰点（与纯水比较）	能结冰，冰点略微至适度降低	能结冰，冰点略微至适度降低	
溶解溶质的能力	大	大	
平动运动（分子水平，与纯水比较）	变化很小	变化很小	
蒸发焓（与纯水比较）	基本上无变化	基本上无变化	
在高水分食品（90%H_2O 或 9 gH_2O/g 干物质）中占总水分含量的百分数	约96%	约96%	
与吸附等温线（图2-20）的关系（等温线区间）	Ⅲ区间的水包括Ⅰ、Ⅱ区间内的水加上在Ⅲ区间范围内增加或除去的水。在无凝胶和细胞结构存在时，后者完全是"自由水"。Ⅲ区间的下部边界不明显，随着食品种类和温度不同而略微有些变化	Ⅲ区间的水包括Ⅰ和Ⅱ区间内的水，加上Ⅲ区间范围内增加或除去的水。在有凝胶或细胞结构存在时，后者全部是"截留水"。Ⅲ区间下部边界不明显，随着食品种类和温度不同而略微有些变化	
通常引起食品变质的原因	微生物生长和大多数化学反应的速度快	微生物生长和大多数化学反应的速度快	

（1）自由流动水　动物的血浆、淋巴和尿液，植物导管和细胞内液泡中的水分都是可以自由流动的水分，也称游离水。

（2）截留水　被组织中的纤维或亚纤维结构及膜所截留住的水，不能自由流动，所以称为不可移动水或滞化水或截留水。

（3）毛细管水　在生物组织的细胞间隙和食品的结构组织中，还存在着一种由毛细管力所截留的水分，称为毛细管水，在生物组织中又称为细胞间水。它在物理和化学性质上与截留水是一样的。

持水力通常用来描述基质分子（一般是指大分子化合物）截留大量水的能力。例如，含果胶和淀粉凝胶的食品以及动植物组织中少量的有机物质能以物理方式截留大量的水。

尽管对细胞和大分子基质所截留的水的结构尚未确定，但是食品体系中这种水的特性及其对食品品质的重要性是非常清楚的。即使食品受到机械损伤，被截留的水也不会从食品中流出。另外，截留水在食品加工中表现的特性几乎与纯水相似，在干燥时容易除去，冰冻时容易转变成冰。所不同的是流动性质受到很大的限制，而单个水分子的运动特性和稀盐溶液中的水分子的运动特性基本相同。

细胞和凝胶中的水大部分是截留水，截留水的含量或持水容量的变化对食品品质的影响极大。例如，凝胶在储藏过程中因持水容量下降所引起的品质降低称为脱水收缩。生物组织在冷冻保藏过程中通常会出现持水容量减少，解冻时这部分水可大量渗出。此外，动物屠宰后伴随肌肉的生理变化 pH 下降，也可以引起持水容量减少，这种变化不利于肉类食品（例如香肠）保持应有的品质。

第5节 水分活度

一、水分活度的概念

人类很早就认识到食物的易腐败性与含水量之间有着密切的联系，尽管这种认识不够全面，但仍然成为人们日常生活中保藏食品的重要依据之一。食品加工中无论是浓缩或是脱水过程，目的都是为了降低食品的含水量，提高溶质的浓度，以降低食品易腐败的敏感性。人们还发现不同种类的食品即使水分含量相同，其腐败变质的难易程度也存在明显的差异。这说明单纯的水分含量并不是食品易腐性的可靠指标。出现这种情况的部分原因是食品中各种非水组分与水缔合的能力和大小的差异：与非水组分牢固缔合的水比弱缔合的水参与微生物生长和化学水解反应的程度低。因此，人们用"水分活度（A_w）"：来反映水与各种非水组分缔合的强度，它作为食品易腐败性的指标比用含水量更为恰当，而且它与食品中许多降解反应的速度有良好的相关性。即便如此，A_w 也并非是一个完全可靠的指标，因为食品中的降解反应还受其他一些因素影响，例如氧浓度、pH、水的流动性和食品的组分等。尽管不完美，A_w 与微生物生长和许多降解反应速度之间的良好相关性，使它成为指示产品稳定性和微生物安全的有用参数。事实上，A_w 已被列入涉及食品良好作业规范的一些美国联邦法规中，这也证实了它的有用性和可信性。

水分活度的定义：在同一条件下（温度、湿度和压力等）溶液中的逸度与纯水逸度之比。用食品水分的蒸汽压（p）与同温度下纯水的饱和蒸汽压（p_0）之比近似表示，如下：

$$A_w = p/p_0 \qquad (2-1)$$

式中 p 为某种食品在密闭容器中达到平衡状态时的水蒸气分压；p_0 为在同一温度下纯水的饱和蒸汽压。这种表示方法与路易斯（Lewis）根据热力学平衡最早表示水分活度的方法近似，$A_w = f/f_0$，f 为溶剂逸度（溶剂从溶液中逸出的趋势）；f_0 为纯溶剂逸度。在低温时（例如室温下），f/f_0 和 p/p_0 之间差值低于 1%。所以，用 p 和 p_0 表示水分活度是合理的。

严格地说，式（2-1）仅适用于理想溶液和热力学平衡体系。然而，食品体系一般不符合上述两个条件，因此式（2-1）应看为一个近似，更确切的表示是 $A_w \approx p/p_0$。由于食品科学中 p/p_0 是可以测定的，并且在某些情况下 p/p_0 又不等于 A_w，因此用 p/p_0 表示比 A_w 更合适。尽管用相对蒸汽压（$RVP = p/p_0$）在食品体系中表示比用 A_w 表示更为科学，但是 A_w 是普遍使用的术语，因此，本书在大多数情况下仍然采用 A_w 这个术语表示。

在少数重要实例中，溶质的特殊效应可能使得 RVP 不宜作为食品稳定性和安全性的指标，即使在式（2-1）的理想状态下也如此。在这些情况下，具有相同 RVP 而含有不同溶质成分的食品可能显示不同的稳定性和其他性质。任何将 RVP 作为判断食品安全或稳定性工具的人都不能忽视这一重要的问题。由图 2-16 可以看出，金黄色葡萄球菌（*Staphylococus aureus*）生长所需的最低 RVP 与溶质的类型有关。

相对蒸汽压与产品环境平衡相对湿度（ERH）有关，如下式所示：

$$A_w = RVP = p/p_0 = ERH/100 = N = n_1/(n_1 + n_2) \qquad (2-2)$$

ERH（equilibrium relative humidity）即样品周围环境的平衡相对湿度；N 为溶剂（水）摩尔分数；n_1 为溶剂摩尔数；n_2 为溶质摩尔数，n_2 可通过测定样品的冰点并按式（2-3）进行计算。

$$n_2 = G\Delta T_f/(1\,000 \times K_f) \qquad (2-3)$$

必须指出，水分活度是样品固有的一种特性，而平衡相对湿度是空气与样品中的水蒸气达到平衡时大气所具有的一种特性。只有当产品与它的环境达到平衡时，式（2-2）才成立。平衡的建立是一个耗时的过程，当样品数量很少（小于 1 g）时，样品和环境之间达到平衡也需要相当长的时间。对于大量的试样，尤其当温度低于 20 ℃时，几乎不可能与环境达到平衡。

蒸汽压是溶液的基本特性之一，非电解质溶质挥发性低，不显示蒸汽压，因此，溶液的蒸汽压可看成是全部由溶剂分子产生的。随着溶液中溶质浓度增大，溶剂浓度减小，蒸汽压将降低。根据拉乌尔定律，在理想溶液中，溶剂分子的蒸汽压与溶剂的摩尔数成比例。

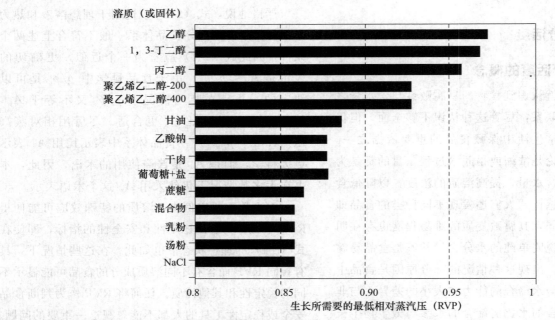

图 2-16　金黄色葡萄球菌生长的最低相对蒸汽压与溶质的关系（温度接近于最适生长的温度）

来源：Chirife J.（1994）

食品的水分活度可以用食品中水的摩尔分数表示，但食品中的水和溶质相互作用或水和溶质分子相接触时，会释放或吸收热量，这与拉乌尔定律不符。当溶质为非电解质并且浓度小于 1 mol 质量时，A_w 与理想溶液相差不大，但溶质是电解质时便出现大的差异。由表 2-7 中理想溶液、电解质和非电解质溶液的 A_w 可知，纯溶质水溶液的 A_w 值与按拉乌尔定律预测的值不相同，更不用说复杂的食品体系中组分种类多且含量各异，因此，用食品的组分和水分含量计算食品的 A_w 是不可行的。样品的含水量和水分活度之间存在着很重要的关系，下面介绍几种测定水分活度的一般方法。

表 2-7　质量摩尔浓度溶质水溶液的 A_w

溶质[a]	A_w[b]
理想溶液	0.982 3
丙三醇	0.981 6
蔗糖	0.980 6
氯化钠	0.967
氯化钙	0.945

a. 1 kg 水（55.51 mol）中溶解 1 mol 溶质；b. A_w＝55.51/（1＋55.51）＝0.982 3。

（1）冰点测定法　先测定样品的冰点降低和含水量。然后按式（2-2）和式（2-3）计算水分活度（A_w），其误差（包括冰点测定和 A_w 的计算）很小（＜$0.01A_w$/℃）。

（2）相对湿度传感器测定方法　将已知含水量的样品置于恒温密闭的小容器中，使其达到平衡，然后用电子或湿度测量仪测定样品和环境空气平衡的相对湿度，即可得到 A_w。

（3）恒定相对湿度平衡室法　置样品于恒温密闭的小容器中，用一定种类的饱和盐溶液使容器内样品的环境空气的相对湿度恒定，待平衡后测定样品的含水量。

此外，还可以利用水分活度仪测定样品的 A_w。

二、水分活度与温度的关系

测定样品水分活度时，必须标明温度，因为 A_w 与温度有关。经修改的克劳修斯—克拉伯龙（Clausius-Clapeyron）方程，精确地表示了 A_w 与温度的关系。

$$\frac{\mathrm{d}\ln A_w}{\mathrm{d}(1/T)} = -\frac{\Delta H}{R} \qquad (2\text{-}4)$$

式中 T 是热力学温度；R 是气体常数；$-\Delta H$ 是纯水汽化为样品水分含量时的等量吸附热。

式（2-4）经过整理，符合广义的直线方程。以 $\ln A_w$ 对 $1/T$ 作图（当水分含量一定时）应该是一条直线。图 2-17 表示不同含水量的马铃薯淀粉的水分活度与温度之间的关系，图 2-17 表明两者间有良好的线性关系，且水分活度随温度变化的程度是水分含量的函数。水分活度起始值为 0.5 时，在 275～313 K（2～40 ℃）范围内，湿度系数为 0.003 4 K^{-1}。根据另外一些研究报道，富含糖类或蛋白质的食品，在 5～50 ℃和起始 A_w 0.5 时，湿度系数为 0.003～0.02 K^{-1}，这表明水分活度与产品的种类有关。一般说来，温度每变化 10 K 或 10 ℃，A_w 变化 0.03～0.2。这一现象对于包装食品非常重要，因为温度变化对水分活度产生的效应会影响密封袋装或罐装食品的稳定性。

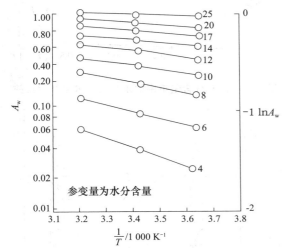

图 2-17 不同水分含量的马铃薯淀粉的水分活度和温度的关系

来源：Van den Berg C. and Leniger H A.（1978）

在温度范围扩大后，以 $\ln A_w$ 对 $1/T$ 作图得到的图形就并非始终是一条直线。例如当开始结冰时曲线一般会出现断点，因此在冰点温度以下时，水分活度的定义需要重新考虑。解释断点产生的原因之前，有必要论述下冰点以下 RVP 的定义。如表 2-8 所示，0 ℃以下存在呈液态的亚稳态过冷纯水，那么冰点以下的 p_0 是过冷纯水的蒸汽压还是冰的蒸汽压呢？实验结果证明，用过冷纯水的蒸汽压来表示 p_0 是正确的。原因在于：①只有采用过冷纯水的蒸汽压值才能将冰点温度以下的 RVP 值与冰点温度以上的 RVP 值精确比较；②如果冰的蒸汽压用 p_0 表示，那么含有冰晶的样品在冰点温度以下时是没有意义的，由于冷冻食品中水的蒸汽压分压与同一温度下冰的蒸汽压相等，所有冰点温度以下的 RVP 都为 1，即 A_w 值都为 1。

表 2-8 水、冰和食品在低于冰点的各个不同温度下的蒸汽压和水分活度

温度/℃	液体水①蒸汽压/kPa	冰②和含冰食品蒸汽压/kPa	A_w
0	0.610 4②	0.610 4	1.00④
−5	0.421 6②	0.401 6	0.953
−10	0.286 5②	0.259 9	0.907
−15	0.191 4②	0.165 4	0.864
−20	0.125 4③	0.103 4	0.82
−25	0.080 6③	0.063 5	0.79
−30	0.050 9③	0.038 1	0.75
−40	0.018 9③	0.012 9	0.68
−50	0.006 4③	0.003 9	0.62

①除 0 外在所有温度下的过冷水；②观测的数据；③计算的数据；④仅适用于纯水。

由于过冷纯水的蒸汽压在温度降低至 −15 ℃时已测定得到，且更低温度下的冰的蒸汽压也测定得到，所以能够根据过冷水标准状态准确地计算冷冻食品的水分活度值。

$$A_w = RVP = \frac{p_{ff}}{p_0(UCW)} = \frac{p_{ice}}{p_0(UCW)} \quad (2-5)$$

式中：p_{ff} 是未完全冷冻的食品中水的蒸汽分压；$p_0(UCW)$ 是过冷纯水的蒸汽压；p_{ice} 是纯冰的蒸汽压，上述各参数都是同一温度下的。

表 2-8 中列举了按冰和过冷水的蒸汽压计算的冷冻食品的 A_w 值。这些值与相同温度下冷冻食品的 RVP 值相等。图 2-18 所示为以 A_w 的对数值对 $1/T$ 作图所得的直线，图中显示了：①在冰点以下时 A_w 的对数值与 $1/T$ 呈线性关系；②在低于冻结温度时，温度对水分活度的影响比在冻结温度以上要大得多；③样品在冰点附近时，图中直线陡然不连续并出现断点。

在比较冰点以上和冰点以下温度的水分活度时，应注意两个重要区别。第一，在冰点以上温度，A_w 是样品组成和温度的函数，其中前者是主要因素。但在冰点以下温度，A_w 与样品中的组分无关，只取决于温度，因为冰相存在时，A_w 不受体系中溶质种类和比例的影响。这使得我们不能根据水分活度值（A_w）准确地预测冰点以下温度时体系中溶质的种类及其含量对体系变化所产生的影响。所以，冰点以下时用 A_w 值作为食品体系中可能发生的物理化学和生理变化的指标，远不如在冰

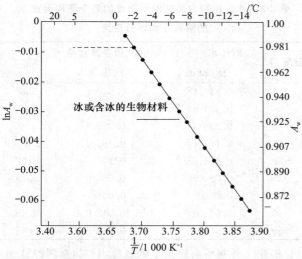

图 2-18　水性体系中，冰点以上和冰点以下时样品的水分活度和温度之间的关系

来源：Fennema O.（1978）

点以上更有应用价值；且冰点以下的 A_w 不能用来预测冰点以上的同一种食品的 A_w，因为冰点以下时 A_w 值与样品的组成无关，只取决于温度。第二，当温度变化至足以形成或熔化冰的范围，就食品稳定性而言，A_w 的意义也发生了变化。例如，一种食品在 −15 ℃ 和 A_w 为 0.86 时，微生物能不生长，化学反应进行缓慢；可是，在 20 ℃，A_w 同样为 0.86，则出现相反的情况，某些化学反应可以迅速进行，某些微生物也能以中等速度生长。

三、水分活度与水分含量的关系

（一）定义和区间

在恒温条件下，将食品的水分含量（用每单位干物质质量中水的质量表示）对水分活度绘图形成的曲线被称为水分吸附等温线（moisture sorption isotherms，MSI）。MSI 中信息可用于：①研究和控制浓缩与干燥过程，因为浓缩和干燥过程中样品脱水的难易程度与 RVP 有关；②指导食品混合物的配方以避免水分在组分之间转移；③测定包装材料的阻湿性；④测定什么样的水分含量能够抑制微生物的生长；⑤预测食品的化学和物理稳定性与水分含量的关系。

图 2-19 是高水分含量食品的 MSI 示意图，它包含了各种食品脱水时的所有水分含量范围，但低水分区一些最重要的数据并未十分详细地表示出来，因此没有很大的用途。通常人们会略去高水分

区，并扩展低水分区，就得到如图 2-20 所示的更有价值的 MSI。

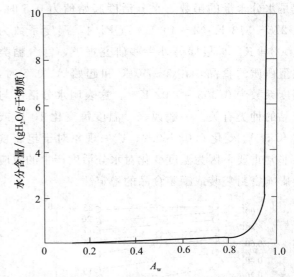

图 2-19　高水分含量范围的水分吸附等温线示意图

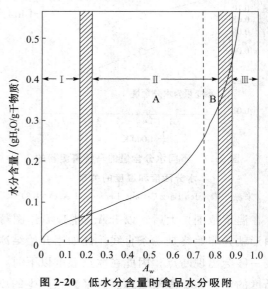

图 2-20　低水分含量时食品水分吸附等温线的一般形式（20 ℃）

不同物质的 MSI 形状各异，其中大多数可以根据形状进行定性分类。图 2-21 所示为不同物质的具有显著形状差异的 MSI。这些 MSI 都是回吸（或吸附）等温线，即通过向干燥的样品中添加水获得。解吸等温线也很常见，有关解吸和吸附等温线之间的关系将在后续章节中讨论。大多数食品的等温线呈 S 形，而水果、糖制品、含有大量糖和其他可溶性小分子的咖啡提取物以及多聚物含量不高的食品的等温线为 J 形，见图 2-21 中曲线 1。等温线形状和位置与试样的组成（溶质的分子质量分

布和亲水/亲油平衡)、物理结构(例如结晶或无定形)、样品预处理、温度和制作等温线的方法等因素相关。

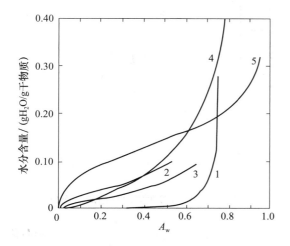

图 2-21　各种食品和生物物质的回吸等温线

除曲线 1 采用的温度是 40 ℃外,其余的均为 20 ℃:

1. 糖果(主要成分是蔗糖粉);2. 喷雾干燥菊苣提取物;

3. 焙烤哥伦比亚咖啡;4. 猪胰脏提取粉;5. 天然大米淀粉

来源:Van den berg C. and Bruin S.(1981)

为了深入理解吸附等温线的含义和实际应用,可如图 2-20 将曲线分成三个区间。随着水的吸入(回吸),重新结合的水从区间 I(干燥的)向区间 III(高水分)移动时,水的物理性质发生变化。下面分别叙述每个区间水的主要特性:

等温线区间 I 中的水,是食品中吸附最牢固和最不容易移动的水,靠水—离子或水—偶极相互作用吸附在样品中极性部位,蒸发焓比纯水大得多,在 −40 ℃时不结冰,不能溶解溶质,且其量不足以产生对固体的增塑效应,相当于固体的组成部分。

在区间 I 的高水分末端(区间 I 和区间 II 的分界线)位置的这部分水相当于食品的"BET 单分子层"水分含量。目前对分子水平 BET 的单分子层的确切含义还不完全了解,最恰当的解释是把单分子层值看成是在干物质可接近的强极性基团周围形成 1 个单分子层所需水的近似量。对于淀粉,此量相当于每个脱水葡萄糖残基结合 1 个 H_2O 分子。从另一种意义上来说,单分子层值相当于与干物质牢固结合的最大数量的水,相当于表 2-4 和表 2-5 中所示的化合水和邻近水。属于区间 I 的水只占高水分食品中总水量的很小一部分。近来用核磁共振

技术研究了蛋白质中结合水的存在状态,证明其中一种是直接与蛋白质结合的水分子,它的旋转运动速率为纯水水分子的百万分之一,属于单分子层水。另一种是位于单分子层水外层的邻近水,邻近水的水分子旋转运动速率为纯水中水分子的千分之一,蛋白质分子中的结合水大部分属于这一种。

等温线区间 II 的水包括区间 I 的水加上区间 II 内增加的水(回吸作用),区间 II 增加的水占据固体表面第一层的剩余位置和亲水基团周围的另外几层位置,这一部分水叫作多分子层水。多分子层水主要靠水—水和水—溶质的氢键键合作用与邻近的分子缔合,流动性比体相水稍差,其蒸发焓比纯水大,相差范围从很小到中等程度不等,主要取决于水与非水组分的缔合程度,这种水大部分在 −40 ℃时不结冰。

向含有相当于等温线区间 I 和区间 II 边界位置水含量的食品中增加水,所增加的这部分水将会使溶解过程开始,并且具有增塑剂和促进基质溶胀的作用。由于溶解作用的开始,引起体系中反应物移动,使大多数反应的速度加快。在含水量高的食品中,属于等温线区间 I 和区间 II 的水一般占总含水量的 5% 以下。

等温线区间 III 的水包括区间 I 和区间 II 的水加上区间 III 边界内增加的水(回吸过程)。区间 III 范围内增加的水是食品中结合最不牢固和最容易流动的水(分子状态),一般称之为体相水,其性质见表 2-6。在凝胶和细胞体系中,因为体相水以物理方式被截留,所以宏观流动性受到阻碍,但它的其他性质都与稀盐溶液中水的性质相似。假定区间 III 增加一个水分子,它将会被区间 I 和区间 II 的几个水分子层所隔离,所以不会受到非水物质分子的作用。从区间 III 增加或被除去的水,其蒸发焓基本上与纯水相同,这部分水既可以结冰也可作为溶剂,并且还有利于化学反应的进行和微生物的生长。区间 III 的体相水不论是截留的或游离的,它们在高水分含量的食品中一般占总含水量的 95% 以上。

虽然等温线划分为三个区间,但还不能准确地确定区间的分界线,而且除化合水外(表 2-4),等温线每一个区间内和区间与区间之间的水都能发生交换。另外,向干燥物质中增加水虽然能够稍微

改变原来所含水的性质，即基质的溶胀和溶解过程。但是当等温线的区间Ⅱ增加水时，区间Ⅰ水的性质几乎保持不变。同样，在区间Ⅲ内增加水，区间Ⅱ水的性质也几乎保持不变（图2-20）。从而可以说明，食品中结合得最不牢固的那部分水对食品的稳定性起着重要作用。

（二）温度对水分吸附等温线的影响

如前所述，水分活度依赖于温度，因此，水分吸附等温线（MSI）对温度亦存在相关性，图2-22所示为马铃薯片在不同温度下的MSI。在一定的水分含量时，水分活度随温度的上升而增大，它与克劳修斯—克拉珀龙方程一致，符合食品中所发生的各种变化的规律。

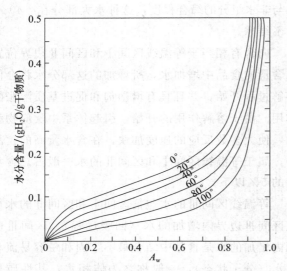

图2-22　不同温度下马铃薯的水分解吸等温线

来源：Golrling P.（1958）

（三）滞后现象

从前面章节可知，采用吸附或解吸的方法都可以得到MSI。然而，向干燥样品中添加水（回吸作用）的方法绘制的MSI和按解吸过程绘制的MSI并不相互重叠，这种不一致称为滞后现象（hysteresis）（图2-23）。很多种食品的MSI都表现出滞后现象。食品的性质和食品除去或添加水时所发生的物理变化，以及温度、解吸速度和解吸时的脱水程度等多种因素都会影响滞后作用的大小、曲线的形状和滞后回线（hysteresis loop）的起点和终点。在A_w一定时，食品解吸过程中样品的水分含量一般高于回吸过程中样品的水分含量。

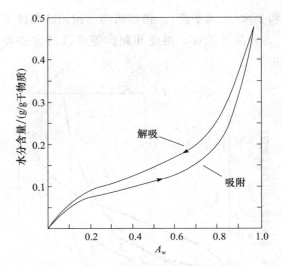

图2-23　水分吸附等温线的滞后现象

已有研究提出几种理论用于定性地解释吸附滞后现象，这些理论涉及的因素包括溶胀现象，局部结构介稳态，化学吸附，相转变，毛细管现象，低温时非平衡状态更持久等。但明确阐明MSI滞后现象的确切解释目前还没有形成。

MSI的滞后现象不仅仅是一个实验室的研究结果，而且具有实际意义。Labuza等的研究结果证明，控制鸡肉和猪肉的A_w值在0.7～0.84范围时，采用解吸比采用回吸方法调整到所要求的A_w值脂类的氧化作用速度更大。如前所述，在给定A_w值时，样品解吸比样品回吸过程含有更多的水分。因而使高水分样品的黏性较低，催化剂流动性变大，基质发生溶胀而暴露出来的催化位点增加，与低水分（回吸）样品比较，氧的扩散作用也略微提高，结果是脂类氧化速度加快。

第6节　水与食品的稳定性

一、水分活度与食品的稳定性

在大多数情况下，食品的稳定性与水分活度之间有着密切的联系（图2-24和表2-9），表2-9表明了适合于各种普通微生物生长的水分活度范围，同时我们也将食品按它们的水分活度分类。从图2-24可见，曲线的形状和位置因样品的组成、物理状态和结构（毛细现象）以及环境中气体的组成（特别是氧）、温度、滞后现象等因素的影响而改变［图2-24（1）～（5）］。

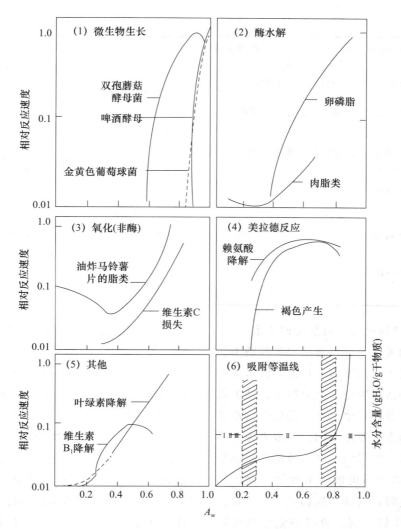

图 2-24 水分活度、食品稳定性和吸附等温线之间的关系

(1) 微生物生长与 A_w；(2) 酶水解与 A_w；(3) 氧化反应（非酶）与 A_w；(4) 美拉德褐变与 A_w；(5) 其他反应速度与 A_w；

(6) 吸附等温线。除 (6) 外，所有的纵坐标代表相对反应速度。

表 2-9 不同水分活度的食品中可能生长的微生物

A_w 范围	在此范围内的最低 A_w 值一般所能抑制的微生物	在此范围内的食品
1.00～0.95	假单胞菌、大肠杆菌、变形杆菌、志贺氏菌属、芽孢杆菌、克雷伯氏菌属、产气荚膜梭状芽孢杆菌、一些酵母	极易腐败的新鲜食品、罐头水果、蔬菜、肉、鱼和牛乳；熟香肠和面包；含约 40%（质量分数）蔗糖或 7%NaCl 的食品
0.95～0.91	沙门氏菌属、副溶血弧菌、肉毒梭状芽孢杆菌、沙雷氏菌、乳杆菌属、足球菌、一些霉菌、酵母（红酵母、毕赤酵母）	一些干酪（英国切达、瑞士、法国明斯达、意大利波萝伏洛）、腌制肉（火腿）、一些浓缩果汁、含 55%（质量分数）蔗糖或 12%NaCl 的食品
0.91～0.87	许多酵母菌（假丝酵母、汉逊氏酵母、球拟酵母）、微球菌	发酵香肠（萨拉米）、海绵蛋糕、干奶酪、人造奶油、含 65%（质量分数）蔗糖（饱和）或 15%NaCl 的食品
0.87～0.80	大多数霉菌（产生毒素的青霉菌）、金黄色葡萄球菌、大多数酵母菌属（拜耳酵母）、德巴利氏酵母	大多数浓缩果汁、甜炼乳、巧克力糖浆、槭糖浆和水果糖浆；面粉、米、含 15%～17% 水分的豆类食品；水果糕点；家庭自制火腿、方旦糖

续表2-9

A_w 范围	在此范围内的最低 A_w 值一般所能抑制的微生物	在此范围内的食品
0.80～0.75	大多数嗜盐细菌、产霉菌毒素的曲霉	果酱、加柑橘皮丝的果冻、杏仁酥糖、糖渍水果、一些棉花糖
0.75～0.65	嗜旱霉菌（谢瓦氏曲霉、亮白曲霉、Wallemia sebi）、二孢酵母	含约10％水分的燕麦片；颗粒牛轧糖、砂性软糖、果冻、棉花糖、糖蜜、粗蔗糖、一些果干、坚果
0.65～0.60	耐渗透压酵母（鲁氏酵母）、少数霉菌（二孢红曲霉，刺孢曲霉）	含15％～20％水分的果干、一些太妃糖与焦糖；蜂蜜
0.50	微生物不繁殖	含约12％水分的酱、含约10％水分的调味料
0.40	微生物不繁殖	含约5％水分的全蛋粉
0.30	微生物不繁殖	含3％～5％水分的曲奇饼、脆饼干、面包屑
0.20	微生物不繁殖	含2％～3％水分的全脂奶粉；含约5％水分的脱水蔬菜；含约5％水分的玉米片、家庭自制的曲奇饼、脆饼干

（一）水分活度与微生物生命活动的关系

就水与微生物的关系而言，食品中各种微生物的生长繁殖，是由其水分活度而不是由其含水量所决定，即食品的水分活度决定了微生物在食品中萌发的时间、生长速率及死亡率。不同的微生物在食品中繁殖时对水分活度的要求不同。一般来说细菌对低水分活度最敏感，酵母菌次之，霉菌的敏感性最差，见表2-8，当水分活度低于某种微生物生长所需的最低水分活度时，这种微生物就不能生长。

水分活度在0.91以上时，食品的微生物变质以细菌为主。水分活度降至0.91以下时，就可以抑制一般细菌的生长。当在食品原料中加入食盐、糖后，其水分活度下降，一般细菌不能生长，但嗜盐细菌却能生长。水分活度在0.9以下时，食品的腐败主要是由酵母菌和霉菌所引起，其中水分活度在0.8以下的糖浆、蜂蜜和浓缩果汁的败坏主要是由酵母菌引起的。研究结果表明，重要的食品中有害微生物生长的最低水分活度在0.86～0.97之间，所以，真空包装的水产品和畜产品加工制品，流通标准规定其水分活度要低于0.94。

微生物对水分的需要会受到食品pH、营养成分、氧气等共存因素的影响。因此，在选定食品的水分活度时应根据具体情况进行适当的调整。

（二）水分活度与食品劣变化学反应的关系

图2-24所示为在25～45℃温度范围几类重要反应的反应速度与 A_w 之间的关系，为了便于比较，图2-24（6）还加入了典型的水分吸附等温线。

图2-24（3）表示脂类氧化和 A_w 之间的相互关系，当 A_w 值非常小时，脂类的氧化和 A_w 之间出现异常的相互关系，从等温线的左端开始加入水至BET单分子层，脂类氧化速率随着 A_w 值的增加而降低，若进一步增加水，直至 A_w 值达到接近区间Ⅱ和区间Ⅲ分界线时，氧化速率逐渐增大，一般脂类氧化的速率最低点在 A_w 0.35左右。这表明，具有氧化特性的样品在过分干燥的状态下稳定性并非最佳。这可能是由于最初添加至十分干燥的样品中的那部分水（在区间Ⅰ）能与氢过氧化物结合并阻止其分解，从而阻碍氧化进程。此外，这部分水还能与催化氧化反应的金属离子发生水合，从而降低催化效率。继续加水超过区间Ⅰ和区间Ⅱ的边界时，氧化速率增大，这可能是因为等温线此区间的水可促使氧的溶解度增加和大分子溶胀，从而暴露出更多催化位点，加速氧化反应。当 A_w 大于0.80时，氧化速率缓慢，这是由于水的增加对体系中的催化剂产生稀释效应。

从图2-24（1）、（4）、（5）可见，在中等至高 A_w 值时，美拉德褐变反应、维生素 B_1 降解反应以及微生物生长显示最大反应速率。但在有些情况下，在中等至高水分含量食品中，随着水分活度增大，反应速率反而降低。这可能有以下两种情况：一种情况是，在水是生成物的反应中，增加水的含量可阻止反应的进行，其结果抑制了水的产生，所以反应速率降低。另一种情况是，当样品中水的含量已使得溶质的溶解度、大分子表面的可及性和速率限制组分的流动性不再是反应速度限速因素时，进一步增加水的含量，将会对速率限制组分产生稀释效应，而降低反应速率。

综上所述，降低食品的 A_w，可以延缓酶促褐变和非酶褐变的进行，减少食品营养成分的破坏，防止水溶性色素的分解。但 A_w 过低，则会加速脂肪的氧化酸败。要使食品具有最高的稳定性所必需的水分含量，最好是将 A_w 保持在结合水范围内。这样，可使化学变化难于发生，同时又不会使食品丧失吸水性和复原性。

（三）降低水分活度提高食品稳定性的机理

如上所述，低水分活度能抑制食品的化学变化和微生物的生长繁殖，稳定食品质量，是因为食品中发生的化学反应和酶促反应以及微生物的生长繁殖是引起食品腐败变质的重要原因，故降低水分活度可以抑制这些反应的进行，其机理如下：

（1）大多数化学反应都必须在水溶液中才能进行，如果降低食品的水分活度，食品中水的存在状态就会发生变化，结合水的比例增加，体相水的比例减少，而结合水是不能作为反应物的溶剂的。所以降低水分活度，能使食品中许多可能发生的化学反应、酶促反应受到抑制。

（2）很多化学反应属于离子反应。该反应发生的条件是反应物必须先进行离子化或水合作用，而这个作用的条件必须是有足够的体相水才能进行。

（3）很多化学反应和生物化学反应都必须有水分子参加才能进行（如水解反应），若降低水分活度，就减少了参加反应的体相水的数量，化学反应的速度也就变慢。

（4）许多以酶为催化剂的酶促反应，水除了起着一种反应物的作用外，还能作为底物向酶扩散性输送介质，并且通过水化促使酶和底物活化。当 A_w 低于 0.8 时，大多数酶的活力就受到抑制；若 A_w 值降到 $0.25\sim0.30$ 的范围，食品中的淀粉酶、多酚氧化酶和过氧化物酶就会受到强烈的抑制或丧失其活力（脂肪酶是例外，水分活度在 $0.05\sim0.1$ 时仍能保持其活性）。

（5）食品中微生物的生长繁殖都要求有一定最低限度的 A_w，大多数细菌为 $0.94\sim0.99$，大多数霉菌为 $0.80\sim0.94$，大多数耐盐细菌为 0.75，耐干燥霉菌和耐高渗透酵母为 $0.60\sim0.65$。当水分活度低于 0.60 时，绝大多数微生物就无法生长。

如图 2-24 所示，中等含水量（$A_w=0.7\sim0.9$）的食品中的化学反应速率最大，对食品的稳定性显然是不利的。而所有的化学反应在解吸过程中第一次出现最低反应速率是在等温线区间 I 和区间 II 的边界（$A_w=0.20\sim0.30$），除氧化反应外其他的反应随着 A_w 的降低仍保持最低反应速率。在解吸过程中，最初出现最低反应速率的水分含量相当于"BET 单层"水分含量。

如图 2-24 所示，食品中水分在解吸过程中，水分活度值相当于等温线区间 I 和区间 II 的边界位置（$A_w=0.2\sim0.3$）时，许多化学反应和酶催化反应速率最小。进一步降低水分活度，除氧化反应外，其余所有的反应仍然保持最小的反应速率，人们把相当于解吸过程中出现最小反应速率时的食品所含的这部分水称为 BET 单分子层水。用食品的 BET 单分子层水的值可以准确地预测干燥产品最大稳定性时的含水量，因此，它具有很大的实用意义。利用吸附等温线数据按布仑奥尔（Brunauer）等提出的 BET 方程可以计算出食品的单分子层水值：

$$\frac{A_w}{m(1-A_w)} = \frac{1}{m_1 c} + \frac{c-1}{m_1 c} A_w \qquad (2-6)$$

式中 A_w 为水分活度，等于 p/p_0；m 为水含量（gH_2O/g 干物质）；m_1 为 BET 单分子层值；c 为常数。

根据此方程，显然以 $A_w/[m(1-A_w)]$ 对 A_w 作图应得到一条直线，称为 BET 直线。图 2-25 表示马铃薯淀粉的 BET 图。在 A_w 值大于 0.35 时，线性关系开始出现偏差。

单分子层值可按式（2-7）计算：

$$单分子层值(m_1) = \frac{1}{(Y_{截距}) + (斜率)} \qquad (2-7)$$

根据图 2-25 查得，Y 截距为 0.6，斜率等于 10.7，于是可求出

$$m_1 = \frac{1}{0.6 + 10.7} = 0.088 \, gH_2O/g \, 干物质$$

在这个特定的实例中，单分子层值所对应的 A_w 为 0.2。采用方程得到的单分子层值与此接近。

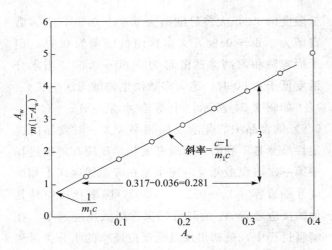

图 2-25 天然马铃薯淀粉的 BET 图（回吸数据，20 ℃）

来源：Van den Berg C.（1981）

水分活度 A_w 值除影响化学反应和微生物生长外，还影响干燥和半干燥食品的质地。例如，欲保持饼干、膨化玉米花和油炸马铃薯片的脆性，防止颗粒状蔗糖、奶粉和速溶咖啡结块，以及硬糖果、蜜饯等黏结，均应保持适当低的 A_w 值。干燥物质保持理想性质所允许的最大 A_w 为 $0.35\sim0.5$。另外，为避免软质构食品变硬需要保持适度较高的 A_w。

二、冷冻与食品的稳定性

冻藏是保藏大多数食品最理想的方法，其作用主要在于低温时微生物的繁殖被抑制，一些化学反应的速度常数降低，而不是因为形成冰。食品的低温冻藏虽然可以提高一些食品的稳定性，但具有细胞结构的食品和食品凝胶中的水结冰时，将出现两个非常不利的后果，即水结冰后其体积比结冰前增加 9%，体积的膨胀就会产生局部压力，使具有细胞组织结构的食品受到机械性损伤，造成食品解冻后汁液的流失，或者使得细胞内的酶与细胞外的底物发生接触，导致不良反应的发生；同时食品中非水组分的浓度将比冷冻前变大，这是由于水溶液、细胞悬浮液或生物组织在冻结过程中，溶液中的水可以转变为高纯度的冰晶。因此，非水组分几乎全部都浓集到未结冰的水中，其最终效果类似食品的普通脱水。

食品冻结的浓缩程度主要受最终温度的影响，而食品中溶质的低共熔温度以及搅拌和冷却速度对

其影响较小。食品冻结出现的浓缩效应，使非结冰相的 pH、可滴定酸度、离子强度、黏度、冰点、表面和界面张力、氧化-还原电位等都将发生明显的变化。此外，还将形成低共熔混合物，溶液中有氧和二氧化碳逸出，水的结构和水与溶质间的相互作用也剧烈地改变，同时大分子更紧密地聚集在一起，使之相互作用的可能性增大。上述所发生的这些变化常常有利于提高反应的速率。由此可见，冷冻对反应速率有两个相反的影响，即降低温度使反应变得非常缓慢，而冷冻所产生的浓缩效应有时却又导致反应速率的增大。表 2-10 和表 2-11 综合列出了它们对反应速度的影响。

表 2-10 冷冻过程中温度和溶质浓缩对化学反应的最终影响

状态	温度的变化	溶质的浓缩变化	两种作用的相互影响程度[①]	冷冻对反应速度的最终影响
I	降低	降低	协同	降低
II	降低	略有增加	$T>S$	略有降低
III	降低	中等程度增加	$T=S$	无影响
IV	降低	大大增加	$T<S$	增加

①T 表示温度效应；S 表示溶质浓度效应。

表 2-11 食品冷冻过程中一些变化被加速的例子

反应类型	反应物
酶催化水解反应	蔗糖
氧化反应	抗坏血酸、乳脂、油炸马铃薯食品中的维生素 E、脂肪中 β 胡萝卜素与维生素 A 的氧化、牛奶
蛋白质的不溶性	鱼、牛、兔肉的蛋白质
形成 NO-肌红蛋白或 NO-血红蛋白（腌肉的颜色）	肌红蛋白或血红蛋白

表 2-11 列举的非酶催化反应速率增大的例子中，如氧化反应加快、蛋白质溶解度降低，对食品质量产生特别重要的影响。图 2-26 阐明了蛋白质在低于结冰温度的各种不同温度下，经过 30 d 时间形成的不溶性蛋白质的量，从这些数据可以说明：一般是在刚好低于样品起始冰点几度时冷冻速率明显加快；正常冷冻贮藏温度（-18 ℃）时的反应速率要比 0 ℃ 时低得多。

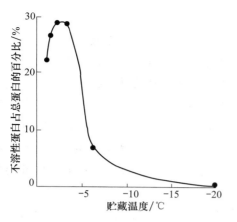

图 2-26 牛肉贮藏 30 d 温度对蛋白质不溶解性的影响

在冷冻过程中细胞体系的某些酶催化反应速率也同样加快（表 2-12），一般认为是冷冻诱导酶底物和（或）酶激活剂发生移动所引起的，而不是因溶质浓缩产生的效应。

表 2-12   食品冷冻过程中酶催化反应被加速的例子

反应类型	食品样品	反应加速的温度/℃
糖原损失和乳酸蓄积	动物肌肉组织	$-3 \sim -2.5$
磷脂的水解	鳕鱼	-4
过氧化物的分解	快速冷冻马铃薯与慢速冷冻豌豆中的过氧化物酶	$-5 \sim -0.8$
维生素 C 的氧化	草莓	-6

在食品冻藏过程中冰结晶大小、数量、形状的改变也会引起食品劣变，这些也许是冷冻食品品质劣变最重要的原因。由于冻藏过程中温度出现波动，温度升高时，已冻结的小冰晶熔化；温度再次降低时，原先未冻结的水或先前小冰晶熔化的水将会扩散并附着在较大的冰晶表面，造成再结晶的冰晶体积增大，这样对组织结构的破坏性很大。因此，在食品冻藏时，要尽量控制温度的恒定。

食品冻藏有慢冻和速冻两种方法。如速冻的肉，由于冻结速率快，形成的冰晶数量多，颗粒小，在肉组织中分布比较均匀，又由于小冰晶的膨胀力小，对肌肉组织的破坏很小，解冻熔化后的水可以渗透到肌肉组织内部，所以基本上能保持原有的风味和营养价值。而慢冻的肉，结果刚好相反。因此，肉制品在冻藏时，一定要采取速

冻的方法，在解冻时一定要采取缓慢解冻的方法，使冻结肉中的冰晶逐渐熔化成水，并基本上全部渗透到肌肉中去，尽量不使肉汁流失，以保持肉的营养和风味。

总之，水不仅是食品中最丰富的组分，而且对食品性质有很大的影响。水也是引起食品易腐败的原因，通过水能控制许多化学和生物化学反应的速率，有助于防止冷冻时产生副作用。水与非水食品组分以非常复杂的方式联系在一起，一旦由于某些原因例如干燥或冷冻，破坏了它们之间的关系，将不可能完全恢复到原来的状态。

第 7 节   分子流动性和食品的稳定性

一、概述

尽管利用 A_w 预测和控制食品稳定性已经在食品生产中得到广泛应用，但这并不妨碍我们用其他方法补充或部分取代 A_w 作为预测、控制食品稳定性与加工性能的工具。越来越多研究表明，分子流动性（molecular mobility，Mm）与食品的稳定性也密切相关。在分子流动性方法中，人们重点关注组分分子的流动性，也关注分子的转动和移动。分子流动性关系到许多食品中反应的扩散特性，尤其是扩散限制反应对食品品质的重要性，这类食品包括含淀粉食品（如面团、糖果和点心）、以蛋白质为基料的食品、中等水分食品、干燥或冷冻干燥的食品。讨论 Mm 时，必须注意到体系中的关键成分水和主要的溶质。表 2-13 列出了与分子流动性相关的某些食品性质和特征。

在讨论食品稳定性时，应该同时考虑水分活度和分子流动性。分子流动性可以作为新方法，和水分活度一起来预测食品在加工和储存中的物理化学变化及食品的稳定性。

水的存在状态有液态、固态和气态三种，在热力学上属于稳定态。其中水分在固态时，是以稳定的结晶态存在的。但是复杂的食品与其他生物大分子（聚合物）一样往往是以无定形态存在的。所谓无定形态是指物质所处的一种非平衡、非结晶状态。当饱和条件占优势并且溶质保持非结晶时，形成的固体就是无定形态。食品处于无定形态，其稳

定性不会很高，但却具有优良的食品品质。因此，食品加工的任务就是在保证食品品质的同时使食品处于亚稳态或处于相对于其他非平衡态来说比较稳定的非平衡态。

表 2-13　与分子流动性相关的某些食品性质和特征

干燥或半干燥食品	冷冻食品
流动性质和黏性	水分迁移（冰的结晶作用）
结晶和重结晶	乳糖结晶（在冰冻甜食中的砂状结晶）
巧克力糖霜	酶活力在冷冻时留存，有时还出现表观提高
食品在干燥时的碎裂	在冷冻干燥的第一阶段发生无定形结构的塌陷
干燥和中等水分食品的质构	食品体积收缩（冷冻甜点中泡沫状结构的部分塌陷）
在冷冻干燥第二阶段中发生的食品结构塌陷	
以胶囊化方式包埋的挥发性物质的逃逸	
酶的活性	
美拉德反应	
淀粉的糊化	
由淀粉老化引起的焙烤食品的老化	
焙烤食品在冷却时的碎裂	
微生物孢子的热失活	

玻璃态是指既像固体一样具有一定的形状和体积，又像液体一样分子间排列只是近似有序，因此它是非晶态或无定形态。处于此状态的大分子聚合物的链段运动被冻结，只允许在小尺度的空间运动（即自由体积很小），其形变很小，类似于坚硬的玻璃，因此称为玻璃态。

橡胶态是指大分子聚合物转变成柔软而具有弹性的固体（此时还未熔化）时的状态，分子具有相当的形变，它也是一种无定形态。根据状态的不同，橡胶态的转变可分成三个区域：玻璃态转变区域、橡胶态平台区和橡胶态流动区。

黏流态是指大分子聚合物链能自由运动，出现类似一般液体的黏性流动的状态。

玻璃化转变温度（T_g，T_g^*）：T_g 是指非晶态的食品体系从玻璃态到橡胶态的转变（称为玻璃化相变）时的温度；T_g^* 是特殊的 T_g，是指食品体系在冰形成时具有最大冷冻浓缩效应的玻璃化相变温度。

随着温度由低到高，无定形聚合物可经历 3 个不同的状态，即玻璃态、橡胶态、黏流态，各反映了不同的分子运动模式。

玻璃态时，由于体系黏度较高而自由体积较小，一些受扩散控制的反应速率是十分缓慢的，甚至不会发生；而在橡胶态和黏流态时，其体系的黏度明显降低，且自由体积显著增大，使受扩散控制的反应速率也迅速加快。因此玻璃态对食品加工、储藏的安全性和稳定性都十分重要。

通常分子的旋转和震动可以发生在玻璃态温度内，而平动则发生在玻璃化转变温度以上。处于玻璃态的食品具有易碎、低热容量、自由体积小、反应速度慢、高黏度和高储能模量的特点；处于橡胶态的食品具有柔软、易弯曲、自由体积较大、低黏度和低弹性模量的特点。

食品中的玻璃态/橡胶态是一个普遍存在的现象。食品的许多变化都和玻璃态与橡胶态之间的转变相关联。在脱水、干燥、速冻、糖果制造、焙烤、挤压等加工过程中，食品中的水溶性成分容易形成玻璃态，对食品的机械特性、物理和化学稳定性具有重要意义。

另外，食品状态的改变（玻璃态、橡胶态和黏流态的相互转变）与分子运动相关，与食品中扩散、质构及生化过程相关。水的扩散可应用于质构保持及加工过程的优化；风味物质的扩散可应用于食品风味保持。环境温度引起的质构变化可应用于分子重组（蛋白质和淀粉体系中的非特异性变化）及大分子的二次结晶（淀粉老化、蛋白质重新取向）；高温引起的质构变化可应用于膨化来改善挤压和膨化食品的质构。酶活力和微生物生长等生化过程可应用于预测食品的储藏期及微生物稳定。

综上所述，食品的状态和分子运动与速冻食品、干燥食品、糖果制造、焙烤食品等食品工艺、风味及质构相关，对食品货架期也有重要意义。

二、状态图

状态图（State diagrams）包括平衡状态和非平衡状态的信息，不像相图是指热力学的平衡状态。由于食品体系很少处于热力学平衡状态，因此讨论干燥、部分干燥、冷冻食品的分子流动性与稳定性的关系时，状态图比相图更适合。

简单的二元体系温度—组成状态图如图 2-27 所示，相对于标准的相图增加了玻璃化相变曲线（T_g）和一条从低共熔点（T_E）延伸到 T_g^* 的曲线。图中实线表示的是真正的相图区域，描述的是真正的平衡状态。冰熔化曲线 T_m^L 和饱和溶解曲线 T_m^s，以及它们的交点 E（共熔点）所描述的都是真正平衡状态。曲线 T_m^L 是采用冷却—升温循环，

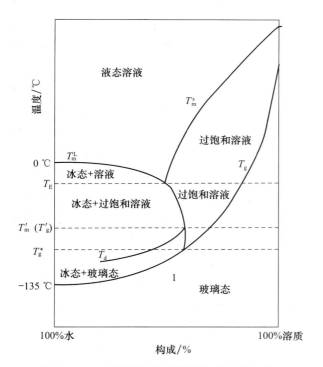

图 2-27　二元液态体系的温度-组成状态图

假设：最大冷冻浓缩，无溶质结晶，恒压，无时间依赖性。

T_m^L 是熔点曲线，T_E 是低共熔温度，T_m^s 是溶解度曲线，T_g 是玻璃化相变曲线，T_d 是去玻璃化温度曲线，T_m'（T_g'）是起始熔化温度，T_g^* 是最大冷冻浓缩溶液的溶质特定玻璃化相变温度，粗虚线是亚稳态平衡条件，所有其他的线是平衡条件。

来源：Srinivasan Damodaran，Kirk L. Parkin，and Owen R. Fennema（2008）

在升温过程中采集数据获得的；在 E 点以后，T_m^L 的延长线描述的是一个新的、更为复杂的体系。首先，这一体系只有在溶质结晶失败（结晶失败是普遍的）时才存在。溶质未结晶时，T_m^L 曲线高浓度一侧对应的状态图区域即为过饱和溶液。因此，从 E 到 T_g^* 就是非平衡态区。T_m^L 曲线延长线从 E 到 T_g^* 段通常用于表示亚稳定平衡，同时该曲线给出了在任意温度下，部分冰结晶后形成的过饱和溶液中溶质的最高浓度。在任意制定温度下，根据冷却过程中的实际结晶动力学过程差异，体系中的冰结晶量有可能较低，从而过饱和溶液中溶质浓度低于 T_m^L 曲线代表的最大值。冷却速度越快，温度越低，结晶有可能越不完全。

在一定温度下，体系会到达冷却时不再有更多冰结晶分离出来的情况。在理想状态图中，这一现象可以用 T_m^L 曲线与 T_g 的交点 T_g^* 表述，此时溶质的浓度为 c_g^*。曲线 T_g 描述的是均匀、无定形体系的玻璃化转变温度随体系组成的变化。应该注意，为了确定从纯水到纯溶质的完整 T_g 曲线，所采用的冷却条件必须保障在整个浓度范围内溶剂和溶质均不产生结晶，而是在适宜的低温下形成一系列已知浓度的均匀玻璃态。要实现这一过程并非易事，尤其是在高水分含量的情况下，可能需要非常快的冷却速度以防止冰晶的产生。无定形液态体系的 T_g 曲线通常是从纯水的 −135 ℃到纯溶质的正确 T_g 处。

在形成冰结晶的平衡体系中，共熔点 E 定义了共熔浓度，即由冰单独向冰与溶质共结晶转变的平衡体系临界浓度。只有在这一特殊的溶液相浓度下，才可能出现冰与溶质的共结晶，且共结晶中水与溶质的比例与该浓度下溶液相中两者的比例相同。当初始水浓度较高时，体系通过冰的结晶达到浓度，初始溶质浓度高者则通过溶质的结晶实现。

对稀溶液玻璃态感兴趣的低温生物学家已经对液态玻璃化进行了深入的研究。有趣的是，研究发现，当从非常低的温度开始对均一的、稀液态玻璃体系加热时，在 T_g 温度下会出现玻璃化转变。进一步加热至某一温度 T_d，则出现去玻璃化。去玻璃化是一个放热过程，体系有冰晶形成，同时伴随着玻璃相中溶质的浓度上升至 T_d 温度下由 T_g 曲线定义的最高可能浓度。这一结果表明，在 T_d 温

度下溶质分子的流动性已经足以导致空间分子重排，并以冰的形式形成纯水区域。冰晶形成导致的残留溶液相浓度升高会使得溶质流动性下降，因而这些区域保持玻璃态，并具有与上升的溶质浓度相匹配的 T_g。T_d 的确切位置是由实验时间决定的，随着时间的延长，T_d 下降。需要注意的是，由于结晶是放热过程，那么去玻璃化就是一个自催化加速过程，应该很容易观测到。

如果一个总浓度低于共熔浓度的体系被冷却的速度低于形成均匀玻璃态所需的速度，会发生什么情况呢？假设体系中存在初始冰核（实际情况往往并非如此），就不会出现显著的过冷。在冷却的过程中，温度到达初始浓度所对应的 T_m^L 时，冰的结晶开始。进一步冷却会形成更多的冰晶，未冻结相的组成沿 T_m^L 曲线变化，最终到达 E 点。如果体系保持平衡的话，溶质与冰就会在 T_E 温度下以固定的比例（由定义的浓度比例）共结晶直至整个体系呈现固态。再进一步冷却，温度会继续下降，但相浓度不再发生变化，即从 E 点垂直向下。不过，晶核形成和溶质结晶长大都有可能比较困难，过饱和是普遍的现象。当过饱和发生时，到达 E 点后进一步冷却会导致更多的冰晶形成，但溶质结晶不同时发生，因此未冻结相的浓度继续上升，沿 T_m^L 曲线从 E 变化到 T_g^*，此时未冻结相进入玻璃态。此时未冻结相的浓度被定义为，在 T_g^* 时，就是 c_g^*。如前所述，随着浓度的上升及温度的下降，溶液黏度提高。因此，溶液相中溶质分子，尤其是大溶质分子的流动性下降，形成冰晶形式的纯水区域的分离过程就需要更长的时间。T_m^L 曲线从 E 点开始的延长部分被定义为各温度下未冻结相的最高浓度。如果冰结晶速度受限（例如在快速冷冻时），那么任一指定低于 T_E 的温度下，未冻结相中溶质的浓度就可能低于该温度对应的 c_m^L。随着冷却的进行，最终未冻结相的温度和浓度会达到与 T_g 曲线的某一点一致，即体系形成了比最大冷冻浓缩 T_g^* 玻璃态更稀释的玻璃态。

在使用这些图的时候，我们假设压力是一个常数，同时亚稳态的时间依赖性很小或者不显著。所有简单二元体系的状态图形式都相同，然而大多数食品是非常复杂的，真实的食品体系很难用二元状态图表达。不过，考虑到唯一结晶的物质是水，简单的二元体系状态图还是可以描述复杂食品体系的大致状态行为，获得的玻璃化转变曲线具有足够的准确性以满足商业需要。使用该状态图时，应该将水相中所有的非水组分看作单一溶质。如果非水组分中没有任何一种从混合溶质中分离出来（结晶、沉淀、分离形成新的液相），这种假设就可以成立。

其实，状态图是以体系水分含量为变量，检测体系相和/或玻璃态及相关转化（例如去玻璃化）对应的温度绘制而成的。鉴于在大多数冷冻食品中，冰是唯一一从液相中分离出的组分，那么采用 T_m^L 对浓度作图就可以很容易的获得一个假二元状态图。不过，复杂食品的不同区域或者不同组分分子可能处在截然不同的相中，这种情况下可能就需要多个二元状态图来描述整个食品。对于复杂食品体系状态图研究的一种有效方法是确定体系中占主导地位的溶质，然后从该溶质二元状态图推演复杂食品的特性。例如根据蔗糖-水的状态图预测焙烤和贮藏过程中曲奇的性质和特征就是典型的例子。在单一溶质（或固定溶质比例）可生成冰晶的体系中，对于所有的起始溶质组成，T_m' 和 T_g^* 是相同的，虽然 T_d 和 T_g 具有组成依赖性。同时，可以通过跟踪不同温度下冰晶量的变化（推算出）得到冰熔化曲线 T_m^L。不过，对于总水分含量低于最大冷冻浓缩物水分含量的二元体系（不能形成冰晶），就需要在各水分含量条件下单独测定所有相及亚稳态转变对应的温度。在低水分含量测定 T_g 是可行的，因为溶质很少会结晶。然而，确定饱和熔解曲线 T_m^s 比较困难，因为在接近或达到其饱和浓度时，溶质不易结晶。对于不确定主导溶质的干燥或半干食品，目前还没有一个理想的方法确定他们的 T_m^s 曲线。不过，如前所述，确定冷冻食品的主要平衡曲线（T_m^L）相对简单，因此绘制一个能满足商业准确度需求的复杂冷冻食品的状态图是可能的。图 2-28 所示为溶质种类对状态图的影响。图中 T_g 曲线的左端固定在纯水的玻璃化温度（-135 ℃）处，中点在溶质的 T_g^*，右端在纯溶质的 T_g，因此曲线的差异取决于 T_g 和 T_g^*。

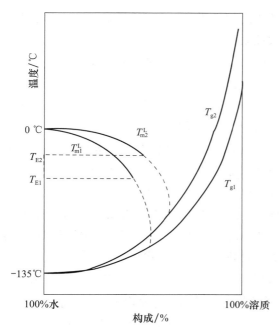

图 2-28　溶质种类对玻璃化相变曲线（$T_{\mathrm{m}}^{\mathrm{L}}$）和

T_{g}影响的二元体系状态图

图 2-27 中的假设也适用于此图。

来源：Srinvasan Damodaran，Kirk L. Parkin，

and Owen R. Fennema（2008）

三、分子流动性（Mm）与食品性质的相关性

（一）化学、物理反应的速率与分子流动性的关系

大多数食品都是以亚稳态或非平衡状态存在，而且食品中分子流动性取决于限制性扩散速率，可采用动力学近似研究。因为利用动力学方法一般比热力学方法能更好地了解、预测和控制食品的性质，可以根据 WLF（Williams-Landel-Ferry）方程估计玻璃化相变温度以上和 $T_{\mathrm{m}}^{\mathrm{L}}$ 和 $T_{\mathrm{m}}^{\mathrm{s}}$ 以下的 Mm。通过状态图可以知道允许的亚稳态和非平衡状态存在时的温度与组成情况的相关性。然而，它并不是普适性的，在通过分子流动性预测食品性质时，不能获得满意效果的例子有：①反应速率受扩散影响很小的化学反应；②通过特定的化学作用（例如改变 pH 或氧分压）达到需要的效果；③试样的 Mm 是根据聚合物组分（聚合物的 T_{g}）估计的，而实际上渗透到聚合物的小分子才是决定产品重要性质的决定因素；④微生物的营养细胞生长（因为 p/p_0 是比 Mm 更可靠的估计指标）。

对于溶液中的化学反应环境温度是一个首先要考虑的因素，在室温下，有的化学反应是受扩散限制的。例如质子转移、自由基结合反应、酸-碱中和反应、许多酶促反应、蛋白质折叠、聚合物链增长以及血红蛋白和肌红蛋白的氧合/去氧合作用。

但是也有反应是不受扩散限制的。当反应在恒温、恒压下进行时，扩散因子、碰撞频率因子和活性能是决定引起化学反应速率的三个主要因素，对于受扩散限制的反应，必须是活化能很低（8～25 kJ/mol），而碰撞频率因子很大，例如室温下的双分子反应扩散限制反应速率常数为 1 010～1 011 L/(mol·s)。由于如此大的速率常数存在，所以溶液中的反应速率显然低于最大限制性扩散速率。

高含水量食品，在室温下有的反应是限制性扩散，而对于如非催化的慢反应则是非限制性扩散，当温度降低到冰点以下和水分含量减少到溶质饱和/过饱和状态时，这些非限制性扩散反应可能成为限制性扩散反应，主要原因可能是黏度增加引起的，此时碰撞频率因子并不强烈地依赖于黏度，或许就不是一个限制反应的决定因素。

（二）自由体积与分子流动性（Mm）的相关性

温度降低使体系中的自由体积减小，分子的平动和转动，即 Mm 就变得困难，因此也就影响聚合物链段的运动和食品的局部黏度。当温度降至 T_{g}，自由体积则显著地变小，以致使聚合物链段的平动停止。由此可知，在温度低于 T_{g} 时，食品的限制扩散性质的稳定性通常是好的。增加自由体积（一般是不期望的）的方法是添加小分子质量的溶剂例如水，或者提高温度，两者的作用都是增加分子的平动，不利于食品的稳定性。以上说明，自由体积与分子流动性是正相关的，减小自由体积在某种意义上有利于食品的稳定性，但这不是绝对的，所以自由体积目前还不能作为预测食品稳定性的定量指标。

四、分子流动性（Mm）与状态图的相关性

食品往往是一个复杂体系，而且一般都具有无定形区（非结晶状态或过饱和溶液），在这些无定形区中包含蛋白质（例如明胶、弹性蛋白和面筋蛋白）、碳水化合物及许多小分子化合物。无定形区通常是亚稳态或非平衡状态，因此有利于研究分子

流动性与状态图的关系。

（一）在 T_m 和 T_g 温度范围内，分子流动性和限制性扩散食品的稳定性与温度的相关性

T_m 代表 T'_m 和 T''_m，取决于食品的组成。对于食品，$T'_m \sim T_g$ 和 $T''_m \sim T_g$ 温度范围可能低至 10 ℃，也可能高至 100 ℃；在此温度范围内，对于存在无定形区的食品，温度与分子流动性和黏弹性之间显示出极好的相关性。大多数分子的流动性在 T_m 时是相当强的，而在 T_g 或低于 T_g 时被抑制，在这个温度范围的食品为"橡胶态"或"玻璃态"。对于 Mm 和与 Mm 相关的食品的性质，它们对温度的依赖性在 $T_m \sim T_g$ 范围内远高于其他温度。在 $T_m \sim T_g$ 范围内，许多物理变化的速度较严密地符合 WLF 方程，而与 Arhenius 方程符合程度较差。由于化学反应对 Mm 的依赖性随反应物类型会有显著变化，因此 WLF 方程和 Arhenius 方程都不能在 $T_m \sim T_g$ 区应用于所有的化学反应。物理和化学变化与 WLF 和 Arhenius 关系的一致性在有冰存在时比无冰时更差，与上述方程偏离更远，这是因为冰形成的浓缩效应与上述两种方法都不相容。

由于 WLF 方程是评价食品在 $T_m \sim T_g$ 区的物理性质的有效工具，因此值得对它做进一步讨论。以黏度表示的 WLF 方程为：

$$\log \frac{\eta}{\eta_g} = \frac{-C_1(T - T_g)}{C_2 + (T - T_g)} \quad (2\text{-}8)$$

式中 η 为食品在 T（K）温度时的黏度（η 可用 $1/Mm$ 代替）；η_g 为食品在 T_g（K）温度时的黏度；C_1（无量纲）和 C_2（K），是与温度无关的特定物理常数，对于许多合成的、完全无定形的纯聚合物（无稀释剂），它们的平均值分别为 17.44 和 51.6。这些常数值随水分含量和物质类型而异，因此，这些常数是否适用于液体玻璃食品还存在争议。

在 WLF 区间（$T_m \sim T_g$）考虑限制性扩散食品的稳定性，$T - T_g$（或 $T - T'_g$）和 T_m/T_g 两项是非常重要的。这里 T 是食品的温度；$\log(\eta/\eta_g)$ 随 $T - T_g$ 而变化；T_m/T_g 提供了在 T_g 时食品黏度的粗略估算值。在 T_g 时食品的黏度对于 WLF 方程是有参考价值的，食品的组成不同，黏度相差较大。对于 $T_m - T_g$、$T - T_g$ 和 T_m/T_g 这些有价

值的概念的考虑，大多是来自碳水化合物的限制性扩散性质：

（1）$T_m \sim T_g$ 区间的大小一般在 10～100 ℃ 范围，且与食品的组成有关；

（2）在 $T_m \sim T_g$ 区间，食品的稳定性取决于食品的温度 T，即反比于 $\Delta T = T - T_g$；

（3）T_g 确定和固体含量一定时，T_m/T_g 的变化与 Mm 成反比；因此，在 WLF 区间的 T_g 和温度高于 T_g 时，T_m/T_g 直接与限制性扩散食品的稳定性和食品的刚性（黏度）相关。例如，在 WLF 区给定的任何 T，具有小的 T_m/T_g 的物质（如果糖），其 Mm 和限制性扩散速率大于具有大的 T_m/T_g 的物质（例如甘油）。对于 T_m/T_g 值差异小的物质，可能 Mm 和产品稳定性相差很大。

（4）T_m/T_g 高度依赖于溶质的类型。

（5）在一定温度下的食品，如果 T_m/T_g 相同，固体含量的增加会导致 Mm 的降低和产品稳定性提高。

（二）食品的玻璃化相变温度与稳定性

凡是含有无定形区或在冷冻时形成无定形区的食品，都具有玻璃化相变温度 T_g 或某一范围的 T_g（相对于大分子高聚物）。在生物体系中，溶质很少在冷却或干燥时结晶，因此无定形区和玻璃化相变温度常常可以见到。从而，可以根据 Mm 和 T_g 的关系估计这类物质的限制性扩散稳定性，通常在 T_g 以下，Mm 和所有的限制性扩散反应（包括许多变质反应）将受到严格的限制。然而，不幸的是，许多食品的贮藏温度高于 T_g，因而稳定性较差。

对于简单的高分子体系，T_g 可以采用差示扫描量热仪（DSC）测定。而大多数食品是一个复杂的体系，因而很难利用 DSC 正确测定 T_g，一般可以采用动态机械分析（DMA）和动态机械热分析（DMTA）方法测定。

（三）水的增塑作用和对 T_g 的影响

在许多亲水性食品或含有无定形区的食品中，水是一种特别有效的增塑剂，而且显著地影响食品的 T_g，由于水的特殊结构和性能，在食品中的增塑作用十分明显（例如面团中）。在高于或低于 T_g 时，水的增塑作用可以提高 Mm。当增加水含量

时，引起 T_g 下降和自由体积增加，这是混合物平均分子质量降低的结果。通常添加 1% 水能使 T_g 降低 5～10 ℃，而且只有水进入无定形区时才会产生增塑作用。

水具有小的分子质量，在玻璃态基质中仍然可以保持惊人的流动性，由于这种流动性，使得一些小分子参加的化学反应，在低于聚合物基质的 T_g 时还能够继续测定反应速率，而且当冷冻干燥时温度低于 T_g，水仍能在第二相解吸。

（四）溶质类型和相对分子质量对 T_g 和 T_g^* 的影响

利用食品的 T_g（或 T_g^*）预测化合物的特性，讨论有关参数的相关性固然是非常重要的，但是往往不是那么简单，需要进一步了解更多的信息。已知 T_g 显著地依赖于溶质的种类和水分含量，而 T_g^* 则主要与溶质的类型有关，水分含量的影响很小。

首先必须注意到溶质的相对分子质量（M_w）与 T_g 和 T_g^* 的相关性，对于蔗糖、糖苷和多元醇（最大相对分子质量约为 1 200），T_g（和 T_g^*）随着溶质相对分子质量的增加成比例地提高，而分子的运动则随着分子的增大而降低，因此欲使大分子运动就需要提高温度。当 M_w 大于 3 000（淀粉水解物，其葡萄糖当量 DE<6）时，T_g 与 M_w 无关。但有一些例外，在大分子的浓度和时间是以形成"缠结网络"（Entanglement Networks，EN）的形式存在时，T_g 将会随着 M_w 的增加而继续升高（图 2-29）。

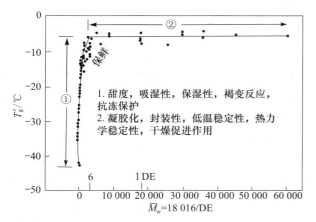

图 2-29 市售淀粉水解物的平均相对分子质量（M_w）及葡萄糖当量（DE 值）对产品 T_g^* 影响的典型结果

T_g^* 是从最大冷冻浓缩溶液测定的，溶液的起始水分含量为 80%。

来源：Slade L. and Levine H.（1995）

大多数（或许所有的）生物大分子化合物，它们具有非常类似的玻璃化曲线和 T_g（接近−10℃）。这些大分子包括多糖，例如淀粉、糊精、纤维素、半纤维素、羧甲基纤维素、葡聚糖、黄原胶和蛋白质，如面筋蛋白、麦谷蛋白、麦醇溶蛋白、玉米醇溶蛋白、胶原蛋白、弹性蛋白、角蛋白、清蛋白、球蛋白、酪蛋白和明胶等。

（五）大分子的缠结对食品性质的影响

当溶质分子足够大（如碳水化合物 M_w>3 000，DE<6），而且溶质的浓度超过临界值并使体系保持一定时间，大分子的相互缠结就能够形成缠结网络（EN），从微观上通过原子力显微镜可以清楚地观察到大分子缠结的立体三维形貌。EN 对于冷冻食品的结晶速率，大分子化合物的溶解度、功能性乃至生物活性都将产生不同程度的影响，同时可以阻滞焙烤食品中水分的迁移，有益于保持饼干的脆性和促进凝胶的形成。一旦形成 EN，进一步提高 M_w 将不会改变 T_g 或 T_g^*，但是可以形成坚固的网络结构。

五、分子流动性（Mm）与干燥

干燥通常是食品贮藏的一种有效方法，不但可以延长货架期，而且有利于食品的稳定。在这一过程中分子流动性逐渐减小，扩散受阻，从而降低了食品中各成分之间的反应性。下面就食品中常用的干燥方法逐一进行讨论。

（一）空气干燥

图 2-30 所示的状态图可以用于描述那些进程中体系水分含量或状态发生变化的食品加工过程。这张图可以更好地体会气流干燥和真空冷冻干燥的差异。

首先看一下食品在恒温气流干燥时的情况。气流干燥从 A 点开始，随着干燥的进行，产品温度提高且水分减少，直至到达 K 点（空气的湿球温度）所描述的状态，然后进一步水分减少使食品达到或通过 L 点，L 点上，食品的主要溶质（DS）达到饱和，但此时仅有少量或没有溶质结晶，因而 DS 和其他饱和温度高于 DS 的溶质此时处于过饱和状态。每一种过饱和溶质都可以被看作一个无定形液相。随着水分的进一步减少，体系到达对应着空气干球温度的 M 点，并进一步到 O 点。自 M 点

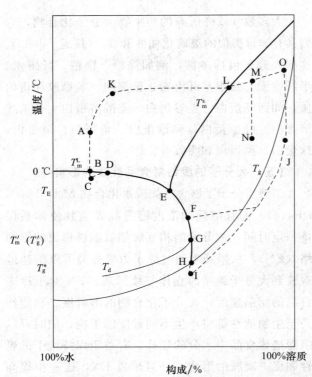

图 2-30　包含冷冻、干燥和冷冻干燥途径的二元体系状态图

冷冻：不稳定途径 ABCDEF，稳定途径 ABCDEFGHI；

干燥：不稳定途径 AKLMN，稳定途径 AKLMOJ；

冷冻干燥：不稳定途径 ABCDEFJ，稳定途径 ABCDEFGHIJ。

温度坐标为方便数据输入的示意。图 2-27 中的假设也适用于此图。

来源：Srinivasan Damodaran，Kirk L. Parkin，
and Owen R. Fennema（2008）

将体系冷却可到达位于 T_g 曲线以上的 N 点，自 O 点冷却体系会到达位于 T_g 曲线以下的 J 点。从上面的论述可知，干燥应该在越过干球空气温度后继续，因为在 M 点结束会导致 N 点的产品位于 T_g 曲线以上，具有相对较高的分子流动性，并因此导致产品中那些具有强烈温度依赖性（WLF 动力学）的扩散限制特性的稳定性较差。在 O 点结束干燥会使得 J 点的产品位于 T_g 曲线以下，分子流动型显著下降，同时扩散限制特性稳定，温度依赖性小。因此，在实际干燥过程中需要清楚地了解食品状态图中的干燥曲线，从而才能选择适宜的干燥温度和条件。

（二）真空冷冻干燥

食品真空冷冻干燥的途径和变化见图 2-30。在真空冷冻干燥中包括干燥与升华的途径，冷冻干燥的第一阶段非常近似于缓慢冷冻干燥的途径 ABCDEF，如果在冰升华（最初的冷冻干燥）期间温度不能降低至 F 点对应的温度，FJ 途径就是进

一步变化的典型途径。FJ 途径的早期以干燥为主，也包含冰的升华，但是在这个阶段由于食品中有冰晶存在，因而不可能产生塌陷。然后冰升华完成，体系进入解吸状态（第二阶段），此时一般在食品经过玻璃化相变曲线之前，此时支持结构的冰已经不存在，而且在产品温度高于 T_g 时，Mm 已经足以消除刚性，因此，较低组织程度的食品，尤其是那些最初是液体的样品，在冷冻干燥的第二阶段便可能会出现塌陷。这种情况在食品组织干燥时常出现，塌陷的结果造成食品的多孔性降低，复水性能较差，不能够得到最佳质量的产品，因此，防止食品在真空冷冻干燥时产生塌陷，必须按照 ABCDEFGHIJ 途径进行，其中 HI 段代表在 T_g^* 以下的冷却。

对于能产生最大冰结晶（最大冷冻浓缩）的食品，其结晶塌陷的临界温度 T_c 是在冷冻干燥的第一阶段（$T_c \sim T_g^*$），是可以避免塌陷产生的最高温度。具体的温度取决于干燥速度以及塌陷发生所需的时间。干燥进程越慢，临界温度越低。如果冰结晶量未达到最大，食品在冷冻干燥时避免塌陷的最高温度接近去玻璃化温度曲线 T_d。

如果欲进行冷冻干燥的产品组成可以改变，那么应该尽可能地提高 T_m'。可以采用添加高分子质量聚合物的方法，聚合物添加后可采用更高的冷冻干燥温度。提高最大冷冻浓缩体系浓度 c_g^* 可导致更多冰晶生成，同样可以提高结构的刚性并降低塌陷的可能性。

六、食品货架期的预测

已知 A_w 影响食品的稳定性，对于稳定食品，T_g 与 A_w（或 p/p_0）之间存在一定的线性关系，以 T_g 对 A_w（或 p/p_0）作图得到一条直线，仅在两端略微弯曲（图 2-31）。

根据状态图可以讨论食品的相对稳定性，从而达到预测食品货架期的目的。图 2-32 表示的是食品稳定性依赖于扩散性质的温度—组成状态图，图中指出了食品不同稳定性的区域。根据不存在冰时的 T_g 曲线和当冰存在时的 T_g^* 区推导出了稳定参数线，低于此线（区），物理性质一般是稳定的；同样，对于受扩散限制影响的化学性质也是如此。高于此线（区）和低于 T_m' 和 T_m 交叉曲线，物理

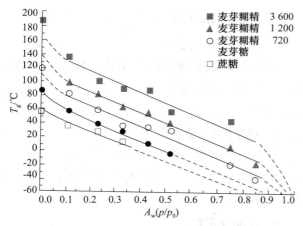

图 2-31 几种不同相对分子质量的碳水化合物的玻璃化相变温度 T_g 与 A_w 或（p/p_0）（25 ℃）之间的关系

数字代表相对分子质量。

性质往往符合 WLF 动力学方程。当食品处在 WLF 区的上方或左方时，其稳定性显著降低，同时伴随着食品的温度升高和/或水分含量增加。在 T_m 曲线以上，与限制性扩散反应或分子流动性相关的性质是不稳定的。当食品处在图的左上角时，具有更高的分子流动性，此时，食品中与分子流动性相关的性质变得更不稳定。

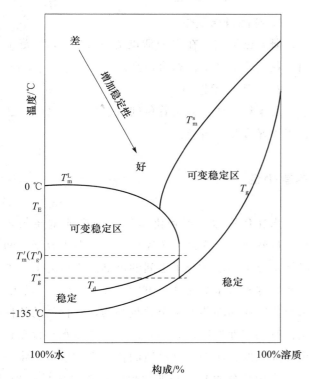

图 2-32 各区域潜在稳定性的二元体系状态图

来源：Srinivasan Damodaran, Kirk L. Parkin, and Owen R. Fennema（2008）

再次指出，食品在低于 T_g 和 T_g^* 温度下贮藏，对于受扩散限制影响的食品是非常有利的，可以明显提高食品的货架期。相反，食品在高于 T_g 和 T_g^* 温度贮存，则食品容易腐败和变质。在食品贮存过程中应使贮藏温度低于 T_g 和 T_g^*。即使不能满足此要求，也应尽量减小贮藏温度与 T_g 和 T_g^* 的差别。

第8节 食品中与水相关的反应和性质

水是食品中非常重要的一种成分，水的含量、分布和状态影响食品的方方面面，如结构、外观、质地、风味、色泽、流动性、新鲜程度和腐败变质的敏感性等。除去之前提到的微生物生长、酶水解、氧化反应（非酶）、美拉德反应及各种反应速度的关系与 A_w 的关系外，食品中与水相关的反应及性质还有以下几个方面。在此，我们仅对食品中与水相关的反应及性质做个简单的呈现，细节会在后续章节中详细讨论。

一、水与碳水化合物

1. 美拉德反应

美拉德反应与反应浓度成正比，在完全干燥的条件下，难以进行；水分含量在 $10\%\sim15\%$ 时，褐变易进行。此外，褐变与脂肪也有关，当水分含量超过 5% 时，脂肪氧化加快，褐变也加快。

2. 糖的物理和功能性质

不同的糖类从空气中吸收水分和保持水分的能力不同，对保持食品的柔软性、弹性、储存及加工都有重要的意义。

不同的糖溶解性不同，糖溶液浓度就不同。糖溶液的渗透压与其摩尔浓度成正比，而渗透压与食品的防腐性质息息相关。

水分是影响多糖物理和功能性质的重要因素。与其溶解性和黏度相关，水与多糖的相互作用会有效保护食品产品的结构和质构不受影响，从而提高产品的质量与储藏稳定性。

3. 淀粉老化

淀粉含水量为 $30\%\sim60\%$ 时较易老化，含水量小于 10% 或在大量水中则不易老化。

4. 果胶物质凝胶的形成

在果胶物质形成凝胶的过程中，果胶水溶液含糖量在 $60\%\sim65\%$ 时易形成凝胶，过量的水会阻碍果胶形成凝胶。

二、水与氨基酸、肽和蛋白质

1. 氨基酸、肽和蛋白质的溶解性

不同氨基酸和肽的溶解度不同；疏水氨基酸含量较高的蛋白质在水解时将会产生具有苦味的肽分子，影响感官特性。

肽类在相对分子质量较小时一般具有很好的溶解性。

2. 蛋白质的变性

蛋白质的变性温度与水分活度有关，生物活性蛋白质在干燥状态下稳定，对温度变化的承受能力强，而在湿热状态时容易发生变性。

3. 蛋白质的功能特性

蛋白质分子同水分子之间的作用（水的保留），与蛋白质的溶解度、黏度、水合性、胶凝性、发泡性相关。蛋白质通过与水的作用，形成蛋白质分散系，并在此基础上产生有益的功能性质。

4. 蛋白质与风味物质的结合

水可以提高蛋白质对极性挥发物质的结合，但不影响蛋白质对非极性物质的结合，这与水增加了极性物质的扩散速度有关。

5. 蛋白质与脂类相互作用

在模拟体系的研究表明，在体系的水分含量降低时，氧化脂肪可以对蛋白质或氨基酸产生破坏作用，造成相应的分解和侧链降解反应。

三、水与油脂水解

油脂在有水存在下以及在热、酸、碱、脂水解酶的作用下，可发生水解反应，使脂肪酸游离出来。食品在油炸过程中，食物中的水分进入到油中，油脂水解释放出游离脂肪酸，导致油的发烟点降低，并且随着游离脂肪酸含量的增高，油的发烟点不断降低。因此，水解导致油品质降低，风味变差。乳脂水解将产生一些短链脂肪酸（$C_2\sim C_{12}$），而产生酸败味，但在有些食品的加工中，轻度的水解是有利的，如巧克力、干酪及酸奶的生产。

四、水与维生素

1. 维生素 C 稳定性

维生素 C 是不稳定的维生素，极易受水分活度等环境的影响而发生降解。纯的维生素 C 在干燥条件下比较稳定，但是在受潮时很不稳定。

2. 维生素 B_1 稳定性

在室温和低水分活度的条件下，维生素 B_1 显示出极好的稳定性，而在高水分活度和高温下长期储存，损失较大。

3. 泛酸稳定性

在食品加工和储藏过程中，尤其在低水分活度的条件下，泛酸具有较高的稳定性。在烹饪和热处理过程中，随处理温度的升高和水溶液流失程度的增大，通常损失率在 $30\%\sim80\%$。

五、水与酶

酶通常在含水的体系中发挥作用，水分活度对酶催化反应速率有影响，食品原料中的水分含量必须低于 $1\%\sim2\%$ 时，才能抑制酶的活力。

六、水与着色剂

1. 花色苷稳定性

研究已证实，在水分活度为 $0.63\sim0.79$ 范围内，花色苷的稳定性相对最高。

2. 甜菜红素性质

甜菜红素作为天然着色剂对水分活度敏感，适合于干燥食品的着色。

本章小结

水在食品的物理和化学变化中扮演重要的角色。虽然表面上它是一个简单分子，但水分子之间以及水分子与溶质分子之间的氢键网络很复杂，加之其他因素对水分子之间排列方式的影响。因此，水对生物体的功能性是至关重要的，对食品的特性也具有决定性作用。另外，每一种描述水与食品稳定性关系的方法都有其最适的特定应用条件。将各种方法相结合才能更好地评价水在食品中的作用、了解潜在机理、分析水及水分含量如何影响食品稳定性。

思考题

1. 名词解释：结合水，化合水，单分子层水，多分子层水，疏水相互作用，疏水水合作用，笼状水合物，水分活度，水分吸附等温线，等温线的滞后现象，状态图。

2. 如何从理论上解释水的独特理化性质？

3. 食品中的离子、亲水性物质、疏水性物质分别以何种方式与水作用？

4. 食品中水的存在形式有哪些？各有何特点？

5. 简述水分活度和温度的关系，冰点以上和冰点以下水分活度的区别。

6. 不同物质的等温吸附曲线不同，其曲线形状受哪些因素的影响？

7. 简述滞后现象及其实际意义。

8. 简述水分活度与食品稳定性的关系。

9. 简述分子流动性与食品稳定性的关系。

10. 食品中与水相关的反应和性质有哪些？

参考文献

[1] 谢笔钧. 食品化学. 3版. 北京：科学出版社，2018.

[2] 李红. 食品化学. 北京：中国纺织出版社，2015.

[3] 阚建全. 食品化学. 北京：中国农业大学出版社，2016.

[4] 江波，杨瑞金. 食品化学. 2版. 北京：中国轻工业出版社，2018.

[5] 黄泽元，迟玉杰. 食品化学. 北京：中国轻工业出版社，2017.

[6] 邵颖，刘洋. 食品化学. 北京：中国轻工业出版社，2018.

[7] 许英一. 食品化学. 哈尔滨：哈尔滨工程大学出版社，2014.

[8] 冯凤琴. 食品化学. 杭州：浙江大学出版社，2013.

[9] 刘邻渭. 食品化学. 郑州：郑州大学出版社，2011.

[10] Balasubramanian S, Devi A, Singh K K, et al. (2016). Application of glass transition in food processing. Crit. Rev. Food Sci. 56 (6)：919-936.

[11] Chirife J (1994). Specific solute effects with special refence to Staphylococcus aureus. J. Food Eng. 22：409-419.

[12] Fennema O (1978). Enzyme kinetics at low temperature and reduced water activity. In Dry Biological Systems (Crowe J H and Clegg J H, eds), Academic Press：New York. 297-322.

[13] Golrling P (1958). Physical phenomena during the drying of foodstuffs. In Fundamental Aspects of the Dehydration of Foodstuffs. Society of Chemical Industry：London，42-53.

[14] Lide D R (ed.) (1993/1994). Handbook of Chemistry and Physics, 74. Den. CRC Press：Boca Raton, FL.

[15] Maneffa A J, Stenner R, Matharu A S, et al. Water activity in liquid food systems：A molecularscale interpretation. Food chemistry, 2017, 237：1133-1138.

[16] Slade L and Levine H (1995). Glass transitions and water-food structure interactions. Adv. Food. Nutr. Res. 38：103-269.

[17] Srinivasan Damodaran, Kirk L Parkin, Owen R Fennema. 食品化学. 4版. 江波等译. 北京：中国轻工业出版社，2013.

[18] Srinivasan Damodaran, Kirk L Parkin, Owen R Fennema (eds) (2008). In Fennema's Food Chemistry. Fourth Edition. CRC Press：Boca Raton.

[19] Van den Berg C, Leniger H A (1978). The water activity of foods. In Miscellaneous Papers 15. Wageningen Agricultural University：Wageningen, the Netherlands，231-244.

[20] Van den Berg C and Bruin S (1981). Water activity and its estimation in food systems：theoretical aspects. In Water Activity：Influences on Food Quality (Rockland L B, Stewart G F, eds). Academic Press：New York. 1-61.

[21] Van den Berg C (1981). Vapour Sorpotion Equilibria and Other Water-Starch Interactions：A Physico-Chemical Approach. Wageningen Agriculture University：Wageningen, The Netherlands.

[22] Xin Y, Zhang M, Xu B, et al. Research trends in selected blanching pretreatments and quick freezing technologies as applied in fruits and vegetables：A review. International Journal of Refrigeration, 2015，57：11-25.

第3章
碳水化合物

学习目的与要求：

了解主要的单糖、多糖及其衍生物。掌握单糖的性质、分类方法及其在食品中的应用；掌握各类低聚糖和多糖，尤其是功能性低聚糖和淀粉的理化性质、生物功能以及它们在食品加工生产中的应用。

学习重点：

食品中重要的单糖、低聚糖和多糖的化学结构、物理化学性质及其在食品加工中的应用。

学习难点：

美拉德反应及其在食品加工中的应用；淀粉的结构、物理化学性质及其在食品加工中的应用。

FOOD CHEMISTRY

教学目的与要求

■ **研究型院校**：掌握食品中各类碳水化合物的性质、分类方法及其在食品中的应用；掌握碳水化合物在食品加工和贮藏过程中的变化以及这些变化对食品品质的影响及其机理。

■ **应用型院校**：掌握食品中各类碳水化合物的性质、分类方法及其在食品中的应用；掌握碳水化合物在食品加工和贮藏过程中的变化以及如何控制这些变化以得到更好的食品品质。

■ **农业类院校**：了解食品中各类碳水化合物的性质、分类方法及其来源和应用；掌握碳水化合物在食品加工和贮藏过程中的变化。

■ **工科类院校**：掌握食品中各类碳水化合物的性质、分类方法及其在食品中的应用；掌握碳水化合物在食品加工和贮藏过程中的变化。

第1节　引言

碳水化合物又称为糖类物质，是多羟基醛或多羟基酮及其衍生物和缩合物的总称。碳水化合物是自然界分布最广、数量最多的一类有机化合物，占所有陆生植物和海藻干重的 3/4，存在于所有的人类可食用的植物中，为人类提供了主要的膳食热量，占总摄入量的 $70\% \sim 80\%$。碳水化合物是食品的重要组成部分，不仅含量高，而且种类很多。

碳水化合物在食品中的重要性有多方面：①是重要的能量来源与营养来源；②单糖和低聚糖是重要的甜味剂和保藏剂；③与食品中其他成分发生反应产生色泽与香味；④具有高黏度、凝胶能力和稳定作用。

碳水化合物根据其水解情况分为三类：

（1）**单糖**　单糖是不能再被水解的糖单位，如葡萄糖、果糖。

（2）**低聚糖**　又叫寡糖，是由 $2 \sim 10$ 个单糖分子失水缩合而成的，它根据水解后生成单糖分子的数目，又可分为二糖、三糖、四糖……，如蔗糖、麦芽糖。

（3）**多糖**　多糖是由很多个单糖分子失水缩合而成的高分子化合物，其水解后可生成多个单糖分子，若多糖是由相同的单糖组成的称均多糖（或同聚多糖），如淀粉、纤维素；由不相同的单糖组成

称杂多糖（或杂聚多糖），如果胶、半纤维素。

第2节　碳水化合物的结构

一、单糖

（一）单糖的链状结构

单糖是最简单的碳水化合物，按照羰基在分子中的位置可分为醛糖或酮糖。依分子中碳原子的数目，单糖可依次命名为丙糖、丁糖、戊糖及己糖等。下面是自然界存在的重要的单糖（图 3-1）。链状结构一般用 Fisher 投影式表示：碳骨架竖直写，氧化程度最高的碳原子在上方。

图 3-1　常见单糖的结构

所有的醛糖都可以看成是由甘油醛下端逐个插入手性碳延伸而成。人们将连有 4 个不同基团的碳原子形象地称为手性碳原子。当普通光通过一个偏振的透镜或尼科尔棱镜时，一部分光就被挡住了，只有振动方向与棱镜晶轴平行的光才能通过。这种只在一个平面上振动的光称为平面偏振光，简称偏振光。偏振光的振动面在化学上习惯称为偏振面。当平面偏振光通过手性化合物溶液后，偏振面的方

向就被旋转了一个角度。这种能使偏振面旋转的性能称为旋光性。分子中碳原子数≥3的单糖因含手性碳原子，所以都具有旋光性。具有旋光性的物质，叫作旋光性物质。旋光性物质使偏振光旋转的角度，称为旋光度，以"α"表示。但旋光度"α"受温度、光源、浓度、管长等许多因素的影响，为了便于比较，常用比旋光度 $[\alpha]$ 来表示。比旋光度表示：盛液管为 1 dm 长，被测物浓度为 1 g/mL 时的旋光度。能使偏振光顺时针旋转的叫右旋，以"d"或"＋"表示；能使偏振光逆时针旋转的叫左旋，以"l"或"－"表示。

19 世纪末期，在不知道两种甘油醛异构体中手性原子的绝对构型的情况下，化学家人为地将右旋的甘油醛定为费歇尔投影式中羟基在右的异构体，称为 D-异构体；将左旋的定为羟基在左的甘油醛，称为 L-异构体，并以此为基础，将很多可以转化为甘油醛或与甘油醛在结构上相关的化合物按 D-/L-方法标记。两个系列的划分是以甘油醛的结构为比较标准，并根据费歇尔投影式中最下面一个不对称碳原子的构型决定的。若单糖的该手性碳原子与 D-甘油醛相同，羟基位于右端，则标记为 D-系列；若与 L-甘油醛相同，羟基位于左端，则标记为 L-系列。天然存在的单糖大多为 D-型。

为了简便起见，在构型式中将所有碳原子省掉，用"△"代表醛基，用"○"代表—CH_2OH，用直线（—）表示碳链，用短线（—）表示羟基，这样，从 D（＋）-甘油醛衍生出来的 D-型糖，如图 3-2 所示。

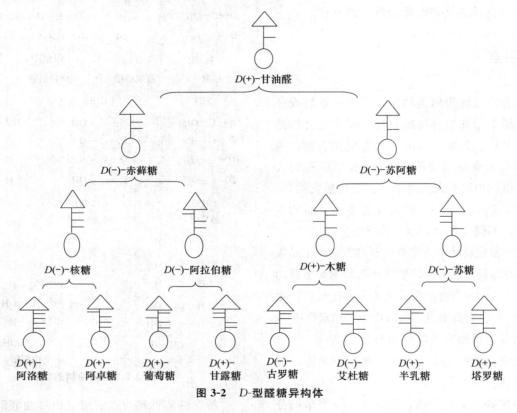

图 3-2 D-型醛糖异构体

从图 3-2 可见，单糖的旋光方向与构型没有必然关系，旋光方向只能通过实验测定。从 D（＋）-甘油醛衍生出的-系列 D-型异构体简称 D 系列或 D-型，同样从 L（－）-甘油醛衍生的-系列 L-型异构体称为 L-型，这样，在己醛糖的 16 个旋光异构体中，有 8 个是 D-型，8 个是 L-型，其中只 D（＋）-葡萄糖、D（＋）-甘露糖和 D（＋）-半乳糖存在于自然界中，其余均为人工合成。旋光方向与程度是由整个分子的立体结构（包括各手性碳原子的构型）而不是某一个手性碳的构型所决定的。

酮糖比含同数碳原子的醛糖少一个手性碳原子，所以异构体的数目要比相应的醛糖少。各种酮糖可以被认为是由二羟丙酮衍生而来的。

D（－）-果糖是自然界分布最广的己酮糖。

含有相同数量碳原子的简单醛糖和酮糖互为异构体，换句话说，己醛糖和己酮糖两者具有经验式 $C_6H_{12}O_6$，并通过异构化相互转化。单糖的异构化涉及羰基和邻近的羟基。通过异构化反应，醛糖转化成另一种醛糖（C-2 具有相反的构型）和相应的酮糖，酮糖转化成相应的两种醛糖。因此，通过异构化，*D*-葡萄糖、*D*-甘露糖以及 *D*-果糖可以相互转化（图 3-3）。异构化可以通过碱或酶进行催化。

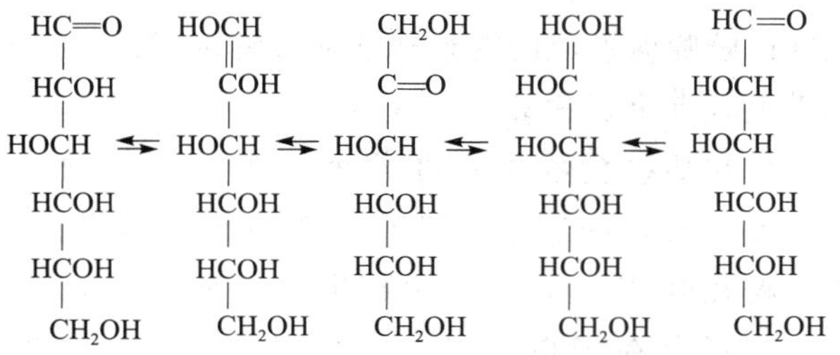

D-葡萄糖　反式-烯二醇　*D*-果糖　顺式-烯二醇　*D*-甘露糖

图 3-3　*D*-葡萄糖、*D*-甘露糖和 *D*-果糖异构化的相互关系

另外，多个手性碳的异构体，彼此间只有一个手性碳原子的构型不同，而其余的碳原子构型都相同的两种糖，称为差向异构体。如图 3-4 所示，*D*-葡萄糖与 *D*-甘露糖在构型上只有 C-2 构型不同，称为差向异构；*D*-葡萄糖与 *D*-半乳糖在构型上只有C-4 构型不同，也是差向异构。

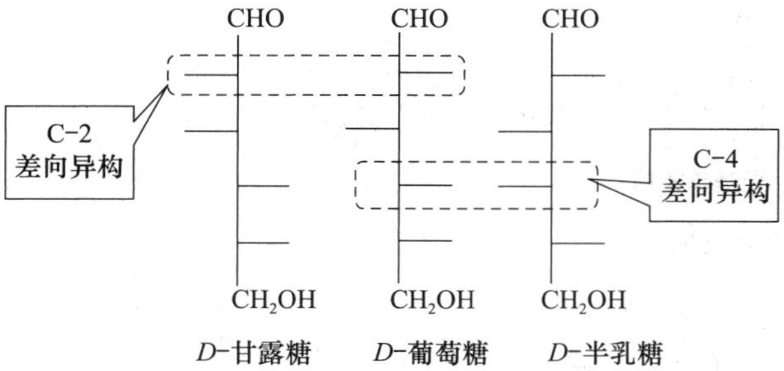

D-甘露糖　*D*-葡萄糖　*D*-半乳糖

图 3-4　*D*-葡萄糖的差向异构体

（二）单糖的环状结构

醛基羰基非常活泼，容易受羟基氧原子亲核进攻生成半缩醛。半缩醛的羟基进一步与醇的羟基反应（缩合）生成缩醛（图 3-5）。酮羰基具有相似的反应。

在同一个醛糖或酮糖分子内，分子中的羰基与自己合适位置的羟基反应能生成半缩醛，如图 3-6 中 *D*-葡萄糖形成的环状半缩醛，形成的六元糖环称为吡喃环。由图中可以看出，*D*-葡萄糖形成环状构型时，由于 1 号碳上羟基空间位置的不同，可以生成两种不同的异构体。通常将 1 号碳上的羟基与 5 号碳上连接的羟甲基异侧的构型称为 α 型，而将 1 号碳上的羟基与 5 号碳上连接的羟甲基同侧的构型称为 β 型。另外，单糖的链状分子也可形成五元环（呋喃环），但是自然界中以五元环存在的糖很少。

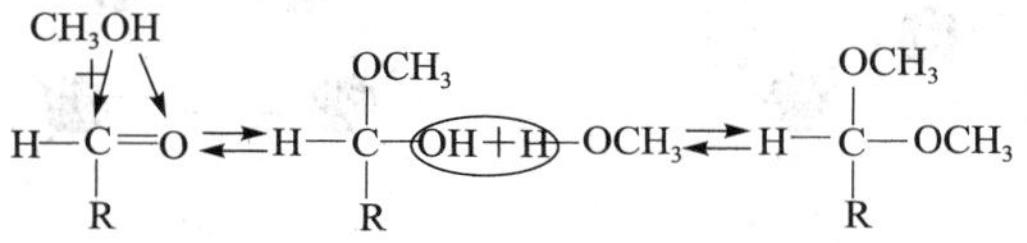

图 3-5　醛与甲醇反应生成缩醛

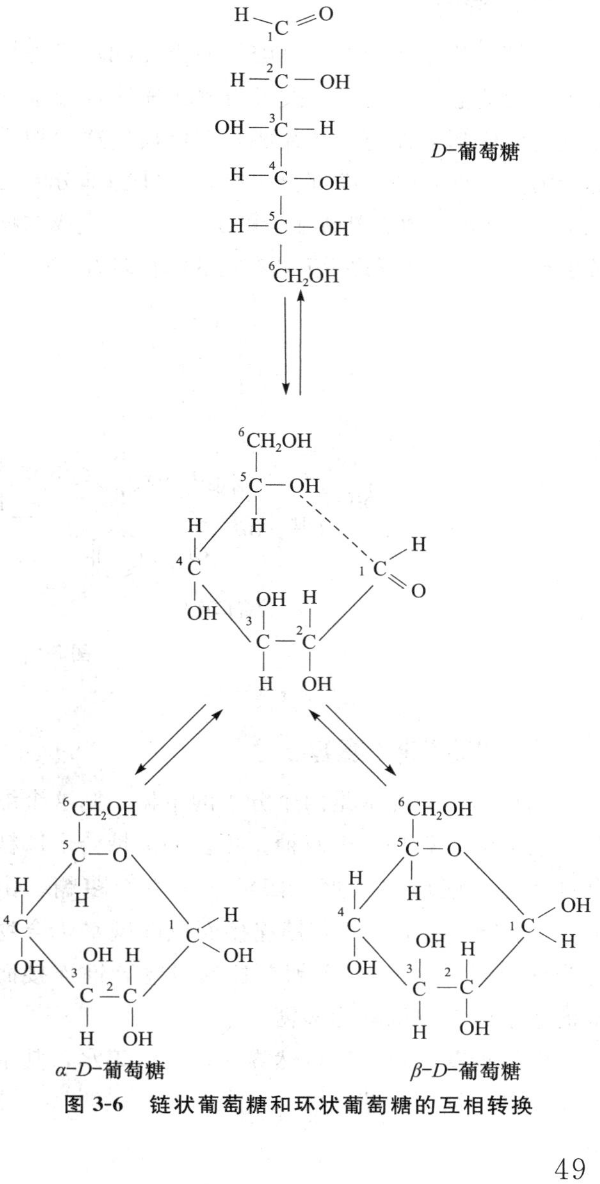

α-*D*-葡萄糖　β-*D*-葡萄糖

图 3-6　链状葡萄糖和环状葡萄糖的互相转换

近代 X 射线分析等技术对单糖的结构研究表明，以五元环形式存在的糖，如果糖、核糖等，分子中成环的碳原子和氧原子都处于一个平面内，而以六元环存在的糖，如葡萄糖、半乳糖等，分子中成环的碳原子和氧原子不在一个平面内，有椅式和船式两种构象，其中以较稳定的椅式构象占绝对优势。如图 3-7 所示。

椅式　　　　　　　　船式

图 3-7　六元环的椅式和船式构型

二、糖苷

单糖环状结构中的半缩醛（或半缩酮）羟基较分子内的其他羟基活泼，故可与醇或酚等含羟基的化合物脱水形成缩醛（或缩酮）型物质，这种物质称为糖苷。糖苷中的糖部分为糖基，非糖部分称为配基（图 3-8）。由于单糖有 α 和 β 之分，故生成的糖苷也有 α 和 β 两种形式。天然存在的糖苷多为 β 型。

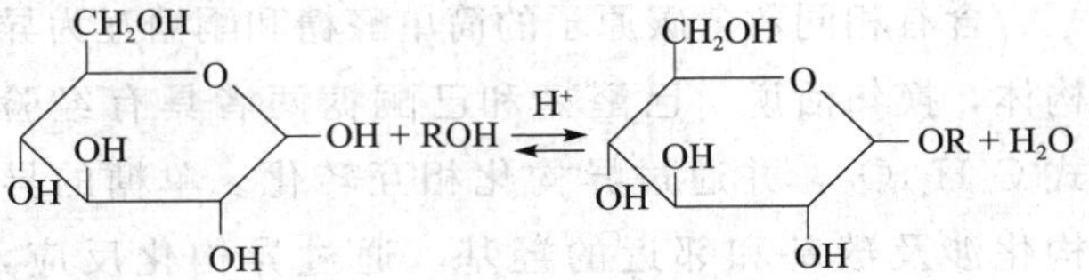

图 3-8　葡萄糖苷的形成

糖苷在自然界中分布很广泛，许多植物色素、生物碱等具有很高经济价值和治疗作用的有效成分都是苷，其配基都是很复杂的化合物，动物、微生物体内也有许多苷类化合物，如核糖和脱氧核糖与嘌呤或嘧啶碱形成的糖苷称核苷或脱氧核苷，在生物学上具有重要意义。

但在某些食物中存在着另一类重要的糖苷，即生氰糖苷，如苦杏仁糖苷、蜀黍苷、巢菜苷和野黑樱皮苷等，水解后能产生氢氰酸（图 3-9），它们广泛存在于自然界中，特别是杏仁、木薯、高粱、竹笋和菜豆中，人体如果一次摄取大量生氰糖苷，将会引起氰化物中毒。为防止中毒，最好不食用或少食用这类产氰量高的食品，或者将这些食品收获后短时间贮存，并经过蒸煮后充分洗涤除去氰化物后再食用。

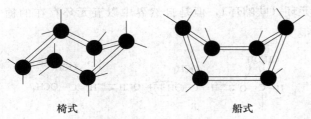

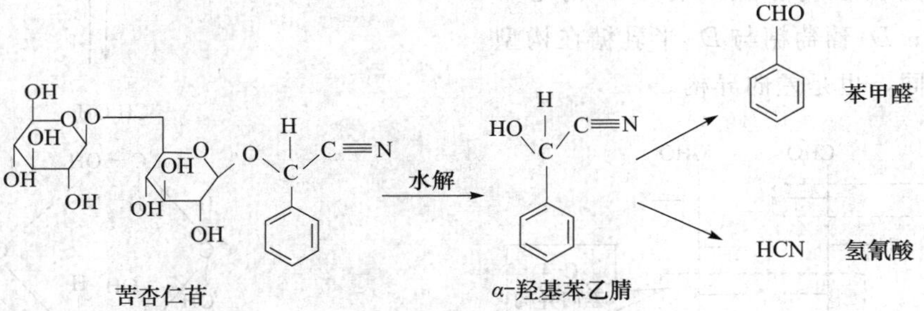

苦杏仁苷　　　　　水解　　　　α-羟基苯乙腈　　　苯甲醛

HCN　氢氰酸

图 3-9　苦杏仁苷的水解

三、低聚糖（寡糖）

如果糖苷的配基是两个分子的单糖，则这个缩醛（或缩酮）就是一个双糖，更多的单糖分子以糖苷键相连，就形成三糖、四糖……直至多糖。由 2～20 个糖单位通过糖苷键连接而成的碳水化合物称为低聚糖，超过 20 个糖单位通过糖苷键连接而成的碳水化合物则称为多糖。

低聚糖普遍存在于自然界中，可溶于水，其中主要的是二糖和三糖。

（一）二糖

二糖是低聚糖中最重要的一类，由两分子单糖失水形成，其单糖组成可以是相同的，也可以是不同的，故可分为同聚二糖，如麦芽糖、异麦芽糖、纤维二糖、海藻二糖等；和杂聚二糖，如蔗糖、乳糖、蜜二糖等。天然存在的二糖还可分为还原性二糖和非还原性二糖。

1. 还原性二糖

还原性二糖可以看作是一分子单糖的半缩醛羟

基与另一分子单糖的醇羟基失水而成的。这样形成的二糖分子中，有一个单糖单位形成苷，而另一单糖单位仍保留有半缩醛基可以开环成链式。所以这类二糖具有单糖的一般性质：有变旋现象，具有还原性。因此这类二糖称为还原性二糖（图3-10）。食品中比较重要的还原性二糖有以下几种：

（1）麦芽糖 麦芽糖在麦芽糖酶作用下水解产生 2 分子 D-葡萄糖，属 α 葡萄糖苷，通过 1，4 键结合而成，易溶于水，具有还原性。麦芽糖在自然界以游离态存在的很少，主要存在于发芽的谷粒，尤其是麦芽中。在淀粉酶的作用下，淀粉、糖原经水解可以得到麦芽糖。它是饴糖的主要成分，甜度约为蔗糖的 40%，可以用于制作糖果、糖浆等食品。

（2）乳糖 乳糖是 1 分子 βD-半乳糖与 1 分

子 D-葡萄糖以 β-1，4-糖苷键连接的二糖，因分子结构中具有半缩醛羟基，故具有还原性，并出现变旋现象，能被酸、苦杏仁酶和乳糖酶水解。乳糖存在于哺乳动物的乳汁中，人乳中含量为 5%～8%，牛羊乳中含量为 4%～5%，能溶于水，无吸湿性。乳糖的存在可促进婴儿肠道双歧杆菌的生长。乳酸菌使乳糖发酵变为乳酸。在乳糖酶的作用下，乳糖可水解成 D-葡萄糖和 D-半乳糖而被人体吸收。

（3）纤维二糖 纤维二糖是由 2 分子 D-葡萄糖通过 β-1，4-糖苷键连接而成，能被苦杏仁酶水解而不能被麦芽糖酶水解，是 β 葡萄糖苷。纤维二糖分子结构中也保留有一个半缩醛羟基，故具有还原性，能发生变旋。纤维二糖在自然界中以结合态存在，是纤维素水解的中间产物。

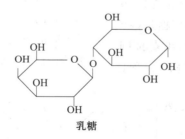

麦芽糖　　　　　　　　　　　　纤维二糖

乳糖

图 3-10 几种还原性二糖的分子结构式

2. 非还原性二糖

非还原性二糖是由 1 分子单糖的半缩醛羟基与另一分子单糖的半缩醛羟基失水而成的，这类二糖分子中由于不存在半缩醛羟基，所以无变旋现象，也无还原性。食品中重要的非还原性二糖有蔗糖、海藻糖等（图3-11）。

（1）蔗糖 经测定证明，蔗糖是由 1 分子 α-D-葡萄糖 C-1 上的半缩醛羟基与 β-D-果糖 C-2 上的半缩醛羟基失去 1 分子水，通过 1，2-糖苷键连接而成的二糖。蔗糖分子中没有保留半缩醛羟基，因此它没有还原性，没有变旋现象。蔗糖是无色结晶，易溶于水。蔗糖的比旋光度为 +66.5°。

在稀酸或蔗糖酶的作用下，水解得到葡萄糖和果糖的等量混合物，该混合物的比旋光度为 −19.8°。由于在水解过程中，溶液的旋光度由右旋变为左旋，因此通常把蔗糖的水解作用称为转化作用。转化作用所生成的等量的葡萄糖和果糖的混合物称为转化糖。

（2）海藻糖 海藻糖又叫酵母糖，存在于海藻、昆虫和真菌体内。它是由两分子 α-D-葡萄糖在 C-1 上的两个半缩醛羟基之间脱水，通过 α-1，1-糖苷键结合而成的二糖，其分子结构中不存在半缩醛羟基，所以也是一种非还原性糖。海藻糖是各种昆虫血液中的主要血糖。

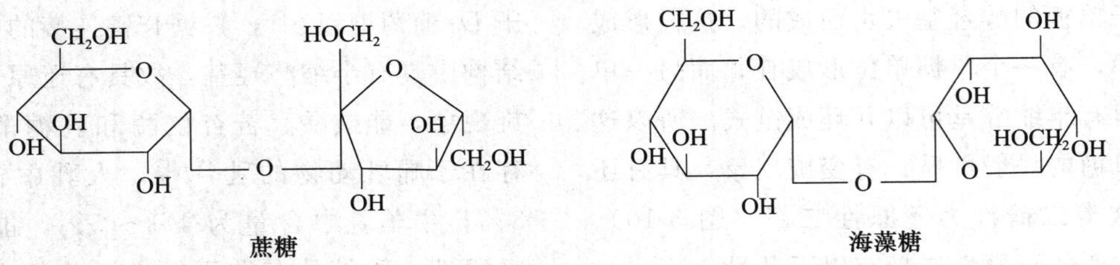

蔗糖   海藻糖

图 3-11　几种非还原性二糖的分子结构式

（二）三糖

三糖中较常见的有棉籽糖、龙胆三糖、水苏糖、麦芽三糖等，其中最常见的，广泛游离存在于自然界中的是棉籽糖（图 3-12），在棉籽、桉树的干性分泌物以及甜菜中含量较多，其分子是由 1 分子 αD-半乳糖，1 分子 αD-葡萄糖和 1 分子 βD-果糖组成。

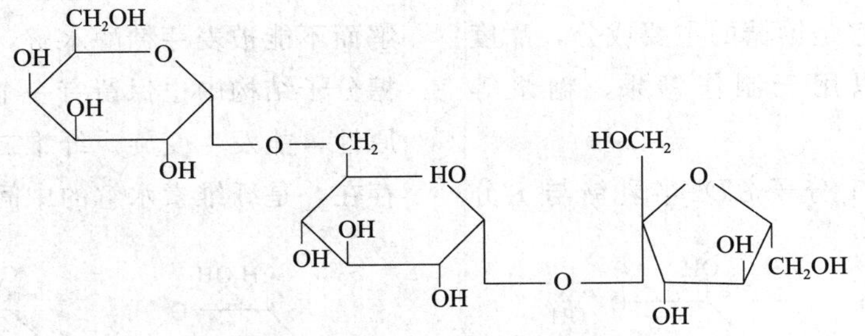

图 3-12　棉籽糖的结构式

四、多糖

超过 20 个单糖的聚合物称为多糖（多聚糖），单糖的个数称为聚合度（DP）。DP＜100 的多糖是很少见的，大多数多糖的 DP 为 200～3 000，纤维素的 DP 最大，达 7 000～15 000。多糖具有两种结构：一种是直链多糖；一种是支链多糖。由相同的单糖组成的多糖，称为均匀多糖如纤维素、直链淀粉以及支链淀粉，它们均是由 D-吡喃葡萄糖组成。具有两种或多种不同的单糖组成的多糖称为非均匀多糖，或称为杂多糖。自然界最重要的多糖之一是淀粉（图 3-13）。

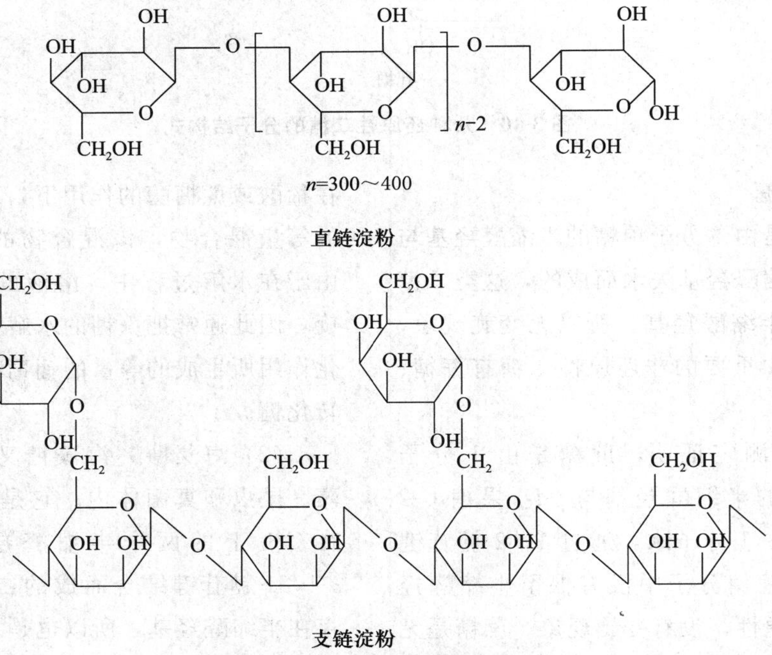

n=300～400

直链淀粉

支链淀粉

图 3-13　直链淀粉和支链淀粉的结构式

第3节　碳水化合物的经典反应

一、氧化反应

在碱性溶液中，无论是醛糖或是酮糖都能通过烯二醇中间体而发生异构化。烯醇式和醛基都容易被弱的氧化剂如 Tollen 试剂和 Fehling 试剂氧化成糖酸。酮糖也能被这些氧化剂氧化。在酸性溶液中，单糖不产生异构化，醛糖比酮糖易于氧化。醛糖的醛基被弱氧化剂溴水（HOBr）氧化，生成糖酸。酮糖不能被溴水氧化。稀硝酸可使醛糖的醛基和伯醇基都氧化成羧基，氧化产物是同数碳原子的糖二酸。酮糖在稀硝酸的作用下被氧化，C-1—C-2 键发生断裂，生成比原来糖少一个碳原子的羧酸。

葡萄糖在葡萄糖氧化酶的作用下易氧化成 D-葡萄糖酸，商品 D-葡萄糖酸及其内酯的制造如图 3-14 所示。利用此反应可以测定食品和其他生物材料中 D-葡萄糖的含量，也可以测定血液中葡萄糖的含量。在果汁和蜂蜜中存在 D-葡萄糖酸。在室温下 D-葡萄糖-δ-内酯（GDL）（系统命名为 D-葡萄糖-1，5 内酯）在水中完全水解需要 3 h；随着水解不断进行，pH 逐渐下降，慢慢酸化，是一种温和的酸化剂，适用于肉制品与乳制品，特别是在焙烤食品中可以作为膨松剂的一个组分。

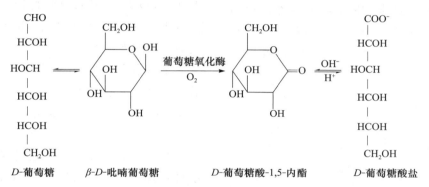

图 3-14　D-葡萄糖在葡萄糖氧化酶催化下氧化

二、还原反应

双键加氢称为氢化。当应用于碳水化合物时，氢加到醛糖或酮糖的碳原子和氧原子的双键上。D-葡萄糖在一定压力与催化剂镍存在的情况下加氢非常容易氢化，产物为 D-葡萄糖醇，通常称为山梨糖醇（图 3-15）。醛糖醇称为多羟基醇，也可称为多元醇。因为 D-葡萄糖醇（山梨糖醇）是由己糖制得，所以也被称为己糖醇。山梨糖醇广泛分布于植物界，从藻类直到高等植物水果和浆果类，但其存在量一般很少。

不同种类的单糖经还原反应可以得到不同种类的糖醇，如葡萄糖的还原产物为山梨醇，木糖的还原产物为木糖醇，麦芽糖的还原产物为麦芽糖醇，果糖的还原产物为甘露醇等。糖醇虽然不是糖但具有某些糖的属性。目前开发的有山梨糖醇、甘露糖醇、赤鲜糖醇、麦芽糖醇、乳糖醇、木糖醇等，这

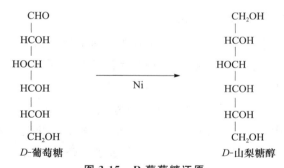

图 3-15　D-葡萄糖还原

些糖醇对酸、热有较高的稳定性，不容易发生美拉德反应，成为低热值食品甜味剂，广泛应用于低热值食品配方。国外已把糖醇作为食糖替代品，广泛应用于食品工业中。用糖醇制取的甜味食品称无糖食品，糖醇因不被口腔中微生物利用，又不使口腔 pH 降低，反而会上升，所以不腐蚀牙齿，是防龋齿的好材料。糖醇对人体血糖值上升无影响，且能为糖尿病人提供一定热量，所以可作为为糖尿病人

提供热量的营养性甜味剂。糖醇现在已成为国际食品和卫生组织批准的无须限量使用的安全性食品之一。

三、酯化与醚化

糖中羟基与醇的羟基相同，它与有机酸或无机酸相互作用生成酯。天然多糖中存在醋酸酯和其他羧酸酯。例如马铃薯淀粉中含有少量的磷酸酯基，卡拉胶中含有硫酸酯基。商品蔗糖脂肪酸酯是一种很好的乳化剂。

糖中的羟基除了形成酯外，还能形成醚，但不如天然存在的酯类多。多糖醚化后，可以进一步改良其功能性。例如，纤维素的羟丙基醚和淀粉羟丙基醚，都已经获得批准可以在食品中使用。

还有一种特殊类型的醚是由红藻多糖如琼脂胶、κ-卡拉胶及 ι-卡拉胶中 D-半乳糖基的 C-3 与 C-6 间形成的内醚（图 3-16）。这种内醚被称为 3,6-脱水环，它是经脱去水分子而形成的。

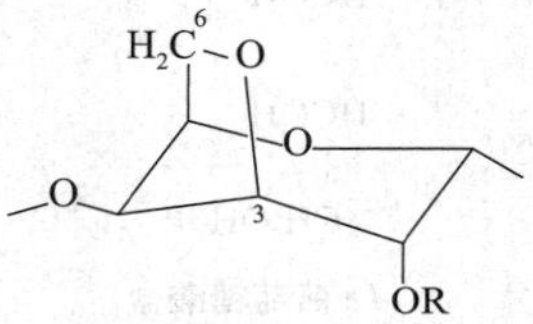

图 3-16　3,6-脱水-α-D-半乳糖吡喃基

四、水解反应

在食品加工和贮藏过程中，多糖比蛋白质更易水解。因此，往往添加相对高浓度的食用胶，以免由于水解导致食品体系黏度下降。

糖苷键在碱性介质中是稳定的，但在酸性介质中却容易断裂。在酸或酶的催化下，低聚糖或多糖的糖苷键水解，伴随着黏度下降，水解程度取决于酸强度、时间、温度以及多糖的结构。在热加工过程中最容易发生水解，因为许多食品都是酸性的，加工时一般在配方中添加较多的多糖（胶）以弥补多糖水解产生的缺陷，常使用高黏度耐酸的胶。水解也是决定货架寿命的重要因素。

在食品中糖苷的含量虽然不高，但具有重要的生理效应和食品功能性。如天然存在的皂角苷是强泡沫形成剂和稳定剂，黄酮糖苷使食品产生苦味和颜色。除少量糖苷有较强的甜味外，大多数糖苷，特别是当配基部分比甲基大时，则可会产生微弱以至极强的苦味、涩味。一旦糖苷发生水解不仅其苷元的溶解度相应降低，而且其苦涩味也相应地减轻，对食品的色泽及口感都产生重要影响。

氧糖苷连接的 O-苷键在中性和弱碱性 pH 环境中是稳定的，而在酸性条件下易水解。食品中（除酸性较强的食品外）大多数糖苷都是稳定的。糖苷酶水解时，糖基部分变为反应活性高的半椅式构象，使糖苷键变弱，糖从酶分子上得到质子给糖苷氧原子，当氧从这个碳原子上分离出来时，即产生一个碳正离子，此碳正离子与酶分上的阴离子基团—COO⁻作用而暂时稳定，直到与溶剂中的—OH⁻作用完成水解作用。酶水解对糖苷和配基均有一定的专一性。

某些食物中含另一类重要的糖苷即生氰糖苷，在体内水解即产生氢氰酸，它们广泛存在于自然界，特别是杏、木薯、高粱、竹、利马豆中。苦杏仁苷、扁桃腈糖苷是人们熟知的生氰糖苷。糖苷水解速度除受酶活性及酸、碱性强弱影响外，还受以下因素影响：糖苷键的构型，一般是 β-型大于 α-型；糖环上是否有取代基，一般是有取代基后其水解速度减慢；糖基氧环的大小，一般呋喃糖比吡喃糖苷水解速度快得多。糖苷的水解速率随温度升高而急剧增大，符合一般反应速率常数的变化规律。

多糖也可采用酶催化水解：酶催化水解的速率和终端产品的性质受酶的选择性、pH、时间以及温度的影响。多糖与其他碳水化合物一样，由于对酶催化水解的敏感性而易受微生物侵袭。

淀粉的水解在食品工业中有着非常重要的应用。食品工业中最常见的淀粉酶有 3 种：①α-淀粉酶。此酶既作用于直链淀粉，亦作用于支链淀粉，无差别地随机切断糖链内部的 α-1,4-链。因此，其特征是引起底物溶液黏度的急剧下降和碘反应的消失，最终产物在分解直链淀粉时以葡萄糖为主，此外，还有少量麦芽三糖及麦芽糖，其中真菌 α-淀粉酶水解淀粉的终产物主要以麦芽糖为主且不含大分子极限糊精，在烘焙业和麦芽糖制造业中具有广泛的应用。另一方面在分解支链淀粉时，除麦芽糖、葡萄糖、麦芽三糖外，还生成分支部分具有 α-1，6-键的 α-极限糊精（又称 α-糊精）。② β-淀粉酶。此酶可以从非还原性末端逐次以麦芽糖为单位切断 α-1，4-葡聚糖链。对于像直链淀粉那样没有分支的底物能完全分解得到麦芽糖和少量的葡萄糖。作用于支链淀粉或葡聚糖的时候，切断至 α-1，6-键的前面反应就停止了，因此生成分子量比较大的极限糊精。③葡萄糖淀粉酶，也称糖化酶。此酶为外切酶，从淀粉分子非还原端依次切割 $\alpha(1\rightarrow4)$ 链糖苷键和 $\alpha(1\rightarrow6)$ 链糖苷键，逐个切下葡萄糖残基，与 β-淀粉酶类似，水解产生的游离半缩醛羟基发生转位作用，释放 β-葡萄糖。无论作用于直链淀粉还是支链淀粉，最终产物均为葡萄糖。

果葡糖浆是由植物淀粉水解和异构化制成的淀粉糖晶，是一种重要的甜味剂。生产果葡糖浆不受地区和季节限制，设备比较简单，投资费用较低。因为它的组成主要是果糖和葡萄糖，故称为"果葡糖浆"。按果糖含量，果葡糖浆分为三个国家标准：果葡糖浆（F42 型）含果糖 42%；果葡糖浆（F55 型）含果糖 55%；果葡糖浆（F90 型）含果糖 90%。果葡糖浆的甜度与果糖含量成正相关，第三代果葡糖浆在食品中使用少量即可达到一定的甜度。果葡糖浆是一种完全可以替代蔗糖的产品，并与蔗糖一样可广泛应用于食品及饮料行业，特别是在饮料行业中的应用，其风味与口感要优于蔗糖。蔗糖价格的上涨，使得果葡糖浆在食品、饮料等工业中的应用尽显优势。果葡糖浆的甜度接近于同浓度的蔗糖，风味有点类似天然果汁，由于果糖的存在，具有清香、爽口的感觉。另一方面果葡糖浆在 40 ℃以下时具有冷甜特性，甜度随温度的降低而升高。果葡糖浆完全替代蔗糖，其甜度约相当于同浓度蔗糖的 90%，部分替代蔗糖时，由于果糖、葡萄糖与蔗糖甜味的协同增效，总甜度仍与同浓度的蔗糖相同。在食品、饮料中以果葡糖浆替代蔗糖，不仅技术上可行，而且可凸显果葡糖浆清香、爽口的特性。

五、脱水与热裂解反应

糖的脱水与热裂解是食品加工中另一类重要的

反应，酸或碱均可催化之。其中许多属 β 消去反应类型，戊糖脱水主要生成 2-糠醛，己糖脱水则生成 5-羟甲基-2-糠醛（HMF）和其他产物，如 2-羟基乙酰呋喃和异麦芽酚。这些初级脱水产物的碳链断裂又产生其他的化学物质，如乙酰丙酸、甲酸、丙酮醇、3-羟基-2-丁酮、乳酸、丙酮酸和乙酸。某些分解产物具有强烈的气味。高温可加速这些反应，例如在热加工的水果汁中就发现有 2-呋喃甲醛和 HMF 的生成。

在加热时糖可产生两类反应，在一类反应中，C—C 键没有断裂。如熔化时，醛糖-酮糖异构化以及分子间与分子内脱水时，产生端基异构化：α 或 β-D-葡萄糖熔化转变为 α/β 平衡。在另一类反应中，C—C 键发生断裂，反应中产生的主要产物有挥发性酸、醛、酮、二酮、呋喃、芳烃、CO 以及 CO_2 等。对于较复杂的糖类，会产生转糖苷作用。即 1，4-α-D-糖苷键的数量随热裂解时间的延长而减少，同时 1，6-α- 或 β-D- 等糖苷键则增加。

在加工一些食品时，特别是在干热 D-葡萄糖或含有 D-葡萄糖的聚合物时，有相当数量的脱水糖生成。

另外，由于食品成分复杂，加工条件多样，食品加工中经常发生一些与碳水化合物有关的重要的复杂反应，如美拉德反应和焦糖化反应。这些内容将在下一节重点介绍。

第4节 碳水化合物在食品加工及贮藏中的变化

褐变（browning）是食品加工最普遍存在的一种变色现象。在一些食品加工中适当的变色是需要的，如面包、红茶等加工；而另一些食品加工出现褐变则是不利的，如果蔬的加工、鱼片的加工等。

食品的褐变是由氧化和非氧化反应引起的。氧化或酶促褐变是氧与酚类物质在多酚氧化酶催化作用下发生的一种反应。例如，当苹果、梨、马铃薯或甜薯切片时，可见到的褐变现象。另一类非氧化或非酶褐变在食品加工中具有重要的意义，它主要包括美拉德反应和焦糖化反应。而这两种反应都与碳水化合物有关。

一、美拉德反应

食品在油炸、焙烤、烘焙等加工或贮藏过程中，还原糖（主要是葡萄糖）同游离氨基酸或蛋白质分子中氨基酸残基的游离氨基发生羰氨反应，产生有色大分子，这种反应被称为美拉德反应（Maillard Reaction）。美拉德反应可以产生许多风味与颜色，其中有些是期望的，有些是不希望的。通过美拉德反应有可能使营养损失，甚至产生有毒和致突变的化合物。

美拉德反应包括许多反应，机理非常复杂，至今仍未得到非常透彻的了解。其反应过程如图 3-17 所示。大概分为三个阶段：第一个阶段，也可称为开始阶段。当还原糖（主要是葡萄糖）同氨基酸、蛋白质或其他含 N 的化合物一起加热时，还原糖与胺反应产生葡基胺，溶液呈无色，葡基胺经 Amadori 重排，得到 1-氨基-1-脱氧-2-酮糖，也可称为 1-氨基-1-脱氧-D-果糖衍生物（图 3-18）。第二个阶段，也称为中间阶段，1-氨基-1-脱氧-2 酮糖根据 pH 的不同发生降解，当 pH 小于或等于 7 时，Amadori 产物主要发生 1，2-烯醇化而形成糠醛（当糖是戊糖时）或羟甲基糠醛（当糖为己糖

时）（图 3-19）。当 pH 大于 7 且温度较低时，1-氨基-1-脱氧-2 酮糖较易发生 2，3-烯醇化而形成还原酮类，还原酮较不稳定，既有较强的还原作用，也可异构成脱氢还原酮（二羰基化合物类）（图 3-20）。当 pH 大于 7 且温度较高时，1-氨基-1-脱氧-2 酮糖较易裂解，产生 1-羟基-2-丙酮、丙酮醛、二乙酰基等很多高活性的中间体。这些中间体还可以继续参与反应，如脱氢还原酮易使氨基酸发生脱羧、脱氨反应形成醛类和 α-氨基酮类，这个反应又称为 Strecker 降解反应（图 3-21）。第三个阶段，也称为终期阶段，反应过程中形成的醛类、酮类都不稳定，它们可发生聚合反应产生醛醇类脱氮聚合物（图 3-22）。在美拉德反应过程中有氨基存在时，反应的中间产物都能与氨基发生缩合、脱氢、重排、异构化等一系列反应，最终形成含氮的棕色聚合物或共聚物，统称类黑素（mlanoidin）。因此，在食品加工过程中，在早期色素尚未形成前加入还原剂如二氧化硫或亚硫酸盐方能产生一些脱色效果，如果在美拉德反应的最后阶段加入亚硫酸盐，则已经形成的色素不可能被除去。

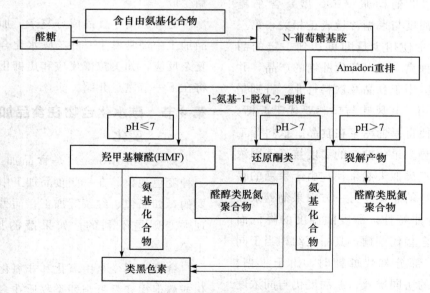

图 3-17 美拉德反应过程

当还原糖同氨基酸、蛋白质或其他含氮化合物一起加热时产生美拉德褐变产品，包括可溶性与不可溶的聚合物，例如酱油与面包皮。美拉德反应产品还能产生牛奶巧克力的风味，当还原糖

与牛奶蛋白质反应时，美拉德反应产生乳脂糖、太妃糖及奶糖的风味。在食品的生产过程中，可以根据产品的特点有意识地控制或者促进美拉德反应的发生。

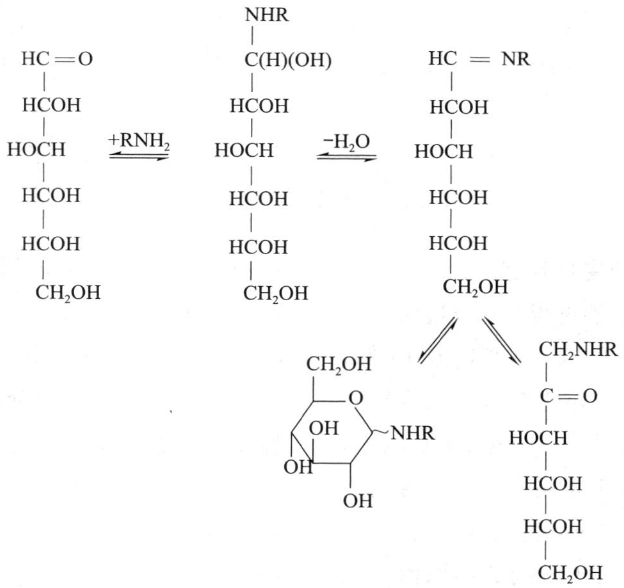

图 3-18 *D*-葡萄糖与胺（**RNH₂**）反应形成葡基胺和经 **Amadori** 重排

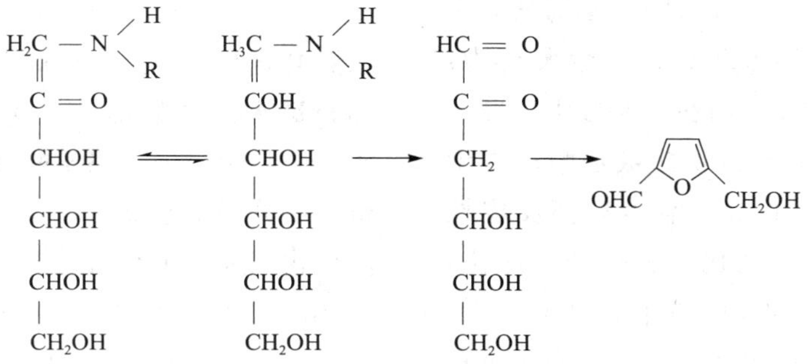

Amadori产物　　　1,2-烯胺醇　　　3-脱氧己糖醛酮　　羟甲基呋喃醛(HMF)

图 3-19 1-氨基-1-脱氧-2 酮糖生成羟甲基糠醛

2,3-烯醇化　　　　　　　　-RNH₂

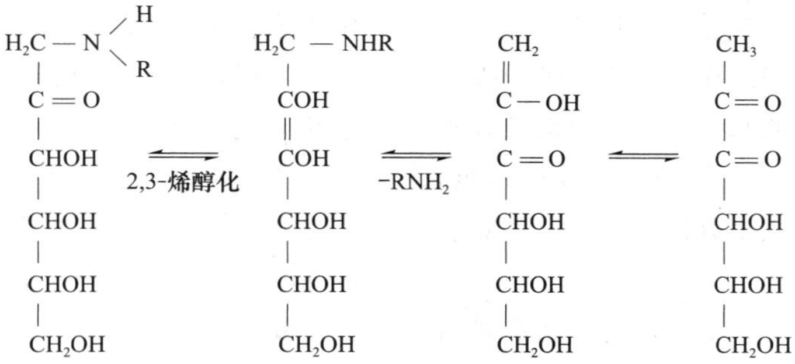

图 3-20 1-氨基-1-脱氧-2 酮糖生成二羰基化合物

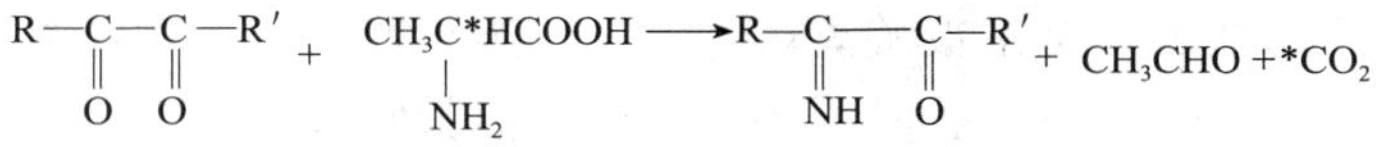

图 3-21 Strecker 降解反应

57

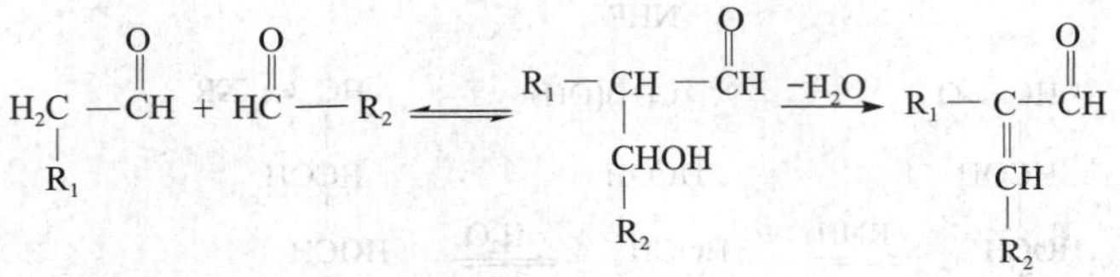

$$H_2C\text{—}CH + HC\text{—}R_2 \rightleftharpoons R_1\text{—}CH\text{—}CH \xrightarrow{-H_2O} R_1\text{—}CH\text{—}CH$$

图 3-22　醇醛缩合物的产生

（一）影响美拉德反应的主要因素

（1）温度　热反应过程，温度越高，反应时间越长，美拉德反应进行的程度越大。温度相差 10 ℃，褐变反应的速度相差 3～5 倍。如酿造酱油温度每升高 5 ℃，着色度提高约 35.6%。一般在 30 ℃ 以上，褐变速度较快，而在 20 ℃ 以下，褐变较慢。将食品置于 10 ℃ 下冷藏，可较好地防止褐变反应的发生。

（2）底物结构和浓度　对于不同的还原糖，美拉德反应活性大致有以下顺序：五碳糖＞六碳糖，醛糖＞酮糖，单糖＞二糖；五碳糖中核糖＞阿拉伯糖＞木糖，六碳糖中半乳糖＞甘露糖＞葡萄糖＞果糖。在胺类化合物中，美拉德反应活性大致为：胺＞氨基酸＞多肽＞蛋白质，而在氨基酸中，碱性氨基酸的美拉德反应活性大于酸性氨基酸；对于 $\alpha\text{-}NH_2$ 氨基酸，碳链越短的氨基酸美拉德反应性越强，但氨基在 ε 位或末端的比在 α 位的反应快，这是由于末端 $\varepsilon\text{-}NH_2$ 的空间位阻较小的原因。

美拉德反应的速度与底物浓度成正比，不过在极高的蛋白质含量时（此时含水量极低），反应很难进行，这时反应速度由水分活度控制，因此反应速度下降。

（3）水分　在中等水分含量时美拉德反应速度最大。例如，食品中水分在 10%～15% 时，褐变反应易于进行。因为过高的水分含量，会对美拉德反应的底物产生稀释作用，降低美拉德反应速度；而过低的水分含量，会造成水分活度低，从而也会降低美拉德反应速度。

（4）酸碱度　当 pH＜5 时，美拉德反应进行的程度小。因为此时，氨基酸或蛋白质的氨基被质子化，以 $\text{—}NH_3^+$ 形式存在，妨碍了氨基与还原糖反应形成糖基胺。随着 pH 的增加，氨基被游离出来，褐变反应速度随之加快，在 pH 8～9 时，美拉德反应速度较快。

（5）金属离子　一些金属离子的存在也会对美拉德反应存在重要的影响。Fe^{3+}、Cu^{2+} 等对美拉德反应有促进作用，Fe^{3+} 比 Fe^{2+} 更加有效。而 Mn^{2+}、Sn^{2+} 等离子对美拉德反应存在抑制作用。

在食品加工及贮藏过程中，对美拉德反应进行控制具有如下重要意义：

（1）褐变产生深颜色及强的香气和风味，可以是有益的或有害的。例如，果汁热加工时为保持其新鲜水果风味，需阻止褐变；而焙烤面包时，要利用褐变得到颜色好看的面包皮；制作烤鸭时，要利用褐变得到颜色和香气诱人的烤鸭皮。

（2）美拉德反应还有一个不利的方面，就是还原糖同氨基酸或蛋白质的部分链段相互作用会导致部分氨基酸的损失，特别是必需氨基酸 L-赖氨酸所受的影响最大。赖氨酸含有 ε 氨基，即使存在于蛋白质分子中也能参与美拉德反应。大豆粉或大豆离析物（大豆植物蛋白提取物）与 D-葡萄糖一起加热时，大豆蛋白质中的赖氨酸将会大量损失，同样对于谷物焙烤食品、面包和豆类焙烤制品也会引起类似的损失。在精氨酸和组氨酸分子的侧链中也都含有参与美拉德反应的含氮基团。因此，从营养学的角度来看，美拉德反应会造成氨基酸等营养成分的损失。为了防止营养成分损失，特别是必需氨基酸如赖氨酸的损失，需要避免发生褐变反应。

（3）还有一些报道称美拉德反应会形成某些致癌致突变产物，长期食用大量美拉德反应产物可能对身体造成不利影响。因此，从食品安全的角度来看，也需要对美拉德反应程度进行控制。

（二）美拉德反应产物的功能特性和安全性研究进展

美拉德反应产物种类繁多，结构复杂，而且受多种因素影响，如参与反应的糖和氨基酸或蛋白质的种类不同，生成的产物不同；反应的温度、时间、pH 和溶剂等条件不同，生成产物的种类和数量也不同。到目前为止，研究较多也是研究较清楚的主要是类黑色素和晚期糖基化末端产物（AGEs）。

类黑色素是美拉德反应后期形成的一类棕褐色物质，一般结构复杂，分子量较大，是导致很多种类食品颜色变深的主要原因之一，尤其是经过高温加热的食品。类黑色素的生成不仅会影响食品的颜色，还会和食品中的一些风味物质结合，影响食品的风味特征。据资料介绍，这类物质具有一定的抗氧化、抗诱变和消除活性氧等多种功能。虽然类黑色素与食品加工和人体健康的关系十分密切，但因其种类和结构太过复杂，目前对其形成机理及种类、结构都没有研究清楚。

晚期糖基化末端产物（AGEs）也是美拉德反应的重要产物，但是美拉德反应不是产生 AGEs 的唯一途径。据报道，脂肪过氧化和葡萄糖氧化也可以产生 AGEs。有资料介绍，美拉德反应经过三步可以生成 AGEs：第一步，葡萄糖与蛋白质、脂质或 DNA 的游离氨基酸（主要是精氨酸和赖氨酸）结合，通过非酶褐变途径生成席夫碱（Schiff base）；第二步，席夫碱经过结构重排形成阿马道来产物（amadori product），主要为二羰基化合物；第三步，精氨酸或赖氨酸和二羰基化合物发生化学反应就可以形成稳定的褐色终产物，即 AGEs。AGEs 化学性质稳定，通过膳食摄入后，可在体内积累，与很多慢性病的发生和发展关系密切。

1. 美拉德反应产物的功能特性

（1）抗氧化作用 科学研究表明，癌症、衰老或其他疾病大都与过量自由基的产生有关联。研究清除自由基、抗氧化可以有效克服其所带来的危害，所以抗氧化被保健品、化妆品企业列为主要的研发方向之一，也是市场最重要的功能性诉求之一。众多的研究资料表明，美拉德反应产物具有抗氧化活性。研究者将磷脂酰乙醇胺和葡萄糖添加到经脱胶的芥末油当中，研究美拉德反应产物的抗氧化能力。结果显示，经一定的温度加热一段时间之后，相对于不添加这两种物质的空白芥末油、只添加葡萄糖的芥末油和只添加磷脂酰乙醇胺的芥末油，同时添加了磷脂酰乙醇胺和葡萄糖的芥末油的氧化稳定性更好。但是其抗氧化能力受多重

因素的影响，如美拉德反应的底物、反应的温度、反应时间、pH 等。首先是美拉德反应的底物不同，产物的抗氧化能力会有所区别。有人研究了黄貂鱼的非蛋白氮与葡萄糖、果糖和半乳糖发生美拉德反应的产物的抗氧化活性，结果表明，该美拉德反应产物对过氧化氢（H_2O_2）、羟基自由基（·OH）、2，2′-联氮-双（3-乙基苯并噻唑啉-6-磺酸盐）自由基（$ABTS^+$·）和 2，2-二苯基-1-苦基肼自由基（DPPH·）的还原能力或清除能力都明显高于空白对照。其中，非蛋白氮与果糖的美拉德反应产物表现出最强的还原能力和自由基清除能力。还有人研究了美拉德反应产物对土豆中多酚氧化酶的抑制效果。实验发现，精氨酸、组氨酸、赖氨酸和半胱氨酸的人工合成美拉德产物都能明显地抑制土豆多酚氧化酶活性，而且单糖的美拉德反应产物比双糖的美拉德反应产物对多酚氧化酶的抑制效果更强。

美拉德反应产物的抗氧化活性还与美拉德反应的温度和时间有关系。有研究者研究了高丽参在不同温度蒸汽加热下，其中游离氨基酸含量和抗氧化活性的变化。实验结果显示，随着蒸汽加热时间的延长，游离氨基酸的含量显著下降，美拉德反应产物的抗氧化能力也得到了显著的提高。另有研究者研究了葡萄糖和组氨酸体系的水溶性美拉德反应产物的抗氧化活性。结果表明，在 100 ℃温度下加热 30 min 得到的美拉德反应产物抗氧化能力不明显，而当加热温度升高到 120 ℃时，所得到的美拉德产物具有明显的抗氧化能力，但是当加热时间超过 30 min 后，其抗氧化能力有所减弱，推测可能是前期具有抗氧化活性的美拉德反应产物热分解所导致。

另外，pH 也是影响美拉德反应产物抗氧化活性的关键因素之一。研究者用 100 ℃加热 2% 猪血红蛋白和 2% 葡萄糖混合溶液制备美拉德反应物，研究了该体系在不同 pH 条件下（8、9、10、11、12）分别加热不同时间（0、2、4、6、8 h）制备的美拉德反应产物的抗氧化活性。实验结果显示，在初始 pH 较高时（pH＝12），该反应体系生成的美拉德反应产物抗氧化活性最显著，而且体系的初始 pH 对蛋白质和糖基的交联有明显影响，因

此推测美拉德反应产物的抗氧化能力可能与这种交联作用有关。

（2）抑菌作用　近年来，抗菌剂、抑菌剂被广泛应用于食品和日用品行业。美拉德反应产物的抑菌作用也已经被研究得较多。有研究者研究了沙蚕美拉德反应产物的水溶液对大肠杆菌、金黄色葡萄球菌、沙门氏菌、绿脓杆菌、蜡质芽孢杆菌、水稻纹枯菌、黄瓜枯萎病菌、白菜丝核菌和黑曲霉菌的体外抑制效果。结果显示，沙蚕与葡萄糖的美拉德反应产物没有明显抑菌效果，但是沙蚕与蔗糖的美拉德反应产物对大肠杆菌和蜡质芽孢杆菌有很强的抑制效果，对其他的几种菌也表现出一定的抑菌效果。另有研究者研究发现，聚酰胺纤维素和木糖发生的美拉德反应产物不管是对革兰氏阳性细菌还是革兰氏阴性细菌如金黄色葡萄球菌、大肠杆菌都表现出很强的抑制效果。还有报道称，美拉德反应产物可以抑制嗜热微生物——敏捷气热菌的生长。因此，美拉德反应有望被应用于食品的保藏。

（3）抗过敏作用　过敏，也称变态反应，指的是身体的免疫应答超出了正常范围，对无害物质进行攻击。过敏反应会对身体健康造成一定的伤害，尤其是当免疫系统对正常的身体组织和器官进行攻击和破坏时。含有氨基酸或蛋白质和糖等组分的食品在适宜的条件下发生美拉德反应，反应的产物能减少食品的抗原性，并可能对引起过敏反应的关键位点进行修饰。有研究发现，核糖参与的美拉德反应产物具有显著的抗过敏作用。因此，特定的美拉德反应可以用于对一些强致敏性食物成分进行改性，使它们的致敏性降低或消除。这一特性将使美拉德反应在一些强致敏性食品的加工中具有广泛的应用前景。

（4）抗突变作用　除了抗菌、抗过敏功能以外，一些研究资料还表明，美拉德反应产物具有抗突变作用。有研究者将焙烤可可豆的美拉德反应产物用于沙门氏菌，研究了该美拉德反应产物的抗菌、抗突变和清除自由基作用。结果表明，该美拉德反应产物确有抗菌、清除自由基及抗突变作用。还有人研究发现，焙烤饼干过程中生成的美拉德反应产物也具有一定的抗氧化、抗突变作用。这一研究成果说明美拉德反应产物具有预防肿瘤和癌症等潜在的功能特性。

（5）保护心血管健康　近年来，心血管疾病严重威胁到人们的身体健康，因此广受关注。有研究者研究了牛奶蛋白在美拉德反应和发酵双重作用下对心血管疾病的预防作用。以牛奶蛋白如浓缩乳清蛋白、酪蛋白酸钠和乳糖发生反应制备美拉德反应产物，再经发酵得到的水解产物具有很强的 DPPH·自由基清除能力，其抗氧化活性远远高于未经任何处理的牛奶蛋白，而且发酵可以使美拉德反应产物的作用得到增强。同时，他们还惊喜地发现美拉德反应产物具有抗血栓活性和抑制羟甲基戊二酸单酰辅酶 A 还原酶（HMGR）活性。多项指标均表明，美拉德反应产物及其发酵水解液可以有效地降低心血管疾病的风险。这一结论为美拉德反应产物用于预防心血管疾病的保健食品的开发提供了理论基础。

（6）预防肠道炎症　肠道健康与人体健康的关系十分密切。研究者从葡萄糖和赖氨酸的美拉德反应产物中分离得到一种具有生理活性的物质，该物质被命名为 F3-A，实验证实，不管是从美拉德反应产物中分离得到的 F3-A，还是人工合成的 F3-A，都具有在 Caco-2 细胞中对氮氧化物的抑制活性，因此推测该物质具有潜在的预防肠道炎症的作用。这进一步扩大了美拉德反应产物在保健食品中的应用范围。

（7）提高乳液稳定性　研究者研究了大豆蛋白和多糖的美拉德反应产物对柠檬醛在水包油型乳液中的稳定作用。该体系分别经加热和在模拟胃肠道环境中贮存一段时间后，对其中柠檬醛的保存率进行了测量。结果表明，与只添加大豆蛋白的乳液相比，同时添加大豆蛋白和多糖的乳液体系表现出了显著的对柠檬醛的稳定能力。因此，美拉德反应也可用于乳液或复杂食品体系中，增强体系稳定性。

（8）改进蛋白质的功能特性　研究者以乳清蛋白和麦芽糊精建立的美拉德反应体系为研究对象，研究了不同的美拉德反应条件下乳清蛋白功能特性的变化，发现美拉德反应产物具有提高乳清蛋白起泡性的作用。另有研究发现，乳清分离蛋白与壳聚糖的美拉德反应可以使乳清分离蛋白的溶解性和热稳定性等功能特性得到改进。因此，在食品加工过程中，可以有针对性地利用美拉德反应对蛋白质进行改性，以获得所需的蛋白质特性。

2. 美拉德反应产物的安全性

（1）晚期糖基化末端产物的安全性　晚期糖基化末端产物（AGEs）是美拉德反应产物中研究的相对比较清楚的一类化合物，这类化合物所存在的安全隐患被广泛关注。虽然在正常代谢中也有一部分 AGEs 形成，但如果环境或组织中 AGEs 的含量处于较高水平，它将直接导致一些疾病的发生。AGEs 的致病机理与其促氧化能力有关，而且可以与细胞表面受体相结合促进炎症的发生，同时还可以与蛋白质交联，改变蛋白质的结构和功能。大量研究表明，体内 AGEs 的积累与人体的很多疾病，如糖尿病、肾病（尿毒症）、心血管疾病、衰老和老年痴呆症等都有着十分密切的关系。

（2）丙烯酰胺的安全性　丙烯酰胺也是食品高温加热尤其是焙烤加工中容易生成的一种产物。丙烯酰胺形成于天冬酰胺和还原糖的缩合反应，也就是美拉德反应的第一阶段，所以它也是美拉德反应产物中的一种。丙烯酰胺的安全性很早就已经受到广泛关注，据报道，丙烯酰胺可以导致基因、神经和生殖系统的损伤，并且有潜在的致癌和致突变作用。

（3）呋喃的安全性　呋喃是一类杂环化合物，当温度高于 31.4 ℃时极容易挥发。自 1995 年国际癌症机构把呋喃划分为"可能致癌物"后，呋喃就引起了人们的广泛关注。同丙烯酰胺一样，呋喃也是食物经高温处理容易生成的一类化合物。其广泛存在于各类食品和饮料中，先后在咖啡、鱼类罐头、蔬菜、肉类和焙烤食品中都检测到了该物质的存在。美拉德反应是呋喃形成的主要途径。除了致癌作用外，有研究者研究了呋喃对雄性大鼠生殖系统的影响，结果表明，服用了呋喃后的大鼠黄体激素和睾丸激素水平都呈现不同程度的下降，精囊重量明显减轻而前列腺的重量显著增加。组织检查还发现，呋喃造成了一定的睾丸、

附丸和前列腺的损伤。另外，他们还发现服用了呋喃的老鼠上皮高度和生殖器官管腔直径也发生了改变。各种指标都显示，呋喃对雄性的生殖系统具有一定的毒害作用。

（4）羟甲基糠醛的安全性　5-羟甲基糠醛是美拉德反应产物之一。研究发现，5-羟甲基糠醛对老鼠的 DNA 有一定的损伤，并且能够诱发大鼠结肠癌，对大鼠的肾脏也有一定的损害。

二、焦糖化反应

除了美拉德反应以外，焦糖化反应也是导致非酶褐变的一个重要原因。糖类在没有含氨基化合物存在的条件下，加热到其熔点以上温度时，会生成黑褐色色素物质，这种反应称焦糖化反应。

如果将糖和糖浆直接加热，可产生焦糖化的复杂反应，少量酸和某些盐可以加速此反应。大多数的热解反应能引起糖分子脱水，因而把双键引入糖环，产生不饱和环中间物，如呋喃。共轭双键能吸收光，并产生颜色。不饱和环常发生聚合，生成具有颜色的聚合物。催化剂可以加速此反应，使反应产物具有不同类型的焦糖色素。蔗糖通常被用于制造焦糖色素和风味物。有三种商品化焦糖色素，第一种是由亚硫酸氢铵催化产生的耐酸焦糖色素，应用于可乐饮料、其他酸性饮料、烘焙食品、糖浆、糖果以及调味料中。这种色素的溶液是酸性的（pH 2～4.5），它含有带负电荷的胶体粒子，酸性盐催化蔗糖糖苷键的裂解，铵离子参与 Amadori 重排。第二种是将糖与铵盐加热，产生红棕色并含有带正电荷的胶体粒子的焦糖色素，其水溶液的 pH 为 4.2～4.8，用于烘焙食品、糖浆以及布丁等。第三种是单由蔗糖直接热解产生红棕色并含有略带负电荷的胶体粒子的焦糖色素，其水溶液的 pH 为 3～4，应用于啤酒和其他含醇饮料。焦糖色素是一种结构还不明确的大的聚合物分子，这些聚合物形成了胶体粒子，形成的速率随温度和 pH 的增加而增加。

有些焦糖化产物除了颜色外，还具有独特的风味，如麦芽酚（3-羟基-2-甲基吡喃-4-酮）与异麦芽酚（3-羟基-2-乙酰基呋喃）（图 3-23）具有面包风味。2H-4-羟基-5-甲基呋喃-3-酮（图 3-24）是各种风味与甜味的增强剂。

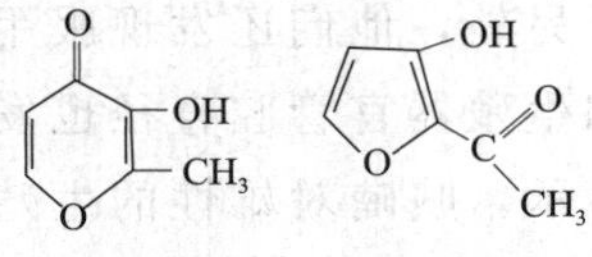

图 3-23　麦芽酚和
异麦芽酚

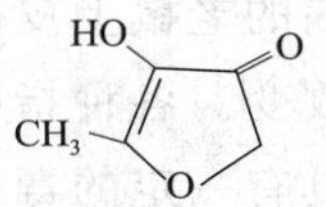

图 3-24　2H-4-羟基-5-
甲基呋喃-3-酮

延缓或抑制非酶褐变的方法和措施如下：

（1）对于固态食品，可以降低水分含量。

（2）对于流体食品，可以采用稀释、降低 pH、降低温度或将参加反应的底物转化或除去等方法。如卵蛋白粉贮藏时，由于赖氨酸残基与游离葡萄糖的反应而产生褐变问题。可预先添加一些葡萄糖氧化酶于蛋白粉中，使葡萄糖氧化成葡萄糖酸，防止褐变反应的发生。干燥后得到的卵蛋白粉可以保持良好的感官质量。

（3）使用较不容易发生褐变的糖类，如蔗糖。

（4）添加一些具有抑制作用的化合物，常用的有亚硫酸及其钠盐（包括二氧化硫）、硫醇化合物（如半胱氨酸）等。

（5）钙处理，使氨基酸与钙形成不溶性钙盐化合物。如马铃薯淀粉加工中，加入 Ca（OH）$_2$ 可以防止褐变发生，从而使产品白度大大提高。

第 5 节　食品中重要的碳水化合物

一、食品中重要的单糖和低聚糖

食品加工中最重要的单糖主要是葡萄糖和果糖。最重要的低聚糖主要是蔗糖、麦芽糖、乳糖等。这些单糖和低聚糖不仅构成食品重要的组成成分，而且在食品加工过程中经常被作为重要的添加物添加到食品中，对食品的感官品质和质量起到至关重要的作用。

（一）单糖和低聚糖特性

不同种类的单糖和低聚糖具有不同的特性，在食品加工中应用时要加以区分，才能取得理想的效果。

1. 甜度

一般来说，单糖和低聚糖都是有甜味的。食物甜味的高低取决于食品中糖的种类和含量。蜂蜜和大多数果实的甜味主要取决于蔗糖、果糖和葡萄糖的含量。甜度是一个相对值，以蔗糖作为基准物，一般以蔗糖的甜度为 100。常见的单糖和低聚糖的甜度为：果糖（173）＞转化糖（130）＞蔗糖（100）＞葡萄糖（74）＞木糖（40）＞麦芽糖（32）＞乳糖（16）。糖甜度的高低与糖的分子结构、分子质量、分子存在状态及外界因素有关。一般来说，同一种糖的 α 型和 β 型的甜度不同。如葡萄糖的 α 型比 β 型甜 1.5 倍。通常，葡萄糖的结晶为 α 型。而在溶液中葡萄糖 α 型、β 型平衡时 $\alpha : \beta = 1 : 1.7$，所以溶解后时间越长，甜度就越低。但此平衡受温度影响很小，故冷和热葡萄糖液的甜度差别不大。果糖的 β 型的甜度为 α 型的 3 倍。普通果糖的结晶是 β 型，溶液中 α 型和 β 型的平衡随浓度和温度而异。如 10% 果糖液，0 ℃下 $\alpha : \beta = 3 : 7$，而 80 ℃下 $\alpha : \beta = 7 : 3$。而且浓度越高则 β 型越多。所以，温度越低，果糖溶液越甜；浓度越高，果糖溶液越甜。

2. 溶解度

一般温度升高，溶解度增大。在同一温度下，果糖的溶解度最高。葡萄糖和果糖的溶解度见表 3-1。

表 3-1　葡萄糖和果糖的溶解度

糖类	20 ℃		30 ℃		40 ℃		50 ℃	
	浓度/%	溶解度/ （g/100 g 水）	浓度/%	溶解度/ （g/100 g 水）	浓度/%	溶解度/ （g/100 g 水）	浓度/%	溶解度/ （g/100 g 水）
葡萄糖	46.71	87.67	54.54	120.46	61.89	162.38	70.91	243.76
果糖	78.94	374.78	81.54	441.70	84.34	538.63	86.94	665.58

溶解度与渗透压有关，一定浓度的糖溶液其渗透压随浓度的增高而增大，渗透压越高的糖，对食品的保存越好。糖液的渗透压对于抑制不同微生物的生长是有差别的。50% 的蔗糖溶液能抑制一般酵母的生长，但抑制细菌和霉菌则分别需要 65% 和 80% 的浓度。有些酵母菌和霉菌能耐受高浓度的糖液，如蜂蜜的败坏就是由于耐高渗透压酵母的作用。一般说来糖浓度大于 70% 就可以抑制大多数

微生物的生长。果汁和蜜饯类食品就是利用糖作为保藏剂的。

3. 吸湿性和保湿性

吸湿性指的是糖在较高空气湿度下吸收水分的性质。保湿性指的是糖在较低空气湿度下保持水分的性质。糖的这种性质与保持食品弹柔性和储存性密切相关。常见单糖和双糖的吸湿性为：果糖、转化糖＞葡萄糖、麦芽糖＞蔗糖。例如面包、糕点、软糖的生产应该选择吸湿性大的果糖或果葡糖浆以保持其松软的口感；硬糖、酥糖及酥性饼干应选吸湿性小的葡萄糖或蔗糖使其更耐储藏。

4. 结晶性

在化学里面，热的饱和溶液冷却后，溶质以晶体的形式析出，这一过程叫结晶。就单糖和双糖的结晶性而言：蔗糖＞葡萄糖（晶体较蔗糖细小）＞果糖和转化糖。因此，在生产硬糖时不能完全使用蔗糖，因为当熬煮到水分含量3%以下时，蔗糖就结晶，不能得到坚硬、透明的产品。一般在生产硬糖时添加一定量（30%～40%）的淀粉糖浆。淀粉糖浆是淀粉水解脱色后加工而成的黏稠液体，是葡萄糖、低聚糖和糊精的混合物，自身不能结晶并能防止蔗糖结晶。其甜味柔和，容易为人体直接吸收。

5. 黏度

糖溶液的黏度也是影响其加工性能的一个重要指标。有的时候需要利用其黏性来增强体系的稳定性。如许多多糖在食品加工中可以作为增稠剂使用。但有的时候，黏度太大会妨碍食品体系的均匀混合，给食品加工过程带来不便。在相同浓度下，糖溶液的黏度有以下顺序：葡萄糖、果糖＜蔗糖＜淀粉糖浆（且随转化程度增高而降低）。葡萄糖溶液的黏度随温度升高而增大，而蔗糖溶液的黏度随温度升高而减小。

6. 抗氧化性

糖类的抗氧化性实际上是由于糖溶液中氧气的溶解度降低而引起的。因此糖溶液有利于保持水果的风味、颜色和减少维生素C的损失。

7. 冰点降低

在水中加入糖时会引起溶液的冰点降低。糖的浓度越高，相对分子质量越小，溶液冰点下降得越大。相同浓度下对冰点降低的程度：葡萄糖＞蔗糖＞淀粉糖浆（取决于其转化程度）。

（二）具有特殊保健功能的低聚糖

另外，许多低聚糖具有重要的功能特性。目前已经证实具有特殊保健功能的低聚糖主要有低聚果糖、乳果聚糖、低聚异麦芽糖、低聚木糖和低聚氨基葡萄糖。其中有的已经按照产业化规模生产，在保健品市场占据重要的地位。

1. 低聚果糖

低聚果糖又称为寡果糖或蔗果三糖族低聚糖，结构见图3-25。分子式为G-F-F$_n$，$n=1$～3（G为葡萄糖，F为果糖），它是由蔗糖和1～3个果糖基通过β-2，1键与蔗糖中的果糖基结合而成的蔗果三糖、蔗果四糖和蔗果五糖组成的混合物。它是利用微生物或植物中具有果糖转移酶活性的酶作用于蔗糖而得到的。

低聚果糖具有优越的生理活性：①能被大肠内对人体有保健作用的一种益生菌——双歧杆菌选择性地利用，使体内双歧杆菌的数量大幅度增加；②很难被人体消化道酶水解，是一种低热量糖；③可认为是一种水溶性食物纤维；④抑制肠道内沙门氏菌和腐败菌的生长，促进肠胃功能；⑤防止龋齿。低聚果糖存在于人们经常食用的天然植物中，如香蕉、蜂蜜、球葱、大蒜、西红柿、芦笋、菊芋和麦类中，然而作为一种新型的食品甜味剂或功能性食品配料，主要是采用含有果糖转移酶活性的微生物生产的。能催化蔗糖产生低聚果糖的酶为β-D-果糖基转移酶（β-D-Fructosyltransferase），文献上也将微生物生产的具有此活力的酶称为β-D-呋喃果糖苷酶（β-D-Fructofura nosidase），生产此酶的微生物有米曲霉和黑曲霉等。

2. 低聚木糖

低聚木糖产品的主要成分为木糖、木二糖、木三糖及少量木三糖以上的木聚糖，其中木二糖为主要有效成分，木二糖含量越高，则低聚木糖产品质量越高。木二糖是由两个木糖分子以β-1，4糖苷键相连构成的（图3-26），甜度为蔗糖的40%。

低聚木糖具有较高的耐热和耐酸性能，在pH 2.5～8.0的范围内相当稳定，在此pH范围内经100℃加热1h，低聚木糖几乎不分解。木二糖和

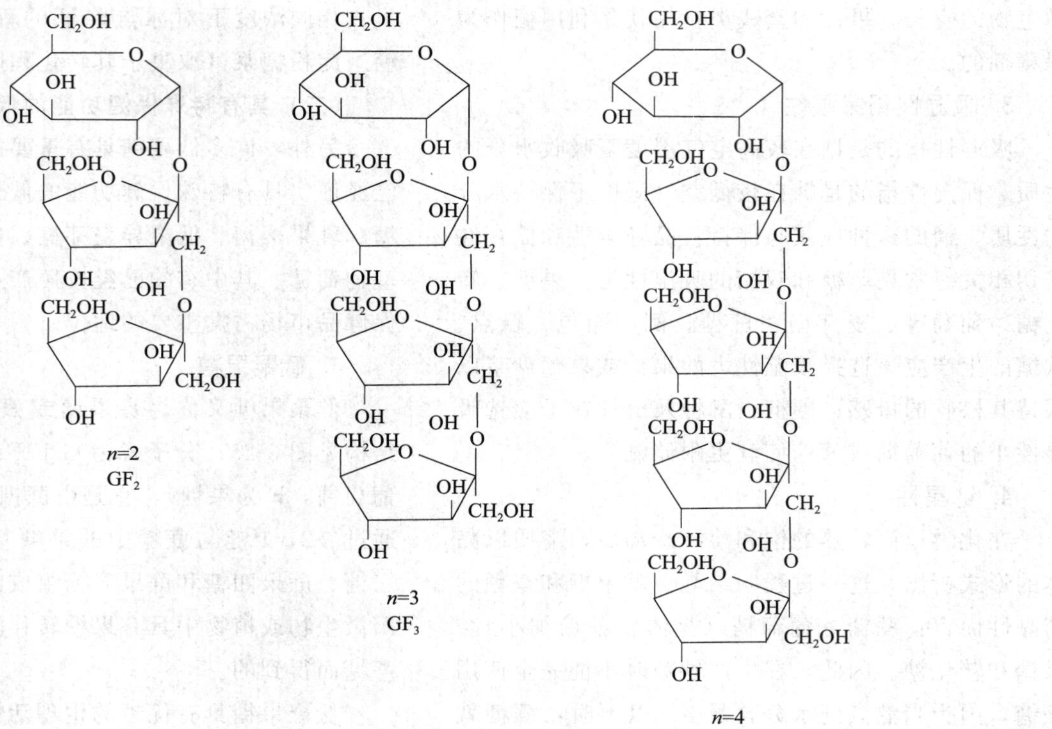

图 3-25　低聚果糖的化学结构

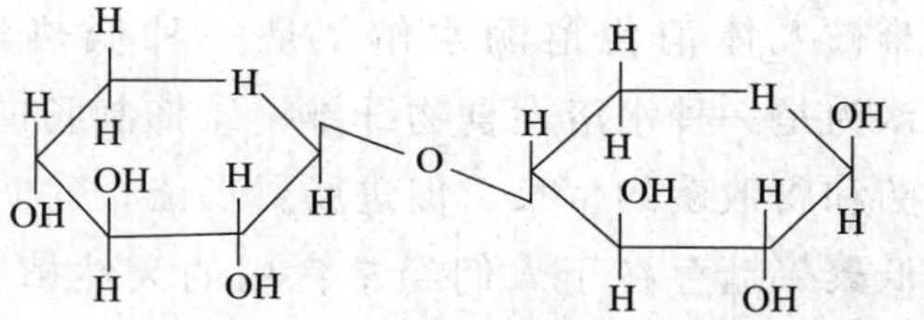

图 3-26　木二糖的分子结构式

木三糖属于不消化但可以发酵的糖,因此是双歧杆菌有效的增殖因子,它是使双歧杆菌增殖所需用量最小的低聚糖。除上述特征外,低聚木糖还具有黏度较低,代谢不依赖胰岛素(可作为糖尿病患者食用的甜味剂)和抗龋齿等特性。

低聚木糖的生产技术包括从玉米芯、棉籽壳以及蔗渣等原料中提取木聚糖和木聚糖的酶法水解两部分。低聚木糖是通过内切木聚糖酶水解木聚糖得到的。许多丝状真菌都产木聚糖酶,但往往不止产一种酶,如还产 β 1,4-木糖苷酶。β 1,4-木糖苷酶会水解木二糖为木糖。因此筛选产木聚糖酶酶活高而 β 1,4-木糖苷酶酶活低菌株对于酶法生产低聚木糖是极其重要的。

3. 甲壳低聚糖

甲壳低聚糖是一类由 N-乙酰-D-氨基葡萄糖或 D-氨基葡萄糖通过 β-1,4 糖苷键连接起来的低聚合度水溶性氨基葡聚糖,其结构式见图 3-27。由于分子中有游离氨基,在酸性溶液中易成盐,呈阳离子性质。随着游离氨基含量的增加,其氨基特性愈显著,这是甲壳低聚糖的独特性质,而许多功能性质和生物学特性都是与此密切相关的。

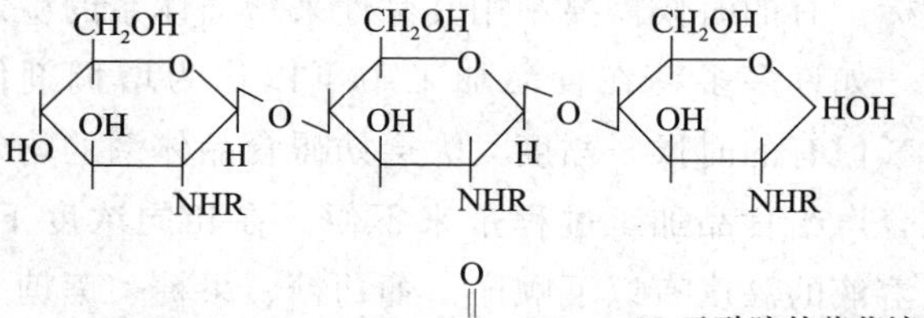

R=H　氨基葡萄糖;　$R=-\overset{O}{\underset{}{C}}-CH_3$　N-乙酰胺基葡萄糖

图 3-27　甲壳低聚糖的结构

甲壳低聚糖具有如下的生理活性:它能降低肝脏和血清中的胆固醇;提高机体的免疫功能,增强机体的抗病和抗感染能力;具有强的抗肿瘤作用,聚合度 5~7 个的甲壳低聚糖具有直接攻击肿瘤细胞的作用,对肿瘤细胞的生长和癌细胞的转移有很强的抑制效果;甲壳低聚糖是双歧杆菌的增殖因子,可增殖肠道内有益菌如双歧杆菌和乳杆菌;亦可使乳糖分解酶活性升高以及防治胃溃疡,治疗消化性溃疡和胃酸过多症。

甲壳低聚糖可采用盐酸将壳聚糖水解至一定的程度，然后经过中和、脱盐以及脱色等步骤制备得到，其聚合度为1～7。也可采用壳聚糖酶水解壳聚糖再经分离和纯化制备甲壳低聚糖。目前用微生物方法生产的壳聚糖酶的活力偏低，因此酶法或酸-酶法是制备甲壳低聚糖的主要方法。

还有一类独特的低聚糖称为环状低聚糖。它是由D-吡喃葡萄糖通过α-1，4糖苷键连接而成的环糊精，分别是由6个、7个、8个糖单位组成，称

为α，β，γ环糊精，其结构见图3-28。通过X射线结晶学研究得到环糊精形状和几何参数如图3-29所示。环糊精结构具有高度对称性，分子中糖苷氧原子是共平面的。环糊精分子是环形和中间具有空穴的圆柱结构。在β-环糊精分子中7个葡萄糖基的C-6上的伯醇羟基都排列在环的外侧，而空穴内壁则由呈疏水性的C—H键和环氧组成，使中间的空穴是疏水区域，而环的外侧是亲水的。由于中间具有疏水的空穴，因此可以包含脂溶性物质如风味物、香精油、胆固醇等，可以作为微胶囊化的壁材。

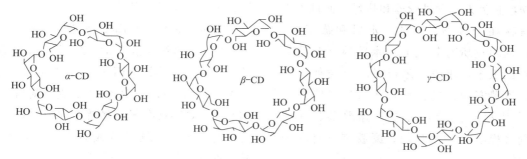

图 3-28　α-环糊精，β-环糊精及γ-环糊精的结构

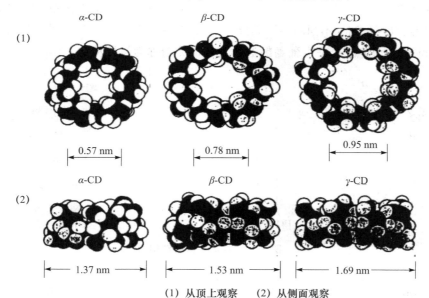

（1）从顶上观察　（2）从侧面观察

图 3-29　α-环糊精，β-环糊精及γ-环糊精的晶体结构

二、食品中重要的多糖

超过20个单糖的聚合物称为多糖，单糖的个数称为聚合度（DP）。DP小于100的多糖是很少见的，大多数多糖的DP为200～3 000，纤维素的DP最大，达7 000～1 5000。多糖具有两种结构：直链多糖和支链多糖。由相同的糖单元所组成的多糖称为均匀多糖，如纤维素、淀粉，它们均由D-吡喃葡萄糖组成。由两种或两种以上不同的单糖单元所组成的多糖称为非均匀多糖，或称为杂多糖。常见多糖有淀粉，纤维素，半纤维素，果胶，瓜尔豆胶等。

（一）淀粉

淀粉通常以颗粒形式存在于植物中，淀粉颗粒

结构比较紧密，因此不溶于水，但在冷水中能少量水合。它们分散于水中，形成低黏度浆料。淀粉浓度增大到35%，仍易于混合和管道运输。当淀粉浆料烧煮时，黏度显著提高，能起到增稠作用。如将5%淀粉颗粒浆料边搅拌边加热至80℃，黏度大大提高。大多数淀粉颗粒是由两种结构不同的聚合物组成的混合物：一种是线性多糖称为直链淀粉；另一种是高支链多糖称为支链淀粉。

淀粉具有独特的化学与物理性质以及营养功能。淀粉和淀粉的水解产品是人类膳食中可消化的碳水化合物，它为人类提供营养和热量，而且价格低廉。淀粉存在于谷物、面粉、水果和蔬菜中，其消耗量远远超过所有其他的亲水胶体。商品淀粉是从谷物如玉米、小麦、米以及块茎类如马铃薯、甜薯、木薯等制得的。淀粉与改性淀粉在食品工业中应用极为广泛，可作为黏着剂、混浊剂、成膜剂、稳泡剂、保鲜剂、凝胶剂、持水剂以及增稠剂等。

1. 淀粉的化学结构

大多数商品淀粉具有两种结构不同的多糖成分，即直链淀粉和支链淀粉。直链淀粉是由葡萄糖通过

α-1，4糖苷键连接而成的直链分子（图3-30），呈右手螺旋结构，在螺旋内部只含氢原子，是亲油的，羟基位于螺旋外侧。许多直链分子含有少量的 αD-1，6支链，平均每180~320个糖单位有一个支链，分支点的 αD-1，6糖苷键占总糖苷键的0.3%~0.5%。含支链的直链淀粉分子中的支链有的很长，有的很短，但是支链点隔开很远，因此它的物理性质基本上和直链分子的相同。大多数淀粉含有25%的直链淀粉。有两种高直链玉米淀粉，其直链淀粉含量约为52%以及70%~75%。直链淀粉相对分子质量约为 10^6。

支链淀粉是一种高度分支的大分子，葡萄糖通过 α-1，4糖苷键连接构成它的主链，支链通过 α1，6糖苷键与主链连接（图3-31），分支点的 α1，6糖苷键占总糖苷键的4%~5%。支链淀粉含有还原端的C链，C链具有很多侧链，称为B链，B链又具有侧链，与其他的B链或A链相连，A链没有侧链。支链淀粉的相对分子质量为 $(0.1~5)×10^8$。支链淀粉的分支是成簇和以双螺旋形式存在的。大多数淀粉中含有约75%的支链淀粉，含有100%支链淀粉称为蜡质淀粉。

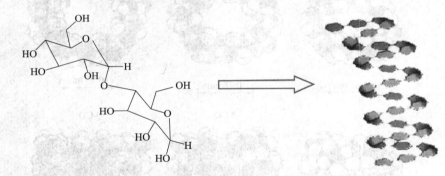

图3-30 直链淀粉的结构

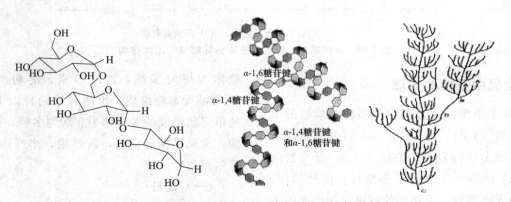

图3-31 支链淀粉的分子结构及其示意图

2. 淀粉的物理化学性质

淀粉分子间形成的氢键众多，导致淀粉分子间作用力较强，在一般条件下无法破坏这些作用力，淀粉颗粒不溶于冷水。将干燥的淀粉放入冷水中，水分子进入淀粉粒的内部，在非结晶区同一些亲水基团作用，淀粉粒就会因吸收少量的水而产生溶胀作用，但不能破坏淀粉结晶的完整性。马铃薯支链淀粉分子结构比较独特，含有磷酸酯基。由于其含有较多的磷酸酯基、颗粒较大，所以内部结构较松弛，溶解度相对较高。玉米淀粉由于颗粒小、结构致密、同时含有较多的脂类化合物，抑制了淀粉的膨胀和溶解，溶解度相对较低。

淀粉可以与碘形成有颜色的复合物。直链淀粉遇碘呈蓝色，加热则蓝色消失，冷却后呈蓝色。支链淀粉遇碘呈紫红色。在食品加工中，淀粉最重要的变化为糊化、老化和水解。

（1）糊化　淀粉分子结构上羟基之间通过氢键缔合形成完整的淀粉粒，不溶于冷水，能可逆地吸水并略微溶胀。如果给水中淀粉粒加热，则随着温度上升淀粉分子间的氢键断裂，继而淀粉分子有更多的位点可以和水分子发生氢键缔合。水渗入淀粉粒，使更多和更长的淀粉分子链分离，导致结构的混乱度增大，同时结晶区的数目和大小均减小，继续加热，淀粉发生不可逆溶胀。此时支链淀粉由于水合作用而出现无规则卷曲，淀粉分子的有序结构受到破坏，最后完全成为无序状态，双折射和结晶结构也完全消失。这种淀粉粒在适当温度（60～80 ℃）下，在水中溶胀、分裂，形成均匀的糊状溶液的过程称为糊化。淀粉糊化的本质是淀粉分子间的氢键断开，淀粉分子分散在水中，微观结构从有序转变成无序。此时，双折射和结晶结构完全消失，得到半透明的黏稠体系。

淀粉糊化可以分为三个阶段：第一阶段，水温未达到糊化温度时，水分只是由淀粉粒的孔隙进入粒内，与许多无定形部分的极性基团相结合，或简单的吸附，此时若取出脱水，淀粉粒仍可恢复；第二阶段，加热至淀粉糊化温度，这时大量的水渗入淀粉粒内，黏度发生变化，此阶段水分子进入微晶束内，淀粉原有的排列取向被破坏，并随着温度的升高，黏度增加；第三阶段，膨胀的淀粉粒继续分离肢解。当在95 ℃恒定一段时间后，则黏度急剧下降。

淀粉糊化的影响因素有很多，主要影响因素有：①糊化温度。糊化温度不是一个点，而是一段温度范围，指双折射开始消失到完全消失的温度。不同来源的淀粉糊化温度会存在差异。②分子结构。一般来说，直链淀粉分子间存在的作用相对较大，如果直链淀粉含量高，则淀粉较难糊化。③水分活度。水分活度越高，淀粉越容易糊化。④pH。pH<4 时，淀粉水解为分子质量较小的糊精而黏度降低，不利于糊化。而在碱性条件下，淀粉易糊化。⑤糖。高浓度的糖溶液，一方面会降低水分活度，另一方面会阻碍淀粉分子分散，使淀粉糊化受到抑制。⑥脂类。脂类可与淀粉形成包合物，即脂类被包含在淀粉螺旋环内，不易从螺旋环中浸出，并阻止水渗透入淀粉粒，从而抑制淀粉糊化。

（2）老化　淀粉溶液经缓慢冷却或淀粉凝胶经长期放置，会变为不透明甚至产生沉淀的现象，被称为淀粉的老化。淀粉老化的实质是糊化后的淀粉分子又自动排列成序，形成高度致密的、结晶化的、不溶解性分子微束，分子间的氢键又恢复。淀粉的老化是糊化的逆转，但老化不会使淀粉彻底复原成生淀粉的结构，与生淀粉相比，结晶化程度较低（图3-32）。老化的淀粉与水失去亲和力，不易为淀粉酶水解，严重影响食品的质地和口感。淀粉的凝沉作用，在固体状态下也会发生，如冷却的馒头、面包或米饭，放置一定时间后，便失去原来的柔软性，也是由于其中的淀粉发生了凝沉作用。

影响糊化后的淀粉老化的因素有很多，主要有：①温度。糊化后的淀粉储藏于2～4 ℃温度下最易老化；−20 ℃以下，淀粉分子间的水分急速、深度冻结，形成微小冰晶，阻碍淀粉分子间的靠近，淀粉不易老化；60 ℃以上，淀粉分子间不易形成氢键，淀粉分子难以聚集，也不易老化。②水分含量。含水量30%～60%时，易老化；低水分含量时，淀粉分子难以流动、聚集，不易老化；高水分含量时，淀粉分子不易靠近、聚集，也不易老化。③淀粉结构。直链淀粉由于空间位阻小，易平行定向靠拢而相互结合（氢键），更易老化。④共存物的影响。极性脂类和乳化剂可与恢复螺旋结构

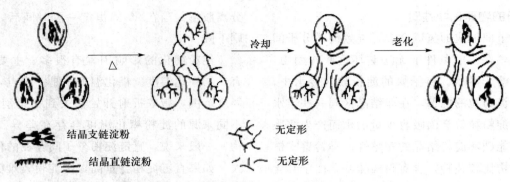

结晶支链淀粉　　　　　无定形

结晶直链淀粉　　　　　无定形

图 3-32　淀粉颗粒在加热和冷却时的变化

的直链淀粉形成包合物，阻碍淀粉分子聚集，因而可以起到一定的抗老化效果；一些多糖和蛋白质亲水性大分子，可与淀粉竞争水分子，干扰淀粉分子平行靠拢，从而起到抗老化作用。

在食品加工中防止淀粉老化的一种有效的方法，就是将淀粉（或含淀粉的食品）糊化后，在 80 ℃ 的高温迅速除去水分，或冷至 0 ℃ 以下迅速脱水。这样淀粉分子已不能移动和相互靠近，成为固定的 α 化淀粉。α 化淀粉加水后，因无胶束结构，水容易进入，淀粉分子迅速吸水，容易重新糊化。"即食"型的谷物制品的制造原理就是使生粉"α 化"。如"方便面""方便米粉"等均是淀粉糊化后的产物，糊化后应瞬时干燥。

（3）水解　与其他多糖分子一样，淀粉易受热和酸的作用而水解。糖苷键的水解是随机的。淀粉分子用酸进行轻度水解，只有少量的糖苷键被水解，这个过程即为变稀，也称为酸改性或变稀淀粉。酸改性淀粉提高了所形成凝胶的透明度，并增加了凝胶强度。它有多种用途，可作为成膜剂和黏结剂，可用于烤果仁或糖果的涂层，也可用于喷雾干燥法制备微胶囊化风味物的壁材（胶囊剂）。

商业上采用玉米淀粉为原料，使用 α-淀粉酶和葡萄糖淀粉酶进行水解，得到近乎纯的 D-葡萄糖后，再使用葡萄糖异构酶将葡萄糖异构成 D-果糖，最后可得 58% 的 D-葡萄糖和 42% 的 D-果糖组成的玉米糖浆。高果糖玉米糖浆（HFCS）的 D-果糖含量达 55%，它是软饮料的甜味剂。可由异构化糖浆通过钙离子交换树脂结合 D-果糖，最后进行回收得到富含果糖的玉米糖浆。淀粉转化为 D-葡萄糖的程度可以根据葡萄糖当量（DE）来衡量，它的定义是还原糖（按葡萄糖计）在玉米糖浆中所占

的百分数（按干物质计）。DP 是聚合度，DE 与 DP 的关系式为：$DE = 100/DP$。DE 小于 20 的水解产品称为麦芽糊精，DE 为 20～60 的水解产品为玉米糖浆。

（4）淀粉的改性　天然淀粉通过改性可以增强其功能性质，例如改善烧煮性质，提高溶解度，提高或降低淀粉糊黏度，提高冷冻-解冻稳定性，提高透明度，抑制或有利于凝胶的形成，增加凝胶强度，减少凝胶脱水收缩，提高凝胶稳定性，增强与其他物质相互作用，提高成膜能力与膜的阻湿性以及耐酸、耐热、耐剪切等。

天然淀粉经适当的化学处理、物理处理或酶处理，使某些加工性能得到改善，以适应特定的需要，这种淀粉被称为改性淀粉。淀粉改性的方法主要分为物理改性和化学改性两大类。

① 物理改性方法　主要采用高温高压的方法。物理改性的方法只能改变淀粉的物理性质。如将糊化后的淀粉迅速干燥，即得预糊化淀粉。它可在冷水中溶解。

② 化学改性方法

a. 氧化淀粉　淀粉分子中的羟基能够被次氯酸钠、过氧化氢、臭氧等氧化物氧化为羧基。氧化淀粉的优点是黏度低，稳定性高，不易老化，较透明。在食品生产中可以作为增稠剂和糖果成型剂。

b. 酸降解淀粉　用 H_2SO_4、HCl 等酸性物质使淀粉降解，可形成热的具有流动性的黏稠糊状物，与未变性淀粉相比，热糊的黏性降低，冷后可转变成有一定强度的凝胶。可用于软糖、果冻、糕点等食品的生产。

c. 淀粉衍生物　淀粉酯，如淀粉磷酸酯（磷酸淀粉）、淀粉醋酸酯（乙酰化淀粉）；淀粉醚，如

羟甲基淀粉（CMS）；交联淀粉（抑制淀粉）：淀粉在交联剂（甲醛）作用下结合成更大分子，新的交联化学键可增强保持颗粒结构的氢键，限制了糊化时颗粒的膨胀。淀粉衍生物的优点是可以降低糊化温度，提高淀粉糊透明度，提高抗老化以及冷冻-解冻的稳定性。

d. 淀粉的接枝共聚物　淀粉可以与聚乙烯、聚苯乙烯、聚乙烯醇共混制成淀粉塑料。淀粉塑料有一定的生物降解性，对解决塑料制品造成的"白色污染"有很大的意义。

（二）纤维素

纤维素是植物细胞壁的主要结构成分，对植物性食品的质地影响较大。它是由 β-1，4 糖苷键连接而成的高分子直链均匀多糖（图3-33）。

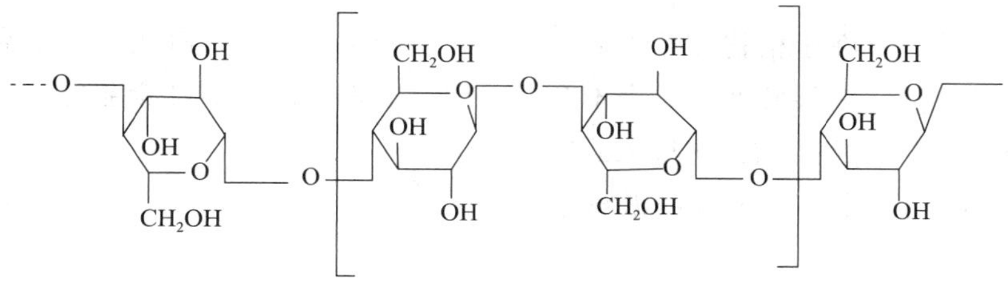

图 3-33　纤维素的分子结构

纤维素中羟基被甲基、羟丙基甲基和羧甲基取代，形成的纤维素衍生物，称为纤维素胶。由于纤维素是线性分子，因而易于缔合，形成多晶的纤维束，结晶区由大量氢键连接而成，结晶区之间由无定形区隔开。纤维素不溶于水，如果部分羟基被取代形成衍生物，则可以转化为纤维素胶。纤维素的水解比淀粉困难得多，需用浓酸或稀酸在一定压力下长时间加热水解。纤维素和改性纤维素是一种膳食纤维，不被人体消化，不提供热量，具有重要的功能。纯化的纤维素粉末常用作食品配料，如添加到面包中，不提供热量，但增加持水力，能延长面包保鲜时间。常见的改性纤维素有：羧甲基纤维素（CMC）、甲基纤维素（MC）和羟丙基甲基纤维素（HPMC）。

羧甲基纤维素是一种阴离子、直链、水溶性高聚物，或以游离酸的形式存在，或以钠盐形式存在。由于游离酸形式不溶于水，因此用于食品的是钠盐形式。为方便起见，把 CMC 称为羧甲基纤维素钠，食品级 CMC 即为纤维素胶。由于它易溶于水，因而是使用最广泛的一种食品胶。在食品加工中，它可与蛋白质形成复合物，有助于蛋白质食品的增容，在馅饼、牛奶、蛋糊及布丁中作增稠剂和黏接剂；在冰激凌和其他冷冻食品中，可阻止冰晶的形成；在糖果生产中，可防止糖果、糖浆中产生糖结晶；在焙烤食品中，可增加蛋糕等烘烤食品的体积，延长其货架期。

甲基纤维素是一种非离子纤维素醚，它是通过醚化在纤维素中引入甲基而制成的。甲基纤维素有四种重要功能：增稠、表面活性、成膜性以及形成热凝胶。甲基纤维素在广泛的 pH 范围内是稳定的，它具有独特的热凝胶性质，即在加热时形成凝胶，冷却时熔化，凝胶温度范围为 50～70 ℃。羟丙基甲基纤维素和甲基纤维素具有类似的凝胶特性。由于其独特的热凝胶特性，在油炸食品中加入甲基纤维素和羟丙基甲基纤维素，在油炸时可以减少油的摄入，具有阻油能力，油摄入可减少 50%。

（三）果胶

果胶物质是植物细胞壁成分之一，存在于相邻细胞壁间的胞间层中，起着将细胞粘在一起的作用，它使水果、蔬菜具有较硬的质地。它的分子结构是 D-吡喃半乳糖醛酸以 α-1，4 苷键相连，通常以部分甲酯化状态存在（图3-34）。

天然果胶一般有两类：其中一类分子中超过一半的羧基是甲酯化的，余下的羧基是以游离酸及盐的形式存在，称为高甲氧基果胶（HM）；另一类分子中低于一半的羧基是甲酯化型，称为低甲氧基果胶（LM）。根据果蔬的成熟过程，分为三种形态：①原果胶：未成熟的果实和蔬菜中高度甲酯化且不溶于水的果胶物质。只存在于植物细胞壁中，它使果实、蔬菜保持较硬的质地。②果胶：羧基不

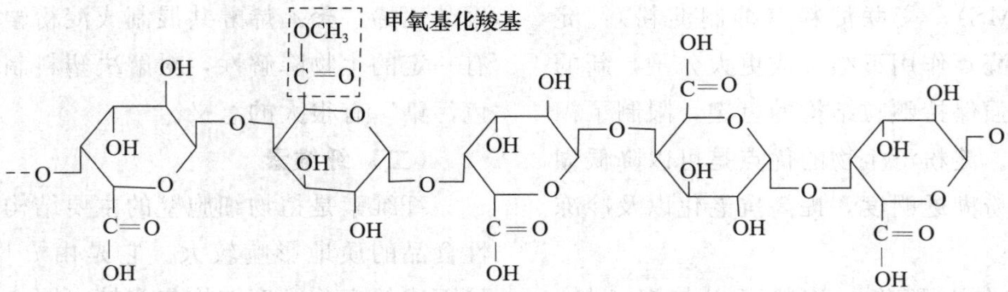

甲氧基化羧基

图 3-34　果胶的分子结构

同程度甲酯化的果胶物质,存在于植物汁液中,成熟果蔬的细胞液内含量较多。③果胶酸:完全不含甲酯基的聚半乳糖醛酸,在细胞汁中与 Ca^{2+}、Mg^{2+}、K^+、Na^+ 等矿物质形成不溶于水或微溶于水的果胶酸盐。

未成熟果实细胞间含大量原果胶,与纤维素、木质素、半纤维素等在一起,组织坚硬。随着成熟的进程,原果胶在聚半乳糖醛酸酶和果胶酯酶的作用下,水解成分子质量较小的可溶于水的果胶,并与纤维素分离,掺入细胞内,使果实组织变软而有弹性。若进一步水解,则果胶发生去甲酯化,生成果胶酸。由于果胶酸不具有黏性,果实变成软疡的过熟状态。

果胶是亲水性胶状物,其中 HM 在酸性(pH 2~3.5)、蔗糖含量 60%~65% 的条件下会生成凝胶,而 LM 与糖、酸即使比例恰当也难以形成凝胶,但它在 Ca^{2+} 作用下可形成凝胶。商业上生产果胶的方法:通常以橘皮和苹果渣为原料,在 pH 1.5~3,温度 60~100 ℃ 提取,再用离子(Al^{3+})沉淀纯化,使果胶形成不溶于水的果胶盐,再用酸性乙醇洗涤除去离子。果胶的主要用途是作为果酱和果冻的胶凝剂。还可作为稳定剂和增稠剂,用于饮料和冰激凌的生产。

(四)卡拉胶

卡拉胶(Carrageenan),又称为麒麟菜胶、石花菜胶、鹿角菜胶、角叉菜胶,因为卡拉胶是从麒麟菜、石花菜、鹿角菜等红藻类海草中提炼出来的亲水性胶体。它的化学结构是由半乳糖及脱水半乳糖所组成的多糖类硫酸酯的钙、钾、钠、铵盐。由于其中硫酸酯结合形态的不同,可分为 κ 型(Kappa)、ι 型(Iota)、λ 型(Lambda)(图 3-35)。广泛用于制造果冻、冰激凌、糕点、软糖、罐头、肉制品、八宝粥、银耳燕窝、羹类食品、凉拌食品等。

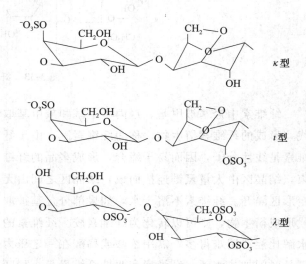

图 3-35　卡拉胶的分子结构

卡拉胶为白色或浅褐色颗粒或粉末,无臭或微臭,口感黏滑。溶于约 80 ℃ 水,形成黏性、透明或轻微乳白色的易流动溶液。如先用乙醇、甘油或饱和蔗糖水溶液浸湿,则较易分散于水中。与 30 倍的水煮沸 10 min 的溶液,冷却后即成胶体。与水结合黏度增加,与蛋白质反应起乳化作用,使乳化液稳定。不同类型的卡拉胶的增稠和胶凝性质有很大的不同。例如,κ 型卡拉胶与钾离子形成坚硬的凝胶,而 ι 型和 λ 型只有轻微影响。ι 型卡拉胶与钙离子相互作用形成柔软、富有弹性的凝胶,但是盐对于 λ 型卡拉胶的性质没有影响。在大多数情况下,λ 型与 κ 型在牛奶系统中一同使用可获得一种悬浮液或奶油凝胶。

卡拉胶稳定性强,干粉长期放置不易降解。它在中性和碱性溶液中也很稳定,即使加热也不会水解,但在酸性溶液中(尤其是 pH≤4.0)卡拉胶易发生酸水解，凝胶强度和黏度下降。值得注意的是，在中性条件下，若卡拉胶在高温长时间加热，也会水解，导致凝胶强度降低。所有类型的卡拉胶都能溶解于热水与热牛奶中。溶于热水中能形成黏性透明或轻微乳白色的易流动溶液。卡拉胶在冷水中只能吸水膨胀而不能溶解。

基于卡拉胶具有的性质，在食品工业中通常将其用作增稠剂、胶凝剂、悬浮剂、乳化剂和稳定剂等。卡拉胶作为一种很好的凝固剂，可取代通常的琼脂、明胶及果胶等。用琼脂做成的果冻弹性不足，价格较高；用明胶做成果冻的缺点是凝固和熔化点低，制备和贮存都需要低温冷藏；用果胶的缺点是需要加入高溶度的糖和调节适当的 pH 才能凝固。卡拉胶没有这些缺点，用卡拉胶制成的果冻富有弹性且没有离水性，因此，其成为果冻常用的凝胶剂。用卡拉胶做透明水果软糖在我国早有生产，其水果香味浓，甜度适中，爽口不粘牙，而且透明度比琼脂更好，价格较琼脂低，加到一般的硬糖和软糖中能使产品口感滑爽，更富弹性，黏性小，稳定性增高。在冰激凌和雪糕的制作中，卡拉胶可使脂肪和其他固体成分分布均匀，防止乳成分分离和冰晶在制造与存放时增大，它能使冰激凌和雪糕组织细腻、滑爽可口。在冰激凌生产中，卡拉胶因可与牛奶中的阳离子发生作用，产生独特的胶凝特性，可增加冰激凌的成型性和抗熔性，提高冰激凌在温度波动时的稳定性，放置时也不易熔化。

（五）黄原胶

黄原胶又称黄胶、汉生胶，是一种由黄单胞杆菌发酵产生的细胞外酸性杂多糖。是由 D-葡萄糖、D-甘露糖和 D-葡萄糖醛酸按 $2:2:1$ 组成的多糖类高分子化合物，相对分子质量在 100 万以上。黄原胶的二级结构是侧链绕主链骨架反向缠绕，通过氢键维系形成棒状双螺旋结构。

黄原胶是由糖类经黄单胞杆菌发酵，产生的胞外微生物多糖。是目前国际上集增稠、悬浮、乳化、稳定于一体，性能最优越的生物胶。黄原胶的分子侧链末端含有丙酮酸基团的多少，对其性能有很大影响。黄原胶具有长链高分子的一般性能，但它比一般高分子含有较多的官能团，在特定条件下会显示独特性能。它在水溶液中的构象是多样的，

不同条件下表现不同的特性。

（1）黄原胶对不溶性固体和油滴具有良好的悬浮作用。黄原胶溶胶分子能形成超结合带状的螺旋共聚体，构成脆弱的类似胶的网状结构，所以能够支持固体颗粒、液滴和气泡的形态，显示出很强的乳化稳定作用和高悬浮能力。

（2）黄原胶在水中能快速溶解，有很好的水溶性。特别在冷水中也能溶解，可省去繁杂的加工过程，使用方便。

（3）黄原胶溶液具有低浓度高黏度的特性（1%水溶液的黏度相当于明胶的 100 倍），是一种高效的增稠剂。

（4）黄原胶水溶液在静态或低的剪切作用下具有高黏度，在高剪切作用下表现为黏度急剧下降，但分子结构不变。而当剪切力消除时，则立即恢复原有的黏度。剪切力和黏度的关系是完全可塑的。

（5）黄原胶假塑性非常突出，这种假塑性对稳定悬浮液、乳浊液极为有效。

（6）黄原胶溶液的黏度不会随温度的变化而发生很大的变化，一般的多糖因加热会发生黏度变化，但黄原胶的水溶液在 10～80 ℃之间黏度几乎没有变化，即使低浓度的水溶液在广阔的温度范围内仍然显示出稳定的高黏度。

（7）黄原胶溶液对酸碱十分稳定，在 pH 为 5～10 之间时其黏度不受影响，在 pH 小于 4 和大于 11 时黏度有轻微的变化。

（8）黄原胶溶液能和许多盐溶液（钾盐、钠盐、钙盐、镁盐等）混溶，黏度不受影响。在较高盐浓度条件下，甚至在饱和盐溶液中仍保持其溶解性而不发生沉淀和絮凝，其黏度几乎不受影响。

（9）黄原胶稳定的双螺旋结构使其具有极强的抗氧化和抗酶解能力，许多酶类如蛋白酶、淀粉酶、纤维素酶和半纤维素酶等酶都不能使黄原胶降解。

（六）瓜尔胶

瓜尔胶，英文名为"guargum"，是从广泛种植于印巴次大陆的一种豆科植物——瓜尔豆中提取的一种高纯化天然多糖。瓜尔胶为大分子天然亲水胶体，属于天然半乳甘露聚糖，品质改良剂之一，一种天然的增稠剂。外观是从白色到微黄色的自由

流动粉末,能溶于冷水或热水,遇水后即形成胶状物质,达到迅速增稠的功效。主要分为食品级和工业级(油田使用的属于工业级)两种。一般出口包装是 25 kg/袋,外层牛皮纸,内层 PE 薄膜袋。广泛用于石油压裂、钻井等增稠目的以及食品添加剂、印染和建筑涂料等行业。瓜尔胶是已知的最有效和水溶性最好的天然聚合物。在低浓度下,可形成高黏稠溶液;表现出非牛顿流变特性,与硼砂形成酸可逆凝胶。由于它的独特性能,常被用于食品、制药、化妆品、个人保健、石油、粘蚊剂、造纸和纺织印染等行业。

(七) 阿拉伯胶

阿拉伯胶也称为阿拉伯树胶,来源于豆科的金合欢树属的树干渗出物,因此也称金合欢胶。阿拉伯胶主要成分为高分子多糖类及其钙、镁和钾盐。主要包括有树胶醛糖、半乳糖、葡萄糖醛酸等。品质良好的阿拉伯胶颜色呈琥珀色,且颗粒大而圆,主要产于非洲。目前也有经过精制过程而得的粉末状阿拉伯胶,使用上更为方便。

阿拉伯胶由两种成分组成,其中 70% 是由不含 N 或含少量 N 的多糖组成,另一组成是具有高相对分子质量的蛋白质结构;多糖是以共价键与蛋白质肽链中的羟脯氨酸、丝氨酸相结合的,总蛋白质含量约为 2%,特殊品种可高达 25%;而与蛋白质相连接的多糖分子是高度分支的酸性多糖,它具有如下组成:D-半乳糖 44%,L-阿拉伯糖 24%,D-葡萄糖醛酸 14.5%,L-鼠李糖 13%,4-O-甲基-D-葡萄糖醛酸 1.5%;在阿拉伯胶主链中 β-D-吡喃半乳糖是通过 1,3-糖苷键相连接,而侧链是通过 1,6-糖苷键相连接。

阿拉伯胶是一种碳水化合物聚合体,可在大肠中被部分降解。它可以为人体补充纤维素,与淀粉和麦芽糊精相比,其能量值还不到一半。更具体地说,阿拉伯胶是阿拉伯半乳糖寡糖、多聚糖和蛋白糖的混合物。根据来源不同,多糖组分中的 D-半乳糖(阿拉伯树胶)和 L-树胶醛糖比例也不相同。与金合欢树相比,阿拉伯树胶含有更多 4-O-甲基-D-葡萄糖醛酸,而 L-鼠李糖和不可替代的 D-葡萄糖醛酸的量较少。具有高度的可溶解性,平常的胶类在溶水的过程中仅能最多加进 5%~8% 的胶体

即达饱和,而阿拉伯胶与水的混合比则可高达 60%,在高含量时能有非常高的黏度表现。因其为水性胶,故不会溶解于油与酒精,但若酒精含量低于 15% 时,则可以溶解。

阿拉伯胶具有良好的乳化特性,特别适合于水包油型乳化体系,广泛用于乳化香精中作乳化稳定剂;它还具有良好的成膜特性,作为微胶囊成膜剂用于将香精油或其他液体原料转换成粉末形式,可以延长风味品质并防止氧化,也用作烘焙制品的香精载体。阿拉伯胶能阻碍糖晶体的形成,用于糖果中作抗结晶剂,防止晶体析出,也能有效地乳化奶糖中的奶脂,避免溢出;还用于巧克力表面上光,使巧克力只溶于口,不溶于手;在可乐等碳酸饮料中阿拉伯胶用于乳化、分散香精油和油溶性色素,避免它们在储存期间精油及色素上浮而出现瓶颈处的色素圈;阿拉伯胶还与植物油及树脂等一块用作饮料的雾浊剂以增加饮料外观的多样性。

营养学上,阿拉伯胶基本不产生热量,是良好的水溶性膳食纤维,被用于保健品糖果及饮料。在医学上阿拉伯胶还具有降低血液中胆固醇的功能。阿拉伯胶也广泛用于其他工业。在食品工业中的应用可归纳为:天然乳化稳定剂、增稠剂、悬浮剂、黏合剂、成膜剂、上光剂,水溶性膳食纤维等。

(八) 魔芋胶

魔芋的主要成分是葡甘露聚糖。魔芋葡甘聚糖,又称 KGM,是一种天然的高分子可溶性膳食纤维,为所有膳食纤维中的优品,不含热量、有饱腹感,且能减少和延缓葡萄糖的吸收,抑制脂肪酸的合成,具有极佳的减脂瘦身作用。魔芋葡甘聚糖在减脂的同时还有助于生态通便、平稳血糖、降血脂和抗脂肪肝,安全无毒副作用。由于葡甘聚糖具有黏度高、吸水多、膨胀快等理化性质,使魔芋的加工工艺受到限制,现有魔芋食品中魔芋葡甘聚糖的纯度普遍偏低,人们摄入葡甘聚糖甚少。

由于 KGM 具有很高的持水性、膨胀性、增稠性、凝胶性、乳化性、悬浮性、黏结性等,性能优于琼脂、卡拉胶、明胶等常用食品胶,作为食品添加剂应用日益广泛。如火腿肠、奶制品、饼干、果冻等。

第6节　碳水化合物在食品加工中的应用

一、碳水化合物与食品感官特性的关系

在食品加工过程中，食品的许多感官特性的变化都与碳水化合物有关。碳水化合物参与的一些化学反应会导致食品颜色的改变。其中最重要的就是美拉德反应和焦糖化反应所导致的非酶褐变反应。尤其是在食品的热加工过程中，这两大类的反应都可以产生大分子的黑色素物质，导致食品颜色变深。富含碳水化合物的食品在高温加热的情况下，这两大类的反应均有可能发生。比如烤面包等高温焙烤的食品，在高温烤制的过程中，其表皮可以形成很好看的颜色。这种颜色的形成就是美拉德反应和焦糖化反应综合作用的结果。利用蔗糖的焦糖化反应生成的焦糖色素，是食品加工中广泛使用的一种色素，赋予食品一种特殊的焦糖色。

食品风味的产生很多时候也离不开碳水化合物的贡献。比如说很多单糖和小分子低聚糖都是有甜味的，在食品中被广泛地用作甜味剂，赋予食品一种受大家喜爱的甜的口感。加工中，一些多糖被水解后，也会形成有甜味的单糖或者低聚糖。另外，美拉德反应和焦糖化反应的结果除了会导致食品颜色的改变，还会导致食品风味的改变。美拉德反应和焦糖化反应除了生成大分子黑色素物质，同时还会生成许多小分子的风味物质。尤其是在高温的热加工过程中，这种风味物质的产生是很明显的。比如烤面包过程中，我们闻到的烤面包的香气，有一些是美拉德反应生成的，还有一些是焦糖化反应生成的。

除此之外，有些食品的质构特性也与碳水化合物有关。比如红薯在贮藏过程中的变软主要是由红薯的内源淀粉酶催化淀粉水解所导致的；西红柿、草莓等许多蔬菜和水果成熟后会变软，主要是由组织内部的原果胶的分解所导致的；豆角、芹菜等蔬菜老化后组织变硬，难以咀嚼，主要是由大量的不溶性纤维素的积累所导致的。

二、碳水化合物与食品营养的关系

碳水化合物具有重要的营养和生理功能。

1. 供给能量

每克葡萄糖产热 16 kJ（4 kcal），人体摄入的碳水化合物在体内经消化变成葡萄糖或其他单糖参加机体代谢。每个人膳食中碳水化合物的比例没有规定具体数量，我国营养专家认为碳水化合物产热量占总热量的 60%～65% 为宜。平时摄入的碳水化合物主要是多糖，在米、面等主食中含量较高，摄入碳水化合物的同时，能获得蛋白质、脂类、维生素、矿物质、膳食纤维等其他营养物质。而摄入单糖或双糖如蔗糖，除能补充热量外，不能补充其他营养素。

2. 构成细胞和组织

每个细胞都有碳水化合物，其含量为 2%～10%，主要以糖脂、糖蛋白和蛋白多糖的形式存在，分布在细胞膜、细胞器膜、细胞质以及细胞间质中。

3. 节省蛋白质

食物中碳水化合物不足，机体不得不动用蛋白质来满足机体活动所需的能量，这将影响机体用蛋白质合成新的蛋白质和组织更新。因此，完全不吃主食，只吃肉类是不适宜的，因肉类中含碳水化合物很少，这样机体组织将用蛋白质产热，对机体没有好处。所以减肥病人或糖尿病患者最少摄入的碳水化合物不要低于 150 g 主食。

4. 维持脑细胞的正常功能

葡萄糖是维持大脑正常功能的必需营养素，当血糖浓度下降时，脑组织可因缺乏能源而使脑细胞功能受损，造成功能障碍，并出现头晕、心悸、出冷汗，甚至昏迷。

5. 抗酮体的生成

当人体缺乏糖类时，可分解脂类供能，同时产生酮体。酮体导致高酮酸血症。

6. 解毒

糖类代谢可产生葡萄糖醛酸，葡萄糖醛酸与体内毒素（如药物、胆红素）结合进而解毒。

7. 加强肠道功能

与膳食纤维有关。如防治便秘，预防结肠和直肠癌，防治痔疮等。

其他：碳水化合物中的糖蛋白和蛋白多糖有润滑作用。另外它可控制细胞膜的通透性。并且是一

些合成生物大分子物质的前体，如嘌呤、嘧啶、胆固醇等。

另外，在食品的热加工过程中，碳水化合物所参与的一些化学反应也会导致食品营养价值的降低。如为了防止营养成分损失，特别是必需氨基酸如赖氨酸的损失，需要避免发生美拉德反应。大豆粉或大豆离析物（大豆植物蛋白提取物）与 D-葡萄糖一起加热时，大豆蛋白质中的赖氨酸将会大量损失，同样对于谷物焙烤食品、面包和豆类焙烤制品也会引起损失。还有报道称美拉德反应会形成某些致癌致突变产物。

本章小结

本章首先介绍了碳水化合物的相关概念、分类和一些共性特点，然后介绍了各种碳水化合物的分子结构，重点阐述了单糖的结构特点，在此之上对一些重要的糖苷、低聚糖和多糖种类的分子结构也进行了较为详细的介绍。继碳水化合物结构特点的介绍后，又阐述了碳水化合物常见的化学反应类型，如氧化反应、还原反应、水解反应、酯化与醚化反应、脱水与热裂解反应，并简单介绍了这些化学反应在食品工业中的应用案例。对于碳水化合物在食品加工及贮藏过程中的变化，主要介绍了美拉德反应和焦糖化反应，尤其是美拉德反应，对于其反应机理、影响因素、反应产物特性的最新研究进展和反应防控方法和措施等内容都进行了非常详细的阐述。而对于食品中重要的碳水化合物的介绍，

主要阐述了一些重要的单糖和二糖的理化性质及其在食品工业中的应用，常见的几种具有特殊功能特性和保健价值的低聚糖的种类的理化性质和保健功能，一些常见的重要的多糖的性质及其在食品工业中的应用，重点介绍了淀粉的糊化和老化的机理、影响因素及在食品加工中的应用。最后，为了让读者全方位了解碳水化合物对于食品的重要意义，对碳水化合物与食品感官特性的关系及其与食品营养的关系进行了简单总结。

思考题

1. 单糖有哪些重要的物理化学性质？
2. 低聚糖通常有哪些生理功能？
3. 美拉德反应的机理是什么？有哪些影响因素？在食品加工中有何利弊？
4. 什么叫淀粉的糊化？淀粉糊化有哪些影响因素？
5. 什么叫淀粉的老化？淀粉老化有哪些影响因素？通常的抗老化方法有哪些？

参考文献

［1］阚建全. 食品化学. 3 版. 北京：中国农业大学出版社，2016.
［2］王璋，许时婴，汤坚. 食品化学. 北京：中国轻工业出版社，2007.
［3］谢笔钧. 食品化学. 3 版. 北京：科学出版社，2011.
［4］汪东风. 食品化学. 北京：化学工业出版社，2011.
［5］谢明勇. 食品化学. 北京：化学工业出版社，2011.
［6］刘树兴，吴少雄. 食品化学. 北京：中国计量出版社，2010.

第4章
脂类

学习目的与要求：

熟悉脂类的分类；了解甘油三酯的结构，脂肪酸的组成和命名；掌握油脂的同质多晶、塑性等物理性质和油脂的氧化、氢化、热分解等化学反应；掌握油脂的起酥性、涂布性、乳化性等功能性质。

学习重点：

脂类的种类、结构、理化性质；脂肪酸的命名、分类；同质多晶现象，油脂的氧化，油脂的氢化，油脂的水解和醇解；油脂的塑性，乳化和乳化剂；脂肪的酸败，油脂在高温下的反应。

学习难点：

同质多晶现象，油脂的氧化，油脂的氢化，油脂的塑性，脂肪的酸败，油脂在高温下的反应。

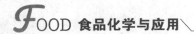

教学目的与要求

- ■ **研究型院校**：掌握食品中脂类的种类、结构；脂肪酸的命名和结构；掌握油脂的物理性质、化学反应及功能性质；掌握脂类功能性质对食品加工和储藏过程产生的影响以及脂类自身发生的不利化学变化。
- ■ **应用型院校**：了解食品中脂类的种类、结构；脂肪酸的命名和结构；掌握油脂的物理性质、化学反应及功能性质；掌握脂类功能性质对食品加工和储藏过程产生的影响。
- ■ **农业类院校**：掌握食品中脂类的种类、结构；脂肪酸的命名和结构；掌握油脂的物理性质、化学反应及功能性质；了解脂类功能性质对食品加工和储藏过程产生的影响。
- ■ **工科类院校**：了解食品中脂类的种类、结构；脂肪酸的命名和结构；掌握油脂的物理性质、化学反应及功能性质；了解脂类功能性质对食品加工和储藏过程产生的影响。

第1节　引言

脂类是人们日常餐饮中的重要组成，不但赋予食物丰富的风味和感官性状，还具有多种重要生理功能，是人类不可或缺的重要营养素。脂类是一大类难溶于水而易溶于乙醚、苯、氯仿等有机溶剂的有机化合物的总称，可分为油脂和类脂。油脂是指动植物体内蕴含的油和脂肪，类脂则包括蜡、磷脂、糖脂、固醇、甾族、萜类等。类脂与油脂的化学结构有着较大差异，但由于两者间某些物理性质的相似性（如溶解性），因而将其共同归为脂类化合物。

脂类作为三大营养素之一，是生物体内重要的能量储备物质（37 kJ/g 或 9 kcal/g）以及必需脂肪酸和脂溶性维生素的重要来源，某些脂类还是构建细胞和亚细胞颗粒外生物膜的重要组分。此外，脂类所具有的特性，使其在食品加工过程中也有着非常重要的作用，如油脂的熔化特性对食物口感的影响；油脂具有令人愉悦的油脂（奶油等）香味；油脂可作为许多风味物质的载体；油脂可将食物加热到较高温度的作用（油炸）。因此，油脂不但丰富了食物的营养，而且可以帮助食品达到所需的质地、特定的口感和香气以及令人满意的香气保留作用。此外，类脂也表现出了重要的功能：许多类脂不但本身就是香味物质或其前体，而且可作为良好的食品乳化剂；一些类脂还可作为脂溶性或油溶性颜料或食品着色剂等。

第2节　脂肪酸

当前市场上常见的油脂均为脂类的混合物，其主要成分为甘油三酯（亦称三酰基甘油）的混合物，其含量通常超过95%；次要成分则包括甘油二酯、甘油单酯和游离脂肪酸等。不同的油脂通常是指由甘油和不同的脂肪酸组成的甘油三酯，因此，脂肪酸的结构和理化性质对油脂的理化性质和生理功能起着至关重要的影响。目前，已经确定的天然脂肪酸有1 000多种，其中较为常见并较为重要的约50种。由于脂肪酸的种类较多，因此对其结构的认识、命名和分类就显得尤为重要。

一、脂肪酸的化学结构

脂肪酸，是天然油脂水解生成的一系列脂肪族一元羧酸类衍生物的总称，其化学结构为含有直链脂肪烃的有机酸类化合物，一端为羧基端（—COOH），另一端为甲基端或ω端（—CH_3）。不同脂肪酸的碳链长度有所不同（即碳的个数不同），多含有偶数个碳原子，碳链长度可为2～80个碳，但多数集中为12～22个碳的长度，其中18碳酸数量较为丰富。目前已知的脂肪酸通常由碳（C）、氢（H）、氧（O）3种元素构成，分子结构中除羧基和不饱和键外，其他官能团非常稀少，其中较常见的有羟基、环氧基、羰基和卤素等。

二、脂肪酸的命名

作为油脂的重要组成部分和功能成分，目前人们对脂肪酸的命名常采用习惯命名法、系统命名法和速记命名法等命名方式。

（一）习惯命名法

早期研究中对脂肪酸的化学结构还没有明确的认识，人们更多的是以其来源对脂肪酸进行命名，如棕榈油中的棕榈酸、橄榄油中的油酸、亚麻籽油中的亚油酸和亚麻酸以及蓖麻油中的蓖麻油酸等。

由于习惯命名法的传统性和便利性，即使在众多脂肪酸的化学结构已被确定的今天，这种命名方式依然大量存在。但是，这种简单的习惯名称仅可用于单一结构的化合物，对其同分异构体的命名则无能为力。并且，人们从脂肪酸的习惯名称中也无法获取更多该脂肪酸的结构信息和可能存在的理化性质。

（二）系统命名法

鉴于习惯命名法的种种不足，"国际纯粹化学与应用化学联合会"（IUPAC）和"国际生物化学联合会"（IUB）确立了脂肪酸的系统命名法，该命名法可以有效地显示出脂肪酸的碳原子总数、不饱和键的数量、位置、构型等结构特征，具有良好的系统性和科学性，并与有机化学的系统命名法高度一致。

脂肪酸的中文系统命名法，既要符合 IUPAC 的规定，又融入了汉语的特征。在其命名时，选择含有羧基的最长碳链为主链，根据主链上的碳原子数目将之称为"某酸"。主链碳原子从羧基端开始编号，以阿拉伯数字表示。还可以从羧基的邻位碳原子开始编号，用希腊字母表示。当对不饱和脂肪酸命名时，应选择同时含有羧基和不饱和键的最长碳链为主链，根据主链上的碳原子数目将之称为"某烯酸"，并把不饱和键的位置写在名称之前。当不饱和键为烯键且有构型异构时，应写明"顺""反"异构或"Z""E"构型。如图 4-1 所示：

$$CH_3—CH=CH—COOH$$

图 4-1　巴豆酸（2-丁烯酸）

（三）速记命名法

习惯命名法方便易懂，但是无法清晰表述脂肪酸的结；系统命名法能够准确地描述出脂肪酸的结构特征，但是烦琐复杂，既不易理解掌握，也不够直观。因此，一种相对更为快捷简便，且能够明确地反映脂肪酸结构特征的命名方法—速记（数字）命名法得到广泛使用。

例如亚油酸，其系统命名法名称应为：顺，顺-9，12-十八碳二烯酸或（9Z，12Z）-9，12-十八碳二烯酸。该名称明显较为复杂，因此可使用速记命

名法将其名称简化为：18∶2 的形式。其中，"18"代表该脂肪酸共有 18 个碳原子，"2"则表示该脂肪酸共含有 2 个不饱和键（烯键）。然而，这种命名方式又过于简单，虽然便于记忆和使用，但是难以准确描述脂肪酸的结构。因此，人们对速记命名法进行了补充和完善。

鉴于脂肪酸为长链羧酸，一端为羧基、另一端为烃基，速记命名法也可以分别从脂肪酸的两端进行。例如当从羧基一端命名时，羧基碳原子编号为 1，常用"Δ"来表示，则亚油酸的名称可写作：C18∶2，Δ-9，12。表示该脂肪酸共 18 个碳原子和 2 个烯键，当从羧基一端开始编号时，2 个烯键分别在第 9 和第 12 个碳原子上。

当从烃基（甲基）一端命名时，起始甲基碳编号为 1，常用"ω"或"n"来表示，则亚油酸的名称可写作：C18∶2，n(ω)-6，9。表示该脂肪酸共 18 个碳原子和 2 个不饱和键，当从甲基一端开始编号时，2 个不饱和键分别在第 6 和第 9 个碳原子上。至此，速记命名法既显示了准确而简洁的名称，又准确地描述出所命名脂肪酸的结构特征，是一种科学、高效的命名方式。

脂肪酸的各种命名方式各具特色，仅以亚油酸为例，加以对比，如表 4-1 所示。

表 4-1　亚油酸的结构和名称

结构简式	$CH_3(CH_2)_4CH=CHCH_2CH=$ $CH(CH_2)_7COOH$
键线式	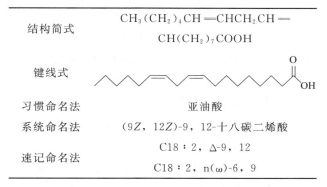
习惯命名法	亚油酸
系统命名法	（9Z，12Z）-9，12-十八碳二烯酸
速记命名法	C18∶2，Δ-9，12 C18∶2，n(ω)-6，9

三、脂肪酸的分类

根据不同脂肪酸间化学结构和营养功能的不同，我们可以将其分为饱和脂肪酸和不饱和脂肪酸、顺式脂肪酸和反式脂肪酸、短中长碳链脂肪酸以及必需和非必需脂肪酸等。

（一）饱和脂肪酸

饱和脂肪酸指分子结构中除羧基外均为饱和碳

原子的脂肪酸，主要为不含支链的偶数直链脂肪酸。根据碳链的长度，又可将其分为中短链脂肪酸、软脂酸和硬脂酸以及长链脂肪酸。部分常见饱和脂肪酸信息如表4-2所示。

表4-2　部分饱和脂肪酸的名称及物理常数

链长	系统名称	习惯名称	相对分子质量	熔点/℃	沸点/℃
4	丁酸	酪酸	88.1	−5.3	164
6	己酸	羊油酸	116.2	−3.2	206
8	辛酸	羊脂酸	144.2	16.5	240
10	癸酸	羊蜡酸	172.3	31.6	271
12	十二烷酸	月桂酸	200.3	44.8	130*
14	十四烷酸	肉豆蔻酸	228.4	54.4	149*
16	十六烷酸	软脂酸	256.4	62.9	167*
18	十八烷酸	硬脂酸	284.5	70.1	184*
20	二十烷酸	花生酸	312.5	76.1	204*
22	二十二烷酸	山嵛酸	340.6	80.0	
24	二十四烷酸	木蜡酸	368.6	84.2	

*1 mm汞柱压力下测得的沸点。

1. 中短链脂肪酸

中短链脂肪酸主要为碳原子数4~14个的脂肪酸，常见于牛乳和一些植物油中（如椰子油和棕榈仁油）。牛乳脂肪中的中短链脂肪酸含量丰富、种类齐全，且含有较多的短链脂肪酸，如丁酸（总重量的4%），这意味着牛乳脂肪中约25%的三酰甘油含有一个四碳酸。与牛乳相比，椰子油和棕榈仁油中中链脂肪酸的含量更多些，其中月桂酸的含量较丰富，主要为八碳酸、十碳酸和十四碳酸。

2. 软脂酸和硬脂酸

软脂酸（又名棕榈酸）为16碳脂肪酸，在饱和脂肪酸中的含量最多，如在鱼油中的含量为10%~30%，在牛乳和动物身体脂肪中的含量可达30%，存在于几乎所有的植物油中，含量在5%~50%之间。

硬脂酸（又名脂蜡酸）为18碳脂肪酸，在饱和脂肪酸中的含量仅次于软脂酸，是反刍动物脂肪和一些固体植物油脂中的主要组成部分，如牛油和黄油，以及可可脂（30%~35%）和乳木果油。此外，可以通过对富含油酸、亚油酸的植物油的完全氢化制得硬脂酸。这些饱和酸被广泛应用于食品和非食品产品（如表面活性剂、化妆品和个人卫生品等）。

3. 长链脂肪酸

长度超过18个碳原子的长链饱和脂肪酸并不多见，其中，花生油含有少量的（4%~7%）该类脂肪酸，如花生酸（20个碳）、山嵛酸（22个碳）和木蜡酸（24个碳）。而一些不太常见的植物油中长链饱和脂肪酸的含量更高些。例如，红毛丹油含有约35%的花生酸。此外，许多蜡中还含有20~30个碳的长链饱和脂肪酸。

（二）不饱和脂肪酸

1. 单不饱和脂肪酸

已知的单不饱和脂肪酸超过100种，其中绝大多数含有顺式烯键，仅有少数为反式烯键。通常情况下，这些顺式单不饱和脂肪酸含16~22个碳原子，并且，由于存在活跃的Δ9位去饱和酶，顺式脂肪酸的烯键常位于Δ9位或ω9位。

9-十六碳烯酸是大多数动植物油脂中的次要成分，但在澳洲坚果油（18%~30%）和沙棘果油（16%~22%）中含量较高。9-十八碳烯酸（油酸）是所有单烯酸中最常见的一种，可能存在于所有天然油脂中，并在几种植物油中具有较高的含量，如橄榄油（60%~80%）、杏仁油（60%~70%）和低芥酸菜籽油（62%）。动物脂肪中也经常含有高水平的18:1酸，但并非都是油酸，这是因为其中存在众多油酸的位置和立体异构体。

其他十八碳烯酸包括石脑油（Δ6-顺式）和异油酸（Δ11-顺式和Δ11-反式）。反式异油酸主要为瘤胃中亚油酸生物氢化的产物，在反刍动物的乳汁和贮存脂肪中含量较低；其顺式异构体是种子油中的一种稀有成分，但很可能存在于富含油脂的植物中。二十碳烯酸（Δ9-顺式/Δ11-顺式）主要存在于鱼油中，在芥酸（22:1）含量较高的植物油中通常是次要组分。芥酸（Δ13-顺式22:1）是菜籽油中的一种主要脂肪酸，具有多种技术用途，特别是它的酰胺。最常见的24:1酸（神经酸，Δ15-顺式）是在神经元发现的鞘脂中的一种重要成分（也是其名称来源）。

2. 多不饱和脂肪酸

最常见的一类多不饱和脂肪酸为亚甲基间隔的

多烯酸，其所含烯键常为 2～6 个分别被单亚甲基间隔的相邻烯键，该类脂肪酸的通式如图 4-2 所示。甲基端的亚甲基 n 值常为 1、4、5、7，其中最重要的两类多不饱和脂肪酸分别为 ω3（$n=1$）的亚麻酸和 ω6（$n=4$）的亚油酸。动物无法通过自身合成这两种脂肪酸，必须从食物（植物）中获取，并通过代谢合成其他的多不饱和脂肪酸。

$$CH_3(CH_2)_n(CH=CHCH_2)_m(CH_2)_pCOOH$$

图 4-2　多不饱和脂肪酸的结构通式

亚麻酸是最常见的 ω3 类脂肪酸，是植物绿色组织（如草、叶、茎）和许多动物食物中的重要组成部分。其中，二十二碳六烯酸是大脑、视网膜和精子中磷脂的重要组成部分。

亚油酸是最常见的 ω6 类脂肪酸，也是一类重要的膳食补充剂，是许多植物种子油中的主要脂肪

酸。其中，花生四烯酸是多种代谢物的重要来源，如前列腺素和白三烯，统称为类二十碳五烯。这种 20 碳脂肪酸是磷脂中的常见成分，存在于禽蛋和肝脏中，在苔藓、蕨类植物、真菌和藻类中也含量丰富。

3.　其他不饱和脂肪酸

除了常见的顺式单烯酸和多烯酸外，还存在着一些其他类型的不饱和脂肪酸。这些多不饱和脂肪酸主要存在于植物当中，通过对一些正常生物合成过程的小修饰得到。由于化学结构上的特殊性，这些不饱和酸引起了人们的兴趣，但是对于他们的功能目前依然有较大争议，如炔酸和烯丙酸能否在工业生产中起到作用还未可知。此外，还有一类共轭的多不饱和脂肪酸，含有两个或多个不饱和键，且彼此相邻形成共轭结构。图 4-3 为部分此类多不饱和脂肪酸的结构式和名称。

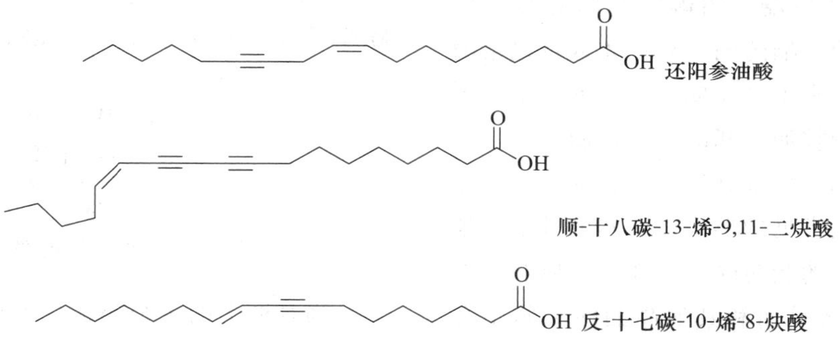

图 4-3　部分多不饱和脂肪酸的结构式和名称

其他还有诸如含有支链的脂肪酸和环状脂肪酸、含氧脂肪酸（醇酸、环氧酸、呋喃酸和草酸）以及卤代脂肪酸等，就不再一一赘述。

第 3 节　脂类

在前面的小节中，主要讨论了部分天然脂肪酸的性质和种类。然而，这些天然脂肪酸往往很少以游离态存在，而是与一元/多元醇形成酯，或者与胺类化合物结合为酰胺。为了便于理解和记忆，通常将脂类分为三大类化合物：

（1）简单脂类　主要是脂肪酸和甘油、糖、甾醇、长链醇等醇类化合物形成的酯类。

（2）复合甘油脂质　包括磷脂、糖脂和醚脂等

脂类化合物。

（3）鞘脂类　主要为鞘氨醇酰胺类化合物，包括神经酰胺、脑苷脂、神经节苷脂和鞘磷脂等。

已知甘油三酯为天然食用油中的主要成分（>95%），对甘油三酯的认识尤为重要。此外，油脂中可能还含有少量的磷脂、游离甾醇、甾醇酯、醇类（如生育酚和生育三烯酚）、三萜醇类、烃类和某些脂溶性维生素。当然，以上物质主要存在于初提的原油中。在油脂的后续精炼过程中，一些无关紧要的或者会影响油脂品质的成分被除去（全部或部分），有益成分将被再次补充或加强。例如，在脱胶过程中磷脂被除去，在脱臭过程中部分脂肪酸以及有生理功能的甾醇、甾醇酯和聚醚类物质被除去。

通常情况下，我们将油脂分为室温下呈固态的"脂"（fat）和呈液态的"油"（oil）。然而，这种分法是较为粗陋的，因为气候和温度对油脂的硬度有着很大的影响；并且许多脂肪既非固体也非液体，而是以半固态的形式呈现。为了与前后章节保持一致，在本章中我们依然以脂和油作为脂类的基础分类方式。下面将分别介绍各种脂类及其理化性质和功能。

一、甘油三酯

甘油，又称为 1，2，3-丙三醇，其 2 位碳原子同时连接一个羟基（—OH）、一个氢原子（—H）和两个羟甲基（—CH₂OH），具有潜在的手性。当 1 位和 3 位碳原子各自连接不同基团时，2 位碳原子为手性碳原子，该化合物就会产生一对对映异构体。当甘油与单一脂肪酸酯化后，会得到含两个同分异构体的甘油一酯、两个同分异构体的甘油二酯和一个单一的甘油三酯。当侧链的脂肪酸不同时，甘油二酯和甘油三酯的同分异构体数量也会随之增加。由于天然油脂中主要成分为甘油三酯，因此，下面将重点讨论甘油三酯的相关性质。

甘油三酯（又称三酰基甘油）是甘油完全酯化的产物，也是脂类最常见的形式。天然的甘油三酯很少只含有单一种类的脂肪酸，除非这种脂肪酸的含量超过 70%（如橄榄油和其他高油酸油脂中存在的三油酸甘油酯）。通常情况下，甘油三酯中含有两种或三种不同的脂肪酸，当脂肪酸的数目增多时，油脂中不同分子结构的甘油三酯数量也随之增多，这使得对不同种类的甘油三酯进行准确命名成为进一步研究的必要内容。

命名

为方便快捷地表明油脂的结构，通常采用简写方式对其进行描述，如以 PPP 表示三棕榈酸甘油酯，P 为棕榈酸（palmitic）的首个字母。当甘油三酯中的脂肪酸种类为 2 或 3 种时，这种简写方式会复杂一些，如含有 2 个棕榈酸和 1 个油酸（oleic）

的甘油三酯可简写作 P₂O，如含有 1 个棕榈酸、1 个油酸和 1 个亚油酸（linoleic），该油脂可写作 POL。这种简写的规则是：①含有较短碳链长度的脂肪酸写在前面；②当脂肪酸的碳链长度相同时，含较少双键的那个写在前面。然而，在满足方便快捷的同时，这种简写方法也存在着自身的缺陷：只能反映出某一个甘油三酯分子中有哪些脂肪酸结构，却不能准确地给出这些脂肪酸所处的位置，也就是说，无法准确地表明该甘油三酯的精确化学结构和可能存在的立体异构。

为准确地描述甘油三酯的化学结构和立体构型，对甘油的 3 个碳原子进行了精准编号（sn），并通过费歇尔投影式对其结构进行描述（图 4-4）。从图 4-4 中我们可以看到，甘油的 1～3 号碳原子从上到下纵向排列，1 位和 3 位碳原子上的羟基均位于 C—C 键的右侧，而 2 位碳原子上的羟基位于 C—C 键的左侧，并按照从上到下的顺序将这 3 个碳原子依次编号为 sn-1、sn-2、sn-3。

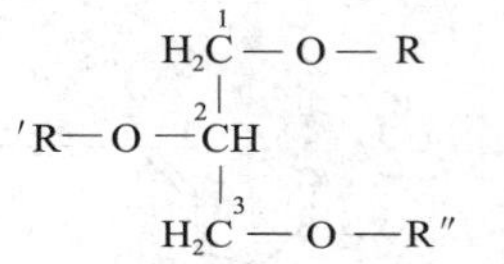

$$
\begin{array}{c}
H_2\overset{1}{C} - O - R \\
R - O - \overset{2}{C}H \\
H_2\overset{3}{C} - O - R''
\end{array}
$$

图 4-4　甘油三酯的费歇尔投影式

当甘油上的 3 个羟基分别与脂肪酸酯化，得到的即为甘油三酯（油脂）。此时，若 sn-1 和 sn-3 上的脂肪酸不同，则该甘油三酯为手性化合物，存在一对旋光相反的对映异构体；更为重要的是，这对对映异构体在酶的作用下会发生不同的反应。而磷脂（含磷酸的脂质）、糖脂（含一个或多个糖单元的脂质）和磺酰（含磺酸的脂质）并不完全按照这种方式进行描述。

当需要明确某个甘油三酯分子的化学结构和立体构型时，我们常采用 sn 定位法对其进行命名。如前文所举 POL，其结构式和名称可如下图所示（图 4-5）：

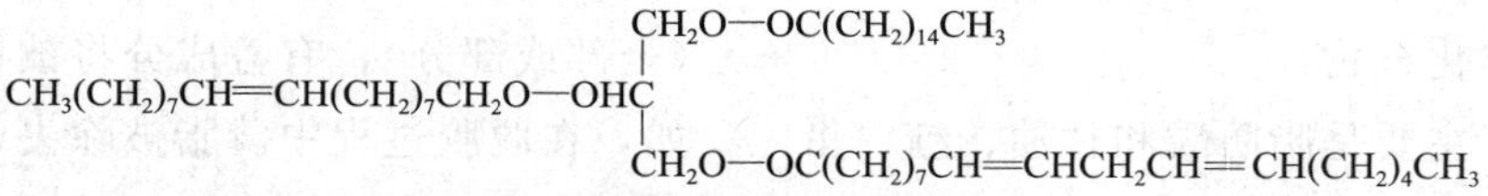

$$
CH_3(CH_2)_7CH=CH(CH_2)_7CH_2O-OHC \overset{\displaystyle CH_2O-OC(CH_2)_{14}CH_3}{\underset{\displaystyle CH_2O-OC(CH_2)_7CH=CHCH_2CH=CH(CH_2)_4CH_3}{|}}
$$

sn-1-棕榈酸酯-2-油酸酯-3-亚油酸酯

图 4-5　POL 的命名

也可以将该名称简化为：sn-16：0-18：1-18：2，前面的数字表示脂肪酸的碳原子个数，后面的数字表示不饱和键的个数。根据图4-5，可以看到该命名方法能够准确地反映出待命名甘油三酯的准确化学结构和立体构型。

二、其他甘油酯

已知油脂中的主要成分为甘油三酯，但是油脂中还存在着少量的甘油单酯和甘油二酯，它们不但是油脂中的微量成分，还可作为生物合成途径中的中间体，以及部分脂解的产物。下面分别讲述甘油单酯和甘油二酯的有关特性。

（一）甘油单酯

甘油单酯（或称为甘油一酸酯、单酸甘油）具有两种结构（图4-6），这取决于其酰化基团究竟是首个羟基（α位，sn-1）还是第二个羟基（β位，sn-2）。由于甘油单酯是非对称结构具有手性，存在一对对映异构体，它们的酰基分别位于sn-1或sn-3位上。纯的sn-1（α）和sn-2（β）甘油单酯很快就会形成90：10（α：β）比例的两种化合物的混合物。这一现象受到酸、碱、加热和溶剂等因素的影响。甘油单酯及其衍生物可由油脂经甘油解而轻易制得，并被广泛用作食品乳化剂。在脂肪的消化过程中，2-甘油单酯在肠道中形成，在重新转化为甘油三酯之前，作为脂蛋白通过血液运输被吸收和传输。

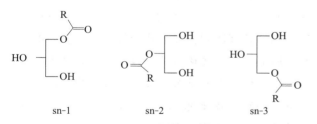

图 4-6　甘油单酯的不同异构体

（二）甘油二酯

甘油二酯（二酰基甘油）（图4-7）包括结构对称的1，3-异构体（sn-1，3）和非对称结构的1，2-异构体（sn-1，2）和2，3-异构体（sn-2，3），其中1，3-异构体最稳定。1，2-二酰基-sn-甘油是甘油三酯和磷脂生物合成和代谢的重要中间体。1，3-二酰基甘油已被推荐作为膳食材料。

图 4-7　甘油二酯的不同异构体

三、磷脂

磷脂，也称磷脂质，是所有含磷酸基脂类的统称，可分为甘油磷脂和鞘磷脂。通常情况下，甘油磷脂被简单地称为磷脂，其磷酸根常位于甘油三酯的sn-3位。虽然被简单地概括为磷脂，实则是一大类甘油磷酸酯衍生物的统称。如图4-8所示，磷酸根上无任何取代基时，该化合物是最简单的磷脂（磷脂酸，PA）；当磷酸根与另一分子化合物的羟基反应后，可以得到一系列的磷脂酰类衍生物，如磷脂酰胆碱（PC），磷脂酰乙醇胺（PE）等。

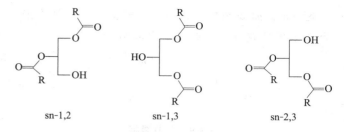

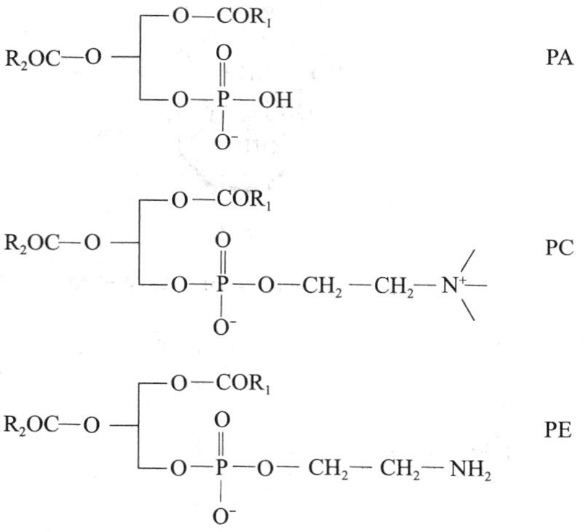

图 4-8　部分甘油磷脂的结构

已知大多数磷脂的sn-1位上是饱和酰基链（由饱和脂肪酸形成），而sn-2位上为不饱和酰基链（由不饱和脂肪酸形成）。而溶血磷脂是一种由化学或酶法水解的产物，其化学结构中脱去了一个脂肪酸，只在sn-1位上有一个酰基链，sn-2位仅存在一个游离羟基，如图4-9所示。

磷脂的命名方式与甘油三酯较为相似，在细节上有所差异，例如当PA的sn-1为软脂酸、sn-2为硬脂酸时，该磷脂的名称为：1-软脂酸酯-2-硬脂酸酯-sn-甘油-3-磷酸酯；而溶血磷脂则应将其脱去脂肪酸的位置标明，如 2-溶血磷脂。

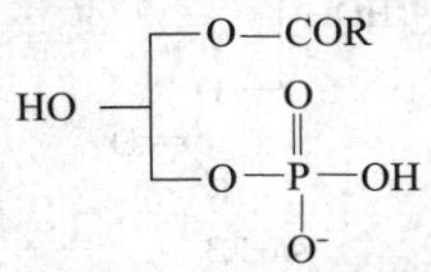

图 4-9　溶血磷脂

磷脂是生物膜的重要组分之一，存在于所有动植物的细胞内，遍布于动物的脑、肝、肾等器官和植物的种子、坚果和谷物中。磷脂可以活化细胞，维持基础代谢的平衡、保持荷尔蒙分泌的均衡，增强人体的免疫力和再生能力。磷脂还具有促进脂肪代谢、防止脂肪肝、降低血清胆固醇、改善血液循环、预防心血管疾病的作用。由于磷脂分子结构中同时存在亲水和亲油基团，既是良好的天然表面活性剂，也是一种良好的天然乳化剂。如在医学上，磷脂可作为乳化剂使中性脂肪和血管中沉积

的胆固醇乳化为对人体无害的微粒，溶于水中而排出体外。在工业中，磷脂可作为乳化剂用于人造奶油和巧克力的生产。此外，磷脂还被广泛地用于化妆品、药品、洗涤用品等多个领域，发挥了重要的作用。

四、糖脂

糖脂是指一类含有糖基配体的脂类化合物，为两亲分子，在生物体内广泛存在，可分为甘油糖脂和鞘糖脂。甘油糖脂是由甘油和脂肪酸以及糖类化合物结合得到的，其中 sn-1 和 sn-2 位上是脂肪酸，sn-3 位上与单糖、二糖、三糖或四糖结合（图 4-10）。例如在植物的甘油糖脂中，半乳糖是主要的糖类成分。又如硫脂（图 4-11），由于含有被硫酸酯化的糖而在水中大量溶解，这种被硫酸酯化的糖是 6-磺基诺霍糖。硫脂在叶绿体和马铃薯块茎中均可被检出。

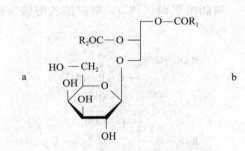
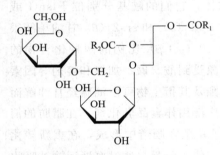

图 4-10　单半乳糖基甘油二酯（a）和双半乳糖基甘油二酯（b）

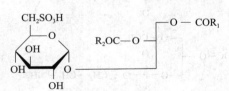

图 4-11　硫脂

五、鞘脂

鞘脂是一类与甘油酯的化学结构截然不同的脂类，其骨架为鞘氨醇而非甘油。鞘氨醇又名神经鞘氨醇，是一种含有反式不饱和烃基链的十八碳氨基醇（图 4-12）。

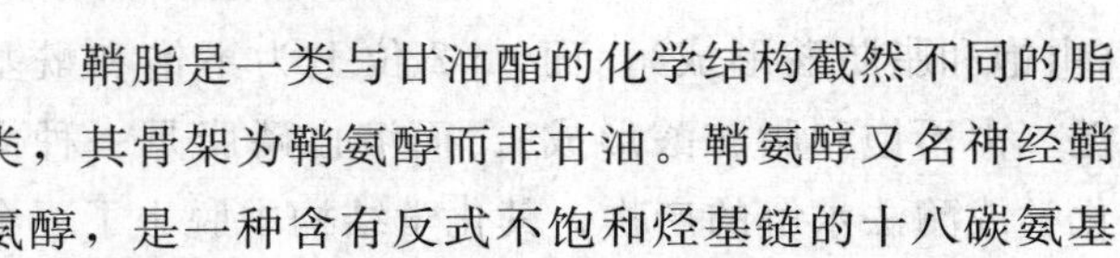

图 4-12　鞘氨醇的结构式

在植物中常常可以发现鞘脂的身影，如小麦中就含有植物鞘氨醇。鞘脂包含神经酰胺、鞘磷脂、鞘糖脂、脑苷脂和神经节苷脂等。若鞘脂中的氨基和脂肪酸结合形成羧酰胺，得到的产物即为神经酰胺。其 1 位上的羟基既可以和磷酸生成磷酸酯（磷脂酰：神经酰胺-磷酸基），也可以和单糖、二糖或寡糖结合生成糖苷（鞘糖脂：神经酰胺磷酸糖）。鞘糖脂中的神经酰胺可通过其磷酸残基与糖键合，得到的化合物也被称为植物糖脂。

神经鞘磷脂是已知最丰富的鞘脂，存在于髓鞘、神经纤维鞘的脂肪物质中。而神经鞘糖脂常见于动物、牛乳和植物的组织中，根据所连糖类的结构，可以分为中性和酸性鞘糖脂，而硫脂和神经节苷脂也属于该类化合物。如牛奶中的乳糖基肌酰胺和小麦中的神经酰胺糖苷就是中性糖鞘脂。鞘脂通

常具有复杂的化学结构，水解后可以产生植物鞘氨醇、肌醇、磷酸和各种单糖（如半乳糖、阿拉伯糖、甘露糖、葡萄糖胺、葡萄糖醛酸等）。

六、醚脂

通常油脂中含的都是酯基（酰氧基），然而有一类脂质中含的却是醚键（烷氧基），这种脂质就被称为醚脂。醚脂中的醚键往往位于甘油的 sn-1 位置，常可作为甘油三酯（特别是鱼油）或磷脂（特别是磷脂酰乙醇胺）的替代品。醚脂中的醚键有两种类型，第一种类型是常规的饱和烃类或在传统的位置具有不饱和键的烃类。而第二种类型的结构中蕴含着有别于第一种类型的新结构特征：该类结构在 C-1 和 C-2 之间有（反式）不饱和键，是乙烯醚类化合物，具有特殊的性质（图 4-13）。

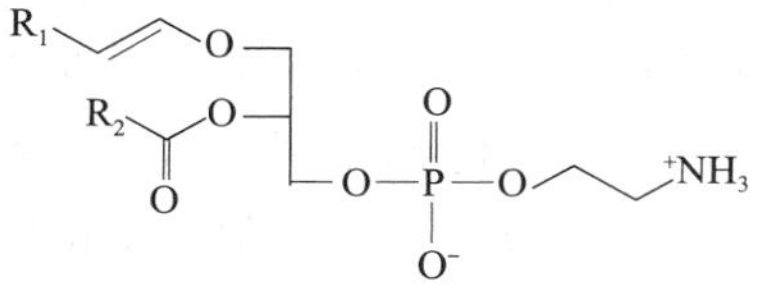

图 4-13　典型的缩醛磷脂

由于醚键裂解所需反应条件比酯的水解更苛刻，因此图 4-13 中醚脂首先发生的是磷脂和酰基甘油的化学水解，生成脂肪酸和磷酸。甘油醚是一类具有如鲛肝醇（16∶0）、鲨肝醇（18∶0）和鲨油醇（18∶1）等结构特征的化合物，如图 4-14 所示。相比之下，乙烯醚虽然在碱性条件下并不水解，但在酸性条件下会被水解，其产物并非甘油醚，而是甘油和长链醛类（图 4-15）。

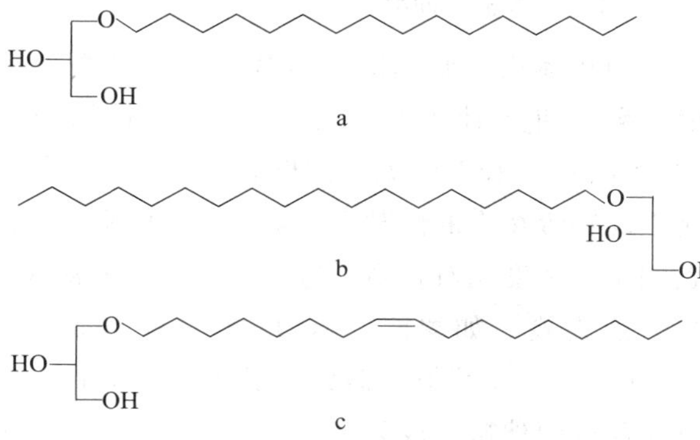

图 4-14　鲛肝醇（a）、鲨肝醇（b）、鲨油醇（c）

$$R-O-CH=CH(CH_2)_nR' \longrightarrow ROH + HO-CH=CH(CH_2)_nR' \Longrightarrow OHC-CH_2(CH_2)_nR'$$

图 4-15　乙烯醚的水解

含醚键的磷脂酰乙醇胺主要存在于动物组织中，最初被称为原生质（质粒），以反应酸催化水解产生醛的过程。此外，一种特殊的含醚类磷脂酰胆碱具有生物学活性，并与血小板中的受体结合。这些化合物被称为血小板活化因子（PAF），其名称为 1-烷基-2-乙酰基-sn-甘油-3-磷酸胆碱。

七、甾醇

甾醇（又名固醇）是大多数油和脂肪中重要的次要成分，食用油脂中不可皂化的部分就含有一系列的甾醇类化合物。甾醇既能以游离甾醇的形式单独存在，也能与脂肪酸结合得到甾醇酯，其中植物油中含有一系列的植物甾醇，而动物脂肪中则富含动物甾醇。重要的植物甾醇主要有谷甾醇、菜豆甾醇和麦角甾醇，而胆固醇（又名胆甾醇）是最重要的动物甾醇。

甾醇的骨架由 4 个脂肪环组成（图 4-16），A、B、C 为六元脂环，呈椅式构象；D 为五元脂环，

通常是平面结构。环 B 和 C 以及 C 与 D 结合处为反式构型，环 A 和 B 结合处无构型要求，既可为顺式也可为反式。由于桥头碳原子连接了双键，使其无法自由旋转，因此环 A 和 B 处并无构象异构体的存在。

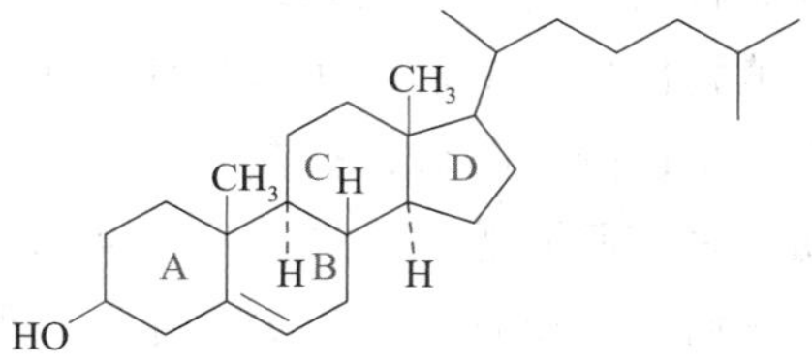

图 4-16　甾醇的结构骨架

（一）动物甾醇

胆固醇可由角鲨烯经生物合成得到，为哺乳动物体内的主要甾醇类化合物，既可以游离形式存在于脂类中，也可与饱和脂肪酸或不饱和脂肪酸反应得到相应的酯。一些常见食物中胆固醇的含量数据可见于表 4-3。

表 4-3　常见食物中的胆固醇含量

食物名称	胆固醇含量/(mg/100 g)
牛脑	2 000
鸡蛋黄[a]	1 010
猪肾	410
猪肝	340
黄油	215～330
猪瘦肉	70
牛瘦肉	60
鱼	50

a. 鸡蛋白中没有胆固醇

在动物体内，胆固醇是合成其他类固醇激素（如性激素和胆汁酸）的起点。气质联用色谱（GC-MS）分析和射电免疫分析表明，黄体酮最常出现在动物食物中的性激素，常在脂肪中富集，如在黄油中的浓度相对较高。这种类固醇在植物食品中也有所发现。如睾酮、3，17-雌二醇（Ⅲ）和17-雌酮（Ⅳ）等其他性激素，已被确定为肉、奶及其制品的天然微量成分。

（二）植物甾醇

植物中的甾醇和甾烷醇（甾醇的氢化产物）被统称为植物甾醇。植物甾醇具有极高的营养价值和良好的生理活性，可以有效降低血浆中的胆固醇和低密度脂蛋白（LDL）的浓度。当每天摄入的植物甾醇量达到 1 g 时，可以很好地抑制人体对胆固醇的吸收，效果显著。然而，由于游离的植物甾醇在脂肪中溶解度较差，因此常用甾醇酯来生产植物性奶油，而甾醇酯在消化道内易水解。通常以植物油和松油（富含植物甾醇，尤其是 β-谷甾醇）为起始原料进行植物甾醇的提取，而这两种油在造纸和纸浆的生产中常以副产品形式存在。

长期以来，胆固醇一直被认为是动物脂肪存在的标志，然而其在植物中也有少量存在。如菜油甾醇、豆甾醇和谷甾醇等在某些植物油的甾醇中占主导地位的植物甾醇，其化学结构与胆固醇非常相似；只有 C-17 上的侧链有所不同。其结构上的差异（仅 D 环和侧链）如图 4-17 所示。

燕麦甾醇（类固醇的一种），由于其含有亚乙基结构而在油炸高温下显示出抗氧化活性。这是因为在该条件下这一基团可以向过氧化氢自由基提供氢原子。

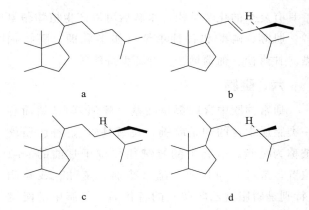

图 4-17　胆固醇（a）、豆甾醇（b）、谷甾醇（c）、
菜油甾醇（d）的侧链结构

植物油脂中的甾醇含量为 0.15%～0.9%，其中谷甾醇为主要成分。为了鉴别油脂中的混合物，通常用商数来表示其中主要甾醇的相关信息。例如，为了检测可可脂的掺假情况，需要测定待测品中的豆甾醇与菜油甾醇的比例。而为了检测动物脂肪中是否存在植物脂肪，也必须测定植物甾醇馏分（例如谷甾醇和菜油甾醇）含量。研究表明，植物油脂中含有 α 方向上 C4-甲基的甾醇，以及甾体部分含有 4，4-二甲基甾醇，而甲基和二甲基甾醇在鉴别脂肪和油的过程中很重要。

八、蜡

脂肪酸通常与甘油酯化得到甘油酯，构成天然油脂的主要成分；脂肪酸还可以与磷酸、糖、甾醇等羟基化合物酯化得到相应的磷脂等类脂。此外，长链脂肪醇可以和脂肪酸结合得到相应的类脂，被称为蜡脂。

通常被称为蜡的物质是一大类不同结构有机物的统称，主要为长链的烃（如角鲨烯）、酸、醇和二醇、醛、酮等以及蜡脂，其中蜡脂是由长链醇与长链酸酯化反应后生成的单酯，通常含有约 40 个碳原子，而这两个部分都是饱和或单不饱和的有机物。因此，蜡脂可以认为是高级醇的重要衍生物。植物蜡通常存在于叶子或种子上，如甘蓝叶蜡由含 12 个碳的伯醇和含 18～28 个碳的脂肪酸（棕榈酸或其他长链脂肪酸）酯化得到。除伯醇外，也有仲醇的酯存在，如正二十九烷-15-醇的酯。

蜡的作用是保护植物叶片、茎和种子的表面避免脱水和被微生物感染，通过溶剂萃取非脱皮种子可将蜡与油一起除去。蜡在高温下是油溶性的，但在室温下会出现结晶，产生不希望的油浊度。例如，在向日葵油的提取过程中，需要从籽壳中除去蜡酸蜡脂（蜡酸与蜡醇的酯化产物，$C_{25}H_{51}COOH$）。在生产食用油的精炼过程中，通过精炼炼油步骤除去不需要的蜡。蜡也具有覆盖水果以防止其干燥的作用。蜡还存在于动物体内如鱼油中，尤其是抹香鲸脂和鲸头油可被称为鲸蜡的天然"贮存器"。此外，还有蜂蜡、动物蜡（羊毛蜡或羊毛脂）等动物性蜡脂。

九、烃类

除上述不同类脂外，食用油脂中还含有部分碳氢化合物，主要为含碳原子数 $11\sim35$ 的偶数或奇数烃类，橄榄油、米糠油和鱼油中富含这种碳氢化合物。其中，橄榄油（$1\sim7$ g/kg）和米糠油（3.3 g/kg）中的碳氢化合物主要成分为线性三萜烯（C_{30}，角鲨烯），并被视为橄榄油质量分析中的重要指标。鱼肝油中的角鲨烯含量较为丰富，如鲨鱼肝油中的角鲨烯含量可高达 30%，以及 7% 的姥鲛烷（降植烷，2，6，10，14-四甲基十五烷）和少量的植烷（3，7，11，15-四甲基十六烷）。

十、其他类脂

其他类脂还包括食品中的各类脂溶性维生素（A、D、E 和 K）以及多种类胡萝卜素（β-胡萝卜素、番茄红素等），这些内容将在其他相应章节讲述。

第4节　油脂的物理性质

鉴于天然油脂中的主要成分为甘油三酯，且含量极高（95%），因此在讲述油脂的物理化学性质时，如无特殊说明将默认以甘油三酯为例。由于油脂的化学结构种类繁多，加之各种官能团的影响，使得不同油脂彼此间的理化性质有着较大的差异，下面将分别讲述油脂的各项理化性质。

一、熔点

与甘油三酯相比，脂肪酸的熔点具有明显的规律性，如：①脂肪酸碳链长度的增加以及饱和度的升高都会提高其熔点；②直链脂肪酸的熔点高于支链脂肪酸；③结构更对称的甘油三酯具有更高的熔点；④反式脂肪酸的熔点高于顺式脂肪酸；⑤不论脂肪酸残基顺式还是反式，双键越靠近羧基或末端甲基，熔点越高；⑥共轭酸的熔点高于非共轭脂肪酸；⑦当向脂肪酸结构中引入羟基，则熔点升高；若引入甲基，则熔点降低。

而且，含奇数碳的饱和直链脂肪酸与偶数碳饱和直链脂肪酸之间还存在着有趣的交变现象—前者的熔点低于相邻两个后者的熔点，显示出锯齿状交替上升趋势（图 4-18）。

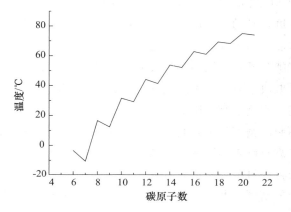

图 4-18　饱和直连脂肪酸的熔点

油脂的熔化特性受油脂结构中的脂肪酸残基种类及其在油脂分子中排列方式的影响，直观地反映在油脂的熔点上。纯的甘油三酯具有狭窄的熔程和敏锐的熔点，其熔点大小受该甘油三酯所含脂肪酸残基的链长、化学结构、官能团及其在甘油三酯中的排列顺序等因素影响，与此同时，甘油三酯的堆叠效应也会影响其熔点。

由于天然食用油脂往往是多种不同结构和类型的甘油三酯混合物，因此，天然油脂常呈现出一个较宽范围的熔化过程而非具体的熔点。仅在温度极低时，油脂才全部呈现固态，室温时的脂肪通常为固态脂和液态油的混合物，称为塑性脂肪。天然油脂的沸点呈现出的状态与其熔化特性类似。此外，甘油三酯的晶型也对其熔点有着较大的影响（后面讨论）。

二、密度

不同种类的油脂由于其结构和组分的差异，分别具有不同的密度，这主要取决于脂肪酸残基的组成、次要成分以及温度。而在计算油脂的密度时，需考虑碘值、皂化值和温度等变量。

$$d = 0.854\ 3 + 0.000\ 308(SV) + 0.000\ 157(IV)$$
$$- 0.000\ 68\ t$$

$$d = \text{表观密度}(\text{g/mL 或 kg/L});$$
$$SV = \text{皂化值};IV = \text{碘值};t = \text{温度}(\text{℃})$$

密度可以用各种方式定义，但是当将体积与重量联系起来时，必须使用正确的形式。密度（绝对密度或真空密度）应为：在真空状态下，一定温度时，用具有确定体积的油脂的质量除以其体积，以 g/mL 或 kg/L 表示。已知油脂的密度均小于水的密度，且随着温度的上升而降低。通常固体脂肪的密度要高于液态油脂，这是由于固体脂肪内的甘油三酯分子具有更高的堆叠效率。特定脂质的密度主要取决于甘油三酯分子的堆叠效率，堆叠效率越高，密度越高。随着脂肪酸残基碳链长度的增加，油脂的密度呈下降趋势；碳链相同时，不饱和度的提高意味着油脂密度的增加；碳链相同时，共轭酸的存在可增加密度；羟基和羰基的存在也会增加脂肪的密度。此外，当甘油三酯的晶型不同时，其密度也有所不同，通常甘油三酯的晶型越稳定，分子排列就越紧密，密度也就越大。

油脂的密度在某些食品加工中非常重要，会对系统的整体特性产生影响。例如，油滴在水包油（O/W）乳液中的乳化率取决于油相和水相之间的密度差。在室温下，液体油的密度在 910～930 kg/m³，固体脂肪的密度在 1 000～1 060 kg/m³，两者均随温度的升高而降低。许多食品中，脂肪是部分结晶的，因此密度取决于固体脂肪含量，即固化总脂肪的比例。部分结晶脂肪的密度随固体脂肪含量的增加而增加，因此对其密度的测量有时可用于确定其固体脂肪含量。

三、黏度

黏度可以用运动黏度（m²/s）或动态黏度（Pa·s）来表示，这两个值通过密度相关，其中动态黏度又称为绝对黏度，其与该液体的密度之比即为运动黏度。大多数的液体油（如大多数植物油）为具有适中黏度的牛顿流体，其密度变化有一定的规律性，如：①分子结构中羟基的增多会增加液体油的黏度（可以形成更多的分子间氢键），如蓖麻油由于其脂肪酸结构中羟基数目较多，具有高于其他油脂的黏度；②随着温度的升高，液体油的黏度会大幅下降；③含饱和脂肪酸残基的甘油酯的黏度高于含不饱和脂肪酸残基的甘油酯；④同类型的甘油三酯随着脂肪酸残基碳链长度的增加而黏度增大；⑤碳原子数相同时，脂肪酸残基的不饱和度升高则油脂的黏度降低；⑥含共轭酸残基的油脂黏度高于含非共轭酸残基的油脂。液体油（植物油）的黏度往往取决于它的化学成分（可通过碘值和皂化值确认）和测量温度。

四、折光率

室温下，液态油的折光率通常在 1.43～1.45 之间，某一油脂的折光率受其成分的影响（甘油三酯中脂肪酸残基的结构和组成）。例如，同系列的油脂随着脂肪酸残基碳链长度的增加（即分子质量的增加），其折光率也在升高，但折光率随分子质量增加而升高的幅度却在不断放缓；当脂肪酸的碳链长度相同时，含不饱和键（双键）的油脂具有更高的折光率，双键增多则折光率升高；当碳链长度相同、双键数目相同时，共轭双键的存在也会使油脂的折光率升高。

纯的甘油三酯几乎没有颜色，但是天然油脂中由于常含有各种发色成分（如胡萝卜素和叶绿素）而显示各种颜色。此外，由于油脂和水的折射率不同，导致油脂的乳状液呈现出不透明的特点。

五、油脂的晶型和同质多晶

（一）晶体的形态

已知甘油三酯的熔融特性受其所含脂肪酸残基的种类及其在结构中的位置分布的影响，呈现出不同变化。然而，当化学结构已经确定时，某一特定的纯的甘油三酯也存在多个彼此不同的熔点。这是由于甘油三酯的晶体结构具有多种形态，即它们在不同的环境中结晶时会呈现不同结构，而这些不同类型的晶体结构就分别具有不同的熔点和晶体特性。

晶体的形态同时受到各种内部因素（如分子结构、组成、堆积和相互作用）和外部因素（如温度-时间分布、机械搅拌和杂质）的影响和制约。通常，当液体油被快速冷却到远低于其熔点的温度时，会形成大量的小晶体，而当其缓慢冷却到刚好低于其熔点的温度时，会形成较少数量的大晶体，这是因为成核和结晶速率对温度的依赖性不同。随着温度的降低，成核速率能够比结晶速率更快地达到其最大值。因此，快速冷却趋向于同时产生许多核，这些核随后生长成小晶体，而缓慢冷却趋向于产生数量较少的核，这些核在形成进一步的核之前有时间生长成较大的晶体。

冷却复杂的甘油三酯混合物所产生的晶体的结构和物理性质也受到冷却速率和温度的强烈影响。如果油被迅速冷却，所有的甘油三酯几乎同时结晶，形成固体溶液，固体溶液由均匀的晶体组成，其中甘油三酯彼此紧密混合。另一方面，当油冷却缓慢时，高熔点甘油三酯先结晶，低熔点甘油三酯后结晶，形成混合晶体。这些晶体是不均匀的，由一些富含高熔点甘油三酯的区域和其他无高熔点甘油三酯的区域组成。无论脂肪是形成混合晶体还是固体溶液，都会影响其许多理化性质，如密度、流变学和熔融特性，这些都会对食品的特性产生重要影响。

（二）同质多晶

同一物质的化学组成相同而晶体结构不同，在熔融态时又表现出具有相同的组成与性质的现象就被称为同质多晶现象，而不同形态的晶体被称为同质多晶体。同质多晶体彼此间的化学组成相同而熔点、密度膨胀等性质均不相同。甘油三酯就具有多种同质多晶体。已知甘油三酯最常见的堆叠形式是六方、斜方和三斜晶系，其形成的主要晶体类型可分为 α、β 和 β′ 三种类型（图 4-19），这三种晶体形态的热力学稳定性和熔点依次降低：β>β′>α，部分甘油三酯不同晶型的熔点变化如表 4-4 所示。

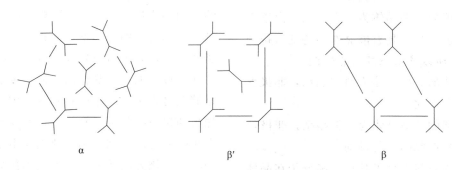

α   β′   β

图 4-19 α 晶型、β′ 晶型和 β 晶型示意图

表 4-4 甘油三酯不同晶形时的熔点

化合物	不同形态下的熔点/℃		
	α	β′	β
三硬脂酸甘油酯	55	63.2	73.5
三软脂酸甘油酯	44.7	56.6	66.4
三肉豆蔻酸甘油酯	32.8	45.0	58.5
三月桂酸甘油酯	12.5	34.0	46.5
三油酸甘油酯	−32	−12	4.5～5.7
1，2-二棕榈酸油酸甘油酯	18.5	29.8	34.8
1，3-二棕榈酸油酸甘油酯	20.8	33.0	37.3
1-棕榈酸-3-硬脂酸-2-油酸甘油酯	18.2	33.0	39.0
1-棕榈酸-2-硬脂酸-3-油酸甘油酯	26.3	40.2	—
2-棕榈酸-1-硬脂酸-3-油酸甘油酯	25.3	40.2	—
1，2-二乙酸棕榈酸甘油酯	20.5	21.6	42.3

当熔化的甘油三酯冷却凝固时，随着所处的温度不同，而凝固成不同的晶体形态，已知这些晶形间的变化通常是单向的，即它们按照从低到高的稳定性次序进行。三种晶体形态中 α 型具有最低的晶

核形成活化能，因此其晶体熔点（凝固点）最低，可由甘油三酯直接冷却得到。若缓慢加热 α 型晶体使其熔化并保持温度略高于 α 型的熔点，则熔融的甘油三酯重新凝固后为 β′ 晶型。同样地，也可以经过加热使甘油三酯从 β′ 型转变为 β 型，而 β 型在热力学上最为稳定，也是甘油三酯熔点最高的晶型，而且甘油三酯的 β 晶型能够从溶液中直接析出。

在温度、压力及纯度等外界环境的影响下，甘油三酯晶体会逐渐转变为最稳定的多晶形式，而发生这种晶体转变所需的时间受甘油三酯组分的均匀性的强烈影响。当各组分的分子质量较为接近、分子结构相似度相对较高时，脂肪的 α 晶型会发生较快的转变；与之相对的，具有不同分子结构的多组分脂肪，其 α 晶型的转变相对缓慢。

（1）甘油三酯的 α 型晶体为六方晶系，由于其非极性基团（碳链部分）具有液晶态的特征（排列方式较为松散），所以该形态的熔点较低。

（2）甘油三酯的 β′ 型晶体为斜方晶系，非极性基团（碳链部分）彼此垂直。

（3）甘油三酯的 β 型晶体为三斜晶系，非极性基团（碳链部分）彼此间平行排列。

由于不饱和脂肪酸干扰了甘油三酯分子在晶体晶格中的有序排列，从而导致其晶体的熔点降低；与此同时，不论是饱和的还是不饱和的甘油三酯，具有对称结构的甘油三酯往往显示出较高的熔点（更稳定的 β 晶型），而非对称结构的甘油三酯常常表现为稳定的 β′ 晶型。脂肪酰基的堆积密度越大，稳定性越好，这有利于组成脂肪酸之间的均匀性和三酰甘油物种之间的对称性。

（三）同质多晶的应用

同质多晶现象是脂质的一个重要特性，由于不同晶型的空间结构和物理性质各有不同，进而极大地影响了食物的理化性质和感官特性。如人造黄油、人造奶油等涂抹食品，烘焙食品和巧克力等富含脂质的食品，其质地口感和产品外观均会受到所含脂质的晶体结构的影响，从而产生不同的感官特性。在人造奶油等涂抹食品和起酥油的生产中，β′ 晶型比 β 晶型更受欢迎。这是因为，β′ 晶体相对较小，能吸收大量的液体，从而使得产品表面光滑，

光泽度好，质地顺滑细腻，表面覆盖程度高。而晶体较大的 β 晶型由于可以在烘焙时产生片状结构而在起酥油（猪油）的制备中受到欢迎，β 晶型脂质还被广泛用于巧克力的生产中以稳定巧克力的性状并产生期望的口感和感官特性。

在实际应用时，还可以通过脂质的共混来控制 β 或 β′ 晶型的形成，调节体系中存在的晶体结构。例如，β 晶型形成初期的晶体体积也很小，却会长成针状的结块。这种结块的出现既不能吸收足够的液体，还会产生颗粒状的质地。当部分氢化后，由菜籽油、葵花籽油或大豆油制成的人造黄油和起酥油容易结晶。为防止这种情况出现，可以加入一些氢化棕榈油或棕榈液油来更好地稳定 β′ 晶型，而这种结晶模式的变化与棕榈产品中棕榈酸含量的增加有着密切的联系。带有 16 个和 18 个碳脂肪酸残基的甘油酯比带有 3 条 18 个碳脂肪酸残基的甘油酯具有更加稳定的 β′ 晶型。此外，当油脂中富含饱和脂肪酸时，其中熔点较高的甘油三酯组分在储存时往往直接从油中结晶析出，而这种油脂的冻凝过程是储藏过程中所不希望看到的。因此，在储藏前可先将油逐渐冷却到 5 ℃ 左右，并在此温度下放置几个小时后过滤，则得到的滤液在室温下可保持清澈的状态。该方法适用于棉籽油和部分氢化大豆油。

（四）油脂的液晶态

油脂除了存在固态（高度有序排列）、液态（完全无序排列）外，还有一种介于固态和液态之间的相态，称为液晶态。油脂的液晶态可简单看作油脂处于结晶和熔融之间，也就是液体和固体之间时的状态。此时，分子排列处于有序和无序之间的一种状态，即相互作用力弱的烃链区熔化，而相互作用力大的极性基团区未熔化时的状态。脂类在水中也能形成类似于表面活性物质存在方式的液晶结构。

六、油脂的塑性

（一）塑性脂肪与膨胀

油脂的黏度主要是针对液态油进行描述，而脂肪作为固态油脂，虽然无须过于考虑黏度，但固体脂肪也有着自身的特性，即"塑性"。脂肪的"塑性"是指在一定外力作用下，固态脂肪所具有的抗变形的能力，表现出"塑性"的脂肪被称为塑性脂

肪。塑性脂肪虽然呈固态外观，但实质上却是固体脂和液体油均匀熔合并经一定程度加工后制得的，其中固体脂以液体油基质中的微小脂肪晶体形式存在，且形成三维网状结构，仅在极低的温度下，塑性脂肪才全部转变为固体。由于塑性脂肪的这一结构特点，在受到小于其承受极限的外力作用时，固态脂肪虽有微小变形，微观结构则不发生变化。当施加的外力超过临界点后，脂肪晶体间的弱相互作用被破坏，因脂肪晶体的滑动而流动，外力消失后，停止流动，但已经产生的变形却难以恢复原状。塑性脂肪的塑性同时受到脂肪的固液比以及固态甘油三酯的结构、晶型、体积和液体油的黏度等因素影响，并可通过加工方式进行调节。

首先，在考察固态脂肪的塑性时，固液比是极为重要的因素，其与塑性脂肪的膨胀特性密切相关。因此，可通过测定塑性脂肪的膨胀特性来确定某温度下该塑性脂肪的固液比。反之，得知了某种塑性脂肪的固液比，也可以推断其膨胀特性。其次，温度在塑性脂肪的膨胀中有着非常重要的作用。当温度升高时，固体脂和液体油均会发生膨胀，比容增大；当温度继续上升至固体脂的熔点后，固体脂熔融，由固相变为液相，体系的膨胀效果更加显著，其比容也大幅度增加。在固体脂熔融前，未发生相转变，此时每升高 1 ℃时塑性脂肪膨胀的体积被称为热膨胀，其中固相的热膨胀幅度小于液相；当固体脂经熔融变为液相时比容显著增加，产生的膨胀被称为熔化膨胀，熔化膨胀的数值远超过热膨胀。利用此方法测定塑性脂肪的膨胀特性，即为膨胀测定法。

（二）塑性的测定

1. 固体脂肪指数（SFI）

在测定塑性脂肪的塑性时，通常需要测定其固体脂肪指数（solid fat index，SFI），SFI 即一定温度下脂肪中固体脂和液体油的比例，单位为 mL/kg 或 μL/g。由于无法直接测得塑性脂肪的熔化膨胀，因此常常测量 60 ℃时完全熔化为液态的油脂的体积与其在某一特定温度下固液两相总体积的差值，间接得到该温度下未熔化固体脂的体积。这种间接测量确定温度下未熔化固体脂熔化膨胀的方法，即

为 SFI 法。然而该法也有其局限性，仅对 10 ℃时 SFI≤50 的油脂适用，固体脂肪含量较高的可可脂等并不适用该法。

在测定 SFI 值时，常使用容量法，通过容量法膨胀测定仪进行检测。温度为 T 时的 SFI 计算公式如下：

$$\text{SFI} = 总膨胀 - 热膨胀 \times (60 - T) = R(60)$$
$$- R(T) - V_c(T)/W$$

式中：T 为观察的温度；$R(T)$ 为温度 T 时膨胀仪的读数；$V_c(T)$ 为温度 T 时玻璃和水膨胀的校正值；W 为样品质量。

图 4-20 为油脂的熔化膨胀曲线（比容对温度的曲线）。如图所示，AB 为固相，BF 为固液共存态，FE 为液相，AE 实线表示油脂的热膨胀。A 为起始点，从 A 点开始固体脂随着温度的升高逐渐熔化，当到达 B 点时曲线迅速上升，至 F 点时固体脂完全熔化为液相，BF 线段即为固体脂熔化为液体油的膨胀曲线。若 BF 较为平滑，表明油脂随温度升高的比容变化很小，则该塑性脂肪的塑性范围较宽；若 BF 较为陡峭，表明油脂随温度升高的比容变化很大，则该塑性脂肪的塑性范围较窄。

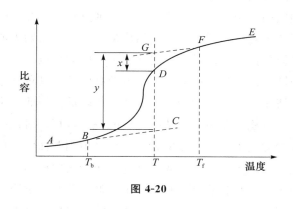

图 4-20

此外，假设 AB 和 FE 相互平行，并分别延长至 C 和 G，并用虚线表示。当在 B 点和 F 点间任取一确定温度 T 可得到相应的 x 和 y，x 为 T 时的固体脂的膨胀值，y 为 T 时的全熔化膨胀值，则温度 T 时的固体脂肪百分率为 $x/y \times 100$。通过膨胀曲线，不但可以求出任何温度时固体脂肪的数量，还可求出固体脂开始熔化时的温度 T_b 和完全熔化时的温度 T_f。

2. 固体脂肪含量（SFC）

虽然通过固体脂肪指数（SFI）可以求得油脂中的固体脂肪数量，但却只是一种间接的方法，不但测量时较为烦琐，而且还无法直接测得油脂中的固体脂肪含量，因此，建立更加直观高效的检测方法成为人们的需求。当前，人们多采用低分辨宽线核磁共振的方法来直接测定塑性脂肪的固体脂肪含量。固体脂肪含量（solid fat content，SFC）是塑性脂肪中在一定温度下表现为固态的脂肪含量，是可可脂、人造黄油、黄油等固体脂含量较高的脂肪的常规测量指标，可直观地反映塑性脂肪在不同温度下的熔融以及硬度性能。由于塑性脂肪中的固相和液相的物理性质的差异，在核磁共振谱图中有着不同的信号响应，从而被观测到并经公式计算直接得出固体脂肪含量。

七、油脂的烟点、闪点和燃点

（一）烟点

油脂的烟点是指在不通风的条件下加热时肉眼能看见样品的热分解物呈连续挥发状的最低温度。研究表明，特定油脂的烟点与其成分组成有着密切的联系。首先，易挥发性成分含量较多的油脂，其烟点较低，反之则油脂的烟点较高；其次，烟点和油脂的酸价有一定的反比关系，烟点较低往往意味着酸价较高，说明该油脂的质量较差，反之则说明油脂质量较好；最后，同一品种油脂的烟点的高低与其色泽亦有反比关系，烟点较高的油脂其色泽较为清浅，而烟点较低的油脂其色泽较深。因此，常将烟点视为食用油脂精制程度的一个指标，对同一品种的油脂，可以根据其烟点粗略地判断油脂的质量。另一方面，若形成油脂的脂肪酸为短链脂肪酸和多不饱和脂肪酸，其烟点也较低。此外，油脂达到烟点温度时，会有部分甘油三酯在空气中开始分解，也会产生发烟现象。脂肪或油的烟点在长期油炸过程中通常在 200～230 ℃ 范围内，并且在存在分解产物时烟点还会降低。当油脂的烟点低于 170 ℃ 时，可以认为该油脂已经变质。

（二）闪点

油脂的闪点指的是油脂中挥发性物质能被点燃而不能维持燃烧的温度。闪点是油脂在贮存、运输和使用时的一个安全指标，也是其挥发性的重要指标。闪点较低的油脂，挥发性高、容易着火，安全性较差。一般情况下，食用油脂的闪点常介于 225～240 ℃，若油脂的闪点突然降低，则应考虑其中混入易挥发溶剂或发生水解生成易挥发成分的可能。

（三）燃点

油脂的燃点是指油脂中挥发性物质能被点燃并维持燃烧时间不少于 5 s 时的温度。此时，该油脂中不溶于石油醚的脂肪酸的含量超过了 0.7%。

烟点、闪点和燃点温度的测量在油脂使用时是极其重要的，决定了高温烹饪（如在烘焙或油炸期间）时应选择何种适用的脂质。由于甘油三酯的热稳定性比游离脂肪酸要好得多，因此在加热过程中脂质分解的倾向在很大程度上取决于它们所含挥发性有机物质的量，例如游离脂肪酸、甘油一酯和磷脂等。

八、溶解性

大多数油脂难溶于水，但这种溶解性不是一成不变的。当温度上升时，油脂在水中的溶解度有所提高，反过来水在油脂中的溶解度随温度上升而呈线性增长，当温度升至 200 ℃ 以上时，油脂会迅速水解。因此，可利用高温高压时油脂与水互溶并产生水解的现象，制备脂肪酸和甘油。

在常温常压下难溶于水的同时，大多数油脂都易溶于非极性有机溶剂，唯有高温时才能较好地溶于极性溶剂。针对油脂，有机溶剂常分为两大类：脂肪溶剂和部分混溶剂。脂肪溶剂指的是能与油脂完全混溶，但当温度降低至某一点时，会使油脂结晶析出的非极性有机溶剂；部分混溶剂指的是在高温时可与油脂完全混溶，但当温度降低至某一点时溶液浑浊并分层，一层是溶剂层并溶有少量油脂，另一层是油脂层并混有少量溶剂的极性有机溶剂。

脂肪酸的溶解性与油脂有所不同。脂肪酸一端是烃基碳链，另一端是羧基，因此脂肪酸既可溶于水也可溶于非极性有机溶剂。通常，碳链较短的低级脂肪酸能够很好地溶于水，如甲酸和乙酸可以任意比例和水互溶；当烃基的碳链增长时，脂肪酸的溶解性随之降低，12 个碳以上的脂肪酸几乎不溶于水。此外，当脂肪酸烃基的不饱和键增多时，其溶解度也随之上升。

第5节　油脂的化学反应

　　脂肪酸作为一种有机酸，可发生羧酸所能发生的各种化学反应，主要是在羧基和 α-H 位置上进行。当脂肪酸上存在其他取代基时，还会发生相应的反应，如氧化、加成、聚合、缩合、消除和成环等多种反应类型。然而，由于脂肪酸的化学反应与羧酸衍生物高度相似，本章中不再讨论脂肪酸的化学反应，而主要讨论油脂的化学反应。

一、甘油三酯的生成

　　由于天然油脂中的主要成分为甘油三酯，因此，我们首先讨论的是甘油三酯的产生。在化学反应中，甘油三酯的合成是一个简单的酯化反应，以 3 分子对应的脂肪酸和 1 分子甘油为原料，经酯化反应得到甘油三酯，参与反应的脂肪酸不同，则得到的甘油三酯不同（图 4-21）。

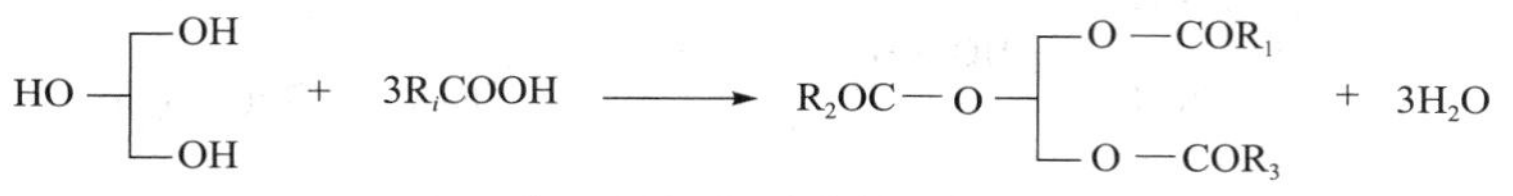

$$HO\begin{array}{c} -OH \\ -OH \end{array} \; + \; 3R_1COOH \longrightarrow R_2OC-O\begin{array}{c} -O-COR_1 \\ -O-COR_3 \end{array} \; + \; 3H_2O$$

图 4-21　甘油三酯的合成

二、水解反应

　　油脂的水解反应通常可以认为是其合成反应的逆反应，经酸催化或碱催化重新得到甘油和脂肪酸（或脂肪酸盐）。

（一）酸性水解和碱性水解

　　甘油三酯可以在酸性条件下发生水解反应，得到甘油和脂肪酸；在碱性条件下水解则得到甘油和脂肪酸盐，该反应又被称为皂化反应。当体系中有甘油酯水解酶存在时，甘油三酯也会被水解为甘油和脂肪酸。如图 4-22 所示。

　　实际生产中经常选择在碱性条件下对甘油三酯进行水解，将脂肪酸以其碱盐的形式加以回收，即可用于生产肥皂。

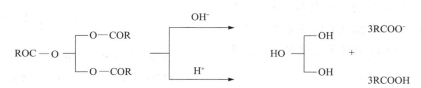

图 4-22　甘油三酯的酸性水解和碱性水解

（二）酶水解

　　除在酸性和碱性条件下水解外，在脂肪酶存在的条件下油脂也会发生水解反应，得到甘油和相应的脂肪酸，具有脂解活性的酶属于羧酸酯水解酶类。与酸碱水解的条件不同，脂肪酶水解油脂的反应通常在常温常压下进行，因此适用于对温度较为敏感的油脂的水解，如鱼油、亚麻油等。然而，微生物来源的脂肪酶却表现出了较好的耐热性，即使采取巴氏杀菌、超高温处理以及干燥处理（例如奶粉）也无法灭活，并可能导致这些产品在储存期间质量下降。

　　脂肪酶的存在会使油脂水解并造成食品风味和质量的变化：一方面，油脂的水解会破坏食物原有的风味，如牛乳中脂肪的水解会生成游离的短链脂肪酸（<C_{14}），产生不良酸味，破坏牛乳本身的香气。另一方面，由于短链脂肪酸参与了特定奶酪香味的形成，因此在奶酪成熟过程中发生的脂肪水解又是人们所期望的。与此同时，牛奶脂肪的轻微水解对巧克力的生产也是有利的。

　　研究表明，脂肪酶能够更好地水解乳化的酰基脂质，在水-脂质界面上具有良好活性。因此，当油-水界面增大时，脂肪酶活性提升；而且，由于游离的脂肪酸能以不溶性钙盐的形式沉淀，因此 Ca^{2+} 离子可以加速脂肪酶催化的油脂水解反应。在油脂的酶水解过程中，脂肪酶的疏水端通过疏水相互作用与油滴结合，而酶的活性部位与基质分子结合在一起。

（三）甲醇解反应

通常，人们选择使用气相色谱或液相色谱法检测甘油三酯中的脂肪酸，而这种方法检测的并非是游离脂肪酸本身，而是分析其甲酯的含量。因此，可通过在甲醇钠的甲醇溶液中进行醇解反应制备脂肪酸甲酯，并加入 2，2-二甲氧基丙烷结合释放的甘油来实现。该反应在室温下也能迅速、定量地进行（图 4-23）。

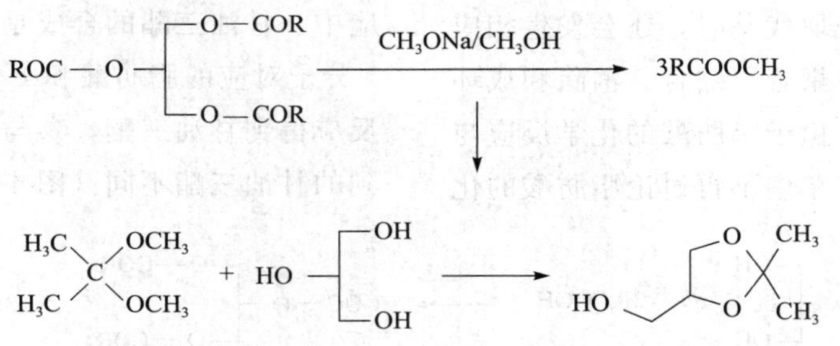

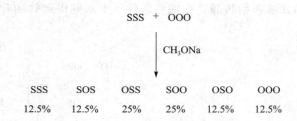

图 4-23　甘油三酯的甲醇解反应

（四）酸解反应

甘油三酯在强酸（如浓硫酸）催化下，可与脂肪酸发生反应，甘油三酯中的酰基和脂肪酸的酰基发生互换，得到新的甘油三酯和脂肪酸（图 4-24）。

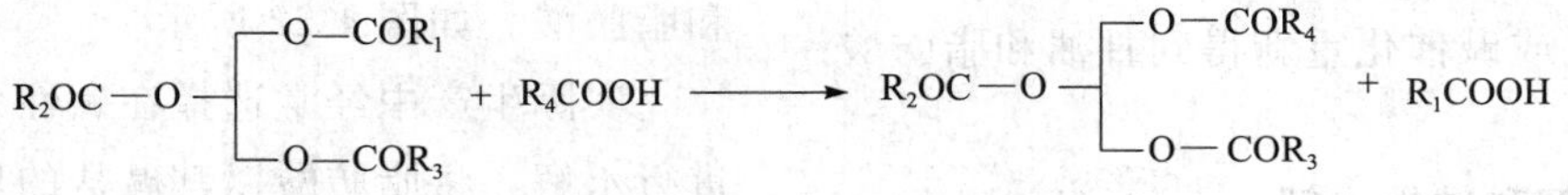

$$R_2OC-O\overset{\displaystyle}{\underset{\displaystyle}{\big|}}\begin{matrix}O-COR_1\\O-COR_3\end{matrix} + R_4COOH \longrightarrow R_2OC-O\begin{matrix}O-COR_4\\O-COR_3\end{matrix} + R_1COOH$$

图 4-24　甘油三酯的酸解反应

与前两者相比，酸解反应有着自身的局限。首先，酸解反应须在高温下进行，且反应历程复杂、产率较低；其次，反应时常常只能以小分子量的游离脂肪酸置换甘油三酯中的大分子量酰基，反之则酸解反应难以实现。

三、酯交换反应

甘油三酯的酯交换反应具有极其重要的工业应用价值，该反应可以通过改变脂肪酸残基在三酰基甘油酯中的分布，使脂肪酸与甘油分子自由连接或定向重排，从而改变油脂及其混合物的加工特性或物理性质，且不改变脂肪酸的化学结构。酯交换反应又可分为分子间和分子内的酯交换反应，直到甘油三酯的分子结构和组成达到新的平衡为止。甲醇钠常被用作酯交换反应的催化剂。

（一）分子间的酯交换反应

如图 4-25 所示，以三硬脂酸甘油酯（SSS）和三油酸甘油酯（OOO）为反应物。该反应为单相酯化反应，反应中 SSS 和 OOO 的酰基残基的交换呈随机分布，且各组分含量分布均匀，无优势产物。

$$SSS + OOO$$
$$\downarrow CH_3ONa$$

SSS	SOS	OSS	SOO	OSO	OOO
12.5%	12.5%	25%	25%	12.5%	12.5%

图 4-25　SSS 和 OOO 的分子间酯交换反应

（二）分子内的酯交换反应

分子内的酯交换是一种定向酯交换反应，通过不同脂肪酸残基的定向交换，可以得到具有不同熔点的甘油三酯，当降低反应温度后，反应液中熔点最高、可溶性最低的甘油三酯分子率先结晶并以沉淀形式析出。由于油脂可以分为高熔点组分和低熔点组分，随着反应温度的不断降低，具有较高熔点和较低溶解度的甘油三酯依次沉淀析出，而这些分子沉淀析出后不再参与进一步的反应，因此反应平衡被不断拉动向产物方向进行，直到混合物反应完全（图 4-26）。

四、氢化反应

含不饱和碳-碳键（烯键）的液态油脂（或软脂）

图 4-26 甘油三酯的分子内酯交换反应

在一定的条件下与氢气发生加成反应,不饱和键被氢气还原为饱和键的过程即为油脂的氢化反应,所得的饱和油脂被称为"氢化油"。油脂的氢化反应降低了油脂中的不饱和键数量,提高了产品的抗氧化性和热稳定性;增加了固体脂肪的含量,使产品便于储藏和运输;改善了油脂的色、香、味,赋予产品新的风味特征,因此具有很高的经济价值。

每年,有数百万吨含有油酸、亚油酸和亚麻酸等不饱和脂肪酸的植物油(以及具有更复杂不饱和结构的鱼油)经非均相金属催化发生部分加氢反应(图 4-27)。轻度的加氢反应可以降低大豆油和菜籽油中亚麻酸的含量,延长液体油的货架期。通过加氢反应还可以生产硬脂酸酯,与软油进行酯交换。部分加氢反应可以将液体油转化成具有可塑性的柔性固体,用以制造分散脂肪来满足在冷冻温度、室内温度和口腔温度下油脂中包含适当的固体和液体成分的需求。

$$—CH=CH— + H_2 \xrightarrow{\text{催化剂}} —CH_2 \cdot CH_2—$$

图 4-27 烯键加氢反应

由于在部分加氢反应过程中使用的是非均相金属催化剂,导致很多双键上的加氢是可逆的,并且在加氢的过程中还伴随着脂肪酸残基碳链上部分双键的位移和构型的翻转,使得产物的情况复杂多样。加氢产物的分子结构发生变化,熔点也随之改变,并出现了新的营养功能。虽然这些变化主要发生在含有混合脂肪酸的甘油三酯中,但可以通过对简单酯(如油酸甲酯)的研究来理解加氢反应。

(一)催化加氢

油酸甲酯(△9-顺式-18:1)经部分加氢后的产物是包含硬脂酸甲酯、残存的油酸甲酯以及几种顺式和反式的 18:1 酯的混合物,其中反式酯的熔点高于顺式酯。同时得到顺反两种构型的原因在于:氢化时通过加一个氢原子生成了双键被破坏的半氢化中间体,此时该中间体的碳—碳由于可以自由旋转,在脱氢后形成顺反异构体和双键位移异构体(图 4-28)。

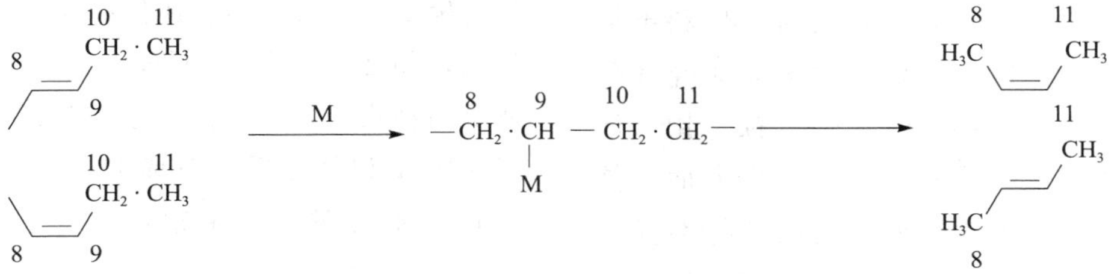

图 4-28 顺反异构体的产生

具有亚甲基间断二烯烃结构的脂肪酸酯(如亚油酸甲酯,△9-顺式-△12-顺式-18:2)的反应速度是油酸甲酯的 5~100 倍,这种相对反应速度对混合甘油三酯反应过程的选择性有重要影响。由于二烯还原为单烯的速度比单烯还原为饱和烷基碳链要快,因此该反应较为复杂,可以形成多种二烯和单烯,并且每个不饱和中心又可能为顺式或反式结构。该反应产物中存在的二烯包括共轭二烯类化合物(如 △9-顺式-△11-反式和 △10-反式-△9-12-顺式异构件)、亚甲基间断二烯类化合物(主要是 △9,12 异构体)和非亚甲基间断二烯化合物(如 △8,12 和 △9,13 化合物)。不同种类二烯催化加氢反应速率的大小排序如下所示:

共轭二烯>亚甲基间断二烯>>非亚甲基间断二烯

由此可以清楚地看到,由于极易被还原为单烯烃,油脂的加氢反应最终产物中的共轭二烯结构的比例是极低的。因此,若被氢化的油脂是单烯、二烯和多烯的混合物,则高不饱和油脂的烯键将优先发生氢化和/或异构化,而单烯则处于劣势地位。

不饱和油脂的催化加氢反应常分为以下阶段

进行：

（1）氢和烯烃酯吸附在金属催化剂表面的活性位点上。

（2）烯键与一个氢原子结合，生成半氢化中间体，可用 MH 和 DH 来分别表示单烯烃和二烯烃的半氢化中间体。

（3）半氢化中间体与另一个氢原子结合，烯键被还原，并可能从催化剂表面脱附。

（4）或者在 b 阶段发生逆反应，a 阶段得到的半氢化中间体将通过失去一个氢原子而再次生成单烯或二烯。在此阶段中并不需要 b 阶段中加入的氢原子，根据原子的不同，产物可能已经改变了构型和/或双键的位置。

研究表明，在不饱和油脂的加氢反应中，金属催化剂起着至关重要的作用，然而，不同的金属催化剂的催化能力却有着较大的差异。如亚铬酸铜（Cu—Cr_2O_3）在催化氢化反应时，首先引入一个氢分子使原料（β-桐酸酯）转变为共轭二烯结构，然后再引入一个氢分子得到单烯酸酯，显示出了优秀的催化选择性。再如氢化亚麻酸酯时，铜催化剂的催化选择性远高于镍催化剂，镍催化剂会催化生成硬脂酸酯，而铜催化剂则不会导致硬脂酸酯的生成。亚铬酸铜作为催化剂时，仅共轭二烯和亚甲基间断二烯被还原，而非亚甲基间断二烯和单烯则不发生还原反应。常见金属催化剂对亚麻酸酯催化选择性的排序为：铜＞钴＝钯＞镍＞铂。但是，催化剂的选择性只是其性能的一个方面，催化效率也同样重要。虽然铜催化剂的选择性优于镍催化剂，但其催化能力却远远低于镍催化剂，因此，镍催化剂在今天仍然是植物油加氢的首选催化剂。

（二）其他化学还原法

与非均相催化剂相比，钯炭或威尔金森催化剂（[$(Ph_3P)_3RhCl$]）等均相催化剂可以方便快捷地将不饱和酯彻底氢化还原为其全氢衍生物，并且可以有效地避免双键迁移和构型翻转。通过氘代同位素示踪法可以清晰地发现氘原子在以往烯烃碳原子上的位置未发生变化。

使用适当的催化剂对含炔键化合物进行部分加氢，可以得到具有特定构型的双键化合物，该反应是通过炔烃中间体在实验室合成不饱和酸的重要方法。非催化氢化法可以通过肼（N_2H_4）在氧气环境或其他氧化剂存在下进行。反应物（N_2H_2）不会发生构型改变或双键迁移而影响顺式加成。

（三）生物氢化法

反刍动物（如牛、羊）从种子餐和草中摄取多不饱和脂肪酸，但是它们的体脂和乳脂中却富含饱和脂肪酸、单烯酸以及少量的多烯酸。其中单烯酸是位置异构体和构型异构体的混合物，如牛乳脂肪中就含有 Δ6-顺式/反式至 Δ16-顺式/反式 18：1 酸。此类单烯酸是瘤胃细菌通过促进脂肪分解和酯化、双键异构化以及氢化和脱氢作用在瘤胃中形成的多烯酸的生物加氢产物。反式脂肪酸有两种主要的膳食来源：其一是通过多种催化剂对不饱和植物油进行部分加氢的途径形成的；另一种是通过对类似的多不饱和脂肪酸进行部分生物加氢而产生的源自反刍动物的乳制品和肉制品。这两类加氢反应的产物具有相似的反式异构体，但其在两种产物中的比例各不相同。

瘤胃酸（Δ9-顺式-Δ11-反式-18：2）是反刍动物通过瘤胃中亚油酸的酶异构作用产生的，随后加氢生成二烯酸（Δ11-反式-18：1），最后生成硬脂酸。瘤胃酸是反刍动物脂肪和其他动物脂肪中主要的共轭 18：2 酸，但它还伴有其他低浓度的共轭亚油酸，如 Δ7-反式-Δ9-顺式二烯酸。在反刍动物和非反刍动物中，普遍存在的 Δ9 去饱和酶对 Δ11-反式-18：1 和其他反式单烯类的作用是共轭亚油酸（CLA）产生的另一种途径。

五、氧化反应

油脂的氧化是油脂及富含油脂的食物品质下降的重要原因，因此对油脂氧化的研究具有重要的现实意义。不饱和油脂由于含有烯键，不但易发生氧化反应，还会导致油脂的酸败，对油脂的品质影响较大；而饱和油脂虽然在强烈条件下也会发生氧化，但缺少实用意义和研究价值。

空气中的氧分子主要以两种形式存在——基态时的三重态氧（$^3O_2$）以及激发态时的单重态氧（$^1O_2$）。虽然这两种氧分子有一些相似之处，并且都能与烯键反应，但这两种氧化反应彼此间也有着较大的差异，单重态氧的活性高于三重态氧。三重态氧是一种二自由基（·O—O·），主要在烯丙基中心反应生成烯丙基氢过氧化物。相比之下，单重态氧具有较强的亲电能力，可与富电子的烯键发生反应，但也产生烯丙基氢过氧化物。

油脂可通过酶和非酶的方式发生氧化反应，其中非酶氧化可能涉及氧的三重态或单重态。油脂的氧化反应可由热、光、金属等多种引发剂引发，又可以通过作用方式不同的抗氧化剂抑制其氧化反应。单烯烃的氧化反应与亚甲基间断多烯烃所谓氧化反应相差不大，其初始产物通常为烯丙基氢过氧化物，并保持了完整的烯键，随后氢过氧化物进一步发生反应，这些反应对于油脂中异味和酸味的产生非常重要。常将不饱和油脂的氧化反应分为自动氧化、光敏氧化和酶促氧化三大类，并分别探讨其反应历程。

（一）油脂的自动氧化

1. 自动氧化的基本流程

不饱和油脂的自动氧化反应是在三重态氧的参与下进行的，其本质上是一个自由基反应，包含链引发、链增长和链终止三个阶段（图4-29）。

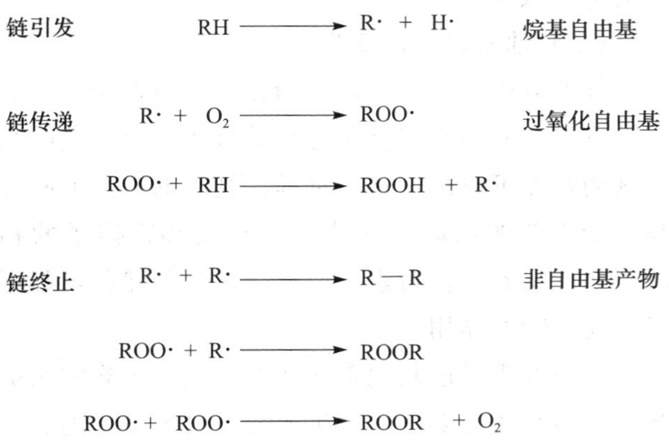

链引发　　$RH \longrightarrow R\cdot + H\cdot$　　烷基自由基

链传递　　$R\cdot + O_2 \longrightarrow ROO\cdot$　　过氧化自由基

　　　　　　$ROO\cdot + RH \longrightarrow ROOH + R\cdot$

链终止　　$R\cdot + R\cdot \longrightarrow R-R$　　非自由基产物

　　　　　　$ROO\cdot + R\cdot \longrightarrow ROOR$

　　　　　　$ROO\cdot + ROO\cdot \longrightarrow ROOR + O_2$

图4-29　油脂自动氧化的链反应

在链引发阶段，油脂脱去烯丙基上的氢原子，生成共振稳定的自由基。自由基反应的起始步骤和传播顺序取决于从亚甲基中移除氢原子的难易程度。例如亚油酸C-11，从饱和亚甲基、烯丙基亚甲基和双烯丙基亚甲基中除去一个氢原子所需要的能量分别为100 kcal、75 kcal和50 kcal。这些值与饱和脂肪酸酯、油酸酯和亚油酸酯的相对氧化难易程度有关。

在链传递阶段，当氧气供应充足时，烷基自由基转变为过氧化自由基的速度较快，并且过氧化自由基向氢过氧化物的转化速率是确定的，只要提供反应物，该反应步骤就会持续进行。但是，如链终止阶段所示，通过二聚作用会损失一些烷基和过氧化自由基，从而形成稳定的产物，使得反应链终止而不会再次进行。

过氧化自由基无论通过何种方式产生，都可以通过四种不同的方式进一步发生反应：

（1）在动力学控制下，过氧化自由基与氢原子反应生成氢过氧化物。氢原子可能来自自身或另一个烯烃分子中的烯丙基，也可能来自作为氢供体的抗氧化剂。

（2）过氧化自由基可发生β-断裂，重新生成氧和烷基自由基。当烷基自由基共振稳定（亚油酸，而非油酸）时，更容易发生断裂。然后烷基自由基会以共振杂化的形式存在，也可能发生构型转变——通常是从顺式变成更稳定的反式。

（3）过氧化自由基的重排，包括如图4-30所示的反应，伴随着双键结构从顺式到反式的改变。

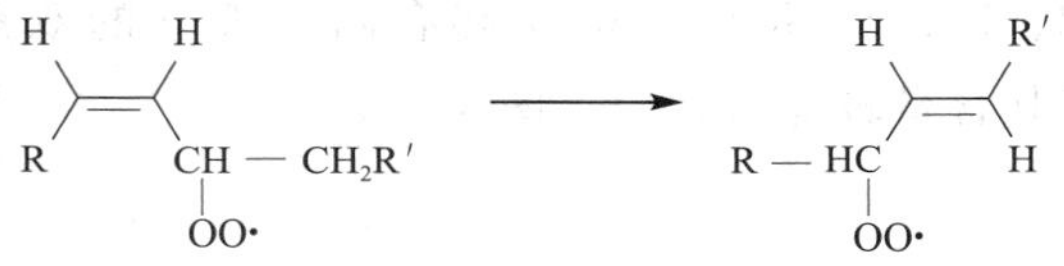

图4-30　过氧化自由基的重排

（4）如果过氧化自由基包含一个β-系列烯键，它们可能相互作用产生同时包含循环过氧化物和过氧化氢功能的分子。这些结构特征只存在于具有三个或更多双键分子的自动氧化形成的中间体中。在光氧化过程中，它们也可能由二烯（亚油酸酯）形成。

2. 氢过氧化物的产生

在讨论氢过氧化物的生成时，可以油酸为例（图4-31）。双键两侧的亚甲基各可通过脱离一个氢原子分别生成C8和C11两种自由基，二者分别异构化最终生成4个氢过氧化物，均为油酸的自动氧化产物。氢过氧化物新形成的双键的结构受温度的影响，存在33％的顺式构型以及占67％的在常温下更稳定的反式构型。

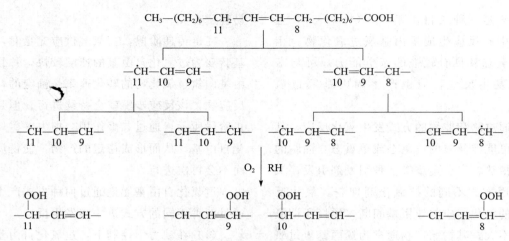

图 4-31　油酸的自动氧化反应

亚油酸的反应情况和油酸又有所不同。亚油酸 11 位亚甲基由于受到相邻两个双键的双重激活而脱离一个氢原子，并通过结构异化分别得到两个自由基（C-9 和 C-13），并在 C-9 和 C-13 位上形成两个氢过氧化物，并各自保留一个共轭二烯结构（图 4-32）。除双烯亚甲基（分子中 C-11 的位置）外，亚油酸中的两个单烯丙基（分子中的 C-8 和 C-14 位）也有少量的反应，生成 4 个自由基并进一步得到相应的氢过氧化物（C-8、C-10、C-12、C-14），每个异构体都有两个孤立的双键，但是其含量较低（4%）（图 4-33）。

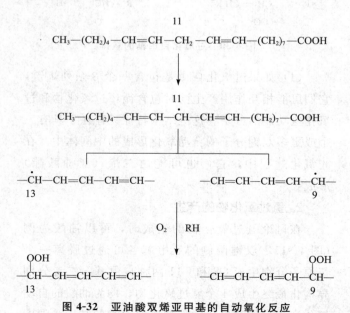

图 4-32　亚油酸双烯亚甲基的自动氧化反应

亚麻酸的 C-11 和 C-14 位的双烯亚甲基极易发生自动氧化脱氢生成相应的自由基，并通过双

键的重排进一步得到 4 种自由基（C-9，C-12，C-13，C-16），然后经氧化得到相应的单氢过氧化物（图 4-34），生成的两个戊二烯自由基各自对应两个单氢过氧化物。然而，这 4 个异构体并非等量生成，其中 C-9 和 C-16 位的异构体占优势且反应速度高于亚油酸。反应生成的共轭双键的构型也取决于反应条件，当温度 < 40 ℃时主要为顺式构型。该反应产生的过氧化自由基既可生成单氢过氧化物，也可发生 β 裂解或环化反应，三者为竞争反应。

（二）油脂的光敏氧化

长期以来，人们发现，储存的油脂在光照下稳定性下降，光会引起脂质的自动氧化，而少量的光敏剂的存在可以加速这一过程。光敏剂是指那些容易接受光能的物质，食品中具有大共轭体系的物质，如叶绿素、核黄素、血红蛋白等天然色素都可以起光敏剂的作用。

研究发现光敏氧化存在两种形式：①光敏剂被光激发后直接与底物反应生成相应自由基，随后引发自动氧化反应。②光敏剂被光激发后与氧作用，将氧从三重态 $^3O_2$（基态）激发到单重态 $^1O_2$（激发态），$^1O_2$ 通过"环加成"机制与不饱和油脂的双键直接反应（图 4-35）。

由于单重态氧的活性较高，光敏氧化比自动氧化的速度要快 1 500 倍以上，且对单烯类和多烯类等不同底物没有突出的选择差异性。光敏氧化反应得到的氢过氧化物数量是脂肪酸分子中双键数目的两倍。

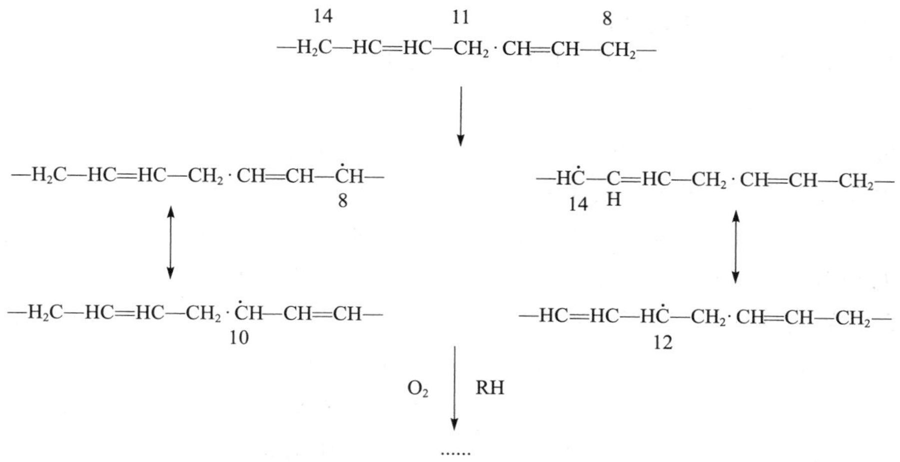

14　　　　11　　　　8
—H₂C—HC=HC—CH₂·CH=CH—CH₂—

↓

—H₂C—HC=HC—CH₂·CH=CH—ĊH—　　　　—HĊ—C=HC—CH₂·CH=CH—CH₂—
　　　　　　　　　　8　　　　　　　　　14　H

↕　　　　　　　　　　　　　↕

—H₂C—HC=HC—CH₂·ĊH—CH=CH—　　　　—HC=HC—HĊ—CH₂·CH=CH—CH₂—
　　　　　　　　　　10　　　　　　　　　12

O₂ | RH

......

图 4-33　亚油酸单烯亚甲基的自动氧化反应

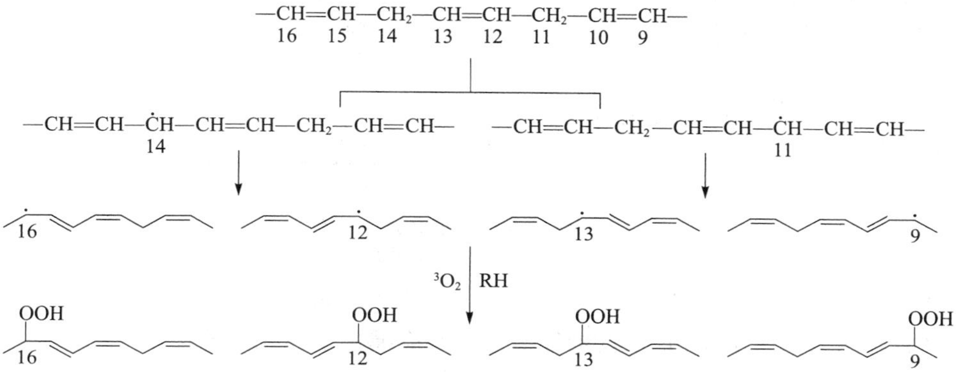

—CH=CH—CH₂—CH=CH—CH₂—CH=CH—
　16　15　14　13　12　11　10　9

—CH=CH—ĊH—CH=CH—CH₂—CH=CH　　　—CH=CH—CH₂—CH=CH—ĊH—CH=CH—
　　　　14　　　　　　　　　　　　　　　11

↓　　　　　　　　　　　　　　　↓

（·）16＝... 12＝...（·）　　　　（·）13＝... 9＝...（·）

³O₂ | RH

OOH　　　　OOH　　　　OOH　　　　OOH
16　　　　12　　　　13　　　　9

图 4-34　亚麻酸的自动氧化反应

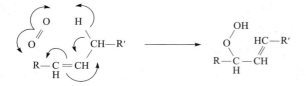

图 4-35　光敏氧化的六元环加成

光敏氧化和自动氧化虽然有一些相似之处，但也有一些重要的区别：

（1）光敏氧化是亲电的单重态氧和富电子双键之间的烯烃反应，而自动氧化是自由基的链反应；

（2）与自动氧化相比，光敏氧化无诱导期；

（3）与自动氧化相比，光敏氧化不受抗氧化剂的影响，但受单重态氧淬灭剂（如胡萝卜素）的抑制；

（4）光敏氧化中烯烃碳原子发生反应时伴有双键的迁移和立体构型的转变（由顺式到反式）；

（5）光敏氧化与自动氧化反应的氢过氧化物相似却不同，具有自身独特的味道和气味；

（6）光敏氧化的反应速度远快于自动氧化反应，特别是对于单烯酯，并且与烯键的数量有关，而与 1，4-戊二烯单元的数量无关；

（7）一旦形成氢过氧化物，可以促进自动氧化反应。

（三）油脂的酶促氧化

脂肪氧合酶是一类广泛存在于动植物体内的非血红素铁蛋白，可将部分不饱和脂肪酸催化氧化为单氢过氧化物，其产物与经自动氧化所得产物具有相同的结构。这种脂肪在酶参与下发生的氧化反应，又被称为酶促氧化。

脂肪氧合酶发生的酶促氧化同样符合所有酶催化反应的特点：反应底物的特异性、温和的反应条件（pH 和温度）和高反应速率。脂肪氧合酶只氧化含有 1-顺式-4-顺式戊二烯结构的脂肪酸，因此亚油酸和亚麻酸是植物酶的首选底物，花生四烯酸是动物酶的首选底物，而油酸不被氧化。

脂肪氧合酶是一种金属结合蛋白，其活性中心有一个 Fe^{2+}，当其被激活后，Fe^{2+} 被氧化为 Fe^{3+}。脂肪氧合酶在催化氧化时，底物的 1，4-戊二烯体系中的亚甲基首先脱氢生成戊二烯亚甲基自由基中间体；然后，戊二烯自由基发生重排，生成稳定的共轭二烯自由基结构（C-9 和 C-13），并与氧反应生成相应的过氧化自由基。最后，酶还原生成的过氧化自由基，与质子结合后生成相应的氢过氧化物（可参见图 4-32）。

与自动氧化和光敏氧化不同，酶促氧化具有立体选择性，其产物为旋光化合物，但常成对出现为外消旋体，不同的酶又对底物具有不同的选择性。此外，脂肪氧合酶具有三种不同形态：无色酶、黄色酶和紫色酶，可同时发生有氧和无氧两种条件下的反应。有氧时，其反应机理与自动氧化类似，为自由基反应；无氧时，酶促反应的产物非常复杂，可生成戊烷、二聚物等多种产物。

（四）酮型酸败

油脂中的饱和脂肪酸通过 β-氧化作用发生的酸败，由微生物繁殖时所产生的脱氢酶、脱羧酶、水合酶等引起，其本质和脂肪酸 β-氧化分解过程一致（图 4-36）。其反应过程为：甘油三酯在脂解酶的作用下释放出游离脂肪酸；游离脂肪酸在脱氢酶的作用下生成 α，β 不饱和酸；α，β 不饱和酸在水合酶的作用下得到 α- 羟基酸；α- 羟基酸又在脱氢酶的作用下生成 β- 酮酸；β 酮酸在脱羧酶的作用下得到最终产物甲基酮。

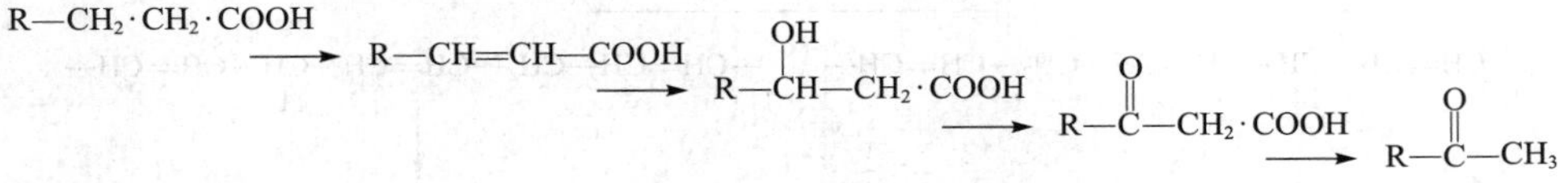

图 4-36 酮型酸败

（五）氢过氧化物的分解

氧化过程中形成的氢过氧化物不会直接导致酸味和异味，然而它们是不稳定的化合物，很容易分解成挥发性的短链分子，这些分子可能是醛、酮、醇、酸、酯、内酯、醚和碳氢化合物等多种有机物。氢过氧化物分解产物常常会产生令人不悦的气味，并预示着食品的变质（也存在部分令人愉悦的味道，如许多熟食的香味）。这些短链化合物的混合程度、浓度对酸败有着重要影响，他们的风味阈值差异显著，尤其是短链醛的含量影响巨大。

氢过氧化物的分解与其键能密切相关，并且会被金属离子和光线催化。由于氢过氧化物的活化能较低（仅 44 kcal/mol），因此易产生羟基自由基（HO·）和烷氧基自由基（RO·）。烷氧基自由基可以两种方式断裂，分别生成醛和酸或者烷基和含氧酸，烷基又可转化为碳氢化合物或醇（图 4-37）。氢过氧化物与水或其他溶剂反应，很容易转化成一系列链长相同的化合物，包括醇、酮、环氧化合物、三醇和酮类化合物，而部分含氧化合物又可以通过 C—O—O—C、C—O—C 或 C—C 键桥连形成二聚体和寡聚体（图 4-38）。

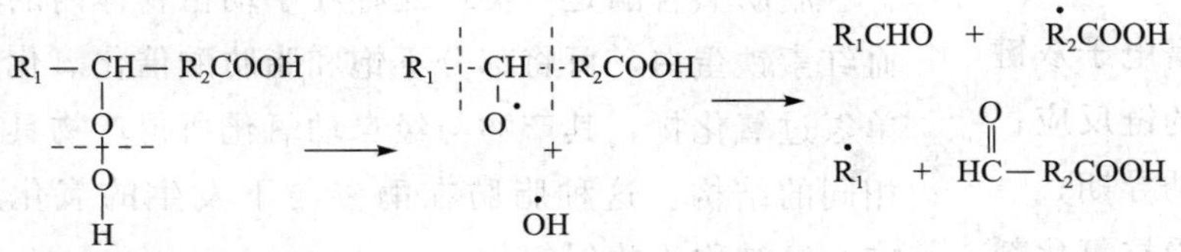

图 4-37 氢过氧化物的分解

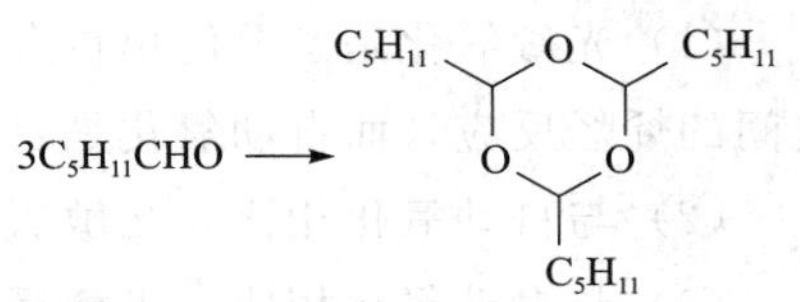

图 4-38 含氧化合物的聚合

许多该类短链化合物的风味阈值很低，可以在很低的浓度下显示出嗅觉效应。例如，亚油酸中的 9-氢过氧化物可以生成 2，4-癸二醛，其油炸风味浓度为 0.5 ppb。

（六）油脂的酸败与回味

1. 酸败

油脂的酸败是指油脂经长期储存而产生刺激性臭味的现象。油脂的酸败可分为两种：第一种是氧化型酸败，其本质是油脂中的不饱和键被空气氧化生成氢过氧化物后分解产生的难闻的挥发性小分子化合物；第二种是水解型酸败，其本质是不饱和度较小的油脂水解后产生的挥发性游离脂肪酸发出的刺激性气味。

油脂氧化酸败分解产生的挥发性小分子化合物的种类很多，如醛、酮、酸、内酯等，其中醛的气味刺激性较强，人类对此气味也较为敏感。油脂的种类对其酸败有着直接的影响，这是因为不同的油脂内的脂肪酸组成不同，导致达到酸败味道时的过氧化物值也不同。油脂的酸败会导致其过氧化物值增加、碘值降低、酸值和羟值增加、羰基增多，产生难闻的气味。

2. 回味

油脂的回味是指部分经过精炼的油脂已无不良气味，但经过长期放置后又有新的不良气味产生的现象。首先，这种不良气味并非此前精炼时被清除的气味，而是新产生的与原油不同的不良气味；其次，回味不良味道的强度要远远小于酸败。

（七）抗氧化剂

当油脂与空气接触后，并不会立刻发生氧化，而是存在一个无明显变化的诱导期。当诱导期结束后，油脂中会生成大量氢过氧化物，分解后产生小分子醛、酮、醇等，既降低了油脂的品质也会产生大量难闻的异味。为避免油脂的氧化，人们常采用隔绝氧气的物理方法或添加抗氧化剂的化学方法。所谓抗氧化剂，是一大类能防止或延缓油脂或食品成分氧化分解、变质，提高食品的稳定性和延长贮存期的食品添加剂的统称，其在食物和其他可因氧化而变质的物质的保存中起着重要作用。由于自由基的存在可以加速油脂的自动氧化过程，因此人们目前常采用自由基清除剂作为食品中添加的主要抗氧化剂。

抗氧化剂通常为自由基的受体或自由基清除剂，它们通过捕获烷基（R·）自由基影响自动氧化的起始阶段，通过捕获过氧化自由基（ROO·）影响自动氧化反应的传递（图 4-39）。抗氧化剂可分为两种，其一为能够提供活泼氢的化合物（如多元酚和芳胺类化合物）；其二为可与自由基加成的化合物（如胡萝卜素等高度不饱和分子）。在这两

种情况下，最终产物都足够稳定，不会参与进一步的氧化过程。

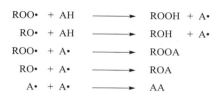

$$ROO\cdot + AH \longrightarrow ROOH + A\cdot$$
$$RO\cdot + AH \longrightarrow ROH + A\cdot$$
$$ROO\cdot + A\cdot \longrightarrow ROOA$$
$$RO\cdot + A\cdot \longrightarrow ROA$$
$$A\cdot + A\cdot \longrightarrow AA$$

图 4-39 多酚类抗氧化剂的反应历程

如图 4-39 所示，抗氧化剂可向油脂中的自由基提供氢，使之生成较稳定的氢过氧化物、醇和烷烃，终止自动氧化进程。在此过程中，抗氧化剂自身失去氢成为自由基 A·，并与过氧化自由基或自身两两结合生成稳定的二聚体。当所有抗氧化剂耗尽时自动氧化反应继续发生。

此外，还可以同时添加增效剂，增效剂本身可能并没有抗氧化能力，但是可以促使抗氧化剂的循环再生，从而延长其活性周期（图 4-40）。如将棕榈酰抗坏血酸添加到维生素 E（又名生育酚）中。

$$ROO\cdot + AH \longrightarrow ROOH + A\cdot$$
$$BH + A\cdot \longrightarrow AH + B\cdot$$

图 4-40 增效剂的作用机理

由于金属离子对油脂的氧化有极大的催化促进作用，因此，抗氧化时也应考虑对油脂中可能存在的金属离子的清除。人们常使用金属螯合剂，如乙二胺四乙酸（EDTA）、柠檬酸、磷酸和某些氨基酸除去能促进自动氧化起始步骤的金属离子（主要是铁和铜）。

抗氧化剂不能禁止氧化的发生，但能减缓氧化的速率，从而延长含脂肪食品的诱导期和货架期。在食品加工过程中应尽早加入抗氧化剂。此外，还应尽量避免热、光和接触空气这些促进氧化的条件。光敏氧化不被用于自动氧化的抗氧化剂所抑制，而是被单重态氧淬灭剂所抑制，最经典的单重态氧淬灭剂为胡萝卜素。

依据抗氧化剂来源的不同，人们常将抗氧化剂分为合成抗氧化剂和天然抗氧化剂两大类。

常见的合成抗氧化剂主要有 BHA、BHT、PG 和 TBHQ 等（图 4-41）。

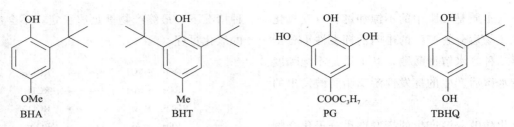

图 4-41　BHA、BHT、PG 和 TBHQ 的结构式

（1）丁基羟基茴香醚（BHA）在脂肪中具有良好的溶解性，在油炸和烘焙制品中具有合理的稳定性。它对动物脂肪很有效，对植物油的效果欠佳。与丁基羟基甲苯、没食子酸丙酯有明显的协同作用，最大用量为 200 ppm。

（2）丁基羟基甲苯（BHT）的溶解度低于BHA，不溶于常用的抗氧化剂溶剂丙二醇。它与BHA 有协同作用，但与没食子酸丙酯无协同作用，最高用量可达 200 ppm。

（3）没食子酸丙酯（PG）的溶解度低于 BHA 或 BHT。由于 PG 在 148 ℃就会分解，因此不能将之用于需高温加热的食品（如烹饪）。可与 BHA 协同使用，用量可达 100 ppm。

（4）叔丁基对苯二酚（TBHQ）在植物油中使用效果良好，其溶解性好、热稳定性高，经常用于油脂的运输和储存，并可在除臭过程中被完全去除。

天然抗氧化剂成员众多，功能各具特点，其中最著名和最广泛使用的天然抗氧化剂是生育酚和生育三烯醇，它们广泛分布在植物产品中。有些植物的叶子或种子中含有其他天然抗氧化剂，如燕麦油（α-生育酚、α-生育三烯醇和燕麦酰胺）、芝麻油（芝麻素、芝麻酚林和芝麻醇）、米糠油（生育三烯醇、燕麦甾醇和谷维素）、茶叶（儿茶素）等。

（八）影响油脂氧化酸败的因素

1. 油脂的种类

构成油脂的脂肪酸种类不同，则氧化速率不同。油脂的氧化通常发生在不饱和键（烯键）上，不饱和键越多，越易发生氧化反应；顺式双键比反式氧化速度快；共轭双键反应速度快。此外，游离脂肪酸更容易被氧化。

2. 光（辐射）

光是油脂氧化的重要催化剂，可以引发自由基反应，加速油脂的氧化。通常光的波长越短，油脂对其的吸收就越强，则氧化速度越快。例如，紫外光具有强烈的催化氧化作用。

3. 光敏剂

未精炼的油脂中含有的部分天然色素（如叶绿素 a、血红素）及人工合成色素（如赤藓红素）均为良好的光敏剂，可促进三重态氧转变为单重态氧，加速油脂的氧化。因此，应通过油脂精炼去除原油中的色素。

4. 过渡金属

过渡金属（如铁、镍、铜等）由于具有合适的氧化还原电位，显示出良好的助氧化能力：例如过渡金属可以通过促进氢过氧化物的分解来产生新的自由基；也可以直接氧化有机物；而且过渡金属还可以活化氧分子。因此，即使在 0.1 mg/kg 的低浓度条件下，过渡金属依然可以促使油脂形成自由基，提高氧化速度，因此又被称为助氧化剂。因此，为防止油脂氧化，应向体系中加入适量金属螯合剂用以去除过渡金属。

5. 氧浓度

降低氧气浓度是抑制脂质氧化的常用方法。已知氧的参与是烷基自由基形成的扩散限制步骤，因此，为了有效抑制油脂的氧化，必须将大部分氧从体系中除去。由于氧在油中的溶解度高于水，因此常采用抽真空的方法降低体系中的氧浓度。在低氧浓度（分压）时，油脂氧化与氧浓度（分压）近似正比。并且，单重态氧的反应速度远远超过三重态氧，因而可适量添加单重态氧淬灭剂（如胡萝卜素）来淬灭体系中能量更高的单重态氧。

6. 温度

一方面，温度升高通常会增加脂质氧化速率；另一方面，温度的升高也会降低氧在油脂中的溶解度，所以在某些情况下，高温可以减缓氧化。然而，当食物进行高温油炸时，会出现油的充气，导致氧化加速。高温还会导致抗氧化剂降解、挥发；或使抗氧化酶经高温作用变性失活。

7. 表面积

增加油脂的表面积可以增加其氧化速率，这是因为表面积的增加会使暴露于氧和促氧化剂的概率增加。最近在含有天然表面活性剂（如磷脂）和水形成的纳米结构的散装油中发现了这种现象。

8. 水分活度

当水从食物系统中被除去时，油脂的氧化速率一般会降低。这可能是过渡金属和氧气等反应物的流动性降低所致。然而，在另一些食物中，不断地去除水分会加速油脂的氧化。这种极低水分活度导致的油脂氧化加速被认为是油脂的氢过氧化物周围失去了一层保护性的水分子层所致。因此，水分活度对于油脂氧化速度的影响，总的趋势是当水分活度在0.33时，油脂的氧化反应速度最慢。随着水分活度的降低和升高，油脂氧化的速度均有所增加。

9. 抗氧化剂

浓度适宜的抗氧化剂有助于减缓油脂的氧化，但是浓度过高时却存在加速氧化的可能。此外，在使用抗氧化剂时应尽早添加。

10. 酶

脂肪氧合酶是存在于天然动植物体内的活性脂肪氧化催化剂，可通过加热的方式降低脂肪氧合酶的催化活性。此外，超氧化物歧化酶（SOD）可以将反应过程中产生的超氧化物阴离子催化为氧化能力较低的过氧化氢，而过氧化氢在过氧化氢酶（CAT）、过氧化物酶（POD）的催化下生成水，进一步降低了氧化能力。

六、油脂的高温反应

油脂在长期高温使用后，其化学和物理性质会发生很大变化。油脂在加热过程中会水解产生游离酸和部分甘油酯，氧化产生风味；引起双键反应；在高温下形成的过氧化物随着羟基化合物的形成而迅速破碎，从而增加了羟基数。

（一）热分解

饱和脂肪酸、饱和甘油三酯及其他简单的饱和脂肪酸酯在高温（150 ℃以上）时，不论是否存在氧气，均会发生热分解反应，根据有无氧气参与，分解产物又有所不同。

（1）在无氧条件下，饱和脂肪酸及其酯可发生热分解生成一系列复杂的小分子酸、烃、丙烯二醇酯、丙烯醛、酮等化合物（图4-42）。金属离子（如 Fe^{2+}）的存在可催化饱和脂肪（酸）的非氧化热分解反应。

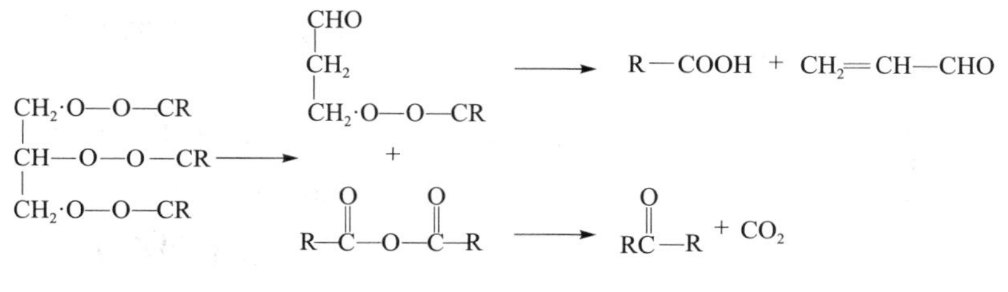

图 4-42 饱和脂肪（酸）的非氧化热分解

（2）在有氧条件下，饱和脂肪（酸）的热分解反应又分为三种情况，即优先在 α 位、β 位、γ 位上形成氢过氧化物，并分解为醛、酮、烃等小分子化合物。当 α 位发生氧化分解，可能得到少一个碳的脂肪酸（或醛）和少两个碳的烷烃；当 β 位发生氧化分解，可能得到少一个碳的甲基酮、少两个碳的脂肪醛和少三个碳的烷烃；当 γ 位发生氧化分解，可能得到少两个碳的甲基酮、少三个碳的脂肪醛和少四个碳的烷烃（图4-43）。

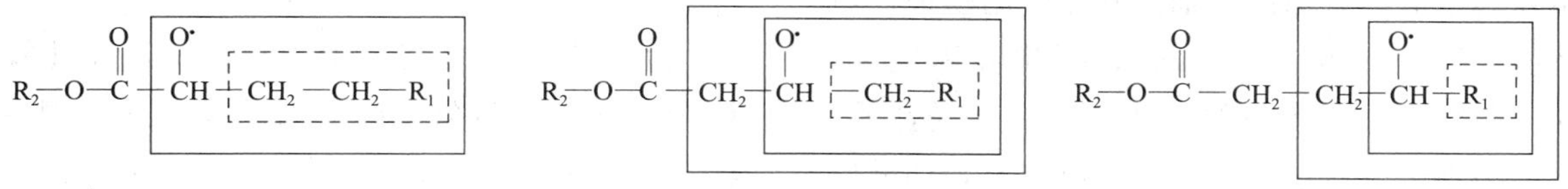

图 4-43 饱和脂肪的氧化热分解

不饱和脂肪酸（酯）的非氧化热分解主要得到各种二聚产物和其他低分子量的物质；而不饱和脂肪酸（酯）的氧化热分解与其低温时的自动氧化反应步骤大体相同，只是反应速率更快。

（二）热聚合

油脂的热聚合反应同样可分为无氧和有氧两种情况。

例如在无氧条件下，异亚麻酸可异构化为共轭脂肪酸，并发生 Diels-Alder 反应，生成环己烯类化合物（图 4-44）。

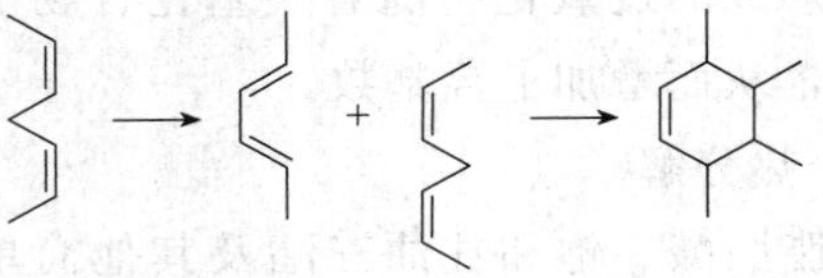

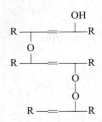

图 4-44　无氧热聚合，D-A 反应

另一方面，在有氧气参与的热聚合反应中，往往生成通过醚键和过氧化键连接的聚合物，并可能含有羟基、氧基或环氧基（图 4-45）。这种化合物在油炸油脂中是不受欢迎的，因为它们永久性地降低了油脂的风味特征，而且由于它们含有羟基，会像表面活性剂般产生大量泡沫。

图 4-45　有氧热聚合，含氧聚合物

第 6 节　油脂的质量及评价指标

生活中较为常见的油脂往往以其生物来源命名，如大豆油、花生油、黄油和牛油等。与此同时，每一种油脂又有特定的理化性质和功能，可通过一系列的组成参数加以识别。其传统的物理性质包括密度、熔点（若为固体）、折射率和黏度等，以及现代研究手段所测得的一些色谱和光谱性质。其化学结构则可以通过以下方法加以测量，如碘值法（平均不饱和度的测量）、皂化值法（酰基链长

度平均值的测量）、乙酰值法（游离羟基的测量）、酸值法（质量指标，游离或未酯化酸的测量）和过氧化值法（衡量氧化、劣化的指标）等。通过这些化学手段可以定量地估计选定的官能团或计算油脂中的成分。

一、皂化值（SV）

皂化值是指在标准条件下水解 1 g 油脂所需要的 KOH 的毫克数。皂化值的大小与油脂的平均分子量成反比，也就是与脂肪酸的分子量成反比，即皂化值越高，甘油三酯中脂肪酸的平均分子量越低。如果油脂中存在游离的脂肪酸，皂化值实际上不仅是指皂化反应的结果，也包括酸价。

二、酸价（AV）

酸价是指中和 1 g 脂肪中有机酸所需要的 KOH 的毫克数，酸价对于第一次快速表征脂肪的质量很重要。新鲜油脂中的游离脂肪酸少，酸价低；但贮藏中则上升（变质）。因此可用酸价来衡量油脂的新鲜度（或质量）。我国食品卫生法规定食用植物油的酸价一般不得超过 5。

三、碘值（IV）

碘值指的是 100 g 油脂吸收的碘的克数，实际上是利用油脂中双键与碘的加成反应，通过计算消耗的碘的数量，可以说明油脂（或脂肪酸）的不饱和程度。当不饱和脂肪酸被氧化，碘值下降。根据碘值可将油脂分为三类：干性油（碘值 > 130），半干性油（碘值 100~120），不干性油（碘值 < 100）。

四、羟基值（OHV）

羟基值是指含有羟基的油脂（或脂肪酸）先进行乙酰化反应，然后 1 g 乙酰化的油脂（或脂肪酸）在皂化时，中和乙酰化所产生的醋酸所需要的 KOH 的毫克数，计算羟基值时一定要扣除油脂本身的皂化值。羟基值可用于测定油脂中的含羟基的脂肪酸的量，因此该值可以为 0。

五、油脂氧化情况的检测

（一）过氧化物值（POV）

过氧化物值是指 1 kg 油脂所含氢过氧化物 ROOH 的毫摩尔数，通常用碘量法进行测量。碘量法是在酸性条件下 ROOH 与 KI 作用析出单质碘，再通过 $Na_2S_2O_3$ 滴定测量析出碘的量，即可

计算出 ROOH 的毫摩尔数。过氧化值反映了油脂的酸败程度（新鲜度），在油脂的氧化初期随时间的延长而增加，而在后期则由于氢过氧化物分解速度的加快，其实际存在量会降低。因此用过氧化值评价油脂氧化的趋势多用于氧化的初期。

（二）硫代巴比妥酸值（TBA）

不饱和脂肪酸氧化的后期产物（如小分子的醛、酮等）可与硫代巴比妥酸试剂反应，生成黄红色物质，该物质在紫外波长 450 nm 或 530 nm 处有最大吸收峰，可依此检测油脂的氧化程度。

第7节 油脂的功能性质

一、质地

油脂对食物质地的影响在很大程度上取决于其性质（如固体或液体）和食物基质的性质（如散装脂肪、乳化脂肪或结构性脂肪）。对于液体油，如烹调油或色拉油，其质地主要取决于油在使用温度范围内的黏度。对于部分结晶脂肪，如巧克力、烘焙产品、起酥油、黄油和人造黄油，其质地主要由脂肪晶体的浓度、形态和相互作用决定。特别是，脂肪晶体的熔化曲线在质地、稳定性、延展性和口感等性能方面起着重要作用。在水包油型乳状液中，整个体系的黏度主要由油滴浓度决定，而非油滴本身的黏度；而许多食品乳状液呈现出的典型奶油质地是由脂肪滴的存在决定的，如奶油、甜点、调味品和蛋黄酱。在油包水型乳状液中，体系的整体流变性在很大程度上取决于油相的流变性，大多数油包水型乳化食品中的油相部分结晶，产生类似塑料的性质，如人造黄油、黄油和涂抹酱。因此，这些产品的流变学是由固体脂肪含量以及脂肪晶体的形态和相互作用决定的，而脂肪晶体的形态和相互作用又受结晶和储存条件的影响。例如，人造黄油和黄油等油包水型乳状液的涂抹性是由连续相中聚集的脂肪晶体形成的三维网络结构决定的，该结构为产品提供了机械刚性。在许多食物中，脂质是固体基质的组成部分，固体基质中还含有各种其他成分，如巧克力、蛋糕、饼干和奶酪。在这些系统中，脂类的物理状态往往在决定其流变特性方面起着重要的作用，例如硬度和脆性。

二、外观

许多食品的特征外观受到油脂存在的强烈影响。纯脂类（如烹调油或色拉油）的外观主要受色素杂质（如叶绿素和类胡萝卜素）的影响。由于脂肪晶体可使光线散射，固体脂肪通常表现为不透明的外观，其不透明度取决于脂肪晶体的浓度和大小。食品乳状液的浑浊或不透明的外观是由于油和水的不混溶导致一种液滴分散在另一相中。由于光在通过食品乳状液时发生散射，导致其浑浊不透明，而散射的强度取决于液滴的浓度、大小和折射率，因此食物乳状液的颜色和不透明度都受到油脂相的强烈影响。

三、风味

食物的风味受到油脂种类和浓度的强烈影响。甘油三酯是相对较大的分子，挥发性较弱，因此没有什么固有的味道。尽管如此，不同的食用油脂由于天然来源不同，含有不同的挥发性分解产物和杂质，显示出各自独特的风味。此外，许多食品的风味也间接受到油脂存在的影响，因为风味化合物可以根据其极性和挥发性在油、水和气相之间进行分配。因此，食物的香气和味道常常受到油脂种类和浓度的强烈影响。

脂质也会影响许多食品的口感。在咀嚼过程中，液体油可能会覆盖在舌头上，这提供了一种典型的油性口感。如果油脂中含有超过一定体积的脂肪晶体，就会出现一种令人不悦的"砂砾"口感。口中脂肪晶体的熔化会引起一种降温的感觉，这是许多高脂肪食物的重要感官属性。

四、热量与营养

甘油三酯（油脂）是人体中热量密度最高的营养素（39.6 kJ/g），成人摄入过量会对人体造成多种危害，如心血管疾病。因此，成人日常油脂摄入量应不超过人体日总能量摄入量的30%。为降低热量的摄入，人们采用热量较低的脂肪替代品来生产与全脂食品具有相同感官特性的低脂食品。脂肪替代品是一种非脂类化合物，如蛋白质和碳水化合物，既可以产生类似脂肪的口感和性状，所含热量又低于脂肪，或是无法被人体吸收（包括能够被人体部分吸收）的产品。

油脂不但可以显著地改善食品的味道、质地和口感，还是多种脂溶性维生素（维生素 A、维生素 D、维生素 E、维生素 K 等）摄入的重要来源并促进其消化和吸收。例如，植物油是维生素 E（生育酚）和维生素 A（胡萝卜素）的重要来源，动物脂肪和鱼油是维生素 D 的重要来源。植物油中富含不饱和脂肪酸，而动物脂肪中饱和脂肪酸的含量更高。油脂还是人体的重要组成成分，分布于腹部、皮下和肌纤维间，可以有效保护体内脏器，维持人体体温。磷脂、胆固醇可以和蛋白质结合形成脂蛋白，构成人体细胞中的各种膜。

五、重要的脂肪酸及其功能

食物油脂中富含脂肪酸，包括饱和脂肪酸、不饱和脂肪酸（单不饱和脂肪酸和多不饱和脂肪酸），这些脂肪酸有着多种多样的结构和功能。天然油脂中的饱和脂肪酸通常为直链、含有偶数个碳原子。长期以来，饱和脂肪酸被认为是导致动脉粥样硬化（进而诱发心血管疾病）的重要因素，因其可以增加血液中的低密度脂蛋白-胆固醇水平。然而，近年来饱和脂肪酸在心脏病中的作用受到质疑，研究表明饱和脂肪酸提高了对人体有益的高密度脂蛋白-胆固醇水平。不饱和脂肪酸指的是脂肪碳链上含有一个或多个烯键的脂肪酸，这些烯键大多数为顺式构型，然而，也存在部分天然的反式脂肪酸。研究认为顺式多不饱和脂肪酸对降低血压有一定作用，而反式不饱和脂肪酸有潜在的诱发心血管疾病的可能。脂肪酸的生物效应随脂肪酸类型的不同而不同。

（一）必需脂肪酸

人体生命必需，但自身又不能合成，必须由食物供给的脂肪酸在营养学上被称为必需脂肪酸。必需脂肪酸的种类很多，从大类上分可包括 ω-3 系列的多不饱和脂肪酸（双键从甲基端的第三个碳原子开始，如 α-亚麻酸）和 ω-6 系列的多不饱和脂肪酸（双键从甲基端的第六个碳原子开始，如亚油酸）。

（1）必需脂肪酸参与磷脂的合成，是磷脂的组成成分，而磷脂构成了细胞膜、线粒体。

（2）必需脂肪酸参与体内胆固醇的代谢：体内 70% 胆固醇要与亚油酸发生酯化反应，生成亚油酸胆固醇酯，被运往肝脏而分解代谢。若缺乏亚油酸，则胆固醇会和饱和脂肪酸结合，无法运转代谢，沉积在血管壁，发生血栓、动脉粥样硬化。

（3）亚油酸是体内合成前列腺素（PG）的原料。

（4）亚麻酸在体内可转变成"二十二碳六烯酸"（DHA），后者不但存在于视网膜中以维持正常视觉，而且是大脑和神经系统的重要构成成分，对胎儿和婴幼儿的智力和视力发育极其重要。

当亚油酸中的两个双键异构化为共轭双键时被称为共轭亚油酸（CLA），具有抑制癌症、降低血液胆固醇、抑制糖尿病发病和影响体重增加等多种功效。不同的异构体具有不同的生物效应，9-顺式-11-反式亚油酸具有抗癌活性，是乳制品和牛肉制品中的主要异构体；10-反式-12-顺式亚油酸具有影响体内脂肪积累的能力。研究认为共轭亚油酸的生物活性可归因于其调节类二十烷酸形成和基因表达的能力。一项对人类膳食中共轭亚油酸摄入量的调查分析表明，其对人体构成的影响很小。

（二）反式脂肪酸

天然油脂中的反式脂肪酸含量很低，常存在于反刍动物的脂肪中（如乳脂和体脂），主要来源于反刍动物的瘤胃。现代食品工业中的反式脂肪酸主要来源于氢化植物油（如起酥油和人造奶油），本质上是豆油、棉籽油等植物油脂在氢化过程中产生的副产物。与顺式脂肪酸相比，反式脂肪酸提高了对人体不利的低密度脂蛋白-胆固醇的水平，并且降低了对人体有益的高密度脂蛋白-胆固醇的水平，对人体有着潜在的不利影响。

第 8 节　油脂在食品加工中的作用

一、起酥性

在进行烘焙时，常用黄油或人造黄油，其脂肪含量常超过 80%，甚至可以达到 100% 的脂肪含量，而后者又被称为起酥油，因其可以使焙烤食品酥脆呈片状，具有较好的可食性和口感。脂肪在蛋糕烘焙中的主要功能是使蛋糕内部富含气泡以改善产品的质地。制作蛋糕时应使其面团内含有分散的气泡，这些气泡大多由脂肪晶体稳定。在烘烤过程中，脂肪熔化，油包水的乳化液反转，空气被困在水相中。随着烘焙的继续，淀粉被水化和凝胶化，蛋白质开始凝固，空气细胞在蒸汽和二氧化碳（从发酵粉中产生）的作用下膨胀。这一过程中脂肪需表现出足够的坚固程度，如薄膜一样分布在整个面团中。

在酥皮点心中，脂肪起到了屏障的作用，将一层层的面团分开。在烘烤过程中气体或蒸汽的释放会产生一层层的结构。因此，在起酥油的生产中常常需要通过适当的加氢反应得到固体脂肪含量更高的油脂，这种氢化油脂与未加工的普通油脂相比往往具有更高的熔点。

二、涂布性

食物有时会被涂上一层薄薄的可食用材料，以减少水分流失，从而延长货架寿命；可提供更加悦目的光泽，并降低包装的复杂性和成本。这一涂层可为碳水化合物、蛋白质、脂质或这些物质的某种组合。最常用于可食用涂层的脂质是蜡、部分甘油三酯或乙酰化的甘油单酯。后者能够在低于蜡最佳温度的条件下生成柔性薄膜，只是防潮效果还有所欠缺。

用于食品涂层的植物油在常温下需为液体，且应具有高的氧化稳定性。它们可以作为保湿屏障、风味载体、润滑剂或释放剂、防尘或防潮剂以及光泽增强剂等。涂层植物油常以较低剂量用于烘烤、煎炸或搬运过程中，并喷在产品的裸露表面，以提供悦目的外观，保持食品的酥脆，作为水分的屏障，并提高食用时的口感。

三、油炸特性

油脂作为一种油炸介质，轻度油炸和深度油炸是重要的食品加工方式，油炸食品是当今世界膳食的重要组成部分。例如作为一种轻度油炸方式，煎的温度通常在 $165 \sim 185\ ℃$，通过有效的传热方式既可以实现快速烹饪，又增加了食品的油炸风味。

在油炸过程中，食用油脂的成分会发生一些变化，包括油脂水解产生游离酸和部分甘油酯，产生酸败味；油脂氧化产生风味，包括令人愉悦的和使人不快的风味；热变化导致的聚合物产物；反式不饱和的酰基化合物；五元和六元环产物等。在煎炸过程中，食材中的水分在高温作用下蒸发，变相对油脂进行了水蒸气蒸馏，挥发性成分随水蒸气的蒸

发迅速流失，从而产生煎炸操作特有的气味，但大分子量组分仍留在煎炸油中。随着使用的继续，油脂的颜色开始加深，烟点降低产生大量烟雾和泡沫，变得更加黏稠。

好的煎炸油具有较高的氧化稳定性、较高的烟点（游离脂肪酸含量低）和较小的色泽变暗程度。此外，从营养的角度，好的煎炸油中的饱和脂肪酸和反式不饱和脂肪酸含量应较低；与此同时，多不饱和脂肪酸含量也应较低，从而提高油脂的氧化稳定性。因此，富含高顺式单不饱和脂肪酸的油脂是较为理想的油炸用油。

四、乳状液和乳化剂

乳状液是两种互不相溶相组成的混合物：一种是液滴或液晶状的分散相（也称不连续相）；另一个是非分散的连续相。如果油以液滴的形式（分散相）分散在水中（连续相），则该类乳化液称为水包油（O/W）型。如果水以液滴的形式分散在油中，则该类乳化液称为油包水（W/O）型。

（一）表面张力

表面张力来自表面分子上不平衡的分子间力。考虑一个空气/水系统：界面上的水分子，与溶液中的水分子大不相同，经历了分子间力的不均匀作用（图4-46）。水分子倾向于进入水溶液的主体，因为在主体溶液中的水分子势能比界面上的低。水分子从界面处进入本体的驱动力称为表面张力。另一种推理方法是考虑将水分子从体积溶液移动到表面所需要的能量，该能量用于增加界面的表面积。由于球体的表面/体积比最小，因此水滴自然呈现球形。同样的推理也适用于 O/W 系统。油分子倾向于停留在油相。在水溶液中分散油分子需要做功。

（二）形成乳状液

乳液的形成需要能量才能在连续相中形成分散的液滴。下面公式为该能量的计算公式，其中 γ 为表面张力，σ 为表面积。

$$dw = \gamma d\sigma$$

良好的乳状液的形成需要减小液滴的尺寸，从而增加表面积。因此需要更多的能量以维持乳状液的良好均衡，而这意味着乳状液的形成在热力学上是不利的。然而，如果可以减少表面张力的话，产生特定乳状液所需的能量就会降低，乳化效果得到

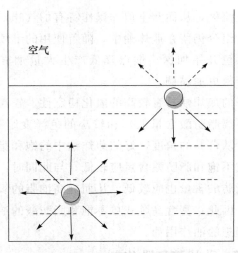

空气

图 4-46 界面水分子

增强。表面活性剂的主要作用之一是降低表面张力。表面活性剂分子既具有与水分子相互作用的极性端，又具有与油相相互作用的疏水端。

（三）破乳

通常经过三步操作可以破坏乳状液的均衡，亦称破乳：

（1）沉降 由于两相之间的密度差异，液滴往往在连续相中上升或沉积。这个过程被称为"上乳化"或"下乳化"。

（2）歧化 液滴或气泡往往会减少其表面积，以尽量减少界面的势能。表面积的减小与内部压力的增加相平衡。

（3）絮凝与聚结 当乳状液中的两个液滴（不含表面活性剂）相互靠近时，容易发生絮凝与聚结。絮凝和聚结的过程取决于两种相互作用之间的平衡：即范德华引力和液滴之间的静电斥力的平衡。

（四）乳化剂

由于脂肪酸及其衍生物是两亲性的，意味着它们的分子同时具有亲水（疏油）和亲油（疏水）区域。如果这些物质得到适当的平衡，那么分子就可以一种物理稳定的形式存在于水和脂肪物质之间。因此，它们可以用作稳定水包油和油包水的乳化剂，乳化剂在食品中的应用包括涂膜、稳定和不稳定乳剂、脂肪结晶改性、面团强化、面包屑软化和淀粉类食品的变形等方面。

食品级乳化剂包括脂肪酸、多元醇和水溶性

有机酸的部分酯等多种化合物，也可以认为乳化剂同时包含了同一分子中在空间上相互分离的亲水段和疏水段。在食品系统中，乳化剂的主要功能是：

（1）通过控制脂肪球的聚集来促进乳液的稳定性；

（2）通过淀粉的络合作用减缓焙烤制品的老化速度；

（3）通过与面筋的相互作用，作为面团增强剂/调理剂使用，以增加气体滞留，改善质地，增加面包体积；

（4）通过控制脂肪结晶来提高脂肪基产品的一致性。

乳化剂按化学结构可分为阴离子型、阳离子型和非离子型；乳化剂按来源可分为天然乳化剂和合成乳化剂；乳化剂按功能可分为表面活性剂、黏度增强剂和固体吸收剂；乳化剂按极性可分为亲水性乳化剂和疏水性乳化剂。常用的乳化剂包括甘油单酯及其衍生物、其他非甘油的酯类、卵磷脂等。

（五）亲水亲油平衡

链长和不饱和度对功能性质都很重要。上述乳化剂可根据其亲水性/亲脂性平衡（HLB）进行分类，这取决于极性基团的亲水性与脂肪酸链的亲脂性的关系。该方法规定亲油性为 100% 的乳化剂，其 HLB 为 0，亲水性为 100% 的乳化剂，其 HLB 为 20，其间分成 20 等份，以此表示其亲水、亲油性的强弱情况和不同用途。

（1）HLB＝3～9 单甘油酯、硬脂酸丙二醇酯、乙酰化单甘油酯、乙氧基化单甘油酯、丙交酯化单甘油酯。

（2）HLB＝8～12 二乙酰酒石酸酯，琥珀酸单甘油酯。

（3）HLB＝12～20 聚山梨醇酯、硬脂酰-2-乳酸酯、聚甘油酯。

HLB 评分可以作为乳化剂表面活性的指标，反映乳化剂降低界面张力和促进两相乳化的能力。通常，HLB 值越大亲水性越强，HLB 值越小亲油性越强。不同 HLB 值范围和其对应的应用内容如表 4-5 所示。

表 4-5 不同 HLB 值范围的特性和适用性

HLB	适用性	HLB	在水中性质	应用
1～3	消泡剂	1～3	不分散	
3～8	W/O 型乳化剂	3～6	略分散	
		6～8	经剧烈搅打后呈乳浊状分散	
8～16	O/W 型乳化剂	8～10	稳定的乳状分散	
		10～13	趋向透明的分散	洗涤剂
		13～15	溶解装透明胶体状液	增溶剂
16～20		>15		

第 9 节　油脂的精炼

除部分冷榨油外，大部分采用压榨、溶剂萃取或高温熔炼而得到的油脂并不适合直接食用。食用油脂中除主要的甘油三酯外，还含有磷脂、游离脂肪酸、风味物质、蜡、色素（叶绿素、类胡萝卜素及其降解产物）、含硫化合物、酚类化合物、微量金属离子污染物和自然氧化产品等多种次要成分或杂质。因此，在生产最终的食用油脂产品时应去除不需要的成分，一方面可以优化产品的颜色和味道；另一方面可以消除有毒物质和污染物。油脂可以通过一系列的手段来精炼纯化提炼，如脱胶、中和、漂白和除臭等，其中既有化学方法也有物理方法，而物理方法是油脂精炼时的首选。

一、脱胶

脱胶是用水或稀酸（磷酸或柠檬酸）去除原油中的磷脂。磷脂是一种功效较强的乳化剂，磷脂的存在会导致脂肪和油中的水-油（W/O）乳状液的形成，从而使油脂中水分含量增多，影响油脂的食用安全性（加热到高温时发生飞溅和发泡）。磷脂还含有胺，胺可以与羰基相互作用，在热处理和储存过程中形成褐变产物。通过脱胶去除磷脂的方法是在油脂中添加 1％～3％ 的水，并在 60～80 ℃ 的温度下保持 30～60 min，其间可以添加少量的酸（如柠檬酸）以增加磷脂的溶解度。这是因为酸可以结合钙和镁，从而减少磷脂的聚集，使它们更容易水化。然后用沉降、压实或离心法除去黏结的胶，再用大豆等油回收磷脂作为卵磷脂出售。

二、脱酸

由于原油中含有游离脂肪酸，可以引起异味、降低烟点、加速油脂的氧化速度、引起泡沫，干扰加氢和酯化操作，因此必须从原油中去除游离脂肪酸。通常采用中和的方法去除原油中的游离脂肪酸。中和是通过将油与苛性钠溶液反应，然后除去含有脂肪酸钠的水溶液来实现的。碱的用量取决于原油中游离脂肪酸的浓度，由此产生的皂液可用作动物饲料或生产表面活性剂和洗涤剂。

三、脱色

通常，原油中会含有一些色素，这些色素会使油脂产生不理想的颜色（类胡萝卜素、棉籽酚等），并能促进脂质氧化（叶绿素）。因此，需对原油进行漂白处理。漂白时，常以中性黏土，合成硅酸盐、活性炭或活性稀土作为吸附剂（含量是油品重量的 0.2％～2％），与被加热的油脂（80～110 ℃）混合均匀，然后滤除吸附剂，即可将油脂脱色。由于吸附剂能加速脂质氧化，所以这一过程通常在真空下进行。漂白的另一个好处是去除剩余的游离脂肪酸和磷脂，并可以分解脂质氢过氧化物，其中活性炭对于去除色素和多环芳烃（PAH）尤为重要。

四、除臭

已知原油中含有多种不受欢迎的风味化合物，如醛类、酮类和醇类，它们或是自然存在于油脂中，或是在提取和改装过程中通过发生脂质氧化反应产生。通常，人们选择在真空条件下，通过高温（180～270 ℃）蒸馏的方法去除原油中的挥发性风味化合物。除臭过程还可以分解油脂的氢过氧化物，提高油脂的氧化稳定性，但也可以导致反式脂肪酸的形成。后者是大多数含脂食品无法完全避免反式脂肪酸存在的原因。此外，可以通过物理方法去除原油中的游离脂肪酸和异味，从而跳过中和步骤。这个过程需要更高的温度，虽然增加了原油的产量，但也造成了反式脂肪酸的增多。脱臭完成后，可通过加入柠檬酸（0.005％～0.01％）灭活油脂中的金属。

除臭馏分是甾醇和生育酚的有效来源，棕榈油精制的除臭馏分常被称为棕榈油脂肪酸馏分（PFAD），它是脂肪酸和生育酚/生育三烯醇的有

效来源。

第10节　食品中重要的油脂种类

虽然自然界中的油脂资源种类异常丰富，但人类所能利用的、也较常利用的油脂种类数量却较为稀少，而作为常规食用油脂的油脂种类更是只占了很少一部分。由于各国家各民族的风俗习惯不同，所处的地理位置也有差异，其所喜好的、日常食用的油脂也各不相同。当前世界各民族所常食用的油脂，通常根据其来源及脂肪酸含量、种类的不同进行分类。按来源区分，食用油脂可分为陆生动物油脂、乳脂、水产油脂和植物油脂四大类。其中，植物油脂种类繁多，彼此间的差异较为明显，可根据油脂中的脂肪酸种类组成再将其分为几个大的类别。

一、陆生动物油脂

陆生动物油脂多为动物体内的储存脂肪，其所含脂肪酸成分较为简单，主要是硬脂酸、软脂酸和油酸。陆生动物油脂中饱和脂肪酸的含量较高，可达25％以上，甚至达到60％，常为硬脂酸和软脂酸；其所含不饱和酸常为油酸，以及少量的亚油酸和亚麻酸，而18个碳以上的不饱和脂肪酸较为少见。

家畜（如牛、猪、羊）的储藏脂肪和器官脂肪是人们所食用陆生动物油脂的主要来源。动物脂肪的回收不受细胞壁坚硬或厚壁组织支持的限制，从脂肪组织中释放脂肪只需要加热（用热水或蒸汽使脂肪干或湿呈现）：脂肪受热膨胀，撕裂脂肪组织细胞膜，并自由流动。

二、乳脂

乳脂，哺乳动物的乳汁中所含的脂肪，是食用黄油和奶油的主要成分。虽然海生哺乳动物和陆生哺乳动物均会分泌乳汁，但是两者的脂肪酸成分差别很大。海生哺乳动物乳脂的脂肪酸成分和其体脂差别很小；而陆生哺乳动物乳脂的脂肪酸成分与其体脂有着明显差异。

例如，陆生动物乳脂中食用最广、研究最多的牛乳，其脂肪酸组成极为复杂，主要脂肪酸有20多种，微量脂肪酸达几百种。乳脂中的脂肪酸主要为中短链的饱和脂肪酸和双键位于C-9的中短链单不饱和脂肪酸，还有少量长链多烯酸。

牛乳脂中甘油三酯的含量占绝对多数（97％～98％），此外还含有少量磷脂（卵磷脂、脑磷脂、神经磷脂）、甾醇（胆固醇和胆固醇酯）、脂溶性维生素（维生素A、维生素D、维生素E等）、色素（胡萝卜素）、抗氧化剂（生育酚）及风味物质（乳酸等）。

三、水产油脂

水产油脂可分为淡水鱼油和海产鱼油、鱼肝油。

淡水鱼油中富含16和18个碳的不饱和脂肪酸，其中16个碳的单不饱和脂肪酸含量可达30％，而20及22个碳的脂肪酸含量少于海产鱼油。

海产鱼油和鱼肝油中富含16～22个碳的脂肪酸，以及少量的14个和24个碳的脂肪酸；其中饱和脂肪酸含量不高，主要为软脂酸，硬脂酸和肉豆蔻酸的含量较少；海产鱼油和鱼肝油中的长链多不饱和脂肪酸含量较高，易被氧化，应尽快食用新鲜鱼油。鱼肝油中还富含脂溶性维生素A和维生素D，具有保健应用价值。

四、植物油脂

人们日常所用的食用油（人造黄油及奶油除外）均为植物油脂。根据植物油的来源，又可分为果肉油和种子油两大类，其中果肉油种类较少，而种子油数量巨大。植物油不但可以单一产品形式（如橄榄油、葵花籽油、花生油和玉米油）被食用，而且常以调和油的形式被食用。

（一）果肉油

不论是何种类的果肉油，其所含脂肪酸的主要成分均为软脂酸和油酸，以及少量油中的亚油酸。常见的果肉油主要有：橄榄油、棕榈油和柏油。橄榄油是品质优秀的食用油，柏油富含软脂酸，棕榈油也同样富含软脂酸。

（二）种子油

顾名思义，种子油即植物种仁中的油脂，是人们最常食用的食用油脂。与其他类型的油脂相比，种子油在室温下大多呈液态，且富含不饱和脂肪酸。种子油种类多样，彼此间的成分有较大差异，即使同一种植物由于环境、栽培和品种差异也会导致其所含脂肪酸不同。常用的食用油绝大多数都属于种子油，如花生油、大豆油、菜籽油、芝麻油和葵花籽油等。因此在对种子油分类时不再以其来源区分，而是以油脂中所含脂肪酸的种类进行区分，可分为四大类。

1. 富含月桂酸和肉豆蔻酸的油脂

椰子油、棕榈仁油和巴巴苏油是该类种子油的典型代表。由于该类油中的亚油酸的含量可以忽略不计，所以这些油较难发生自动氧化反应。然而，当这些油用于含水的制剂时，微生物可能会使其发生变质，释放出游离的 $C_8 \sim C_{12}$ 脂肪酸，并将其部分降解为甲基酮。

椰子油和棕榈仁油是植物人造奶油的重要成分，它们在室温下是固体，进入口腔后被体温熔化，吸收大量热量，可产生冷却效果。椰子油是从椰子树的核果中提炼出来的，其含油胚乳干燥后含水量由 50% 下降到 5%～7%，这种碾碎和干燥的椰子胚乳被称为"椰浆"。棕榈仁油是从油棕果实的籽粒中提炼出来的。巴巴苏油是从巴西本土的巴巴苏棕榈树的种子中提炼出来的。这种油在世界市场上很少见，主要在巴西消费。

2. 富含棕榈酸和硬脂酸的油脂

可可脂和代可可脂是该类种子油的典型代表。它们比较坚硬，具有多种晶型，熔点为 30～40 ℃。当可可脂在口中熔化时，会有一种愉悦而凉爽的感觉，这是存在于其中的少量甘油三酯的特征。这些油脂主要含有棕榈酸、油酸和硬脂酸，对自动氧化和微生物降解有着较好的抵抗力，常被用于制造巧克力和糖果。

3. 富含棕榈酸的油脂

该类油脂中含有 10% 以上的棕榈酸、油酸和亚油酸。

棉籽油是从棉花种子中提取的油脂，通常为深红色，有一种独特的气味。它含有一种有毒的酚类物质——棉籽酚，在提炼过程中会被除去。

所有谷物的胚芽中都含有大量的油脂，被称为谷物胚芽油。在谷物加工过程中，将胚芽分离后，即可使用。玉米油是最重要的谷物胚芽油。小麦胚芽油中生育酚含量高，具有较高的营养价值。在亚洲，大米胚芽油的消耗量很小。南瓜油是由南瓜籽榨取的棕色、有坚果味道的油脂，可被用作食用油。

4. 低棕榈酸、富含油酸和亚油酸的油脂

来自不同植物科的大量油属于这一组。这些油是制造人造奶油的重要原料。

向日葵是欧洲栽培最广的油料种子植物。脱壳的葵花籽经预榨后，会产生一种淡黄色的油，味道温和，被大量用作色拉油或煎炸油以及人造黄油生产的原料。

大豆油和花生油具有重要的经济意义。大豆油目前是世界上植物性食用油产量最高的。其精制油为淡黄色，风味温和，含有低浓度的支链呋喃脂肪酸，在光照下会迅速氧化，产生强烈的芳香物质 3-甲基-2，4-壬二酮（MND）和二乙酰，形成回味。在完全没有光照的情况下，大豆油相对稳定，保质期也明显改善。花生油脂肪酸组成受花生生长地区的影响较大，此外花生油含有花生酸 20：0、20：1、22：0、22：1、木质素酸（24：0）等脂肪酸。

芝麻是一种古老的油料作物，被广泛种植。精制后的芝麻油几乎晶莹剔透，保质期好。除了含有相当数量的生育酚外，它还含有另一种酚类抗氧化剂——芝麻酚，它是由芝麻素水解而来的。芝麻油易于识别，可靠性高，因此，在一些国家，法律要求将这种油混入人造黄油中，以确定产品为人造黄油。

此外，还有一些种子油含有特殊的脂肪酸，如十八碳-6-烯酸、芥酸、肉豆蔻酸、癸酸等，就不再一一介绍。

本章小结

脂类是一类自然界中广泛存在的有机分子，可溶于有机溶剂，但不溶于或仅少量溶于水。虽然天然脂类化合物的种类较多，但甘油三酯在其中占据重要地位（占总量的 95% 以上），余者为磷脂、糖脂、固醇等。

根据在室温下熔点的不同，将室温时呈液态的甘油三酯称为油，将室温时呈固态的甘油三酯称为

酯。在油脂的众多理化性质中，烟点、闪点和着火点是评价油脂品质的重要标准。

从化学结构可以看到，甘油三酯由脂肪酸和甘油脱水缩合而成，脂肪酸是构成油脂的重要成分，对油脂的理化性质有着突出的影响。脂肪酸依据其化学结构可分为饱和脂肪酸与不饱和脂肪酸，其中不饱和脂肪酸有着重要的生理功能和食品加工应用价值。

油脂是提供能量（9 kcal/g）的能源和储备的主要膳食成分，还携带脂溶性维生素 A、维生素 D、维生素 E 和维生素 K，并为人体提供必需的脂肪酸。除了能量和营养价值，油脂在食物中也显示了重要的食用功能，可以为食物提供良好的口感、适口性、质地和香气。通常，脂肪没有明确的熔点，但存在低、中、高熔点甘油三酯的变化，当脂肪冷却时能形成不同的晶体，控制油脂结晶可以改善食品的功能特性，因为小脂肪结晶可以使黄油和无水乳脂等产品具有光滑的质地。

油脂的化学性质以及加工过程中发生的机理和反应，对食品的风味形成和安全性有着极其重要的影响。油脂可以通过加氢工艺进行改性，以减少不饱和键的数量。脂类的酯交换可以用来生产更易涂抹的黄油。油脂可以发生各种酸败反应，油脂含量较高的食品中可发生不同类型的酸败，如水解（由于脂肪酶/脂解的作用）、酮（由于青霉素霉菌的生长）和氧化（由于与氧的化学反应）酸败。有限的脂肪分解在某些种类奶酪独特风味的形成中是必要条件，但在其他许多食物中则是有害的，会因为短链脂肪酸的出现，产生丁酸和令人讨厌的气味。不饱和脂肪酸的存在是油脂氧化的重要因素。油脂的氧化变质可导致各种副风味的形成以及各种有毒化合物的产生。某些油脂经过反复的油炸过程，会形成有害的化学物质，包括各种环氧化合物、自由基和其他有毒化合物，导致食品质量下降。此外，本章对油脂在食品加工中的应用性，如起酥性、涂布性、油炸特性、乳化性等方面进行了阐述。

思考题

1. 食品中的脂类主要有哪些种类？
2. 简述脂肪酸的分类方式及命名规则。
3. 油脂的空间结构对其物理性质和加工性质的影响有哪些？
4. 什么是油脂的塑性？简述其主要内容。
5. 油脂的氧化共有几种类型？简述其反应过程。
6. 油脂的酸败共分为哪些类型？简述其酸败机理。
7. 简述油脂的氢化反应机理。
8. 油脂的质量及评价指标有哪些？
9. 简述乳化剂的作用机制和乳状液的类型。
10. 油脂的精炼步骤有哪些？

参考文献

[1] 陈洁，等. 油脂化学. 北京：化学工业出版社，2004.

[2] DeMan J M, et al. Principles of Food Chemistry. 4th ed. Germany：Springer-Verlag Berlin Heidelberg, 2018.

[3] Wong D W S. Mechanism and Theory in Food Chemistry. 2nd ed. Germany：Springer-Verlag Berlin Heidelberg, 2018.

[4] Parkin K L, et al. Fennema's Food chemistry. 5th ed. New York：CRC Press, 2017.

[5] Peter C K, Cheung, et al. Handbook of Food Chemistry. Germany：Springer-Verlag Berlin Heidelberg, 2015.

[6] Velisek J. The Chemistry of Food. New York：John Wiley & Sons, 2014.

[7] Wang D F, et al. Food chemistry. New York：Nova, 2012.

[8] Belitz H D, et al. Food chemistry. 4th ed. Germany：Springer-Verlag Berlin Heidelberg, 2009.

[9] Shahidi F, et al. Bailey's Industrial Oil and Fat Products. 6th ed. New York：John Wiley & Sons, 2005.

[10] Gunstone F D. The Chemistry of Oils and Fats. New York：John Wiley & Sons, 2004.

第5章
蛋白质

学习目的与要求：

了解食品加工对蛋白质功能性质和营养价值的影响（氧化、交联、异构化、化学修饰），了解常见的食品蛋白质及其重要应用。掌握蛋白质的分类、结构和性质，掌握蛋白质变性机理及其影响因素。

学习重点：

蛋白质的结构、变性机理及其影响因素；蛋白质的功能特性及其在食品加工中的应用。

学习难点：

蛋白质的功能性质、蛋白质构象变化对其性质的影响。

教学目的与要求

■ **研究型院校：**掌握食品中氨基酸的种类、结构、理化性质及生理作用；掌握氨基酸理化性质对蛋白质构建的影响，掌握蛋白质在食品加工和贮藏过程产生的变化及其影响，掌握蛋白质变性的本质，了解蛋白质自身发生的不利化学变化。

■ **应用型院校：**了解食品中氨基酸的种类、结构、理化性质及生理作用；掌握氨基酸理化性质对蛋白质构建的影响，掌握蛋白质在食品加工和贮藏过程产生的变化及其影响，掌握蛋白质变性的本质，了解蛋白质自身发生的不利化学变化。

■ **农业类院校：**了解食品中氨基酸的种类、结构、理化性质及生理作用；掌握氨基酸理化性质对蛋白质构建的影响，掌握蛋白质变性的本质，了解蛋白质自身发生的不利化学变化。

■ **工科类院校：**了解食品中氨基酸的种类、结构、理化性质及生理作用；掌握氨基酸理化性质对蛋白质构建的影响，掌握蛋白质变性的本质，了解蛋白质自身发生的不利化学变化。

第1节 引言

蛋白质在生物系统中占据着核心地位。虽然DNA由于携带生命体的基本信息（主要是蛋白质序列的编码）而显得非常重要，但是维持细胞（有机体生命）的生化反应和过程，包括对DNA信息的解码，都是由酶（也是蛋白质）来完成的。目前，已经发现了数千种酶，其中的每一种都能在细胞中催化一种高度特异的生化反应。除了酶的功能外，蛋白质（如胶原蛋白、角蛋白和弹性蛋白等）还在复杂生物体内充当细胞、骨骼、指甲、头发、肌腱等的结构成分。而蛋白质的功能多样性主要来源于它们的化学组成。

蛋白质是结构非常复杂的有机高分子化合物，由20种不同的氨基酸组成，各氨基酸组分通过取代酰胺键以线性顺序相互连接。与多糖中的糖苷键和核酸中的磷酸二酯键不同，蛋白质中的取代酰胺键为部分双键（前两者为单键），这进一步凸显了蛋白质独特的结构性质。蛋白质功能多样性的根本原因在于组成蛋白质的氨基酸可以通过不同的排列

方式构建大量的三维构象。例如，一个200个氨基酸残基的小蛋白可以构建出20^{200}个不同的序列，每个序列具有不同的三维结构和生物功能。

通常，蛋白质中分别含有50%～55%的碳、6%～7%的氢、20%～23%的氧、12%～19%的氮和0.2%～3.0%的硫（以上均为质量比）。蛋白质的合成发生在核糖体中，当蛋白质被合成后，细胞质酶对部分氨基酸成分进行修饰，这改变了一些蛋白质的元素组成。在细胞中未被酶修饰的蛋白质称为"简单蛋白"，而那些被共价改性或与非蛋白组分结合的蛋白质称为"结合蛋白"，其中非蛋白成分通常被称为"辅助因子"。例如核蛋白（如核糖体）、糖蛋白（如卵白蛋白、κ-酪蛋白）、磷蛋白（如α-/β-酪蛋白、激酶、磷酸化酶）、脂蛋白（如蛋黄中的蛋白质、一些血浆蛋白）和金属蛋白（如血红蛋白、肌红蛋白、细胞色素、一些酶）等都是结合蛋白。糖蛋白和磷蛋白分别含有通过共价键连接的碳水化合物和磷酸基团，而其他结合蛋白则分别含有核酸、脂质或金属离子的非共价化合物。这些非共价化合物在适当的条件下可以被分解。

蛋白质也可以根据其三维结构组织进行分类。球状蛋白是指由于多肽链自身折叠或塌陷而形成的球形或椭圆形蛋白。纤维蛋白是含有扭曲的线性多肽链（如原肌球蛋白、胶原蛋白、角蛋白和弹性蛋白）的杆状分子，或通过小球状蛋白（如肌动蛋白和血纤蛋白）的线性聚集形成。已知大多数酶是球状蛋白，而纤维蛋白在骨骼、指甲、肌腱、皮肤和肌肉中始终起结构蛋白的作用。

从生理功能的角度，蛋白质可被分为酶催化剂、结构蛋白、收缩蛋白（肌球蛋白、肌动蛋白、管蛋白）、电子转运蛋白（细胞色素）、离子泵、激素（胰岛素、生长激素）、转移蛋白（血清白蛋白、转铁蛋白、血红蛋白）、抗体（免疫球蛋白）、贮藏蛋白（蛋清、种子蛋白）和毒素等。例如，贮藏蛋白质主要存在于鸡蛋和植物种子中，为种子和胚胎的发育提供氮和氨基酸；而毒素是某些微生物、动物和植物抵御天敌的防御机制的一部分。

所有的蛋白质本质上都是由共同存在的20个氨基酸组成的。然而，不是所有的蛋白质都包含全部的20种氨基酸。成千上万的蛋白质之间的结构

和功能差异源于氨基酸通过酰胺键（即肽键）连接在一起的序列。实际上，通过改变氨基酸序列、氨基酸的种类和比例以及多肽链的长度，可以合成出具有独特性质的数以亿计的蛋白质。

理论上所有生物产生的蛋白质都可以用作食物蛋白质。然而，在实际应用中，只有那些易于消化、无毒、营养充足、在食品中具有功能性、可利用性丰富、在农业生产中可持续获得的蛋白质才被用作食品蛋白质。传统上，牛奶、肉类（包括鱼和家禽）、鸡蛋、谷类、豆类和含油种子是食物蛋白质的主要来源。这其中包含许多主要储存在动物和植物组织中的蛋白质，它们是生长中的胚胎或幼崽的主要氮源。由于世界人口迅速增长，预计到2050年将达到90亿人，因此迫切需要开发能够满足人类营养需求的非传统蛋白质来源，以满足未来的需求。然而，是否适宜在食品中使用这些新的蛋白质取决于它们的成本和它们在加工食品和预制食品中发挥蛋白质成分功能作用的能力。

第2节　氨基酸

一、氨基酸的结构和分类

（一）氨基酸的结构

蛋白质完全水解得到各种氨基酸的混合物，部分水解通常得到多肽片段，最后得到各种 α-氨基酸的混合物。所以，α-氨基酸是蛋白质的基本结构单元，大多数的蛋白质都是由 20 种氨基酸组成，因此这 20 种氨基酸被称为基本氨基酸。

α-氨基酸的化学结构中包含一个 α-碳原子以及通过共价键与之相连的一个氢原子，一个氨基，一个羧基以及 R-基团（即氨基酸的侧链）。从氨基酸的化学结构（图 5-1）可以看出侧链 R 基团的结构和化学性质对氨基酸的理化性质，如净电荷、溶解度、化学反应性和氢键势等有着决定性的作用和影响。

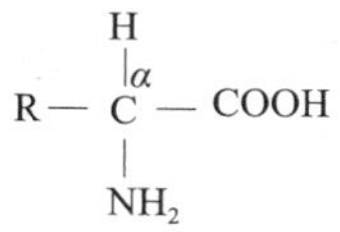

$$R - \overset{\overset{\displaystyle H}{|}}{\underset{\underset{\displaystyle NH_2}{|}}{C}}{}^{\alpha} - COOH$$

图 5-1　氨基酸的化学结构式

大多数天然蛋白质通常含有多达 20 种不同的氨基酸，通过酰胺键连接在一起。该酰胺键又称肽键，是由一分子氨基酸的氨基与另一分子氨基酸的羧基脱水形成的。其中，19 种氨基酸所含胺基为伯胺，1 种氨基酸（脯氨酸）所含胺基为仲胺（亚胺基）（表 5-1）。一些酶（如谷胱甘肽过氧化物酶和甲酸脱氢酶）还含有硒代半胱氨酸，已被公认为蛋白质中全新的第 21 种天然氨基酸。

表 5-1　氨基酸的化学结构、名称及缩写

结构式	中文名称	英文名称	缩写	相对分子质量
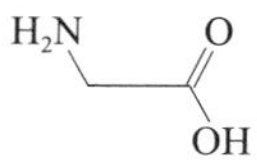	甘氨酸	Glycine	Gly（G）	57.05
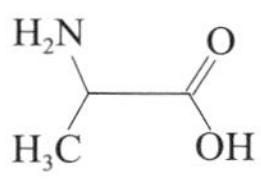	L-丙氨酸	L-Alanine	Ala（A）	71.09
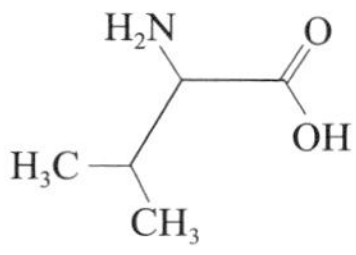	L-缬氨酸	L-Valine	Val（V）	99.13
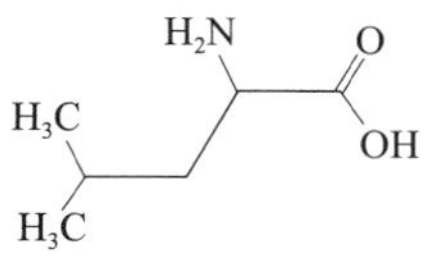	L-亮氨酸	L-Leucine[a]	Leu（L）	113.16

续表 5-1

结构式	中文名称	英文名称	缩写	相对分子质量
	L-异亮氨酸	L-Isoleucine[a]	Ile（I）	113.16
	L-丝氨酸	L-Serine	Ser（S）	87.08
	L-苏氨酸	L-Threonine	Thr（T）	101.10
	L-半胱氨酸	L-Cysteine	Cys（C）	103.14
	L-硒代半胱氨酸	L-Selenocysteine	Sec（U）	168.05
	L-蛋氨酸	L-Methionine	Met（M）	131.20
	L-天冬氨酸	L-Aspartic acid[a]	Asp（D）	115.09
	L-谷氨酸	L-Glutamic acid[a]	Glu（E）	129.11
	L-天冬酰胺	L-Asparagine[a]	Asn（N）	114.10
	L-谷氨酰胺	L-Glutamine[a]	Gln（Q）	128.13
	L-赖氨酸	L-Lysine	Lys（K）	128.17

续表 5-1

结构式	中文名称	英文名称	缩写	相对分子质量
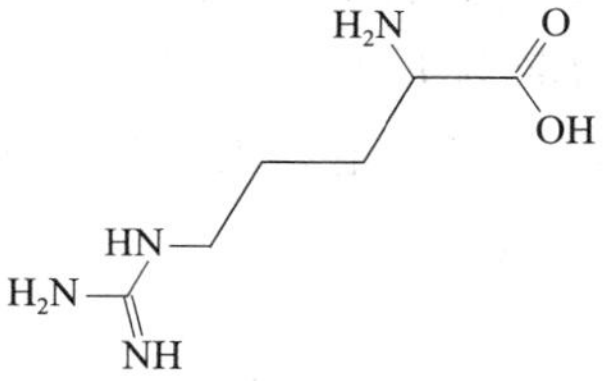	L-精氨酸	L-Arginine	Arg（R）	156.19
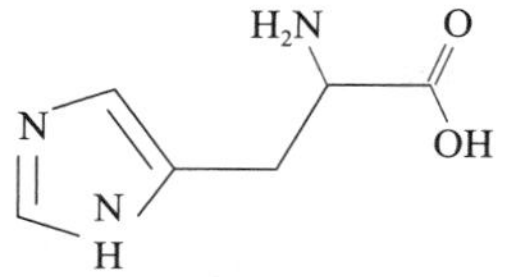	L-组氨酸	L-Histidine	His（H）	137.14
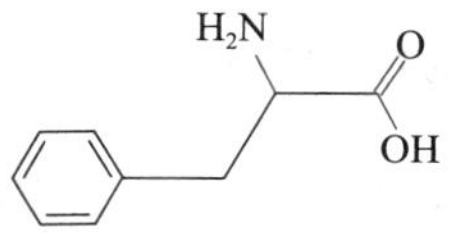	L-苯丙氨酸	L-Phenylalanine	Phe（F）	147.18
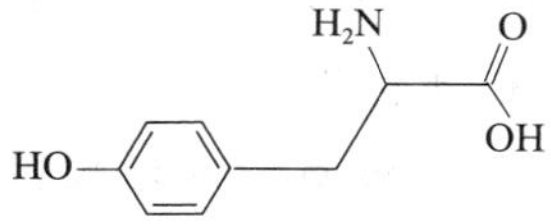	L-酪氨酸	L-Tyrosine	Tyr（Y）	163.17
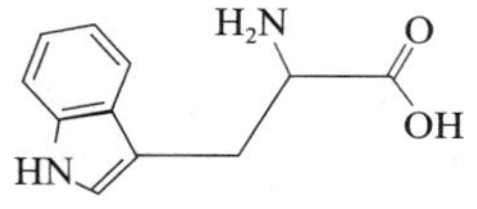	L-色氨酸	L-Tryptophan	Trp（W）	186.21
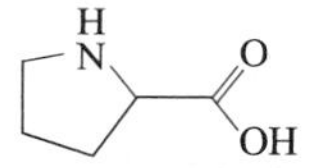	L-脯氨酸	L-Proline	Pro（P）	97.12

每一个氨基酸都具有相应的遗传密码，包括硒代半胱氨酸。也就是说，每一种氨基酸都对应一个特殊的 tRNA，在合成蛋白质的过程中将 mRNA 上的遗传信息转化为氨基酸序列。除表 5-1 中所列的基本氨基酸外，部分蛋白质中还含有其他类型的氨基酸，通常为基本氨基酸的衍生物。这些衍生氨基酸要么是交联氨基酸，要么是单一氨基酸的简单衍生物。例如，已在大多数蛋白质中发现的胱氨酸就是由两个半胱氨酸残基通过 S—S 键交联起来的，此外还有在结构蛋白（如弹性蛋白和节肢弹性蛋白）中发现的锁链素、异锁链素、二酪氨酸和三酪氨酸等几种交联氨基酸。在少数蛋白质中还发现了几种简单的氨基酸衍生物，如胶原蛋白中的 4-羟脯氨酸和 5-羟赖氨酸，为胶原纤维成熟过程中转译后修饰的结果；酪蛋白中发现的磷丝氨酸和磷苏氨酸；肌球蛋白中发现的 N-甲基赖氨酸；一些

凝血因子和钙结合蛋白中发现的 γ-羧基-谷氨酸酯。含有衍生氨基酸残基的蛋白质被称为结合蛋白。

（二）氨基酸的分类

氨基酸有多种分类方法，由于其侧链是蛋白质分子间和分子内相互作用的决定因素，因此，根据侧链的结构性质，可将氨基酸分为两大类：

（1）具有非极性、非带电侧链的氨基酸，其侧链为烃基、吲哚环或甲硫基等非极性疏水基团，共 9 种：甘氨酸、丙氨酸、缬氨酸、亮氨酸、异亮氨酸、脯氨酸、苯丙氨酸、色氨酸、蛋氨酸。

（2）具有极性侧链的氨基酸，该类氨基酸又可分为三类：

① 不带电的极性侧链氨基酸，其侧链上有羟基、巯基或酰胺基等极性基团，这些基团有亲水性，在水溶液中不带电荷，共 6 种：丝氨酸、苏氨酸、半胱氨酸、酪氨酸、天冬酰胺和谷氨酰胺。

② 带正电荷侧链的氨基酸，侧链上有氨基、胍基或咪唑基，在水溶液中能结合 H⁺ 而带正电荷，又称为碱性氨基酸，共 3 种：组氨酸、赖氨酸、精氨酸。

③ 带负电荷侧链的氨基酸，侧链上有羧基，在水溶液中能释放 H⁺ 而带负电荷，又称酸性氨基酸，共 2 种：天冬氨酸、谷氨酸。

非极性氨基酸由于侧链的影响，都是疏水的；极性氨基酸中，中性氨基酸具有较好的溶解性，而碱性氨基酸和酸性氨基酸都具有很强的亲水性。

根据氨基酸的营养和生理作用可将其分为必需氨基酸和非必需氨基酸：

（1）必需氨基酸，即人体自身不能合成或合成速度不能满足人体需要，必须从食物中摄取的氨基酸，共 10 种：缬氨酸、亮氨酸、异亮氨酸、苯丙氨酸、色氨酸、蛋氨酸、苏氨酸、赖氨酸、组氨酸（婴儿必需）和精氨酸（半必需）。

（2）非必需氨基酸，并不是说人体不需要这些氨基酸，而是说人体可以自身合成或由其他氨基酸转化而得到，不一定非从食物直接摄取不可的氨基酸，共 10 种：甘氨酸、丙氨酸、脯氨酸、丝氨酸、半胱氨酸、酪氨酸、天冬酰胺、谷氨酰胺、天冬氨酸和谷氨酸。脯氨酸是一种独特的氨基酸，因为它是蛋白质中唯一的亚氨基酸。脯氨酸的丙基侧链与 α 碳原子和 α-氨基以共价键连接，形成一个环状吡咯烷结构。

在大多数食物中，99% 的氨基酸与蛋白质和多肽结合在一起。其余的（约 1%）是游离氨基酸。在生产或贮存过程中被蛋白质水解酶或化学试剂水解的食品中往往含有大量的游离氨基酸。一些奶酪、啤酒和葡萄酒中含有大量的游离氨基酸。蛋白质的酶解产物（如酱油）或酸性蛋白水解产物（用作汤料）中只含有游离氨基酸和少量多肽，而不含蛋白质。

二、氨基酸的立体构型和光学性质

（一）氨基酸的立体构型

除甘氨酸外，其他氨基酸的 α-碳原子由于同时和 4 个彼此间两两不同的原子或原子团相连，而显示出手性。因此，21 种氨基酸中有 19 种表现出光学活性，即它们具有旋光性。自然界中发现的所有

蛋白质都只含有 L-氨基酸。通常，对映异构体的 L 型和 D 型命名法都是基于对 D 和 L-甘油醛的命名（图 5-2），而不是氨基酸真实的旋光方向。也就是说，L-构型虽然被命名为 L 型，但并不一定和 L-甘油醛一样显示左旋；事实上，大多数 L 型氨基酸都是右旋的，而非左旋。

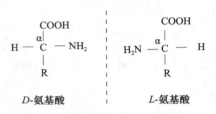

图 5-2　氨基酸的对映异构

然而，氨基酸的手性不仅仅体现在 α 碳原子上，异亮氨酸和苏氨酸的 β-碳原子也是不对称碳原子，因此异亮氨酸和苏氨酸具有 4 个对映异构体（图 5-3）。在衍生氨基酸中，羟脯氨酸和羟赖氨酸也含有两个不对称碳中心。

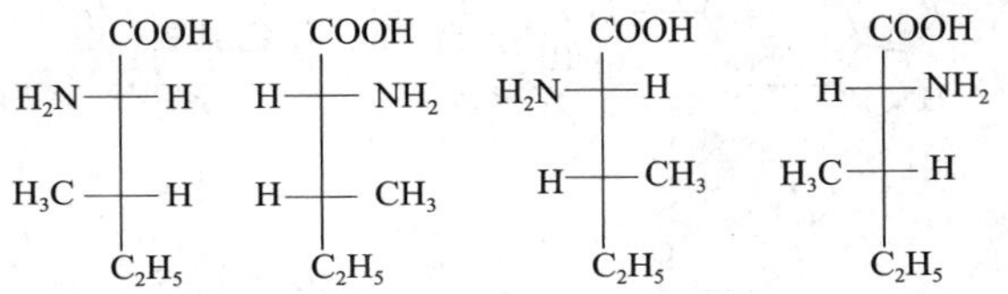

图 5-3　异亮氨酸的对映异构体

氨基酸在水溶液中的比旋光度受 pH 的影响较大，在中性 pH 范围内最小，加入酸或碱后比旋光度增大。在合成氨基酸的过程中常得到外消旋体，因此需要进行手性拆分。

（二）氨基酸的光学性质

芳香类氨基酸如色氨酸、酪氨酸和苯丙氨酸在近紫外光（UV）区域（250～300 nm）具有明显的吸收波长。此外，色氨酸和酪氨酸在紫外光区也表现出荧光现象。芳香类氨基酸的最大吸收波长和荧光发射波长如表 5-2 所示。蛋白质在 250～300 nm 范围内的紫外吸收特性是由上述氨基酸残基体现的，而大多数蛋白质的最大吸收通常在 280 nm 左右。由于这些氨基酸的吸收光谱和发射光谱都受到其环境极性的影响，因此蛋白质光学性质的变化常被用作监测蛋白质构象变化的手段。

表 5-2　芳香族氨基酸的吸收波长和发射波长

氨基酸	最大吸收波长/nm	摩尔消光系数/[L/(mol·cm)]	最大发射波长/nm
苯丙氨酸	260	190	282[a]
色氨酸	278	5 500	348[b]
酪氨酸	275	1 340	304[b]

a. 激发波长为 260 nm；b. 激发波长为 280 nm

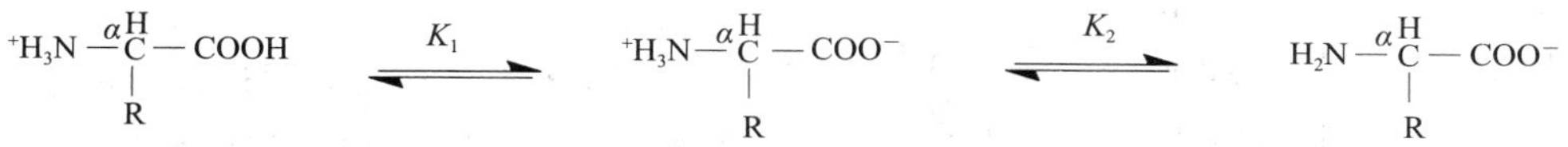

图 5-4　氨基酸的两性

当 pH 为中性时，α-氨基和 α-羧基均为电离状态，氨基酸呈现两性特征。使氨基酸两性离子的净电荷为零（电中性）时的 pH 被称为氨基酸的"等电点（pI）"。当两性离子被酸滴定时，羧基阴离子被质子化，—COO⁻ 和 —COOH 浓度相等时的 pH 被称为 pK_{a_1}（这是酸离解常数 K_{a_1} 的负对数）。类似地，当两性离子被碱滴定时，NH_3^+ 基团被去质子化，则当 NH_3^+ 和 NH_2 的浓度相等时的 pH 称为 pK_{a_2}。除了 α-氨基和 α-羧基，赖氨酸、精氨酸、组氨酸、天冬氨酸、谷氨酸、半胱氨酸和酪氨酸的侧链也含有可电离的基团。氨基酸中所有可电离基团的 pK_{a_3} 如表 5-3 所示。由氨基酸的 pK_{a_1}、pK_{a_2}、pK_{a_3} 可以估算氨基酸的等电点，表达式如式 5-1 至式 5-3 所示，其中下标 1、2 和 3 分别指 α-羧基、α-氨基和侧链的可电离基团。

无侧链氨基酸：$pI = (pK_{a_1} + pK_{a_2})/2$　　（5-1）

酸性的氨基酸：$pI = (pK_{a_1} + pK_{a_3})/2$　　（5-2）

碱性的氨基酸：$pI = (pK_{a_2} + pK_{a_3})/2$　　（5-3）

表 5-3　25 ℃时游离氨基酸的电离常数

氨基酸	pK_{a_1}（—COOH）	pK_{a_2}（—NH_3^+）	pK_{a_3}（侧链）	pI
丙氨酸	2.34	9.69	—	6.00
精氨酸	2.17	9.04	12.48	10.76
天冬酰胺	2.02	8.80	—	5.41
天冬氨酸	1.88	9.60	3.67	2.77
半胱氨酸	1.96	10.28	8.18	5.07

三、氨基酸的两性和溶解性

（一）氨基酸的两性性质

由于氨基酸含有一个羧基（酸性）和一个氨基（碱性），所以它们既是酸又是碱，也就是说，氨基酸是两性电解质，同时具有酸性和碱性。例如甘氨酸，所有氨基酸中最简单的一种，可以根据溶液的 pH 以 3 种不同的电离形式存在（图 5-4）。

续表 5-3

氨基酸	pK_{a_1}（—COOH）	pK_{a_2}（—NH_3^+）	pK_{a_3}（侧链）	pI
谷氨酰胺	2.17	9.13	—	5.65
谷氨酸	2.19	9.67	4.25	3.22
甘氨酸	2.34	9.60	—	5.98
组氨酸	1.82	9.17	6.00	7.59
异亮氨酸	2.36	9.68	—	6.02
亮氨酸	2.30	9.60	—	5.98
赖氨酸	2.18	8.95	10.53	9.74
蛋氨酸	2.28	9.21	—	5.74
苯丙氨酸	1.83	9.13	—	5.48
脯氨酸	1.94	10.60	—	6.30
丝氨酸	2.20	9.15	—	5.68
苏氨酸	2.21	9.15	—	5.68
色氨酸	2.38	9.39	—	5.89
酪氨酸	2.20	9.11	10.07	5.66
缬氨酸	2.32	9.62	—	5.96

（二）氨基酸的溶解性

不同的氨基酸在水中的溶解度变化很大，例如脯氨酸、羟脯氨酸、甘氨酸和丙氨酸在水中的溶解度非常好，而其他氨基酸（表 5-4）的溶解度则较差，其中半胱氨酸和酪氨酸在水中几乎不溶。因此，可以通过加入酸或碱的方式使氨基酸生成相应的盐来提高其溶解度。一般来说，其他氨基酸的存在也会增加溶解度。因此，蛋白质水解产物中的氨基酸的溶解度不同于该氨基酸单一组分的溶解度。

表 5-4　氨基酸在水中的溶解度　　　g/L

氨基酸	溶解度	氨基酸	溶解度
丙氨酸	167.2	亮氨酸	21.7
精氨酸	855.6	赖氨酸	739.0
天冬酰胺	28.5	蛋氨酸	56.2
天冬氨酸	5.0	苯丙氨酸	27.6
半胱氨酸	—	脯氨酸	1 620.0
谷氨酰胺	7.2（37 ℃）	丝氨酸	422.0
谷氨酸	8.5	苏氨酸	13.2
甘氨酸	249.9	色氨酸	13.6
组氨酸	—	酪氨酸	0.4
异亮氨酸	34.5	缬氨酸	58.1

　　由于氨基酸的极化特性，其在有机溶剂中的溶解性不是很好。所有氨基酸都不溶于醚；只有半胱氨酸和脯氨酸在乙醇中的溶解度相对较好（1.5 g/100 g，19 ℃）；而蛋氨酸、精氨酸和亮氨酸在乙醇中的溶解度很小（0.021 7 g/100 g，25 ℃），谷氨酸仅仅微溶（0.000 35 g/100 g，25 ℃）；苯丙氨酸、羟脯氨酸、组氨酸和色氨酸不溶于乙醇。异亮氨酸在热乙醇中的溶解度相对较高（0.09 g/100 g，20 ℃；0.13 g/100 g，78～80 ℃）。

四、氨基酸的化学性质

　　由于氨基酸本身具有氨基和羧基，因此氨基酸可以发生羧酸和胺类化合物能够发生的一般反应，如氨基酸一方面可以发生成盐、成酯、成酰胺、脱羧、酰氯化等经典的羧酸反应；另一方面，氨基酸可以发生与 HCl 结合、脱氨、与 HNO_3 作用等典型的氨基反应。此外，由于氨基酸还含有巯基、酚羟基、醇羟基、硫醚、咪唑、胍基等官能团，可发生类似于含有这些官能团的有机小分子所参与的化学反应，由于篇幅的原因，以上各官能团所发生的常规化学反应就不再一一赘述。

　　氨基酸上各种官能团进行的反应中有一些可用于改变蛋白质和多肽的亲/疏水性质和功能性质；而另一些更经典的反应可以用来定量蛋白质中的氨基酸和特定氨基酸残基。例如，氨基酸与茚三酮、邻苯二醛或荧光胺的反应常用于氨基酸的定量检测。

（一）氨基酸与茚三酮的反应

　　该反应常用于定量检测游离氨基酸。当氨基酸与过量的茚三酮反应时，每消耗 1 mol 氨基酸，就会生成 1 mol 的氨、醛、二氧化碳和还原茚三酮（图 5-5）。释放的氨随后与 1 mol 的茚三酮和 1 mol 的还原茚三酮发生反应，生成一种紫色的产物，称为鲁赫曼紫，并在 570 nm 处显示最大吸收波长。脯氨酸和羟脯氨酸发生该反应的产物为黄色，最大吸收波长为 440 nm。这些显色反应为氨基酸的比色测定提供了依据。

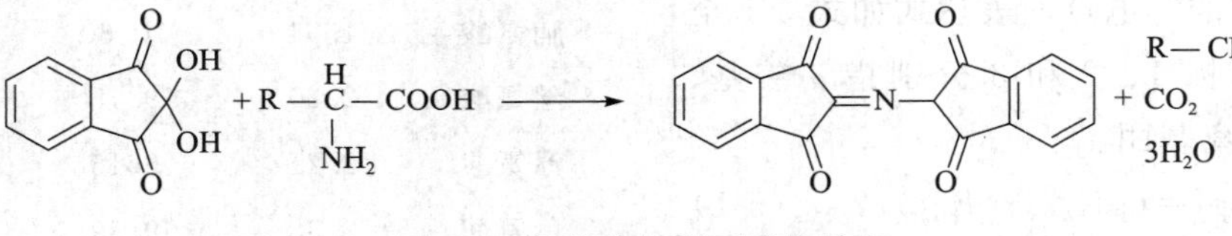

图 5-5　氨基酸与茚三酮的反应

　　茚三酮反应常被用来测定蛋白质的氨基酸组成。在反应时，蛋白质首先被水解为氨基酸，分离得到的氨基酸用离子交换/疏水色谱法分离和鉴别，然后将色谱柱洗脱液与茚三酮反应，在 570 nm 和 440 nm 处通过测量吸光度来定量测量氨基酸的含量。

（二）氨基酸与邻苯二甲醛的反应

　　氨基酸与邻苯二甲醛在 2-巯基乙醇的存在下发生反应，生成一种强荧光衍生物（图 5-6），其最大激发波长为 380 nm，最大发射波长为 450 nm。

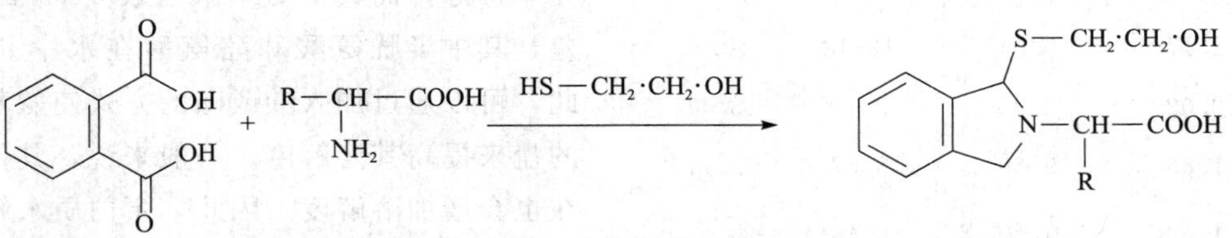

图 5-6　氨基酸与邻苯二甲醛的反应

（三）氨基酸与荧光胺的反应

含有伯胺的氨基酸、多肽和蛋白质可以和荧光胺发生反应生成强荧光化合物（图 5-7），当在 390 nm 处激发时，产物在 475 nm 处产生最大发射波长。可以用这种方法定量检测氨基酸、多肽和蛋白质，具有很高的灵敏度。

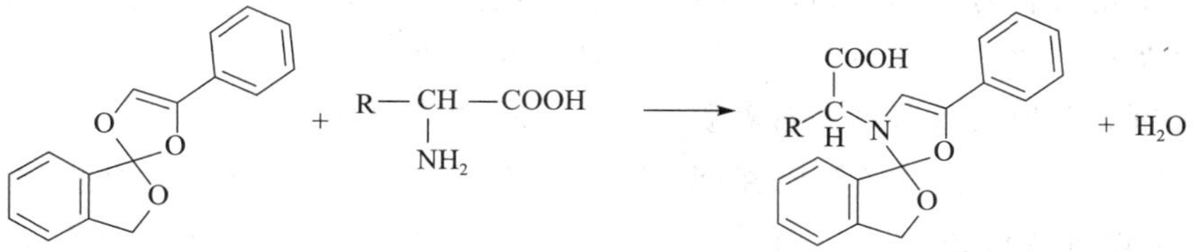

图 5-7　氨基酸与荧光胺的反应

第3节　蛋白质

蛋白质是由氨基酸通过肽键形成的线性链，它们的相对分子质量可从一万到几百万道尔顿，除了连接蛋白质链中氨基酸的肽键外，一些其他共价键（如结合的半胱氨酸侧链之间的二硫键和酯键，允许丝氨酸、苏氨酸、精氨酸或赖氨酸通过磷酸连接）也是蛋白质结构的重要决定因素，例如牛奶酪蛋白含有丝氨酸和苏氨酸残基的磷酸酯。除了共价键，各种静电相互作用对蛋白质结构也很重要。带相反电荷的氨基酸之间形成离子键，离子键主要存在于蛋白质的疏水结构中。氢键可以存在于各种原子之间，例如两个不同氨基酸侧链之间，或者氨基酸侧链和水分子之间。疏水键发生在疏水蛋白核中，是驱动蛋白正确折叠的主要力量。蛋白质分子也与水和各种无机离子结合。有些蛋白质含有物理或化学结合的有机化合物，如脂类、糖、核酸和各种颜色的有机化合物。

除了水，蛋白质构成了生物体的主要组成部分。根据蛋白质在生物化学过程中所发挥的生物学功能，通常将其区分为以下几类：

（1）结构蛋白　主要作为细胞和动植物组织的结构成分出现。

（2）催化蛋白　如酶、激素。

（3）转运蛋白　参与离子、小分子或大分子（如血红蛋白）的运输。

（4）运动蛋白　参与肌肉收缩，如肌动蛋白、肌球蛋白和肌动球蛋白。

（5）防御蛋白　如抗体和免疫球蛋白。

（6）营养和贮存蛋白　如铁蛋白。

（7）感觉蛋白　如视紫红质。

（8）调节蛋白　如组蛋白和激素。

蛋白质与脂类和碳水化合物一起被称为三大营养素，是人类饮食需求中最重要的组成部分。蛋白质是人体中氮的主要来源，是必需氨基酸的来源，是肌肉、骨骼、皮肤和其他组织生长和修复所需的物质的来源，也是能量的来源之一。对于人类的营养而言，蛋白质主要来自各种各样的食物。例如动物来源的食物（肉、奶和蛋）所提供的蛋白质占全世界人类饮食摄入蛋白质的 25%；蔬菜来源的蛋白质（主要是谷类和豆类，但也包括水果、蔬菜和根茎作物）占全世界人均蛋白质供应的 65% 左右。此外，还存在部分非传统的蛋白质来源，如种子、植物废料和藻类（主要是小球藻属、螺旋藻属和蓝藻属的藻类）也可能提供蛋白质供人类食用。

除死后的动物组织和收获后的植物组织外，食品原料中的大多数蛋白质不具有预想的生物学功能。此外，在食品加工或烹饪过程中，原材料的动植物组织经常受到破坏，这有时会导致各种酶的活性令人满意，但也可能使酶的活性变得不甚理想。除了在原料中自然存在的酶外，食品中还可能含有多种由微生物产生的酶（既包括自然产生的酶，也包括食品加工过程中所使用的酶），以及在加工过程中因各种原因而直接添加的酶。在许多情况下，食物是经过热处理的，在此过程中，蛋白质会发生一些物理和化学变化，这就是通常所说的变性。因此，通常根据蛋白质在食物中的状态可将它们分为天然蛋白质和变性蛋白质。天然蛋白质保留了它们在生物体中所具有的所有生物功能，而变性蛋白质则不会,因为它们在天然状态下的四级、三级和二级结构已经遭到破坏,天然蛋白质和变性蛋白质是蛋白质的主要营养来源。目前只在有限的范围内利用化学试剂对食品蛋白侧链进行有意的修饰,以得到性质改变的化学修饰蛋白。这些改性蛋白主要用作特定用途的食品添加剂,可以改善食品的营养质量、物理状态(如质地)和功能特性(如搅拌能力)。虽然已有许多这类修饰为改进食品蛋白质品质和从非传统来源扩大其实用性提供了机会,但仍需要仔细考虑其安全性和可接受性。

一、蛋白质的分类

与所有大分子一样,在日常称呼蛋白质时主要使用简便称呼。由于蛋白质的种类和数量繁多,因此往往从多个角度对其进行分类,不同的分类方式反映出其在营养、起源、结构、化学和生化性质等方面的特性。

由于不同食物所含蛋白质的种类不同,经常出现一种食物中的蛋白质比另一种食物中的蛋白质更易吸收的情况,因此,即使每种食物的蛋白质含量相同,人体能够从中吸收和利用的蛋白质量也是各不相同的。

(一)根据蛋白质的生物利用程度划分

(1)完全蛋白质 所含的必需氨基酸种类齐全,数量充足,比例适当(例如鸡蛋和牛奶蛋白)。

(2)半完全蛋白质 所含氨基酸种类齐全,但某些氨基酸的数量不能满足人体的需要(如肉类蛋白质)。

(3)不完全蛋白质 不能提供人体所需的全部必需氨基酸(如所有来自结缔组织的植物蛋白和动物蛋白)。

(二)根据蛋白质结构划分

1. 简单蛋白

根据其结构(或非蛋白成分的存在),天然蛋白质可分为简单蛋白质和结合蛋白质。

简单蛋白质指的是仅由氨基酸组成的蛋白质,根据简单蛋白质的外形特征又可将其分为两类(在某种程度上,这种分类与可溶性和不可溶性蛋白质的进一步分类相吻合):

(1)球蛋白(如清蛋白和球蛋白) 分子呈圆球形,非极性基团在分子内,极性官能团形成外核

并与水分子结合,一般溶于水或稀盐溶液,可形成胶体。目前已发现许多酶都是球蛋白。

(2)纤维蛋白(如许多实际上为不溶性结构的胶原蛋白、角蛋白和弹性蛋白) 其分子具有宏观纤维的形状。

2. 结合蛋白

根据结合蛋白质上通过共价键连接的非蛋白质成分的种类,可将结合蛋白分为以下几类:

(1)核蛋白 通过酯键与核酸连接的蛋白质。

(2)脂蛋白 与中性脂质、磷脂、类固醇(如胆固醇)结合的蛋白质,主要存在于蛋黄和血浆中。

(3)糖蛋白 通过氧糖苷键与糖类结合的蛋白质。

(4)磷蛋白 通过共价键与磷酸结合的蛋白质(如牛奶中的 α 和 β-酪蛋白以及卵黄高磷蛋白)。

(5)色蛋白 与卟啉或黄素衍生物等有色化合物结合的蛋白质(如血红蛋白、肌红蛋白、铁蛋白、过氧化物酶、过氧化氢酶和带有 NAD 和 FAD 辅助因子的脱氢酶)。

(6)金属蛋白 通过配位键与金属离子结合的蛋白质(如铁蛋白,铁蛋白是铁在肝脏中的储存形式;血浆铜蓝蛋白与铜离子相结合,这些蛋白质代表了人类营养中最重要的铁和铜的来源)。

(三)根据蛋白质溶解度划分

曾经,根据溶解度来对蛋白质进行分类,但现在这种分类显示出了自身的一些局限性。然而,许多普通的蛋白质依然可以采用这种分类方法,可分为可溶性蛋白质和不溶性蛋白质,后者包含纤维蛋白(即硬蛋白)。可溶性蛋白质又可分为 6 种:

(1)白蛋白 可溶于水的中性的蛋白质,在浓度为 60% 的硫酸铵水溶液中可发生盐析,在 75℃时会发生不可逆的凝结。包括牛奶中的乳白蛋白、蛋清中的卵白蛋白和伴清蛋白、小麦中的麦清蛋白、扁豆和豌豆中的豆清蛋白和芸豆中的菜豆素。

(2)球蛋白 弱酸性的蛋白质,不溶于水,但可溶于稀盐溶液,如 5% 的氯化钠、酸和碱溶液中,在 40% 硫酸铵溶液中发生盐析现象,加热后凝结;可溶于水的球蛋白为假球蛋白,不溶于水的为真球蛋白。例如肌肉蛋白中的肌球蛋白和肌动蛋

白（以及这两者相互作用的产物，肌动球蛋白），牛奶中的乳球蛋白，蛋清中的卵球蛋白，小麦中的麦球蛋白，燕麦中的燕麦球蛋白，扁豆、豌豆和其他豆类中的豆球蛋白和豌豆球蛋白，大豆中的大豆球蛋白和伴大豆球蛋白，土豆中的马铃薯球蛋白，杏仁中的苦杏仁球蛋白，巴西坚果中的巴西果蛋白和大麻中的麻仁球蛋白等。

（3）醇溶谷蛋白　不溶于水，但溶于盐、酸和碱的稀溶液和 70% 的乙醇溶液；加热时不凝结，主要为不含赖氨酸的蔬菜蛋白质，其中含有大量键合的脯氨酸和谷氨酰胺，例如小麦和黑麦中的麦醇溶蛋白、黑麦中的黑麦碱、大麦中的大麦醇溶蛋白、燕麦中的燕麦醇溶蛋白、水稻中的大米醇溶蛋白和玉米中的玉米醇溶蛋白。

（4）谷蛋白　不溶于水，但溶于盐、酸、碱的稀溶液；不同于醇溶谷蛋白，谷蛋白不溶于乙醇并在加热后凝结；谷蛋白中含有大量谷氨酸，最常见的谷蛋白为小麦中发现的谷蛋白，它和小麦面包的一些烘焙特性有关；其他的谷蛋白包括黑麦碱、大麦芽碱、水稻谷蛋白和玉米的玉米蛋白。

（5）鱼精蛋白　是溶于水、稀酸和氢氧化铵溶液的基本蛋白质，加热时不会凝结；鱼精蛋白中含

有大量的基础氨基酸（约 80% 的精氨酸），主要存在于鱼类精子中。

（6）组蛋白　是溶于水和稀酸的基本蛋白质，不溶于氢氧化铵溶液中，加热时不凝结；组蛋白中含有大量的赖氨酸、精氨酸和组氨酸，在动物和植物细胞的细胞核中有较高的浓度水平，并与核酸键合。

二、蛋白质的结构

虽然前面讲述了氨基酸的种类、结构及其化学性质，但是对氨基酸的了解并不等同于对蛋白质的了解，蛋白质并非氨基酸的简单罗列和组合，而是有着复杂的立体结构。因此，人为地把蛋白质结构分为四个层次，即一级、二级、三级和四级结构，并分别进行描述和研究。

（一）一级结构

蛋白质的一级结构是由氨基酸通过酰胺键（即肽键）彼此连接的线性序列，也称为多肽链。肽键在本质上是一分子氨基酸上的 α-羧基和另一分子氨基酸上的 α-氨基通过缩合反应失去一分子水而得到的共价键，化学表达式为 —CO—NH—（图 5-8）。在这个氨基酸线性序列中，所有的氨基酸残基都是 L-构型的，含有 n 个氨基酸残基的蛋白质内存在 $n-1$ 个肽键。

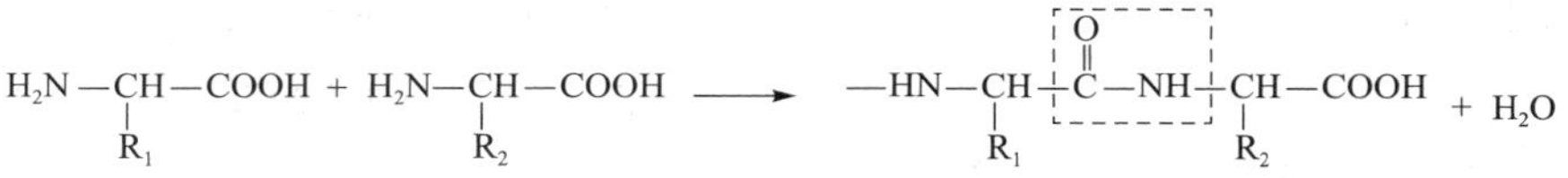

图 5-8　肽键的生成

多肽链中游离的氨基所在的一端被称为氮端，游离的羧基所在的一端被称为碳端。为方便地表明蛋白质一级结构的排列信息，人们规定氮端为多肽链的起始端，碳端为多肽链的结束端。

当 n 个氨基酸通过肽键连接为一个多肽链时，其连接 n 个残基的链长和序列是蛋白质形成二级和三级结构以及最终呈现出的理化、结构和生物功能的密码。蛋白质的分子质量从几千 u 到 100 多万 u 不等。例如，肌联蛋白只是肌肉中的一条单链蛋白质，其分子质量已超过 100 万 u，而分泌素的分子质量仅为 2 300 u。大多数蛋白质的分子质量在 10 000~100 000 u 之间。

多肽链的基本构成单元为不断重复的 —N—αC—C— 结构或 —αC—C—N— 结构，其中

—NH—αCHR—CO— 结构被称为氨基酸残基，而 —αCHR—CO—NH— 结构被称为肽单位。虽然肽键（CO—NH）的化学结构式是用一个共价单键来表示的，但事实上肽键还具有部分双键的特征，这是因为肽键本身具有因电子离域而产生的共振结构，即典型的 p-π 共轭结构（图 5-9）。

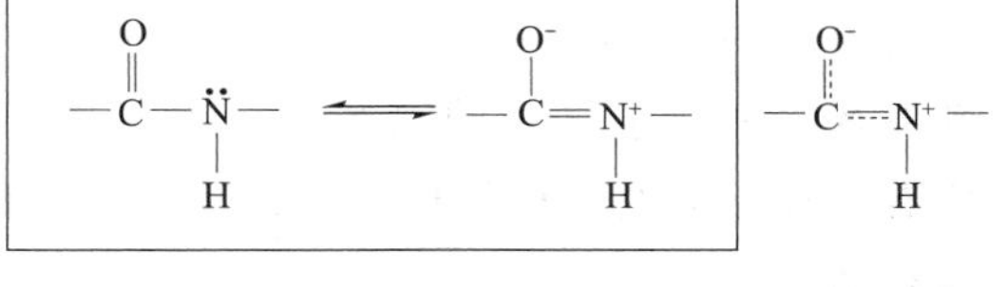

图 5-9　肽键的离域

这在蛋白质中有几个重要的结构意义：
（1）共振结构阻止了多肽中 N—H 的质子化

121

作用。

（2）肽键的部分双键特征使得 CO—NH 键最多只能旋转 6°，被称为 ω 转角。因为这一限制，肽链上以每 6 个原子为单位（—ᵃC—CO—NH—ᵃC—）构成一个个平面，平面间通过 α-C 原子连接

（图 5-10），该平面又称为肽平面或酰胺平面。由于肽键约占主干共价键总数的 1/3，它们的旋转自由度受限，大大降低了主干的灵活性，只有 N—ᵃC 键和 ᵃC—C 键可以自由转动，分别被称为 φ 和 ψ 二面角。这些也被称为主链扭转角。

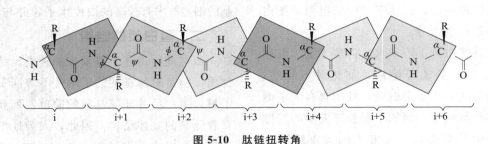

图 5-10　肽链扭转角

（3）电子离域给予羰基氧原子以部分负电荷、N—H 键中的氢原子以部分正电荷。由此，肽单位中的 C=O 和 N—H 在适当的条件下可形成氢键（偶极-偶极相互作用）。

（4）肽键的部分双键性质的另一个结果是，附在肽键上的 4 个原子可以以顺式或反式的方式存在。然而，几乎所有的蛋白质肽键都以反式构型存在。

尽管 N—ᵃC 和 ᵃC—C 键是真正的单键，理论上 φ 和 ψ 二面角可以 360° 自由旋转，实际上它们的旋转受到侧链原子空间位阻的限制。这些限制进一步降低了多肽链的灵活性。

（二）二级结构

一级结构给出肽链中氨基酸的序列，而二级结构则揭示了肽链在空间上的排列。多肽链片段的二级结构是其主链原子的局部空间排列，不考虑其侧链的构象或与其他片段的关系。天然蛋白质的多肽链在其不同部位具有特殊的二级结构。肽链的某一个特定的空间排列（构象）是由其一级结构（氨基酸序列）决定的，并由非共价相互作用的氨基酸官能团固定。当氨基酸具有疏水侧链时，存在疏水相互作用，侧链上带有电荷的氨基酸（酸性和碱性亲水氨基酸）参与静电相互作用，其他亲水和两亲氨基酸通过官能团形成氢键。蛋白质有三种常见的二级结构，即螺旋结构、折叠结构和转角结构。

1. α-螺旋

二级结构（多肽链的构象）中最重要的元素是由肽链（或链的一部分）围绕 α-C 进行卷绕而呈现出的螺旋结构。在一段连续的肽单位中，如果所有的 α-C 其成对的二面角（φ，ψ）都分别取相同的值，这一段连续的肽单位的构象一般是 α-螺旋构象。

螺旋结构具有特征的扭转角、每圈的氨基酸残基量和螺旋高度。这些特征用 n_m 的值来描述，其中 n 是每圈氨基酸残基的数量，m 是环中原子的数量，包括形成氢键的氢原子。螺旋具有手性，既可以是右旋的，也可以是左旋的。在天然蛋白质中只发现了右旋螺旋（胶原蛋白除外）。

蛋白质的主要二级结构是 α-右手螺旋（图 5-11）。α-螺旋是刚性排列的多肽链，分子内氢键在其中扮演了一个重要的角色。已知每个氨基酸残基高 0.15 nm，螺距高度（螺旋连续一次旋转之间的垂直距离）为 0.54 nm，则螺旋每圈包含 3.6 个氨基酸残基（0.54/0.15＝3.6）。α-螺旋的平均大小是 11 个氨基酸单位，相当于螺旋的三圈。序号为 n 的氨基酸的肽键 C=O 基团通过氢键与序号为 $n+4$ 的氨基酸的肽键的 H 结合。这种 α-螺旋也被称为 3.6_{13} 螺旋，因为其氢键是在多肽链的 1 号和 13 号原子之间形成的。这种二级结构至少可以在大多数蛋白质（如肌红蛋白、胶原蛋白和其他蛋白质）的任何多肽链的一部分中找到。

比较少见的是 α-螺旋 2.2_7（多肽链上的 1 号和 7 号原子之间形成的氢键）。右手螺旋 3_{10}（每圈三个单位，螺距高度 0.6 nm），比 α-螺旋更加狭窄陡峭（多肽链上 1 号和 10 号原子之间形成的氢键），有时是一个 α-螺旋与另一个多肽链的一部分

结合的产物。所谓的螺旋 4.4_{16}（π-螺旋）只存在于少数螺旋的末端（每圈 4.4 单位，螺距高度 0.52 nm，多肽链上 1 号和 16 号原子之间形成的氢键）。

氨基酸侧链对 α-螺旋有着重要影响：若多肽链上连续存在带相同电荷极性基团的氨基酸残基（如天冬氨酸、谷氨酸、赖氨酸）的话，则 α-螺旋结构不稳定；反之，如果这些残基分散存在，α-螺旋结构的稳定性不受影响。其次，当甘氨酸残基在多肽链上连续存在时，则 α-螺旋结构不能形成；而脯氨酸残基和羟脯氨基酸残基的存在直接导致无法形成 α-螺旋结构。

2. β-折叠

β-片层是一个延展性的结构，其中 C=O 和 H—H 垂直于肽链的方向，因此氢键只能在肽链的段间连接，而非肽链段内。β-片层通常间隔 5～15 个氨基酸残基。蛋白质中两列 β-片层相同的分子通过氢键相互作用形成片状结构，为了在主链骨架之间形成最多的氢键，避免相邻侧链间的空间障碍，锯齿状的主链骨架必须做一定的折叠，因此被称为 β-折叠。在片状结构中，侧链垂直于片层的平面，并交替地位于片层的上方或下方。由于肽链上从 N 端到 C 端的朝向不同，存在两种 β-折叠结构，即平行 β-折叠和反平行 β-折叠（图 5-12）。

图 5-11　α-右手螺旋

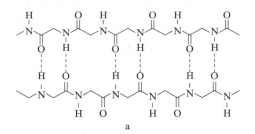

图 5-12　反平行 β-折叠（a）和平行 β-折叠（b）

平行 β-折叠中的肽链或肽段的排列方向相同，都是从氨基端到羧基端；反平行 β-折叠中的肽链或肽段按正反方向交替的方式排列，即肽链或肽段排列时，氨基端到羧基端的方向一顺一反。这些肽链方向的差异影响着氢键的几何形状，在反平行 β-折叠中，N—H 和 C=O 间的氢键呈一条直线，且彼此近似平行，没有氢键键角，增强了氢键的稳定性；而在平行 β-折叠，氢键彼此间存在一定角度，这降低了氢键的稳定性。因此，反平行 β-折叠比平行 β-折叠更稳定。

β-折叠结构通常比 α-螺旋更稳定，β-折叠较多的蛋白质通常表现出高变性温度。当加热 α-螺旋

结构的蛋白质并冷却后，α-螺旋通常会转换为 β-折叠；而加热使 β-折叠转变为 α-螺旋的情况，目前尚未见到。

3. β-转角

β-转角（或称 β-弯曲）是球状蛋白质构象的一个很重要的特征。这两种结构发生在"发夹"的角落，肽链突然改变方向，弯曲处的第一个残基的羧基和第 4 个残基的氨基之间形成氢键，产生一种不很稳定的环状结构。β-转角和 β-弯曲涉及 4 个氨基酸残基，通常包括脯氨酸和甘氨酸，如图 5-13 所示，为几种重要的 β-转角类型（Ⅰ型：42%；Ⅱ型：15%；Ⅲ型：18%）。

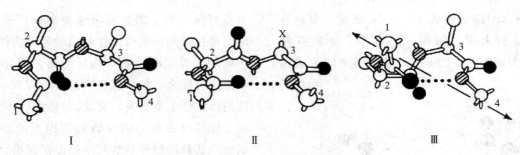

图 5-13　I～Ⅲ型 β-转角

在 I 型中，所有氨基酸残基都可存在，仅3-位不能为脯氨酸；在 Ⅱ 型中，3-位则需为甘氨酸；Ⅲ型对应 3_{10} 螺旋，所有氨基酸都可存在。

（三）三级结构

蛋白质分子的三级结构是其所有原子在空间中的排列（即构象），而不考虑其与邻近分子或亚单位的关系。三级结构主要描述了肽链的各个部分（α-螺旋、β-折叠和无规则卷曲）在整个多肽链中彼此间的相互作用关系，由于这些二级结构单元并非平面，反而可能会弯曲、盘绕和以不同的方式连接在一起。各种类型的共价键（如二硫键）和氨基酸官能团之间的非共价键相互作用（疏水性和静电性相互作用）参与单个蛋白片段的结合和三级结构的完全固定过程。

现在已经有许多蛋白质的三级结构被探明，如肌红蛋白分子就由 153 个氨基酸组成，其中大约80％的氨基酸参与了 α-螺旋结构（图 5-14）。

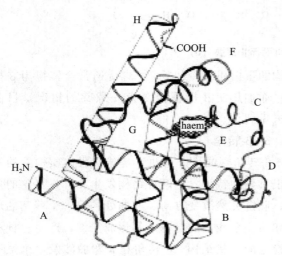

图 5-14　肌肉组织中的肌红蛋白

在球状蛋白质分子中，大多数非极性侧链总是埋在分子的内部，形成疏水核；而大多数极性侧链总是暴露在分子的表面上，形成亲水区。在蛋白质分子的表面，往往形成内陷的空穴，其多为疏水区，能够容纳一个或两个小分子配体，或大分子配体的一部分。极性基团的种类、数目与排布决定了蛋白质的功能。

（四）四级结构

许多蛋白质分子并非只由一个肽链组成，而是由几个相同或不同的多肽链组成，这些由两条或两条以上具有三级结构的多肽链聚合而成的具有特定三维结构的蛋白质构象叫作蛋白质四级结构。四级结构是蛋白质亚基在空间中的排列以及亚基间的接触和相互作用的联系，而不考虑亚基的内部几何结构。四级结构中的亚基必须是非共价键。因此，只有当一个复杂蛋白质中存在多个多肽链时，才存在一个四级结构。例如，鸡蛋中的卵白素（68 300 ku）和血液中的血红蛋白（64 500 ku）由 4 个亚基组成，而牛奶中的 β-乳球蛋白（36 000 ku）是由两个亚基组成。

（五）稳定蛋白质结构的作用力

实际上，蛋白质分子是通过许多相互作用力而稳定的，包括静电作用、氢键和疏水相互作用力等，为侧链基团及其特殊的功能性质提供了独特的空间排列和方向。其中又可以分为两类：①产生于蛋白质分子固有的分子内相互作用力；②受到周围溶剂影响的分子内相互作用力。范德华力和空间相互作用力属于前者，氢键、静电和疏水相互作用力属于后者。

1. 空间相互作用

虽然肽链的 ϕ 和 ψ 角理论上可以 360° 自由旋转，但是多肽由于侧链的位阻导致其价态受限，因此多肽链的片段只能进行有限的配位。肽单元平面几何结构的扭曲或键的拉伸和弯曲将导致分子自由能的增加。因此，多肽链的空间结构只能避免键长和键角的变形。

2. 范德华力

范德华力是蛋白质分子中性原子间的永久偶极矩相互作用和诱导偶极矩相互作用的体现。当两个原子相互靠近时，每个原子通过电子云的极化在另一个原子中诱导一个偶极子。这些诱导偶极子之间的相互作用既有吸引又有排斥。这些力的大小取决于原子间的距离。

3. 氢键

当一个氢原子以共价键形式和一个电负性较强的杂原子 X 连接时，这个氢原子与另一个较强电负性的杂原子 Y（如 N、O 或 S）之间形成的一种特殊的分子间或分子内相互作用，称为氢键，常以 X—H⋯Y 的形式表示。

蛋白质中本身存在许多可形成氢键的基团，其中 N—H 键和 C=O 键形成了数目众多的氢键，并在 α-螺旋和 β-折叠结构中起到了重要的稳定作用（图 5-15）。此外还包括某些侧链与主链骨架之间，如酪氨酸残基上的羟基与主链骨架上的羰基之间可形成氢键；在蛋白质的某些侧链之间，例如酪氨酸残基上的羟基与谷氨酸残基或天冬氨酸残基上的羧基之间亦可以形成氢键。

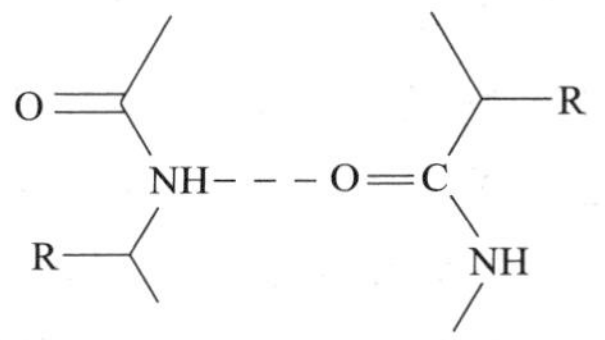

图 5-15　蛋白质中的部分氢键结构

4. 静电相互作用

带电侧链之间发生的静电相互作用受库仑定律的影响，并取决于介质的介电常数。离子对之间的相互作用可能是吸引的，也可能是排斥的；蛋白质中约有 1/3 的离子对可能涉及排斥性相互作用。参与形成离子对的常见氨基酸残基有精氨酸、天冬氨酸、谷氨酸、赖氨酸和组氨酸，如赖氨酸和天冬氨酸形成的盐桥，其结合能为 5 kcal/mol。然而，氨基酸残基之间的离子对相互作用在蛋白质折叠中并不像电荷群与水分子之间的离子偶极相互作用那样重要。不带电的极性侧链也会参与静电相互作用，

这是因为它们的部分电荷表现为偶极矩。偶极子之间的相互作用具有静电斥力或吸引力，这取决于偶极子的取向和由于邻近分子的诱导而产生的极化程度。

5. 疏水相互作用

是指非极性基团即疏水基团为了避开水相而群集在一起的集合力。蛋白质的极性相互作用在水环境中并不稳定，其稳定性依赖于非极性环境的维持，因此肽链非极性区域的疏水相互作用在蛋白质的折叠中发挥着重要作用。这种疏水相互作用是由于非极性侧链暴露在水介质中时水熵的不利变化造成的，导致了非极性基团在很大程度上向蛋白球状体内部折叠。

6. 二硫键

二硫键是蛋白质中唯一的共价侧链交联，它们既可以发生在分子内也可以发生在分子间。在单体蛋白质中，二硫键是蛋白质折叠的结果。当两个半胱氨酸残基彼此接近并处于适当的定位时，进入邻近巯基的氧气氧化导致二硫键的形成。而二硫键形成后即可辅助蛋白质稳定其折叠结构。

第 4 节　蛋白质的功能性质

当前，人们越来越重视蛋白质的获取（从各种来源中分离）和在食品加工中的应用（以食品成分的形式），而在这一过程中，蛋白质的功能性质对其应用性显得尤为重要。人们认为在食品的加工、储存、制备和消费过程中，蛋白质的功能特性所显示的物理和化学特性影响了食品的性状。这些属性在表 5-5 中简要列出。

表 5-5　食品中蛋白质的功能性质

功效	标准
感官	色、香、味
触感	质地、口感、细腻感、颗粒感、浊度
水合作用	溶解性、湿润性、吸水性、溶胀性、增稠性、凝胶、持水能力、黏性
界面性质	乳化性、起泡性、薄膜形成
吸附性	油脂吸附、风味吸附
结构性	弹性、黏结性、咀嚼性、黏附性、网状结构、聚集性、面团形成、织构、纤维

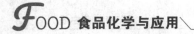

续表 5-5

功效	标准
流变性	黏度、胶凝
酶	凝结、嫩化、软化
混合	互补原理（小麦-大豆、谷蛋白-酪蛋白）
抗氧化	预防异味

即使在食物中只加入相对少量的蛋白质成分，也可能显著地影响食物的某些物理性质。例如通过挤压力、压缩功和感官评价，发现加工肉制品中添加 4% 的大豆分离蛋白可以显著影响肉制品的硬度。

已知影响蛋白质功能的物理和化学特性包括：大小、形状、氨基酸组成及序列、净电荷数和电荷分布、疏水/亲水比、二至四级结构、分子的柔性/刚性、蛋白质分子间相互作用及蛋白质与其他组分的相互作用。由于蛋白质同时具有多种物理和化学性质，因此很难准确描述出每种性质在某一具体蛋白质功能性质中的作用。

在经验水平上，蛋白质的各种功能性质可以看作是蛋白质分子三个方面的表现：①水合作用；②界面性质；③流变特性。

一、蛋白质的水合性质

水是食物中的基本成分，水与食物中其他成分的相互作用对食物的流变特性和结构特性有着重要影响，特别是与蛋白质以及多糖的相互作用。水能够改变蛋白质的理化性质，例如水对非晶态和半晶态食品蛋白质的塑化作用可以改变它们的玻璃化转变温度 (T_g) 和变性温度 (T_d)。蛋白质的许多功能特性，如分散性、润湿性、膨胀性、溶解度、增稠/黏度、持水能力、凝胶化、混凝、乳化和起泡，都受到水-蛋白质相互作用的重要影响。在低湿度和中等湿度的食品中，如烘焙食品和肉制品，蛋白质结合水分的能力对这些食品的可接受性至关重要。蛋白质-蛋白质和蛋白质-水相互作用的平衡性对蛋白质的热凝胶特性至关重要。

水分子常与蛋白质中的几个基团结合，包括带电基团（离子偶极相互作用），骨干肽组，天冬酰胺和谷氨酰胺的酰胺基，丝氨酸、苏氨酸、酪氨酸残基的羟基（均为偶极-偶极相互作用）和非极性

残基（偶极诱导偶极相互作用，疏水水合作用）。水合作用产生了一系列的影响，包括蛋白质的折叠、配体结合、大分子组装和酶动力学。蛋白质分子具有分子胶束的特征，疏水氨基酸排列在分子内部，亲水氨基酸则分布于分子表面，极核在水溶液中水化，这就解释了球蛋白的溶解性。蛋白质的结合水量（单分子层水）为 0.2～0.5 g/1 g 蛋白质。因此，蛋白质的分散是亲水胶体，而其他水层的束缚相对较弱。

在食品加工中，蛋白质的持水能力是比水合能力更重要的作用。持水能力是指蛋白质吸收水分并将其保持在蛋白质基质（如蛋白质凝胶或牛肉和鱼的肌肉）中的能力。蛋白质持水能力中的水是指蛋白质中的结合水、流体动力水和物理截留水的总和。虽然物理截留水比结合水和流体动力水对持水能力的贡献更大，然而研究表明，蛋白质的持水能力与水合能力呈正相关。

（一）溶解性

蛋白质的功能性质往往受其溶解度的影响，其中受影响最大的是增稠、发泡、乳化和凝胶化，而不溶性蛋白质在食品中的用途非常有限。蛋白质的溶解度本质上是蛋白质-蛋白质与蛋白质-溶剂相互作用平衡的热力学表现。

蛋白质的溶解度并非一成不变，会受极性基团和非极性基团的数量及其在分子中的排列方式影响。一般来说，球蛋白可溶于强极性溶剂，如水、甘油、甲酰胺、二甲基甲酰胺以及酸和碱的水溶液中，而结构纤维蛋白不溶于水。醇溶谷蛋白可溶解于极性较低的溶剂中，如乙醇。除了蛋白质结构外，溶解度还受溶剂的相对介电常数、溶液的 pH（最小溶解度为等电点或在其附近）、溶液的离子强度（盐浓度：低浓度的盐可增加蛋白质溶解度，称为盐溶效应；高浓度的盐可降低蛋白质溶解度，称为盐析效应）、温度等因素的影响。

1. pH 的影响

蛋白质在溶液中解离形成大分子聚酰亚胺，显示出明显的两性电解质特性。根据溶液的 pH，蛋白质分子可为带正电或负电的离子，这是由于各种氨基酸的官能团，特别是侧链上的碱性氨基酸（如赖氨酸）和酸性氨基酸（如天冬氨酸和谷氨酸）的

离解而产生的。因此，蛋白质的净电荷（正电荷和负电荷的数量之差）值，取决于pH。蛋白质总净电荷为零时的pH称为蛋白质的等电点（pI）。蛋白质等电点的大小取决于蛋白质的类型，常在pH 2～11之间。值得注意的是，蛋白质在等电点时仍然含有带电荷的侧链，然而，在等电点，带正电荷的侧链的数量等于带负电荷的侧链的数量。

当pH分处pI以下和以上时，蛋白质相应地分别带有净正电荷和净负电荷，带电残基的静电斥力和水合作用可促进蛋白质的溶解。当溶解度随pH变化时，大多数食物蛋白的溶解度呈U形曲线：最小溶解度发生在蛋白质的pI附近。由于大多数食物蛋白质是酸性蛋白质，即天冬氨酸和谷氨酸残基之和大于赖氨酸、精氨酸和组氨酸残基之和，因此，它们在pH 4～5（等电点）时溶解度最小，在碱性pH时溶解度最大。反之，若蛋白质中的碱性氨基酸残基较多，则其pI必然大于7，为碱性。等电点附近出现最小溶解度主要是由于静电斥力的缺乏，导致分子间疏水键因缺乏静电斥力而聚集，并发生沉淀。然而，部分蛋白质在其等电点时却有较高的溶解度，这是因为该类蛋白质表面的亲水残基比例远高于非极性基团。此外，即使蛋白质在pI（等电点）处是电中性的，它的表面仍然有等量的正电荷和负电荷，这有助于蛋白质的亲水性。如果这些带电荷残基的亲水性和水合斥力大于蛋白-蛋白疏水相互作用，则蛋白质在pI处仍然是可溶的。

由于大多数蛋白质在碱性（pH 8～9）时溶解度较高，因此从植物源中提取蛋白质往往在该pH范围进行。

2. 离子强度的影响

一般来说，中性盐对蛋白质的溶解度有双重影响。在低浓度时，它们通过抑制蛋白质-蛋白质的静电相互作用（结合力）来增加其溶解度（盐溶效应）。在较高的盐浓度下，由于盐的离子水化倾向，蛋白质的溶解度降低（盐析效应）。

在低离子强度（<0.5 mol/L）时，离子可以中和掉蛋白质表面的电荷，根据蛋白质表面的特性，这种电荷屏蔽效应以两种不同的方式影响溶解度：对于非极性区域较多的蛋白质，其溶解度降低；而对于极性区域较多的蛋白质，其溶解度增加。溶解度的降低是由疏水相互作用的增强引起的，而溶解度的增加是由蛋白质大分子离子活性的降低引起的。高离子强度（>1.0 mol/L）时，盐对蛋白质的溶解度有特殊的离子效应：随着盐浓度的增加，硫酸盐和氟化物盐使蛋白质的溶解度逐渐降低（盐析），而溴、碘、硫氰酸盐和高氯酸盐使蛋白质的溶解度增加（盐溶）。

在恒定的离子强度下，不同离子对蛋白质溶解度的相对效率也遵循霍夫梅斯特序列，即阴离子促进蛋白质溶解的顺序为 $SO_4^{2-}<F^-<Cl^-<Br^-<I^-<ClO_4^-<SCN^-$，阳离子降低蛋白质溶解度的顺序为 $NH_4^+<K^+<Na^+<Li^+<Mg^{2+}<Ca^{2+}$。这种行为类似于盐对蛋白质热变性温度的影响。

3. 温度的影响

当保持pH、离子强度不变，大多数蛋白质的溶解度通常在$0～40℃$之间，并与温度成正相关；而高度疏水性蛋白质则表现出与温度的负相关。当温度在$40℃$以上时，热动能的增加会导致蛋白质变性（展开）从而暴露非极性团体，并产生聚合沉淀现象，即溶解度下降。

4. 有机溶剂的影响

当向蛋白质的水溶液中加入有机溶剂，如乙醇或丙酮，会降低水介质的介电常数，增加分子间和分子内的静电斥力和静电引力。分子内的静电斥力导致蛋白质分子的展开。在展开状态下，介质的低介电常数促进了裸露肽之间的分子间氢键的形成和相反电荷基团之间的分子间静电相互作用。这些分子间的极性相互作用导致蛋白质在有机溶剂中沉淀或在水介质中溶解度降低。由于有机溶剂对非极性残基的增溶作用，疏水相互作用在有机溶剂中引起沉淀的作用很小。例如，醇溶谷蛋白由于疏水性很强，只能溶于70%的乙醇。

（二）溶胀性

不溶性蛋白的膨胀对应于可溶性蛋白的水合作用，即在肽链之间插入水导致蛋白质体积的增加和其他物理性质的变化。例如1.0 mol/L NaCl漂洗时，肌纤维直径增加到原来的2.5倍，体积增加了6倍。肿胀所吸收的水分可达蛋白质干重的数倍。例如肌肉组织每克蛋白质干物质含有3.5～3.6 g水。

二、蛋白质的界面性质

由于同时具有亲水基团和疏水基团，蛋白质可以自发吸附在界面上，用以稳定多相食品，如泡沫和乳剂。蛋白质的界面吸附会导致其构象改变，产生新的自由能最小值，并使表面张力降低。蛋白质在界面上采用不同结构的能力取决于其分子的柔韧性（图5-16）。

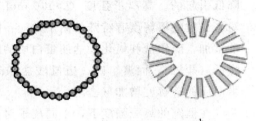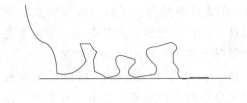

a   b   c

图 5-16 部分蛋白质
a. 疏水蛋白；b. 油质蛋白；c. β-酪蛋白

柔韧度较高的蛋白质，如β-酪蛋白可以迅速吸附在界面处并调整其结构，使疏水部分被遮挡在水相之外，而结构的柔性亲水部分则凸入水相。对分离蛋白组成的模型系统的研究结果表明，一旦吸附在界面上，蛋白质可以呈现出序列、循环和尾部的各种构型。例如β-酪蛋白吸附在界面后呈现类似火车的形态：间隔出现的"车厢"结构和一个悬空远离表面的n-端（图5-16c）。

蛋白质表面疏水性和亲水性基团的分布规律比总表面疏水性大小对蛋白质表面活性的影响更为重要，而蛋白质的有限水解或糖基化或磷酸化等其他温和的结构变化可能导致蛋白质吸附行为的实质性变化。与小分子量表面活性剂不同，蛋白质在界面上的吸附速度较慢，但一旦在界面上吸附就不易去除，解吸过程中存在能垒，这取决于界面上形成的结构。当解吸发生时，结构的恢复可能不会发生。在均质化过程中，当溶液中存在多个蛋白质时，界面的组成可能会随时间而变化。例如，在改变储存条件或加工过程中可能发生蛋白质的交换：在小分子量表面活性剂的存在下，酪蛋白和乳清蛋白均质化后的竞争性置换已经被证明，因为它们在界面上的存在可能是热力学有利的；小分子量乳化剂由于其高的流动性和缺乏构象限制，容易迁移到界面并取代蛋白质。小的表面活性剂定向于蛋白网络缺陷区域的界面处，随着重新排列而吸附增加，导致蛋白压缩到蛋白网络失效的程度，使得蛋白质从界面处发生造山位移。并不是所有的蛋白质在界面上都容易交换或置换，蛋白质的类型、展开的程度、分子间相互作用的强度以及在界面上形成的结构将决定界面层的组成。

虽然蛋白质作为乳化剂和起泡剂的能力源于其表面活性，但还不足以解释乳剂和泡沫的稳定性。它们稳定胶体结构的能力是由它们的电荷所赋予的，以及它们在界面上形成水合膜复合物的能力（由分子内二硫键来稳定）。蛋白质形成的膜的黏弹性是泡沫和乳液稳定性的主要因素，此外，界面上带电聚合物的存在将确保胶体粒子之间的空间斥力（即乳液滴）。

在食品系统中，纯蛋白质界面并不常见，复杂混合物中蛋白质的界面行为可能与纯蛋白质成分的界面行为不同。此外，界面的组成受环境条件制约，如盐、pH、温度等。在均质化过程中，新形成的界面区域被多个表面活性分子所覆盖，而蛋白层的组成取决于吸附动力学和碰撞速率。

（一）影响界面性质的因素

蛋白质的界面性质受环境和加工因素的影响，本质上任何能够引起蛋白质结构变化的因素都可能影响其界面性质：不论是对蛋白质结构的微小修饰，还是变异基因氨基酸序列的微小差异，乃至轻度水解都会影响蛋白质的功能性质。因此，了解蛋白质成分的加工过程对预测其加工功能至关重要。

任何影响蛋白质结构的加工方法都会影响蛋白质的界面性质。蛋白质的聚集状态不仅会影响表面负荷（因为需要更多的蛋白质才能完全覆盖界面），还会降低界面张力，最终稳定胶体结构。研究表明，尽管混合蛋白的组成在界面上是相似的，加热和未加热的大豆分离蛋白彼此却显示出了非常不同的溶解度和界面性质。

处理顺序对在界面上形成聚合体也有重大影响。如果在均质化之前或之后加热，吸附的蛋白质的结构是不同的。离子强度和pH是影响食品蛋白质功能和界面性质的最重要的环境因素。大多数蛋白质的pH在接近等电点时，由于溶解性差以及电荷中和，导致乳化性较差。蛋白质总电荷的减少常常导致水合作用的减少，并增加蛋白质在溶液中和界面上的聚集程度。当吸附在界面上时，由于pH的变化或离子强度的增加，油滴周围的聚电解质层电荷减少，使得电荷斥力降低，导致絮凝和聚结。糖分子（蔗糖、乳糖等）的存在会破坏起泡性能，降低蛋白质吸附并形成稳定膜的能力。然而，较高的糖浓度增加了主体相的黏度，从而提高了泡沫的稳定性，其中蔗糖对泡沫稳定性的影响取决于蛋白质类型。

（二）乳化性质

乳状液是由两种或多种互不混溶的液体构成的分散体系，并由乳化剂稳定。由于蛋白质具有两亲性，可以作为乳化剂来稳定乳状液，如牛奶。因此，蛋白质的这种性质在食品制剂的生产中得到了大规模的应用。然而，与O/W型乳状液相比，蛋白质对W/O型乳状液的稳定性较差，这是由于大多数蛋白质具有较高的亲水性，并且大多数被吸收的蛋白质位于水相中。

蛋白质在油滴界面的吸附在热力学上是有利的，因为疏水性氨基酸残基可以从周围水分子的氢键网络中脱离。此外，蛋白质与油滴的接触导致水分子从油水边界层疏水区域的位移。

（1）蛋白质作为乳化剂的适宜性取决于它扩散到界面的速度以及在界面张力（表面变性）的影响下其构象的变形性。

（2）扩散速率取决于温度和相对分子质量，而相对分子质量又受pH和离子强度的影响。

（3）吸附性取决于亲/疏水基团的暴露情况，也即受氨基酸分布的影响，此外还受pH、离子强度和温度的影响。

（4）构象稳定性取决于氨基酸组成、蛋白质相对分子质量和分子内二硫键。

因此，理想的适用于油水乳化剂的蛋白质，其相对分子质量应相对较低，氨基酸组成在电荷、极性和非极性残基上平衡，水溶性好，表面疏水性较好，构象相对稳定。此外，适度酶解可以提高某些蛋白质的溶解度和乳化能力。

蛋白质的乳化能力可以通过液滴大小和分布、乳化活性、乳化能力和乳化稳定性来评价。乳化活性是指乳液的总界面面积，蛋白质的乳化活性常以乳化活性指数（EAI）表示，即单位质量蛋白质所形成的界面面积。用比浊法测定蛋白质的EAI比较容易，乳状液的浊度可通过以下公式计算：

$$T = \frac{2.303A}{L} \qquad (5\text{-}4)$$

式中：A 为溶液的吸光度值，L 为光路长度。

根据米氏（光散射）理论，乳状液的界面面积是其浊度的两倍。如果 ϕ 是油的体积分数，C 是水相单位体积中蛋白质的质量，则可由式（5-5）得出蛋白质的 EAI 值。其中，$(1-\phi)$ 指的是乳液中水相部分的体积，$(1-\phi)C$ 是乳液单位体积中蛋白质的总质量。

$$EAI = \frac{2T}{(1-\phi)C} \qquad (5\text{-}5)$$

乳状液容量（EC）是每克蛋白质在发生相转变（从水包油乳状液到油包水乳状液的变化）之前可以乳化的油的体积（mL）。通常，可以将油或熔化的脂肪以恒定的速率和温度添加到连续搅拌的蛋白质水溶液中，通过黏度或颜色的突然变化（通常采用在油中加入染料的方法）来检测其相转变。乳状液稳定性（ES）是在规定条件下对初始乳状液进行离心处理或静置数小时后测定的最终体积，也可以根据从乳状液中析出的油或乳膏的量，或乳状液释放规定量的油所需的时间来确定。

$$ES = \frac{乳状液最终体积}{乳状液初始体积} \times 100\%$$

$$或\ ES = \frac{乳油层体积}{乳状液初始体积} \times 100\%$$

蛋白质稳定乳液的性能受多种因素的影响，其中既有pH、离子强度、温度、低分子量表面活性剂、糖、油相体积、蛋白质类型和所用油的熔点等内在因素的作用，也有设备类型、能量输入速率和剪切速率等外在因素作用。

研究表明，蛋白质的乳化性能通常与其溶解度有一定关系，虽然并非正比关系，但是溶解度极小的蛋白质其乳化性能通常较差，如一些经热处理分离的大豆分离蛋白由于其极低的溶解性而具有较差的乳化性能，而经 NaCl 增溶的肌原纤维蛋白的乳化性能则有所增强。又如，pH 对蛋白质的乳化性能有着明显影响。当将 pH 调节至等电点时，溶解度较高的蛋白质（如血清白蛋白、明胶、蛋清蛋白）表现出最大的乳化活性和 EC，而在其等电点时溶解度较差的蛋白质（大多数食品蛋白质，如酪蛋白、乳清蛋白、肉类蛋白、大豆蛋白）在该 pH 下通常是较差的乳化剂，但是当这些蛋白质远离其等电点时，可能存在一定的乳化性能。蛋白质的乳化性能还与其表面疏水性呈一定的弱正相关性。若蛋白质未乳化时发生部分变性，通常会提高乳化性能，这是由于其分子柔韧性和表面疏水性得到了加强，而过多的热变性会使蛋白质不溶于水，从而影响乳化性能。低分子量表面活性剂（如磷脂）可与蛋白质在油水界面上发生竞争吸附现象，由于低分子量表面活性剂能迅速扩散到界面，且在界面上缺乏构象约束，因而能有效抑制蛋白质在高浓度下的吸附，如果将低分子量表面活性剂添加到蛋白质的稳定乳状液中，它们可以将蛋白质从界面置换出来，从而导致乳状液无法稳定存在。此外，高浓度和蛋白质的组成也是影响蛋白质乳化性能的重要因素。

（三）起泡性质

泡沫由水相连续相和气体（空气）分散相组成。在一些食品中，蛋白质是主要的表面活性剂，起着形成泡沫和稳定泡沫的作用，例如烘焙食品、糖果、甜点和啤酒等食品，这些产品独特的结构性能和口感源于分散的微小气泡。蛋白质的起泡性质因蛋白质的种类而异，如血清白蛋白的起泡能力很好，而鸡蛋白蛋白则较差。蛋白质混合物如蛋清尤其适合形成泡沫，其中球蛋白起促进泡沫形成的作用，卵黏蛋白起稳定泡沫的作用，卵清蛋白和伴清蛋白通过热凝固固定泡沫。

在大多数情况下，泡沫的分散相常为空气或二氧化碳气体，而连续相则由吸附在一对气泡间界面上的两层蛋白质膜和它们之间的液体薄层组成。气泡的直径可能在一微米到几厘米之间，受表面张力、液相黏度和能量输入等因素影响。均匀分布的小气泡能赋予食物理想的稠度、细腻的质地和柔软度，提高食品的分散性和风味，例如烘焙食品、糖果、甜点和啤酒等食品，这些产品独特的结构性能和口感源于分散的微小气泡。

通常，鼓泡、搅打或摇动蛋白质溶液均会产生稳定的蛋白质泡沫，其中搅打能够产生更大的机械应力和剪切力，从而使气体分散得更均匀，但过大的机械应力会阻碍蛋白质在界面的吸收，影响气泡的聚集和形成。此外，还可以向溶液施加一定强度的压力，并突然释放压力，以此获得所需的泡沫。

蛋白质的起泡性能是指其在气液界面形成一层薄而坚韧的膜，使大量气泡能够被吸收和稳定的能力。蛋白质的起泡能力是指蛋白质能够形成的界面面积，它可以用多种方式表示，如膨胀率［式（5-6）］或起泡力［式（5-7）］。与此同时，人们也经常用泡沫稳定性来表明蛋白质稳定处于重力和机械力作用下的泡沫的能力。

$$膨胀率 = \frac{泡沫体积 - 起始液体的体积}{起始液体的体积} \times 100\%$$

$$(5-6)$$

$$起泡力 = \frac{并入气体的体积}{液体的体积} \times 100\% \quad (5-7)$$

（1）泡沫是气体在液体中的分散，蛋白质分子扩散到气-水界面的速度越快，越容易变性，也就越容易产生泡沫。这依次取决于蛋白质的分子质量、表面疏水性和构象的稳定性。

（2）蛋白质通过在气泡周围形成柔韧的、有黏性的膜来稳定泡沫，起泡过程中，蛋白质通过疏水区吸附在界面上，然后局部展开（表面变性）。蛋白质吸附引起的表面张力降低，利于形成新的界面和更多的气泡。

（3）泡沫破裂是因为大气泡的生长是以小气泡的损失为代价的，但是蛋白质薄膜可以抵消这种损失，因此，泡沫的稳定性取决于蛋白质膜的强度和它对气体的渗透性。膜的强度取决于蛋白质的吸附量和吸附分子的结合能力。

（4）表面变性通常可以释放额外的氨基酸侧链参于分子间的相互作用，交联越强，膜越稳定。

具有理想的起泡性能的蛋白质应具有分子质量

低、表面疏水性高、溶解度好、易变性、柔韧性好等特点。而泡沫的稳定性除了受内因（形成泡沫的蛋白质的性质）影响，对其所处环境（外因）也有着相应要求：

（1）pH 在等电点时，蛋白质稳定泡沫的能力优于在其他pH时的能力。这是因为在接近或处于等电点时，由于体系的总净电荷最低（或为0），缺乏足够的静电排斥作用，有利于界面上的蛋白质通过相互作用形成稳定的膜。

（2）离子强度 盐（如氯化钠）对泡沫具有两方面的作用，对于某些蛋白质（如蛋清和大豆蛋白），其起泡力和泡沫稳定性与氯化钠的浓度呈正相关，这是由于盐离子对电荷的中和作用。而对另外一些蛋白质（如乳清蛋白），其起泡力和泡沫稳定性与氯化钠的浓度呈负相关，这可能是盐溶作用的影响。通常，盐析可以增加蛋白质的起泡能力，而盐溶则与之相反。此外，部分二价阳离子（如钙和镁）在 $0.02 \sim 0.4 \, mol/L$ 浓度范围内能够有效提升蛋白质的起泡能力和泡沫稳定性。

（3）糖分 糖类化合物（如蔗糖、乳糖等）可以降低蛋白质的起泡能力，但是提高了泡沫的稳定性，这是因为一方面糖溶液中的蛋白质较为稳定，在界面处难以展开；另一方面糖溶液又提高了泡沫的黏度。

（4）脂类 当脂类（尤其是磷脂）的浓度超过 0.5% 时会显著降低蛋白质的起泡能力，这是因为脂类具有疏水性，会将蛋白质从气泡表面置换，而无法形成稳定的膜，从而破坏泡沫的稳定性。例如，即使是低浓度的蛋黄，也能防止蛋清形成泡沫，这是由于卵磷脂干扰了蛋白质的结合。

（5）蛋白质浓度 泡沫稳定性和蛋白质溶液的浓度呈正相关，而起泡能力则随着蛋白质浓度的增加，在某一刻达到峰值。

（6）热处理 部分变性的蛋白质比天然蛋白质具有更好的起泡能力，适度热处理可提高大豆蛋白和乳清蛋白的起泡能力。但是，适度的热处理在增加了泡沫膨胀能力的同时降低了泡沫的稳定性，而过度热处理可能会损害蛋白质的起泡能力。

（7）机械处理 为了获得较为理想的泡沫，需对蛋白质进行具有充足时间长度和机械强度的持续

搅拌，以便充分展开和吸附。然而，过度的搅拌又会降低泡沫的膨胀量和稳定性。

通过化学修饰和物理修饰可以改善蛋白质的泡沫形成和稳定特性。例如部分酶解可以获得更小、更快的扩散分子，更好的溶解度，并释放疏水基团；但是膜的稳定性普遍较低，热凝固性丧失。此外，还可以通过引入带电或中性基团和部分热变性蛋白质（如乳清蛋白）来改善其特性，如泡沫稳定性通常与蛋白质的电荷密度成反比关系，高电荷密度明显地干扰了黏性薄膜的形成。泡沫产生的方法不同，也影响着蛋白质的起泡能力，如鼓泡法常得到含较大气泡的泡沫；搅打法常得到含大量小气泡的泡沫。

然而，研究显示，具有良好起泡能力的蛋白质往往稳定泡沫的能力较差，而能够产生稳定泡沫的蛋白质的起泡能力常常欠佳，这一客观现象表明，起泡性和稳定性可能分别受到两种不同的蛋白质分子特性的影响，而这两组蛋白质通常是拮抗的。起泡性受蛋白质吸附速率、柔韧性和疏水性的影响；稳定性则取决于蛋白质薄膜的流变特性，其流变特性又取决于水化、厚度、蛋白质浓度和良好的分子间相互作用。与能够在气-水界面完全展开的蛋白质（如 β-酪蛋白）相比，仅部分能够展开并保留一定程度折叠结构的蛋白质通常会形成更厚、更致密的膜和更稳定的泡沫（如溶菌酶和血清白蛋白）。

三、风味结合

食物中的蛋白质几乎没有自己的风味，但它们可以结合芳香化合物。一些蛋白质，特别是油籽蛋白质和乳清浓缩蛋白，带有不良的味道，使得它们在食品中的应用受到极大限制。这些不良的味道主要是由不饱和脂肪酸氧化产生的醛、酮和醇引起的，上述不饱和脂肪酸氧化生成的羰基化合物与蛋白质结合并传递出特有的异味。

蛋白质不但可以和醛类、酮类、离子类、酯类等多种风味化合物相互作用，而且蛋白质和风味化合物之间既可发生可逆结合，也可发生不可逆结合。蛋白质和风味化合物之间相互作用的类型取决于蛋白质和风味化合物的性质。由于大多数芳香化合物本质上是疏水性的，疏水性和可逆结合是主要的。另一方面，某些风味化合物，如醛，可以与蛋

白质形成共价键，这种相互作用是不可逆的。

研究表明，加工方式和过程对风味和蛋白质之间的相互作用有着显著影响。通过对乳清分离蛋白和风味化合物（2-壬烷、1-壬醛、反式 2-壬烯醛）相互作用的研究，人们发现在加热或高压变性时分子间的疏水作用减弱，而共价键增强。此外，高静水压（HHP）和香精种类对风味的保留有显著影响。牛奶蛋白-风味的相互作用非常依赖于蛋白质的构象状态。因此，影响蛋白质构象的 pH、温度、高压等因素可以显著改变蛋白质的风味结合特征。

在风味-水的模型中，加入蛋白质可导致风味化合物顶空浓度的降低，这是风味物质与蛋白质结合的结果。风味物质与蛋白质结合的机制取决于蛋白质样品的水分含量，但两者的结合通常是非共价键的相互作用，如干蛋白粉主要通过范德华力、氢键和静电相互作用结合风味物质，此外，干蛋白粉还可通过毛细血管和缝隙对风味物质物理截留。在液体或高水分食品中，蛋白质结合风味的机制主要涉及非极性风味化合物（配体）与蛋白质表面疏水区域/空腔的相互作用。除疏水作用外，若风味化合物具有极性基团（如羟基和羧基），也可通过氢键和静电作用与蛋白质发生相互作用。醛类和酮类与蛋白质表面的疏水区域结合后，可扩散到蛋白质分子内部的疏水核。

由于挥发性风味物质主要通过疏水作用与水合蛋白质相互作用，任何影响疏水作用或蛋白表面疏水性的因素都会影响风味结合：

（1）温度对风味结合的影响很小，除非蛋白质有明显的热展开。热变性蛋白表现出更强的结合风味物质的能力，但与天然蛋白相比，其结合常数较低。

（2）盐对风味结合的影响与其盐溶和盐析特性有关：盐溶型盐破坏疏水作用，降低风味结合，而盐析型盐则增加风味结合。

（3）pH 对风味结合的影响通常与 pH 诱导的蛋白质构象变化有关。与酸性条件相比，碱性条件下风味结合有所增强，这是因为碱性环境中的蛋白更容易发生变性。

（4）蛋白质二硫键的断裂（发生在碱性 pH 下并导致蛋白质展开）通常会增加风味结合的能力。

（5）蛋白质水解后可破坏并减少蛋白质中疏水区域的数量，从而降低风味结合。这种方法可以用来去除油籽蛋白质中的异味。

四、蛋白质的流变性质

（一）凝胶作用

凝胶是指溶胶或溶液中的胶体粒子或高分子在一定条件下互相连接，形成空间网状结构，结构空隙中充满了作为分散介质的液体（在干凝胶中也可以是气体，干凝胶也称为气凝胶）的分散体系。凝胶虽然内部富含液体，但缺乏流动性。凝胶自溶液中获得，其分散质与分散相之间的斥力占主导地位，而沉淀则是分子间的强相互作用占主导地位。凝胶化是变性蛋白聚集和有序网络形成的过程。蛋白质的凝胶化对某些食品是非常重要的，包括各种食品产品、果冻、凝胶、大豆蛋白凝胶和有纹理的植物蛋白。豆腐作为我国人民喜爱的食品，是一种典型的蛋白质凝胶食品。许多蛋白质凝胶是高度水合的，每克蛋白质可以容纳超过 10 g 的水。许多食物成分可以被困在蛋白质凝胶的网络中。部分蛋白凝胶的含水量可达 98%。虽然截留的水与稀溶液中的水性质相似，但水不易被挤出。

蛋白质可以通过酸的凝结、酶的作用、加热和储存形成凝胶，并具有较高的非牛顿黏度、弹性和塑性。某些类型的凝胶形成是可逆的，特别是那些由热产生的凝胶，例如明胶凝胶是在加热的明胶溶液冷却时产生的，这种溶胶-凝胶的转变是可逆的，而大多数其他类型的凝胶是不可逆的。凝胶形成的过程一般可分为两个阶段：首先，天然蛋白质变性成未折叠多肽；然后，彼此逐渐结合形成凝胶基质。凝胶的性质和结合的类型受分子间的各种共价和非共价键的相互作用，包括二硫键、氢键、离子和疏水相互作用，以及上述多种相互作用的综合作用。

蛋白质凝胶可分为两种类型：聚集凝胶和透明凝胶。

（1）聚集凝胶 是由含有大量非极性氨基酸残基的蛋白质形成的，该类蛋白质在变性时发生疏水性聚集形成不溶性聚集体，随后通过随机缔合形成不可逆凝结块状凝胶。该类凝胶由于聚集和网状结构形成的速度高于变形的速度，常形成无序网状结构。由于不溶性蛋白质聚集体的尺寸相对较大，且形成的无序网状结构对光产生散射现象，所以不透明。由于部分变性释放的主要是疏水基团，分子间疏水键通常占主导地位，这导致了这种凝胶类型的热塑性（即热不可逆）特性，在加热时不会液化，但会软化或收缩。

（2）透明凝胶　是由含少量非极性氨基酸残基的蛋白质在变性时形成的可溶性复合物，具有较高的保水能力。该类凝胶由于缔合速度小于变性速度，其凝胶网状结构主要通过氢键相互作用形成，而氢键在加热时很容易断裂，所以其凝胶网状结构是热可逆的，即凝胶是在溶液冷却时形成的，当溶液加热时它们又会熔化。由于在冷却时为缓慢缔合，往往形成有序而透明、质地细腻的凝胶。常通过设定一定的 pH、加入一定的离子或加热/冷却来获得该类凝胶。

适度增加溶液中的离子强度，可以使得电荷屏蔽增加了带电大分子或分子团聚体之间的相互作用而不发生沉淀，特别是钙离子的加入，提高了凝胶化速率和凝胶强度。蛋白质也可以与多糖相互作用形成凝胶。例如带正电荷凝胶可以通过非特异性结合带负电荷的海藻酸钠离子相互作用形成高熔点凝胶（80 ℃）。

（二）黏度

液体的黏度或稠度是其在作用力或剪切力作用下流动时的阻力，可以用黏度系数 η 来表示。假设液体为理想溶液，剪切力与剪切速度成正比［式（5-6）］：

$$F/A = \eta(dv/dr) \qquad (5\text{-}6)$$

式中 F/A 表示单位面积上的作用力（剪切力），(dv/dr) 表示两层液体间的黏度梯度（剪切速度），符合该公式的液体被称为牛顿流体。

液体的流动性往往受到溶质的重要影响，如蛋白质类的可溶性高聚物即使浓度较低也会显著提高溶液的黏度。蛋白质液体的黏度主要与分散的蛋白质分子或蛋白质颗粒的表观直径有关。蛋白质表观直径由以下参数决定：①蛋白质分子的摩尔浓度、分子大小、分子体积、分子结构和电荷等固有性质；②蛋白-溶剂相互作用，影响蛋白的溶胀性和溶解度，影响蛋白分子周围流体的流体动力学；③蛋白质的相互作用，决定了蛋白质聚集体的大小，而在高蛋白质浓度下相互作用的机会是增加的。

浓度较高的蛋白质溶液往往不具备牛顿流体的特性，在剪切速度增加时其黏度系数反而减小，这种特性称为假塑性［式（5-7）］：

$$F/A = m(dv/dr)^n \qquad (5\text{-}7)$$

式中 m 为黏度系数，而 n 为流动指数。蛋白质溶液具有假塑性的原因在于：首先，由于蛋白质分子在流动时倾向于将其主轴沿流动方向定向，从而降低了摩擦阻力；其次，蛋白质内的弱相互作用力（如氢键、范德华力）在流动时可能发生断裂，使得二聚体、低聚体和网络分散为单体。弱相互作用力的断裂是一个缓慢的过程，在蛋白质流体达到稳定流动之前，剪切应力和表观黏度随着剪切的进行而减小。当剪切力不再作用时，原有的蛋白质聚集体或网络若发生完全或部分重组，则黏度系数的变化是不可逆的。

由于蛋白质溶液中存在蛋白-蛋白以及蛋白-水相互作用力，大部分蛋白质溶液的黏度系数与其浓度之间存在指数关系。当蛋白质浓度较高时，具有塑性黏弹性质，需对溶液施加一个特定的外力来促使其流动，该力被称为屈服应力。

蛋白质溶液的黏度是液态和半固态食品（饮料、肉汤、酱汁、奶油等）的重要性质。蛋白质分散体系的流体性质对确定最佳操作条件具有实际意义。例如，在传递、混合、加热、冷却和喷雾干燥过程中，蛋白质分散体系的流动性显著影响质量和热量的传递。

（三）织构化

织构化意味着蛋白质从球状转变为具有肉质口感特征的纤维状，发生织构化的蛋白质制品具有咀嚼感、弹性、柔软性和多汁性等多种功能特性。织构化时通常首选植物源蛋白，因其缺乏动物源蛋白所具有的令人满意的功能特性。织构化的本质是球状蛋白通过破坏分子内的相互作用力而展开，并与相邻蛋白质链形成相互作用，使延伸的蛋白质链稳定下来。在实践中，织构化常通过以下两种方式加以实现。

1. 纺丝过程

将起始蛋白溶解，通过纺丝喷嘴将黏稠溶液挤压进行凝固浴。

原料（蛋白质含量＞90％）悬浮在水中，加碱使其溶解。蛋白质溶液在 pH 11 条件下不断搅拌陈化，随着蛋白质的展开，溶液黏度上升。然后将溶液通过模具孔（5 000～15 000 孔，每个孔直径 0.01～0.08 mm）压入 pH 2～3 的混凝槽中。这种溶液含有酸（柠檬酸、乙酸、磷酸、乳酸或盐酸）以及 10% 的 NaCl。蛋白质和酸性多糖混合物的纺丝溶液中也含有碱土金属盐。蛋白质纤维进一步延伸并在此过程中增强了分子间的相互作用，从而提高了纤维束的机械强度。

随后在滚筒内挤压纤维，将黏附的溶剂去除，然后将其置于 pH 5.5～6 的中和浴。纤维束可组合成直径为 7～10 cm 的较大团聚体。

2. 挤压过程

将起始蛋白稍微湿润，然后在高温高压下，用剪切力通过模具的孔道挤压。

将原料（蛋白质含量约 50%）的含水率调至 30%～40%，加入添加剂（NaCl、缓冲剂、芳香化合物、色素）。在脂肪中添加芳香化合物作为载体，在必要时，挤压步骤后补充芳香化合物，以弥补香气损失。将蛋白质混合物送入挤压机并加热到 120～180 ℃，将压力加到 30～40 bar。在这些条件下，混合物被转化成一种黏性可塑状态，固体分散在熔融的蛋白质中。蛋白质的水合作用是在球状分子部分展开并沿着传质方向拉伸和重新排列蛋白质链之后发生的。这一过程受螺杆转速、螺杆形状、挤出材料的传热、黏度以及在挤压机中的停留时间的影响。当熔融物质从挤压机中流出时，水分蒸发，在分枝蛋白质链中留下空泡。

第5节　蛋白质在食品加工过程中的主要变化

一、蛋白质的变性

在某些物理和化学因素作用下，蛋白质特定的空间构象被破坏，即有序的空间结构变成无序的空间结构，从而导致其理化性质的改变和生物活性的丧失，称为蛋白质的变性。蛋白质的变性不涉及一级结构的改变，蛋白质变性后，其溶解度降低、黏度增加、生物活性丧失、易被蛋白酶水解。若蛋白质变性程度较轻，去除变性因素后，有些蛋白质仍可恢复或部分恢复其原有的构象和功能，称为复

性。变性的蛋白质不一定发生沉淀，在一定条件下也可以使蛋白质不变性而沉淀（如盐析）。

蛋白质变性后，分子结构松散，不能形成结晶，易被蛋白酶水解。蛋白质的变性作用主要是由于蛋白质分子内部的结构被破坏。天然蛋白质的空间结构是通过氢键等次级键维持的，而变性后次级键被破坏，蛋白质分子就从原来有序的卷曲的紧密结构变为无序的松散的伸展状结构（但一级结构并未改变）。所以，原来处于分子内部的疏水基团大量暴露在分子表面，而亲水基团在表面的分布则相对减少，致使蛋白质颗粒不能与水相溶而失去水膜，很容易引起分子间相互碰撞而聚集沉淀。蛋白质的生物活性是指蛋白质所具有的酶、激素、毒素、抗原与抗体、血红蛋白的载氧能力等生物学功能。生物活性丧失是蛋白质变性的主要特征。有时蛋白质的空间结构只要轻微变化即可引起生物活性的丧失。

变性作用是蛋白质受物理或化学因素的影响，改变其分子内部结构和性质的作用。一般认为蛋白质的二级结构和三级结构有了改变或遭到破坏，都是变性的结果。能使蛋白质变性的化学方法有加强酸、强碱、重金属盐、尿素、丙酮等；能使蛋白质变性的物理方法有加热（高温）、紫外线及 X 射线照射、超声波、剧烈振荡或搅拌等。

（一）温度

在食品加工和保藏过程中热处理是最常用的加工方法。在热加工过程中蛋白质产生不同程度的变性，这会改变它们在食品中的功能性质。一个特定的蛋白质的热稳定性是由大量细微的稳定结构的因子所造成的。它们包括氨基酸组成、紧密的包装（蛋白质-蛋白质接触）、金属离子及其他辅基的结合以及分子内的相互作用和连接。

当一个蛋白质溶液被逐渐加热并超过临界温度时，它产生了从天然状态至变性状态的剧烈转变。在此转变中点的温度被称为熔化温度 T_m 或变性温度 T_d（表 5-6），在此温度蛋白质的天然和变性状态的浓度之比为 1。温度导致蛋白质变性的机制是非常复杂的，它主要涉及非共价相互作用的去稳定作用。氢键、静电和范德华相互作用都是在高温下去稳定而低温下稳定。然而由于蛋白质分子中的肽氢键大多数埋藏在分子的内部，因此在一个宽广的

温度范围内能保持稳定。在稳定蛋白质结构的作用力中，疏水相互作用是唯一的随温度升高而增强的。然而，疏水相互作用的稳定性也不会随温度的提高而无限制的增强，这是因为超过一定温度水的结构逐渐分裂最终也会导致疏水相互作用去稳定。疏水相互作用在 60～70 ℃达到最高。因此，可以设想，当随温度提高而逐渐增强的疏水相互作用所产生的稳定效力被其他相互作用的破坏所克服时，就产生了蛋白质的热变性。

表 5-6　一些与食品相关的蛋白质的热变性温度（T_d）

℃

蛋白质	T_d	蛋白质	T_d
胰蛋白酶原	55	牛血清白蛋白	65
胰凝乳蛋白酶原	57	血红蛋白	67
弹性蛋白酶	57	溶菌酶	72
胃蛋白酶原	60	鸡蛋白蛋白	76
核糖核酸酶	62	胰蛋白酶抑制剂	77
羧肽酶	63	肌红蛋白	79
乙醇脱氢酶	64	乳清蛋白	83
乳球蛋白	83	向日葵 11 s 蛋白	95
大豆球蛋白	92	燕麦球蛋白	108
蚕豆 11 s 蛋白	94		

一般说来，在低温时蛋白质的活性较弱，并且温度越低、活性越弱，但在低温时蛋白质一般不发生变性作用；在较高的温度时，蛋白质的活性增强，并且在一定温度范围内，温度越高、活性越强，在加热（或高温）时，蛋白质活性丧失，发生变性作用。因此，我们可通过控制温度来控制蛋白质的性质向着有利于我们需要的方面进行。例如：

许多含蛋白质的物质，如蛋类、肉类、鱼类等长久放置时会在某些微生物（或细菌）的作用下发生腐败。根据在低温时微生物（或细菌）活动性较弱的性质，可以用冰箱、冷库等将这些物质贮存较长的时间。同理，一些含水量高的食品，如水果、蔬菜等可冷藏贮存。有酶参与的各种发酵作用，如酿酒、酿醋、制酱等，都要控制适宜的温度。温度太高，酶发生变性作用，发酵停止；温度太低，酶的活性减弱，发酵速度减慢，甚至停止。根瘤菌的固氮作用是在室温下进行的。

作物浸种、菌种蔬菜（如蘑菇、灵芝）等的生长、豆芽的生长、鸡鸭等禽蛋的孵化等都要控制适宜的温度，温度过高或过低效果都不好。

在日常生活中，为了减少疾病，防止各种病菌对人体的侵害，一般不要喝生水，不要吃未煮熟的食物，因为这里面的一些细菌、病菌没有经高温杀死。夏天，有时如果稀饭、汤菜等做多了，可将多余的饭菜重新煮沸后放置在锅里，由于整个锅内的细菌已被杀死，因此短时间内饭菜不会变质。当衣服上沾有鲜血斑时，宜用温水洗，千万不能用热水洗，否则，会引起蛋白质凝固，黏附在纤维上难以洗净。

在医疗卫生、公共场所中的应用。在医院里当病人因皮肤破裂引起出血时，医生常用冰块将出血的部位冷冻起来，其作用主要有：①使血管收缩，减少出血；②使表面的血凝固，阻止内部的血液流出；③降低病菌的活性，防止感染。还有，医生用过的针头，每次都要进行高温煮沸，目的是杀死针头上的病菌，防止对他人引起感染。在一些公共场所，如理发店使用过的毛巾、围巾、理发器具等应经常进行高温煮沸等处理，以杀死上面的病菌，防止病害的传播。

（二）静水压

静水压是影响蛋白质构象的一个热力学参数。温度诱导的蛋白质变性一般发生在 40～80 ℃温度范围和 0.1 MPa 下；而压力诱导的变性能在 25 ℃发生，条件是必须有充分高的压力存在。从光谱数据证实，大多数蛋白质在 100～1 200 MPa 压力范围经受压力诱导变性。压力诱导转变的中点出现在 400～800 MPa。

压力诱导蛋白质变性发生的原因主要是蛋白质是柔性和可压缩的。虽然氨基酸被紧密地包裹在球状蛋白质分子结构的内部，但是一些空穴依然存在，这就导致蛋白质分子结构的可压缩性。大多数纤维状蛋白质不存在空穴，因此它们对静水压作用的稳定性高于球状蛋白质。

压力诱导的蛋白质变性是高度可逆的。大多数酶的稀溶液当压力下降到 0.1 MPa 时，因压力诱导蛋白质变性而失去的酶活能复原或再生。然而，酶的完全再生需要几个小时。压力诱导低聚蛋白质和酶变性时，亚基首先在 0.1～200 MPa 压力下离解，然后亚基在更高的压力下变性；当除去压力作用时，亚基重新缔合，在几小时内酶活几乎完全恢复。

食品科学家正在研究将高静水压作为食品加工的一种手段应用于灭菌和蛋白质的凝胶作用。由于高静水压（200～1 000 MPa）不可逆地破坏细胞膜和导致微生物中细胞器的离解，这样就使生长着的微生物死亡。在 25 ℃，对蛋清、16％大豆蛋白质溶液或 3％肌动球蛋白溶液施加 100～700 MPa 静水压 30 min 就能产生压力胶凝作用。压力诱导凝胶比热诱导的凝胶更软。用 100～300 MPa 静水压处理牛肉肌肉，能导致肌纤维部分的碎裂，这也许可以作为一种使肉嫩化的手段。压力加工不同于热加工，它不会损害蛋白质中的必需氨基酸或天然色泽和风味，它也不会导致有毒化合物的形成。于是，采用静水压加工食品对某些食品产品可能是有益的。

（三）剪切

由振动、捏合、打擦产生的机械剪切能导致蛋白质变性。许多蛋白质当被激烈搅动时产生变性和沉淀。蛋白质剪切变性是由于空气泡的并入和蛋白质分子吸附至气-液界面。由于气-液界面的能量高于体相的能量，因此蛋白质在界面上经受构象变化。蛋白质在界面构象变化的程度取决于蛋白质的柔性。高柔性蛋白质比刚性蛋白质较易在气-液界面变性。蛋白质分子在气-液界面变性时，非极性残基定向至气相，极性残基定向至水相。

一些食品在加工操作时能产生高压、高剪切和高温，例如挤压、高速搅拌和均质。当一个转动的叶片产生高剪切时，产生亚音速的脉冲，在叶片的尾随边缘也出现空化，这两者都能导致蛋白质变性。剪切速度越高，蛋白质变性程度越高。高温和高剪切力相结合能导致蛋白质不可逆的变性。例如，在 pH 3.5～4.5 和温度 80～120 ℃条件下用 7 500～10 000 s^{-1} 的剪切速度处理 10％～20％乳清蛋白质溶液能形成直径约 1 μm 的不溶解球状大胶体粒子。一种具有润滑、乳状液口感的脂肪替代品 "Simplesse" 就是用这样的方法制备的。

（四）辐照

如果紫外线的能量水平足够高，那么就能打断二硫交联，从而导致蛋白质构象的改变。其他射线也能导致蛋白质变性，与此同时产生的变化有氨基酸残基氧化、共价键断裂、离子化、形成蛋白质自由基以及重新结合和聚合反应。

人体大量照射紫外线会诱发皮肤癌。但有时候紫外线又能为人类造福，例如：①用于杀菌消毒。在医院的病房里，常常安放紫外灯，其目的就是杀死空气中的病菌。在一些高级宾馆里，常备有紫外线消毒橱，用于餐具等的消毒。现在各种饮料、啤酒、矿泉水等所用水的消毒，绝大多数都是通过紫外线发生器发出的紫外线，经一定时间的照射来完成的。②用于医疗上。由于紫外线可引起蛋白质变性，在医疗上可用紫外线照射的方法来杀死肿瘤中的一些坏细胞，此可谓"以毒攻毒"。

许多研究工作表明，在合适的条件下，离子辐射不会对蛋白质的营养价值产生明显的损害作用。例如，在 −5～−40 ℃采用 4.7 万～7.1 万 Gy 剂量辐照牛肉时牛肉蛋白质的氨基酸残基没有变化。然而，某些食品对辐照比较敏感，牛乳就是其中之一，在辐照剂量低于灭菌所需水平时就能导致牛乳产生不良风味。从经辐射的脱脂乳和酪蛋白酸钠溶液中检出甲基硫化物，这显然与蛋白质分子中含硫氨基酸残基的变化有关。

（五）酸、碱、重金属盐

1. 酸

酸能引起蛋白质变性，因此酸常用于杀菌，例如：①人体胃液中含有一定浓度的盐酸，它可以杀死食物及水中的少量病菌，因此人体有一定的免疫功能。②醋酸用途很广，如可将醋酸蒸发，利用其蒸汽对某些公共环境进行消毒，以防病菌的蔓延；再如，用醋酸腌制的食品不易变质等。③Cl$_2$、漂白粉等对自来水的杀菌消毒，实际上是次氯酸的作用，次氯酸具有高效、低毒（可忽略）、低残留的优点。pH 诱导的蛋白质的变性多数是可逆的。然而，在某些情况下，肽键的水解，Asn 和 Gln 的脱酰胺，在碱性 pH 下巯基的破坏或聚集作用能导致蛋白质的不可逆变性。在食品加工中，也要防止酸性条件下由于蛋白质的变性而引起的沉淀问题出现。

2. 碱

碱，尤其是强碱（如苛性钠、苛性钾等）对皮肤及其他类型的蛋白质具有严重的腐蚀和破坏作用，因此在使用时应注意安全。在碱中，常用熟石灰跟某些物质一起制成杀虫剂、杀菌剂，如石灰硫黄合剂、波尔多液等。在造纸产生的黑液中，含有较高浓度的烧碱溶液，如果不经处理直接排放，将把水中的鱼类等生物杀死，从而造成严重的环境污染。

3. 重金属盐

重金属离子对水质会带来严重的污染，它不仅直接危及水中浮游动物的生存，还会直接或间接地危及人类的健康。人类饮用这种水或吃了富集重金属离子的鱼类等，会引起各种疾病，严重时会引起死亡，日本发生的"水俣"病就是典型的例子。随着我国经济的发展，各种电解厂、电镀厂、印刷厂、制革厂等排放的含重金属离子的水越来越多，这方面的危害越来越突出，已危及人类的生存，应采取有力措施来治理这方面的污染。

重金属离子，有它的危害作用，但也有它的一些积极作用，例如：①在医药上，$FeCl_3$ 可用作止血剂，就是利用了重金属离子对蛋白质的凝固作用；红汞常用于脓、伤口表面的消毒，就是利用了汞离子的杀菌作用；有的眼药水是用很稀的 $AgNO_3$ 溶液配制成的，就是利用了 Ag^+ 的杀菌消毒作用。②在农药上，广泛使用的"波尔多液"是由石灰乳和胆矾制成的，就是利用了 Cu^{2+} 的杀菌、杀虫作用。③在建材上，为防止木材的腐烂，可将木材用某些重金属盐的溶液进行浸泡，如铁路上使用的枕木，常用 $ZnSO_4$ 溶液浸泡，就是利用了 Zn^{2+} 的杀菌作用。④在日常生活中，许多人都知道用 Ag、Pt、Au 等器皿盛放的食物不易变质，就是由于溶解在食物中的极少量的 Ag^+、Pt^+、Au^{3+} 等离子能杀死细菌的缘故。⑤用于除老鼠等"四害"。将某些重金属盐类（如锌盐）跟某些食物搅匀，待老鼠等吃下这种食物后，其中的重金属离子将把它们杀死。

4. 某些非金属、非电解质

有些非金属单质，如硫、碘、白磷等能引起蛋白质变性，用硫制成的软膏常用于治疗某些皮肤病，用碘跟酒精配成的"碘酒"，常用于皮肤表面伤口的杀菌消毒。有些非电解质，也能使蛋白质变性，如常用 75％的酒精进行皮肤表面消毒；用福尔马林（35％～40％的甲醛水溶液）浸泡动物尸体，浸泡后久置不腐烂，故常用于保存尸体；用很稀的甲醛溶液来浸泡种子，以杀死表面及里面的虫卵、细菌等；用苯酚跟肥皂水配成的"来苏尔"，常用于卫生室内外的环境消毒；淀粉糨糊中常加入少量的酚类物质目的就是防止变质（或被虫吃掉）。

最后，需特别指出的是，在使用（或配制）农药、医药时，要注意控制好用药量（或用药浓度），较为理想的用药量（或浓度），应当是能将病菌（或害虫）杀死，而对动植物带来的伤害较小。

蛋白质的变性作用有许多实际应用，例如临床上用乙醇、煮沸、紫外线照射等消毒灭菌；临床化验室用加热凝固反应检查尿中蛋白质；日常生活中把蛋白质煮熟食用，便于消化；但另一方面，当制备保存蛋白质制剂（如酶、疫苗、免疫血清等）过程中，则应避免蛋白质变性，以防失去活性。

二、蛋白质的水解

蛋白质水解是指蛋白质在水解酶作用下催化多肽或蛋白质水解的过程的统称。蛋白质水解对人体吸收有利，通过蛋白质水解，水解为二肽或三肽的产物在人体内要比自由氨基酸和没有水解的蛋白质更易于吸收。

根据水解程度，蛋白质水解可以分为完全水解（彻底水解得到的水解产物为各种氨基酸的混合物）和部分水解（不完全水解得到的水解产物是各种大小不等的肽段和单个氨基酸）。蛋白酶按水解底物的部位可分为内肽酶以及外肽酶，前者水解蛋白质中间部分的肽键，后者则自蛋白质的氨基或羧基末端逐步降解氨基酸残基。

蛋白水解方式主要有化学水解和酶水解。化学水解是利用强酸强碱水解蛋白，虽然简单价廉，但由于反应条件剧烈，生产过程中氨基酸受损严重，L-氨基酸易转化成 D-氨基酸，形成氯丙醇等有毒物质，且难以按规定的水解程度控制水解过程，故较少采用；而生物酶水解是在较温和的条件下进行的，能在一定条件下定位水解分裂蛋白质产生特定的肽，且易于控制水解进程，能够较好地满足肽生产的需要。

在食品加工中，蛋白质的水解可以提高其营养价值。水解蛋白是用奶酪素或血纤维经酸解或酶解所制得，其含氨基氮应为总氮的50％以上。为机体合成代谢提供必需的氨基酸，以维持体内氮的平衡。经常被用于营养不良、因蛋白质消化吸收不良或过度消耗所致蛋白质缺乏、严重胃肠炎及烫伤或外科手术后的蛋白质补充等。除此以外，蛋白质水解后得到的氨基酸很多都具有特殊风味，可以产生某些食品所需的特定风味。

三、其他

（一）氨基酸的化学变化

蛋白质的变性和水解一般不会导致氨基酸的变化，但是在高温加热的过程中，有时候会出现氨基酸的变化。例如制备组织化食品，不可避免地会导致 L-氨基酸部分外消旋至 D-氨基酸。蛋白质在高温下酸水解也会造成一些氨基酸的外消旋。由于 D-氨基酸残基的肽键较难被胃和胰蛋白酶水解，因此氨基酸残基的外消旋会使蛋白质的消化率下降。尤其是一些必需氨基酸出现外消旋后，会导致蛋白质营养价值的下降。食品在煎炸和烧烤时，处于表面的蛋白质经受 200℃ 以上的高温，会产生分解和热解，可能生成一些高度诱变性产物。

（二）蛋白质交联

一些食品蛋白质同时含有分子内和分子间的交联，例如球状蛋白质、锁链素和异锁链素中的二硫键和纤维状蛋白质角蛋白、弹性蛋白、节肢弹性蛋白和胶原蛋白中的二和三酪氨酸类的交联。存在于天然蛋白质的这些交联的一个功能是使代谢性蛋白质水解降到最低。食品中蛋白质在加工过程中，尤其是碱性条件下，也会诱导交联的形成。在多肽链间形成非天然的共价交联降低了包含在或接近交联的必需氨基酸的消化率和生物有效性。

（三）羰胺反应

蛋白质参与羰胺反应（美拉德反应）后，感官和营养性质受到很大影响。双官能团醛，例如丙二醛，能产生交联和蛋白质聚合，蛋白质失去溶解性、赖氨酸的消化率和生物有效性以及蛋白质功能性质的丧失都与此相关。

第6节　食品中重要的蛋白质资源

一、肉类蛋白和血浆蛋白

食品中肉制品的原料主要取自哺乳类动物。哺乳类动物的骨骼肌中含有 16％～22％ 蛋白质。肌肉蛋白质可分为肌纤维蛋白质、肌浆蛋白质和基质蛋白质。这3类蛋白质在溶解性质上存在着显著的差别。采用水或低离子强度的缓冲液能将肌浆蛋白质提取出来，提取肌纤维蛋白质则需要采用更高浓度的盐溶液，而基质蛋白质是不溶解的。肌浆蛋白质中含有大量的糖解酶和其他酶，还含有肌红蛋白和血红蛋白，这两种蛋白质影响着肉的颜色。细胞色素和黄蛋白也是肌浆蛋白质的组分，肌红蛋白、血红蛋白和细胞色素参与活体肌肉中的氧的输送。哺乳类动物骨骼肌中蛋白质的约一半是肌纤维蛋白质，它们在生理条件下，即在活体肌肉中是不溶解的，它们高度带电和结合着水。

基质蛋白质形成了肌肉的结缔组织骨架，它们包括胶原蛋白、网硬蛋白和弹性蛋白。胶原蛋白是纤维状蛋白质，存在于整个肌肉组织中。网硬蛋白是一种精细结构物质，非常类似于胶原蛋白。弹性蛋白是略带黄色的纤维状物质。与肌浆蛋白和纤维蛋白相比，所有这些基质蛋白都较难溶解。

胶原蛋白是动物体内含量最丰富的蛋白质，广泛分布于人体各种组织器官中，它是机体内多种组织的主要组成成分，具有良好的物理性能和生物性能，在化工、食品、医学、生物材料以及农业领域有广泛的应用。胶原蛋白富含除色氨酸、半胱氨酸、酪氨酸外的 18 种氨基酸，包括 7 种必需氨基酸，胶原蛋白还含有一般蛋白质中少见的羟脯氨酸、焦谷氨酸、羟基赖氨酸等。在食品加工中胶原蛋白可以作为功能保健食品、食品添加剂、食品包装材料及涂层材料等。目前，国内外对胶原蛋白的研究主要是利用胶原蛋白的宏观物理特性，用于底片、纺织、造纸等；利用胶原蛋白的内在性能，可以用于食品保健、化妆品、医用材料等。

血浆是动物被屠宰后最先获得的副产物，血浆中的蛋白质部分称为血浆蛋白，是多种蛋白质的总称，可以分为清蛋白、球蛋白、纤维蛋白原等几种成分。血浆蛋白可以用于饲料工业、医药工业、食品工业等。在食品工业中可以应用于肉制品中，如在香肠、灌肠、火腿和肉脯中，利用其乳化性能，提高产品的保水性、切片性、弹性、粒度、产率等；用于菜肴烹饪中，保持菜肴味道鲜美、润滑可口、营养丰富、色香味俱佳；还因其含有丰富的蛋白质、矿物质元素等可以作为营养添加剂、营养补充剂等；此外，血浆还可以应用于糖果糕点中等。

二、乳蛋白和酪蛋白

牛奶中含有丰富的蛋白质（表 5-7）。乳清蛋白是利用现代生产工艺从牛奶中提取出来的一种蛋白质或是由干酪生产过程中所产生的副产品。乳清蛋白是乳清经过特殊工艺浓缩精制而得的一类蛋白质，它是由一些细小而紧密的球状蛋白质组成。乳清蛋白具有高蛋白质、低胆固醇、低脂肪和低乳糖的特点，且容易被人体消化吸收，具有高的营养价值。乳清蛋白的功能特性主要有：成胶性、搅打起泡性、乳化性、成模性等。乳清蛋白的主要组成部分是 β-乳球蛋白、α-乳白蛋白、乳铁蛋白、乳过氧化物酶、生长因子等。β-乳球蛋白是必需氨基酸和支链氨基酸的极好来源，可以促进蛋白质的合成，减少蛋白质的分解，其凝胶性优于乳白蛋白，是在许多食品系统中功能性高的配料；α-乳白蛋白也是必需氨基酸和支链氨基酸的极好来源，是唯一一种能结合钙的乳清蛋白成分，从牛奶中分离出来的乳白蛋白在氨基酸功能、结构及功能特性上都与人乳相似，被广泛应用于婴儿配方食品中；乳铁蛋白在乳清蛋白产品中含量较低，但具有较高的生物活性，可以被用于乳制品和其他含有益生菌的营养药品中作为功能性配料；此外，乳过氧化物酶、生长因子也是乳清蛋白的功能成分。

表 5-7　牛乳蛋白质

蛋白质	在脱脂牛乳中的含量/(g/L)	相对分子质量
酪蛋白		
α_{S1}-酪蛋白	12~15	22 068~23 724
α_{S2}-酪蛋白	3~4	25 230

续表 5-7

蛋白质	在脱脂牛乳中的含量/(g/L)	相对分子质量
β-酪蛋白	9~11	23 944~24 092
κ-酪蛋白	2~4	19 007~19 039
乳清蛋白		
β-乳清蛋白	2~4	18 205~18 363
α-乳清蛋白	0.6~1.7	14 147~14 175
血清白蛋白	0.4	66 267
免疫球蛋白		
IgG1	0.3~0.6	153 000~163 000
IgG2	0.05~0.1	146 000~154 000
IgA	0.05~0.15	385 000~417 000
IgM	0.05~0.1	1 000 000
分泌组分	0.02~0.1	79 000

将乳清蛋白添加到酸奶中，可以缩短培养时间，改善风味和质地，增强滞水性，减少乳清析出和脱水现象，延长保质期，促进益生菌生长，增强酸奶的营养保健功能；将乳清蛋白应用于干酪中可以加速乳的凝结，改善感官性能，缩短干酪的成熟期，增加干酪的出品率；在冰激凌生产中，干酪可以替代脱脂乳粉作为廉价蛋白质的来源，降低产品的成本，并赋予冰激凌清新的乳香味，还可以应用于冷冻甜食以及裱花奶油生产中；在焙烤食品中，乳清蛋白可以作为辅料，增加焙烤食品的体积，提高水分含量，低脂、低胆固醇的乳清蛋白可以全部或部分替代焙烤食品中鸡蛋白、脂肪，保证产品的色泽和口感；在肉类制品中，乳清蛋白可以提高肉制品的营养价值，提高产品的出产率，可以作为肉制品的乳化剂，在低脂肉制品中，可以增加低脂肉制品的弹性和液汁感，还可以作为肉制品的添加物和替代品；在功能食品中，乳清蛋白因含有易消化吸收的优质蛋白，能提供额外能量，节约体内蛋白质；乳清蛋白还富含含硫氨基酸，能维持人体内抗氧化剂的水平等；在配方食品中，乳清蛋白作为一种多功能配料，在乳饮料中可以作为组织改良剂或作为益生菌或者在其他营养疗效食品中作为载体。

酪蛋白是一类磷蛋白，在 pH 4.6 和 20 ℃ 条件下从脱脂牛乳中沉淀出来。酪蛋白属于疏水性最强的那类蛋白质，在牛乳中聚集成胶团形式。酪蛋白是乳中含量最高的蛋白质，具有防治骨质疏松与佝偻病，促进动物体外受精，调节血压，治疗缺铁性贫血、缺镁性神经炎等多种生理功效，尤其是其促进常量元素（Ca、Mg）与微量元素（Fe、Zn、Cu、Cr、Ni、Co、Mn、Se）高效吸收的功能特性使其具有"矿物质载体"的美誉，它可以和金属离子，特别是钙离子结合形成可溶性复合物，一方面有效避免了钙在小肠中性或微碱性环境中形成沉淀，另一方面还可在没有维生素D参与的条件下使钙被肠壁细胞吸收。酪蛋白在食品工业中主要用作固体食品的营养强化剂，同时兼为食品加工过程中的增稠及乳化稳定剂，有时也能作为黏结剂、填充剂和载体使用。酪蛋白在食品中尤其适用于干酪、冰激凌（用量0.3％～0.7％）、肉类制品（如火腿、香肠，用量1％～3％）及水产肉糜制品；以5％添加量强化面包和饼干中的蛋白质；在蛋黄酱中用量为3％。因为酪蛋白是最完善的蛋白质，它还可与谷物制品配合，制成高蛋白谷物制品、老年食品、婴幼儿食品和糖尿病食品等。

酪蛋白磷酸肽是从牛乳中分离提纯得到的富含磷酸丝氨酸的天然活性多肽，可以在小肠内与钙、铁等矿物质形成可溶性络合物，促进人体对钙、铁的吸收。酪蛋白磷酸肽可以促进矿物质的吸收；促进牙齿、骨骼中钙的沉积和钙化；促进动物体外受精和增强机体免疫力。酪蛋白磷酸肽因其能促进矿物质的吸收，是开发制造钙、铁等功能食品的关键性原料，也是一种生理活性肽。目前，酪蛋白磷酸肽已被广泛应用于儿童、孕妇、老人等不同人群的各种保健食品中，如糖果、饼干、饮料、奶酪食品、甜点、畜肉制品、乳制品中等。

三、禽蛋蛋白

禽蛋中含有丰富的蛋白质。比如鸡蛋的蛋清固形物中大约90％是蛋白质，其中：卵白蛋白75％，卵类黏蛋白15％，卵黏蛋白7％，伴白蛋白3％。卵白蛋白是一种含磷蛋白质，含1.7％的甘露糖。卵类黏蛋白含9.2％的混合糖类，由3份甘露糖与1份半乳糖所成。卵黏蛋白含14.9％的混合糖类，其中甘露糖与半乳糖含量相等。伴白蛋白含2.8％的混合糖类，其中甘露糖3份，半乳糖1份。卵类黏蛋白是一个混合物，其中含有溶菌菌、卵蛋白酶

抑制物、卵糖蛋白、卵黄素蛋白。蛋黄中蛋白质的含量甚至比蛋清还要高。据分析，每百克鸡蛋含蛋白质12.8 g，主要为卵白蛋白和卵球蛋白，其中含有人体必需的8种氨基酸，并与人体蛋白的组成极为近似，人体对鸡蛋蛋白质的吸收率可高达98％。蛋清蛋白不仅具有重要的营养价值，而且还具有重要的功能特性如乳化性、起泡性等，被广泛地应用于蛋糕、糕点和冰激凌等食品的加工中。

禽蛋蛋白粉是由禽蛋黄或禽全蛋液为原料，加入适量的蔗糖或麦芽糖，也可以加入适量的牛乳或黄豆粉，经过搅拌，喷雾干燥呈粉状。该产品的特点是溶解快速，溶度高，保存性良好。鸡蛋加工新工艺已获得突破，可将鲜蛋加工成蛋粉。蛋白、蛋黄还可分别制成蛋白粉和蛋黄粉，不但保持了鲜蛋原有的全部营养成分和风味，而且便于大量运输和储藏，保鲜期可长达1年。蛋粉加入一定比例的水还原后，可用作糕点、饼干、面条及冷饮制品等食品的配料，起调味、发酵、乳化作用。同时，蛋白粉和蛋黄粉可以适应不同人的不同需要。

四、大豆蛋白

大豆中富含蛋白质，其含量是小麦、大米等谷类作物的两倍以上，通常在40％～50％之间。而储藏蛋白是大豆蛋白的主体，约占总蛋白质的70％以上，主要包括7S球蛋白（大豆伴球蛋白）和11S球蛋白（大豆球蛋白），而其他储藏蛋白，如2S、9S、15S等含量较少。除储藏蛋白外，大豆蛋白中还含有一些具有生物活性的蛋白，如β-淀粉酶、细胞色素c、植物血凝素、脂肪氧化酶、脲酶、Kunitz胰蛋白酶抑制剂和Bowman-Birk胰蛋白抑制剂等。通常，为提高大豆产品的消化性，加工过程中这些抑制剂会被除去或是通过特殊手段进行失活处理。此外市售不同种类大豆蛋白产品中通常还伴随有异黄酮、皂苷和卵磷脂等物质。

就氨基酸含量来说，大豆蛋白是目前报道的唯一含有人体所需的9种必需氨基酸且含量满足人体需求的一种植物蛋白，是公认的一种全价蛋白质，其蛋白质评价指标PDCAAS（蛋白质消化率校正的氨基酸分数，是一种衡量蛋白质质量的方法）与酪蛋白、鸡蛋蛋白一样达到评估最大值1。从氨基酸需求量看，无论是对于2～5岁的学龄前儿童，

还是对于成人而言，大豆蛋白的必需氨基酸含量都能满足人体每日需求量。然而对于婴儿而言，适量苏氨酸、蛋氨酸、赖氨酸和色氨酸的添加可以有效提高大豆蛋白质的功效比（protein efficiency ratio，PER）和蛋白质净比值（net protein ratio，NPR）。

现代人群所需要的食品应该既能引起食欲，又无不良副作用，而且含有丰富营养。在现有食物类群中，具备上述条件、原料来源丰富的农作物莫过于大豆。用大豆蛋白制作的饮品，被营养学家誉为"绿色牛奶"。大豆蛋白质对胆固醇高的人有明显降低的功效。大豆蛋白饮品中的精氨酸含量比牛奶高，其精氨酸与赖氨酸之比例也较合理；其中的脂质、亚油酸极为丰富而不含胆固醇，可防止成年期心血管疾病发生。丰富的卵磷脂，可以清除血液中多余的固醇类，有"血管清道夫"的美称。

大豆蛋白也有缺点，怕高温，气味有些怪。大豆蛋白的食用温度最好不要用开水，100℃的开水会破坏大豆蛋白质结构，会降低营养价值。同时，大豆蛋白含有的大豆异黄酮等物质让大豆蛋白质的冲食具有一定的腥味。大豆蛋白含嘌呤较高，中老年人不建议食用。

大豆蛋白产品有粉状大豆蛋白产品（soy protein powder）和组织化大豆蛋白产品（textured soy protein）两种。粉状大豆蛋白产品是大豆为原料经脱脂、去除或部分去除碳水化合物而得到的富含大豆蛋白质的产品，视蛋白质含量不同，分为三种：①大豆蛋白粉，蛋白质含量50％～65％（干基计）；②大豆浓缩蛋白，商品名如索康（Solcon）、汤臣倍健蛋白粉、健康怡生大豆高钙蛋白粉，蛋白质含量65％～90％（干基计），以大豆浓缩蛋白为原料经物理改性而得到的具有乳化、凝胶等功能的产品称为功能性大豆浓缩蛋白，商品名如索康S（Solcon S）；③大豆分离蛋白，商品名如索乐（Solpro），蛋白质含量90％（干基计）以上。组织化大豆蛋白是以粉状大豆蛋白产品为原料经挤压蒸煮工艺得到的具有类似于肉的组织结构的产品，视蛋白质含量不同，分为两种：①组织化大豆蛋白粉，蛋白质含量50％～65％（干基计），商品名如索太（Soytex）。②组织化大豆浓缩蛋白，商品名如康太（Contex），蛋白质含量70％（干基计）左右。

现在大豆蛋白被广泛应用于焙烤食品、肉制品、乳制品、饮料制品、水产品、调味品等食品中。

五、谷物蛋白

谷物蛋白质是目前最丰富最廉价的蛋白资源，随着技术的改进和研究的深入，它不仅以其天然形式用于大宗食品，例如面包、糕点、米饭、快餐食品及动物饲料等，还以功能性食品形式应用在生物活性肽、抗性蛋白、营养补充剂等。谷物中蛋白质的含量因种类、品种、土壤、气候及栽培条件等的不同而呈现差异，谷物蛋白质含量一般为7％～15％。在禾谷类粮食中质优量多的是燕麦蛋白，量多质差的是小麦蛋白、玉米蛋白，量少质优的是大米蛋白。

谷物蛋白按其溶解性可分为：清蛋白、球蛋白、谷蛋白和醇溶蛋白。①清蛋白：溶于水，加热凝固，为强碱、金属盐类或有机溶剂所沉淀，能被饱和硫酸铵盐析。②球蛋白：不溶于水，溶于中性盐稀溶液，加热凝固，为有机溶剂所沉淀，添加硫酸铵至半饱和状态时则沉淀析出。谷物中清蛋白和球蛋白是由单链组成的低分子量蛋白质，它们为代谢活性蛋白质。③谷蛋白：不溶于水、中性盐溶液及乙醇溶液中，但溶于稀酸及稀碱溶液，加热凝固，该蛋白仅存在于谷类粒中，常常与醇溶蛋白分布在一起，典型的例子是小麦谷蛋白。④醇溶蛋白：不溶于水及中性盐溶液，可溶于70％～90％的乙醇溶液，也可溶于稀酸及稀碱溶液，加热凝固。该类蛋白质只存在于谷物中，如小麦醇溶蛋白。谷蛋白和醇溶蛋白也叫储藏蛋白，谷蛋白是由多肽链彼此通过二硫键连接而成，醇溶蛋白是由一条单肽链通过分子内二硫键连接而成，用于幼苗生长。小麦储藏蛋白（面筋蛋白）虽不具有生理活性，但具有形成面团功能，可保持气体从而生产各种松软烘烤食品。

不同谷类蛋白的氨基酸组成有所不同。赖氨酸通常为谷类蛋白质中第一限制氨基酸。大米蛋白中赖氨酸含量高于其他谷类蛋白，氨基酸比例合理，接近FAO、WHO推荐营养模式。豆类富含赖氨酸，缺少蛋氨酸。因此，可将谷类与豆类食品相混合进行相互补充，以提高蛋白质生物效价。谷物蛋白中谷蛋白氨基酸组成表现出较大变化性。小麦谷

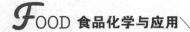

蛋白氨基酸组成与醇溶蛋白相似，而玉米谷蛋白中赖氨酸含量比醇溶蛋白中赖氨酸含量高得多。

1. 小麦蛋白质

小麦中含有小麦面筋蛋白质，约占面筋干重的85％以上，其中主要是麦胶蛋白（醇溶蛋白）和麦谷蛋白（谷蛋白）。当面粉加水和成面团时，麦胶蛋白和麦谷蛋白按一定规律相结合，构成像海绵一样的网络结构，组成面筋的骨架，其他成分如脂肪、糖类、淀粉和水都包藏在面筋骨架的网络之中，这就使得面筋具有弹性和可塑性。小麦面筋蛋白具有很强的吸水性、黏弹性、薄膜成型性、黏附热凝固性、吸脂乳化性等多种独特的物理特性并具有清淡醇香或略带"谷物味"，在食品工业中具有广泛的应用价值。

总的来说小麦是以储藏性蛋白为主。其一，生物价较低，但小麦中蛋白含量较高可以通过食物氨基酸互补，提高其营养品质；其二，小麦中存在独特成分——面筋蛋白，它可通过物理机械方法分离成蛋白浓缩物（活性面筋粉），其工艺简单，市场前景广阔，世界上很多国家均在生产；其三，小麦胚芽在小麦加工时易分离，麦胚蛋白质含量高，氨基酸成分好，此外还有维生素 E（158 μg/g）、B 族维生素等多种维生素，是理想的天然营养保健品。

2. 大米蛋白质

大米含蛋白质 7％～8％，主要是碱溶性的谷蛋白。大米蛋白质大部分分布在糊粉层中，大米加工精度越高，碾去的糊粉层就越多，蛋白质损失也就越多。从大米的氨基酸成分来看，各组分之间相差不大。总的来说 Lys 含量较高，Glu 含量低，胚乳储藏性蛋白富含米谷蛋白，虽然含量与小麦和玉米相比偏低，但其营养品质优于小麦和玉米。主要表现为：①与一般禾谷类蛋白质相比，大米蛋白质含赖氨酸、苯丙氨酸等必需氨基酸较多；②大米蛋白质的氨基酸组成配比比较合理，更加接近于WHO 认定的蛋白氨基酸最佳配比模式；③蛋白的利用率高；④低过敏性（与大豆蛋白、乳清蛋白相比），可以作为婴幼儿食品的配料。目前对大米蛋白的研究较多，大米蛋白的应用也越来越广泛，如生产大米蛋白粉、水鳃大米蛋白、大米蛋白的提取、大米改性蛋白、高附加值肽、生物活性肽、抗

性蛋白等。

3. 玉米蛋白质

玉米籽粒中蛋白质含量一般在 10％左右，其中 80％在玉米胚乳中，而另外 20％在玉米籽粒的玉米胚中。玉米蛋白质以离散的蛋白质和间质蛋白质存在于胚乳中，玉米籽粒中粗蛋白的 40％～50％是人畜体内不能吸收利用的醇溶蛋白（亦称为胶蛋白）。从营养学的角度讲，玉米的蛋白质品质比起水稻和小麦籽粒中的蛋白质就要差得多，消化率也低，蛋白质的利用率只有 57％左右。但玉米胚蛋白对水及脂肪的吸附均很强，故有很好的乳化性，是一种合适的蛋白添加剂和营养补充剂，或用其制成其他蛋白的代用品。

4. 燕麦蛋白质

去壳的裸粒燕麦，其蛋白质平均高达 12.4％～24.5％，故燕麦蛋白质含量在禾谷类粮食中最高。燕麦胚乳中大部分储藏性蛋白属于可溶性的球蛋白，相对而言，胚乳中醇溶蛋白较低，球蛋白与醇溶蛋白比例为 2：1。从营养角度来看，燕麦蛋白是禾谷类粮食中的优质蛋白，Lys 及其他碱性氨基酸含量较高，燕麦蛋白消化率及蛋白净作用率也高，故燕麦有很好的营养品质，可制成各种营养保健食品、疗效食品或蛋白质浓缩物。

六、油料蛋白

油料蛋白质是指油料作物种子中富含的蛋白质。油料种子主要包括大豆、花生、芝麻、油菜籽、向日葵、棉籽、红花、椰子等。油籽成熟时，在油籽细胞中生成并储存的重要营养物质是脂肪和蛋白质，碳水化合物的含量较低。油料种子蛋白质具有很高的营养价值和经济价值，如在植物蛋白质中，油菜籽蛋白的营养价值最高，没有限制性氨基酸，特别是含有许多在大豆中含量不足的含硫氨基酸。棉籽的氨基酸组成中，赖氨酸、蛋氨酸含量较少。由棉籽脱脂粉加工的蛋白质具有在酸性条件下易溶的特性。因此，该蛋白质制品适用于制作酸性饮料，又因其在中性环境中难溶，机能特性很少，也常被用于制作面包和点心。

油菜籽含蛋白质约 25％，去油后的菜籽饼粕中含 35％～45％的蛋白质，略低于大豆粕中蛋白质的含量。菜籽蛋白为完全蛋白质。与其他植物蛋

白相比，菜籽蛋白的蛋氨酸、胱氨酸含量高，赖氨酸含量略低于大豆蛋白。因此从蛋白质的氨基酸组成来看，菜籽蛋白的营养价值较高，与大豆蛋白以及联合国粮农组织（FAO）和世界卫生组织（WHO）推荐值非常接近。

花生仁中含有丰富的脂肪和蛋白质，具有很高的营养价值和经济价值。花生仁含有 $24\%\sim36\%$ 的蛋白质，比牛奶、猪肉、鸡蛋都高，且胆固醇含量低，蛋白质的营养价值与动物蛋白相近，其营养价值在植物蛋白中仅次于大豆蛋白。花生蛋白中含有大量人体必需氨基酸，其中谷氨酸和天冬氨酸含量较高，赖氨酸含量比大米、面粉、玉米都高，其有效利用率高达 98.94%。花生蛋白中约有 10% 蛋白质是水溶性的，称为清蛋白，其余的 90% 为球蛋白。球蛋白是由花生球蛋白和伴花生球蛋白两部分组成，二者的比例因分离方法不同在 $（1\sim4）:1$ 之间，花生蛋白的等电点在 pH 4.5 左右。

带壳棉籽蛋白含量约为 20%，脱壳棉籽蛋白含量 $40\%\sim45\%$，棉籽仁提油后的饼粕蛋白质含量高达 50%，棉籽蛋白在质量上接近于豆类蛋白质，营养价值也比谷类蛋白质高。但由于在棉籽中含有一种毒性的多酚类色素——棉酚，因此在以棉籽蛋白做单胃动物（如猪、鸡、兔等）饲料及供人类食用时，使用前必须将其除去。

葵花籽仁中蛋白质含量为 $21\%\sim30.4\%$，取油后的葵花籽饼粕一般含蛋白质 $29\%\sim43\%$。葵花籽的蛋白质中，球蛋白占 $55\%\sim60\%$，清蛋白占 $17\%\sim23\%$，谷蛋白占 $11\%\sim17\%$，醇溶谷蛋白占 $1\%\sim4\%$。葵花籽蛋白中氨基酸的组成，除赖氨酸的含量较低外，其他的各种氨基酸具有良好的平衡性。葵花籽蛋白中的蛋氨酸含量较高，可以补充大豆蛋白蛋氨酸的不足，两者混合加工成食品是很有前途的。

芝麻具有独特的风味。皮占种子的 $15\%\sim20\%$，约含油 45%，蛋白质 20%，富含甲硫氨酸，赖氨酸含量相对不足。蛋白质的 85% 为球蛋白，由 α-球蛋白质和 β-球蛋白质组成，两者比例为 $4:1$，沉淀速度均为 13 s，相对分子质量约 30 万。芝麻蛋白溶解性低，其功能性利用受到一定限制。因为芝麻含有 $2\%\sim3\%$ 的草酸，所以，要食用芝麻脱脂物，必须重新脱皮。脱皮后，蛋白质的相对含量约增加 60%，且口感好。

七、昆虫蛋白

昆虫活性蛋白是以昆虫为原料，从昆虫的各个生长阶段，如卵、幼虫、成虫、蛹、蛾等提取的蛋白质。世界上的昆虫有 100 多万种，有 3 650 余种可以食用。据专家们预测，昆虫将成为仅次于微生物和细胞生物的第三大类蛋白质来源，因为昆虫种类多，数量大，分布广，繁殖快，高蛋白质、低脂肪、低胆固醇，营养结构合理，肉质纤维少，又易于吸收，优点突出，并优于植物蛋白质，为世界各国所关注。

昆虫的蛋白质含量比牛肉、猪肉、鸡、鱼都要高。例如，干的黄蜂含蛋白质约 81%，蜜蜂 43%，蝉 72%，草蜢 70%，蟋蟀 65%，稻蝗 60.08%，柞蚕蛹 52.14%，蝇蛆 60.88%，黄粉虫 63.19%，鼎实多刺蚁 64.50%，红胸多刺蚁 58.60% 等，而且蛋白质中富含人体所需要的各种氨基酸，尤其是不能自行合成的赖氨酸、苏氨酸、蛋氨酸等。此外，虫体中还含有少量脂肪、糖类、多种维生素及矿物质等。还可以从昆虫表皮中提取几丁质，从血液中提取抗菌肽等。

有关专家经过大量的实验证明：昆虫自身所蕴藏的神奇物质，是任何动植物本身所无法比拟的。昆虫蛋白将是改变人体质最好的添加剂。位于新泽西州的美国普林斯顿大学于 20 世纪末成立了一个专门探秘昆虫物质的科研小组，他们研究发现昆虫蛋白具有神奇保健作用：①免疫特警。昆虫活性蛋白独含的抗菌肽成分，当机体受损或病原微生物入侵时，抗菌肽快速跟踪、追杀入侵者，抗菌肽就像免疫特警一样，用锐利的尖刀迎击"敌人"，在细菌、病毒的胞膜结构上凿出离子通道，使细菌胞膜结构破坏，引起细胞内水溶性物质外流，从而彻底杀死细菌。②免疫清道夫。昆虫活性蛋白富含几丁质。而且昆虫几丁质的纯度要比虾蟹类几丁质纯好多倍，几丁质是一切生物生命力的重要支柱之一，被誉为继蛋白质、糖、脂肪、维生素、矿物质之后的"第六生命营养要素"。它就像辛勤的园丁，在人体免疫系统内起着三调（双向免疫调节、调节pH、调节荷尔蒙）、三排（排细胞和体液有害物质、排重金属离子、排氧毒素）的作用，不断维护着人体的内部环境。③免疫营养。昆虫活性蛋白富含人体必需的 8 种氨基酸、17 种其他氨基酸、肽类物质、不饱和脂肪酸、维生素、矿物质等多种营养成分，强化营养，活化细胞，非常适合人体吸收，是天然的高级营养强化剂。④免疫修复。艾滋病"鸡尾酒疗法"创始人——著名美籍华人科学家何大一博士研究发现，昆虫蛋白所特有的防御素是一种小分子蛋白，具有帮助艾滋病人重建免疫系统的重要作用。艾滋病学名为"获得性免疫缺陷综合征"，这一研究结果证实了防御素对人体免疫系统独特的修复作用。⑤免疫激活。除抗菌肽、防御素外，昆虫活性蛋白还含外源性凝集素，它可以促进细胞相互黏接并抑制其增殖，不仅能使正常细胞更富活性，并能杀灭变异细胞，抵御病毒蔓延，激活免疫力，有效防治胃肠道炎症及各种感染性疾病。

八、叶蛋白

叶蛋白是以新鲜的青绿植物茎叶为原料，经压榨取汁、汁液中蛋白质分离和浓缩干燥而制备的蛋白质浓缩物。植物的叶片是进行光合作用和合成蛋白质的场所，是一种取之不尽的蛋白质资源。许多禾谷类及豆类作物的绿色部分含有 2%～4% 的蛋白质。叶蛋白制备主要包括汁液榨取、汁液中蛋白质分离和叶蛋白的浓缩干燥，其中叶蛋白的分离是整个制备工艺的核心。取新鲜叶片切碎压榨取汁，所得汁液中含有 10% 固形物（40%～60% 为粗蛋白），去掉其中所含低分子生长抑制因子，加热汁液至 90℃ 时可形成蛋白凝块，经洗涤、干燥后，凝块中约含 60% 的蛋白质、10% 的脂类、10% 矿物质和其他物质（包括维生素、色素等），可直接用作商品饲料。

叶蛋白制品含蛋白质 55%～72%，叶蛋白含有 18 种氨基酸，其中包括 8 种人体必需的氨基酸，且其组成比例平衡。叶蛋白的钙、磷、镁、铁、锌含量高，是各类种子的 5～8 倍，胡萝卜素和叶黄素含量比各类种子分别高 20～30 倍和 4～5 倍，无动物蛋白所含的胆固醇，具有防病治病，防衰抗老，强身健体等多种生理功能。被 FAO 认为是一种高质量的食品，是一种具有高开发价值的新型蛋白质资源。

叶蛋白若经过有机溶剂脱色处理等后，会改善叶蛋白的适口性，添加到谷类食物中则可提高谷类食物中赖氨酸的含量。叶蛋白作为商品饲料能增加禽类的皮肉部和蛋黄的色泽。它对患蛋白质缺乏症的儿童也能起到改善营养的作用。

九、单细胞蛋白

单细胞蛋白，也叫微生物蛋白，它是用许多工农业废料及石油废料人工培养的微生物菌体。因而，单细胞蛋白不是一种纯蛋白质，而是由蛋白质、脂肪、碳水化合物、核酸及不是蛋白质的含氮化合物、维生素和无机化合物等混合物组成的细胞质团。单细胞蛋白中重要的是酵母蛋白、细菌蛋白和藻类蛋白。

单细胞蛋白具有以下优点：第一，生产效率高，比动植物高成千上万倍，这主要是因为微生物的生长繁殖速率快。第二，生产原料来源广，一般有以下几类：①农业废物、废水，如秸秆、蔗渣、甜菜渣、木屑等含纤维素的废料及农林产品的加工废水；②工业废物、废水，如食品、发酵工业中排出的含糖有机废水、亚硫酸纸浆废液等；③石油、天然气及相关产品，如原油、柴油、甲烷、乙醇等；④H_2、CO_2 等废气。第三，可以工业化生产，它不仅需要的劳动力少，不受地区、季节和气候的限制，而且产量高，质量好。单细胞蛋白的生产过程也比较简单：在培养液配制及灭菌完成以后，将它们和菌种投放到发酵罐中，控制好发酵条件，菌种就会迅速繁殖；发酵完毕，用离心、沉淀等方法收集菌体，最后经过干燥处理，就制成了单细胞蛋白成品。

单细胞蛋白是一类凝缩的蛋白类产品，含粗蛋白 50%～85%，其中氨基酸组分齐全，可利用率高，还含维生素、无机盐、脂肪和糖类等，其营养价值优于鱼粉和大豆粉。在矿物质元素中，富锌、硒，尤其含铁量很高。近年来酵母产品不断开发，有含硒酵母、含铬酵母，均有其特殊营养功能。不同原料、不同酵母菌生成的饲料酵母营养成分不同，石油酵母的粗蛋白质含量高达 60%，依次为啤酒酵母和纸浆废液酵母，粗蛋白质含量分别为 47.2% 和 45%。从环保及物尽其用的原则出发，后两者最具有开发前途。

用于生产单细胞蛋白的微生物种类很多，包括细菌、放线菌、酵母菌、霉菌以及某些原生生物。这些微生物通常要具备下列条件：所生产的蛋白质等营养物质含量高，对人体无致病作用，味道好并且易消化吸收，对培养条件要求简单，生长繁殖迅速等。①酵母蛋白：真菌中的酵母在食品加工中应用较早，包括酿造、烘烤等食品。酵母中蛋白质的含量超过了干重的一半，但相对缺乏含硫氨基酸。另外，由于酵母中含有较高量的核酸，若摄入过量的酵母蛋白则会造成血液的尿酸水平升高，引起机体的代谢紊乱。②细菌蛋白：细菌蛋白的生产一般是以碳氢化合物（如天然气或沥青）或甲醇作为底物，它们的蛋白质含量占干重的3/4以上，必需氨基酸组成中同样缺乏含硫氨基酸，另外它们所含的脂肪酸也多为饱和脂肪酸。这两种微生物蛋白一般不能够直接食用，需要除去其中的细胞壁、核酸和灰分等杂质，其原理在工艺上与大豆的加工处理类似。细菌蛋白提取处理后得到细菌分离蛋白，它的化学组成与大豆分离蛋白相近，并且在补充含硫氨基酸以后，它的营养价值与大豆分离蛋白也相近。③藻类蛋白：以小球藻和螺旋藻最引人注目，它们是在海水中快速生长的两种微藻，二者的蛋白含量分别为50％、60％（干重），必需氨基酸中除含硫氨基酸较少外，其他的必需氨基酸都很丰富。

20世纪80年代中期，全世界的单细胞蛋白年产量已达 2.0×10^6 t，广泛用于食品加工和饲料中。单细胞蛋白不仅能制成"人造肉"，供人们直接食用，还常作为食品添加剂，用以补充蛋白质或维生素、矿物质等。由于某些单细胞蛋白具有抗氧化能力，使食物不容易变质，因而常用于婴儿粉及汤料、作料中。干酵母的含热量低，常作为减肥食品的添加剂。此外，单细胞蛋白还能提高食品的某些物理性能，如意大利烘饼中加入活性酵母，可以提高饼的延薄性能。酵母的浓缩蛋白具有显著的鲜味，已广泛用作食品的增鲜剂。单细胞蛋白作为饲料蛋白，也在世界范围内得到了广泛应用。

任何一种新型食品原料的问世，都会产生可接受性、安全性等问题。单细胞蛋白也不例外。例如，单细胞蛋白的核酸含量在4％～18％，食用过多的核酸可能会引起痛风等疾病。此外，单细胞蛋白作为一种食物，人们在习惯上一时也难以接受。但经过微生物学家的努力，这些问题会得到圆满解决。

十、浓缩鱼蛋白

"浓缩鱼蛋白"是一种在国外被广泛用作营养、保健食品的添加剂，其氨基酸组成与鸡蛋接近。它以深海低值鱼为原料，采用现代高科技生物技术，以独特的加工工艺制作而成。最早的浓缩鱼蛋白制品，因为制作过程中鱼类的脂肪分解氧化及蛋白分解产生胺类，故色泽发黄并带鱼臭味。这类鱼类浓缩蛋白作为蛋白质强化剂，在面包、饼干等食品中的应用效果不佳，需加以改进。改进后的方法为：以各种经济鱼类或低级多获性鱼类为原料，经采肉后粉碎、水洗、压榨脱水，再用含酸的有机溶剂进行脱脂、脱臭及脱气处理，最后脱去有机溶剂、干燥后制出无臭、白色的鱼类浓缩制品。与以往的制作方法相比，新方法的特点有：①制品色白无臭味；②工艺简单、操作方便，适用于工业化生产；③成本低廉等。如新鲜的狭鳕鱼用鱼肉分离机除去头、骨、鳞、鳍及内脏，把分离的鱼肉用切碎机切碎，用10倍水清洗后压榨脱水。取其300 g绞碎清洗后的碎鱼肉，加入含0.5％柠檬酸的异丙醇溶剂1.2 L，在容器中设有搅拌器和冷凝器在85 ℃下回流脱脂、脱臭、脱色4 h，然后用离心机去除溶剂，再加入1.2 L的异丙醇，用相同的方法再次处理2 h后，用离心机脱去溶剂，制得白色无味的细碎肉120 g。用热风干燥机在70 ℃的温度下，将上述的细碎鱼肉干燥3 h，再用粉碎器将干燥品制成大小均匀一致的粉末，即可按1：（10～20）的重量比例，同小麦粉混合，用于制作面包、饼干等食品，这种鱼类浓缩蛋白，色白无味，质量优于用其他方法制作的鱼类浓缩蛋白。

第7节　蛋白质在食品加工中的作用

一、营养作用

蛋白质是生命的物质基础，是有机大分子，是构成细胞的基本有机物，是生命活动的主要承担者。没有蛋白质就没有生命。氨基酸是蛋白质的基本组成单位，它是与生命及与各种形式的生命活动紧密联系在一起的物质。机体中的每一个细胞和所有重要组成部分都有蛋白质参与。蛋白质占人体重量的 16%～20%，即一个 60 kg 重的成年人其体内有蛋白质 9.6～12 kg。

1. 构造人的身体

蛋白质是一切生命的物质基础，是机体细胞的重要组成部分，是人体组织更新和修补的主要原料。人体的每个组织：毛发、皮肤、肌肉、骨骼、内脏、大脑、血液、神经、内分泌等都是由蛋白质组成，所以说饮食造就人本身。蛋白质对人的生长发育非常重要。比如大脑发育的特点是一次性完成细胞增殖，人的大脑细胞的增长有两个高峰期。第一个是胎儿 3 个月的时候；第二个是出生后到一岁，特别是 0～6 个月的婴儿是大脑细胞猛烈增长的时期。到 1 岁大脑细胞增殖基本完成，其数量已达成人的 9/10。所以 0 到 1 岁儿童对蛋白质的摄入要求很有特色，对儿童的智力发展尤为重要。

2. 结构物质

人的身体由百兆亿个细胞组成，细胞可以说是生命的最小单位，它们处于永不停息地衰老、死亡、新生的新陈代谢过程中。例如年轻人的表皮 28 d 更新一次，而胃黏膜两三天就要全部更新。所以一个人如果蛋白质的摄入、吸收、利用都很好，那么皮肤就是光泽而又有弹性的。反之，人则经常处于亚健康状态。组织受损后，包括外伤，不能得到及时和高质量的修补，便会加速机体衰退。

3. 载体的运输

维持机体正常的新陈代谢和各类物质在体内的输送。载体蛋白对维持人体的正常生命活动是至关重要的，可以在体内运载各种物质。比如血红蛋白——输送氧（红细胞更新速率 250 万/s），脂蛋白——输送脂肪，细胞膜上的受体——转运蛋白，白蛋白——维持与构成机体内的渗透压的平衡。

4. 抗体的免疫

有白细胞、淋巴细胞、巨噬细胞、抗体（免疫球蛋白）、补体、干扰素等，7 d 更新一次。当蛋白质充足时，这个部队就很强，在需要时数小时内可以增加 100 倍。

5. 酶的催化

酶是以蛋白质为主要成分的生物催化剂，生物体内的代谢反应几乎都是酶催化下完成的。人机体有数千种酶，每一种只能参与一种生化反应。人体细胞里每分钟要进行 100 多次生化反应。酶有促进食物的消化、吸收、利用的作用。相应的酶充足，反应就会顺利、快捷地进行，我们就会精力充沛，不易生病；否则反应就变慢或者被阻断。

6. 调节功能

蛋白质调节功能指的是在生物体正常的生命活动如代谢、生长、发育、分化、生殖等过程中，多肽和蛋白质激素起着极为重要的调节作用。如调节糖代谢的胰岛素（insulin），与生长和生殖有关的促甲状腺素（thyrotropin）、促生长素（somatotropin）、黄体生长素（luteinizing hormone，LH）和促卵泡激素（follicle stimulating hormone，FSH）等。

重要的肽类激素包括促肾上腺皮质激素、抗利尿激素（antidiuretic hormone）、胰高血糖素（glucagon）和降钙素（calcitonin）。另外，许多激素的信号常常通过 G 蛋白（GTP 结合蛋白）介导。其他还有转录和翻译调控蛋白质，包括与 DNA 紧密结合的组蛋白及某些酸性蛋白质等。

7. 胶原蛋白

胶原蛋白是结缔组织中和主要成分，构成身体骨架如骨骼、血管、韧带等，决定了皮肤的弹性，保护大脑（在大脑脑细胞中很大一部分是胶原细胞，并且形成血脑屏障保护大脑），也是哺乳动物内含量最多、分布最广的功能性蛋白，占蛋白质总量的 25%～30%，某些生物体甚至高达 80% 以上。

畜禽源动物组织是人们获取天然胶原蛋白及其胶原肽的主要途径，但由于相关畜类疾病和某些宗教信仰限制了人们对陆生哺乳动物胶原蛋白及其制品的使用，现今正在逐步转向在海洋生物中开发。欧洲食品安全局（EFSA）已证实了即使是动物骨骼来源的胶原蛋白也不存在感染疯牛病和其他相关疾病的可能。

8. 能源物质

提供生命活动所需的能量，机体在完全禁食蛋白质情况下，健康成人每日仍排出约 30 g 蛋白质中的氮，由于食物蛋白质与人体蛋白质组成的差异，不可能全部利用，加上消化道中蛋白质难以全部消化吸收，我国营养学会推荐成人每日蛋白质需要量为 80 g。

二、感官品质

1. 以乳蛋白作为功能性蛋白质在食品加工中的应用

在生产冰激凌和发泡奶油点心过程中，乳蛋白起着发泡剂和泡沫稳定剂的作用。在焙烤食品中加入脱脂奶粉，可以改善面团的吸水能力，增大体积，阻止水分的蒸发，控制气体逸散速度。乳清中的各种蛋白质，具有较强的耐搅打性，可用作西式点心的顶端配料稳定泡沫。奶粉可以作为乳化剂添加到肉糜中去，增加肉糜保湿性。

2. 以卵类蛋白作为功能性蛋白质在食品加工中的应用

卵类蛋白主要由蛋清蛋白和蛋黄蛋白组成。蛋清蛋白的主要功能是促进食品的凝结、胶凝、发泡和成型。在搅打适当黏度的卵类蛋白质的水分散系时，其中的蛋清蛋白重叠的分子部分伸展开，捕捉并且滞留住气体，形成泡沫。卵类蛋白对泡沫有稳定作用。用鸡蛋作为揉制糕饼面团混合料时，蛋白质在气-液界面上形成弹性膜，这时已有部分蛋白质凝结，把空气滞留在面团中，有利于发酵，防止气体逸散，面团体积加大，稳定蜂窝结构和外形。鸡蛋蛋白的主要功能是乳化及乳化稳定性。它常常吸附在油水界面，促进产生并稳定水包油的乳状液。鸡蛋蛋白在调味汁和牛奶糊中不但起增稠作用，还可作为黏结剂和涂料，把易碎食品粘连在一起，使它们在进一步加工时不致开裂。

3. 以肌肉蛋白作为功能性蛋白质在食品加工中的应用

肌肉蛋白的保水性影响鲜肉滋味、嫩度和颜色的重要功能性质，是影响肉类加工质量的决定因素。肌肉中的水溶性肌浆蛋白和盐溶性肌纤蛋白的乳化性，对大批量肉类的加工质量影响极大。肌肉蛋白的溶解性、溶胀性、黏着性和胶凝性，在食品加工中也起着很重要的作用。如胶凝性可以提高食品产品强度、韧性和组织性。肌肉蛋白的吸水、保水和保油性能使食品在加工时减少油水的流失量，阻止食品收缩；肌肉蛋白的黏着性有促进肉糜结合的作用，从而免去使用黏着剂。

4. 以大豆蛋白质作为功能性蛋白质在食品加工中的应用

大豆蛋白质具有溶解性、吸水和保水性、黏着性、胶凝性、弹性、乳化性和发泡性等特性。每一种性质都给食品加工过程带来特定的效果，如利用大豆蛋白的乳化性，加入咖啡乳内；利用其发泡性涂在冰激凌表面；在肉类加工中是利用大豆蛋白的保水性、乳化性和胶凝性。因大豆蛋白价廉，所以它被广泛应用于食品加工。

本章小结

本章首先对氨基酸的结构和分类、氨基酸的立体结构和光学性质、氨基酸的两性和溶解性、氨基酸的化学性质等内容进行了较为全面的介绍，在此基础之上，阐述了蛋白质的分类和结构特点。然后对蛋白质的水合性质、界面性质、流变性质等功能性质进行了较为全面的阐述，重点介绍了蛋白质的水合性质和界面性质的相关概念、原理及其在食品加工中的应用。对于蛋白质在食品加工过程中的主要变化，重点介绍了蛋白质的变性和蛋白质的水解，尤其对蛋白质的变性的相关概念、影响因素及其带来的变化和影响进行了较为深入的阐述。接下来还对食品中重要的蛋白质资源的种类、来源、特点等内容进行了介绍。最后为了让读者全方位地了解蛋白质对于食品的重要意义，还对蛋白质的营养作用和提高食品感官品质的作用进行了简单总结。

思考题

1. 简述食品中氨基酸的种类、结构、理化性质及生理作用。

2. 简述氨基酸理化性质对蛋白质构建的影响。

3. 蛋白质的功能性质主要有哪些？

4. 蛋白质在食品加工过程中的主要变化有哪些？

5. 食品中重要的蛋白质资源有哪些？

6. 蛋白质在食品加工中发挥哪些作用？

参考文献

[1] 夏其昌. 蛋白质化学研究技术进展. 北京：科学出版社，1999.

[2] Cheung M S, Klimov D, Thirumalai D, et al. Molecular crowding enhances native state stability and re-

folding rates of globular proteins. Proceedings of the National Academy of Sciences of the United States of America, 2005, 102 (13): 4753-4758.

[3] Damodaran S, Parkin K L, Fennerma O R. Food Chemistry. 4th ed. New York: CRC Press Taylor & Francis Group, 2008.

[4] Ipsen R, Olsen K, Skibsted L H, et al. Gelation of whey protein induced by high pressure. Milchwissenschaft, 2002, 57: 650-653.

[5] Prasanna B M, Vasal S K, Kassahun B, et al. Quality protein maize review. Current Science, 2001, 81 (10): 1308-1319.

第6章
酶

学习目的与要求：
掌握酶的化学本质、基本特征及酶催化反应动力学的基础理论；熟悉食品内源酶对食品色泽、质地、风味和营养特性的影响、作用机制及调控方法；了解食品工业中重要的酶类及其在食品加工中的应用；掌握酶的固定化原理、方法及固定化酶在食品工业中的应用。

学习重点：
食品内源酶对食品色泽、质地、风味和营养特性的影响、作用机制及调控方法；食品工业中重要的酶类及其在食品加工中的应用。

学习难点：
酶的化学本质、基本特征及酶催化反应动力学的基础理论。

教学目的与要求

- **研究型院校**：熟悉食品内源酶对食品色泽、质地、风味和营养特性的影响、作用机制及调控方法；了解食品工业中重要的酶类及其在食品加工中的应用；掌握酶的化学本质、基本特征及酶催化反应动力学的基础理论；掌握酶的固定化原理、方法及固定化酶在食品工业中的应用。

- **应用型院校**：熟悉食品内源酶对食品色泽、质地、风味和营养特性的影响规律及调控方法；了解酶的化学本质、基本特征及影响酶催化反应速度的因素；了解酶的固定化方法及固定化酶在食品工业中的应用；掌握食品工业中重要的酶类及其在食品加工中的应用。

- **农业类院校**：熟悉酶的化学本质、基本特征及酶催化反应动力学的基础理论；了解食品工业中重要的酶类及其在食品加工中的应用；掌握食品内源酶对食品色泽、质地、风味和营养特性的影响、作用机制及调控方法。

- **工科类院校**：熟悉酶的化学本质、基本特征及酶催化反应动力学特性；了解食品内源酶对食品色泽、质地、风味和营养特性的影响规律及调控方法；掌握食品工业中重要的酶类及其在食品加工中的应用；掌握酶的固定化方法及固定化酶在食品工业中的应用。

第 1 节 引言

在 17—19 世纪，酶在生命组织中的作用被认为是发酵，如酵母酒精发酵、动物消化过程等。1878 年，Kühne 提出了"酶"这个词，该词源于希腊语 *enzyme*，意为"在酵母中"。酶是一类具有很强催化活性的蛋白质，存在于一切生物体内，由生物细胞合成，并参与新陈代谢有关的化学反应。因此，在食品中涉及许多酶催化的反应，它们对食品的品质产生有益或有害的影响和变化，例如水果、蔬菜的成熟，加工和储藏过程中的酶促褐变引起的颜色变化，某些风味物质的形成，水果中淀粉和果胶物质的降解，肉类嫩化和奶制品的熟化以及发酵生产酒精饮料等。有时为了提高食品品质和产量，在加工或储藏过程中添加外源酶，例如以玉米淀粉为原料，通过添加淀粉酶和葡萄糖异构酶生产高果糖玉米糖浆，在牛乳中添加乳糖酶以解决某些人群乳糖不耐受症的问题。在食品储藏和热处理过程中，常常根据组织亚细胞结构中酶的分布模式和活性的变化，作为评价处理效果的一项指标，如在牛奶、啤酒和蜂蜜的巴氏灭菌中了解消毒的效果；区别新鲜和冷冻的肉与鱼类食品。食品成分的分析中，常常利用酶的专一性和敏感性测定食品原料与产品的组成变化，达到控制质量的目的。本章主要介绍酶的基础知识以及酶在食品储藏、生产和加工中的应用，以期达到改善食品品质，生产食品配料以及加强食品质量监测的目的。

第 2 节 酶学基础

一、酶的化学本质

酶是最常见的生物催化剂，与生命活动、中间体合成、信号传导及代谢调控密切相关。生物体内除少数几种酶为核糖核酸分子外，大多数的酶类都是蛋白质，即天然存在的 L-氨基酸的聚合物，相对分子质量一般介于 12 000（例如一些硫氧还蛋白和谷氧还蛋白）到 1 000 000（例如丙酮酸脱羧酶复合物）之间。酶与其他蛋白质一样，也具有两性电解质的性质，并具有一、二、三、四级结构。因而在受到外界环境因素的作用时也会发生变化或沉淀，乃至丧失酶活性。酶中的蛋白质有的是简单蛋白，有的是结合蛋白，后者为酶蛋白与辅助因子结合后形成的复合物。根据酶蛋白分子的特点可将酶分为 3 类，即：①单体酶，只有一条具有活性部位的多肽链，相对分子质量在 13 000～35 000 之间，如溶菌酶、胰蛋白酶等，一般都是催化水解反应的酶；②寡聚酶，通常由几个甚至几十个亚基组成，这些亚基可以是相同的多肽链，也可以是不同的多肽链。亚基间以非共价键结合，相对分子质量从 35 000 到几百万，如磷酸化酶 a 和 3-磷酸甘油醛脱氢酶等；③多酶体系，由几种酶彼此嵌合形成的复合体，相对分子质量一般都在几百万以上，如催化脂肪酸合成的脂肪酸合成酶复合体。

酶的辅助因子包括金属离子（如 Fe^{2+}、Cu^{2+}、Zn^{2+}、Mg^{2+}、Ca^{2+}、Na^+、K^+ 等）及有机化合

物，它们本身无催化作用，但在酶促反应中可起到运输转移电子、原子或某些功能基团的作用，如参与氧化还原或运载酰基。有些蛋白质也具有此种作用，称之为蛋白辅酶。有些辅助因子与酶蛋白结合松散，在大多数情况下可以通过透析或其他方法将它们从全酶中除去，这种辅助因子称辅酶（cofactor 或 coenzyme）。但是，也有少数辅助因子以共价键和酶蛋白牢固结合在一起，不易透析除去，这种辅助因子称为辅基（prosthetic group）。

二、酶的命名和分类

（一）习惯命名法

1961 年以前酶的名称一直都沿用习惯命名法，其命名原则主要包括以下 4 点：①根据酶的作用底物来命名，如淀粉酶、蛋白酶；②根据酶催化的反应性质来命名，如水解酶、氧化还原酶、转移酶、异构化酶等；③根据酶作用的底物并兼顾反应性质来命名，如淀粉水解酶、琥珀酸脱氢酶等；④结合上述情况并根据酶的来源或酶的其他特点进行命名，例如胃蛋白酶、胰蛋白酶等。酶的习惯命名法比较简单，容易记忆，一直沿用至今，但由于其缺乏系统性，有时会出现一酶数名或一名数酶的情况，容易造成混淆。

（二）系统命名法与分类

由于惯用名不能准确反映酶反应的特征，国际生物化学和分子生物学协会（IU-BMB）酶学委员会（EC）于 1961 年推荐了一套新的系统命名方法，并对各类酶进行了系统命名及分类。酶的系统命名法要求每种酶的名称应同时明确酶的底物及催化反应的性质。如果一种酶能催化两种底物起反应，在它们的系统名称中应包括两种底物的名称，并以"："隔开；若底物之一为水，则可将水略去不写。

依据系统命名原则，酶的国际酶学委员会编号（EC number）由 4 个阿拉伯数字组成，通常表示为 EC X.X.X.X。其中，EC 代表国际酶学委员会；第一个数字代表酶催化反应的类型，包括 6 大类，即氧化还原酶类（oxidoreductases）、转移酶类（transferases）、水解酶类（hydrolases）、裂解酶类（lyases）、异构酶类（isomerases）和连接酶类（ligases），分别用 1、2、3、4、5、6 来表示；第二个数字为酶所属大类中的亚类，如在水解酶中表示水解键连接的形式，氧化还原酶类中表示氢的供体，转移酶中表示转移的基团等，每一个亚类又按顺序以 1、2、3、4…编号；第三个数字是酶所属亚类中的亚-亚类，用来补充第二个数字分类的不足，如对氧化还原酶中氢原子的受体，转移酶的转移基团等再进行细分，每个亚-亚类仍用 1、2、3、4…编号；第四个数字则表示酶在亚-亚类中的排号。例如 α-淀粉酶（习惯命名）的系统命名为 1,4-α-D-葡聚糖-葡萄糖水解酶，其国际酶学委员会编号为 EC 3.2.1.1。表 6-1 列出了食品中的一些重要酶的系统分类。

表 6-1 食品中的一些重要酶的系统分类

类和亚类	酶	EC 编号
1. 氧化还原酶		
1.1 供体为 CH-OH		
1.1.1 受体为 NAD^+ 或 $NADP^+$	乙醇脱氢酶	1.1.1.1
	丁二醇脱氢酶	1.1.1.4
	L-艾杜糖醇-2-脱氢酶	1.1.1.14
	L-乳糖脱氢酶	1.1.1.27
	苹果酸脱氢酶	1.1.1.37
	半乳糖-1-脱氢酶	1.1.1.48
	葡萄糖-6-磷酸-1-脱氢酶	1.1.1.49
1.1.3 受体为氧	葡萄糖氧化酶	1.1.3.4
	黄嘌呤氧化酶	1.1.3.22

续表 6-1

类和亚类	酶	EC 编号
1.2 供体为醛基		
1.2.1 受体为 NAD⁺ 或 NADP⁺	醛脱氢酶	1.2.1.3
1.8 供体为含硫化合物		
1.8.5 受体为醌或醌类化合物	谷胱甘肽脱氢酶（抗坏血酸）	1.8.5.1
1.10 供体为二烯醇或二酚		
1.10.3 受体为氧	抗坏血酸氧化酶	1.10.3.3
1.11 受体为氢过氧化物	过氧化氢酶	1.11.1.6
	过氧化物酶	1.11.1.7
1.13 作用于单一供体		
1.13.11 与分子氧结合	脂肪氧合酶	1.13.11.12
1.14 作用于一对供体		
1.14.18 与一个氧原子结合	一元酚单加氧酶（多酚氧化酶）	1.14.18.1
2. 转移酶		
2.7 转移磷酸		
2.7.1 受体为 OH	己糖激酶	2.7.1.1
	甘油激酶	2.7.1.30
	丙酮酸激酶	2.7.1.40
2.7.3 受体为 N-基	肌酸激酶	2.7.3.2
3. 水解酶		
3.1 切断酯键		
3.1.1 羧酸酯水解酶	羧酸酯酶	3.1.1.1
	三酰甘油酯酶	3.1.1.3
	磷酸酯酶 A_2	3.1.1.4
	乙酰胆碱酯酶	3.1.1.7
	果胶甲酯酶	3.1.1.11
	磷酸酯酶 A_1	3.1.1.32
3.1.3 磷酸单酯水解酶	碱性磷酸酯酶	3.1.3.1
3.1.4 磷酸双酯水解酶	磷脂酶 C	3.1.4.3
	磷脂酶 D	3.1.4.4
3.2 水解 O-糖基化合物		
3.2.1 糖苷酶	α-淀粉酶	3.2.1.1
	β-淀粉酶	3.2.1.2
	葡萄糖糖化酶	3.2.1.3
	纤维素酶	3.2.1.4
	聚半乳糖醛酸酶	3.2.1.15
	溶菌酶	3.2.1.17
	α-D-糖苷酶（麦芽糖酶）	3.2.1.20
	β-D-糖苷酶	3.2.1.21
	α-D-半乳糖苷酶	3.2.1.22
	β-D-半乳糖苷酶（乳糖酶）	3.2.1.23

续表 6-1

类和亚类	酶	EC 编号
	β-呋喃果糖苷酶（转化酶或蔗糖酶）	3.2.1.26
	1，3-β-D-木聚糖酶	3.2.1.32
	α-L-鼠李糖苷酶	3.2.1.40
	支链淀粉酶	3.2.1.41
	外切聚半乳糖醛酸酶	3.2.1.67
3.2.3 水解 S-糖基化合物	葡萄糖硫苷酶（黑芥子硫苷酸酶）	3.2.3.1
3.4 肽酶		
3.4.21 丝氨酸肽键内切酶	微生物丝氨酸肽键内切酶如枯草杆菌蛋白酶	3.4.21.62
3.4.23 天冬氨酸肽键内切酶	凝乳酶	3.4.23.4
3.4.24 金属肽键内切酶	嗜热菌蛋白酶	3.4.24.27
3.5 作用于除肽键外的 C—N 键		
3.5.2 环内酰胺	肌酸酐酶	3.5.2.10
4. 裂解酶		
4.2 C—O 裂解酶		
4.2.2 作用于多糖	果胶酸裂解酶	4.2.2.2
	外切聚半乳糖醛酸裂解酶	4.2.2.9
	果胶裂解酶	4.2.2.10
5. 异构酶		
5.3 分子内氧化还原酶		
5.3.1 醛糖和酮糖间的互变	木糖异构酶	5.3.1.5
	葡萄糖-6-磷酸异构酶	5.3.1.9

三、酶的基本特征

（一）酶的催化作用

酶是一种生物催化剂，可以降低反应物转变为产物所需要的能量障碍，提高反应速率。酶催化作用具有以下几个显著特征：①催化效率高，以分子比表示，酶催化反应的转化速率比非催化反应高 $10^8 \sim 10^{20}$ 倍，比其他催化反应高 $10^7 \sim 10^{13}$ 倍。以转换数 kcat 表示，大部分酶为 1 000，最大的可达几十万，甚至一百万以上。②高度的专一性（specificity），一种酶只能作用于一种或一类底物。③反应条件温和，在调控生物体的生命活动中起着重要的作用。酶催化活力通常与其辅酶、辅基和金属离子密切相关，并且容易受到温度、pH、离子浓度等外界因素的影响而失去活性。

酶的催化反应同样遵从热力学定律。在放热反应中，反应底物 A 生成产物 B 的活化能 ΔE 是相当高的，这类反应在大多数情况下不能自发进行，反应物 A 处于亚稳态。在加入合适的催化剂后，可使底物 A 转变为活化能较低的过渡态，形成中间产物 EA 或 EP（图 6-1），并最终释放出产物 P

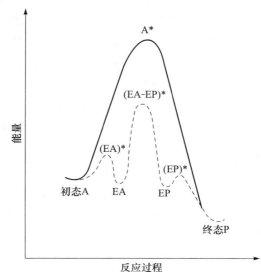

A→P；——（实线）没有催化剂；┈┈（虚线）有催化剂E

图 6-1 在非催化和酶催化过程吉布斯自由能的变化

和游离的催化剂。在催化反应过程中，催化剂对某些反应的活化能和转化速率产生显著的影响，通常可使反应速率常数增大几个数量级，如表6-2所示。在体外实验中，通常仅需$10^{-8} \sim 10^{-6}$ mol/L的酶，就可获得高效的催化活性。

表6-2 催化剂对某些反应的活化能和转化速率的影响

反应	催化剂	活化能/(kJ/mol)	相对反应速率（25℃）
$H_2O_2 \rightarrow H_2O + 1/2 O_2$	无（水溶液）	75.3	1.0
	I^-	56.5	2.1×10^3
	过氧化氢酶	23.0	1.5×10^9
酪蛋白 + nH$_2$O → ($n+1$) 肽	H^+	86.2	1.0
	胰蛋白酶	50.2	12.0×10^6
丁酸乙酯 + H$_2$O → 丁酸 + 乙醇	H^+	55.2	1.0
	脂肪酶	17.6	4.0×10^6
蔗糖 + H$_2$O → 葡萄糖 + 果糖	H^+	107.1	1.0
	转化酶	46.0	5.1×10^{10}
尿素 + H$_2$O → CO$_2$ + 2NH$_3$	H^+	102.5	1.0
	尿酶	36.4	4.2×10^{11}

（二）酶的专一性

酶的专一性（enzyme specificity）是指酶对底物（substrate）的选择性，即一种酶只能作用于一类底物或者特定的化学键，甚至有些酶只能作用于一种物质。酶的专一性是酶的最重要的特性之一，它可保证生物体内复杂的代谢活动按特定方向和途径有条不紊地进行，为维持生物体生命活动的正常进行发挥重要功能。根据酶对底物专一性的程度，可以将酶的专一性分成以下几种类型。

1. 键专一性（bond specificity）

有些酶对底物的结构要求较低，只作用于特定的化学键，而对化学键两端的基团并无严格要求，这种称为"键专一性"。例如酯酶催化酯键的水解，其对底物中酯键两端的基团没有严格的要求，它既能催化水解简单脂类、甘油酯类，也能催化乙酰、丙酰或丁酰胆碱等，只是在催化不同脂类时，其水

解速率不同而已。

2. 基团专一性（group specificity）

基团专一性是指酶不仅对作用的底物的化学键有特定的要求，而且对该化学键两端的基团也有一定的要求。例如，胰蛋白酶只能水解精氨酸或赖氨酸残基的羧基形成的肽键（此性质常用于蛋白质序列的分析）；磷酸单酯酶能水解许多磷酸单酯化合物（6-磷酸葡萄糖和各种核苷酸），而不能水解磷酸二酯化合物。

3. 绝对专一性（absolute specificity）

有些酶对底物的要求非常严格，仅仅作用于一种底物，而对其他所有物质均不起催化作用，这种专一性称为"绝对专一性"，也叫"结构专一性"。例如，尿酶只能催化尿素水解，而对尿素的衍生物则不起作用；麦芽糖酶只作用于麦芽糖而不作用于其他双糖。

4. 立体异构专一性（stereospecificity）

当底物存在光学或立体异构体时，酶只能作用于其中一个对映异构体，这种专一性称为立体异构专一性。具体又可分为：①旋光异构专一性，例如酵母中的 D-葡萄糖酶只能催化 D-葡萄糖发酵，而不能催化 L-葡萄糖发酵；L-氨基酸氧化酶只能催化 L-氨基酸氧化，而不能催化 D-氨基酸氧化。②几何异构专一性，当底物具有几何异构体时，酶只能催化其中一种发生化学反应。例如琥珀酸脱氢酶只能催化琥珀酸脱氢生成延胡索酸，而不能生成顺丁烯二酸。酶的立体异构专一性在食品加工和分析中具有非常重要的作用，如利用酶的这个性质来分离手性化合物。

（三）酶的催化理论

酶是生物大分子，其与底物结合，并催化底物发生化学反应的部位只局限于它的大分子的一定区域，该区域称为酶的活性中心（enzyme active center）。构成活性中心的基团，可分为两类：①结合基团（binding group），在催化反应时它们可与底物发生结合；②催化基团（catalytic group），在反应时它们虽然不与底物结合但可参与催化反应。此外，有些基团同时具有这两种作用。酶的活性中心不仅决定酶的专一性，同时也对酶的催化性质起决定性作用。

为了解释酶的催化理论，早在 1894 年，德国化学家 Emil Fischer 首先提出了锁与钥匙学说（lock and key theory），即把酶比喻为锁，把底物分子或底物分子的一部分看作钥匙，底物专一地楔入酶的活性中心部位，也就是说底物分子进行化学反应的部位与酶分子上有催化效能的基团间有紧密互补的关系（图 6-2），能紧密结合形成中间产物。然而，"锁钥学说"很难解释底物与酶结合时，许多酶的构象发生的明显变化以及酶常常能催化正逆两个方向的反应的现象。为此，D. E. Koshland 于 1958 年提出了"诱导契合学说"（induced-fit hypothesis），当底物与酶分子接近时，可诱导酶蛋白的构象发生相应的变化，以利于与底物分子的结合，从而形成中间产物，并催化底物发生反应，见图 6-3。随后 X 射线衍射分析的实验结果支持了这一假说，证明了酶与底物结合时确有显著的构象变化。

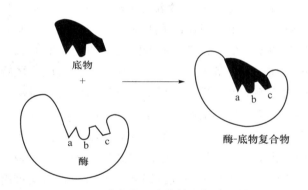

图 6-2 酶催化反应的锁和钥匙机制

事实上，酶催化反应的理论是降低反应的活化能，即酶分子与底物分子先结合形成不稳定的中间产物（中间结合物），这个中间产物不仅容易生成（即该中间产物的生成较原反应需要较少的活化能），而且容易分解形成产物，并释放出原来的酶，这样就把原来活化能较高的一步反应变成了活化能较低的两步（或多步）反应。由于活化能降低，使得活化分子显著增加，反应速度也因此迅速提高。如果以 E 表示酶，S 表示底物，ES 表示中间产物，P 表示反应终产物，其反应过程可表示如下：

$$E+S \rightarrow ES \rightarrow E+P$$

酶催化理论的关键是认为酶参与了底物的反应，生成了不稳定的中间产物，因而使反应沿着活化能较低的途径迅速进行。事实上，中间产物学说

已经被许多实验所证实，中间产物确实存在。

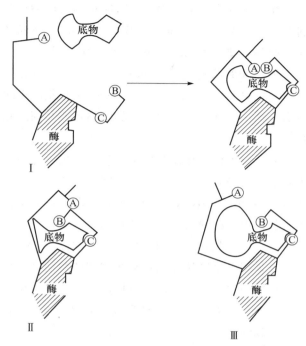

图 6-3 酶催化反应的"诱导契合"机制

（四）酶活力

酶活力（enzyme activity）也称酶活性，是指酶催化一定化学反应的能力。酶活力的大小可以用在一定条件下，它所催化的某一化学反应的转化速率来表示，即酶催化的转化速率越快，酶的活力就越高；反之，速率越慢，则表示酶的活力越低。所以，测定酶的活力就是测定酶促反应的速率。酶催化反应的速率可用单位时间内底物的减少量或产物的增加量来表示。一定数量的酶制剂催化特定反应的能力大就表明其酶活力强，通常用酶的活力单位来表示。

1961 年国际生化协会酶学委员会规定：在特定条件下，在 1 min 内使 1 μmol 底物转化为产物的酶量为 1 个酶活力单位（enzyme active unit）或称为酶的国际单位（IU）。特定条件是指：温度为 25℃，其他条件（如 pH 及底物浓度）均为酶的最适反应条件。1972 年国际酶学委员会又推荐了一种新的酶活力国际单位，即 Katal（简称 Kat）单位，具体规定为：在最适反应条件（温度 25℃）下，每秒钟催化 1 摩尔（mol）底物转化为产物所需的酶量，定为 1 Kat 单位（1 Kat＝1 mol·s^{-1}）。Kat 单位与 IU 单位之间的换算关系如下：

$$1\,Kat = 60 \times 10^6\,IU$$

在酶制剂生产上，生产商有时根据自己的产品制定各自的酶活力单位，并规定相应的底物或产物。例如，蛋白酶以 1 min 内能水解酪蛋白产生 1 μg 酪氨酸的酶量为 1 个蛋白酶单位。在测定酶活力时，对反应的 pH、温度、底物浓度和作用时间都有统一的规定，以便于同类酶制剂产品间的相互比较。

酶活力单位只能作为相互比较的依据，并不直接表示酶的绝对数量。因此在实际应用中，常用比活力（specific activity）来衡量单位质量或单位体积酶蛋白中酶的绝对数量，即每毫克酶蛋白所具有的酶活力单位数，一般用（IU/mg 蛋白质）表示。有时也采用每毫升酶液或每克酶制剂的酶活力单位数表示酶的比活力。比活力可以用于评价每单位酶蛋白的催化能力。对同一种酶而言，比活力越高，表示酶越纯。

第 3 节　酶催化反应动力学

酶催化反应动力学（kinetics of enzyme-catalyzed reactions）是指研究酶催化反应的速率以及影响此速率的各种因素。不同化学反应的速率通常有较大的差异，同一种反应由于反应条件不同，其反应速率也存在很大的差别。另外，还有许多化学反应，同时伴有副反应的发生，因此在调控化学反应时，通常是增大主要反应的速率，并同时设法降低副反应的速率。通过化学反应动力学的研究，在理论上可以了解化学反应的具体过程和途径，阐明化学反应的机制；在实际应用中，可以根据化学反应的速率来估计该反应进行到某种程度所需的时间，也可以通过调控影响化学反应速率的各因素来获得所需的化学反应进程和产物。

一、酶催化反应的速度

反应速率用单位时间内反应物或生成物浓度的改变来表示。随着反应的进行，反应物逐渐消耗，分子碰撞的概率也随之减小，因此反应速率会逐渐减慢。因为每一瞬间的反应速率都不相同，所以反应速率常以瞬时速率来表示。假设瞬时 dt 内反应物浓度的改变量为 dc，则：

$$v = -\frac{dc}{dt}$$

式中负号表示反应物浓度的减少。有时反应速率也可用单位时间内生成物浓度的增加量来表示，即：

$$v = +\frac{dc}{dt}$$

式中正号表示生成物随反应时间的延长而增多，至于反应速率用哪一种反应物或生成物浓度的改变来表示则没有关系，可根据具体实验数据来决定。实际上，测定不同时间的反应物或生成物的浓度，可以通过化学方法或物理方法进行定量测定。

二、影响酶催化反应速度的因素

（一）底物浓度的影响

在其他条件恒定的情况下，酶促反应的速度取决于底物浓度和酶浓度。在酶浓度保持不变的情况下，反应速度随着底物浓度的增加以矩形双曲线（rectangular hyperbola）的形式增加（图 6-4）。即当底物浓度较低时，反应速度随底物浓度的增加而急剧增加，两者呈正比关系，反应为一级反应；之后随着底物浓度的进一步增加，反应速度的增加幅度逐渐下降，不再呈线性关系，这一阶段反应表现为混合级反应；如果再继续增加底物浓度，酶的活性中心将被底物饱和，反应速度趋向一个极限，表现为零级反应。上述底物浓度对酶促反应速度的影响可用 1913 年 Michaelis 与 Menten 提出的学说来解释。

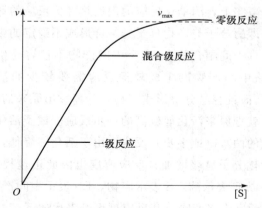

图 6-4　底物浓度对酶反应速度的影响

Michaelis-Menten 学说假设酶促反应中首先形成酶-底物中间产物，并假设反应中底物转变成产物的速度取决于酶-底物中间复合物转变成反应产物和酶的速度，其关系如下：

$$E + S \underset{K_{-1}}{\overset{K_1}{\rightleftharpoons}} ES \overset{K_2}{\rightarrow} E + P$$

酶　底物　酶-底物复合物　酶　产物

式中 K_1、K_{-1}、K_2 为 3 个假设反应的速度常数，经数学推导得：

$$v = \frac{K_2 [E_t] [S]}{[S] + \dfrac{K_{-1} + K_2}{K_1}}$$

式中：v 为产物的生成速度，E_t 为酶的总浓度。

设，$K_m = \dfrac{K_{-1} + K_2}{K_1}$，$v_{max} = K_2 [E_t]$，则

$$v = \frac{v_{max} [S]}{K_m + [S]}$$

这就是米氏方程（Michaelis-Meten equation），它表明了在已知 K_m 和 v_{max} 的情况下，酶转化速率与底物浓度之间的定量关系。其中，K_m 为米氏常数（Michaelis constant），它是酶的一个重要特征参数，与酶的性质、酶促反应时底物的种类、pH 和温度有关，而与酶的浓度无关。米氏常数 K_m 值是指当酶催化反应速度达到最大反应速度一半时的底物浓度，单位为 mol/L。对大多数酶而言，K_m 可表示酶与底物的亲和力，K_m 值越大表示亲和力越小，反之 K_m 值越小则表示亲和力越大。酶的 K_m 值范围很广，大多数酶的 K_m 值在 $10^{-6} \sim 10^{-1}$ mol/L 之间。

K_m 值的测定通常采用 Lineweaver-Burk 双倒数作图法，对米氏方程式的两边同时取倒数，得如下方程：

$$\frac{1}{v} = \frac{K_m}{v_{max}} \cdot \frac{1}{[S]} + \frac{1}{v_{max}}$$

然后以 $1/v$ 对 $1/[S]$ 作图，所得直线如图 6-5 所示。此直线在横轴和纵轴上的截距分别为 $-1/K_m$ 和 $1/v_{max}$，直线的斜率为 K_m/v_{max}。依据直线在两坐标轴上的截距或根据直线在任一坐标轴的截距并结合斜率的数值，便可求出 K_m 和 v_{max}。

（二）酶浓度的影响

在 pH、温度和底物浓度等条件固定，并且反应体系中不存在抑制酶活性的物质及其他影响酶促反应的因素，同时反应体系中底物浓度远远大于酶浓度情况下，酶促反应的速度与酶的浓度成正比。因为酶催化反应时首先形成酶-底物复合物，该步

骤是整个反应的限速步骤；当底物浓度大大超过酶浓度时，酶-底物中间产物的生成速度就取决于酶的浓度，此时如果增加酶的浓度，便可增加反应的速度，其关系如图 6-6 所示，即酶促反应速度与酶浓度呈线性关系。

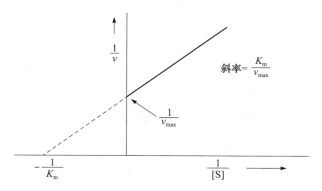

图 6-5　双倒数作图法

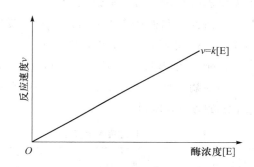

图 6-6　反应速度与酶浓度的关系

（三）pH 的影响

pH 对酶活力的影响是一个较复杂的问题，通常而言，pH 的高低会影响酶分子中的电荷分布，从而影响酶分子中氨基酸残基侧链的离解状态，并导致酶的催化活性发生变化。因此，每种酶通常只能在一定的 pH 范围内表现出其催化活性，并且在某一特定 pH 时，酶促反应具有最大的转化速率，高于或低于此值，转化速率均会下降，通常称此 pH 为酶的最适 pH（optimum pH）。大多数酶的催化反应速率与 pH 的关系均呈现钟形曲线形状，如图 6-7 所示。

另外，酶的最适 pH 还会受到底物种类和浓度、辅助因子及缓冲液成分的影响，因此食品工业中酶的使用必须首先了解各种酶的最适 pH 及其影响因素。食品中成分多样、组分复杂，含有各种各样的内源酶；另外在食品加工中有时还需添加外源酶。在具体应用时，要区分食品加工中的有利和有

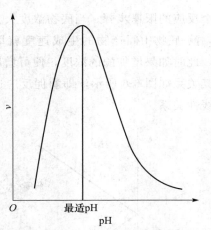

图6-7　pH对酶促转化速率的影响

害酶促反应，对有利反应，可以使用缓冲液来维持反应体系pH的稳定，保持在最适pH处，使反应转化速率最高。反之，如果某种酶促反应是有害的，则需要进行抑制，可以通过改变体系的pH来抑制此酶的活性。例如在许多果蔬加工时需要防止酶促褐变，一般可通过添加酸化剂（acidulants），如柠檬酸、苹果酸等将加工体系pH降低到3.0，可有效抑制酚酶活性，防止褐变产生。一些常见酶的最适pH如表6-3所示。

表6-3　一些常见酶的最适pH

酶	最适pH	酶	最适pH
碱性磷酸酯酶（牛乳）	10	果胶裂解酶（微生物）	9.0～9.2
α-淀粉酶（人唾液）	7	果胶酯酶（高等植物）	7
β-淀粉酶（红薯）	5	黄嘌呤氧化酶（牛乳）	8.3
羧肽酶A（牛）	7.5	脂肪酶（胰脏）	7
过氧化氢酶（牛肝）	3～10	脂肪氧合酶-1（大豆）	9
纤维素酶（蜗牛）	5	脂肪氧合酶-2（大豆）	7
无花果蛋白酶（无花果）	6.5	胃蛋白酶（牛）	2
木瓜蛋白酶（木瓜）	7～8	胰蛋白酶（牛）	8
β-呋喃果糖苷酶（土豆）	4.5	凝乳酶（牛）	3.5
葡萄糖氧化酶	5.6	聚半乳糖醛酸酶（番茄）	4
α-葡糖苷酶（微生物）	6.6	多酚氧化酶（桃）	6

pH影响酶催化活力的原因主要有以下三个方面：①酶是具有催化活性的蛋白质，在极端pH（过高或过低）时，其构象会受到影响，并可导致酶的变性或失活。②当pH改变不很剧烈时，酶虽未变性，但活力仍受影响。因为pH不仅影响酶分子的解离状态，而且还影响底物分子的解离状态；当pH偏离最适pH时，可导致酶与底物的亲和力降低，影响酶-底物中间产物的形成，不利于催化生成产物。③当体系pH偏离最适pH时，会影响维持其特定空间结构基团的解离状态，从而影响酶的活性部位的构象，改变酶的催化活性。

（四）温度的影响

温度对酶催化反应速度的影响具有双重效应。在一定条件下，每种酶在某一特定温度下才表现出最大的活力，这个温度称为该酶的最适温度（optimum temperature）。对许多酶而言，在体系温度未达到最适温度前，随着温度的升高，转化速率会加快，如当温度从22℃升高到32℃时，转化速率可提高2倍。另一方面，当体系温度达到最适反应温度后，随着温度的进一步提高，则会降低酶的催化转化速率，这主要是由于酶的逐渐变性所导致的。酶的最适反应温度是上述两种效应平衡的结果。另外，酶的最适温度还与酶作用的时间以及酶和底物的浓度、pH、辅助因子等有关，因此它不是酶的特征物理常数，也不是一个固定值，如酶在干燥状态比潮湿状态对温度的耐受力高。一般来说，动物细胞酶的最适温度通常在35～40℃，植物细胞酶的最适温度则较高，在40～50℃，而从细菌中分离出的某些酶的最适温度可达70℃。温度对酶作用的影响规律如图6-8所示。

在温度低于0℃，特别是在溶液冷冻干燥时，酶的活性并没有完全停止。因此食品应尽量避免在稍低于水的冰点温度保藏，减少因冷冻浓缩效应而引起的酶与底物浓度的增加所造成的酶反应速度的增加。此外，冷冻和解冻还能破坏食物组织结构，导致酶与底物更接近，加速酶促反应的发生，从图6-9可以看出鳄鱼组织中的磷脂酶在-4℃的活力相当于-2.5℃的5倍。

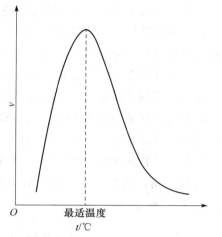

图 6-8 温度对酶反应速度的影响

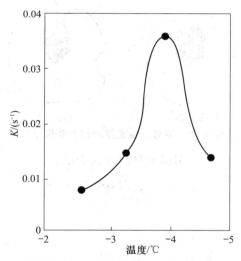

图 6-9 冰点下鳄鱼肌肉中磷脂酶催化磷脂水解的速率常数 K 与温度的关系

（五）水分活度的影响

反应体系的水分活度对酶催化转化速率具有显著的影响，只有水分活度达到一定程度时酶才显示出活性。例如当溶菌酶中蛋白质含水量为 0.2 g/g 蛋白质时，酶开始显示催化活性；当水合程度达到 0.4 g/g 蛋白质时，可在整个酶分子的表面形成单分子水层，此时酶的活性进一步提高；继续提高含水量至 0.7 g/g 蛋白质时，可保证底物分子顺利扩散到酶的活性中心，溶菌酶的活性达到最大。同理，β-淀粉酶在水分活度 0.8 以上时才显示出水解淀粉的活力，当进一步增加水分活度到 0.95 时，酶的活力可提高 15 倍。由上述例子可知，当食品原料中水分含量处于 1%～2% 时，可有效抑制酶的活性。

在具体研究中，可采用有机溶剂替代部分水的方法，测定体系水分含量与酶催化反应活性的关系，例如以甘油替代脂肪氧合酶和过氧化物酶反应体系中的水，使混合溶剂中水含量为 75%，此时均可观察到这两种酶的活力出现显著降低的现象；当水分含量降低到 20% 和 10% 时，二者的酶活力均降低至 0，当然甘油的黏度和特殊效应可能也会影响酶的活力。对于疏水性较强的酶，可以用与水不相溶的有机溶剂替代水研究不同水分含量对酶活力的影响。以猪胰脂肪酶催化甘油三丁酸酯在各种醇中的酯转移反应为例，将"干"的脂肪酸颗粒（0.48% 水含量），分别悬浮于含水量为 0.3%、0.6%、0.9% 和 1.1%（质量分数）的正丁醇中，其初始反应速度分别为 0.8、3.5、5 和 4 μmol 酯转移/h·100 mg 脂肪酶。因此，猪胰脂肪酶在反应体系水分含量为 0.9% 时具有最大的酯转移催化速率。

有机溶剂对酶催化作用的影响主要体现在两个方面：一是影响酶的稳定性，二是影响可逆反应进行的方向。该类影响作用在极性和非极性有机溶剂中是不一样的。在非极性有机溶剂中，由于强烈的疏水作用，可使酶促反应的专一性发生改变，例如"干"的脂肪酶颗粒（含水量约 1%）悬浮于非极性有机溶剂中时，脂酶催化酯基转移的速度可提高 6 倍以上，而酯水解速度则降低 16 倍。在水-极性有机溶剂体系中，酶的催化活力和热稳定性受到的影响与在水-非极性有机溶剂体系中是不一样的，例如与纯缓冲溶液体系相比，蛋白酶在 5% 乙醇-95% 缓冲液体系或 5% 乙腈-95% 缓冲液体系中催化酪蛋白水解的 K_m 提高、v_{max} 降低，并且酶的稳定性也下降，这主要是醇和胺等溶剂在水解酶催化的反应中与水存在竞争作用所致。

（六）激活剂的影响

激活剂（activator）是指能够提高酶活性的物质，按其分子大小可以分为以下两类。

1. 金属离子

许多金属离子是维持酶活必不可少的辅助因子；另外它们还能够维持酶的构象稳定，影响底物与酶的结合，或作为电子载体参与酶催化反应的过程。常见的金属离子激活剂有 K^+、Na^+、Mg^{2+}、Zn^{2+}、Fe^{2+} 和 Cu^{2+} 等，其中 Mg^{2+} 是多种激酶和

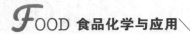

合成酶的激活剂。金属离子对酶的作用通常具有选择性，即一种金属离子是某些酶的激活剂，但对其他酶来讲可能具有抑制作用，有时离子之间还存在拮抗效应。例如，Na^+能抑制K^+的激活作用，由Mg^{2+}激活的酶则常为Ca^{2+}所抑制。另外，金属离子浓度对酶的作用也有影响，例如Mg^{2+}在浓度$(5\sim10)\times10^{-3}$ mol/L时对$NADP^+$合成酶具有激活作用，但在30×10^{-3} mol/L时则可导致酶活降低。对阴离子和氢离子而言，它们通常也都具有激活作用，但作用相对较弱，如Cl^-和Br^-对动物唾液中的α-淀粉酶仅具有较弱的激活作用。

2. 有机化合物

某些还原剂，如半胱氨酸、还原型谷胱甘肽、氰化物等能将酶中二硫键还原成硫氢基，从而激活和提高酶的活性，如木瓜蛋白酶和D-甘油醛-3-磷酸脱氢酶。有些有机化合物如EDTA能够螯合反应体系中的金属离子抑制剂，从而消除其对酶的抑制作用。另外，某些具有蛋白质性质的大分子物质具有酶原激活的作用，使原来无活性的酶原转变为有活性的酶。

（七）抑制剂的影响

酶是蛋白质，很多导致蛋白质变性的因素，如高剪切力、高的压力、辐照、金属离子和有机溶剂等均可使其失活。酶抑制剂（inhibitor）是指能与一定的酶进行可逆或不可逆的结合，并抑制酶的催化活性的物质，常见的抑制剂有重金属、抗生素、杀虫剂、毒物等。酶的抑制作用可分为可逆抑制作用和不可逆抑制作用。

1. 不可逆抑制作用

不可逆抑制（irreversible inhibition）是指抑制剂以非常牢固的共价键与酶结合，使酶分子中的一些重要基团发生持久的不可逆变化，导致其活性丧失，并且不能通过透析、超滤等物理方法除去抑制剂来恢复酶的活性。例如，胆碱酯酶（cholines-terase）活性中心丝氨酸残基的羟基可与二异丙基氟磷酸（diisopropyl flurophosphate，DIFP）发生共价结合，而使其活性丧失，从而导致乙酰胆碱的积累，并由此引起迷走神经的兴奋毒性状态。

2. 可逆抑制作用

可逆抑制（reversible inhibition）是指抑制剂与酶蛋白（或酶-底物复合物）通过非共价键进行可逆性的结合，可采用透析、超滤等物理方法将抑制剂除去，恢复酶的活性。可逆抑制作用通常可分为竞争性抑制、非竞争性抑制和反竞争性抑制3种类型。

（1）竞争性抑制（competitive inhibition） 当反应体系中存在与天然底物结构相似的化合物时，便可与底物竞争结合酶的活性中心，减少酶与底物的作用机会，由此降低酶催化反应速率，这种作用称为竞争性抑制作用，也是最常见的一种可逆抑制，其原理如图6-10所示。

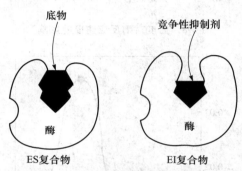

图6-10 酶与底物或抑制剂竞争性结合

图6-10可用以下平衡公式表示：

$$E\ +\ S\underset{K_{-1}}{\overset{K_1}{\rightleftharpoons}}ES\overset{K_2}{\rightarrow}E+P$$
$$+$$
$$I$$
$$K_i\ \big\|\ K_{-i}$$
$$EI$$

式中：I为抑制剂，EI为酶-抑制剂复合物，K_i为抑制反应速率常数。抑制剂与底物不断竞争酶分子上的活性中心，且EI一旦形成便不能与底物反应生成EIS，但在该反应中EI的形成是可逆的。琥珀酸脱氢酶（succinate dehydrogenase）的催化反应是竞争性抑制作用的典型例子，只要有适当的氢受体（A），此酶便可催化下列反应：

琥珀酸＋氢受体（A）⇌反丁烯二酸＋还原性受体

在该反应中，许多与琥珀酸结构类似的化合物都能与琥珀酸脱氢酶结合，占据酶的活性中心，抑制正常反应的进行。常见的抑制琥珀酸脱氢酶的化合物有乙二酸、丙二酸、戊二酸等，其中丙二酸的抑制能力最强。竞争性抑制剂对酶的抑制作用的强弱取决于其与底物浓度的相对比例和与酶的相对亲和力的大小，也就是说在实际反应中可通过增大底物浓度，来削弱竞争性抑制作用。

根据米氏方程的推导方法，可得到一个竞争性抑制作用的米氏方程，公式如下：

$$v_0' = \frac{v_{\max}\,[S_0]}{\left(1+\dfrac{[I_0]}{K_i}\right)K_m + [S_0]}$$

式中：v_0' 为在一定抑制剂浓度时的初始抑制速率；K_i 为酶-抑制剂复合物的抑制常数或解离常数，是一个衡量抑制程度的参数（K_i 越小，抑制剂与酶的亲和力越强）。

将上述推导所得竞争性抑制米氏方程改写成 Lineweaver-Burk 方程并作图，可得图 6-11。

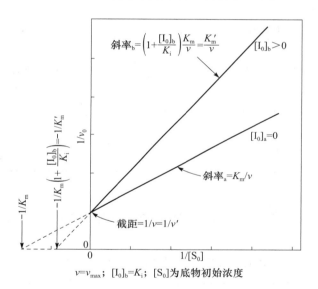

$v=v_{\max}$；$[I_0]_b=K_i$；$[S_0]$ 为底物初始浓度

图 6-11　竞争性抑制剂对酶催化反应动力学的影响

由图 6-11 可知，无论是否存在竞争性抑制剂，其在 y 轴截距都是相同的，且 $v_{\max}$ 保持不变。在有抑制剂存在时，其直线斜率大于没有抑制剂存在时的直线斜率，即 K_m 变大。

（2）非竞争性抑制（noncompetitive inhibition）　非竞争性抑制是指抑制剂可与酶或酶-底物复合物（ES）相结合，底物也可与酶-抑制剂复合物（EI）相结合，即抑制剂和底物可同时结合于酶的不同部位，两者不存在竞争作用，但所形成的酶-底物-抑制剂三元复合物（ESI）不能进一步分解为产物，因此可导致酶催化转化速率降低。非竞争性抑制关系可用图 6-12 表示。

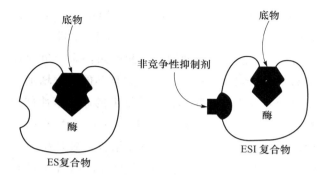

图 6-12　酶与底物或抑制剂非竞争性结合

图 6-12 可用以下平衡公式表示：

$$\mathrm{E} + \mathrm{S} \underset{K_{-1}}{\overset{K_1}{\rightleftharpoons}} \mathrm{ES} \overset{K_2}{\rightarrow} \mathrm{E+P}$$

$$\mathrm{EI} + \mathrm{S} \underset{K_{-1}}{\overset{K_1}{\rightleftharpoons}} \mathrm{ESI}$$

根据米氏方程的推导方法，可得到一个非竞争性抑制作用的速度方程，公式如下：

$$v_0' = \frac{v_{\max}[S_0]}{\left(1+\dfrac{[I_0]}{K_i}\right)(K_m + [S_0])}$$

将上述推导所得非竞争性抑制米氏方程改写成 Lineweaver-Burk 方程并作图，可得图 6-13。

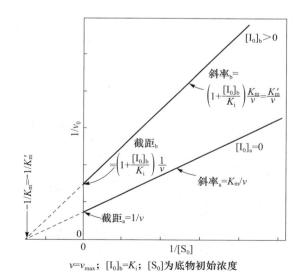

$v=v_{\max}$；$[I_0]_b=K_i$；$[S_0]$ 为底物初始浓度

图 6-13　线性简单非竞争抑制作用图

由图 6-13 可知，酶促反应体系中存在非竞争性抑制剂时，不会影响该酶催化反应的 K_m，但

v_{max} 随抑制剂浓度的增加而减少；简单非竞争性抑制作用直线的斜率及其在 y 轴上的截距，随 $1/[1+([I_0]/K_i)]$ 而增加。由此可知，非竞争性抑制剂可降低酶催化反应速率，并且不能通过增加底物浓度的方法来消除其影响。常见的非竞争性抑制剂有 Cu^{2+}、Ag^+、Hg^{2+}、Pb^{2+} 等金属离子化合物，它们能与酶分子中的—SH结合，破坏酶分子的空间构象，抑制酶的活性。此外，EDTA也是一种非常常见的非竞争性抑制剂，因为它可络合一些维持酶活性的金属离子，抑制酶的活性。

（3）反竞争性抑制（uncompetitive inhibition）反竞争性抑制是指抑制剂不能直接与游离酶结合，只能与酶-底物复合物反应，形成一个或多个中间复合物，其反应可用以下平衡公式表示：

$$E+S \underset{K_{-1}}{\overset{K_1}{\rightleftharpoons}} ES \underset{K_2}{\overset{K_2}{\rightleftharpoons}} E+P$$

$$ES+I \underset{K_{-1}}{\overset{K_1}{\rightleftharpoons}} ESI$$

式中 ESI 不能从底物转变成产物 P，根据米氏方程的推导方法，得到一个反竞争性抑制作用的速度方程，公式如下：

$$v_0' = \frac{v_{max}[S_0]}{K_m + [S_0]\left(1+\frac{[I_0]}{K_i}\right)}$$

将上述方程改写成 Lineweaver-Burk 方程并作图，可得图 6-14。

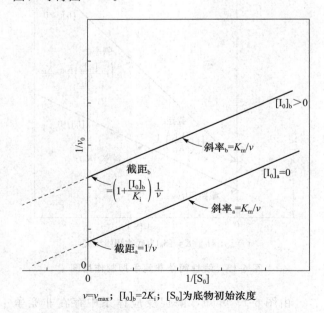

$v=v_{max}$；$[I_0]_b=2K_i$；$[S_0]$ 为底物初始浓度

图 6-14　线性反竞争抑制作用图

由图 6-14 可知，加入反竞争性抑制剂后，最大转化速率 v_{max} 和 K_m 都随抑制剂浓度 $[I]$ 的增加而减少，但 K_m/v_{max} 的值不变，即加入抑制剂前后直线的斜率保持不变。反竞争性抑制作用常见于多底物反应体系中，在单底物反应中相当罕见。有研究证明，L-精氨酸、苯丙氨酸等多种氨基酸对碱性磷酸酶的作用就属于反竞争性抑制，另外氯化物抑制芳香硫酸酯酶、肼类化合物抑制胃蛋白酶的作用也属于反竞争性抑制。

最后，将无抑制剂和有抑制剂存在情况下的酶催化最大转化速率 v_{max} 和 K_m 值归纳于表 6-4。

表 6-4　有无抑制剂存在时酶催化反应的 v_{max} 和 K_m 值

类型	公式	v_{max}	K_m
无抑制剂	$v_0 = \dfrac{v_{max}[S_0]}{K_m+[S_0]}$	v_{max}	K_m
竞争性抑制	$v_0' = \dfrac{v_{max}[S_0]}{\left(1+\dfrac{[I_0]}{K_i}\right)K_m+[S_0]}$	不变	增加
非竞争性抑制	$v_0' = \dfrac{v_{max}[S_0]}{\left(1+\dfrac{[I_0]}{K_i}\right)(K_m+[S_0])}$	减小	不变
反竞争性抑制	$v_0' = \dfrac{v_{max}[S_0]}{K_m+[S_0]\left(1+\dfrac{[I_0]}{K_i}\right)}$	减小	减小

第4节　食品内源酶及内源酶的调控

本节主要介绍食物组织中常见酶的种类、性质和分布情况，它们在食品组织中调控的化学反应非常复杂，对食品色泽、组织结构和营养价值产生重要的影响。

一、酶对食品色泽的影响

酚氧化酶（1，2-苯二酚：氧　氧化还原酶，EC 1.10.3.1），以 Cu^{2+} 为辅基，以氧为氢的受体，通常又称为酚酶（phenolase）、多酚氧化酶（polyphenolase）、酪氨酸酶（tyrosinase）、甲酚酶（creolase）、儿茶酚酶（catecholase）或儿茶酚氧化酶（catecholoxide），广泛存在于植物、动物和一些微生物（特别是霉菌）中。在正常情况下，完整果蔬组织中的酚酶和底物是被细胞组织隔离的，并且其中氧化还原反应处于偶联状态，但当组织受到机械损伤（如切开、削皮、碰伤、虫咬、磨浆等）及处于异常环境（如受冻或受热等）时，原有的氧化还原平衡便会被打破，发生氧化产物的累积，导致变色。该类反应迅速，需要酚酶、底物和氧气的接触，称之为"酶促褐变"。在食品加工和贮藏过程中，大多数的褐变是不希望发生的，如蘑菇、马铃薯、茄子、苹果、香蕉、桃等在削皮或切开后很容易发生褐变，应尽量避免。然而，在有些食品加工时，一定的酶促褐变对形成产品特定的色泽和风味则是有利的，如在红茶加工时，可利用多酚氧化酶催化儿茶素生成茶黄素和茶红素等有色物质，从而形成红茶特有的色泽。

（一）酶促褐变的机理

酚酶是一种末端氧化酶，其底物可以是一元酚或二元酚。酚类物质作为植物组织完整细胞中的呼吸传递物质，在酚-醌之间保持着动态平衡，但当细胞组织被破坏以后，由于氧的大量侵入，造成醌的形成和其还原反应之间的平衡被打破，从而导致醌的积累，并进一步形成羟醌（非酶促的自动反应），羟醌再进行聚合，最终形成褐色色素，又称为类黑精或黑色素。现以马铃薯切开后的褐变为例，说明其中酚类化合物酪氨酸在酚酶作用下的褐变过程，见图 6-15。

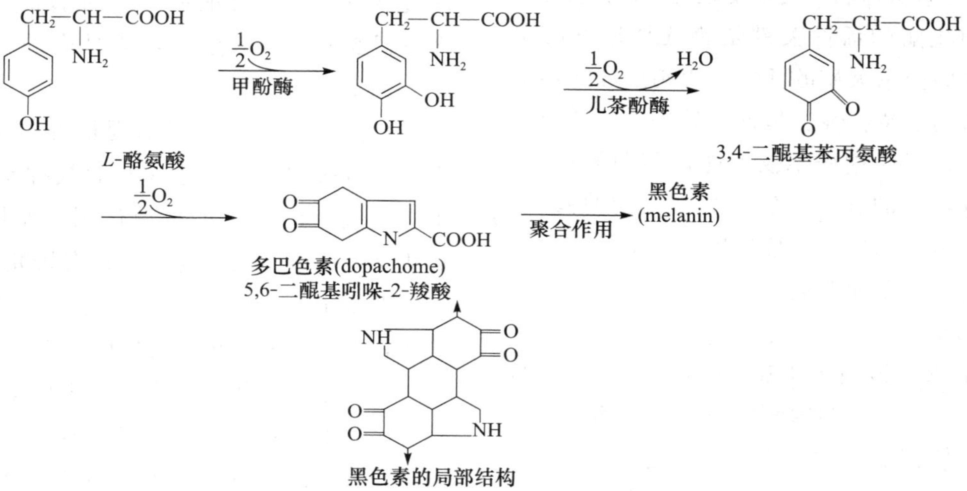

图 6-15 酶促褐变机理

在水果蔬菜中含量最为丰富的是邻二酚及一元酚类化合物，如苹果、桃中的绿原酸（chlorogenic acid），香蕉中的 3,4-二羟基苯乙胺（3,4-dihydroxyphenol ethylamine，一种含氮的酚类衍生物），它们都是褐变的关键底物。研究表明，酚酶对具有邻羟基酚结构物质的作用速度要快于一元酚，对位二酚也可被催化反应，但间位二酚则不能作为底物，甚至还对酚酶具有抑制作用。其他一些结构比较复杂的酚类衍生物，如鞣质、花青素、黄酮类等都具有邻二酚型或元酚型的结构，也可作为酶促褐变的底物。

另外，氨基酸及类似结构的含氮化合物与邻二酚作用也可形成颜色很深的聚合物，其机理大概是酚类物质先经酶促氧化生成醌类物质，然后醌和氨基发生非酶缩合反应，并最终形成有色聚合物。如白洋葱、大蒜加工过程中粉红色物质的形成就是该

原因所致。除了常见的多酚氧化酶引起食品的酶促褐变外，广泛存在于水果、蔬菜细胞中的抗坏血酸氧化酶和过氧化物酶也可引起酶促褐变。

（二）酶促褐变的控制

食品加工过程中发生的酶促褐变，有些是有利的而有些则是不利的。例如在红茶、咖啡、梅干等食品加工中，通过利用酶促褐变可形成产品特有的色泽，然而对于大多数新鲜果蔬而言，则不希望发生酶促褐变，以免对产品色泽和外观造成不良影响。

酶促褐变的发生通常需要酚氧化酶、底物和氧的参与，三者缺一不可。在实践中为了控制酶促褐变，主要从控制酚酶和氧两方面入手来进行调控，具体途径如下：①钝化酚酶的活性，如采用热烫、添加抑制剂等；②改变酚酶的作用条件，如调整体系 pH 和水分活度等；③隔绝氧气；④抗氧化剂的使用，如添加适量抗坏血酸、SO_2 等。另外，也有

研究者提出通过除去酚类底物或改变其结构的方法来抑制酶促褐变，但实践中操作难度大，至今未取得实际应用。下面就实践中控制酶促褐变的方法作具体阐述。

1. 热处理法

多酚氧化酶因其来源不同对热的敏感程度也不同，但研究发现在 70～95℃ 加热 7 s 左右可使大部分多酚氧化酶失活。目前，通常采用水煮和蒸汽加热的方法来钝化酶的活性，另外也有使用微波加热的方式来钝化酶的活性。相比而言，微波加热可使食品组织内外均匀一致、迅速受热，对产品质地和风味影响小，是热处理法抑制酶促褐变较为理想的方法。

加热法钝化酶的活性关键是要选择适宜的温度，在最短时间内杀灭酶的活性，否则过度加热会影响食品原有的质量特性。另外，处理时也要防止热处理不彻底，因为这样不仅不能抑制酶的活性，还会导致细胞结构的破坏，加强酶与底物的接触，促进褐变的发生，例如白洋葱如果热烫不足，会导致变粉红色的程度更加严重。

2. 调节 pH

多酚氧化酶的最适 pH 在 6～7 之间，当 pH 低于 3.0 时，可有效抑制酚酶的活性。因此，通常采用有机酸来调控 pH，抑制褐变的发生，常用的酸有柠檬酸、抗坏血酸、苹果酸以及磷酸等。在实践中，柠檬酸使用最为广泛，它不仅可以降低体系 pH，而且还有螯合酚酶 Cu^{2+} 辅基的作用。抗坏血酸也是一种高效的酚酶抑制剂，它不仅可以破坏酶活性位点上的组氨酸残基，抑制酚酶活性，而且在果汁等食品中还可以作为抗坏血酸氧化酶的底物，在酶的催化下消耗掉溶解在果汁中的氧。研究表明，在每千克水果制品中加入抗坏血酸 660 mg，即可有效抑制褐变并显著减少苹果罐头顶隙中的含氧量。另外，抗坏血酸作为抑制剂使用时无异味，对金属无腐蚀作用，并且可作为营养强化剂，补充人体所需的维生素 C。苹果酸是苹果汁中的主要有机酸，它在苹果汁中对褐变的抑制作用要比柠檬酸的抑制效果好。在实践中为了提高对酚酶的抑制效果，一般联合使用柠檬酸、抗坏血酸或亚硫酸盐，将去皮或切开后的水果浸在这类酸的稀溶液中。

3. 亚硫酸盐及二氧化硫处理

二氧化硫及常用的亚硫酸盐如亚硫酸钠（Na_2SO_3）、亚硫酸氢钠（$NaHSO_3$）、焦亚硫酸钠（$Na_2S_2O_5$）、连二亚硫酸钠即低亚硫酸钠（$Na_2S_2O_4$）等都可用作酚酶的抑制剂，目前已广泛应用于马铃薯、蘑菇、桃、苹果等果蔬产品加工中。在具体操作中，可用直接燃烧硫黄产生的 SO_2 气体处理水果蔬菜，或将水果蔬菜浸泡于亚硫酸盐溶液中。为了提高对酚酶的抑制效果，一般将 SO_2 及亚硫酸盐溶液的 pH 调整到 6。研究表明，SO_2 浓度在 10 mg/kg 时可完全抑制酚酶活性，但考虑到操作中 SO_2 的挥发及与其他物质（如醛类）的反应，实际使用时通常将浓度控制在 300～600 mg/kg。1974 年，我国食品添加剂协会规定 SO_2 在食品中的使用量最多不得超过 300 mg/kg，成品中的残留量应小于 20 mg/kg。

目前，有关 SO_2 对酶促褐变的抑制机理尚无定论，有研究者认为是 SO_2 直接抑制了酶的活性，也有人认为是 SO_2 的还原作用，即将初级氧化产物醌又还原成了酚。此外，还有研究者认为是 SO_2 与醌发生了加合作用，而防止了醌的进一步聚合。当然，这 3 种机制也可能同时存在。

与其他抑制酶促褐变的方法相比，二氧化硫法具有显著的优点：使用方便、抑制效果好、成本低廉，并且有助于维生素 C 的保存，残存的 SO_2 可通过真空脱臭、高温炊煮等方法去除。当然，该方法也存在明显的缺点：SO_2 易腐蚀铁罐的内壁，并可导致食品中的天然色素如花青素的破坏，而使食品失去原有色泽被漂白。另外，SO_2 还可破坏食品中的维生素 B，并且当残留浓度超过 0.064% 时，即可觉察出不愉快的嗅感与味感。

4. 隔绝或驱除氧气

隔绝或驱除氧气是一种有效的抑制酶促褐变的方法，具体措施如下：①将去皮或切开的水果蔬菜浸没于盐水、糖水或清水中。②在果蔬表面浸涂抗坏血酸溶液，使其表面形成氧化隔离层。③用真空渗入法使盐水或糖水渗入果蔬组织内部，驱除出空气。例如在苹果、梨等水果制品加工时，一般在 $1.028×10^5$ Pa 真空环境下保持 5～15 min，然后迅速解除真空，使汤汁强行渗入组织内部，驱除出细胞间隙中的气体。④采取真空或充氮包装等措施，防止外部氧气与酚酶和底物的接触，从而抑制或者减缓褐变的发生。

5. 添加酚酶底物类似物

阿魏酸、肉桂酸、对香豆酸（图 6-16）等酚酶底物类似物是水果蔬菜中天然存在的芳香族有机酸，食用安全性高。研究表明，在苹果汁等果汁饮料加工时，适当添加阿魏酸、肉桂酸、对香豆酸等可有效抑制果汁的酶促褐变，其中尤以肉桂酸的抑制效果最好，当浓度大于 0.5 mmol/L 时可有效抑制苹果汁（大气环境中）的褐变长达 7 h 之久。另外，肉桂酸钠盐由于具有价格便宜、溶解性好、控制褐变时间长等优点，目前也被广泛用作酶促褐变抑制剂。

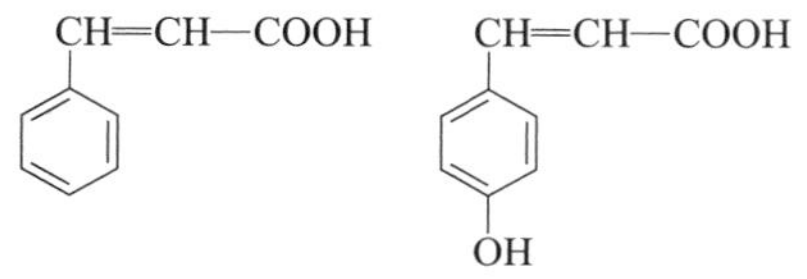

肉桂酸 (cinnamic acid)　　对香豆酸 (*p*-cumaric acid)

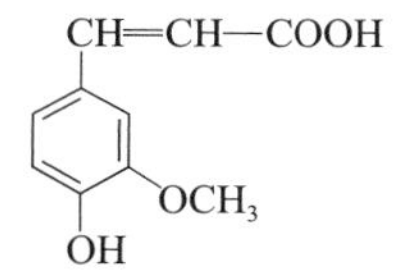

阿魏酸 (ferulic acid)

图 6-16　肉桂酸、对香豆酸和阿魏酸化学结构

6. 底物改性

邻二羟基酚类底物可在甲基转移酶的作用下，转变成甲基取代衍生物，可有效抑制酶促褐变。如以 S-腺苷蛋氨酸为甲基供体，在甲基转移酶的作用下，可将咖啡酸、儿茶酚、绿原酸分别转变为阿魏酸、愈创木酚和 3-阿魏酰金鸡纳酸。

二、酶对食品质地的影响

质地是衡量食品质量优劣的一项重要指标。水果蔬菜的质地主要与其所含的碳水化合物（主要包括果胶、淀粉、纤维素、半纤维素和木质等）的种类及含量有关。一般而言，水果后熟变软和变甜都是由酶催化降解淀粉、果胶等物质所致。另外，在蛋白酶的作用下，动物和植物源高蛋白食品的质地也会发生质地变软的现象。

（一）果胶酶

在高等植物的细胞壁和细胞间层中存在着原果胶、果胶和果胶酸等胶态聚合碳水化合物。果胶酶（pectic enzyme）是能水解这类物质的一类酶的总称，主要包括果胶甲酯酶（pectin methylesterase）、聚半乳糖醛酸酶（polygalacturonase）和果胶酸裂解酶（pectate lyase）3 种类型，其中前两种存在于高等植物和微生物中，而果胶酸裂解酶仅发现于微生物中。此外，在少数几种微生物中还发现一种可水解原果胶生成果胶的酶，称之为原果胶酶（protopectinase）。

1. 果胶甲酯酶（pectinesterase）

果胶甲酯酶（果胶 果胶酰基水解酶，EC 3.1.1.11）又称为果胶甲氧基酶（pectin methoxylase）、果胶酯酶（pectin esterase）或脱甲氧基果胶酶（pectin demethoxylase），可水解果胶的甲酯键，生成聚半乳糖醛酸链和甲醇。该酶对半乳糖醛酸酯具有专一性，并要求在所作用的酯化基团附近有游离的羧基存在，故不能水解其他类物质的甲酯键。果胶甲酯酶存在于细菌、真菌和高等植物中，尤其在番茄和柑橘中含量最为丰富。在果蔬加工中，应对果胶甲酯酶进行灭活，否则将导致大量的果胶脱去甲酯基，生成对人体有害的甲醇，并导致果蔬质构变软，降低产品质量。实践表明，在果酒酿造中应先对水果原料进行预热处理，钝化果胶甲酯酶的活性，防止甲醇的产生，保证产品质量。此外，当反应体系中存在二价金属离子（如 Ca^{2+}）时，生成的聚半乳糖醛酸的羧基可与 Ca^{2+} 发生交联作用，从而提高食品的质地强度。

2. 聚半乳糖醛酸酶（polygalacturonase）

聚半乳糖醛酸酶（聚-α-1，4-半乳糖醛酸聚糖水解酶，EC 3.2.1.15）可水解果胶物质分子中脱水半乳糖醛酸单元的 α-1，4-糖苷键，具体又分为内切和外切酶两种类型。内切酶多存在于高等植物、细菌、霉菌和一些酵母中，以随机方式水解果胶酸（聚半乳糖醛酸）分子内部的 α-1，4 糖苷键。而外切酶则从聚合物的非还原末端将半乳糖醛酸逐个地水解下来，主要存在于高等植物和霉菌中。另外，还有一些聚半乳糖醛酸酶主要作用于高甲基果胶，又称为聚甲基半乳糖醛酸酶。氯化钠是聚半乳糖醛酸酶的辅助因子，可使酶保持最高活性；此外，一些聚半乳糖醛酸酶还需要铜离子作为辅助因素。许多水果和蔬菜，如芒果、西红柿等质地的变软都是由聚半乳糖醛酸酶水解果胶酸所致。

3. 果胶裂解酶（pectinlyase）

果胶裂解酶〔聚-（1，4-αD-半乳糖醛酸苷）裂解酶，EC 4.2.2.2〕催化果胶半乳糖醛酸残基在 C-4 和 C-5 位上发生氢的反式消去作用（β消除反应），使糖苷键断裂，生成含不饱和键的半乳糖醛酸（每消除一个糖苷键的同时就产生一个双键），因此又称果胶转消酶。果胶裂解酶是内切聚甲基半乳糖醛酸裂解酶、内切聚半乳糖醛酸裂解酶和外切聚半乳糖醛酸裂解酶的总称。果胶裂解酶主要存在于黑曲霉等霉菌中，在植物中尚未发现。果胶裂解酶的过度作用，可导致果蔬质地变软，感官品质降低。

上述 3 种果胶酶的作用方式可用图 6-17 表示。

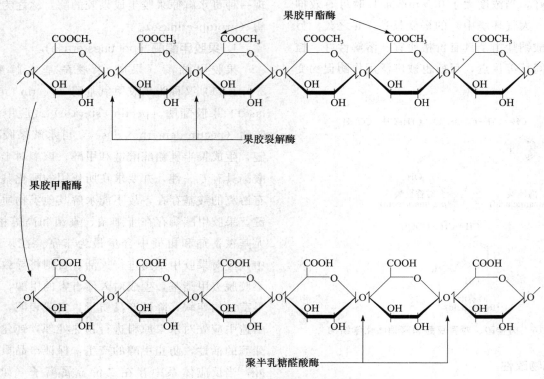

图 6-17 不同果胶酶的作用方式

果胶物质是高等植物初生细胞壁和细胞间层的主要成分之一，它们聚合度和酯化度的变化对果蔬在后熟、储藏和加工中的质构变化起决定性作用。鲜食水果采摘后通常利用人工催熟的方法来激活内源果胶酶的活性，加速内源果胶物质的水解，使果品质构适度软化，以改善食用品质。另外，为了减少果蔬运输途中的腐烂变质、延长采后储藏期，通常采用低温和气调储藏等方法，来降低内源果胶酶的活性，延缓质构的软化。在澄清型果汁的加工中，通常添加商品果胶酶来提高出汁率和澄清效果。而在混浊型果汁生产中，则设法抑制内源果胶酶的活力，防止果胶的水解，从而维持果汁中悬浮颗粒的稳定性。在水果罐头加工中，需要对切开的果块进行热烫处理，以钝化果胶酶的活性，防止果肉在罐藏中过度软化，影响产品品质。

（二）戊聚糖酶和纤维素酶

戊聚糖酶（pentosanase）存在于微生物和一些高等植物中，能够将阿拉伯聚糖、木聚糖、木糖与阿拉伯糖的聚合物水解为小分子物质。在小麦中存在浓度很低的内切和外切戊聚糖水解酶，目前还未对其进行深入研究。

纤维素酶（celluase）是水解纤维素的酶类。根据作用机理及降解产物的不同，纤维素酶可以分为内切纤维素酶、外切葡萄糖水解酶、纤维二糖水解酶和 β-葡萄糖苷酶 4 种。水果和蔬菜中含有一定量的纤维素，它们在构成果蔬细胞结构中起着重要的作用。很多蔬菜如四季豆等，在储藏和加工过程中常发生组织的软化现象，这是否是由内源纤维素酶所引起，以及纤维素酶在此过程中到底起多大作用，至今尚无定论，正在开展相关研究。目前，有关微生物源纤维素酶的研究报道较多，它可将不溶性纤维素转化为可溶性葡萄糖。另外，在果蔬汁生产中，可利用纤维素酶破坏组织细胞壁，提高出汁率。

（三）淀粉酶

淀粉酶（amylase）不仅存在于动物体中，而且在高等植物和微生物中也比较常见，主要包括 α-淀粉酶、β-淀粉酶和葡萄糖淀粉酶 3 种类型。在农产品的成熟、储藏和加工过程中，常出现淀粉被降解的情况，导致产品的质地、黏度等发生变化，从而影响产品的品质。表 6-5 列出了一些常见降解淀粉和糖原的酶。

表 6-5 常见降解淀粉和糖原的酶

名称	作用的糖苷键	说明
内切酶		
α-淀粉酶（EC 3.2.1.1）	α-1，4	反应初期产物主要是糊精；终产物是麦芽糖和麦芽三糖
异淀粉酶（EC 3.2.1.68）	α-1，6	产物是线性糊精
支链淀粉酶（EC 3.2.1.41）	α-1，6	作用于支链淀粉、生成麦芽三糖和线性糊精
异支链淀粉酶（EC 3.2.1.57）	α-1，4	作用于支链淀粉生成异潘糖，作用于淀粉生成麦芽糖
异麦芽糖酶（EC 3.2.1.10）	α-1，6	作用于 α-淀粉酶水解支链淀粉的产物
环状麦芽糊精酶（EC 3.2.1.54）	α-1，4	作用于环状或线性糊精，生成麦芽糖和麦芽三糖
新支链淀粉酶	α-1，4	作用于支链淀粉生成异潘糖，作用于淀粉生成麦芽糖
淀粉支链淀粉酶	α-1，4 α-1，6	作用于支链淀粉生成麦芽三糖，作用于淀粉生成聚合度为 2～4 的产物
支链淀粉-6-葡萄糖水解酶（EC 3.2.1.41）	α-1，6	仅作用于支链淀粉，水解 α-1，6-糖苷键
外切酶		
β-淀粉酶（EC 3.2.1.2）	α-1，4	产物为 β-麦芽糖
葡萄糖糖化酶（EC 3.2.1.3）	α-1，6	产物为 β-葡萄糖
α-葡萄糖苷酶（EC 3.2.1.20）	α-1，4	产物为 α-葡萄糖
转移酶		
环状麦芽糊精葡萄糖转移酶（EC 2.4.1.19）	α-1，4	由淀粉生成含 6～12 个糖基单位的 α 和 β-环状糊精

α-淀粉酶广泛存在于动植物组织及微生物中，尤其在动物的胰脏、人的唾液和发芽的种子内含量较高。α-淀粉酶是一种内切酶，相对分子质量在 50 000 左右，分子中含有一个结合牢固的 Ca^{2+}，起着维持酶蛋白适宜构象稳定的作用，以使酶表现出最大的活性。不同来源 α-淀粉酶的最适温度是不一样的，一般在 55～70 ℃之间，但也有少数细菌（如地衣芽孢杆菌）α-淀粉酶的最适温度可高达 90 ℃以上。另外，不同来源 α-淀粉酶的最适 pH 也不同，一般为 4.5～7.0。α-淀粉酶是以随机方式水解淀粉、糖原和环糊精分子内部的 α-1，4-糖苷键，保留异头碳的 α-构型，但不能水解 α-1，6-糖

苷键。现在食品工业上使用的 α-淀粉酶主要是由枯草杆菌、黑曲霉、米曲霉等微生物发酵制备而成。在使用时，为了提高 α-淀粉酶在较高温度下的催化活性，通常需加入一定量的 Ca^{2+} 以维持酶构象的稳定性。经酶解后，直链淀粉的黏度很快降低，碘液显色也迅速消失，最终使淀粉转变为糊精、麦芽糖和葡萄糖的混合物。

β-淀粉酶在高等植物如小麦、大麦芽、大豆和白薯中含量丰富，在少数微生物中也有发现，但在哺乳动物中至今仍未发现 β-淀粉酶的存在。β-淀粉酶是一种外切酶，只能水解淀粉的 α-1，4-糖苷键，对淀粉中存在的 α-1，3-糖苷键和 α-1，6-糖苷键则

不起作用。在催化水解反应时，β 淀粉酶从淀粉非还原性末端开始，依次切下一个个麦芽糖单位，同时将切下的 α-麦芽糖转变为 β-麦芽糖。由于生成的 β-麦芽糖具有甜度，因此也将 β-淀粉酶称为糖化酶。对直链淀粉中少量的 α-1，3-糖苷键和支链淀粉中的 α-1，6-糖苷键而言，它们不能被 β-淀粉酶水解，因此最终反应体系中除了得到 β-麦芽糖以外，还包括极限糊精。

葡萄糖淀粉酶又称为 α-1，4-葡萄糖苷酶（glucosidases），主要是由微生物如根霉和曲霉等发酵所得。葡萄糖淀粉酶也是一种外切酶，其最适作用温度在 $50\sim60$ ℃ 之间，最适 pH 为 $4\sim5$。它不仅能水解淀粉分子的 α-1，4-糖苷键，还能作用于 α-1，3 和 α-1，6-糖苷键，但水解速度相对很慢，只有水解 α-1，4-糖苷键速度的 $4\%\sim10\%$。葡萄糖淀粉酶水解淀粉时，从非还原性末端开始，依次切下一个个葡萄糖单位，同时将切下的 α-葡萄糖转为 β-葡萄糖。水解过程中遇到淀粉支点时，速度下降，但仍可进行水解，因此葡萄糖淀粉酶作用于淀粉（直链淀粉或支链淀粉）的最终产物都是葡萄糖。在现代食品工业中，通常将 α-淀粉酶和葡萄糖淀粉酶按照一定比例复配后使用，以充分发挥两种酶的优势，提高水解速度和糖化效率。

另外，常用的还有支链淀粉酶（pullulanases）和异淀粉酶（isoamylase），它们能水解支链淀粉和糖原中的 α-1，6-D 葡萄糖苷键，生成直链淀粉片段，若与 β-淀粉酶混合使用可生成麦芽糖淀粉糖浆。

（四）蛋白酶

蛋白酶（protease）广泛存在于动物、植物和微生物中，种类繁多，具有重要的生理功能。根据蛋白酶的作用方式，可以将其分为肽链内切酶（endopeptidases）和肽链外切酶（exopeptidases）。肽链内切酶是以随机方式从多肽链内部水解肽键，产生分子量较小的肽链碎片和少量游离氨基酸。肽链外切酶是从多肽链的氨基末端或者羧基末端开始水解肽键，将氨基酸逐个释放出来，因此具体又分为氨肽酶（aminopeptidases）和羧肽酶（carboxypeptidases）。根据蛋白酶最适 pH 的不同，又可将其分为酸性蛋白酶、中性蛋白酶和碱性蛋白

酶。根据酶活性中心化学性质的不同，蛋白酶又可分为巯基蛋白酶、金属蛋白酶、丝氨酸蛋白酶和酸性蛋白酶。另外，根据来源不同，蛋白酶还可分为植物蛋白酶、动物蛋白酶和微生物蛋白酶。

酸性蛋白酶包括凝乳酶、胃蛋白酶及许多微生物源（如真菌）蛋白酶。凝乳酶常用作干酪制作的凝聚剂，可将 κ-酪蛋白 Phe_{105}-Met_{106} 之间的肽键水解，破坏酪蛋白胶束的稳定性，使其聚集成凝块（俗称农家干酪），并有助于形成特有的风味。质量优良的凝乳酶需从仔牛胃中提取，因此价格非常昂贵。近年来，有研究者利用微生物源酸性蛋白酶来代替凝乳酶，但所制作的干酪不管是在质构还是风味上都有所欠缺。在焙烤食品加工时，在面粉中添加适量的酸性蛋白酶，可以改变面团的流变学性质，并最终改善产品的质构特性。丝氨酸蛋白酶包括胰蛋白酶、胰凝乳蛋白酶及弹性蛋白酶等，可作用于肌球蛋白-肌动蛋白复合物，降解和软化肉中的结缔组织，使肌肉变得柔软多汁，口感细腻。

巯基蛋白酶大多来源于植物，常见的有木瓜蛋白酶、菠萝蛋白酶及无花果蛋白酶等，广泛应用于现代食品工业。在啤酒生产中，巯基蛋白酶可用作啤酒的澄清剂，水解酒体中所含的少量蛋白质，从而防止冷藏时由蛋白质沉降所引起的冷混浊。在畜产加工时，可将蛋白酶液涂抹于肉块表面或注射到肌肉组织内部，使胶原蛋白和弹性蛋白适度水解，达到肉的嫩化作用。另外，还可用巯基蛋白酶将蛋白质部分或者完全水解，生产风味独特的多肽或氨基酸产品，如金枪鱼多肽饮品已经开发成功。

三、酶对食品风味的影响

食品中的风味化合物种类繁多，有些对食品有利，而有些则产生异味，令人难以接受。在这些风味物质形成过程中，有些需要生物酶的参与。目前，有关酶对食品风味物质形成的作用机理、合成途径等已经引起了学界的广泛关注。食品加工和储藏过程中，通过对内源酶和外源酶的控制，以达到改善和强化良好风味或者抑制和去除不良风味的目的。

（一）酶对食品特有风味物质形成的影响

大多数水果和蔬菜都呈现特有的风味，这些风味物质的形成一般是由风味酶（flavor enzymes）直接或间接地作用于其风味前体物质转变而成的。

例如：

（1）水果如苹果、桃子、香蕉等果实在生长及成熟前均无明显特征风味，直至成熟初期由于少量乙烯的作用，才逐渐形成其典型的风味物质。其中，香蕉风味的前体物质是脂肪酸和非极性氨基酸，成熟时经过一系列风味酶的作用，转变为芳香族酯、

脂肪酸酯及醇类化合物，从而形成香蕉特有的风味。

（2）甘蓝、洋葱等特征风味物质（图 6-18）是由专一性酶作用于特定风味前体而产生的。例如，构成甘蓝、芥菜、水芹菜等十字花科蔬菜特征风味的芥菜油（异硫氰酸盐）（图 6-19）就是由硫糖苷酶作用于硫糖苷（thioglycosides）而产生的。

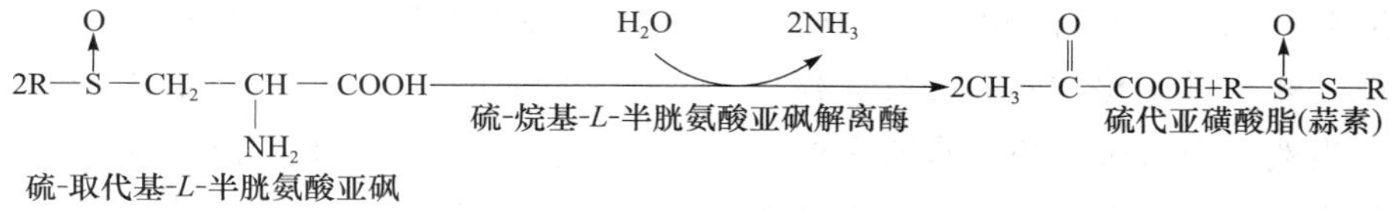

$$2R-S-CH_2-CH-COOH \xrightarrow[\text{硫-烷基-}L\text{-半胱氨酸亚砜解离酶}]{H_2O \quad 2NH_3} 2CH_3-C-COOH+R-S-S-R$$

硫-取代基-L-半胱氨酸亚砜　　　　　　　　　　　　　　　　　　　硫代亚磺酸脂(蒜素)

图 6-18　洋葱特征风味物质（硫代亚磺酸酯）的酶促形成过程

洋葱风味物质的主体成分为挥发性含硫化合物，它是由硫-烷基-L-半胱氨酸亚砜解离酶作用于

硫-取代基-L-半胱氨酸亚砜而产生的。

$$R-C\begin{matrix} S-C_6H_{11}O_5 \\ N-O-SO_2O^-K^+ \end{matrix} +H_2O \xrightarrow{\text{硫糖苷酶}} R-N=C=S+C_6H_{12}O_6+KHSO_4$$

硫糖苷　　　　　　　　　　　　　　　　　　异硫氰酸盐

图 6-19　十字花科蔬菜特征风味物质（异硫氰酸盐）的酶促形成过程

（3）红茶的风味物质是通过酶的间接作用，由一系列氧化反应而生成的。首先，黄酮醇在儿茶酚酶的催化下生成氧化态的黄酮醇，然后氧化态的黄酮醇再氧化茶叶中的不饱和脂肪酸、氨基酸及胡萝卜素而生成红茶中特有的香味成分。另外，茶叶中的脂氧合酶也能催化不饱和脂肪酸发生氧化反应，形成氢过氧化物，再经酶或非酶裂解生成醛或酮等挥发性物质，它们也对红茶风味的形成具有一定的贡献。

（4）外源风味酶的添加。一些食品在加工过程中由于热的作用，会导致大部分挥发性风味化合物的损失。为了使加工后的食品保持原有的风味特性，可以通过添加外源酶使食品中原有的风味前体转变成特征风味成分，例如将奶油风味酶作用于含乳脂的巧克力、人造奶油等食品，可增强这些食品的奶油风味。

（二）酶与食品不良风味物质形成的关系

食品在储藏和加工过程中，由于酶的作用，可能会产生一些异味物质。例如，青刀豆、玉米在热烫或冷冻干燥处理时，由于过氧化物酶和脂肪氧合酶的作用，会产生明显的不良风味；花椰菜则在半胱氨酸裂解酶的作用下形成不良风味。另外，有些未经热烫的冷藏蔬菜也会产生异味，这不仅与过氧化物酶和脂肪氧合酶有关，而且还与过氧化氢酶、

α-氧化酶（α-oxidase）和十六烷酰-辅酶 A 脱氢酶有关。此外，过氧化物酶和脂肪氧合酶还能催化食品中不饱和脂肪酸的氧化降解，产生挥发性的氧化风味化合物，如大豆和大豆制品中的豆腥味就是由脂肪氧合酶催化亚麻酸（酯）氧化生成的氢过氧化物继续裂解而产生的。当然，在食品加工中也可以利用外源酶来去除一些不良风味物质，如在葡萄柚和柑橘汁加工时，可利用柚皮苷酶处理果汁，催化柚皮苷的水解，从而脱除苦味。

四、酶对食品营养特性的影响

酶的作用会对食品的营养特性产生有利和不利的影响，现举例分述如下。

（一）脂肪氧合酶（lipoxygenases）

脂肪氧合酶（亚油酸酯∶氧　氧化还原酶，EC 1.13.11.12），在大豆、绿豆、小麦、大麦、燕麦及玉米中含量较多。脂肪氧合酶对底物具有高度的特异性，只能催化分子结构中含顺、顺-1，4-戊二烯结构的多不饱和脂肪酸（或酯）及甘油酯的氧化反应，因此亚油酸、亚麻酸、花生四烯酸及其酯类很容易被脂肪氧合酶所催化，发生氧化反应，导致食品中这些必需脂肪酸的含量降低。同时，在脂肪酸（或酯）的氧化过程中，还会产生大量的过氧自由基和烷氧自由基，这些自由基可进攻食品中

的类胡萝卜素、维生素 C、维生素 E、多酚化合物和叶酸等营养素的活性基团，导致其氧化降解或聚合，丧失营养价值。另外，氧化过程中产生的自由基等活泼基团还会破坏蛋白质中的酪氨酸、色氨酸、半胱氨酸和组氨酸残基，引起蛋白质的变性或交联反应，导致其功能特性的丧失和营养价值的下降。在食品中添加维生素 E、没食子酸丙酯等抗氧化剂，可以有效阻断自由基和氢过氧化物引起的食品损伤和营养素的损失。当然，脂肪氧合酶也有有利的一面，例如小麦面粉中的脂肪氧合酶（内源或者外源添加）不仅可以增强氧化漂白的效果，而且还可催化面筋蛋白质中的巯基氧化及二硫键的形成，促进面团形成三维空间网状结构，并改善面团的弹性。

（二）过氧化物酶（peroxidases）

过氧化物酶广泛存在于高等植物和牛奶中，它对食品的营养、色泽和风味会产生重要的影响。例如，过氧化物酶能催化食品中维生素 C 的氧化，使其生理活性功能丧失。另外，当食品中存在不饱和脂肪酸（酯）时，很容易在过氧化物酶的催化下发生氧化和裂解，产生具有不良气味的羰基化合物，并导致脂肪酸营养功能的丧失。同时，氧化过程中伴随自由基的产生，这些自由基会进一步破坏食品中其他的营养组分，如蛋白质、氨基酸、多酚化合物、类胡萝卜素和花青素等。因此，加强食品中过氧化物酶的控制显得尤为重要。

（三）抗坏血酸氧化酶（ascorbic acid oxidases）

抗坏血酸氧化酶是一种含铜的酶，在水果、蔬菜、谷物等农产品中很常见，它能催化抗坏血酸的氧化。在柑橘榨汁时，由于果实组织的破坏，导致其原有的氧化和还原酶的平衡状态被打破，即还原酶被破坏，活性降低，而抗坏血酸氧化酶的活力逐渐占据主导地位，使果汁中的维生素 C 遭到氧化，降低果汁的营养价值。因此，柑橘汁加工时应在低温下，快速榨汁、抽气，并及时进行巴氏杀菌以钝化酶的活性，最大限度减少维生素 C 的损失。

（四）β-D-半乳糖苷酶（β-D-galactosidases）

β-D-半乳糖苷酶广泛存在于高等动物（如人体的小肠黏膜细胞中）、植物和微生物（细菌和酵母）中，能催化乳糖水解，故又称乳糖酶。由于有些人体内缺乏乳糖酶，导致其在饮用含有乳糖的牛乳时会出现"乳糖不耐症"，不能完全消化分解牛乳中的乳糖并引起非感染性腹泻。为了缓解这种现象，该类人群在饮用牛乳的同时应补充 β-D-半乳糖苷酶制剂。另外，由于乳糖的溶解度很低，因此在生产冰激凌或脱脂奶粉时，通常需利用 β-D-半乳糖苷酶将乳糖水解，以改善产品的品质。

（五）脂肪酶（lipases）

脂肪酶广泛存在于动物、植物和微生物组织中，能作用于油/水界面上甘油三酯的酯键，使其水解，并最终生成甘油和脂肪酸。因此，不适当的食品加工和储藏方式，常导致脂肪酶的激活，并使甘油三酯水解，生成脂肪酸，引起食品酸败，降低其营养和食用品质。但在干酪等食品加工时，由脂肪酶催化的牛乳脂肪的适度水解，往往会产生特有的风味，并被消费者所喜爱和接受。脂肪酶只作用于甘油-水界面的脂肪分子，因此含脂食品体系中加入乳化剂后（可以增加油-水界面），会大大提高脂肪酶的催化活力，加快脂肪的酸败。广义的脂肪酶还包括固醇酶和磷酸酯酶，能分别水解固醇酯和磷酸酯类。

（六）维生素 B_1 水解酶（thiamlnase）

维生素 B_1 水解酶能将维生素 B_1 水解成 2-甲基-6 氨基-5-羟甲基嘧啶和 4-甲基-5-羟乙基噻唑。该酶主要存在于水产动物（如鱼及贝壳类）中，在蕨类、豆类、芥菜籽及精白米的下脚料中也有发现。另外，存在于人口腔中的某些微生物也能分泌维生素 B_1 水解酶。一些食品如生鱼片及鱼子酱（不加热经发酵而制成），由于内源维生素 B_1 水解酶的作用，常常出现其中所含的维生素 B_1 被水解的现象。因此，常食鱼子酱并且食物种类单一的话，就很容易患维生素 B_1 缺乏症如脚气病。

（七）植酸酶（phytases）

植酸酶广泛存在于植物中，能将磷酸残基从植酸分子中水解下来，破坏其对矿物元素的束缚作用，从而增加矿物元素的营养效价。另外，从蛋白-植酸-矿物元素复合物中释放出的 Ca^{2+} 可与果胶等物质发生交联反应，改变植物性食品的质地。实践表明，虽然植物性食品中植酸酶的浓度很低，但可通过改变温度和水分活度达到对内源性植酸酶的控制，降低植物性食物中植酸的浓度，提高矿物元素的吸收利用率。

（八）色素降解酶（pigment degradation enzymes）

色素降解酶包括花青素酶和叶绿素酶等，广泛存在于植物体中。农产品在收割或采摘后，如果不设法抑制它们的活性，就会导致花青素和叶绿素等天然色素受到破坏，这不仅影响产品的色泽，而且还会降低其营养价值。

第5节　酶制剂在食品加工中的应用

食品工业中使用的酶制剂一般都是从生物体中提取或者通过微生物发酵而制得，现已广泛应用于淀粉糖、果汁加工、食品烘焙、乳制品和啤酒等行业，对改善食品组织结构、风味和提高产品品质具有重要的作用。目前，食品工业中用得最多的是水解酶，并以碳水化合物水解酶为主，其次是蛋白酶和脂肪酶。另外，少数几种异构酶和氧化还原酶也在食品加工中得到应用。目前，全球食品工业所需的酶制剂 50% 以上都是由 Novo Nordisk 公司提供，其中约有 60% 的酶是通过微生物发酵生产的。表 6-6 列出了食品工业中常用的酶制剂。

表 6-6　食品工业中常用的酶制剂

酶	来源	主要用途
α-淀粉酶	枯草杆菌，米曲霉，黑曲霉	淀粉液化，生产葡萄糖等
β-淀粉酶	麦芽，多黏芽孢杆菌，巨大芽孢杆菌	麦芽糖生产，啤酒生产，焙烤食品
糖化酶	根霉，红曲霉，黑曲霉	将糊精降解为葡萄糖
葡萄糖异构酶	放线菌，细菌	生产高果糖浆
乳糖酶	真菌，酵母	水解乳清中的乳糖
果胶酶	霉菌	果汁、果酒的澄清
纤维素酶	木霉，青霉	食品加工，发酵工业
橙皮苷酶	黑曲霉	防止柑橘罐头和橘汁浑浊
脂肪酶	细菌，真菌，动物	乳酪的后熟，香肠熟化，改良牛奶风味
脂肪氧化酶	大豆	有助于小麦粉的漂白和面筋中二硫键的形成
葡萄糖氧化酶	黑曲霉，青霉	去除食品体系中的葡萄糖和氧，防止褐变，抑制氧化

酶	来源	主要用途
蛋白酶	动物胰脏，菠萝，木瓜，无花果，枯草杆菌，霉菌	肉的嫩化，奶酪生产，去除啤酒浑浊，香肠、蛋白胨和鱼胨的加工
氨基酰化酶	霉菌，细菌	DL-氨基酸生产 L-氨基酸

一、酶制剂在淀粉类食品加工中的应用

在淀粉深加工中常用的酶制剂有 α-淀粉酶、β-淀粉酶、葡萄糖淀粉酶（糖化酶）、脱支酶、葡萄糖异构酶以及环糊精葡萄糖基转移酶等。其中，α-淀粉酶主要是将淀粉水解成糊精，即淀粉的液化；然后，再通过上述其他各种酶的作用，制得不同聚合度的糖浆、饴糖、麦芽糖、葡萄糖和果糖等。淀粉在糖化过程中所采用的 α-淀粉酶和糖化酶必须达到一定的纯度，同时不能含有或者尽量少含葡萄糖苷转移酶，因为该酶会在糖化过程中生成不需要的异麦芽糖。各种淀粉糖浆，由于 DE 值（dextrose equivalent，以葡萄糖计的还原糖占糖浆干物质的百分比）不同，糖成分及含量也不相同，因此其性质各异，风味也各不相同。表 6-7 列举了用酶催化生产的一些常见甜味剂。

表 6-7　酶催化生产的常见甜味剂

原料	产品	酶
玉米淀粉	玉米糖浆	α-淀粉酶，支链淀粉酶
	葡萄糖	α-淀粉酶，糖化酶
	果糖	α-淀粉酶，糖化酶，葡萄糖异构酶
蔗糖	葡萄糖+果糖	转化酶
蔗糖	异麦芽寡糖	β-葡萄糖基转移酶和异麦芽寡糖合成酶
淀粉+蔗糖	蔗糖衍生物	葡萄糖基转移酶和支链淀粉酶（或异构酶）
蔗糖+果糖	明串珠菌二糖	α1,6-糖基转移酶
乳糖	葡萄糖+半乳糖	β-半乳糖苷酶
半乳糖	葡萄糖	半乳糖表异构酶
	半乳糖醛酸	半乳糖氧化酶

此外，酶在淀粉类食品加工中还有其他的应用，如在焙烤食品加工时添加 α-淀粉酶不仅可以调

节面团麦芽糖的生成量，而且还能改善面团的质构，提高面包等食品的质量。酿造工业可利用α-淀粉酶对淀粉进行水解；啤酒生产中可利用α-淀粉酶去除淀粉混浊，提高澄清度。糕点生产时加入转化酶，可使蔗糖生成转化糖，防止糖浆中的蔗糖结晶析出。

二、酶制剂在水果加工中的应用

在果品和果汁加工中常用的酶制剂有果胶酶、纤维素酶、半纤维素酶、柚苷酶、橙皮苷酶、葡萄糖氧化酶和过氧化氢酶等。例如，在苹果、葡萄等果汁加工时，由于果胶的存在，使得果汁难以过滤和澄清，因此在实际生产时，通常添加果胶酶来处理破碎的果实，催化果胶分解，使其失去产生凝胶的能力，从而加速果汁的过滤，提高果汁产率，并使其保持澄清。另外，有些果汁如葡萄柚汁通常带有苦味，生产中可利用柚皮苷酶处理，降解柚皮苷，去除苦味。对于橘汁中存在的不溶性橙皮苷可利用橙皮苷酶将其水解为可溶性的橙皮素，防止白色沉淀的产生，使橘汁保持澄清，同时也脱除了橙皮苷的苦味。对于果汁中存在的少量氧气，可利用葡萄糖氧化酶和过氧化氢酶将其脱除，从而使果汁在储藏期间保持原有的色香味。此外，在橘子罐头加工时，常使用果胶酶和纤维素酶处理橘瓣，以代替碱处理法脱除囊衣。

三、酶制剂在乳品加工中的应用

目前，用于乳品加工的常见酶制剂有乳糖酶、凝乳酶、过氧化氢酶、溶菌酶及脂肪酶等。其中，乳糖酶可用于分解牛奶中的乳糖，以缓解部分人群因乳糖酶的缺乏而导致饮用牛奶后发生的腹痛、腹泻症状。另外，乳糖难溶于水，常在炼乳、冰激凌中以砂样结晶析出，影响产品品质，因此加工中需要添加乳糖酶脱除原料乳中的乳糖。以前，由于生产干酪的副产物乳清含有大量的乳糖，难以消化，而被当作废水排放，这不仅造成资源的浪费，而且还造成环境的污染。现在，通过乳糖酶的处理，分解其中的乳糖，可得脱乳糖乳清，使其能够用作饲料和酵母培养基的生产。

凝乳酶是生产干酪的重要酶制剂。首先，利用乳酸菌发酵将牛奶转变成酸奶，再通过凝乳酶的作用，将可溶性κ-酪蛋白水解成不溶性Para-κ-酪蛋白和糖肽；在酸性条件下，Ca^{2+}使酪蛋白凝固，再经过切块、加热、压榨和熟化等加工步骤，制成干酪。在巧克力奶的制作中，利用脂肪酶对牛乳中的脂肪进行限制性水解，可以增强产品的"牛乳风味"。另外，过氧化氢酶可用于牛奶的消毒；溶菌酶添加到奶粉中，可防止婴幼儿肠道感染。

四、酶制剂在肉、蛋及鱼类产品加工中的应用

在畜产食品加工时，有些牛肉和猪肉中结缔组织较多，含有较多的胶原蛋白和弹性蛋白，即使在烹煮后也不易软化，难以嚼碎，口感差。为了改善该类肉制品的感官品质，通常采用木瓜蛋白酶或菠萝蛋白酶对其进行处理，如将酶制剂涂抹于肌肉片的表面或者将肌肉组织浸泡于一定浓度的酶溶液中，适度水解结缔组织中的胶原蛋白和弹性蛋白，从而使肉变得柔嫩多汁。此外，在鸡汁和牛肉汁等产品加工时，也可利用蛋白酶的作用来提高生产效率和产品得率。

在对一些富含蛋白质的深海鱼进行精深加工时，可利用复合蛋白酶制剂对其蛋白质进行定向、适度水解，生产功能多聚肽和氨基酸类产品，提高人体的消化和吸收利用率，如金枪鱼多肽饮品已经开发成功。在冷冻水产品加工时，在中性pH条件下利用酸性蛋白酶对冻鱼进行处理，可以脱除或降低其腥味。为了防止禽蛋产品干制时的褐变，通常利用葡萄糖氧化酶和过氧化氢酶来处理，以除去禽蛋中的葡萄糖，抑制美拉德反应的发生。此外，还可利用蛋白酶水解废弃的杂鱼、动物血液和下脚料中的蛋白质，然后对其中可溶性蛋白进行回收，并加工成饲料，其中以杂鱼的利用最为瞩目。

五、酶制剂在酒类等酿造中的应用

啤酒酿造中以大麦芽为主要原料，辅以大麦、大米、玉米等，并添加适量淀粉酶、β-葡聚糖酶等酶制剂，以缩短糖化时间并确保原料中的淀粉能够充分糖化，从而为后续发酵提供糖原，增加发酵度，确保啤酒良好的风味并提高啤酒的产率。另外，在啤酒巴氏灭菌前，通常需加入一定量的木瓜蛋白酶、菠萝蛋白酶或霉菌酸性蛋白酶，以催化酒

体中少量蛋白质的降解，防止啤酒混浊，延长保质期。

在白酒和黄酒酿造过程中，添加糖化酶代替麸曲，可以简化部分工艺流程和设备，节约粮食，提高出酒率。在果酒生产中，通常添加果胶酶、蛋白酶、纤维素酶和半纤维素酶等复合酶制剂，水解原料中的果胶、纤维素和少量的蛋白质，这不仅有利于果酒的过滤和澄清，而且还可以提高果酒的得率和产品质量。酱油、黄豆酱等酿造食品加工时，利用蛋白酶催化大豆等原料中蛋白质的水解，不仅可以大大缩短生产周期，而且还可提高原料蛋白质的利用率和改善产品风味。

六、酶制剂在面包等焙烤食品加工中的应用

随着小麦和面粉贮藏时间的延长，其中淀粉酶等酶的活力均呈下降趋势，使得其发酵力降低，因而用陈面粉制作的面包，存在体积小、色泽差等问题。在实际生产中，向陈面粉的面团中添加适量的α-淀粉酶和蛋白酶，不仅可以缩短面团的发酵时间，而且还能改善面包质量及防止老化。另外，在小麦面粉中添加一定量的脂肪氧合酶不仅可以增强氧化漂白的效果，而且还可催化面筋蛋白质中的巯基氧化及二硫键的形成，促进面团形成三维空间网状结构，并改善面团的弹性。在糕点加工中，添加β-淀粉酶，可以防止糕点老化；添加蔗糖酶，可以防止糕点中的蔗糖从糖浆中结晶析出。在通心面加工中，添加适量的蛋白酶，可以使面条的延展性更好，风味更佳。

第6节　酶的固定化及在食品加工中的应用

生物体内的酶通常固定于细胞壁和细胞膜而发挥其特定的催化反应功能，因此对于外源酶，科学家提出将其固定于特定的载体上，在不改变其专一性和催化活力的情况下，希望酶能够得到重复使用。固定化酶（immobilized enzyme）是指固定在特定载体上，并在一定的空间范围内能够进行催化反应的酶。根据使用场合和用途的不同，固定化酶可制成颗粒、薄膜、线条和酶管等形状，其中颗粒状占绝大多数。食品加工中使用固定化酶，便于反应结束后酶与反应物的分离，因此后续不需要加热灭酶，有助于保持食品原有的色香味，同时也能产生更大的经济效益。

一、酶的固定化方法

酶的固定化方法多样，根据具体应用环境可选择不同的固定材料和制备手段，但不管如何，必须遵循以下基本原则：①不能影响酶的催化活力和反应的专一性。酶蛋白的高级结构主要是由氢键、离子键和疏水相互作用等弱作用力维持，因此固定化时应尽量采取温和的条件，避免酶蛋白的空间构象发生变化，并确保酶的活性部位不与载体结合，从而维持其原有的催化活力和专一性。②用于固定化的载体必须具有一定的机械强度，在制备过程中不易受损或被破坏，并且能够与酶牢固结合，可以反复使用；同时应尽可能降低生产成本。③应尽可能降低固定化酶的空间位阻，以利于底物和酶的接近，从而增加反应速度，提高产品得率和质量。④固定化酶的载体应具有最大的稳定性，在使用过程中不与任何底物、产物或反应体系中的其他物质发生化学反应。

按照结合方式的不同，酶的固定化方法可以分为三类：①非共价结合法，包括物理吸附和离子结合等方法；②化学结合法，包括交联法和共价结合法；③包埋法，如凝胶包埋法和半透膜包埋法。

（一）非共价结合法

物理吸附法，是指用多孔玻璃、酸性白土、高岭土、膨润土、硅胶、活性炭、羟基磷灰石、金属氧化物等无机载体，以及大孔合成树脂、单宁、淀粉、白蛋白等天然高分子载体，将酶进行吸附和固定的一种方法。该方法的最大优点是酶的空间构象变化较少，活性中心不易被破坏，酶活损失很小。但是酶与载体之间的相互结合力弱，也易受反应体系pH、离子强度等因素的影响，使酶从载体上解吸。

离子结合法，是通过离子键结合将酶固定在具有离子交换剂的水溶性载体上的一种酶的固定化方法。常用的阴离子交换剂载体有DEAE-纤维素，DEAE-葡聚糖凝胶，Amberlite IRA-410、IRA-193等；阳离子交换剂载体有CM-纤维素，Amberlite CG-50、IRC-50等。离子结合法操作简单、

条件温和，酶的空间构象和活性中心不易被破坏，但酶与载体结合力较弱，容易受 pH 和离子强度的影响。

（二）化学结合法

化学结合法是指酶与载体通过共价键结合，而使酶固定的一种方法。通常有两种结合的方式：一是首先将载体活化，然后再与酶的相关基团发生偶联反应，常用的载体有纤维素、葡聚糖、琼脂糖、魔芋葡甘聚糖、尼龙、玻璃等；另一种是在载体上接上戊二醛、1，5-二氟-2，4-二硝基苯等双官能化合物，然后再将酶偶联上去。酶中参与共价结合的官能团不能处于酶的活化部位，常见的有 α-氨基或 ε-氨基、巯基、α、β 或 γ 位的羧基、羟基等。

由于共价结合反应比较激烈，常出现酶蛋白高级结构发生变化或部分活性中心被破坏的现象，导致酶活回收率较低，一般只有 30% 左右，甚至底物的专一性也会发生变化。共价结合的优点是酶与载体结合紧密，即使在底物浓度较高或存在盐离子的情况下，酶也不易脱落。

（三）包埋法

包埋法分为凝胶包埋法和微胶囊包埋法，前者是将酶包埋在高分子凝胶网络中，后者将酶包埋在高分子的半透膜中。包埋法一般不与酶蛋白的氨基酸残基发生共价结合反应，因此很少改变酶的空间构象，酶活回收率较高。由于只有小分子才能在高分子凝胶网络的微孔中扩散，并且这种扩散阻力会导致固定化酶动力学行为的改变，降低酶的催化活力，因此该法制作的固定化酶系统只适用于小分子底物和小分子产物的场合，对于作用底物和产物分子量较大的催化反应是不适合的。

包埋法常采用聚丙烯酰胺、聚乙烯醇、光敏树脂、明胶等作为载体材料。载体上结合的酶一般为载体质量的 0.1% ～ 10%，酶活力在 0.1 ～ 500 U/mg。微胶囊型固定化酶的颗粒一般是直径为几微米到几百微米的球状体，反应时有利于底物和产物扩散，但制备成本较高，对反应条件要求也较严格。

二、固定化酶在食品工业中的应用

固定化酶具有显著的优点，目前在食品工业中已获得逐步推广和应用。在淀粉深加工过程中，将葡萄糖淀粉酶和葡萄糖异构酶固定在柱状反应器上，可实现对淀粉的连续水解和异构化，整个反应过程稳定，酶反应器可再生和重复利用。另外，还可将 α-淀粉酶固定在四氧化三铁磁性纳米粒子上，以提高酶的重复利用率和稳定性，并且反应结束后在外加磁场的作用下，还可实现酶与产物的快速分离。在果汁加工过程中，以戊二醛为交联剂、壳聚糖为载体制备而成的固定化果胶酶和柚皮苷酶反应器，可以方便、快速地对果汁进行脱苦和澄清，并且具有专一性强、效果好、成本低等优点。该固定化酶经过多次重复使用后，仍具有较好的脱苦和澄清效果，果汁的糖度和酸度没有明显的变化，并可显著提高果汁的冷热稳定性。在乳制品生产中，固定化乳糖酶能够增强酶对酸、碱的耐受能力，可实现脱乳糖牛乳的工业化生产，同时还可缩短生产周期、降低成本。

在茶类产品的生产中，固定化酶技术也获得了广泛的应用，如用固定化单宁酶可解决红茶"冷浑浊"的问题。与传统的热水浸提法相比，用固定化纤维素酶酶解夏绿茶，可显著提高茶多酚、氨基酸和咖啡因的含量。另外，在茶饮料的加工、储存和运输过程中存在"褐变、浑浊和沉淀、香气劣变"三大技术难题，因此有研究者将固定化单宁酶、β-葡萄糖苷酶用于茶饮品的增香和去浊，结果表明：经固定化双酶处理后，红茶、绿茶和乌龙茶的茶叶香精油总量均明显增加。此外，在食品加工中应用的还有氨酰基转移酶（aminoacylase）、天冬氨酸酶（aspartase）、富马酸酶（fumarase）和 α-半乳糖苷酶（α-galactosidase）等固定化酶。

固定化酶技术简化了生产加工流程，提高了酶的稳定性和重复利用率，降低了食品生产成本，同时也减少了生产过程中造成的污染。随着生物技术和化学、材料及其他相关学科的发展，固定化酶将在食品、医药和环保等领域有更广阔的应用前景。

本章小结

酶是生物体中具有催化活性的一类物质，除少数具有催化活性的 RNA 外，几乎都是蛋白质。从酶的结构来看，有些属于简单蛋白，有些属于结合蛋白质；酶蛋白与辅酶或辅基结合在一起组成全酶后，才表现出催化活性。酶的催化作用具有高度的专一性，如键专一性、基团专一性、绝对专一性和立体化学专一性。酶催化反应速度是评价其反应动力学的重要指标，受底物浓度、酶浓度、pH、反应温度和水分活度的影响，也常受激活剂和抑制剂的影响。根据抑制剂与酶的作用方式，可分为不可逆与可逆抑制作用；其中，可逆抑制又分为竞争性抑制、非竞争性抑制和反竞争性抑制。

食品色泽、质地、风味和营养特性等常受食品内源酶的影响和调控。如蘑菇、马铃薯、茄子、苹果等植物性食品发生损伤或处于异常环境时，会发生酶促褐变，产生不良色泽；又如在果蔬加工中，如不对果胶甲酯酶进行灭活，将会导致大量的果胶脱去甲酯基，生成对人体有害的甲醇，并可使果蔬质构变软，降低产品质量。当然，食品内源酶对食品色泽、质地、风味和营养等也有好的一面，如红茶加工过程中，可利用多酚氧化酶催化儿茶素生成茶黄素和茶红素等有色物质，从而形成红茶特有的色泽；胰蛋白酶、弹性蛋白酶等可作用于肌球蛋白-肌动蛋白复合物，降解和软化肉中的结缔组织，使肌肉变得柔软多汁，口感细腻。另外，在啤酒生产中还可使用巯基蛋白酶水解酒体中所含的少量蛋白质，防止冷藏时由蛋白质沉降所引起的冷混浊。

总之，在食品加工和贮藏过程中，不仅要控制食品内源酶的作用，更要加强外源酶制剂的应用，以达到改善食品质地、色泽和风味的目的，并强化其营养功能，提高食品品质。

思考题

1. 请解释酶催化反应的专一性。
2. 请阐述影响酶催化反应速度的因素及影响机制。
3. 请阐述酶促褐变的机理及控制酶促褐变的措施。
4. 请举例说明内源酶对食品质地的影响及调控措施。
5. 请举例说明酶对食品风味的影响及调控措施。
6. 请举例说明酶在食品加工中的应用，并具体阐述酶的作用。

参考文献

［1］ 阚建全. 食品化学. 3版. 北京：中国农业大学出版社，2016.
［2］ 谢笔钧. 食品化学. 3版. 北京：科学出版社，2011.
［3］ 王璋，等. 食品化学. 北京：中国轻工业出版社，1999.
［4］ 王镜岩. 生物化学. 3版. 北京：高等教育出版社，2002.
［5］ Damodaran S, Parkin K L, Fennema O R. Food Chemistry. 4th ed. Florida：CRC Press, part of Taylor & Francis Group LLC, 2008.

第7章
维生素

学习目的与要求：

掌握各种维生素的结构、理化性质及生理功能；熟悉维生素 A、维生素 D、维生素 E、维生素 B_1、维生素 B_2、维生素 B_6、维生素 C、叶酸等重要维生素在食物中的含量及分布情况；掌握维生素在食品加工和储藏过程中的变化以及对食品营养和品质的影响。

学习重点：

维生素 A、维生素 D、维生素 E、维生素 B_1、维生素 B_2、维生素 B_6、维生素 C、叶酸等重要维生素在食物中的含量及分布情况；维生素在食品加工和储藏过程中的变化、控制措施及其对食品营养和品质的影响。

学习难点：

各种维生素的结构、理化性质、生理功能及生物利用率。

教学目的与要求

■ **研究型院校**：熟悉维生素 A、维生素 D、维生素 E、维生素 B_1、维生素 B_2、维生素 B_6、维生素 C、叶酸等重要维生素在食物中的含量及分布情况；掌握各种维生素的结构、理化性质及生理功能；掌握维生素在食品加工和储藏过程中的变化以及对食品营养和品质的影响。

■ **应用型院校**：熟悉维生素 A、维生素 D、维生素 E、维生素 B_1、维生素 B_2、维生素 B_6、维生素 C、叶酸等重要维生素的膳食来源；了解维生素的种类、理化性质和缺乏症状；掌握维生素在食品加工和储藏过程中的变化及控制措施。

■ **农业类院校**：熟悉各种维生素的结构、理化性质及生理功能；了解不同食物中维生素的种类、含量与生物利用情况；掌握维生素在食品加工和储藏过程中的变化及调控措施。

■ **工科类院校**：熟悉维生素 A、维生素 D、维生素 E、维生素 B_1、维生素 B_2、维生素 B_6、维生素 C、叶酸等重要维生素在食物中的含量及分布情况；了解各种维生素的结构和理化性质；掌握维生素在食品加工和储藏过程中的变化及控制措施。

第1节 引言

维生素是人体维持其生命功能所必需的一类营养素，可与酶类一起参与机体的新陈代谢，并有效调节机体的功能。大部分维生素不能在人体内合成，或者合成量太少，不能满足机体的正常需求，因此必须从食物中摄取。如果摄入不足，就会导致机体患各种疾病，如维生素 C 缺乏，将导致坏血病；尼克酸缺乏，导致癞皮病；维生素 B_1 缺乏，导致脚气病等。然而，维生素的过多摄入也会危害人体健康，特别是维生素 A、维生素 D、维生素 E、维生素 K 等脂溶性维生素的过多摄入会在体内蓄积，严重时引起中毒；而水溶性维生素很容易随尿液排出体外，因此很难在体内蓄积，不易引起中毒。

维生素化学结构复杂，生理功能各异。通常根据维生素的溶解特性，可将其分为两大类：水溶性

维生素和脂溶性维生素。其中，水溶性维生素包括维生素 B_1（硫胺素）、维生素 B_2（核黄素）、维生素 B_3（泛酸）、维生素 B_5（烟酸）、维生素 B_6、维生素 B_{12}、维生素 C、叶酸和生物素，而脂溶性维生素则有维生素 A、维生素 D、维生素 E 和维生素 K。本章主要讨论维生素的化学性质、生理功能及在食品加工、储藏过程中的变化。

第2节 水溶性维生素

一、维生素 C

（一）维生素 C 的结构和化学性质

维生素 C 又称抗坏血酸（ascorbic acid），具有防治坏血病的生理功能。维生素 C 是多羟基羧酸内酯类物质，分子中含有一个烯二醇基团，所以维生素 C 可以离解出氢离子，并具有很强的还原性。自然界存在的抗坏血酸主要是 L-异构体，D-异构体的含量很少。各种抗坏血酸异构体的分子结构如图 7-1 所示。

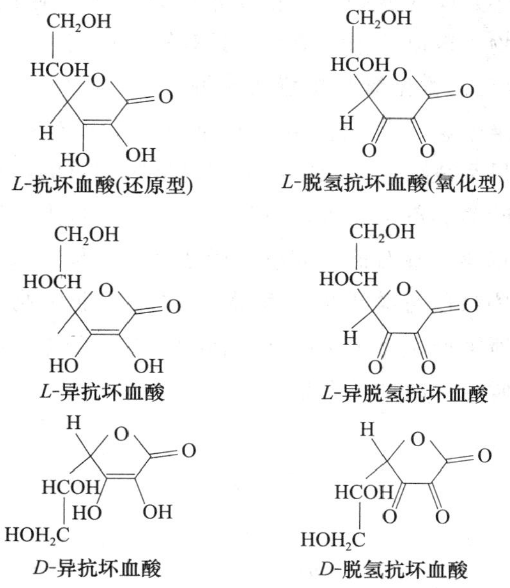

图 7-1　各种抗坏血酸异构体的分子结构

抗坏血酸主要以还原型的 L-抗坏血酸存在于水果和蔬菜中，在动物组织和动物加工产品中含量较少。L-抗坏血酸是高度水溶性化合物，极性很强，其溶液呈酸性并具有很强的还原性。通过双电子氧化和氢离子的解离反应，L-抗坏血酸可转变为

L-脱氢抗坏血酸（DHAA），DHAA 在体内可以完全被还原为 *L*-抗坏血酸，因此 DHAA 具有与 *L*-抗坏血酸相同的生物活性。*L*-异抗坏血酸和 *L*-抗坏血酸是光学异构体，其差别是 C-5 位上羟基所处的位置不同。*L*-异抗坏血酸具有与 *L*-抗坏血酸相似的化学性质，但不具有维生素 C 的生理活性。*D*-抗坏血酸的生理活性仅相当于 *L*-抗坏血酸的十分之一。*L*-抗坏血酸、*L*-异抗坏血酸和 *D*-抗坏血酸在食品加工中被广泛用作抗氧化剂，可以抑制水果和蔬菜的酶促褐变。

（二）维生素 C 的生理功能

维生素 C 是一种必需维生素，在机体代谢中具有多种功能，主要表现在以下几个方面：①维持细胞的正常代谢，保护酶的活性；②促进胶原蛋白的生物合成，有利于组织创伤的愈合；③促进骨骼和牙齿生长，增强毛细血管壁的强度，避免骨骼和牙齿周围出现渗血现象；④改善对铁、钙和叶酸的吸收和利用，并参与铁蛋白的合成；⑤促进酪氨酸和色氨酸的代谢，加速蛋白质或肽类的脱氨基作用；⑥是体内良好的自由基清除剂；⑦对砷化物、铅化物、苯以及细菌毒素等具有解毒作用。

（三）维生素 C 的膳食来源

维生素 C 在自然界中很常见，主要存在于新鲜水果和蔬菜的组织中，尤其以酸味较重的水果和新鲜叶菜类蔬菜中含量最为丰富，如柑橘类、猕猴桃、草莓、番石榴、荔枝、刺梨、蔷薇果等水果以及一些绿色蔬菜中的维生素 C 含量就非常高，是人体所需维生素 C 的重要膳食来源。维生素 C 在一些常见果蔬中的含量如表 7-1 所示。

表 7-1　常见食物可食部分维生素 C 的含量

mg/100 g

食物名称	含量	食物名称	含量	食物名称	含量
冬季花椰菜	113	土豆	73	黑葡萄	200
菠菜	220	青椒	120	柑橘	220
卷心菜	47	西红柿	100	番石榴	300
甘蓝	500	南瓜	90	山楂	190

（四）维生素 C 的稳定性

维生素 C 为无色的固体，在干燥条件下比较稳定，但在潮湿、加热或光照环境条件下很不稳定，极易受温度、氧、pH、酶、金属催化剂（特别是 Cu^{2+} 和 Fe^{3+}）以及抗坏血酸与脱氢抗坏血酸的比例等因素的影响而发生降解。其中，氧和金属离子催化剂对维生素 C 的降解反应途径和产物种类有着重要的影响。在有氧条件下，抗坏血酸首先降解形成单价阴离子（HA^-），并可与金属离子和氧形成三元复合物。依据金属催化剂（M^{n+}）的浓度和氧分压的大小，单价阴离子 HA^- 有多种后续氧化途径。一旦生成 HA^-，会很快通过单电子氧化途径转变为脱氢抗坏血酸（A），A 的生成速率近似与 $[HA^-]$、$[O_2]$ 和 $[M^{n+}]$ 的一次方成正比。当金属催化剂为 Cu^{2+} 或 Fe^{3+} 时，降解速率常数要比自动氧化大几个数量级，其中 Cu^{2+} 的催化转化速率比 Fe^{3+} 大 80 倍。即使这些金属离子的浓度仅为百万分之几，也会引起食品中维生素 C 的严重损失。在复杂食品体系中，金属离子还会催化其他组分（如脂肪酸、氨基酸等）发生反应，生成活泼的自由基或活性氧，从而加速抗坏血酸的氧化。抗坏血酸的降解反应途径如图 7-2 和图 7-3 所示。

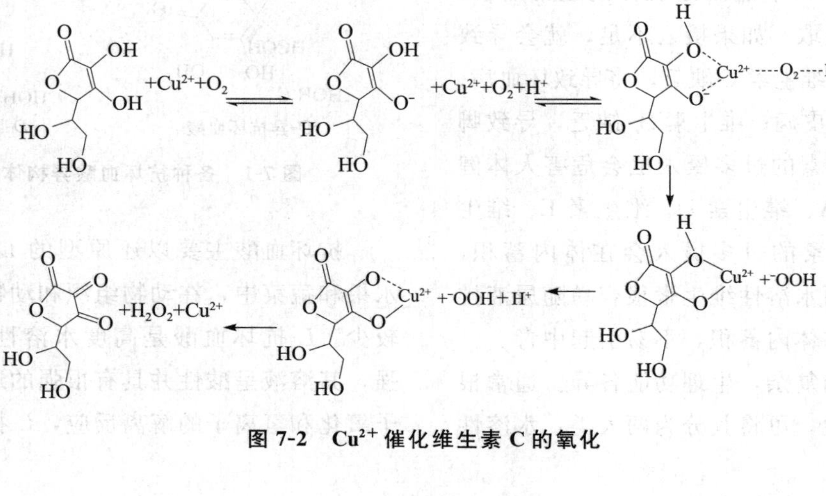

图 7-2　Cu^{2+} 催化维生素 C 的氧化

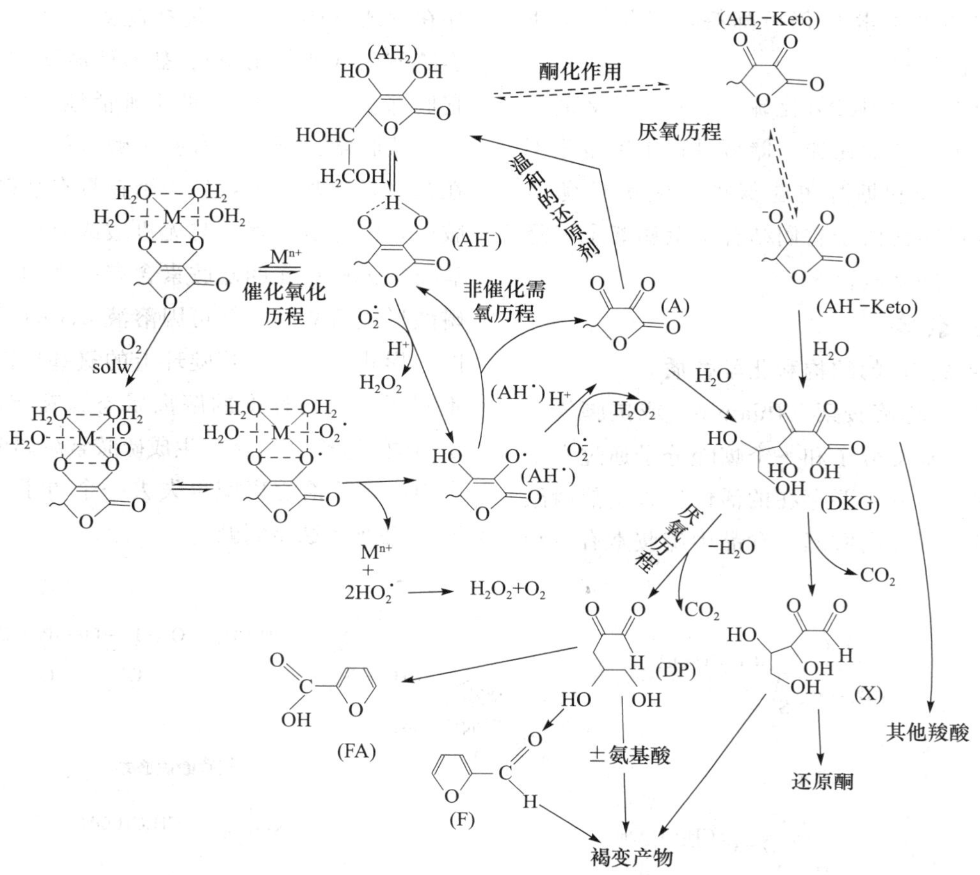

图 7-3　维生素 C 的降解路径

粗线结构的分子为有维生素活性的物质；AH_2：还原性抗坏血酸；AH^-：单价阴离子抗坏血酸；A：脱氢抗坏血酸；

$AH\cdot$：半脱氢抗坏血酸自由基；DKG：2，3-二酮基古罗糖酸；M^{n+}：金属离子催化剂；$HO_2\cdot$：氢过氧自由基；

F：糠醛；FA：2-呋喃甲醛；X：木酮糖；DP：3-脱氧戊糖酮

在抗坏血酸氧化的初始阶段，脱氢抗坏血酸（A）仍可通过温和的还原反应转变为抗坏血酸，恢复其活性。但脱氢抗坏血酸的氧化是不可逆的，尤其在碱性介质中，可导致其内酯键的水解而转变为 2，3-二酮基古罗糖酸（DKG），丧失维生素 C 的活性。DKG 经脱羧后可形成木酮糖（X），或在 C-4 位发生 β-消除反应，再经脱羧后形成 3-脱氧戊糖酮（DP）。木糖酮继续降解生成还原酮和乙基乙二醛，而 3-脱氧戊糖酮进一步降解则得到糠醛（F）和 2-呋喃甲酸（FA），所有这些生成物又可与氨基结合而发生美拉德反应，导致食品发生褐变（非酶褐变），并可形成风味化合物的前体物质。某些糖和糖醇能防止抗坏血酸的氧化降解，这可能是因为它们能够结合金属离子，抑制了金属离子的催化活性，有利于食品中维生素 C 的保护，但其机化活性，有利于食品中维生素 C 的保护，但其机

理有待进一步研究。

（五）食品加工对维生素 C 的影响

维生素 C 易溶于水，在加工过程中很容易通过食品的切口或破损表面而流失，并且流失率随着切口表面积、水流速和水温的升高而增加。尤其在食品加热浸提时，维生素 C 的损失远比其他加工步骤带来的损失大，这一观察结果也可类推于大多数水溶性营养素。另外，维生素 C 对热、pH 和氧敏感，因此在食品加工和储藏过程中还会发生化学降解。富含维生素 C 的食品（例如水果制品），通常可由非酶褐变引起维生素 C 的损失和颜色的变化。在罐装果汁中，维生素 C 的损失符合一级反应动力学特性，其初始降解速率依赖于氧，直到有效氧完全消耗，然后进行厌氧降解。维生素 C 的降解率随着水分活度的增加而增加，在水分活度很

低时，食品中的维生素 C 仍可降解，只是转化速率非常缓慢，损失少。

在食品加工中，用二氧化硫（SO_2）对果蔬产品进行处理，可以减少在加工储藏过程中维生素 C 的损失。此外，糖和糖醇也能保护维生素 C 免受氧化降解，这可能是由于它们结合了金属离子，降低了其催化活性的缘故。

二、维生素 B_1

（一）维生素 B_1 的结构和化学性质

维生素 B_1 又称硫胺素（thiamin）或抗脚气病维生素，由一个嘧啶分子和一个噻唑分子通过一个亚甲基连接而成，其主要存在的活性形式是焦磷酸硫胺素，即硫胺素焦磷酸酯。食品中硫胺素有多种存在形式（图 7-4），包括游离的硫胺素、硫胺素焦磷酸酯（辅羧化酶）、盐酸硫胺素和硝酸硫胺素，它们都具有维生素 B_1 的生理活性。

硫胺素分子中具有两个碱基氮原子，其中一个在初级氨基基团中，另一个在具有强碱性质的四级胺中，因此硫胺素能与无机酸或有机酸形成相应的盐类。天然存在的硫胺素含有一个伯醇基，它能与磷酸形成磷酸酯，并可因溶液 pH 的不同而呈现不同的形式。此外，嘧啶环上的氨基也因体系 pH 的不同呈不同程度的解离状态，嘧啶环 N 位上质子电离（$pK_{a1} = 4.8$）生成硫胺素游离碱；在碱性范围内，硫胺素游离碱再失去一个质子（表观 $pK_a = 9.2$）生成硫胺素假碱。

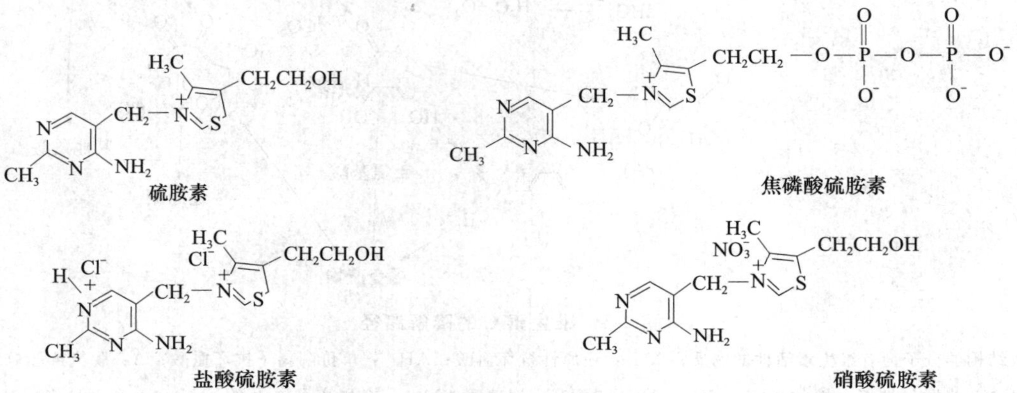

图 7-4 维生素 B_1 的化学结构式

（二）维生素 B_1 的生理功能

硫胺素在肝脏被磷酸化为焦磷酸硫胺素，并以此构成重要的辅酶参与机体代谢，如在体内参与 α-酮酸的氧化脱羧反应，或作为转酮酶的辅酶参与磷酸戊糖途径的转酮反应，因此硫胺素对于机体的糖代谢和 RNA 的合成具有重要的作用。另外，硫胺素还具有维持神经系统和消化系统正常功能，促进机体发育的功能。

硫胺素在体内储存量极少，需要从食物中摄取，若摄入不足可引起硫胺素缺乏症，即脚气病（beriberi）。硫胺素的缺乏，主要损害神经血管系统，导致多发性末梢神经炎及心脏功能失调，发病早期伴有头痛、烦躁、疲倦、食欲不振、便秘和工作能力下降等症状。长期以精白面为主食，并且缺乏其他副食有益补充的情况下，机体很容易患维生素 B_1 缺乏症。过量摄入的硫胺素可由肾脏排出，不易在机体蓄积，因此其毒性非常低，目前尚未有人类硫胺素中毒的记载。

（三）维生素 B_1 的膳食来源

硫胺素广泛存在于动、植物界，并且以多种形式存在于各类食物中，其中动物的内脏（肝、肾、心）、瘦肉、全谷、豆类和坚果等都是维生素 B_1 的良好膳食来源。目前，谷物类食物仍是我国居民维生素 B_1 的主要膳食来源。未精制的谷类食物所含的硫胺素一般在 $0.3 \sim 0.4$ mg/100 g，大米和面粉的过度精加工会造成硫胺素的大量损失。除鲜豆外，蔬菜中所含硫胺素较少。

（四）维生素 B_1 的稳定性

硫胺素是所有维生素中最不稳定的一种，极易受温度、水分活度、pH、离子强度等因素的影响而降解。硫胺素存在多种降解途径，其中典型的降解反应是在两环之间的亚甲基碳上发生亲核取代反应，因此强亲核试剂如 HSO_3^- 易导致硫胺素的破坏。硫胺素在亚硫酸盐作用下发生的降解和在碱性条件下发生的降解反应类似（图7-5），两者均生成降解产物 5-(β-羟乙基)-4-甲基噻唑以及相应的嘧啶取代物（前者生成 2-甲基-5-磺酰甲基嘧啶，后者为羟甲基嘧啶）。

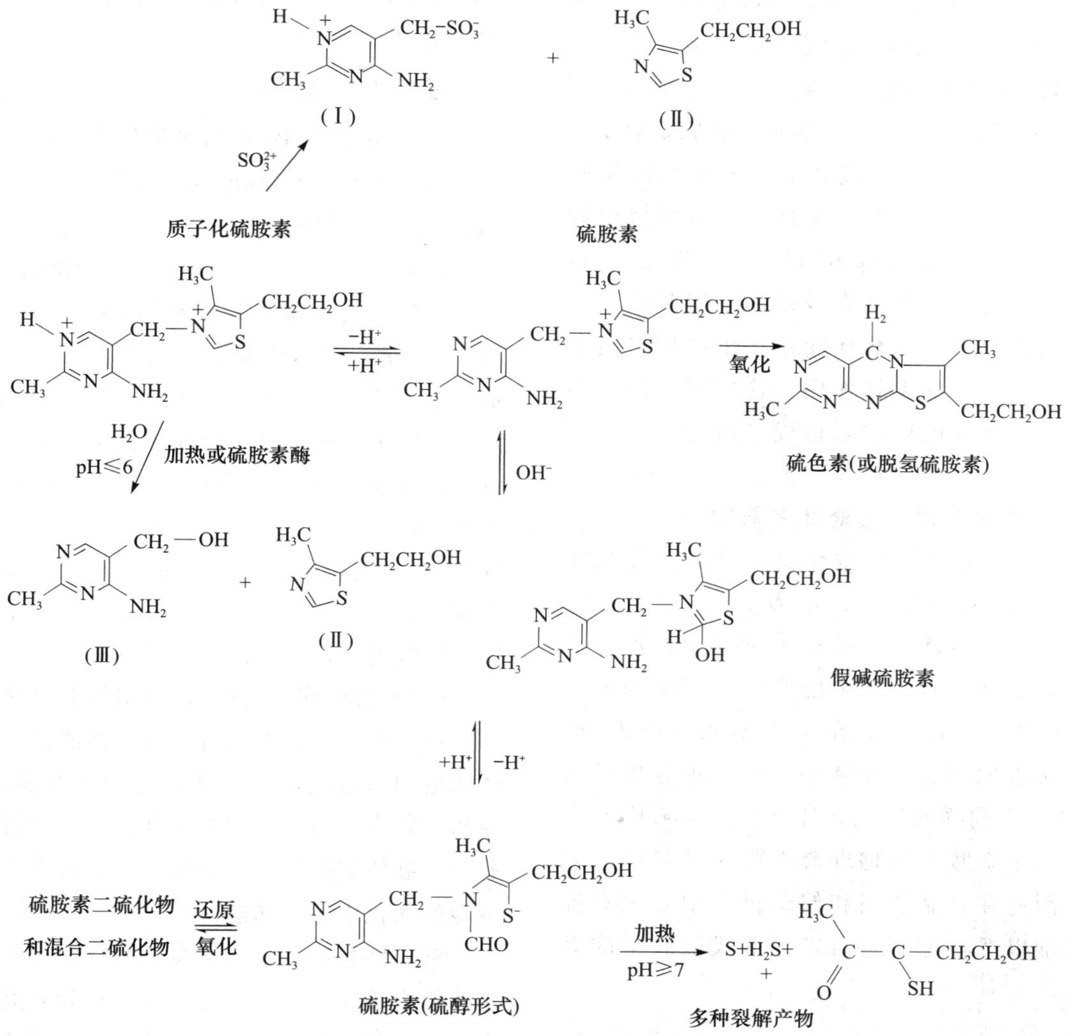

图7-5 硫胺素的降解途径

水分活度和温度对硫胺素的稳定性具有重要的影响。在室温和低水分活度时，硫胺素相当稳定，而随着食品体系水分活度和储藏温度的升高，硫胺素的损失率逐渐增加。如图7-6所示，早餐谷物制品（水分活度为 0.1～0.65）在低于 30 ℃ 的环境条件下储藏 8 个月时，硫胺素的损失几乎为零。当储藏温度提高至 45 ℃、水分活度大于 0.4 时，硫胺素的降解率急剧增加，达 80% 以上；在水分活度为 0.5 时，其降解率达到最大；然后水分活度继续增加至 0.85 时，硫胺素的降解速率呈缓慢下降趋势。

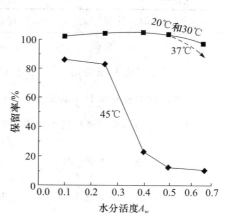

图7-6 水分活度和温度对早餐谷物制品中硫胺素保留率的影响（储藏8个月）

硫胺素的降解速率对 pH 极为敏感。在 pH<6 时，硫胺素降解较为缓慢；而在 pH 为 6～7 时，硫胺素降解显著加快，分子中噻唑环被破坏；当 pH 增加至 8 时，硫胺素分子中的噻唑环被完全破坏，生成具有肉香味的含硫化合物。此外，食品中其他组分也会影响硫胺素的降解，如单宁能与硫胺素形成加成产物而使其失活；胆碱使硫胺素分子断裂而加速其降解；二氧化硫或亚硫酸盐也能使硫胺素破坏，失去活性；血红素蛋白（肌红蛋白和血红蛋白）对硫胺素的降解具有非酶催化作用，这是一些宰后的鱼类和甲壳类动物中硫胺素发生降解的原因之一；但可溶性淀粉和蛋白质对硫胺素的热降解有一定的保护作用，这主要是由于蛋白质可与硫醇形式的硫胺素形成二硫化物，从而阻止其降解。

（五）食品加工对维生素 B₁ 的影响

硫胺素与其他水溶性维生素一样，在食品加工过程中会因浸出而流失，如表 7-2 所示。在脱水玉米、豆乳、牛乳等食品加工过程中，水分含量对硫胺素的降解有着重要的影响，例如当体系中水分含量低于 10％时，在 38 ℃储藏 182 d，产品中的硫胺素的损失量非常小，而当水分含量增至 13％时，在同样的储藏条件下，硫胺素则有大量损失。由于硫胺素的物理流失和化学降解的方式较多，因此在食品加工和储藏过程中必须对各影响因素加以严格控制，否则会造成硫胺素的大量损失。

表 7-2 各类食品在加工处理后硫胺素的保留率

产品	加工处理方式	保留率/％
谷物	挤压烹调	48～90
土豆	水中浸泡 16 h 后油炸	55～60
	在亚硫酸溶液浸泡 16 h 后油炸	19～24
大豆	用水浸泡后在水中或碳酸盐中煮沸	23～52
粉碎的土豆	各种热处理	82～97
蔬菜	各种热处理	80～95
冷冻、油炸鱼	各种热处理	77～100

此外，加工和储藏的温度也是影响食品中硫胺素稳定性的一个重要因素，如谷物中的硫胺素常因烹调和焙烤而造成严重损失。硫胺素的热分解还可形成具有特殊气味的物质，可使烹调后的食物产生"肉"的香味。

三、维生素 B₂

（一）维生素 B₂ 的结构和化学性质

维生素 B₂（vitamin B₂）又称为核黄素（riboflavin），其母体化合物是 7，8-二甲基-10（1′-核糖醇）异咯嗪，在自然状态下常以磷酸化的形式存在，主要包括黄素单核苷酸（FMN）和黄素腺嘌呤二核苷酸（FAD）两种，它们的结构如图 7-7 所示。由于磷酸酶的作用，FMN 和 FAD 在食品或消化系统中，很容易转变成核黄素。核黄素与其他黄素类物质的化学性质相当复杂，在氧化还原体系中，常以 3 种状态存在并发生氧化还原循环（图 7-8），其中全氧化型黄醌（flavosemiquinone）为黄色，黄半醌（flavosemiquinone）在不同 pH 下可呈红色或蓝色，而还原型氢醌为无色。

（二）维生素 B₂ 的生理功能及膳食来源

核黄素是一大类具有生物活性的化合物，在机体代谢中起着辅酶的作用，它们是细胞色素 C 还原酶、黄素蛋白等酶的组成部分，其中黄素蛋白起着电子载体的作用，在脂肪酸、葡萄糖、氨基酸和嘌呤的氧化中发挥功能。

动物性食物是核黄素良好的膳食来源，特别是动物的内脏如肝、心、肾以及蛋黄和乳类中含量丰富。牛乳和人乳中的核黄素主要是以 FAD 和游离核黄素的形式存在，另外还存在少量的 10-羟乙基黄素和痕量的 10-甲酰基甲黄素、7α-羟基核黄素和 8α-羟基核黄素，见表 7-3。其中，10-羟乙基黄素是哺乳类黄素激酶的抑制剂，能抑制机体对核黄素的吸收。因此，只有准确测定食物中各种核黄素的种类和含量，才能科学判定食物的营养价值。对植物性食物而言，在绿叶蔬菜类（如菠菜、韭菜、油菜）、豆类及野菜中含量较高，而其他蔬菜中的核黄素含量相对较低。谷类食物中核黄素的含量与其加工精度有关，通常加工精度越高核黄素的含量越低。由于我国居民的膳食结构是以植物性食物为主，这使核黄素成为最容易缺乏的营养素之一。

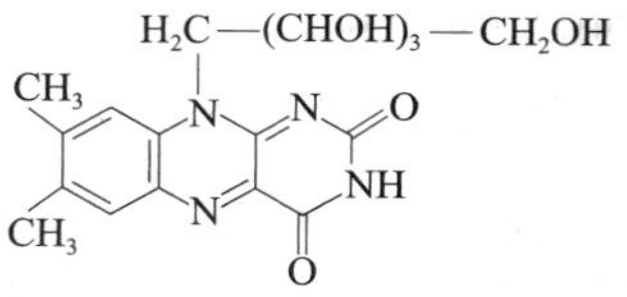

核黄素

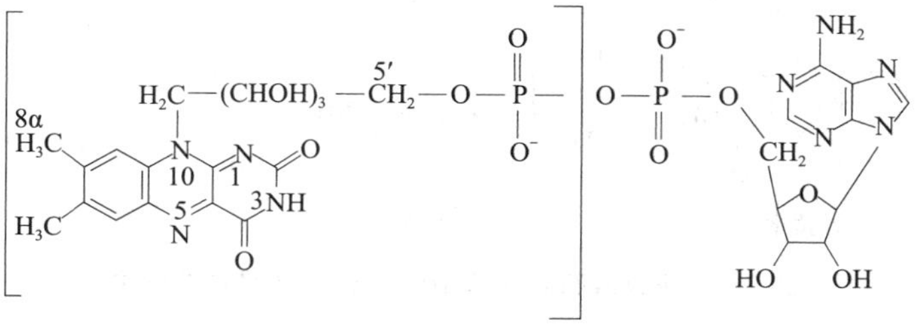

黄素单核苷酸(FMN)　　　　　黄素腺嘌呤二核苷酸(FAD)

图 7-7　核黄素的化学结构式

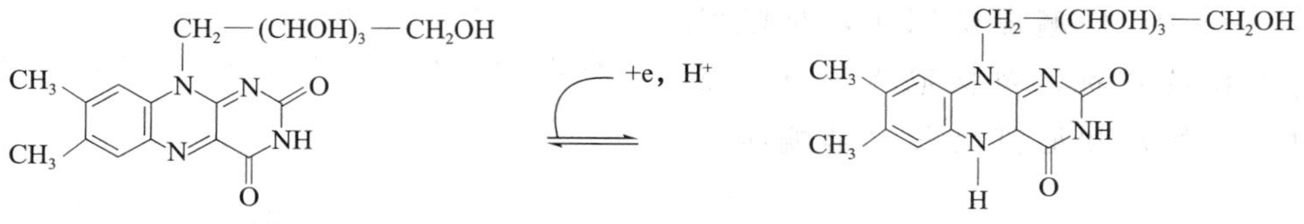

氧化型黄醌　　　　　　　　　　黄半醌自由基

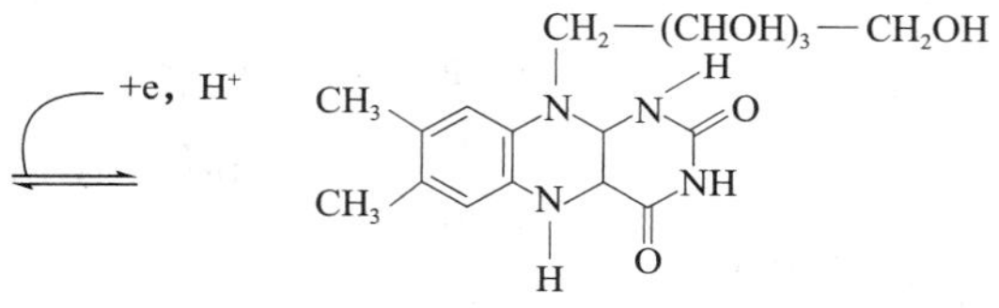

还原型黄氢醌

图 7-8　核黄素的氧化还原反应

表 7-3　新鲜人乳和牛乳中核黄素类化合物的分布情况

化合物	人乳/%	牛乳/%
FAD	38～62	23～44
核黄素	31～51	35～59
10-羟乙基黄素	2～10	11～19
10-甲酰基甲黄素	痕量	痕量
7α-羟基核黄素	痕量～0.4	0.1～0.7
8α-羟基核黄素	痕量	痕量～0.4

（三）维生素 B₂ 的稳定性

核黄素热稳定性高，不受空气中氧的影响，在食品常规脱水、热处理和烹饪过程中损失较小。有研究报道了各种加热方法对 6 种新鲜或冷冻食品中核黄素稳定性的影响，其中豌豆或利马豆无论是经过热烫或其他加工，核黄素保留率均在 70％以上。在酸性介质中，核黄素稳定性高，在中性 pH 时稳定性下降，在碱性环境下则可快速降解。核黄素降解的主要机制是光化学过程，其中在碱性溶液中辐射，可裂解生成非活性的光黄素及一系列自由基，在酸性或中性溶液中辐射，则可形成具有蓝色荧光的光色素和不等量的光黄素，见图 7-9。光黄素氧化性强，对其他维生素特别是抗坏血酸具有强烈的破坏作用。由于上述反应，常导致出售的瓶装牛乳中核黄素的降解，使营养价值降低，并产生不适宜的味道，即"日光臭味"。为了避免这种反应的产生，在实际生产中可使用不透明的容器装牛乳。

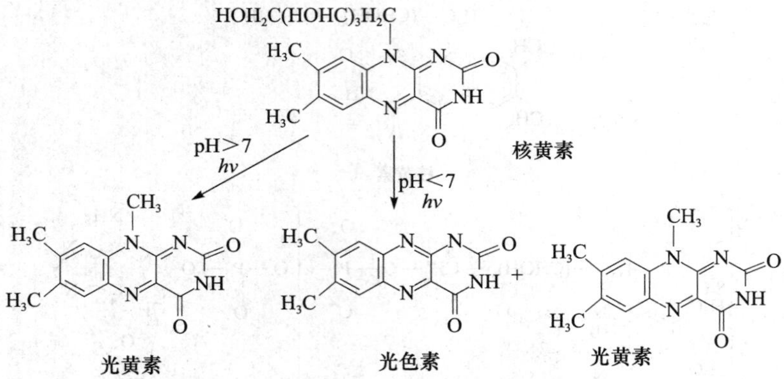

图 7-9　核黄素在碱性或酸性介质中光照时的分解

四、烟酸

（一）烟酸的结构和主要生理功能

烟酸为 B 族维生素成员之一，又称尼克酸（niacin）、维生素 PP、抗癞皮病因子，是吡啶3-羧酸及其衍生物的总称，包括尼克酸（即吡啶 β-羧酸，也称烟酸）和尼克酰胺（烟酰胺），通称为烟酸，结构式见图 7-10。在生物体内，烟酰胺是烟酰胺腺嘌呤二核苷酸（NAD）和烟酰胺腺嘌呤二核苷酸磷酸（NADP）的组成部分，它们在糖酵解、脂肪合成和呼吸作用中起着重要的作用。此外，烟酸也是癞皮病的防治因子。

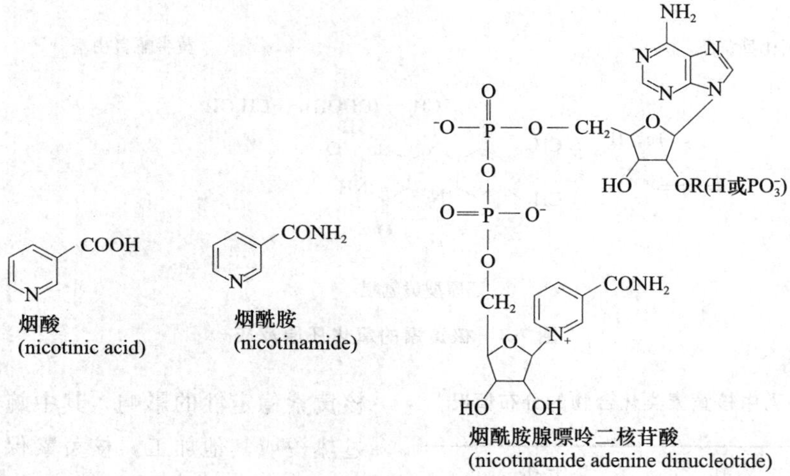

图 7-10　烟酸、烟酰胺和烟酰胺腺嘌呤二核酸的结构

（二）烟酸的膳食来源

烟酸广泛存在于动植物性食物中，在蘑菇和酵母中的含量尤为丰富，其次为动物内脏、瘦肉、全谷和豆类等，在绿叶蔬菜中也含有一定量的烟酸。相比而言，蛋类和乳类中烟酸含量较低，但含有丰富的色氨酸，在体内可以转化为烟酸。一些植物性食品中的烟酸常与糖类等大分子结合而不能被哺乳动物吸收，如玉米和高粱中有 $64\% \sim 73\%$ 的烟酸为结合型烟酸，不能被人体吸收，导致以玉米为主食的人群易患癞皮病。结合型烟酸可以通过碱处理使其游离释放出来，从而被动物和人体所利用。

（三）烟酸的稳定性

烟酸对光、热、空气中的氧和碱性环境均不敏感，是一种最稳定的维生素，在食品加工中不易损失。与其他水溶性维生素一样，果蔬类食物在修整、切块、淋洗和浸泡等处理时，也会造成烟酸的流失。由于生物化学反应的作用，猪肉和牛肉在储藏过程中会造成一定量烟酸的损失；而对烤肉而言，不会造成烟酸的损失，不过在烤制渗出的液滴中含有较多的烟酸。原料乳中的烟酸在乳制品加工过程中几乎没有损失。

在食品加工和烹饪过程中，可通过转化反应提高一些食品中烟酸的含量。例如，玉米通过沸水加热处理，可从NAD和NADP中释放出游离的烟酰胺，提高其生物利用率。在天然咖啡豆中含有相当多的葫芦巴碱（trigonelline）或N-甲基烟酸，可在温和的碱性条件下对咖啡进行焙炒，促使葫芦巴碱脱甲基生成烟酸，提高最终产品中烟酸的含量和活性。

五、维生素 B_6

（一）维生素 B_6 的结构和主要生理功能

维生素 B_6（vitamin B_6）是一类性质相似的天然产物，具体包括吡哆醛（pyridoxal，Ⅰ）、吡哆醇或称吡哆素（pyridoxine 或 pyridoxol，Ⅱ）和吡哆胺（pyridoxamine，Ⅲ）3种，它们都具有维生素 B_6 生理活性，易溶于水和酒精，其结构式如图7-11所示。这些化合物通常以磷酸酯的形式广泛存在于动植物中。其中，磷酸吡哆醛是许多氨基酸转移酶的辅酶，可与氨基酸发生羰-氨缩合反应，生成席夫碱，再与金属离子螯合形成一个稳定的化合物Ⅳ，结构如图7-11所示。磷酸吡哆醛在氨基酸代谢中具有重要的作用（如转氨作用、消旋作用和脱羧作用），并有助于机体内蛋白质、脂肪和糖类物质的分解利用。维生素 B_6 摄入不足可导致维生素 B_6 缺乏症，主要表现为脂溢性皮炎、口炎、口唇干裂、舌炎、易激怒和抑郁等。

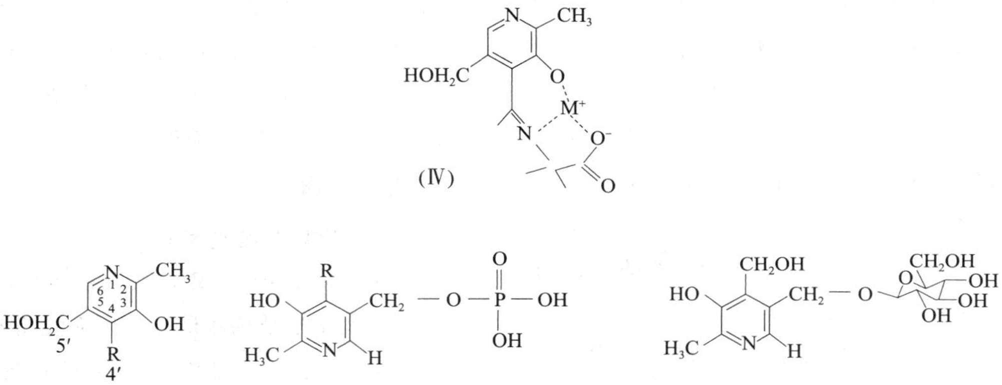

B_6-5′-磷酸酯　　吡哆醇-5′-β-D葡萄糖基

吡哆醛(PL，Ⅰ)　R=—CHO
吡哆醇(PN，Ⅱ)　R=—CH_2OH
吡哆胺(PM，Ⅲ)　R=—CH_2NH_2

图7-11　维生素 B_6 及其复合物的结构

（二）维生素 B_6 的膳食来源

机体所需维生素 B_6 可以通过食物摄入和肠道细菌合成两条途径获得。维生素 B_6 的膳食来源广泛，动物性食物中的维生素 B_6 通常以吡哆醛、吡哆胺的形式存在，其中白色的肉类（鸡肉、鱼肉等）、肝脏、禽蛋中的含量相对较高，而乳及乳制品中的含量较少。植物性食物如水果、蔬菜、豆类和谷物中的维生素 B_6 含量也较多，但有5%～75%的维生素 B_6 是以吡哆醇-5′-β-D-葡萄糖苷的形式存在，不易被人体吸收，不具有维生素 B_6 的生理活性。

（三）维生素 B_6 的稳定性

维生素 B_6 在酸性介质中稳定，而在碱性环境中则容易被分解破坏。另外，维生素 B_6 对光较敏感，尤其在碱性环境中遭紫外线照射时更易被破坏。如吡哆醛和吡哆胺暴露于空气中，在加热和遇光辐照时，会很快被破坏，形成4-吡哆酸等无活性的化合物。除上述影响因素外，食品在长期保存过程中，吡哆醛和5′-磷酸-吡哆醛还可与蛋白质中的氨基酸残基（如半胱氨酸）反应生成含硫的衍生物，如双-4-吡哆二硫化物，失去维生素 B_6 的生理活性。维生素 B_6

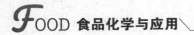

还可与氨基酸、肽或蛋白质的氨基相互作用，生成席夫碱（图 7-12），从而降低其生物活性。但在酸性条件下，维生素 B_6 席夫碱会进一步解离生成

吡哆醛、5′-磷酸吡哆醛、吡哆胺和 5′-磷酸吡哆胺。此外，这些席夫碱还可以进一步重排生成多种环状化合物。

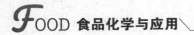

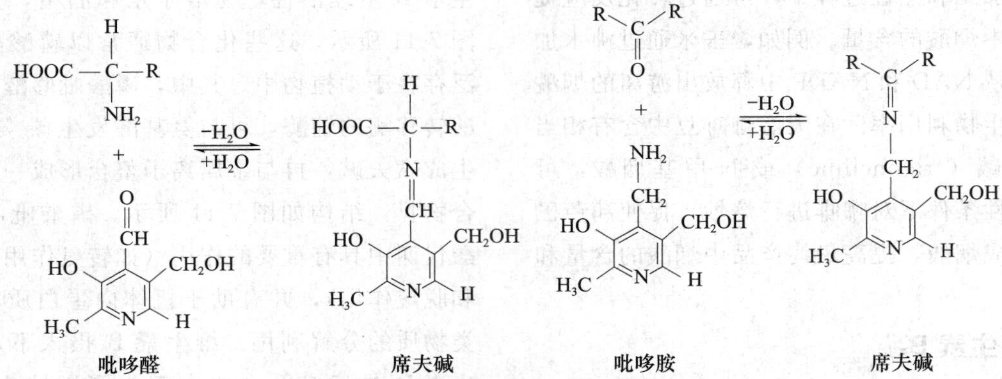

吡哆醛　　　　　　席夫碱　　　　　　　　吡哆胺　　　　　　席夫碱

图 7-12　吡哆醛、吡哆胺的席夫碱的形成

（四）食品加工对维生素 B_6 的影响

不同形式的维生素 B_6，在食品加工过程中很容易受体系 pH、温度及其他物质（例如蛋白质、氨基酸和还原糖）的影响而发生降解或形成衍生物。例如在低 pH 条件下（0.1 mol/L HCl），所有形式的维生素 B_6 都是稳定的；当 pH 为 5 时，吡哆醛有较大的损失；当 pH＞7 时，吡哆胺损失较大。乳制品在热加工过程中，维生素 B_6 的稳定性已引起人们极大的关注。研究表明，液态牛乳和配制牛乳在灭菌后，维生素 B_6 活性均有不同程度的降低。如瓶装牛乳在 100 ℃煮沸 2～3 min，维生素 B_6 的损失率约为 30％；在 119～120 ℃消毒 13～15 min，维生素 B_6 可减少 84％；而在 143 ℃进行超高温短时（3～4 s）灭菌时，维生素 B_6 的损失几乎可以忽略。牛乳加热使维生素 B_6 失去活性，其原因可能是维生素 B_6 与牛乳蛋白中释放出来的半胱氨酸反应所致。此外，牛乳中维生素 B_6 在受到光辐照时，还会发生光降解，其反应机理可能是自由基诱发吡哆醛和吡哆胺发生氧化，使其转变为无营养的 4-吡哆酸。维生素 B_6 的光降解速率强烈依赖于环境温度，受水分活性的影响较小。在乳制品加工中为了减少维生素 B_6 活性的损失，可以添加适量吡哆醇，因为该类形式的维生素 B_6 在灭菌过程中始终保持稳定。

在其他食品加工过程中，维生素 B_6 也有不同程度的损失。罐装蔬菜中维生素 B_6 损失在 60％～

80％之间，冷藏时损失率为 40％～60％；肉制品和海产品在罐装过程中，约有 45％的维生素 B_6 损失；水果和水果汁冷藏时，损失率约 15％，而罐装保藏时损失率可达 38％；谷物加工成各类谷物产品时，维生素 B_6 的损失率在 50％～95％之间。

六、叶酸

（一）叶酸的结构和性质

叶酸（folic acid）又名维生素 B_{11}（vitamin B_{11}），包括一系列化学结构相似、生理活性相同的化合物，由 α-氨基-4-羟基蝶啶与对氨基苯甲酸相连接，再以 —NH—CO— 键与谷氨酸连接组成，其结构式见图 7-13。在生物体中，叶酸以各种不同的形式存在，其中只有谷氨酸部分为 L-构型和 C-6 为 S 构型的叶酸和四氢叶酸才具有维生素活性。蝶啶环可被还原生成二氢或四氢叶酸，在 N-5 和 N-10 位上可连接不同的取代基，谷氨酸残基可为长度不等的多-γ-谷氨酰侧链。假如多谷氨酰侧链残基小于等于 6，那么叶酸化合物的理论数可能超过 140 种，但目前只分离鉴定出 30 种。

叶酸为黄色结晶物质，在 250 ℃变暗，不熔融而直接发生炭化。它可溶于热的稀盐酸，微溶于乙酸、酚吡啶、甲醇、氢氧化钠溶液，不溶于乙醇、丁醇、乙醚、丙酮、氯仿和苯；在 25 ℃水中，叶酸的溶解度仅为 0.001 6 mg/mL。叶酸的钠盐极易溶于水，但不溶于乙醇、乙醚及其他有机溶剂。叶酸钠盐水溶液受光照会分解为蝶啶和氨基苯甲酰谷氨酸钠。

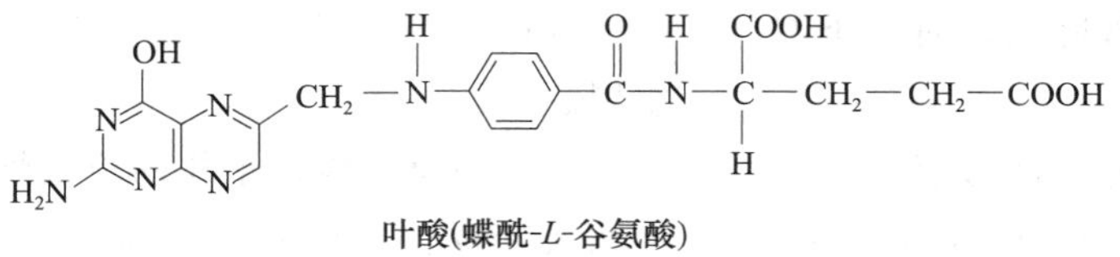

叶酸(蝶酰-*L*-谷氨酸)

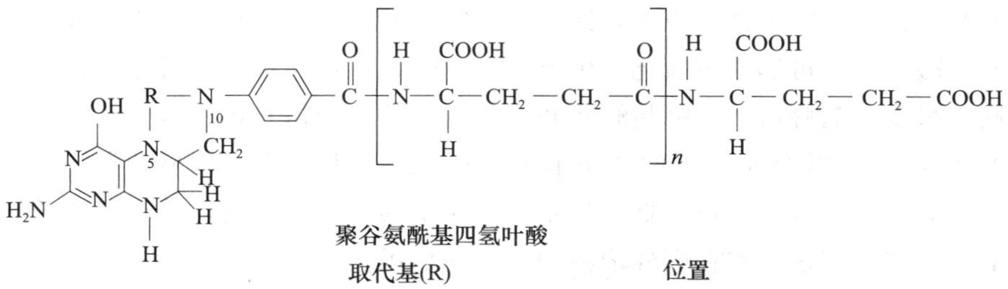

聚谷氨酰基四氢叶酸

取代基(R)		位置
— CH$_3$	甲基	5
— CHO	甲酰基	5或10
— CH $=$ NH	亚胺甲基	5
— CH$_2$ —	亚甲基	5和10
— CH $=$	次甲基	5和10

图 7-13　叶酸的结构

（二）叶酸的主要生理功能

叶酸是人体需求量最大的一种维生素。食品中约 80％的叶酸是以聚谷氨酰叶酸的形式存在，其中从肝脏和酵母中分离出的叶酸主要是含有 3 个谷氨酸或 7 个谷氨酸残基的衍生物。叶酸在叶酸还原酶的作用下，在其蝶啶核的 5-、6-、7-、8-位共加上 4 个氢原子，转变为四氢叶酸（THFA），从而具备维生素 B$_{11}$ 的活性。四氢叶酸的主要作用是进行甲酰基、亚胺甲基、亚甲基或甲基等单碳残基的转移，主要生理功能如下：①作为体内生化反应中一碳单位转移酶系的辅酶，起着一碳单位传递体的作用；②作为辅酶参与核酸合成中嘌呤和嘧啶的形成，在细胞 DNA 合成中发挥作用；③参与氨基酸代谢和相互转化，在甘氨酸与丝氨酸、组氨酸和谷氨酸、同型半胱氨酸与蛋氨酸之间的相互转化过程中充当一碳单位的载体；④参与血红蛋白及甲基化合物如肾上腺素、胆碱、肌酸等的合成。

叶酸对细胞的分裂生长及核酸、氨基酸、蛋白质的合成起着重要的作用。人体缺少叶酸可导致红细胞的异常、未成熟细胞的增加、贫血以及白细胞减少。叶酸是胎儿生长发育不可缺少的营养素。孕妇缺乏叶酸有可能导致胎儿出生时出现体重低、唇腭裂、心脏缺陷等。如果在怀孕头 3 个月内缺乏叶酸，可引起胎儿神经管发育缺陷，而导致畸形。

（三）叶酸的膳食来源

叶酸广泛存在于动植物性食物中，其中肝、肾、绿叶蔬菜、豆类、麦胚、马铃薯和坚果等是叶酸良好的膳食来源。研究表明，卷心菜中的叶酸主要是以含有 5 个氨基酸残基的多谷氨酸酯的形式存在，占其叶酸总量的 90％以上。大豆中的叶酸有 52％的单谷氨酸酯和 16％的双谷氨酸酯，其次是戊谷氨酸酯。大豆中叶酸的总活性有 65％～70％来自 5-甲酰-四氢叶酸。牛乳中约有 60％的叶酸是以单谷氨酸酯的形式存在，其余部分为 2～7 谷氨酸酯，其叶酸总活性的 90％～95％来自 5-甲基-四氢叶酸。一些动物性食品如肝脏中的叶酸有 35％左右为 10-甲酰-四氢叶酸。叶酸在肠道中的吸收率与 γ-谷酰基侧链的长度成反比，因此在衡量一种食品中叶酸的有效活性时，必须估测谷酰基侧链的长度。

（四）叶酸的稳定性

叶酸在空气中稳定，但受紫外光照射很容易被光解破坏而产生蝶啶和氨基苯甲酰谷氨酸盐，失去活力。叶酸在酸性溶液中对热不稳定，易水解生成 6-甲基蝶啶，但在中性和碱性条件下十分稳定，即使加热到 100 ℃维持 1 h 也不会被破坏。叶酸能与亚硫酸反应，导致其侧链解离，生成还原型蝶呤-6-羧酸和氨基苯甲酰谷氨酸。在低温条件下，叶酸与亚硝酸盐作用生成 N-10-亚硝基叶酸，对鼠类有弱的致癌作用。

二氢叶酸和四氢叶酸在空气中容易氧化，对 pH 也很敏感。在 pH 1～2 和 pH 8～12 的条件下，二氢叶酸和四氢叶酸最稳定。在中性溶液中，四氢叶酸、二氢叶酸同叶酸一样，可迅速被氧化，生成氨基苯甲酰谷氨酸、蝶啶、黄嘌呤、6-甲基蝶呤和其他与蝶呤有关的化合物。当四氢叶酸的 N-5 位被取代后，空间位阻效应随之提高，可降低空气中氧对四氢叶酸的氧化作用。四氢叶酸在酸性溶液中比在碱性溶液中氧化更快，其氧化产物为氨基苯甲酰谷氨酸和 7，8-二氢蝶呤-6-羧醛。硫醇和抗坏血酸盐等还原剂能减缓二氢叶酸和四氢叶酸的氧化作用。

几种四氢叶酸衍生物的稳定性顺序为：5-甲酰基四氢叶酸＞5-甲基-四氢叶酸＞10-甲基-四氢叶酸＞四氢叶酸。食品中的叶酸主要以 5-甲基-四氢叶酸的形式存在，经氧化降解转变为 2 种产物，即蝶呤类化合物和氨基苯甲酰谷氨酸（图 7-14），同时失去生物活性。铜离子和铁离子在叶酸的氧化反应中具有催化作用，并且铜离子的作用大于铁离子的作用。如果加入维生素 C、硫醇等还原性物质，可使 5-甲基-二氢叶酸还原为 5-甲基四氢叶酸，从而增加叶酸的稳定性。

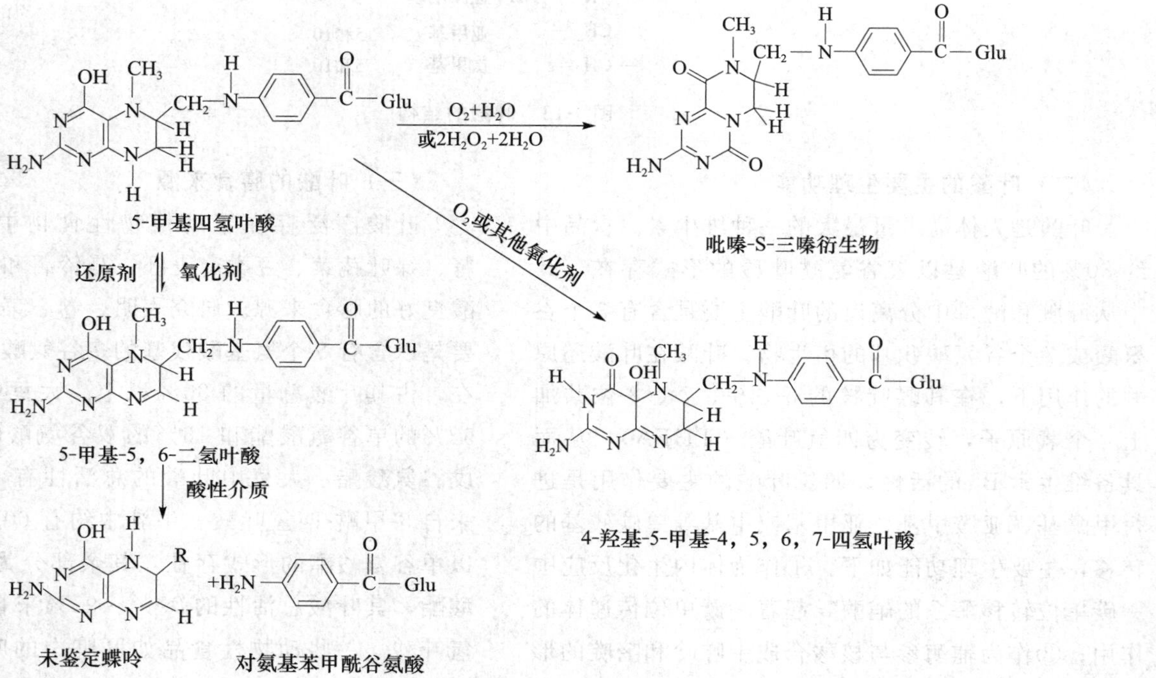

图 7-14　5-甲基四氢叶酸的氧化降解

（五）食品加工对叶酸的影响

食品在加工过程中叶酸及其衍生物损失的机理相当复杂，有些尚未完全探明。对乳制品的研究表明，牛乳经高温短时巴氏杀菌（92 ℃，2～3 s）大约有 12% 的叶酸会损失；经 2～3 min 煮沸消毒，其损失率可达 17%；瓶装牛乳如果在 119～120 ℃ 加热杀菌 13～15 min，叶酸的损失量更大，约 39%；牛乳经预热后再通入 143 ℃ 蒸汽进行 3～4 s 高温短时杀菌，大约只有 7% 的叶酸遭到破坏。牛乳加工过程中，叶酸的初期失活主要是由于氧化作用，可通过添加抗坏血酸增加叶酸的稳定性。牛乳经过脱氧处理后，叶酸和抗坏血酸的稳定性增加，但在 15～19 ℃ 的环境下储藏 14 d 后，二者仍有明显降低。

鹰嘴豆（garbanzo）在加工过程中，叶酸会受到不同程度的损失。如经冲洗、浸泡处理，约有 5% 的叶酸会损失；在水煮和热烫时，豆中叶酸的保留量会随着杀青时间的延长而降低，当热烫时间由 5 min 增至 20 min 时，总叶酸保留量则由 75% 下降到 54%；如采用蒸汽热烫，则可提高叶酸的保留量。对鸡肝而言，叶酸的降解在很大程度上受到内源酶的影响，如在组织未受损伤时，鸡肝中叶酸多谷氨酸酯在 4 ℃受内源结合酶作用 48 h，仅发生轻微降解；若要使其完全降解，则需要 120 h 以上。然而，将鸡肝均质后再保存，经过 48 h 后，其中所含的叶酸多谷氨酸酯几乎完全降解成叶酸单谷氨酸酯和少量的叶酸二谷氨酸酯。如果肝脏在储藏或者其他加工操作前加热到 100 ℃以上，钝化氧合酶活性，则可使叶酸多谷氨酸酯变得更加稳定。各种常见食品加工过程中，叶酸的损失情况可参见表 7-4。

表 7-4　不同加工和储藏方式对食品中叶酸活性的影响

食品	加工方法	叶酸活性的损失率/%
蛋类	油炸、煮炒	18～24
肝	烹调	无
大西洋庸鲽	烹调	46
花菜	煮	69
胡萝卜	煮	79
肉类	γ 辐射	无
葡萄柚汁	罐装或储藏	可忽略
番茄汁	暗处储藏（1 年）	7
	光照储藏（1 年）	30
玉米	精制	66
面粉	碾磨	20～80
肉类或菜类	罐装和储藏（3 年）	可忽略
	罐装和储藏（5 年）	可忽略

七、维生素 B_{12}

（一）维生素 B_{12} 的结构和性质

维生素 B_{12}（vitamin B_{12}）包括一类结构相似，具有相同生理活性的物质，在它们的分子结构中都含有钴，故又称为钴胺素（cobalamin）。维生素 B_{12} 为一种共轭复合体，中心为三价的钴原子，分子结构中包括两个特征部分：一是中心环的部分，是一个类似卟啉的咕啉环体系，由一个钴原子与咕啉环中 4 个内氮原子配位键合；另一部分是与核苷酸相似的 5，6-二甲基-1-（α-D-核糖呋喃酰）苯并咪唑-3'-磷酸酯。通常在钴胺素中，钴原子的第 6

个配位位置被氰化物取代，故亦称为氰钴胺素（cyanocobalamine）。与钴相连的氰基，可被一个羟基取代，产生羟钴胺素，它是自然界中一种普遍存在的维生素 B_{12} 形式；该氰基也可被一个亚硝基取代，形成亚硝钴胺素，它主要存在于某些细菌中。维生素 B_{12} 分子结构式见图 7-15。维生素 B_{12} 为浅红色的针状结晶，易溶于水和乙醇，在 pH 4.5～5.0 的弱酸条件下最稳定，强酸（pH＜2）或碱性溶液中会分解；遇热会遭一定程度的破坏，但短时间的高温消毒损失小，遇强光或紫外线易被破坏。

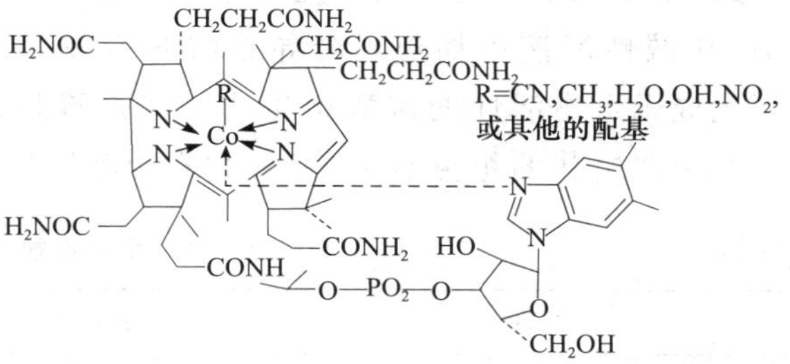

图 7-15　维生素 B_{12} 化学结构

（二）维生素 B_{12} 的主要生理功能

维生素 B_{12} 是许多酶的辅酶，如甲基天冬氨酸变位酶、甲基丙二酰 CoA 变位酶、二醇脱水酶等。维生素 B_{12} 主要生理功能如下：①作为甲基转移酶的辅因子，参与蛋氨酸、胸腺嘧啶、蛋白质等的生物合成，缺乏时影响婴幼儿的生长发育；②促进红细胞的发育和成熟，使机体造血机能处于正常状态，可预防恶性贫血；③以辅酶的形式存在，可以增加叶酸的利用率，促进碳水化合物、脂肪和蛋白质的代谢；④消除烦躁不安，使注意力集中，增强记忆及平衡感；⑤是神经系统功能健全不可缺少的维生素，参与神经组织中一种脂蛋白的形成。

（三）维生素 B_{12} 的膳食来源

维生素 B_{12} 主要存在于动物组织中（表 7-5），它是维生素中唯一只能由微生物合成的维生素。因此，它的膳食来源主要是动物性食品、菌类食品和发酵食品。氰钴胺素（cyanocobalamine），一种合成的维生素 B_{12} 产品，为红色结晶，性质非常稳定，可用于食品的营养强化剂。

表 7-5　维生素 B₁₂ 在食品中的分布

食品	维生素 B₁₂ 含量 /（μg/100 g 湿重）
器官（肝、肾、心脏），贝类（蛤、蚝）	＞10
脱脂浓缩乳，某些鱼、蟹、蛋黄	3～10
肌肉，鱼，乳酪	1～3
液体乳，赛达乳酪，农家乳酪	＜1

（四）维生素 B₁₂ 的稳定性及在食品加工中的变化

维生素 B₁₂ 在 pH 4～6 的介质中稳定，即使遭受高压加热，也仅有少量损失。但在碱性水溶液中维生素 B₁₂ 不稳定，且对紫外光敏感。例如，维生素 B₁₂ 在碱性溶液中加热，会导致酰胺键发生水解，生成无生物活性的羧酸衍生物。在强酸条件下，其类似核苷的组分也可发生水解，使维生素

B₁₂ 丧失生物活性。低浓度的还原剂，如巯基化合物能防止维生素 B₁₂ 被破坏，但用量较多后又起破坏作用。抗坏血酸或亚硫酸盐等也能破坏维生素 B₁₂。在溶液中，硫胺素与尼克酸的结合使用可缓慢地破坏维生素 B₁₂；铁离子与来自硫胺素中具有破坏作用的硫化氢结合，可以保护维生素 B₁₂；三价铁盐对维生素 B₁₂ 有稳定作用，但低价铁盐则导致维生素 B₁₂ 的迅速破坏。

除在碱性溶液中蒸煮外，维生素 B₁₂ 在其他加工条件下，几乎不会遭到破坏。如肝脏在 100 ℃ 煮沸 5 min，维生素 B₁₂ 损失约 8%；肉在 170 ℃ 焙烤 45 min，损失率在 30% 左右。用普通烤炉加热冷冻方便食品，如鱼、火鸡、牛肉和油炸鸡，其维生素 B₁₂ 损失率小于 21%。牛乳在各种热加工过程中，维生素 B₁₂ 的损失情况见表 7-6。

表 7-6　牛乳在热加工过程中维生素 B₁₂ 的损失

处理	损失/%	处理	损失/%
巴氏消毒 2～3 s	7	在 143 ℃ 灭菌 3～4 s（通入蒸汽）	10
煮沸 2～5 min	30	蒸发	70～90
在 120 ℃ 灭菌 13 min	77	喷雾干燥	20～30

八、泛酸

（一）泛酸的结构和主要生理功能

泛酸（pantothenic acid）又称维生素 B₅（vitamin B₅），由泛解酸和 β-丙氨酸组成，学名为 D(＋)-N-(2，4-二羟基-3，3-二甲基丁酰)-β-丙氨酸，其结构式见图 7-16。泛醇的生物学活性与泛酸相同，但只有右旋的或 D-型化合物才具有活性。

泛酸是人和动物所必需的，是辅酶 A（CoA）的重要组成部分，在人体代谢中起重要作用。如果机体缺乏泛酸，轻度可导致疲乏、食欲差、消化不良、易感染等症状，重度缺乏则引起肌肉协调性差、肌肉痉挛、胃肠痉挛、脚部有灼痛感。由于泛酸广泛存在于动植物性食物中，所以人体一般很少缺乏。

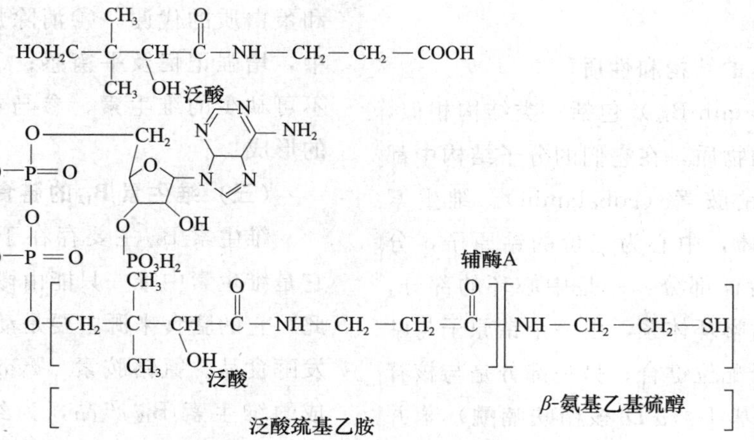

图 7-16　不同形式泛酸的结构

（二）泛酸的膳食来源

泛酸广泛存在于生物体中，在肉类、动物肾脏/心脏、啤酒酵母、未精制的谷类制品、麦芽与麦麸、绿叶蔬菜、坚果类、未精制的糖蜜等食品中含量丰富。常见食品中泛酸的含量如表7-7所示。

表 7-7 常见食品中泛酸的含量

食品名称	泛酸含量（mg/g）	食品名称	泛酸含量（mg/g）
干啤酒酵母	200	荞麦	26
牛肝	76	菠菜	26
蛋黄	63	烤花生	25
小麦麸皮	30	全乳	24

（三）泛酸的稳定性

泛酸在空气中稳定，但对热不稳定；在pH 5～7的范围内稳定，而在酸和碱性溶液中则容易水解，其中在碱性溶液中水解生成β-丙氨酸和泛解酸，在酸性溶液中水解成泛解酸的γ-内酯。泛酸的热降解可能是β-丙氨酸与2，4-二羟基-3，3-二甲基丁酸之间连接键发生了酸催化水解所致，但有关其确切机理还有待进一步研究。在其他条件下，泛酸与食品中的其他组分均不发生反应。

食品在加工和储藏过程中，尤其在低水分活度的条件下，泛酸具有较高的稳定性。在烹调和热处理过程中，随处理温度的升高和水溶性流失程度的增加，泛酸损失率通常在30%～80%。有研究数据表明：肉类在加工成罐头后，泛酸的损失率在20%～35%；水果加工成罐装果汁后，泛酸损失约50%；加工成的蔬菜食品中，泛酸损失46%～78%；冷冻食品中泛酸也有较大的损失，其中蔬菜类食品损失37%～57%，肉制品损失21%～70%；稻谷在加工成各种食品后，泛酸损失37%～74%；牛乳经巴氏消毒和灭菌，泛酸损失一般低于10%。

九、生物素

（一）生物素的结构和主要生理功能

生物素（biotin）又称维生素H，由脲和噻吩两个五元环组成，其分子结构中含有3个不对称中心，因此存在8个可能的立体异构体。天然存在的具有生物活性的生物素为顺式稠环D-生物素。生物素与蛋白质中的赖氨酸残基结合形成生物胞素（biocytin）。生物素和生物胞素的结构如图7-17所示。

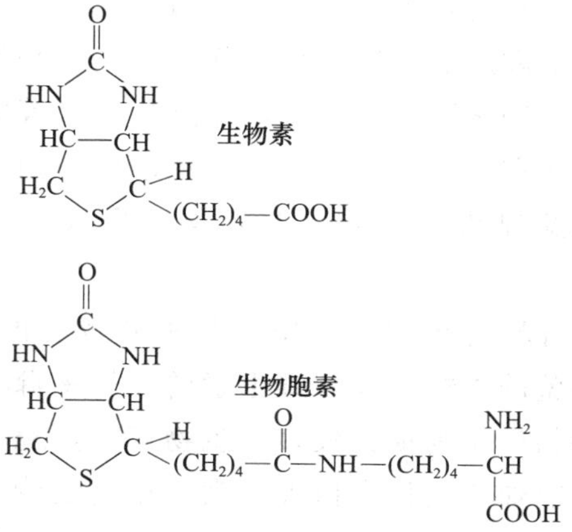

图 7-17 生物素和生物胞素结构

生物素在糖类、脂肪和蛋白质代谢中具有重要的作用，其主要功能是作为羧基化反应、羧基转移反应以及脱氨作用中的辅酶。以生物素为辅酶的酶是用赖氨酸残基的ε-氨基与生物素的羧基通过酰胺键连接的。包括人类在内的很多动物都需要生物素维持健康，如果体内轻度缺乏，可导致皮肤干燥、脱屑、头发变脆等；重度缺乏时，会出现可逆性脱发、抑郁、肌肉疼痛、萎缩等症状。

（二）生物素的膳食来源

生物素广泛存在于植物和动物体中（表7-8），其中水果、蔬菜和牛奶中的生物素通常以游离态的形式存在，而种子、动物内脏和酵母中的生物素一般与蛋白质结合而存在。人体所需的生物素，部分依靠膳食摄入，而大部分则由肠道细菌所合成。

表 7-8 一些食品中生物素的含量

食品种类	生物素含量/（μg/g）	食品种类	生物素含量/（μg/g）
苹果	0.9	牛肉	2.6
柑橘	2.0	牛肝	96.0
菠菜	7.0	乳酪	1.8～8.0
番茄	1.0	牛乳	1.0～4.0
马铃薯	0.6	大豆	3.0
莴苣	3.0	小麦	5.0
蘑菇	16.0	花生	30.0

（三）生物素的稳定性

生物素化学性质较稳定，不易受热、光照和氧气的作用而破坏。在 pH 5～9 的溶液中，生物素也相当稳定，但在过酸和过碱的环境中，生物素环上的酰胺键可能发生水解，导致其丧失生物活性。生物素可被高锰酸盐或过氧化氢等氧化剂氧化，生成亚砜或砜类化合物；还可与硝酸作用生成亚硝基脲衍生物，两者均可导致其活性的丧失。

在谷粒的碾磨过程中生物素有较多的损失，因此完整的谷粒是该种维生素的良好来源，而精制的谷物产品则损失较多。生物素对热稳定，在食品的热加工过程中损失不大。在生蛋清中发现一种抗生物素蛋白，它能与生物素牢固结合形成抗生物素的复合物，使生物素无法被机体吸收和利用。但抗生物素蛋白遇热易变性，失去与生物素结合的能力，因此只要将鸡蛋蒸煮或烹饪后再食用，即可消除该种影响。由于人体肠道内的细菌可合成相当量的生物素，故人体一般不会缺乏生物素。

第 3 节　脂溶性维生素

一、维生素 A

（一）维生素 A 的结构和化学性质

维生素 A（vitamin A）化学结构中主体单元是由 20 个碳构成的不饱和碳氢化合物，其羟基可被脂肪酸酯化成相应的酯，也可以转化为相应的醛或酸，因此维生素 A 包括视黄醇（retinol）、视黄醇酯、视黄醛和视黄酸 4 种形式（图 7-18）。此外，维生素 A 还有一种脱氢形式，称为脱氢视黄醇（图 7-18）。视黄醇属于异戊二烯类，结构中含有共轭双键，因此存在多种顺、反立体异构体。大多数食品中的视黄醇以全反式结构的形式存在，其生物效价最高。脱氢视黄醇主要存在于淡水鱼中，其生物效价为全反式视黄醇的 40%；13-顺式异构体即所谓的新维生素 A，其生物效价为全反式视黄醇的 75%。在天然维生素 A 中，新维生素 A 的含量约占 33%，远远高于其在人工合成的维生素 A 中的含量。

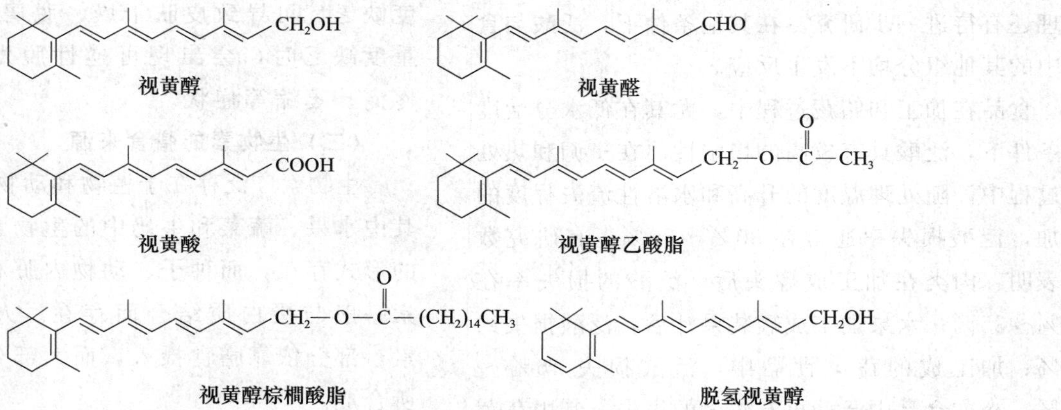

视黄醇　　　　　视黄醛　　　　　视黄酸　　　　　视黄醇乙酸脂　　　　　视黄醇棕榈酸脂　　　　　脱氢视黄醇

图 7-18　维生素 A 的化学结构式

除维生素 A 外，植物和真菌中所含的一些类胡萝卜素也具有维生素 A 的活性，可以在动物体内经代谢转变为维生素 A。在近 600 种已知的类胡萝卜素中，有 50 种可作为维生素 A 原。一些常见的类胡萝卜素结构及其作为维生素 A 前体的活性见表 7-9。具有维生素 A 活性的类胡萝卜素，必须具有类似于视黄醇的全反式结构，即在分子中至少有一个无氧合的 β-紫罗酮环，同时在异戊二烯侧链的末端应有一个羟基、醛基或羧基。β-胡萝卜素是类胡萝卜素中最有效的维生素 A 前体，在肠黏液中受到酶的氧化作用后，在 C^{15}—$C^{15'}$ 键处断裂，生成两分子的视黄醇。若类胡萝卜素的一个环上带有羟基或羧基，那么其作为维生素 A 原的活性会低于 β-胡萝卜素，若两个环上都被取代则无活性。

表 7-9　常见类胡萝卜素结构及作为维生素 A 前体的活性

化合物	结构	相对活度
β-胡萝卜素	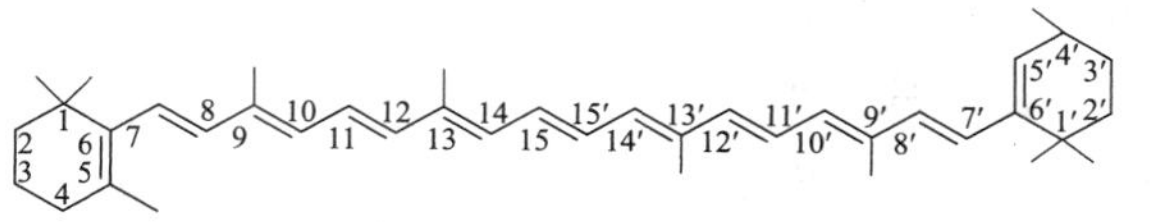	50
α-胡萝卜素	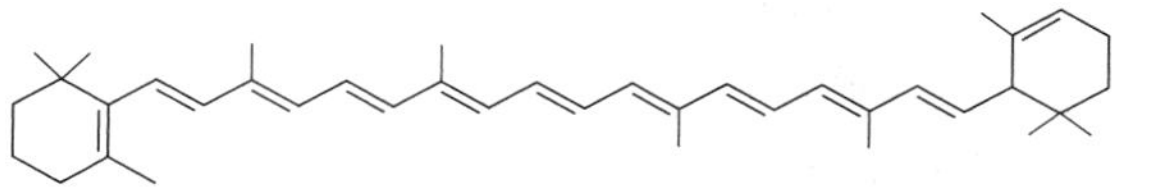	25
β-阿朴-8′-胡萝卜醛	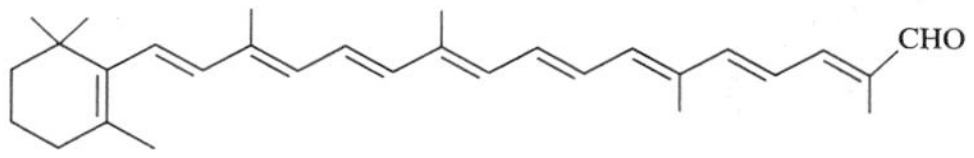	25~30
玉米黄素（又名隐黄质）	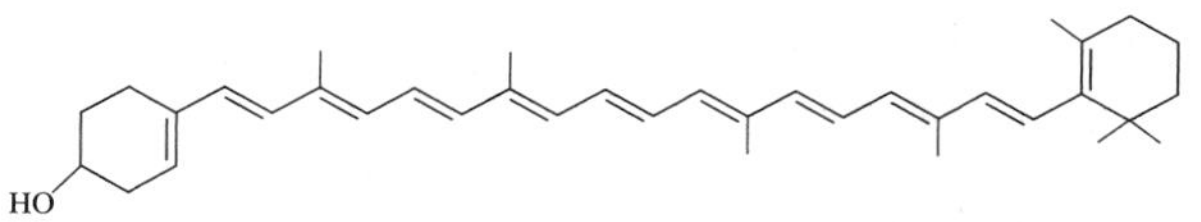	0
角黄素（又称海胆酮）	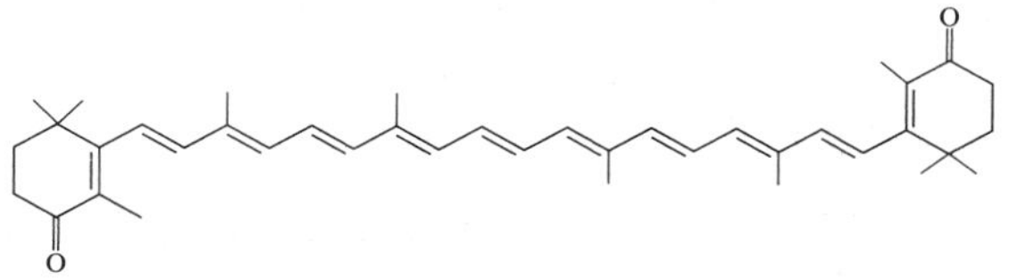	0
虾红素	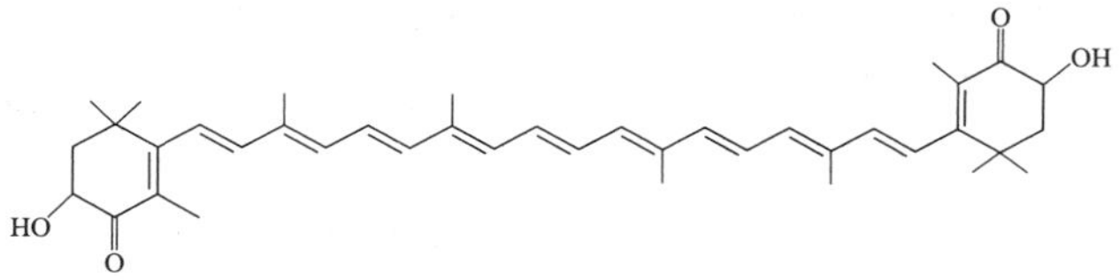	0
番茄红素	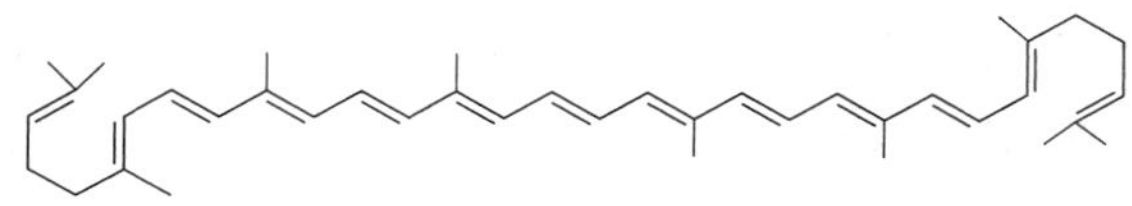	0

维生素 A 和类胡萝卜素主要是由碳氢组成的化合物，类似脂类结构，故不溶于水，而溶于丙酮、氯仿、正己烷和乙酸乙酯等有机溶液。当胡萝卜素与蛋白质结合后，会增加其水溶性。高度不饱和的类胡萝卜素体系能产生一系列复杂的紫外和可见光光谱（300~500 nm），这也是其在食品中能呈现从淡橙到黄色的原因。

（二）维生素 A 的生理功能

维生素 A 是机体必需的一种营养素，主要有以下一些生理功能。

（1）维持正常视觉功能。由肝脏释放的视黄醇与视黄醇结合蛋白（RBP）结合，在血浆中再与前白蛋白结合，运送至视网膜，参与视网膜的光化学反应。若机体内维生素 A 充足，则视紫红质再生快而完全，故暗适应恢复时间短；若维生素 A 不足，则视紫红质再生慢而不完全，故暗适应恢复时间延长，严重时可导致夜盲症（night blindness）。

（2）维护上皮组织细胞的健康和促进免疫球蛋白的合成。维生素 A 可参与糖蛋白的合成，如果不足或缺乏，会导致糖蛋白合成中间体的异常，引起上皮基底层增生变厚，细胞分裂加快、张力原纤维合成增多，表面层发生细胞变扁、不规则、干燥等变化。同时，引起呼吸道、胃肠和泌尿生殖系内膜角质化，削弱其防止细菌侵袭的能力，易于发生感染。但过量摄入维生素 A，对上皮细胞感染抵抗力的提高并没有额外增强作用。另外，维生素 A

对于机体免疫功能有重要影响，缺乏时，细胞免疫力会下降。

（3）维持骨骼正常生长发育。维生素 A 能促进蛋白质的生物合成和骨细胞的分化。当其缺乏时，成骨细胞与破骨细胞间平衡会被破坏，或使骨质过度增殖，或使已形成的骨质不吸收。孕妇如果缺乏维生素 A，会直接影响胎儿发育，甚至导致死胎。

（4）促进生长与生殖。维生素 A 有助于细胞增殖与生长，缺乏时动物会出现明显生长停滞，这可能与动物食欲降低及蛋白利用率下降有关。维生素 A 的缺乏，还会影响雄性动物精索上皮产生精母细胞的能力，同时也会影响胎盘上皮，使胚胎形成受阻。维生素 A 缺乏，还会引起诸如催化黄体酮前体形成所需的酶的活性降低，使肾上腺、生殖腺及胎盘中类固醇的产生减少，这可能是影响生殖功能的主要原因。

（5）抑制肿瘤生长。临床试验表明视黄酸类物质有延缓或阻止癌前病变的功效，特别是对于上皮组织肿瘤，临床上作为辅助治疗剂已取得较好效果。β-胡萝卜素具有抗氧化作用，能通过提供电子抑制活性氧的生成达到清除氧自由基的目的，对于防止脂质过氧化，预防心血管疾病和肿瘤，以及延缓衰老均有重要意义。

维生素 A 虽然有很多对人体有益的功能，但与其他营养物质相同，物极必反，过度摄入可引起头痛、恶心腹泻、肝脾肿大等症状，因此需适量摄入。

（三）维生素 A 的膳食来源

维生素 A 主要存在于动物组织中，尤其在动物肝脏中含量最高，主要以醇或酯的状态存在。脱氢视黄醇存在于淡水鱼中而不存在于陆地动物中；蔬菜中虽不含维生素 A，但存在较丰富的类胡萝卜素，可经动物体转化为维生素 A，如 1 分子的 β-胡萝卜素可转化为 2 分子的维生素 A。日常膳食中，富含维生素 A 或维生素 A 原的食物有动物肝脏、鱼肝油、蛋类、胡萝卜、牛奶、奶制品、奶油、黄绿色蔬菜、黄色水果、菠菜、豌豆苗、红心甜薯、青椒等，见表 7-10。膳食中维生素 A 和维生素 A 原的比例最好为 1∶2。另外，水果和蔬菜的颜色深浅并非是显示含维生素 A 或维生素 A 原多寡的绝对指标。

表 7-10　一些食物中维生素 A 和胡萝卜素的含量

mg/100 g

食物名称	维生素 A	胡萝卜素
黄油	2 363～3 452	0.43～0.17
干酪	553～1 078	0.07～0.11
鸡蛋（煮熟）	165～488	0.01～0.15
鲱鱼（罐头）	178	0.07
牛乳	110～307	0.01～0.06
牛肉	37	0.04
番茄（罐头）	0	0.5
桃	0	0.34
洋白菜	0	0.10
花椰菜（煮熟）	0	2.5
菠菜（煮熟）	0	6.0

（四）维生素 A 的稳定性

维生素 A 和维生素 A 原对氧、氧化剂、脂肪氧合酶等敏感，光照时可加速其氧化。食品在加工过程中，维生素 A 原随反应条件的不同而有不同的裂解途径，见图 7-19。缺氧时，由于高温加热的作用，β-胡萝卜素可发生顺反异构化作用，如蔬菜在烹调和罐藏时，可使天然胡萝卜素由全反式构象转变为顺式构象，失去生理活性。在高温时，β-胡萝卜素还可分解成一系列的芳香族碳氢化合物，其中最主要的分解产物是紫多烯（lonene）。

在有氧存在时，类胡萝卜素受光、酶和脂质过氧化物的直接或间接氧化作用而遭受严重损失。β-胡萝卜素发生氧化时，首先形成 5，6-环氧化物，然后异构化为 β-胡萝卜素氧化物，即 5，8-环氧化物（mutachrome）。高温处理时，β-胡萝卜素可能分解成许多小分子的挥发性化合物，影响食品的风味。通过光敏化剂的作用，β-胡萝卜素可发生光化学异构化反应，所生成的顺式异构体的比例和数量与光学异构化的途径有关。在异构化过程中还伴随一系列的可逆反应和光化学降解，生成 β-胡萝卜素氧化物。例如，橙汁中的 5，6-环氧化物经异构化作用转变为 β-胡萝卜素氧化物，并进一步裂解生成一系列复杂化合物。维生素 A 的氧化可导致其生理活性的完全丧失。

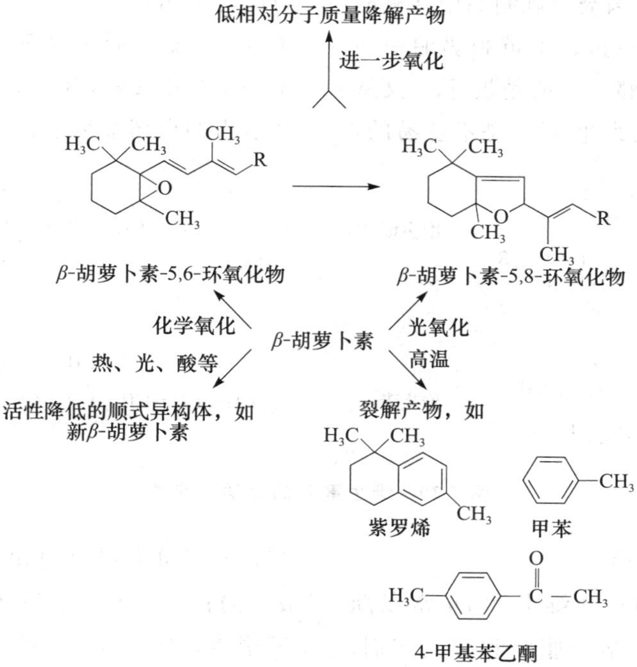

图 7-19 *β*-胡萝卜素降解的主要途径和产物

（五）食品加工对维生素 A 的影响

天然存在的类胡萝卜素都是以全反式构象为主，在食品加工过程中由于高温加热的作用，会导致类胡萝卜素由顺式转变为反式构象，失去（或降低）维生素 A 的活性。水果和蔬菜在罐装和不适当的储藏条件下也会发生类胡萝卜素的异构化作用，导致维生素 A 活性的损失。此外，光照、酸化、次氯酸或稀碘溶液都可能导致热异构化，使类胡萝卜素和类视黄醇由全反式转变为顺式构型。与油脂氧化类似，维生素 A 和维生素 A 原在储藏过程中的损失主要取决于干燥脱水的方法、避光情况、氧化酶活性、水分活度和氧浓度等因素。脱水食品在储藏过程中，其所含的维生素 A 和维生素 A 前体易被氧化而失去活性。例如，胡萝卜经不同方式干燥脱水后，*β*-胡萝卜素均有不同程度的损失，其中热风干燥时的损失量要明显高于真空冷冻时的损失量。

二、维生素 D

（一）维生素 D 的结构

维生素 D（vitamin D），又称为钙化醇、麦角钙化醇、麦角甾醇和阳光维生素等，是一些具有胆钙化醇生物活性的类固醇的统称。食物中含有的维生素 D 主要包括维生素 D_2（麦角钙化甾醇）和维生素 D_3（胆钙化甾醇）两种，其结构式如图 7-20 所示。在植物性食品、酵母等中所含的麦角固醇，经紫外线照射后可转变成维生素 D_2；人和动物皮肤中所含有的 7-脱氢胆固醇，经紫外线照射后，可通过光化学修饰和非酶异构化等过程转变为维生素 D_3。维生素 D 易溶于有机溶剂中，最大吸收峰为 265 nm，光照与酸性环境可促进其异构化反应，所以应储存在充氮、无光及无酸的冷环境中。

（二）维生素 D 的生理功能

维生素 D 的重要生理功能为调节机体钙、磷的代谢，保持血清钙磷浓度的稳定；维生素 D 也是一种新的神经内分泌-免疫调节激素；此外，维生素 D 还可维持血液中正常的氨基酸浓度，调节柠檬酸的代谢。在膳食中添加适量的维生素 D，可以有效提高机体对钙离子的吸收利用度，具有抗婴儿佝偻病和成人骨质疏松的作用。除此以外，维生素 D 还有降低结肠癌、乳腺癌和前列腺癌的患病概率，以及增强机体免疫系统功能的作用。

（三）维生素 D 的膳食来源

维生素 D 广泛存在于动物性食品中，以鱼肝油中含量最为丰富，而在牛乳、鸡蛋、干酪、黄油

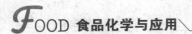

中含量相对较少。其中，在肉类与乳制品中含有的主要是维生素 D3。另外，在鱼、蛋黄和奶油中还含有较丰富的 7-脱氢胆固醇。一般情况下，仅从普通食物中获取人体所需的维生素 D 是不容易的，

可同时采用日光浴的方式来促进机体合成所需的维生素 D，如每周将脸部、手部和胳膊直接暴露在正午的阳光中 2～3 次，每次 15 min，就足以补充人体所需的全部维生素 D。

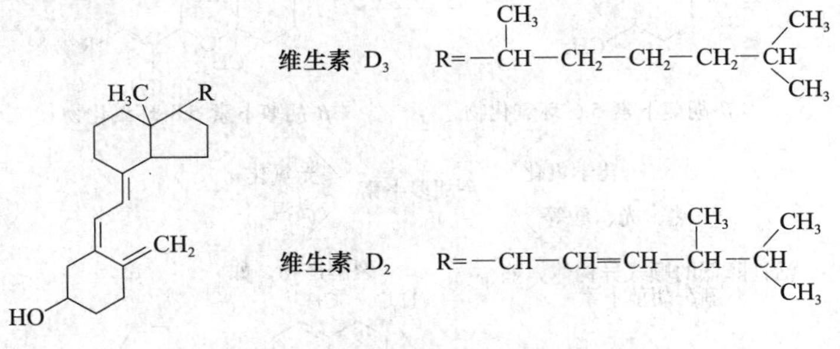

图 7-20　维生素 D 的化学结构式

（四）维生素 D 的稳定性

在自然界中，维生素 D2 和维生素 D3 常以酯的形式存在，为白色晶体，溶于脂肪和有机溶剂，其化学性质比较稳定，在中性和碱性溶液中耐高温、不易被氧化。维生素 D 对光敏感，受到紫外线照射时易被破坏，故需保存在密闭、避光的容器中。在酸性溶液中维生素 D 会被逐渐分解，食品中油脂的氧化和酸败也会引起维生素 D 的破坏，导致其丧失生理功能。食物在常规的储藏、加工和烹调时，不会影响维生素 D 的生理活性，但经过量射线照射时，可产生少量具有毒性的化合物。

三、维生素 E

（一）维生素 E 的结构和化学性质

维生素 E（vitamin E）为 6-羟基苯骈二氢吡喃（母育酚）的衍生物，包括生育酚（tocopherols）和生育三烯酚（tocotrienols），其中生育三烯酚在其侧链的 3′、7′、11′ 处存在双键，而生育酚的侧链是饱和的。自然界中存在的生育酚包括 α-、β-、γ 和 δ-生育酚 4 种，它们之间的差异在于分子环上甲基（—CH3）的数量和位置的不同，见图 7-21。与生育酚类似，生育三烯酚也存在 α、β、γ 和 δ 4 种类型。α-生育酚具有最高的生理活性，其他生育酚的活性为 α-生育酚活性的 1%～50%。

维生素 E 具有显著的抗氧化功能，是生物膜的天然成分，可通过其抗氧化活性使生物膜保持稳定，并能阻止不饱和脂肪酸的氧化。维生素 E 抗氧化剂机理是：通过提供氢质子和电子以淬灭自由

基，同时可与过氧自由基反应，生成相对稳定的 α-生育酚自由基，然后通过自身聚合形成二聚体或三聚体，终止自由基链式反应。在食品中，特别是动植物油脂中，维生素 E 通常被用作良好的抗氧化剂，其抗氧化能力大小依次为 δ>γ>β>α；但在生物体内，生育酚的抗氧化能力大小恰恰与它在食品中的抗氧化能力相反，即大小为 α>β>γ>δ。在天然食物中，生育酚还存在酯化形式，如生育酚乙酯。由于生育酚酯的酚羟基被酯化，导致其不再具有体外抗氧化活性，但在体内其酯键可被酶切断，恢复生理活性。

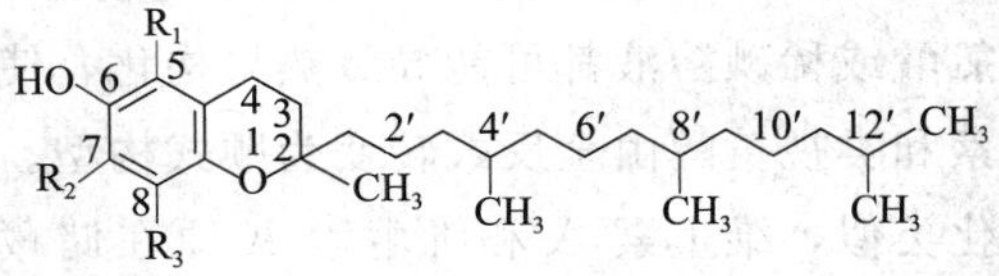

	R_1	R_2	R_3
α	CH3	CH3	CH3
β	CH3	H	CH3
γ	H	CH3	CH3
δ	H	H	CH3
生育酚母核	H	H	H

图 7-21　维生素 E 的化学结构

（二）维生素 E 的生理功能

维生素 E 是生命有机体中一种重要的维生素，具有以下主要生理功能：

（1）维生素 E 能促进性激素分泌，使男性精子活力和数量增加；同时，可使女性雌激素浓度增

高，提高生育能力，预防流产。维生素 E 缺乏时会出现睾丸萎缩和上皮细胞变性，导致孕育异常。在临床上常用维生素 E 治疗先兆流产和习惯性流产。

（2）维生素 E 具有保护 T 淋巴细胞、红细胞，抗氧化和抑制血小板聚集的功能，可降低心肌梗死和脑梗塞的风险；对烧伤、冻伤、毛细血管出血、更年期综合征等有很好的疗效。此外，维生素 E 还可抑制眼睛晶状体内的过氧化脂质反应，使末梢血管扩张，改善血液循环。

（3）维生素 E 可有效清除自由基，抑制过氧化脂质的形成，祛除黄褐斑；还可抑制酪氨酸酶的

活性，减少皮肤黑色素生成。酯化形式的维生素 E 还能消除由紫外线、空气污染等外界因素造成的过多的氧自由基，起到延缓皮肤光老化、预防晒伤和抑制日晒红斑生成等作用。

（三）维生素 E 的膳食来源

维生素 E 广泛存在于油料种子、植物油（棉籽油、玉米油、花生油、芝麻油）、谷物、水果、蔬菜以及动物性食品中。其中，在大多数动物性食品中，维生素 E 主要以 α-生育酚的形式存在；在植物性食品中，各种形式的维生素 E 均有存在，且随品种的不同存在很大的差异。一些常见食品中生育酚的含量如表 7-11 所示。

表 7-11　常见食品中生育酚的种类及含量　　　　　　　　　　　　　　　　　　　　　mg/kg

食品种类	α-T	α-T3	β-T	β-T3	γ-T	γ-T3	δ-T3
葵花籽油	564.53	0.13	24.51	2.07	4.32	0.23	0.87
花生油	0.13	0.07	0.39	3.96	131.48	0.33	9.22
大豆油	179.77	0.21	28.06	4.37	604.17	0.78	371.23
玉米胚芽油	272.62	53.71	2.14	11.37	566.70	61.72	25.21
橄榄油	90.32	0.08	1.67	4.17	4.71	0.26	0.43
棕榈油	91.34	51.94	1.53	4.07	8.46	132.37	0.02
棉籽油	403.35	0.02	1.96	8.73	383.61	0.89	4.57
婴儿配方食品	12.41		0.24		14.65		7.41
菠菜	26.05	9.14					
面粉	8.22	1.77	4.09	16.43			
大麦	0.02	7.05		6.91			2.85
牛肉	2.24						

T 表示生育酚；T3 表示生育三烯酚。

（四）维生素 E 的稳定性

维生素 E 不溶于水，易溶于油脂及有机溶剂中，对热、酸稳定，即使加热至 200 ℃ 亦不易被破坏。维生素 E 对氧、氧化剂非常敏感，易被氧化破坏；同时也对碱和紫外线敏感，金属离子（如 Fe^{2+} 等）的存在将促进维生素 E 的氧化。单重态氧能攻击生育酚分子的环氧体系，使之形成氢过氧化物衍生物，再经过重排，生成生育醌和生育醌-2,3-环氧化物。对脂类食品而言，油脂的氧化酸败会产生大量的过氧自由基和氢过氧化物，它们会加速维生素 E 的破坏。在一般烹调条件下，食物中维生素 E 损失不大，但经较长时间的炖、煮和油炸等操作，会造成脂肪的氧化，进而促进维生素

E 的氧化和活性降低。食品经干燥脱水后，维生素 E 更容易被氧化。维生素 E 的氧化降解途径如图 7-22 所示。

食品在加工和储藏过程中，一般都会造成维生素 E 的损失，如稻米、小麦、玉米和燕麦等在精深加工时，维生素 E 的损失可达 80%。食品脱水加工，通常会加速维生素 E 的氧化，如鸡肉和牛肉经脱水后，α-生育酚损失 36%～45%。食品罐藏加工时，也会造成维生素 E 的损失，如肉类和蔬菜罐头生育酚的损失量一般在 41%～65% 之间。食物经油炸维生素 E 的损失率为 32%～70%。加工后的马铃薯片在储藏过程中，生育酚会有大量损失，其中在 23 ℃ 下储存 1 个月生育酚损失 71%，

储存两个月损失77%；在−12℃的条件下储存1个月生育酚损失63%，储存两个月损失68%。生育酚被氧化后其产物有二聚物、三聚物和二羟基化合物及醌类。

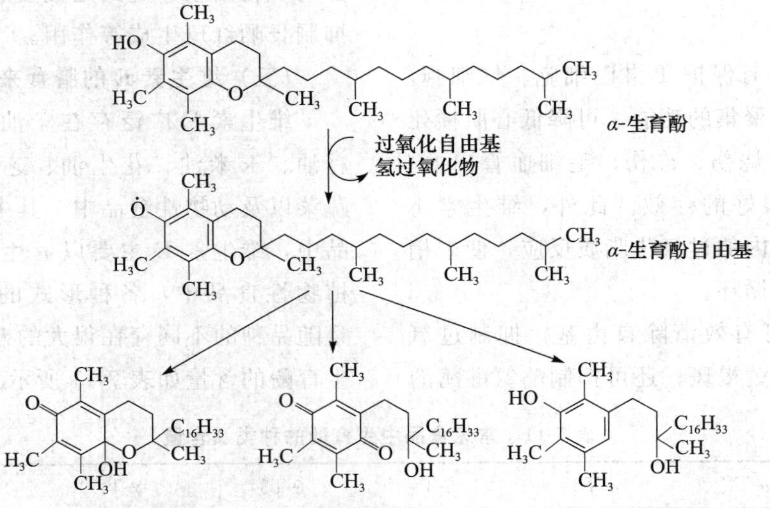
α-生育酚
过氧化自由基
氢过氧化物
α-生育酚自由基
α-生育酚氧化物
α-生育酚醌
α-生育酚氢醌

图7-22　维生素E的氧化降解途径

四、维生素K

（一）维生素K的结构和化学性质

维生素K（vitamin K）是2-甲基-1，4-萘醌的衍生物，天然维生素K包括维生素K_1（叶绿醌，phylloquinone）和维生素K_2（聚异戊烯基甲基萘醌，menaquinone）两种形式，其区别在于3位上的取代基不同。此外，还有几种人工合成的化合物也具有维生素K活性，其中最重要的是2-甲基-1，4-萘醌（维生素K_3，menadione），它的生物活性高于维生素K_1和维生素K_2。维生素K的结构如图7-23所示。维生素K_1为黄色油状物，K_2为黄色晶体，均不溶于水，能溶于油脂及醚等有机溶剂；维生素K_3可以溶于水。

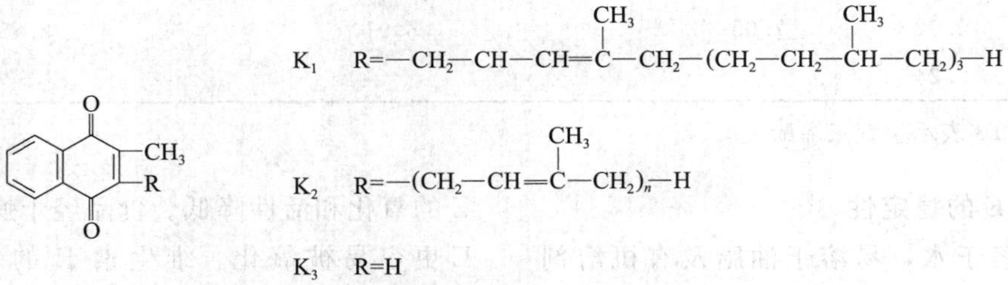
K_1　R=—CH_2—CH=C(CH_3)—CH_2—(CH_2—CH_2—CH(CH_3)—CH_2)$_3$—H
K_2　R=—(CH_2—CH=C(CH_3)—CH_2)$_n$—H
K_3　R=H

图7-23　维生素K的化学结构

（二）维生素K的生理功能

维生素K是肝脏合成四种凝血蛋白必不可少的物质，具有促进血液凝固的作用，因此又称为凝血维生素或凝血因子。人体缺乏维生素K，会导致凝血时间延长，严重者会流血不止，甚至死亡。对女性来说，维生素K可减少生理期大量出血，还可防止内出血及痔疮。

维生素K还参与骨骼代谢，其作用机理是维生素K参与合成BGP（维生素K依赖蛋白质），BGP再调节骨骼中磷酸钙的合成。对老年人而言，他们的骨密度与维生素K呈正相关；经常摄入维生素K含量丰富的绿色蔬菜，能有效降低老年人骨折的危险性。

（三）维生素K的膳食来源

人类所需维生素K来源于两方面：一是肠道细菌的合成，主要是维生素K_2，占所需量的50%～60%。对于长期服用抗生素的人群，有可能会导致回肠中该类细菌不能生长，从而影响维生素

K 的摄入。另一方面是从食物中摄取，主要是维生素 K_1，占所需量的 40%～50%。绿叶蔬菜中维生素 K 含量高，其次是奶和肉类，水果及谷类含量较低。菠菜、花椰菜、甘蓝、莴苣、紫花苜蓿、豌豆、香菜、海藻、肝脏、干酪、乳酪、鸡蛋、鱼、鱼卵、蛋黄、奶油、肉类、奶和坚果等是维生素 K 良好的膳食来源。常见食物中维生素 K 的含量如表 7-12 所示。

表 7-12　一些食物中维生素 K 的含量　　　　　　　　　　　　μg/100 g

动物性食品	含量	谷类	含量	蔬菜	含量	水果饮料	含量
牛肝	92	燕麦	20	萝卜缨	650	绿茶	712
熏猪肉	46	全麦	17	甘蓝	200	咖啡	38
乳酪	35	绿豆	14	生菜	129	桃	8
黄油	30	小米	5	洋白菜	125	葡萄干	6
猪肝	25	面粉	4	菠菜	89	苹果酱	2
火腿	15	面包	4	豌豆	19	香蕉	2
猪肉	11			西红柿	5	可口可乐	2
鸡肝	7			土豆	3	柑橘	1
牛奶	3			南瓜	2		

（四）维生素 K 的稳定性

天然维生素 K 对热、酸稳定，不溶于水，因此食物在正常的烹调过程中维生素 K 损失很少。但维生素 K 对碱、氧化剂和光敏感，在受到紫外线、X 射线辐照时，很容易被破坏而失去活性，故需避光保存。有些维生素 K 衍生物如甲基萘氢醌乙酸酯也具有较高的维生素 K 活性，但对光不敏感。此外，维生素 K 还具有还原性，在食品体系中可以消除自由基（与 β-胡萝卜素和维生素 E 作用相同），所以可以保护食品成分不被氧化，同时还能减少腌肉中亚硝胺的生成。

第4节　维生素在食品加工和储藏中的变化

食物经加工和储藏后，其所含的维生素一般都会有不同程度的损失。因此，食品在加工过程中除必须保持营养素最小损失和食品安全外，还须考虑加工前的各种条件对食品中营养素（特别是维生素）含量的影响，如成熟度、生长环境、储藏温度、光照时间和强度等因素。

一、食品原料自身的影响

（一）成熟度

果蔬中维生素的含量与生长地、气候条件、成熟度等有紧密的联系，如西红柿中维生素 C 的含量在临近成熟时最高（表 7-13），而辣椒在刚刚成熟时维生素 C 的含量最高。

表 7-13　不同成熟时期西红柿中抗坏血酸含量

花开后的时间/周	单果平均质量 /g	颜色	抗坏血酸/(mg/100 g)
2	33	绿	10.7
3	57	绿	7.6
4	103	绿-黄	10.9
5	146	红-黄	20.7
6	160	红	14.6
7	168	红	10.1

（二）采后（宰后）食品中维生素的含量变化

农产品从采收到加工或畜产品从屠宰到加工这段时间，营养价值会发生明显的变化。食物中许多维生素易受酶，尤其是动、植物死后释放出的内源酶所降解而失去生理活性。动植物组织细胞受损后，原来处于分隔状态的氧化酶和水解酶会从完整的细胞中释放出来，与维生素反应，改变其结构和活性。例如，维生素 B_6、硫胺素或核黄素辅酶的脱磷酸化反应，维生素 B_6 葡萄糖苷的脱葡萄糖基反应和聚谷氨酰叶酸酯的去共轭作用等，都会导致植物采收或动物屠宰后维生素的分布和存在状态发生变化，其变化程度与储藏温度高低、时间长短以及是否受光照等因素有关。一般而言，维生素的净含量变化较小，主要是引起其生物利用率的变化。就氧化酶而言，脂肪氧合酶的氧化作用可导致许多维生素发生氧化而降解，而抗坏血酸氧化酶则专一性地作用于抗坏血酸，导致其氧化和活力降低。有研究表明，豌豆从采收到运往加工厂贮水槽的 1 h 内，所含维生素会发生明显的还原反应。新鲜蔬菜如果处理不当，在常温或较高温度下存放 24 h 或更长时间，会导致维生素产生严重损失。

二、加工前的预处理

（一）分割和去皮

植物组织经过修整或去皮，均会造成营养素的部分损失。如苹果皮中抗坏血酸的含量比果肉高，凤梨心所含的抗坏血酸也比可食用部分高；胡萝卜表皮层比其他部位含有更多的烟酸；菠菜、洋葱和花椰菜等植物的不同部位也存在着维生素分布和含量的较大差别。因此，果蔬原料在进行修整、摘除茎梗、去皮等操作时，均会导致营养素（特别是维生素）的损失。一些食品原料在进行去皮时，需要使用一定量的化学物质，如采用碱液处理，这将会使外层果皮和果肉中的维生素（如抗坏血酸、硫胺素和叶酸）遭受破坏。另外，食品原料经去皮、去壳、去核和切割等处理时，会造成组织的损伤，因

此在遇到水或水溶液时水溶性维生素会经切口或破损组织而流失。

（二）漂洗和热烫

大米在漂洗过程中会造成维生素较大量的损失，尤其是 B 族维生素损失率可达 60%，并且随着淘洗次数和淘洗力度的增加，B 族维生素的损失率还会进一步增加，这主要是因为大部分 B 族维生素存在于米粒表面的细米糠中。

食品经洗涤、水槽传送、漂烫、冷却等工序处理后，通常会造成一定量营养素的损失，并且其损失量与水分含量、pH、温度、切口表面积、原料成熟度等因素有关。其中，热烫是水果和蔬菜加工中不可缺少的一种工艺处理，其目的在于钝化酶的活性，减少微生物的污染，排除原料组织中的空气。热烫有热水、蒸汽、热空气或微波处理 4 种方式，具体可依食品种类和后续加工操作而定。一般而言，蒸汽处理引起的维生素损失量最小，而热水烫漂则会导致水溶性维生素较大量的损失。食品在良好、规范的条件下进行加工，经过漂洗、热烫、烹调等工序处理后，所造成的营养素损失量一般不会大于家庭操作时的平均损失量。常见罐装食品维生素的损失率见表 7-14。

表 7-14　常见罐装食品维生素的损失率　　　　　　　　　　　　　　　%

产品	生物素	叶酸	维生素 B_6	泛酸	维生素 A	硫胺素	核黄素	烟酸	维生素 C
芦笋	0	75	64	—	43	67	55	47	54
利马豆	—	62	47	72	55	83	67	64	76
青豆	—	57	50	60	52	62	64	40	79
甜菜	—	80	9	33	50	67	60	75	70
胡萝卜	40	59	80	54	9	67	60	33	75
玉米	63	72	0	59	32	80	58	47	58
蘑菇	54	84	—	54	—	—	46	52	33
豌豆	78	59	69	80	30	74	64	69	67
菠菜	67	35	75	78	32	80	50	50	72
番茄	55	54	—	30	0	17	25	0	26

包括漂白。

三、食品在加工和储藏过程中维生素的变化

为了改善和提高食品的适口性、保障其营养和卫生安全，以及便于后续的储藏和运输，现代食品工业通常利用一系列加工技术和操作单元对食品原料进行加工和处理，以获得理想的产品。常见的食品加工技术有冷冻加工、辐照加工、热加工、干燥、烟熏、糖渍、腌制等。一般而言，经过这些加工和处理流程后，食品中的维生素都会发生显著的变化。本节就谷类研磨加工、冷冻加工、辐照加工等做一些举例说明。

（一）谷类在研磨过程中维生素的损失

谷类在脱壳（皮）、研磨过程中，营养素会受到不同程度的损失，其损失程度的大小与种子内的胚乳和胚芽同种子外皮分离的难易程度有关。因此，研磨加工对各类谷物维生素的影响是不同的，即使是同一种谷物的种子，各种营养素的损失率亦不尽相同。一般而言，种皮与胚芽难分离、研磨时间长，维生素的损失率就高，反之则损失率低。人们对谷类在研磨加工过程中所造成的维生素的损失十分重视，早在20世纪40年代就提出了在食品加工的最后阶段增补或添加营养素的设想。目前，许多国家规定了用精制面粉制作面包时添加硫胺素、烟酸、核黄素的标准。

（二）冷冻保藏的影响

冷冻是最常用的食品储藏方法，具体包括预冷冻、速冻、冷冻储存和解冻4个阶段。食品冷冻保藏时，维生素的损失主要包括储存过程中的化学降解和解冻过程中水溶性维生素的流失。例如，蔬菜类食品经冷冻后维生素的损失率在37%～56%之间，肉类食品经冷冻后泛酸的损失率为21%～70%。蔬菜储藏过程中维生素C的损失率除了与冷冻储藏条件有关外，还受蔬菜种类的影响，如甘蓝、菜花、菠菜在-18℃储存6～12个月后，维生素C的损失率分别为49%、50%和65%。水果及其产品经冷冻后，维生素C的损失较为复杂，与产品种类、固液比、包装材料、冷冻温度、储藏时间等因素均有关系。

（三）射线辐照的影响

射线辐照主要用于水果蔬菜的保藏和肉类食品的杀菌防腐。例如土豆、大蒜头、洋葱、苹果、草莓等果蔬经一定剂量的^{60}Co γ射线辐照后，不但可以延长保藏期，而且还可在一定程度上改善产品的品质。射线辐照对B族维生素的影响取决于辐照剂量、辐照温度和辐射率。与传统高温加热灭菌方法相比，辐照杀菌可以减少B族维生素的降解和损失。

（四）食品添加剂的影响

为了改善和提高食品的品质、防止其腐败变质，食品在生产和加工过程中通常需要添加一定量的食品添加剂。然而有些添加剂会对食品中的维生素产生一定的影响，例如面粉加工中使用的漂白剂就会对维生素A、维生素C和维生素E产生破坏作用，导致其失去生理活性。在水果和蔬菜类食品加工时，为了防止产品发生酶促褐变和非酶促褐变，通常需要添加一定量的亚硫酸盐（或SO_2），它作为还原剂时可以保护维生素C不被氧化，但作为亲核试剂则可破坏维生素B_1。在肉制品加工中，为了改善产品的色泽，通常需要添加适量的硝酸盐和亚硝酸盐，但它们在改善产品色泽的同时也会对维生素C、胡萝卜素、维生素B_1和叶酸等产生破坏作用。

（五）加工和储藏过程中的化学反应对维生素的影响

食品在加工和储藏过程中会产生很复杂的化学反应，有些是对产品有利的，但也有一些反应不仅会损害食品的感官性状，而且还会引起营养素的损失。例如，含油脂类的食品在加工和储藏过程中很容易引起脂质成分发生氧化，产生自由基、氢过氧化物和环氧化物，并能进一步氧化类胡萝卜素、生育酚、抗坏血酸、叶酸、维生素B和维生素D等物质，导致维生素活性的损失。氢过氧化物分解产生的羰基化合物，也可导致一些维生素如硫胺素、维生素B和泛酸等的损失。此外，在食品加工中还经常利用美拉德反应来产生食品特有的色泽和香气，但是反应中会生成高活性羰基化合物，它们也能以同样的方式破坏类胡萝卜素、生育酚、抗坏血酸等维生素。

本章小结

维生素是一类有机化合物，是人体生命活动中不可缺少的微量营养素，具有重要的生理功能。维生素的缺乏会影响人体正常代谢，导致各类疾病的发生。人体所需的维生素绝大部分依靠食物提供，只有少部分可由肠道微生物或机体自身合成。维生素主要包括水溶性维生素和脂溶性维生素两大类，其中水溶性维生素有维生素C、维生素B_1、维生素B_2、烟酸、维生素B_6、叶酸和维生素B_{12}、泛酸和生物素等；主要的脂溶性维生素包括维生素A、维生素D、维生素E和维生素K。各种维生素在化学性质、生理功能、膳食来源及稳定性方面具有较大的差异。其中，有些维生素很不稳定，在食品加工和储藏过程中特别容易损失，因此必须注意加工方法和储藏条件。此外，各种食品中维生素的种类和含量不一，为了满足机体日常所需，可在某些食品中进行维生素的强化。

思考题

1. 什么是维生素？简述维生素的重要性。

2. 水溶性和脂溶性维生素各包括哪些种类？

3. 食品加工过程中维生素 C 的损失受哪些因素的影响？请举例说明。

4. 请叙述维生素 B_1 的生理功能、膳食来源及加工稳定性。

5. 请叙述维生素 A 的生理功能、膳食来源及加工稳定性。

6. 请叙述维生素 E 的生理功能、膳食来源及加工稳定性。

7. 食品加工过程中，热处理操作对维生素的影响如何？请举例说明。

8. 为何全谷物比精细粮的营养价值高？

9. 为何牛奶不宜储存在透明的玻璃容器中？

10. 果蔬储藏过程中，维生素的降解和损失受哪些因素的影响？

参考文献

[1] 阚建全. 食品化学. 3 版. 北京：中国农业大学出版社，2016.

[2] 谢笔钧. 食品化学. 3 版. 北京：科学出版社，2011.

[3] 王璋，等. 食品化学. 北京：中国轻工业出版社，1999.

[4] Damodaran S，Parkin K L，Fennema O R. Food Chemistry. 4th ed. Florida：CRC Press，part of Taylor & Francis Group LLC，2008.

第8章
矿物质

学习目的与要求：
了解食品中矿物质的种类、来源、存在形式和吸收利用的基本
性质；熟悉矿物质在体内的作用和影响矿物质利用率的因素；
掌握矿物质在食品加工、贮藏中发生的变化以及对机体利用率
产生的影响。

学习重点：
食品中常见矿物质的种类、来源、存在形式和吸收利用的基本
性质。

学习难点：
不同食品加工、贮藏方式对食品中矿物质含量和生物利用率的
影响。

教学目的与要求

■ **研究型院校**：掌握食品中各类矿物质的种类、来源、存在形式及生理作用；掌握矿物质在食品加工和储藏过程中的变化以及对机体利用率产生的影响。

■ **应用型院校**：了解食品中各类矿物质的种类、食物来源和缺乏症状；掌握矿物质在食品加工和储藏过程中的变化及其在食品加工中的作用。

■ **农业类院校**：了解不同食物中矿物质的种类、含量与生物利用情况；掌握矿物质在食品加工和储藏过程中的变化。

■ **工科类院校**：了解食品中各类矿物质的种类、来源、存在形式；掌握矿物质在食品加工和储藏过程中的变化。

第1节 引言

一、食品中矿物质的存在形式与分类

矿物质也常称为灰分或无机盐，通常指食品中除去以有机化合物形式出现的 C、H、O、N 之外的无机元素成分。当人体生命停止、机体火化时，有机化合物都变成了气体扩散到空气中，而只有矿物质元素留在了骨灰中，这些骨灰就是人一生中从各种食物中摄入并保留在体内的 60 多种矿物质元素，约占人体的 4%。

矿物质在食品中大多数是以无机盐的形式存在的。一价元素多以可溶性盐的形式存在，大部分解离成离子的形式，如阳离子 K^+、Na^+，阴离子 Cl^- 等。多价元素多以离子、不溶性盐和胶体粒子形成动态平衡而存在，还常常以螯合态形式存在，如磷酸螯合物、草酸螯合物、聚磷酸螯合物、α-氨基酸螯合物，食品组分中的叶绿素、血红素、维生素 B_{12}、钙酪蛋白等化合物均螯合有相应的矿物质。

根据矿物质在人体内的含量水平和人体需要量的不同，习惯上分为两大类：

一类是常量元素或宏量元素，如 Ca、P、Na、K、Cl、Mg、S 7 种，它们的含量占人体总灰分的 60%~80%，体内含量>0.01%，人体需要量为 100 mg/d。

另一类是微量元素，在体内的含量<0.01%，每日需要量以微克至毫克计，如 Fe、I、Cu、Zn、Se、Mo、Co、Cr、Mn、F、Ni、Si、Sn、V 等。微量元素根据其在人体中发挥的作用不同又可分为 3 种类型：①是生命体正常代谢所需的营养成分，如 Fe、Zn、Na 等，在膳食中的不足将导致缺乏症的产生，但如果过量摄入也能产生毒性作用；②通常存在于生物体中，但是否属于生命必需元素目前证据不足或有争议，包括 Al、B、Si、Ni 等；③在很低的含量时便表现出对人体的毒害作用，称为有害元素，如 Hg、Pb、Sn、Cd 等。

二、食品中矿物质的作用

食品中的矿物质具有以下生理功能：

（1）机体的重要组成部分。钙、磷、镁是骨骼和牙齿的重要成分；磷、硫是蛋白质的组成成分；细胞中普遍含有钾、钠元素。

（2）维持细胞的渗透压及机体的酸碱平衡。矿物质与蛋白质一起维持细胞内外的渗透压平衡，对体液的潴留与移动起重要作用；此外，还有碳酸盐、磷酸盐等组成的缓冲体系与蛋白质一起构成机体的酸碱缓冲体系，以维持机体的酸碱平衡。

（3）保持神经、肌肉的兴奋性。在组织液中的各种矿物元素，特别是保持一定比例的钾、钠、钙、镁离子是维持神经、肌肉兴奋性，细胞膜通透性以及所有细胞正常功能的必要条件。

（4）对机体具有特殊的生理作用。如血红蛋白和细胞色素中的铁分别参与氧的运送和组织呼吸、生物氧化，甲状腺中的碘用于合成甲状腺激素促进分解代谢，铜参与肾上腺类固醇的生成等。

此外，在食品加工中，矿物质会对食品感官性状与营养价值产生影响。如氯化钙是豆腐凝固剂，还可防止果蔬制品软化；多种磷酸盐可增加肉制品的持水性和黏着性；碳酸氢钠在饼干和面包制品中可作为膨松剂；果蔬加工中花青素与矿物质作用形成复合物导致制品变色。在油脂贮藏中，金属离子可催化油脂氧化，加速油脂品质劣变，如熬炼猪油时若血红素未去除完全，则其中所含的铁就会导致猪油酸败速度加快。此外，也可将铁盐、钙盐用于食品强化，借以提高食品营养价值，如高钙奶粉、富铁软糖等。

第2节 食品中矿物质的主要性质

一、溶解性

在所有的生命体系中都含有水，大多数营养元素的传递和代谢都是在水溶液中进行的。因此，矿物质的生物利用率和活性在很大程度上依赖于它们在水中的溶解性。食品中各种矿物质溶解性除了因它们各自性质的不同而有所不同外，还受食品的pH及食品的构成等因素影响。一般食品的pH越低，矿物质的溶解性就越高。各种价态的矿物质还可能与蛋白质、氨基酸、有机酸、核酸、肽、糖等形成不同类型的化合物，从而影响矿物元素的溶解性。如钙、镁、钡是同族元素，仅以＋2价氧化态存在，虽然这一族的卤化物是可溶性的，但是其氢氧化物和重要的盐，如碳酸盐、磷酸盐、硫酸盐、草酸盐和植酸盐都极难溶解。如铁、锌、钙、镁、锰等与植酸结合后，就形成了难溶性的植酸-矿物质元素配合物，从而影响了矿物质的生物利用率。

二、酸碱性

任何矿物质都有阳离子和阴离子。但从营养学的角度看，只有氟化物、碘化物和磷酸盐的阴离子才是重要的。水中的氟化物成分比食品中更常见，其摄入量极大地依赖于地理位置。碘以碘化物（I^-）或碘酸盐（IO_3^-）的形式存在，磷酸盐以磷酸盐（PO_4^{3-}）、磷酸氢盐（HPO_4^{2-}）、磷酸二氢盐（$H_2PO_4^-$）或磷酸（H_3PO_4）等多种不同的形式存在。各种微量元素参与的复杂生物过程可以用路易斯的酸碱理论解释，由于不同价态的同一元素，可以通过形成多种复合物参与不同的生化过程，因而显示不同的营养价值。

三、氧化还原性

食品中的矿物质常常具有不同的价态，表现出不同的氧化还原性质，并在一定条件下可以相互转化，同时伴随着电子、质子或氧的转移，存在化学平衡关系，并可形成各种各样的络合物。这些价态的变化和相互转换的平衡反应不仅可以影响食品的物理和感官性质，也会影响组织和器官中的环境特性，如pH、配位体组成、电效应等，从而影响其生理功能，表现出营养性或有害性。

例如，Fe^{2+}是生物有效价态，而Fe^{3+}积累较多时会产生有害性。同样是铬元素，Cr^{3+}是必需的营养元素，而Cr^{6+}是致癌物质。口服重铬酸钾，致死量为$6\sim8$ g；铬酸钠灼伤经创伤面吸收可引起严重急性中毒；高铬盐被人体吸收后进入血液，结合血液中的氧，形成氧化铬，夺取血中部分氧，使血红蛋白变为高铁血红蛋白，致使红细胞携带氧的机能发生障碍，血中含氧量减少，最终导致死亡。

四、螯合效应

食品中的许多金属离子可与有机分子呈配位结合，形成配位化合物或螯合物。螯合物就是由一种多齿配位体以多个配位键与一个金属离子相结合，在空间上能够形成以金属离子为中心的环状结构。螯合物的稳定性高于一般的配位化合物，五元环和六元环的螯合物最稳定。

食品中金属元素所处的配合物状态对其营养与功能有重要影响。如Fe以血红素的形式存在才具有携带氧的功能；Mg以叶绿素形式存在才具有光合作用；Mo^{2+}、Mn^{2+}、Cu^{2+}、Ca^{2+}等可与氨基酸侧链基团结合，形成一些复杂的金属酶；在食品中加入柠檬酸等作为螯合剂螯合铁、铜，可防止由它们引起的氧化作用。同样，一些必需的微量元素以某种配合物形式加入食品中可有效提高其生物利用率，如食品中常用乳酸亚铁、柠檬酸铁、葡萄糖酸钙、碘化钾等进行营养强化。

五、微量元素的浓度

化学物质的剂量决定毒性。微量元素的浓度和存在状态，将会影响各种生化反应。许多原因不明的疾病（如癌症和地方病）都与微量元素及其浓度有关。另外，矿物质元素对生命体的作用也与浓度有更密切的关系。但实际上确定矿物质元素对生命活动的作用并非一件易事，除与浓度有关外，还与矿物质元素的价态、存在形态、膳食结构等有关。因此，目前仅用食品中矿物元素含量或浓度来判断某种矿物质元素作用是有其局限性的。

六、生物利用率

矿物质的生物利用率是指食品中的矿物质被机体吸收、利用的比例。机体对食品中矿物质的吸收利用程度，不仅取决于食品提供的矿物质总量，还与食品中矿物质的化学形式、颗粒大小、食品组成成分、机体的机能状态等因素有关。因此，某一食品中总的矿物质含量尚不足以评价该食品的矿物质的营养价值。

一般测定矿物质元素的生物利用率的方法主要有化学平衡法、生物测定法、体外试验法和同位素示踪法。放射性同位素示踪法是一种理想的检测人体对矿物质利用的方法。这种方法是在生长植物的介质中加入放射性铁，或在动物屠宰以前注射放射性示踪物质（^{55}Fe 和 ^{59}Fe）；放射性示踪物质通过生物合成制成标记食品，标记食品被食用后，再测定放射性示踪物质的吸收，这称为内标法。也可用外标法研究食品中铁和锌的吸收，即将放射性元素加入食品中。同位素示踪法灵敏度高，测定方便。

影响矿物质生物利用率的因素主要有：

（1）矿物质在水中的溶解度和存在状态 矿物质的水溶性越好，越有利于机体吸收利用，因为绝大部分生物化学反应是在水溶性体系中进行的，而消化吸收也需要水为介质。如钙离子如果是与蛋白质结合形成蛋白钙，其钙的利用率大大提高；如果是与草酸结合，由于草酸钙溶解度小，钙的利用率大大下降。另外，矿物质的存在形式也影响其生物利用率，如2价铁盐比3价铁盐易于利用。

（2）矿物质之间的相互作用 机体对金属离子元素的吸收有时会发生拮抗作用，这可能与它们的竞争载体有关。如含磷元素成分较多的食品牛奶，由于磷酸能同食物中的铁盐发生沉淀反应，直接影响铁的吸收；铜有催化铁合成血红蛋白的功能，体内缺铜元素可抑制铁的吸收；过多的铁可以抑制锌、锰等元素的吸收。

（3）螯合效应 金属离子可以与不同的配体作用，形成相应的配合物或螯合物。食品体系中的螯合物不仅可以提高或降低矿物质的生物利用，还可以发挥其他作用，如防止铁、铜离子的助氧化作用。矿物质形成螯合物的能力与其本身的特性有关。

（4）其他营养素摄入量的影响 蛋白质、维生素、脂肪等的摄入会影响机体对矿物质的吸收利用。例如蛋白质摄入量不足会造成钙的吸收水平下降；脂肪过度摄入会影响钙质的吸收；饮茶可抑制铁元素的吸收。食物中含有过多的植酸盐、草酸盐、磷酸盐等也会降低人体对矿物质的生物利用率。

（5）人体的生理状态 人体对矿物质的吸收具有调节能力，以达到维持机体环境的相对稳定。例如，在食品中缺乏某种矿物质时，它的吸收率会提高；在食品中供应充足时，吸收率会下降。此外，机体的状态，如疾病、年龄、个体差异等，均会造成机体对矿物质利用率的变化。例如，在缺铁者或缺铁性贫血病人群中，对铁的吸收率提高；女性对铁的吸收率比男性高；儿童随着年龄的增大，铁的吸收利用率减少。

（6）食物的营养组成 食物的营养组成也会影响人体对矿物质的吸收。例如肉类食品中矿物质的吸收率就较高，而谷物中矿物质的吸收率与之相比就低一些。

七、食品中矿物质的安全性

生命体为有效利用环境中藏量丰富的矿物质元素，其体内对那些最普通的矿物质元素都形成了适宜的代谢或平衡机制，这是生物进化的结果，目的是保证生命体在正常情况下不会遭受缺乏的危险，并在一定量的范围内也有其平衡或防御机能，以适合其体内需要。

但所有矿物质即便是人体必需的微量元素在超过一定量以后，就对人体具有毒性，主要表现为：

（1）有害矿物质元素取代生物体中某些活性大分子中的必需元素，如生物体中一些蛋白激酶以镁为辅助因子，由于钡与某些蛋白激酶的结合强度比镁大，钡可以取代蛋白激酶中原有的镁，从而抑制酶的活性。

（2）有害矿物质元素影响并改变生物大分子活性部位所具有的特定空间构象，使生物大分子失去原有的生物学活性。

（3）有害矿物质元素能影响生物大分子的重要功能基团，从而影响其生理功能。如摄入体内的镉、汞等重金属能与生物体内某些酶蛋白分子中半胱氨酸残基中的—SH相结合，从而抑制酶蛋白的催化活性。

第3节　食品中的主要矿物质

一、钙

钙（calcium，Ca），原子序数 20，相对原子质量 40.078，熔点 839 ℃，沸点 1 484 ℃，相对密度 1.54。钙是人体中含量最丰富的矿物质，成人体内含钙量为 1 200～1 500 g，相当于体重的 1.5%～2.0%。其中 99% 以上的钙与磷形成羟磷灰石和磷酸钙，存在于骨骼和牙齿中，其余不到 1% 的钙常以游离或结合状态存在于软组织及体液中，这部分钙统称为混溶钙池。混溶钙池中的钙与骨骼钙保持动态平衡，即骨中的钙不断从破骨细胞中释放出进入混溶钙池，而混溶钙池中的钙又不断沉积于成骨细胞中。

钙的生理功能是构成骨骼和牙齿的主要成分，维持神经和肌肉活动，促进体内某些酶的活性。此外，钙对血液凝固、体液酸碱平衡、细胞内胶质稳定性、细胞膜功能的维持以及激素的分泌都起着决定性的作用。婴幼儿和青少年缺钙将造成骨骼发育不全，中老年人缺钙会导致骨质疏松症。过量摄入钙也会引起不良作用，如增加患肾结石、奶碱综合征的危险性，美国约 12% 的人患有肾结石可能与钙摄入过多有关。我国制定钙的每日推荐摄入量，青春期儿童为 1 000 mg/d，成年人为 800 mg/d，孕中期妇女为 1 000 mg/d，孕晚期妇女与乳母为 1 200 mg/d。我国制定成人对于钙的可耐受最高摄入量为 2 g/d。

钙的食物来源应考虑两个方面，一是食物中钙的含量，表 8-1 为含钙丰富的食物中钙的含量。奶和奶制品是食物中钙的最好来源，不但含量丰富，而且易于吸收，是婴幼儿最佳钙源。海带、虾皮、豆制品等含钙也较多。在儿童与青少年膳食中加入骨粉、蛋壳粉也是补充膳食钙的有效措施。二是食物中钙的吸收率。食物中的乳糖、氨基酸、维生素D 等成分可促进钙的吸收，而植酸、草酸、膳食纤维、脂肪、乙醇等成分则影响钙的吸收，因此绿叶蔬菜烹制前建议先焯后炒。

在食品加工中，由于钙能与带负电荷的大分子如低甲氧基果胶、大豆蛋白、酪蛋白等形成凝胶，

加入罐用配汤可提高罐装蔬菜的坚硬性；在奶酪加工中加入氯化钙可促进凝块形成，改善凝乳性能，提高干酪质量。因此，在食品工业中钙盐被广泛用作质构改良剂。另外在食品加工中加入不同的钙盐还可以作为缓冲剂、调节剂、稳定剂和防腐剂。

表 8-1　常见食物中钙的含量　mg/100 g

食物	含量	食物	含量	食物	含量
全脂牛乳粉	676	河蚌	306	苜蓿	713
奶酪	590	鲜海参	285	荠菜	294
虾皮	991	海带（湿）	241	雪里蕻	230
虾米	555	紫菜	264	苋菜	187
河虾	325	黑木耳	247	乌塌菜	186
泥鳅	299	黑芝麻	780	酸枣棘	435
红螺	539	花生仁	284	大豆	367

二、磷

磷（phosphorus，P），原子序数 15，相对原子质量 30.974。磷是人体中含量较多的元素之一，在成人体内含量为 600～700 g，是体重的 1% 左右。成人体内近 85% 的磷分布于骨骼和牙齿中，其中钙/磷的比值为 1∶2。其余的磷以可溶性磷酸盐离子形式存在于软组织中，在脂肪、蛋白质和碳水化合物及核酸中以酯类或苷类化合物键合形式存在，在酶内以酶活性调节因子形式存在。

磷的生理功能有：①构成骨骼、牙齿以及软组织的重要成分；②调节能量释放，高能磷酸化合物如三磷酸腺苷及磷酸肌酸等为能量载体，在细胞内参与能量转换与代谢；③组成生命物质成分，如磷酸、磷蛋白和核酸等；④是酶的重要成分，如焦磷酸硫胺素、磷酸吡哆醛、辅酶Ⅱ等的辅酶或辅基都需要磷参与；⑤物质的活化；⑥磷酸盐还参与调节体内酸碱平衡。在一些特殊情况下，可发生磷缺乏。在严重磷缺乏和磷耗竭时可发生低磷血症，其症状包括厌食、贫血、肌无力、骨痛、佝偻病和骨软化、全身虚弱、多传染病的易感性增加、感觉异常、精神错乱甚至死亡。我国制定磷的每日推荐摄入量成年人为 700 mg/d。

磷在食物中分布较广，特别是谷物和含蛋白质丰富的食物，如瘦肉、蛋黄、内脏、海带、花生、豆类、坚果、粗粮等，表 8-2 为常见食物的磷含

量。膳食中磷的来源及有机磷的性质可影响磷的吸收，例如植酸、六磷酸肌醇存在于谷胚中，由于人体肠黏膜缺乏植酸酶，故所形成的植酸磷酸盐不能为人体吸收。酵母细胞能合成植酸酶，因而面包在发酵过程中全麦面粉内的植酸能被水解，而不发酵的全麦食品中的植酸则会干扰磷的吸收。

表 8-2　常见食物的磷含量　　mg/100 g

食物	含量	食物	含量	食物	含量
南瓜子仁	1 159	紫菜	350	瘦肉	189
黄豆	465	银耳	369	猪肾	215
籼米	112	鲫鱼	193	猪肝	310
标准粉	188	花生（炒）	326	牛乳	73
大蒜头	117	葵花籽（炒）	564	河蚌	319
香菇（干）	258	核桃	294	虾皮	582

磷酸及其盐在食品工业中可作为品质改良剂、pH 调节剂、缓冲剂、乳化分散剂和水分保持剂等。如磷酸在饮料、果汁中用作酸化剂；三聚磷酸钠、焦磷酸钠等有助于改善肉制品的持水性；在剁碎肉和加工奶酪时使用磷酸盐可起到乳化助剂的作用；六偏磷酸钠在罐头、豆沙馅料中能稳定天然色素，保持色泽；磷酸盐还可作为面制品的品质改良剂，增强面团筋力。

三、镁

镁（magnesium，Mg），原子序数 12，相对原子质量 24.305，熔点 649 ℃，沸点 1 090 ℃。成人体内含镁 20～30 g，占人体体重的 0.05%，其中约 60% 以磷酸盐的形式存在于骨骼与牙齿中，38% 与蛋白质结合成络合物存在于软组织中，2% 存在于血浆和血清中。

镁的生理功能有：①是构成骨骼、牙齿和细胞质的主要成分；②与钙在功能上既协同又对抗，当钙不足时镁可部分替代，当镁摄入过多时，又阻止骨骼的正常钙化；③可调节并抑制肌肉收缩及神经冲动，维持体内酸碱平衡、心肌正常功能和结构；④镁还是多种酶的激活剂，可使很多酶系统如碱性磷酸酶活化，也是氧化磷酸化所必需的辅助因子。当机体镁摄入不足或有吸收障碍时，会导致镁的缺乏，进而影响神经肌肉兴奋性，导致骨质疏松，并对血管功能产生潜在的影响。我国制定镁的每日推荐摄入量成年人为 350 mg/d，孕妇和乳母为 400 mg/d。

镁广泛分布于各种食物中，新鲜的绿叶蔬菜、海产品、豆类是镁较好的食物来源，咖啡、可可粉、谷类、花生、核桃仁、全麦粉、小米、香蕉中含镁也较多，表 8-3 为常见食物的镁含量。因此，一般不会发生膳食镁的缺乏。膳食中氨基酸、乳糖、蛋白质等可促进镁的吸收，饮水多时有明显的促进吸收作用，而磷、草酸、植酸、长链饱和脂肪酸和膳食纤维等可抑制镁的吸收。

表 8-3　常见食物的镁含量　　mg/100 g

食物	含量	食物	含量	食物	含量
大黄米	116	麸皮	382	木耳（干）	152
大麦（元麦）	158	黄豆	199	香菇（干）	147
黑米	147	苋菜（绿）	119	发菜（干）	129
荞麦	258	口蘑（白蘑）	167	苔菜（干）	1 257

氯化镁在食品加工过程中可作为蛋白凝固剂、膨松剂、助酵剂、除水剂、组织改进剂等，作为凝固剂在豆制品生产中的应用尤为广泛，现已广泛用于食品、食盐、矿泉水、医药等行业。食品级碳酸镁可加入面粉改良剂提高其分散性和流动性，用作抗结块疏松剂。氧化镁在食品工业中既可以作为加工助剂在精制砂糖、冰激凌粉、小麦粉、可可粉的加工过程中发挥脱色、调节 pH、抗结块、抗酸等作用，也可以作为营养强化剂镁元素的化合物来源，用于特殊膳食食品及可类比的普通食品。

四、钾

钾（potassium，K），原子序数 19，相对原子质量 39.098，熔点 63.25 ℃，沸点 760 ℃，相对密度 0.86。正常人体内约含钾 175 g，其中 98% 的钾贮存于细胞液中，是细胞内最主要的阳离子。

钾的生理功能有：①维持碳水化合物、蛋白质的正常代谢；②维持细胞内正常渗透压；③维持神经肌肉的应激性和正常功能；④维持细胞内外正常的酸碱平衡和离子平衡；⑤维持心肌的正常功能；⑥降低血压。摄入不足或排出增加时，如长期禁食、厌食、偏食、腹泻等，会引起钾缺乏症，表现为神经、肌肉、消化、心血管等系统发生功能性或病理性改变。当肾功能减退的病人摄入过多的钾，会引起高钾血症，表现为患者全身无力、躯干和四肢感觉异常、面色苍白、肌肉酸痛、肢体寒冷、动作迟钝、嗜睡、神志模糊，进而迟缓性瘫痪、呼吸肌瘫痪、窒息。我国制定钾的每日推荐摄入量为成年人 2 000 mg/d，孕妇和乳母为 2 500 mg/d。

钾广泛分布于食物中，肉类、家禽、鱼类、各种水果和蔬菜类都是钾的良好来源，如紫菜、葡萄干、花椰菜、香蕉、马铃薯粉、牛肉、大豆粉、向日葵籽、麦麸等，表 8-4 为常见食物的钾含量。急需补充钾的人群为大量饮用咖啡的人、经常酗酒和喜欢吃甜食的人、血糖低的人和长时间节食者。

表 8-4　常见食物的钾含量　　mg/100 g

食物	含量	食物	含量	食物	含量
紫菜	1 796	牛乳	109	马铃薯	342
黄豆	1 503	牛肉（瘦）	284	甘薯	130
冬菇	1 155	羊肉（瘦）	403	小米	284
赤豆	860	猪肉（瘦）	295	豆角	207
绿豆	787	鲜枣	375	韭菜	247
黑木耳	757	干枣	524	苹果	119
花生仁	587	鲤鱼	334	黄瓜	102
毛豆	478	河虾	329	鸡蛋	98

在食品工业中，山梨酸钾可作为防腐剂有效抑制霉菌、酵母菌和好氧性细菌的活性，从而有效延长食品的保存时间；磷酸氢二钾可作为水分保持剂、膨松剂、酸度调节剂、稳定剂、凝固剂、抗结剂等，用于面粉、饮料加工中；氯化钾可促进卡拉胶的凝胶作用，还可作为营养增补剂和调味料用于低钠盐中。

五、钠

钠（sodium，Na），原子序数 11，相对原子质量 22.990，熔点 98 ℃，沸点 883 ℃。成人体内钠含量为 70～100 g，约占体重的 0.15%。其中 44%～50% 在细胞外液，40%～47% 在骨骼中，9%～10% 在细胞内液。

钠在人体体液中以盐的形式存在，生理功能有：①是细胞外液中带正电荷的主要离子，参与水的代谢，保证机体内水的平衡；②与钾共同维持人体体液的酸碱平衡；钠和氯是胃液的组成成分，与消化机能有关，也是胰液、胆汁、汗和泪水的组成成分；③可调节细胞兴奋性和维持正常的心肌运动。当钠摄入过少时，如长期食用不加盐的素食或

腹泻、呕吐、大面积创伤、大手术后等，会发生钠缺乏症，可造成生长缓慢、食欲减退、体重减轻、肌肉痉挛、头痛等症状。但当钠摄入过多时会造成血压升高，血浆胆固醇水平升高，甚至可能增加胃癌发生的危险。我国制定钠的每日推荐摄入量为成年人 2 200 mg/d。WHO 建议每人每天食盐用量不超过 6 g。2002 年全国营养调查显示，我国居民平均标准每人日食盐的摄入量为 12 g，大大超过 WHO 建议的标准。

钠广泛存在于各种食物中，一般动物性食物中钠含量高于植物性食物。除了烹饪、加工、调味加入的食盐、味精、酱油外，食物中钠的来源还包括熏烟猪肉、谷糠、燕麦、玉米片、泡黄瓜、火腿、海藻、虾、番茄酱等。因此，一般不会发生膳食钠的缺乏。

在食品工业中苯甲酸钠可作为防腐剂，抑制微生物细胞内的呼吸酶系的活性，延长食品保质期；氯化钠作为咸味剂，不仅具有调味作用，还可以降低食品的水分活度，抑制微生物生长，常用于腌菜和腊肉加工中；谷氨酸钠是目前应用最广泛的鲜味剂，与 5'-鸟苷酸钠一起使用时具有协同增效作用，常用于香肠、酱油、汤、鱼糕等的加工中；柠檬酸钠在食品工业中主要用作调味剂、缓冲剂、膨胀剂和防腐剂，可用于清凉饮料中缓和酸味、改进口味，在雪糕和冰激凌制造中可用作乳化剂和稳定剂。

六、氯

氯（chlorine，Cl），原子序数 17，相对原子质量 35.453，熔点 100.98 ℃，沸点 −34.6 ℃，密度 3.214 g/L。氯是人体必需常量元素之一，人体内含量为 82～100 g，广泛分布于全身。在自然界中，氯常以氯化物形式存在，食盐即为其最常见的形式。在人体中，氯则主要以氯离子形式与钠、钾化合存在，其中氯化钾主要在细胞内液中，而氯化钠主要在细胞外液中。

氯的主要生理功能为：①维持细胞内外渗透压和体液酸碱平衡；②是消化道分泌液如胃酸、肠液的主要组成成分，与消化机能有关；③参与血液 CO_2 运输和水的代谢。

食盐，酱油，腌制食品如酱咸菜、腌肉、咸味食品等都富含氯化物。因此，氯化钠几乎构成了人体膳食中的主要氯来源，仅少量氯来自氯化钾。另

外，天然水中也含有氯，每天从饮水中可摄取约40 mg的氯。

七、铁

铁（iron，Fe），原子序数26，相对原子质量55.847，熔点1 535 ℃，沸点2 750 ℃。铁是人体需要量最多的微量元素，健康成人体内含铁3～5 g，其中60%～70%存在于血红蛋白内，约3%在肌红蛋白中，各种酶系统（细胞色素酶、细胞色素氧化酶、过氧化物酶等）中不到1%，约30%的铁以铁蛋白和含铁血黄素形式存在于肝、脾和骨髓中，还有一小部分存在于血液转铁蛋白中。

铁的生理作用有：①与蛋白质结合构成血红蛋白与肌红蛋白，参与氧的运输，促进造血，维持机体的正常生长发育；②是体内很多重要酶系如细胞色素酶、过氧化氢酶与过氧化物酶的组成成分，参与组织呼吸，促进生物氧化还原反应；③作为碱性元素，也是维持机体酸碱平衡的基本物质；④可增加机体对疾病的抵抗力。长期铁缺乏易导致缺铁性贫血，婴幼儿及青少年出现精神萎靡、生长发育迟缓、注意力不集中等症状，女性出现四肢乏力、面色苍白、畏寒怕冷、痛经或闭经等症状。目前，在食品铁强化中最普遍使用的是亚硫酸铁，它具有高生物利用率和价格低廉的优点。我国制定铁的每日推荐摄入量成年男性为15 mg/d，成年女性为20 mg/d。

膳食中铁的良好来源为动物血、肝脏、瘦肉、蛋黄、鱼肉、鸡胗、大豆、黑木耳、芝麻酱等，乳类、水果、蔬菜中含量较少，且植物性食品中的铁因植酸盐的影响较难吸收和利用。表8-5为常见食物中的铁含量。

表8-5　常见食物中的铁含量

mg/100 g 可食部分

食物	含量	食物	含量	食物	含量
稻米	2.3	黑木耳（干）	97.4	芹菜	0.8
标准粉	3.5	猪肉（瘦）	3.0	大油菜	7.0
小米	5.1	猪肝	22.6	大白菜	4.4
鲜玉米	1.1	鸡肝	8.2	菠菜	2.5
大豆	8.2	鸡蛋	2.0	干红枣	1.6
红小豆	7.4	虾米	11.0	葡萄干	0.4
绿豆	6.5	海带（干）	4.7	核桃仁	3.5
芝麻酱	58.0	带鱼	1.2	桂圆	44.0

在肉制品加工中，铁对血红蛋白和肌红蛋白起呈色作用，特别是肌红蛋白中的铁与一氧化氮相结合，生成一氧化氮肌红蛋白可使肉制品保持亮红色，在食品加工中具有重要作用。

八、锌

锌（zinc，Zn），原子序数30，相对原子质量65.39，熔点419.73 ℃，沸点907 ℃。成人体内含锌量约为铁的一半（1.4～2.3 g），所有人体组织中均有痕量的锌，主要集中于肝脏、肌肉、骨骼、皮肤和毛发中。血液中的锌有75%～85%分布在红细胞中，主要以酶的组分形式存在；血浆中的锌主要与蛋白质相结合。头发中的锌含量可以反映膳食锌的长期供应水平和人体锌的营养状况。

锌的生理功能有：①锌是体内许多酶（醇脱氢酶、谷氨酸脱氢酶等）的组成成分或酶的激活剂，调节大脑生理功能；②促进生长发育与组织再生；③维持正常食欲，维护皮肤健康；④促进维生素A代谢，保持夜间视力正常；⑤维持男性正常的生殖功能；⑥增强人体免疫力。缺锌会导致食欲不振和异食癖，免疫力降低，生长发育迟缓或停滞，精子数目减少，伤口愈合慢等症状。常见的锌强化剂为葡萄糖酸锌，具有见效快、吸收率高、使用方便等优点，特别是在儿童食品、糖果、乳制品中应用日益广泛。我国制定锌的每日推荐摄入量成年男性为15 mg/d，成年女性为11.5 mg/d。

一般认为，高蛋白食物含锌量较高，海产品是锌的良好来源，牡蛎中可达100 mg/100 g，瘦肉、猪肝、鱼类、蛋黄、豆类等中锌含量也较丰富。经过发酵的食品含锌量增多，如面筋、麦芽等。但蔬菜、水果中含锌量较少，谷物精细加工也会导致含锌量降低。

九、硒

硒（selenium，Se），原子序数34，相对原子质量78.96，熔点221 ℃，沸点685 ℃。人体内硒含量为14～21 mg，广泛分布于所有组织和器官中，肝、胰、肾、垂体和毛发内含硒量较多，其次是肌肉、骨骼和血液，脂肪组织中含量最低。

硒的生理功能有：①是谷胱甘肽过氧化物酶的组成成分，可清除体内过氧化物，保护细胞和组织免受损害；②具有很好地清除体内自由基的功能，可提高机体的免疫力，抗衰老，防癌抗癌；③可维持心血管系统的正常结构和功能，预防心血管病；④是部分有毒的重金属元素如汞、镉、铅的解毒剂，还可降低黄曲霉毒素 B_1 的急性损伤，减轻肝中心小叶坏死的程度和死亡率；⑤具有促进生长、保护视觉、维持正常生育功能、延缓艾滋病进程等作用。缺硒是引起克山病的重要病因，与大骨节病、白内障等也有关，还会诱发肝坏死及心血管疾病。硒摄入过量可导致中毒，出现脱发、指甲变形、毛发粗糙脆弱等症状。我国制定硒的每日推荐摄入量成年人为 50 $\mu g/d$，常见的硒补充剂为亚硒酸钠和富硒酵母。

动物性食品肝、肾、肉类及海产品是硒的良好食物来源，大蒜、圆葱、黄芪中硒含量也较丰富。食物中硒的含量受产地影响较大，如低硒地区的大米含硒量＜0.2 $\mu g/100 g$，而高硒地区大米含硒量可高达 2 000 $\mu g/100 g$。

十、碘

碘 （iodine，I），原子序数 53，相对原子质量 126.904，熔点 113.5 ℃，沸点 184.35 ℃，密度 4.93 g/cm^3。碘是人体的必需微量元素之一，有"智力元素"之称。人体内约含碘 25 mg，其中约 15 mg 存在于甲状腺中，其他则分布在肌肉、皮肤、骨骼以及其他内分泌腺和中枢神经系统中。

碘的生理作用有：①碘在体内参与甲状腺素的合成；②碘可促进生物氧化，协调氧化磷酸化过程，调节能量转化；③促进蛋白质合成，调节蛋白质合成与分解；④促进糖和脂肪代谢，促进维生素的吸收和利用；⑤调解组织中水盐代谢；⑥促进维生素的吸收和利用；⑦活化酶包括细胞色素酶、琥珀酸氧化酶等 100 种酶系统，对生物氧化和代谢都有促进作用；⑧促进神经系统发育、组织的发育和分化及蛋白质的合成。当人体缺碘时，会患地方性甲状腺肿和地方性克汀病，引起婴幼儿生长发育迟缓，智力低下。妊娠期缺碘会导致胎儿脑损伤、低出生体重、早产和死亡率增加。而碘摄入过量也会导致甲状腺肿和高碘性甲亢。我国制定碘的每日推荐摄入量成年人为 150 $\mu g/d$。

机体所需的碘可以从饮水、食物及食盐中获取，含碘量较高的食物为海产品，如海带、紫菜、海参、干贝、海蜇等。食品加工中一些含碘食品如海带长时间的淋洗和浸泡会导致碘的大量流失。缺碘地区可通过食用碘盐进行防治，碘强化剂为碘酸钾和碘化钾。我国 2000 年 10 月将食盐含碘标准调为 （35±15） mg/kg，如果按推荐的每日食盐摄入量 6 g 计算，则一日可从食盐中摄入的碘量为 210 μg。

在面粉加工焙烤食品时，KIO_3 作为面团改良剂，能改善焙烤食品的质量。

十一、铜

铜 （copper，Cu），原子序数 29，相对原子质量 63.55，熔点 1 084.6 ℃，沸点 2 567 ℃。正常人体内的含铜总量为 50～100 mg，其中 50%～70% 在肌肉和骨骼中，20% 在肝脏中，5%～10% 在血液中。所含浓度最高的是肝、肾、心、头发和脑，脾、肺、肌肉和骨骼次之，脑垂体、甲状腺和胸腔最低。

铜的生理功能有：①参与体内多种酶的构成，如细胞色素氧化酶、过氧化物歧化酶、酪氨酸酶等；②能促进铁在肠道的吸收，并将铁运送到骨髓造血，促进红细胞成熟；③体内弹性组织和结缔组织中有一种含铜的酶，可以催化胶原成熟，保持血管弹性和骨骼的坚韧性，保持人体皮肤的弹性和润泽性，保持毛发正常的色素和结构；④参与生长激素、脑垂体素、性激素等重要生命活动，维护中枢神经系统的健康；⑤能调节心博，缺铜会诱发冠心病。中国营养学会推荐我国成人铜的适宜摄入量为 2.0 mg/d。

铜的食物来源较广，一般的动植物食品均含有铜。其含量随产地的土壤地质化学情况而异。通常牡蛎、贝类、坚果中含量最高，其次是动物的肝、肾组织，谷物发芽部分，豆类等，乳类和蔬菜含量较低。锌摄入量过高可干扰铜的吸收。

食品加工中铜可催化脂质过氧化、抗坏血酸氧化和非酶氧化褐变；作为多酚氧化酶的组成成分催化酶促褐变，影响食品的色泽。但在蛋白质加工中，铜可改善蛋白质的功能特性，稳定蛋白质的起泡性。

十二、铬

铬 （chromium，Cr），原子序数 24，相对原

子质量 52.00，熔点 1 857 ℃，沸点 2 672 ℃。人体内铬含量为 6～7 mg，广泛分布于各个器官、组织和体液中。人体组织中铬含量随年龄增长而下降，一般新生儿组织中含铬量较高，以后下降，3 岁起逐渐降至成人水平。

铬的生理功能有：①铬是葡萄糖耐量因子（GTF）的组成成分，对调节体内糖代谢、维持体内正常的葡萄糖耐量起重要作用；②影响机体的脂质代谢，降低血中胆固醇和甘油三酯的含量，预防心血管病；③是核酸类（DNA 和 RNA）的稳定剂，可防止细胞内某些基因物质的突变并预防癌症；④可促进蛋白质代谢和生长发育，对人体的免疫功能也有影响。缺铬将导致葡萄糖耐量受损，并可能伴随有高血糖、尿糖、脂质代谢失调等症状，易诱发冠状动脉硬化导致心血管病。我国成人铬的适宜摄入量为 50 μg/d。

铬的主要食物来源为粗粮、啤酒酵母、肉类、香蕉、干酪、黑胡椒、可可粉、黑木耳、乳制品等。食品加工越精细，铬含量越低。铁、锌、糖类、植酸盐等妨碍铬的吸收，而锰、镁、维生素 C 及草酸盐可促进铬的吸收。

十三、氟

氟（fluorine，F），原子序数 9，相对原子质量 18.998，熔点 −219.66 ℃，沸点 −188.12 ℃。成人体内含氟 2～3 g。氟在人体内的分布主要集中在骨骼和牙齿中，少量存在于指甲、毛发、内脏、软组织和体液中。人体氟含量与地球环境和膳食中氟的水平有关，高氟地区人群体内的氟含量较高。

氟的生理功能有：①是构成牙齿的重要成分，可在牙齿表面形成坚硬的抗酸性耐腐蚀的氟磷灰石保护层，预防龋齿；②适量的氟有利于钙和磷的利用及在骨骼中的沉积，促进骨骼加速生长。缺氟可影响牙齿和骨骼的健康，导致龋齿和骨质疏松。高氟地区的居民长期摄入含氟量高的饮水可导致氟过量，引起氟斑牙和氟骨症，临床表现为牙齿失去光泽，出现黄色、棕褐色以至于黑色斑点，牙齿变脆，易于脱落；腰腿及关节疼痛；脊柱弯曲畸形，僵直；骨软化或骨质疏松；神经受压时可引起麻木甚至瘫痪。中国营养学会推荐成人氟的适宜摄入量为 1.5 mg/d。

氟的主要来源为饮水，大约占人体每日摄入量的 65%，其余约 30% 来自食物。一般动物性食品氟含量高于植物性食品，海洋动物中氟含量高于淡水及陆地食品。食品中以茶叶含氟量最高，其次为海鱼、海带和紫菜等。

十四、钼

钼（molybdenum，Mo），原子序数 42，相对原子质量 95.94，熔点 2 617 ℃，沸点 4 612 ℃。钼在人体中含量很少，约 9 mg。人体各种组织都含有钼，其中肝、肾及皮肤中含量较高。

钼的生理功能有：是人体黄嘌呤氧化酶或脱氢酶、醛氧化酶和亚硫酸盐氧化酶等的组成成分，能参与细胞内电子的传递，影响肿瘤的发生，具有防癌抗癌的作用。钼缺乏会导致心肌缺氧引起心悸、呼吸急促；尿酸排泄减少，形成肾结石和尿路结石；智力发育迟缓，影响骨骼生长。中国营养学会推荐成人钼的适宜摄入量为 60 μg/d。

钼在肉类、粗粮、豆类、小麦、奶类等食物中含量较多，叶菜中含量也较丰富。一般来说，食物越精细，含钼量越小。

十五、钴

钴（cobalt，Co），原子序数 27，相对原子质量 58.93，熔点 1 495 ℃，沸点 2 870 ℃，相对密度 8.9。钴在人体中的含量一般为 1.1～1.5 mg，广泛分布于人体的各个部位，肝、肾和骨骼中含量较高。在人体生长的各个阶段，男性血液中的钴含量总是高于女性的水平。正常人血液中钴的含量 8 月最高，1 月最低，这与 5—7 月人体从蔬菜和奶制品中摄入的钴最高，而 1 月相对最少有关。

钴的生理功能有：①主要以维生素 B_{12} 和 B_{12} 辅酶的组成形式储存于肝脏中发挥其生物学作用，对蛋白质、脂肪、糖类代谢，血红蛋白的合成都具有重要的作用，并可扩张血管，降低血压；②能防止脂肪在肝细胞内沉着，预防脂肪肝；③可激活多种酶，如增加唾液中淀粉酶的活性，增加胰淀粉酶和脂肪酶的活性；④能刺激人体骨髓的造血系统，促使血红蛋白的合成及红细胞数目的增加；⑤能促进锌在肠道吸收。钴缺乏会引起营养性贫血症。大量酗酒并摄入高钴时，可引起心肌病变。中国营养学会推荐成人钴的适宜摄入量为 $60\,\mu g/d$。

蘑菇、甜菜、卷心菜、洋葱、萝卜、菠菜、西红柿、无花果、荞麦和谷类等食物中钴含量较高，牡蛎、瘦肉中也含有一定量的钴。发酵的豆制品如臭豆腐、豆豉、酱油等都含有少量维生素 B_{12}，可作为钴的食物来源。乳制品和谷物中钴含量较少。

第4节　食品中矿物质的含量及影响因素

一、食品中矿物质的含量

食品种类不同，矿物质元素含量也不同。此外，矿物质含量还受品种、原料生长环境、饲养条件、加工工艺及储存方式的影响。

（一）乳中的矿物质

牛奶含有丰富的矿物质，包括钙、磷、铁、锌、硒、铜、锰、钼、钾等。牛奶是人体钙的最佳来源，而且钙磷比例适当，有利于钙的吸收。牛乳中的钙、镁与磷酸盐、柠檬酸盐之间保持适当的平衡，是保持牛乳热稳定性的必需条件。如果钙、镁含量过高，牛乳在较低温度下就产生凝聚，这时加入磷酸盐或柠檬酸盐就可防止牛乳凝固。生产炼乳时常用磷酸盐或柠檬酸盐作稳定剂。另外，乳中的无机成分加热后由可溶性变成不溶性，在接触乳的器具表面形成一层乳垢，会影响热的传导和杀菌效率。

（二）肉及肉制品中的矿物质

肉中矿物质的含量一般为 $0.8\% \sim 1.2\%$。肉中常量元素以钠、钾和磷含量较高，微量元素中铁的含量较多。因此，肉类是饮食中磷和铁的重要来源。肉中汁液流失时，常量元素损失主要是钠、钾，而钙、磷损失较少。

肉中的矿物质一部分以无机盐呈可溶性状态存在，另一部分则与蛋白质结合而呈不溶性状态。在肉类组织中，离子平衡对肉的持水性起重要作用。肉的持水性与肉的滋味、质构等有着十分重要的关系，在肉制品加工时常添加三聚磷酸钠、焦磷酸钠等，以增加肉的持水性，同时还可防止脂肪酸败。

（三）植物性食品中的矿物质

植物中矿物质元素除少部分以无机盐形式存在外，大部分都与植物中的有机化合物相结合而存在，阻碍了人体对矿物质的吸收。如粮食中含量较高的

矿物质元素磷，是磷酸糖类、磷脂、核蛋白、辅酶、核苷酸以及植酸盐等化合物的组成成分，而植酸盐中的磷被人体吸收后可利用的部分很少，大约60%排出体外。果蔬中含有丰富的矿物质，如钙、磷、钠、钾、镁、铁、碘、铜等，主要以硫酸盐、磷酸盐、碳酸盐或与有机物结合的盐类形式存在。

二、食品中矿物质含量的影响因素

（一）食品原料

植物类食品中矿物质含量的影响因素主要有品种、土壤类型、地区分布、季节、水源、施用肥料、杀虫剂、农药和杀菌剂等。如同是黑糯米，产地不同，其锌、铜、铁、锰、钙、镁等含量明显不同（表 8-6）。又如在同一猕猴桃园中生长的猕猴桃，由于品种不同，品种间各种矿物质元素含量均有不同程度的差别，其中钙、磷、铜和锰含量差别最大。

表 8-6　不同产地黑糯米的矿物质含量　mg/100 g

产地	锌	铜	铁	锰	钙	镁
湖南	19.48	1.779	17.18	15.46	26.59	12.27
浙江	19.47	2.549	20.13	24.25	59.48	12.00
贵州	16.64	0.702	24.97	25.36	32.00	11.42

动物类食品中矿物质含量的影响因素主要有种类、品种、部位、饲料、动物健康状况与环境等。如牛肉中铁的含量较鸡肉中高，海产贝类中硒和碘的含量较高。在同一种动物中，不同品种的矿物质含量也有所不同，如乌鸡的微量元素含量普遍高于肉鸡，和田骏枣中钙、铁、镁的含量均明显高于灰枣、哈密大枣等其他品种的新疆红枣。不同部位的含量也会有很大的差异，如动物肝脏富含各种微量元素，鸡腿部的红色肌肉中铁的含量比胸部的白色肌肉中高。除品种不同对动物类食品中矿物质含量有影响外，环境、饲料等因素对动物类食品中矿物质含量也有影响，如宁夏产的牛乳粉中钾、钠、镁、钙、铁、锰、锌、铜等元素的含量与黑龙江和北京产的牛乳粉中含量存在显著差异。

（二）食品加工

食品加工和烹饪过程中对矿物质的影响是食品中矿物质损失的常见原因，如罐藏、漂烫、沥滤、

汽蒸、水煮、碾磨等工序都可能对矿物质的含量造成影响。另一方面，加工时某些矿物质含量增加可能是由于加入加工用水、接触金属容器和包装材料而造成的，也可能与食品罐头镀锡与否有关，如牛乳中的镍主要是由于加工时所用的不锈钢容器所引起的。

1. 漂烫

食品在漂烫或蒸煮时，若与水接触，则食品中的矿物质损失可能很大，这主要是因漂烫后沥滤的结果。而矿物质损失程度的差别则与它们的溶解度有关，有些元素在食品中呈游离态，如钾、钠，在漂烫中极易损失，而有些元素以不溶性的复合物形式存在，如钙，在漂烫中则不易损失。表8-7为菠菜在漂烫时矿物质的损失。值得指出的是，在此过程中钙不但没有损失，似乎还稍有增加。

表8-7 菠菜在漂烫时矿物质的损失

矿物质名称	热烫前含量/（g/100 g）	热烫后含量/（g/100 g）	损失率/%
钾	6.9	3.0	56
钠	0.5	0.3	43
钙	2.2	2.3	0
镁	0.3	0.2	36
磷	0.6	0.4	36
亚硝酸盐	2.5	0.8	70

2. 烹调

烹调对不同食品的不同矿物质含量影响不同。尤其是在烹调过程中，矿物质很容易从汤汁内流失。此外，马铃薯在烹调时铜的含量随烹调类型的不同而有所差别，铜在马铃薯皮中的含量较高，煮熟后含量下降，而油炸后含量却明显增加。表8-8为不同烹饪方式对土豆中铜含量的影响。

表8-8 烹饪方式对土豆中铜含量的影响

烹饪方式	Cu/(mg/100 g 鲜重)
原料	0.21
水煮	0.10
焙烤	0.18
土豆泥	0.10
油炸土豆片	0.29
法式炸土豆片	0.27

此外，食品的不当烹饪也可能带来矿物质生物利用率的降低。如含较多草酸的食品如果不经过焯水处理，与含钙丰富的食品同时烹饪，可能是其中部分钙无法被人体吸收利用；制作饺子馅时，挤去菜汁会带来矿物质的损失；牛奶加热所产生的"乳石"中含有大量的钙、镁等矿物质，长时间煮沸会导致牛奶中矿物质的严重损失。

3. 去皮与碾磨

果蔬在加工前通常进行去皮处理，而靠近皮的部分通常是植物性食品中矿物质含量最高的部分，因此可能引起矿物质的损失。

谷类中的矿物质主要分布在其糊粉层和胚组织中，所以碾磨可使其矿物质的含量减少，而且碾磨越精，其矿物质的损失越多。但矿物质不同，其损失率亦可有不同。表8-9为碾磨对小麦微量元素的影响。当小麦碾磨成粉后，其锰、铁、钴、铜、锌的损失严重；硒的含量受碾磨的影响不大，仅损失15.9%；镉在碾磨时所受的影响很小。精碾大米时，铁和铬大量损失，锰、钴、铜等也会受到影响。

表8-9 碾磨对小麦微量元素的影响

矿物质名称	小麦/（mg/kg）	白面粉/（mg/kg）	损失率/%
锰	46	6.5	85.8
铁	43	10.5	75.6
钴	0.026	0.003	88.5
铜	5.3	1.7	67.9
锌	35	7.8	77.7
钼	0.48	0.25	48.0
铬	0.05	0.03	40.0
硒	0.63	0.53	15.9
镉	0.26	0.38	—

（三）贮藏方式

食品在贮藏过程中，矿物质的含量还能够通过与包装材料的接触而改变。在罐藏食品中，由于金属与食品中的含硫氨基酸反应生成硫化黑斑，会造成含硫氨基酸的损失，降低食品中硫元素的含量；而在马口铁罐头食品中，铁和锡离子的含量明显上升。

（四）矿物质的添加与强化

食品加工过程中，加工辅料及添加剂等也会影响食品中矿物质含量。如在水果、蔬菜加工中，使用钙盐可以增加组织的硬度，使食品中钙的含量提高；用含钙的卤水或石膏点卤生产豆腐，可使豆制品中含有丰富的钙元素；肉的腌制会提高钠的含量，添加磷酸盐类品质改良剂会增加磷的含量；采用亚硫酸盐或二氧化硫进行护色处理使硫的含量上升。

在食品中添加矿物质营养强化剂也会导致矿物质含量的变化。在食品中经常被强化的矿物质包括钙、铁、锌和碘。北美、欧洲的一些国家法律规定必须在某些谷物制品中强化铁，有些产品还强化了钙和锌；在食盐中强化碘已经成为包括我国在内的众多国家的实践；某些产品还进行了矿物质元素含量的调整，如为高血压、冠心病等慢性病人准备的低钠盐中含有30%的钾盐和10%的镁盐。

本章小结

食物中存在着含量不等的各种矿物质元素，其中有许多是构成人体组织、维持正常的新陈代谢和生长发育所必需的。食品中矿物质的含量受食物原料、加工和贮藏方式及人为添加与强化等因素的影响。矿物质的生物利用率不仅与其在食品中的含量有关，还与存在形式、人体生理状态、其他膳食组分等因素密切相关。

人体中的矿物质元素在一定浓度范围内发挥生理作用，当供给量不足或过量时，都会引起某些疾病。当食品中必需矿物质的浓度、生物利用率偏低时，可以采取强化的方法来保证足够的摄入量。

思考题

1. 简述食品中矿物质的生理功能。

2. 常见矿物质的基本理化性质有哪些？

3. 试述矿物质元素生物利用率的测定方法及影响因素。

4. 阐述矿物质在食品加工、贮藏过程中发生的变化。

5. 为什么谷物和豆类食品中钙吸收利用率低，如何提高？

参考文献

[1] GB 8537—2018 食品安全国家标准　饮用天然矿泉水. 北京：中国标准出版社，2019.

[2] 王占成. 桶装纯净水的生产与饮用. 职业与健康，2003，19（11）：65-66.

[3] 马军. 饮用天然矿泉水与饮用纯净水差异探讨. 水文地质工程地质，1998（4）：55-56.

[4] 阚建全. 食品化学. 3版. 北京：中国农业大学出版社，2016.

[5] 王璋，许时婴，汤坚. 食品化学. 北京：中国轻工业出版社，1999.

[6] 谢笔钧. 食品化学. 3版. 北京：科学出版社，2011.

[7] 汪东风. 食品化学. 北京：化学工业出版社，2011.

[8] 谢明勇. 食品化学. 北京：化学工业出版社，2011.

[9] 刘树兴，吴少雄. 食品化学. 北京：中国计量出版社，2010.

[10] 孙明远. 食品营养学. 2版. 北京：中国农业大学出版社，2010.

[11] 刘志皋. 食品营养学. 2版. 北京：中国轻工业出版社，2008.

[12] 张海燕，杨劲，明大增，等. 食品级磷酸盐的应用进展. 化学工程师，2014，228（9）：32-35.

[13] 刘杰超，刘慧，吕真真，等. 不同新疆红枣营养成分比较分析. 中国食物与营养，2018，24（4）：31-35.

第9章
色素

学习目的与要求：

要求学生理解物质的呈色机制，基本掌握物质的发色基团和助色基团；熟悉掌握叶绿素、血红素的结构、性质、在食品贮藏加工中的变化及控制。

学习重点：

叶绿素和血红素的化学结构以及基本的物理化学性质。

学习难点：

叶绿素和血红素在食品贮藏加工中发生的重要变化、条件及应用。

教学目的与要求

■ **研究型院校**：掌握食品中各类色素的种类、来源、存在形式及生理作用；掌握色素在食品加工和贮藏过程中的变化以及对机体利用率产生的影响。

■ **应用型院校**：了解食品中各类色素的种类、食物来源；掌握色素在食品加工和贮藏过程中的变化及其在食品加工中的作用。

■ **农业类院校**：了解不同食物中色素的种类、含量与生物利用情况；掌握色素在食品加工和贮藏过程中的变化。

■ **工科类院校**：了解食品中各类矿物质的种类、来源、存在形式；掌握矿物质在食品加工和贮藏过程中的变化。

第1节　引言

一、食品色素的定义

首先我们要明确的是什么是物质的颜色，物质中的颜色是因为其能够选择性地吸收和反射不同波长的可见光，其被反射的光作用在人的视觉器官上而产生的感觉。食品之所以具有颜色是因为它们含有能够反射或发射不同波长（380~770 mm）的可见光，这些光能对人眼的视神经产生刺激。

在人类告别了"茹毛饮血"的时代以后，饮食逐渐演变为一种文化。对于食物，人们追求色、香、味、形俱全。色、香、味、形是构成食品感官性状的四大要素，而食品的色是食品给食用者视觉的第一感官印象。红色的草莓、橙色的柑橘、紫色的葡萄、金黄色的梨，使人赏心悦目；但是有的食品受光、热、氧等影响而褪色或者在加工过程中失去其正常颜色，使人感到厌恶，甚至认为已经变质，立即失去食欲。适当使用着色剂或一些护色剂可明显提高食品的感官质量，满足人们的不同需要。

我们通常将食品中能够吸收或反射可见光进而使食品呈现出各种颜色的物质统称为食品色素。包括食品原料中固有的天然色素、食品加工中形成的有色物质和外加的食品着色剂。它们多数是植物或动物细胞与组织内的天然有色物质。

二、食品色素的作用

食用着色剂（food colours），又称食用色素，是使食品着色后改善食品色调和色泽，从而提高商品价值的一类可食用物质，属于食品添加剂中的一大类。在食品中添加色素的历史最早可以追溯到古埃及，大约在公元前1500年，当地的糖果制造商就利用天然提取物和葡萄酒来改善糖果的色泽。到19世纪中叶，人们把藏红花的香料添加到某些食物中起装饰作用。随着工业革命的发生，食品工业迅速发展，1856年英国 W. H. Perkins 发明了第一个合成有机色素苯胺紫以后，相继合成了许多有机色素。由于这类色素色泽鲜艳，性质稳定，成本低廉，因而在很长的一段时间内几乎取代了天然色素，在20世纪50年代的全盛时期，使用合成色素的品种将近90种，但是随着科学技术的进步，人们发现许多合成色素对人体有害，甚至有致癌、致畸作用，而且在合成过程中，还可能被砷、铝等有害物质所污染。人工合成色素的使用开始逐渐下降，20世纪70年代有50余种，到80年代又进一步减少，美国7种、苏联3种、日本9种、英国16种，我国目前批准使用的合成色素只有胭脂红、苋菜红、柠檬黄、靛蓝、日落黄等8种合成色素，有的国家如挪威、丹麦已完全禁止使用任何合成色素。为此，安全性好，具有一定营养价值的天然色素又重新获得发展，并受到消费者的普遍青睐。

食品的颜色与外观可以反映食品的品质，能够对食品的质量产生很重要的影响，这种影响通常说不是最重要的，也是主要的质量考察指标。这是因为我们能很容易地认识到上述指标是消费者在购买食品时考虑的首要因素。食品制造商可提供给消费者营养最丰富、最安全以及最经济实惠的食品，但如果它们没有吸引力，这种食品也就没有市场。消费者同样把食品的特定颜色与质量联系在一起。食品的特定颜色常常可以反映该产品的品质，一块肉，如果呈现新鲜红色，就代表比较新鲜，如果呈现红棕色或者绿色，人们则会认为其品质较差或者不能食用了。绿色的香蕉可能被认定为成熟度不够（虽然有些香蕉在成熟时仍显绿色)。

颜色也可影响风味感受,消费者认为黑色蛋糕具有咖啡、巧克力的风味,红色饮料具有草莓、黑莓或樱桃风味,黄色饮料有柠檬风味,而绿色饮料具有酸橙风味。颜色对甜味感受的影响也已得到证实。同时很多研究表明,赋予水果和蔬菜鲜亮颜色的物质也同样具有抗氧化活力。因此,明显地,食品的色泽对消费者具有多重影响,将颜色仅视为装饰的观念显然有误。

消费者判断食品的质量(新鲜、成熟、甚至预测风味)最初往往主要凭肉眼看到的食品外观与颜色,而不是根据检测结果。白中透红的桃代表成熟,其味香而甜;绿色的桃往往是生的,其味酸而涩。柠檬风味的饮料一般都制成黄色,因为天然橙汁是黄色的。可见颜色是食品的重要品质之一。

三、食品色素的使用现状

令人遗憾的是,许多食用色素在加工和储藏过程中不太稳定,防止发生此类不期望的变化通常相当困难,甚至不太可能。对于不同色素,其稳定性受许多因素的影响,如光、氧、重金属、氧化剂或还原剂、温度和水、分活度以及 pH。由于色素的不稳定性,有时需在食品中加入着色剂。

在食品加工中,食品色泽的控制通常采用护色和染色两种方法。从影响色素稳定性的内、外因素出发,护色就是要选择具有适当成熟度的原料,力求有效、温和及快速地加工食品,尽量在加工和储藏中保证色素不流失、少接触氧气、避光、避免过强的酸性或碱性条件、避免过度加热、避免与金属设备直接接触和利用适当的护色剂处理等,使食品尽可能保持原来的色泽。染色是获得和保持食品理想色泽的另一类常用方法。由于食品着色剂可通过组合调色而产生各种美丽的颜色,而且其稳定性比食品固有色素的稳定性好,采用添加可食用的色素来丰富食物色泽的方法就是染色。在食品加工中应用起来十分方便。然而,从营养和安全的角度考虑,食品染色并无必要,因为某些食品着色剂的使用会产生毒副作用。因此,必须遵照食品卫生法规和食品添加剂使用标准,严防滥用着色剂。

食品色素有天然食品色素和人工合成色素两大类。天然色素一般对光、热、pH、氧气等条件敏感,它们的变化会导致食品在加工贮存中变色或褪色。合成色素颜色鲜艳稳定,但安全性较差。

第2节 食品中天然色素

植物和动物组织中的天然色素由活细胞合成、积累或分泌而成。此外,在食物加工过程中发生的转化可能导致这些颜色形成或转化。动植物中固有的色素一直是人类普通膳食中的一部分,并且长期被人安全食用。它们的化学结构一般很复杂,并可据此对其进行分类,如表 9-1 所示。

表 9-1 基于化学结构的植物和动物色素分类

化学基团	色素	举例	着色	来源(举例)
四吡咯	血红素类	氧合肌红蛋白	红色	新鲜肉类
		肌红蛋白	紫色/红色	
		高铁肌红蛋白	褐色	包装肉
四萜	叶绿素类	叶绿素 a	蓝-绿色	花茎甘蓝,莴苣,菠菜
		叶绿素 b	绿色	
	类胡萝卜素	胡萝卜素	黄-橙色	胡萝卜,橘,桃,辣椒,番茄
		番茄红素	橙-红色	
O-杂环化合物/醌	黄酮类/酚类	花青素	橙/红/蓝色	浆果,红苹果,小红萝卜
		黄酮醇	白-黄色	洋葱,菜花
		单宁	红-褐色	陈酒
N-杂环化合物	甜菜色素	甜菜色素	紫/红色	红甜菜,仙人球
		甜菜黄素	黄色	

一、血红素化合物

血红素是铁卟啉衍生物，可溶于水，主要存在于动物肌肉和血液中。动物肌肉的红色主要来自肌红蛋白（70%～80%）和血红蛋白（20%～30%）。

肉的颜色取决于肌肉中的色素物质——肌-红蛋白、血红蛋白和微量有色代谢物质的组成，另外其他的一些因素如动物本身的年龄、品种、性别、遗传、屠宰时间、脂质过氧似物、微生物等都会影响肉的颜色。肉中的呈色物质主要由血红蛋白（Heme Compounds，Hb）和肌红蛋白（Myoglobin，Mb）两种蛋白组成，且颜色在屠宰后也会发生"暗红—鲜红—褐红"的变化，同时在肉类加工中，这两种蛋白也不断变化，影响着肉的颜色。表 9-2 所示为存在于新鲜、腌制及熟肉中的主要色素。肌肉组织中其他一些含量较低的色素包含细胞色素酶、黄酮及维生素 B_{12}。

表 9-2 存在于新鲜肉、腌肉和熟肉中的主要色素

色素	生成方式	铁的价态	高铁血红素环的状态	球蛋白的状态	颜色
1. 肌红蛋白	高铁肌红蛋白的还原，氧合肌红蛋白脱氧	Fe^{2+}	完整	天然	浅红色
2. 氧合肌红蛋白	肌红蛋白的氧合	Fe^{2+}	完整	天然	亮红
3. 高铁肌红蛋白	肌红蛋白与氧合肌红蛋白的氧化	Fe^{3+}	完整	天然	棕色
4. 亚硝酰基肌红蛋白	肌红蛋白与一氧化氮结合	Fe^{2+}	完整	天然	亮红（粉红）
5. 亚硝酰基高铁肌红蛋白	高铁肌红蛋白与一氧化氮结合	Fe^{3+}	完整	天然	深红
6. 亚硝酸高铁肌红蛋白	高铁肌红蛋白与过量的亚硝酸盐结合	Fe^{3+}	完整	天然	红棕色
7. 肌球蛋白血色原	肌红蛋白、氧合肌红蛋白、高铁肌红蛋白血色原因加热和受变性试剂作用	Fe^{2+}	完整（常与变性蛋白质非球蛋白结合）	变性（通常分离）	暗红
8. 高铁肌球蛋白血色原	肌红蛋白、氧合肌红蛋白、高铁肌红蛋白血色原因加热和受变性试剂作用	Fe^{3+}	完整（常与变性蛋白质非球蛋白结合）	变性（通常分离）	棕色带灰
9. 亚硝酰基血色原	亚硝酰基肌红蛋白受热和变性试剂作用	Fe^{2+}	完整	变性	亮红（粉红）
10. 硫代肌绿蛋白	肌红蛋白与 H_2S 和 O_2 作用	Fe^{3+}	完整，但一个双键被饱和	天然	绿色
11. 高硫代肌绿蛋白	硫代肌绿蛋白氧化	Fe^{3+}	完整，但一个双键被饱和	天然	红色
12. 胆绿蛋白	肌红蛋白或氧合肌红蛋白受过氧化氢作用，氧合肌红蛋白受抗坏血酸盐或其他还原剂作用	Fe^{2+} 或 Fe^{3+}	完整，但一个双键被饱和	天然	绿色
13. 硝化氯化血红素	亚硝酰基高铁肌红蛋白与大量过量的亚硝酸盐共热	Fe^{3+}	完整，但被还原	不存在	绿色
14. 高铁胆绿素	受过量 7～9 试剂作用	Fe^{3+}	卟啉环打开	不存在	绿色
15. 胆色素	受大量过量 7～9 试剂作用	无铁	卟啉环破坏	不存在	黄色或红色

（一）血红素化合物的结构

肌红蛋白（M_b）是球蛋白，它的蛋白质部分是一条多肽链，相对分子质量为 1.68 万 u，含有 153 个氨基酸。肌红蛋白的血红素的结构见图 9-1，肌红蛋白的整个分子显得十分致密结实，分子内部只有一个能容纳 4 个水分子的空间。其中的铁离子居于卟啉环的中心，有 6 个配位键，4 个与四吡咯环的 N 原子相连，另两个沿垂直于卟啉面的轴分布在环面的上下。图 9-2 是肌红蛋白的三级结构。位居中央的铁原子可形成 6 个配位键，其中 4 个被4 个吡咯环的氮原子占据，第 5 个配位部位与肌球蛋白的组氨酸残基键合，第 6 个配位部位可与各种配基的电负性原子结合。

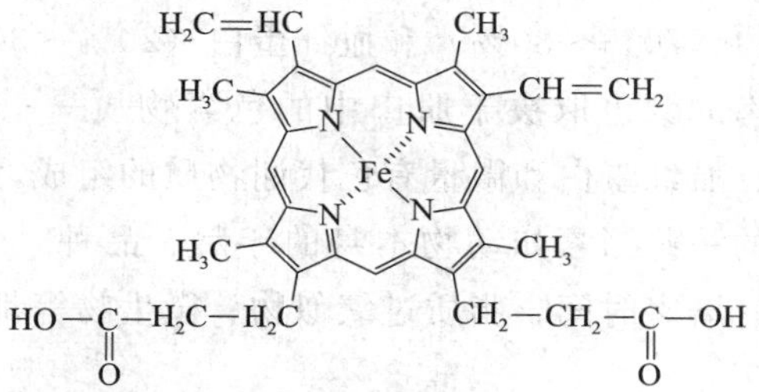

图 9-1 血红素的化学结构

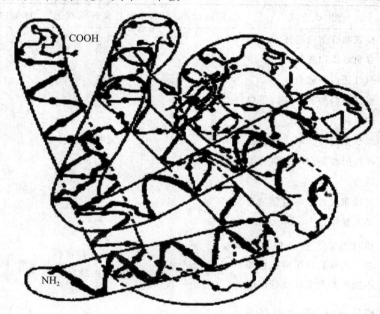

图 9-2 肌红蛋白三级结构图

（二）化学与颜色——氧化反应

肉的颜色取决于肌红蛋白的化学性质、氧化的状态、与血红素键合的配基种类、球蛋白蛋白质的状态。作为辅基的血红素非共价地结合于肌红蛋白分子的疏水空穴中，血红素中央的 Fe^{2+} 可以结合一个氧分子，同时肌红蛋白的构象也发生了变化。通常情况下，O_2 分子与 Fe^{2+} 紧密接触能使二价铁离子氧化成三价铁离子。研究表明，游离的亚铁血红素很容易被氧化成高铁血红素。但是在肌红蛋白分子内部的疏水环境中，血红素 Fe^{2+} 则不易被氧化。当结合 O_2 发生暂时性电子重排，氧被释放后铁仍处于亚铁态，能与另一 O_2 分子结合。在这种情况下肌红蛋白为氧合肌红蛋白。如被氧化成 Fe^{3+} 时为氧化肌红蛋白，进而肌肉的颜色也有一个变化过程。当分子氧键合于肌红蛋白第 6 个配位键的位置上时产生了氧合肌红蛋白（MbO_2），肉的颜色也变成亮红色。紫红色的肌红蛋白和红色的氧合肌红蛋白都能被氧化，其中 Fe^{2+} 变成 Fe^{3+}。若这种氧化是经自动氧化机制，肉的颜色会变成高铁肌红蛋白的棕红色。高铁肌红蛋白无法键合分子态氧，此刻第 6 个配位键的位置上只能键合水，图 9-3 简要表明了血红素类色素的主要化学反应。新鲜肉中的颜色反应是动态的，并取决于肌肉中的条件和肌红蛋白（Mb）、高铁肌红蛋白（MMb）与氧合肌红蛋白（MbO_2）之间的比例，这些形式之间的相互转化是很容易发生的。

图 9-4 说明了氧分压与各类血红色素百分数之间的关系。当把肉纵向切开时，从切面可以看到三层不同的颜色：与空气直接接触的表层为鲜红色（MbO_2 的颜色）；下层由于没有氧气，为暗紫色

（Mb 的颜色）；在表层和下层之间，有一薄的褐色层（MMb 的颜色），这主要是由于氧分压较低造成的。目前，有研究表明，当氧分压低于 1 333.22 Pa 时，最易发生氧合肌红蛋白的氧化，产生高铁肌红蛋白。这主要是由于氧分压较低时，二者与氧的结合能力急剧下降，肌红蛋白迅速脱氧合，变成还原型肌红蛋白，由于还原型肌红蛋白极不稳定，会被迅速氧化生成褐色的高铁肌红蛋白，从而使冷却肉表面变为难以接受的棕褐色。为了促进氧合肌红蛋白的形成，一种行之有效的方法是使环境中的氧处于饱和状态。若氧被完全排除，则由血红素氧化（$Fe^{2+} \rightarrow Fe^{3+}$）而引起的高铁肌红蛋白的形成速率降至最低。肌肉中各种色素的比例随所处氧分压的不同而异。

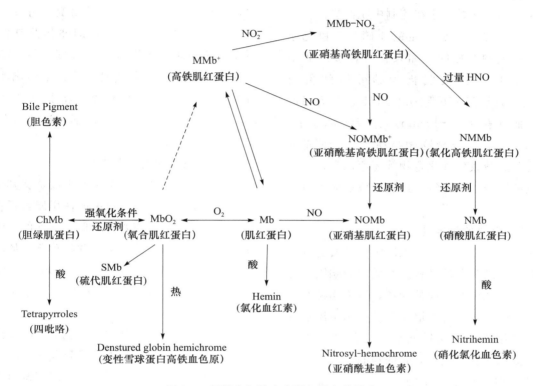

图 9-3　新鲜肉与腌肉中肌红蛋白的反应

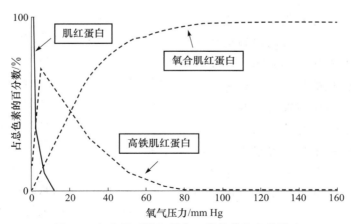

图 9-4　氧分压对肌红蛋白三种化学状态的影响

人们已知存在的球蛋白可降低血红素氧化（$F^{2+} \rightarrow Fe^{3+}$）的速率。此外，在低 pH 时，氧化反应进行较快；氧合肌红蛋白的自动氧化反应速度比肌红蛋白低。微量金属元素铜离子的存在可促进自动氧化反应。

（三）化学和颜色——变色反应

过氧化氢可与血红素中的 Fe^{2+} 和 Fe^{3+} 反应生成绿色的胆绿蛋白（Choleglobin）。细菌繁殖产生的硫化氢在有氧气存在时能形成绿色的硫代肌红蛋白（Sulfomyoglobin）。在腌肉中形成绿色素的机制稍后将讨论。

（四）腌制肉的色素

腌肉颜色的变化是由于在腌制中肌红蛋白发生的一系列变化，最后生成稳定的亚硝酰基血色原（紫红色）。在腌制开始时，如果含有较多的亚硝酸盐，肌红蛋白立刻被氧化为硝酸肌红蛋白（NMb）。在还原剂存在下受热时 NMb 转化为绿色的硝化氯化血红素（Nitrihemin）。在无氧状态下，肌红蛋白的一氧化氮复合物相当稳定，但对光敏感，在有抗坏血酸或巯基化合物等还原剂存在时亚硝酸盐将被还原为一氧化氮，迅速生成亚硝基肌红蛋白。

（五）肉类色素的稳定性

肉的颜色反应肉的品质，也决定了消费者的购买态度。在对肌红蛋白的结构、性质及影响因素等分析的基础上，想要控制肉的颜色，可采用控制氧气与肌红蛋白的接触或者在屠宰后的肌肉中添加抗氧化物质，抑制或阻止高铁肌红蛋白的产生等方法，对肌肉颜色的变化进行有效的控制。也可采用气调贮藏和添加抗氧化物质的方法来改善肌肉的色泽。

已知某些特定反应如脂肪氧化反应可增加色素氧化速率。同样，加入某些抗氧化剂如抗坏血酸、维生素 E、丁基羟基茴香醚（BHA）或没食子酸丙酯（PC）可改善颜色的稳定性。菜牛饲料中的维生素 E 补充剂是一种提高来自这些菜牛的肉制品的脂肪和色泽稳定性的有效方法。这些化合物已被证实可延缓脂质氧化和改善组织的色泽保留率。其他生化因素，如屠宰前的耗氧速度和高铁肌红蛋白还原酶活性，也会影响新鲜肉颜色的稳定性。

对肉类的辐射亦可造成其颜色变化，这是由于肌红蛋白分子（尤其是其中的铁）在化学环境变化和能量输入时很敏感。在辐射过程中，原本稳定的红色素、棕色素甚至是绿色素都可能褪色。在屠宰家畜前饲喂抗氧化剂，优化肉类辐射前的条件，添加抗氧化剂，采用气调包装（MAP）以及控制温度，以上技术手段的综合运用可能有助于优化辐射过程中的颜色。

许多消费者利用肉（如绞细微冻牛肉饼）内部的烹饪形态来判断成熟度。然而，有两个现象不利于借此特征来做出判断：过早的褐变和坚固的粉红色。一方面，在过早褐变过程中，肉看起来似乎是煮熟的（褐色），即便如此其内部温度还没有达到能杀死致病菌的程度。另一方面，甚至在达到安全内部烹饪温度后，某些肉类还能保持粉红色，这就使得消费者将其烹饪过度。因此，很有必要知道肉的颜色不应该被视作判断肉类成熟度的依据。

（六）包装时的注意事项

稳定肉类色泽的一个重要手段是将其保藏于合适的环境条件下。气调包装的使用能够延长肉制品的货架期，该技术需要使用低透气性的包装膜。包装后，将空气从包装中排出并将贮藏气体注入，从而可减少由血红素氧化（$Fe^{2+} \rightarrow Fe^{3+}$）导致的褪色。通过注入富氧或无氧气体，可提高色泽稳定性。将肌肉组织贮藏于无氧（$100\% CO_2$）条件下或存在氧清除剂时，均显示良好的颜色的稳定性。然而，使用气调包装技术可导致其他化学和生化变化，从而影响肉制品的可接受性。气调对色素稳定性的部分影响无疑与它可抑制微生物生长有关。氧气、二氧化碳和氮气的混合物通常用于维持新鲜红肉类的品质，以改善微生物及感官品质。通过添加少量的 CO 形成 MbCO，可延长货架寿命，MbCO 比 MbO_2 更加稳定，不易氧化，能给肉以诱人的樱桃红色。影响肉及肉制品的色泽的因素有很多，有的是直接影响，有的则是间接影响，且很多因素是相互影响的，只不过是谁是主要因素，谁是次要因素罢了。因此分析影响肉及肉制品色泽的变化不能完全地把个个因素简单地分开分析，只有从根本上了解其呈色、褪色的机理才能更好地控制肉及肉制品的色泽。

二、叶绿素类

（一）叶绿素及其衍生物的结构

叶绿素是绿色植物、海藻和光合细菌中的主要光合色素。它们是从卟吩衍生出的镁络合物。叶绿素为一个镁与四个吡咯环上的氮结合以卟啉为骨架的绿色色素。叶绿素呈深绿或墨绿色油状或糊状，不溶于水，微溶于醇，易溶于丙酮和乙醚等有机溶剂和油脂类。从化学性质上讲，叶绿素是一种双羧酸酯，叶绿酸的两个羟基分别被甲醇和叶绿醇酯化。对光、热、酸敏感，性质不稳定，遇酸时中心金属镁被氢置换脱离成暗绿至暗褐色的脱镁叶绿素。卟吩具有完全不饱和大环结构，由4个吡咯环经单碳桥连接而成。按 Fisher 编号系统（图9-5），4个环分别编号为 Ⅰ～Ⅳ 或 A～D，卟吩环外围上的吡咯碳分别编1～8。桥连碳被分别命名为 α、β、γ 和 δ。

卟啉是任何一种大环四吡咯类色素，其中吡咯环由亚甲基桥连，而双键系统形成一个闭合共轭环。通常认为脱镁叶绿素母环［图9-5（2）］是所有叶绿素的母核，它是由卟吩加上第五个碳环（Ⅴ）而形成的。因而，叶绿素归类于大环四吡咯色素。

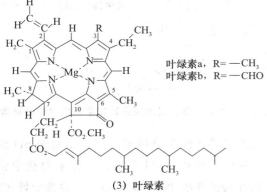

(1) 卟吩

(2) 脱镁叶绿素母环

叶绿素a，R=—CH₃
叶绿素b，R=—CHO

(3) 叶绿素

图 9-5　卟吩、脱镁叶绿素母环及叶绿素的结构式

现已发现有几种叶绿素存在于自然界中，其结构依脱镁叶绿素母环上取代基的种类而异。叶绿素a

和叶绿素 b 存在于绿色植物中，其比例约为3∶1。它们的区别在于 C-3 位上的取代基不同，叶绿素 a 含有一甲基，而叶绿素 b 则含有一甲醛基［图9-5（3）］。而在 C-2 位和 C-4 位上分别连接乙烯基和乙基；碳环的 C-10 位上连接甲氧甲酰基，并在 C-7 位上连接丙酸植醇基。植醇是含有20个碳的具有类异戊二烯结构的单不饱和醇。叶绿素 c 与叶绿素 a 共存于海藻、腰鞭毛虫及硅藻中。叶绿素 d 与叶绿素 a 共存于红藻中，而叶绿素 d 的含量较低。细菌叶绿素和绿菌叶绿素分别是紫色光合细菌和绿色硫菌中的主要叶绿素。叶绿素及其衍生物广泛使用俗名，表9-3所示为最常用的名称。

表 9-3　叶绿素衍生物的名称及化合物成分

名称	化合物成分
啡啉	含镁叶绿素衍生物
脱镁叶绿素	脱镁叶绿素衍生物
脱植醇叶绿素	由酶法或化学法水解除去植醇 C-7 位为丙酸的产物
脱镁叶绿素环	脱镁、水解除去植醇 C-7 位为丙酸的产物
甲基或乙基脱镁叶绿素环	相应的 C-7 丙醇甲酯或乙酯
脱羧甲基化合物	C-10 羧甲基被氢取代的衍生物
内消旋化合物	C-2 乙烯基被乙基取代的衍生物
二氢卟吩 e	由碳环裂解得到的脱镁叶绿环 a 的衍生物
绿卟啉 g	脱镁叶绿环 b 的相应衍生物

（二）物理性质

叶绿素及其盐类衍生物为蓝黑色至墨绿色的粉末，无臭或者略带氨臭，易溶于水，微溶于乙醇、氯仿，不溶于油脂，耐光性比叶绿素强，酸性溶液中因钠脱离呈水不溶性，在存有钙、镁离子情况下生成不溶性盐，其对光、热、酸、碱的稳定性大大提高。叶绿素位于绿色植物细胞间器官的薄层中，也称为叶绿体，它们与类胡萝卜素、脂质和脂蛋白相结合。这些分子间的连接作用很弱（非共价键），连接键容易断裂，因而可将植物组织置于有机溶剂浸泡从而使叶绿素萃取出来。极性溶剂如丙酮、甲醇、乙醇、乙酸乙酯、嘧啶和二甲基甲酰胺是叶绿素充分萃取最有效的溶剂，非极性溶剂如己烷和石油醚则效果较差。叶绿素及其衍生物的分离鉴定在很大程度上取决于它对可见光的吸收特性，叶绿素 a、叶绿素 b 及其衍生物的可见光谱在 600～700 nm（红区）及 400～500 nm（蓝区），有尖锐吸收峰（表 9-4）。溶于乙醚中的叶绿素 a 和叶绿素 b 的最大吸收波长略有改变。最近，质谱技术，如大气压化学电离（APCI）和电喷雾离子化（ESI），已经应用于水果和蔬菜加工过程中产生的叶绿素异质同晶体及其衍生物的结构鉴定。

表 9-4 叶绿素 a 和叶绿素 b 及其衍生物在乙醇中的光谱性质

化合物	最大吸收波长/nm		吸收比	摩尔吸光系数
	红区	蓝区	（蓝/红）	（红区）
叶绿素 a	660.5	428.5	1.30	86 300
叶绿素 a 甲酯	660.5	427.5	1.30	83 000
叶绿素 b	642.5	452.5	2.84	56 100
叶绿素 b 甲酯	641.5	451.0	2.84	—
脱镁叶绿素 a	667.0	409.0	2.09	61 000
脱镁叶绿素 a 甲酯	667.0	408.5	2.07	59 000
脱镁叶绿素 b	665	434	—	37 000
脱镁叶绿素 b 甲酯	667.0	409.0	2.09	49 000
锌代脱镁叶绿素 a	653	423	1.38	90 000
锌代脱镁叶绿素 b	634	446	2.94	60 200
铜代脱镁叶绿素 a	648	421	1.36	67 900
铜代脱镁叶绿素 b	627	438	2.53	49 800

（三）叶绿素的变化

1. 酶促反应

在植物衰老和储藏过程中，酶能引起叶绿素的分解破坏。这种酶促变化可分为直接作用和间接作用两类。直接以叶绿素为底物的只有叶绿素酶，催化叶绿素中植醇酯键水解而产生脱植醇叶绿素。脱镁叶绿素也是它的底物，产物是水溶性的脱镁脱植叶绿素，它是橄榄绿色的。叶绿素酶的最适温度为 60～82 ℃，100 ℃时完全失活。起间接作用的有蛋白酶、酯酶、脂氧合酶、过氧化物酶、果胶酯酶等。蛋白酶和酯酶通过分解叶绿素蛋白质复合体，使叶绿素失去保护而更易遭到破坏。脂氧合酶和过氧化物酶可催化相应的底物氧化，其间产生的物质会引起叶绿素的氧化分解。果胶酯酶的作用是将果胶水解为果胶酸，从而提高了质子浓度，使叶绿素

脱镁而被破坏。

叶绿素中的镁原子极易被两个氢所取代，从而形成橄榄褐色的脱镁叶绿素（图 9-6），在水溶液中该反应不可逆。叶绿素 a 比叶绿素 b 更容易生成脱镁叶绿素。叶绿素 b 比叶绿素 a 的热稳定性高，叶绿素 b 具有更高稳定性的原因是 C-3 位甲醛基的拉电子效应。

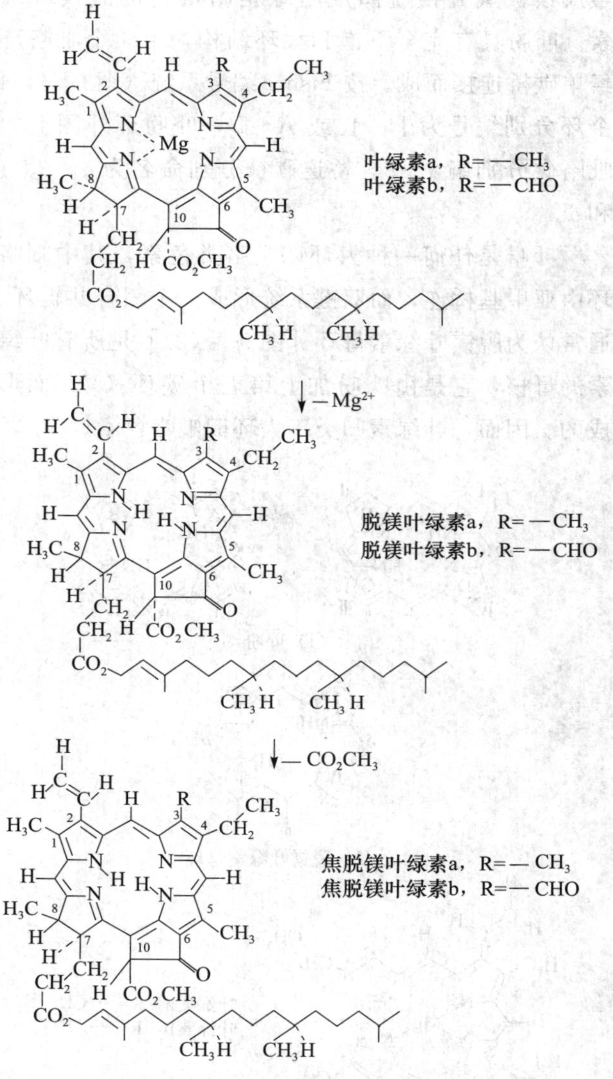

图 9-6 由叶绿素生成的脱镁叶绿素和焦脱镁叶绿素

受热蔬菜组织中叶绿素的降解受组织 pH 的影响，在碱性介质中（pH 9.0），叶绿素对热非常稳定，而在酸性介质中（pH 3.0），它的稳定性欠佳。植物组织在加热过程中所释放出的酸可使体系的 pH 降低一个单位，这对叶绿素的降解速度产生极为不利的影响。在完整无损的植物组织中或采后产品中，

脱镁叶绿素的形成似乎受细胞膜破裂的调控。

在被加热至 90 ℃的烟叶中加入钠、镁和钙的盐酸盐，可使脱镁叶绿素的形成分别降低 47%、70%和 77%；叶绿素降解的降低应归结于盐的静电屏蔽效应。因而，有人提出，这可能是所加的阳离子中和了叶绿体膜中脂肪酸和蛋白质表面的负电荷，从而降低了氢离子与膜表面的吸引力。

脱镁叶绿素 C-10 位上的甲氧甲酰基被氢原子取代，可形成橄榄色的焦脱镁叶绿素。在加热过程中叶绿素的变化为序列反应：

叶绿素→脱镁叶绿素→焦脱镁叶绿素

脱植醇叶绿素（绿色）中的镁原子被氢离子取代可形成橄榄褐色的脱镁叶绿素盐，脱镁叶绿素盐 a 和叶绿素 b 的水溶性比相应的脱镁叶绿素大，而光谱性质则相同。C-10 位上植醇链的解离可能影响四吡咯中央处镁的损失速率。在酸性丙酮中，脱植醇叶绿素 a 和叶绿素 b 及其甲酯和乙酯的降解随链长度的缩短而增加，这说明 C-10 位上链的空间阻碍作用可影响氢离子进攻的速率。较高水溶性的脱植醇叶绿素更易于与溶液中的氢离子接触，而且有可能使反应速率更快。

2. 金属络合物形成

无镁叶绿素衍生物的四吡咯核中的两个氢原子易被锌或铜离子所取代，形成绿色的金属络合物。由脱镁叶绿素 a 和脱美叶绿素 b 形成的金属络合物使得红区最大吸收峰向短波长方向移动，蓝区最大吸收峰向长波长方向移动。

锌与铜络合物在酸性溶液中的稳定性较碱性溶液高，在室温下加酸可除去叶绿素中的镁，而锌与脱镁叶绿素 a 形成的络合物在 pH 2 的溶液中仍保持稳定，当 pH 低至引起卟啉坏分解时，才可除去络合物中的铜。金属离子与中性卟啉的结合是双分子反应。一般认为，该反应首先是金属离子附着于吡咯的氮原子上，随后迅速同时脱去两个氢原子。由于四吡咯环具有高度共振结，金属络合物的形成受取代基的影响。

人们对此类金属络合物感兴趣是因为铜络合物在大多数食品加工条件下性质稳定，而欧盟将其用作着色剂，但这一技术在美国并未获得许可。根据锌金属络合物形成原理，现已开发出了一种改善罐装蔬菜绿色的方法，在罐装绿色蔬菜中应用此法。

3. 叶绿素的氧化作用

叶绿素在受到光照辐射的时候会发生光敏氧化，光线可作用在卟吩环上，可以使次甲基断裂，从而破坏整个吡咯环。当吡咯环打开后，在有氧气存在的条件下可以生成单线态氧和羟基游离基。这些物质都会进一步加速整个叶绿素的破坏从而导致叶绿素变为无色。

4. 光降解作用

在由类胡萝卜素和其他脂质包围的健康植物细胞的光合过程中，叶绿素受到保护使其免遭光的破坏。叶绿素对光敏感且可产生单重态氧，而众所周知，类胡萝卜素能够淬灭这种活性态氧并保护植物免于受光降解。一旦由于植物衰老、色素从组织内萃取出以后或在加工过程中细胞受到破坏，这种保护作用也就丧失，使叶绿素很容易见光分解。当以上条件占主导地位并有光和氧存在时，叶绿素可发生不可逆脱色。

（四）热处理过程中的颜色损失

经热处理过的蔬菜失去绿色是由于形成了脱镁叶绿素和焦脱镁叶绿素，热烫和商业化热灭菌可使叶绿素的损失率高达 80%～100%。在商业灭菌之前的热烫过程中已有少量脱镁叶绿素形成。与为罐装而热烫的菠菜相比，在冷冻菠菜中可检测出更多量的脱镁叶绿素，其原因是通常为了适于蔬菜冷冻，加大了热烫度。在罐装前需对菠菜进行热烫处理的主要原因之一是使组织缩水以便于包装；而在冷冻前需经足够的热烫处理，不仅是为了缩水，而且可使酶失活。对罐装样品色素组分的检测结果显示，叶绿素已完全被转化为脱镁叶绿素和焦脱镁叶绿素。采后植物组织内新合成的酸以及由热引起细胞内酸的去局部化可引发叶绿素的降解。在蔬菜中，已鉴定出几种酸，它们包括草酸、苹果酸、柠檬酸、乙酸、琥珀酸和吡咯烷酮酸（PCA），是引起加热过程中蔬菜酸度增加的主要原因。

（五）护色技术

为维持罐装蔬菜的绿色而采取的措施主要集中在以下几个方面：叶绿素的保留、叶绿素衍生物即叶绿素酸盐的形成和保留、通过生成金属络合物以形成一种更易接受的绿色。

（1）稀碱处理。利用中和酸以保留叶绿素的原理，在罐装绿色蔬菜中加入碱性物质可改善加工过程中叶绿素的保留率。该技术包括在热烫液中添加氧化钙和磷酸二氢钙，使产品 pH 保持或提高至 7.0。碳酸镁或碳酸钠与磷酸钠的结合添加也已用于此目的。但是，以上各种处理均可导致组织软化并产生碱味。

另一种护色方法是用乙基纤维素和 5％ 的氢氧化镁在罐内壁涂层。5％ 氢氧化镁的乙基纤维素在罐内壁涂膜可长时间保持高 pH（8.0）较长时间，但谷氨酰胺和天冬酰胺部分水解产生氨味，引起脂肪水解产生酸败气味。在青豌豆生产中，使用此种护绿方法会引起鸟粪石形成，即磷酸铵镁络合物的玻璃状晶体。

（2）高温瞬时处理。商业化食品高温瞬时杀菌（HTST）比在常规温度下杀菌所需时间要短，同时可以采用结合碱中和的方式共同处理原料，因而与常规热处理食品相比，它们具有较好的维生素、风味和颜色保留率。

（3）将叶绿素酶促转化为脱植醇叶绿素以保留绿色。与常规方法相比，在较低温度下热烫灭酶是保留绿色蔬菜颜色的一个较好手段，这种方法所产生的脱植醇叶绿素比其母体化合物的热稳定性高。菠菜经低温（65 ℃下保温至 45 min）杀青处理可得到较好的颜色，原因是叶绿素酶可经热激活将叶绿素转化为脱植醇叶绿素。但是，用此法得到的颜色改善效果仍不足以确保其在工业化生产时的可行性。

（4）绿色再生技术。目前人们致力于改善绿色加工蔬菜的颜色和制备能作为食品着色剂使用的叶绿素，包括叶绿素衍生物的锌或铜的络合物。现已有市售脱镁叶绿素铜和脱植醇脱镁叶绿素铜，商品名分别为叶绿素铜和叶绿酸铜。

用含有足量 Zn^{2+} 或 Cu^{2+} 的水溶液杀青蔬菜，将组织中金属离子的含量提高至 $100\sim200$ mg/kg 范围内。在罐装盐水中直接加入氯化锌，对蔬菜（青刀豆和豌豆）的颜色无显著的作用，而用调配过的杀青液处理绿色蔬菜比用常规法处理的产品所获得的色泽更绿。

在近些年的研究中表明，采用气调保鲜、控制水分活度抑制 H^{+} 转移和微生物、避光除氧、抗氧化剂等手段，也可以有效降低食物加工、贮藏、运输过程中绿色的损失。

三、类胡萝卜素化合物

类胡萝卜素广泛分布于生物界中，蔬菜和红色、黄色、橙色的水果及根用作物是富含类胡萝卜素的食品。类胡萝卜素可以游离态溶于细胞的脂质中，也能与碳水化合物、蛋白质或脂类形成结合态存在，或与脂肪酸形成酯。常见类胡萝卜素化合物结构见图 9-7。因此，已鉴定的类胡萝卜素的结构达 560 种，若再考虑到顺、反异构体，类胡萝卜素的构象就更多了。最新研究发现，类胡萝卜素与蛋白质结合后更为稳定，同时也改变了颜色，如红色的类胡萝卜素（虾黄质）与蛋白质结合生成龙虾壳中的蓝色色素。类胡萝卜素可以通过糖苷键与还原糖结合，如藏红花中的藏花素是由两分子龙胆二糖与藏花酸结合而成的。从细菌中也分离到多种类胡萝卜素糖苷。

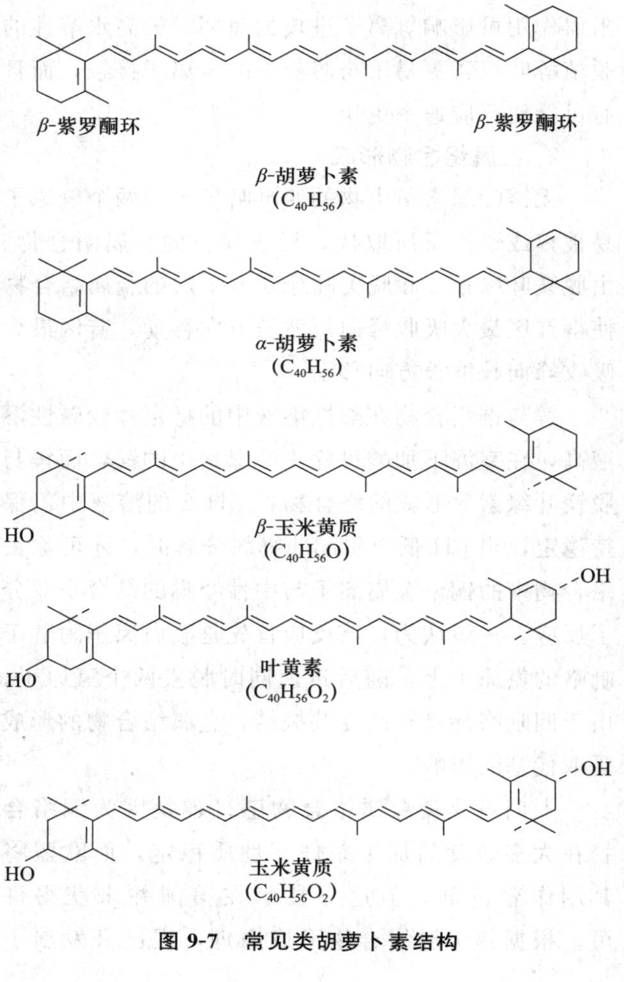

β-紫罗酮环　　　　　　β-紫罗酮环

β-胡萝卜素
（$C_{40}H_{56}$）

α-胡萝卜素
（$C_{40}H_{56}$）

β-玉米黄质
（$C_{40}H_{56}O$）

叶黄素
（$C_{40}H_{56}O_2$）

玉米黄质
（$C_{40}H_{56}O_2$）

图 9-7　常见类胡萝卜素结构

（一）类胡萝卜素的结构

类胡萝卜素的基本骨架结构为头-尾或尾-尾共价连接的异戊二烯单元，分子结构对称。其他类胡萝卜素由此 40 个碳的基本结构衍化而成。某些类胡萝卜素含有两个末端环基，而其他类胡萝卜素则只有一个甚至无末端环基，如图 9-8 中的番茄红素，番茄中的一种主要红色素。还有一些类胡萝卜素的碳骨架较短，它们被称为胡萝醛（如胭脂树橙）。虽然对于所有类胡萝卜素已有命名和编码规则，但人们常用的仍是其俗名，本章也一样。

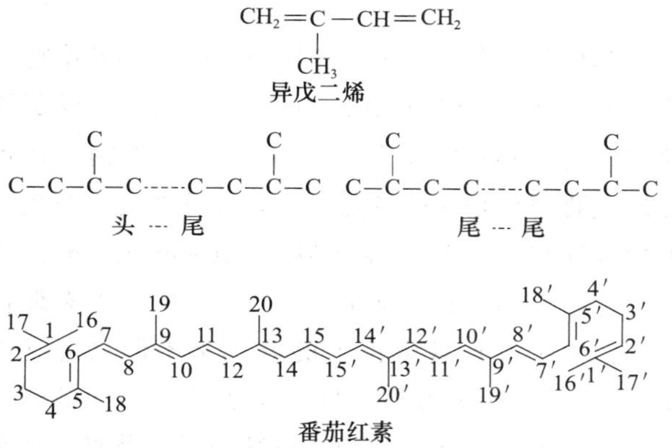

$$CH_2=C-CH=CH_2$$
$$|$$
$$CH_3$$
异戊二烯

图 9-8 多个异戊二烯单位连接形成番茄红素
（番茄中的主要红色素）

植物组织中最常见的类胡萝卜素为 β-胡萝卜素，它也可用作食用着色剂。无论是天然或人工合成的类胡萝卜素均可用于食品。它们包括 α-胡萝卜素（胡萝卜）、辣椒红素（红辣椒、甜椒）、芦丁（α-胡萝卜素的二醇化合物）及其酯（万寿菊瓣）和胭脂树橙（胭脂树种子）。食物中其他常见的类胡萝卜素包括玉米黄素（β-胡萝卜素的二醇化合物）、紫黄素（类胡萝卜素的环氧化物）、新叶黄素（一种丙二烯三醇）以及 β-玉米黄质（β-胡萝卜素的羟基化衍生物）。

类胡萝卜素与蛋白质形成的复合物，比游离的类胡萝卜素更稳定。例如，虾黄素是存在于虾、蟹、牡蛎及某些昆虫体内的一种类胡萝卜素。在活体组织中，其与蛋白质结合呈蓝青色。当久存或煮熟后，蛋白质变性与色素分离，同时虾黄素发生氧化，变为红色的虾红素。烹熟的虾蟹呈砖红色就是虾黄素转化的结果。

植物的可食组织中含有多种类型的类胡萝卜素，它们在红、黄及橙色水果、根类作物以及蔬菜中的含量都很丰富，最常见的为番茄（番茄红素）、胡萝卜（α-胡萝卜素和 β-胡萝卜素）、红椒（辣椒红素）、南瓜（β-胡萝卜素）、西葫芦（β-胡萝卜素）、玉米（芦丁和玉米黄素）及甘薯（β-胡萝卜素）。所有绿叶蔬菜都含有类胡萝卜素，但它们被绿色叶绿素所掩盖。

（二）化学性质

类胡萝卜素易氧化，并失去颜色，在植物或动物组织内的类胡萝卜素与氧气隔离受到保护，一旦组织破损或色素被萃取出来之后则直接与氧接触，促使其氧化。类胡萝卜素的物理降解主要包括光降解和热降解。在大多数的食品加工中光降解是不可避免的，也无法控制，所以研究光降解途径意义不大。而热降解根据处理温度的不同可分为高温降解和中低温降解。由于类胡萝卜素是非极性物质，所以氧化降解环境可分为两种，即水相和有机相。β-胡萝卜素在高温下首先发生环氧化，破坏其稳定的结构形成中间物，从而导致碳链断裂生成香气物质。随着加热时间的延长，生成的产物含量逐步减少。水相类胡萝卜素在加热过程中可发生异构化和氧化反应，破坏类胡萝卜素的原本结构，从而生成降异戊二烯香气物质。在温和条件下，β-胡萝卜素可在多个双键位置同时发生断裂。

脂肪氧合酶可促进类胡萝卜素的氧化降解。脂肪氧合酶首先催化氧化不饱和或多不饱和脂肪酸，生成过氧化物，过氧化物又与类胡萝卜素色素反应，使颜色褪去。脂肪氧合酶主要存在于植物和动物中，是一类单一的多肽链蛋白质，为非血红素铁加双氧酶，是一类非特异性酶，可催化所有含 cis,cis-1，4-戊二烯特定结构的不饱和脂肪酸进行加氧反应，产物为此类脂肪酸的氢过氧化物。已有研究表明，脂肪氧合酶也可高效催化类胡萝卜素双键断裂。在脂肪氧合酶的催化作用下，类胡萝卜素底物可降解生成多种香气物质，如紫罗兰酮、黄质醛、紫黄质和香叶醇等。

类胡萝卜素有一定的抗氧化活性，在细胞和活体中氧气分压低，类胡萝卜素能抑制脂质的过氧

227

化。但在氧气分压高的体系中类胡萝卜素又是氧化强化剂。若有氧分子、光敏物质（如叶绿素）和光照等条件，就会产生单线态氧，这是一种很活泼的氧化剂。类胡萝卜素能淬灭单线态氧，因而能防止细胞的氧化损伤。已有报道，类胡萝卜素的抗氧化活性使它具有抗衰老、抗白内障、抗动脉粥状硬化与抑制癌的作用。

（三）顺/反异构化

通常，类胡萝卜素的共轭双键多为全反构型，只发现为数不多的顺式异构体天然存在于一些植物组织尤其是藻类中；目前，藻类被采收并作为类胡萝卜素色素的来源。热处理、暴露于有机溶剂、与某些活性表面长期接触、酸处理及溶液经光照（尤其是有碘存在时）极易引起异构化反应。碘催化的异构化反应是研究光致异构化反应的有效手段，这是因为形成了异构体构型的平衡混合物。由于类胡萝卜素中存在着众多的双键，因而在理论上异构化反应可能产生大量的几何异构体，例如，β-胡萝卜素具有 272 种可能存在的异构体。然而，由于空间限制作用，胡萝卜素中仅有少量的顺式异构体存在。由于某个单独的类胡萝卜素即可具有复杂的多个顺/反异构体，因而直到最近人们才找到研究食品中这些化合物的精确方法。顺/反异构体同样影响类胡萝卜素的维生素 A 原活性，但不会影响其颜色。β-胡萝卜素的顺式异构体的维生素 A 原活性依其异构化的构型，约为全反式 β-胡萝卜素的 13～50%。

（四）加工中的稳定性

类胡萝卜素在食物加工、人体健康方面发挥多种重要的作用，但由于类胡萝卜素在加工及贮藏中不稳定且生物利用率不高（其破坏主要来自氧化分解），在使用过程中需要通过稳态化技术提高其稳定性和生物利用率，采用高效的加工处理手段有效提高类胡萝卜素的稳定性和生物利用率是较重要的解决方法。通常在加工处理中可以采用热汤漂、灭酶的方法提高其稳定性。

四、类黄酮与其他酚类物质

（一）花色苷

花色苷是花色素与糖以糖苷键结合而成的一类化合物，广泛存在于植物的花、果实、茎、叶和根

器官的细胞液中，使其呈现由红、紫红到蓝等不同颜色。花色苷是类黄酮以黄酮核为基础的一类物质中能呈现红色的一族化合物。它由于食品加工业中常用的人工合成红色染料的固有毒性和致癌可能性而受到越来越多的关注。

1. 结构

天然花色苷糖苷配基的结构为 3，5，7-三羟基-2-苯基苯并吡喃，结构式如图 9-9 所示。

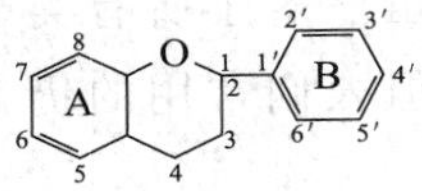

图 9-9　花色苷结构图

花色苷的苷元（花色啶）是 2-苯基苯并吡喃阳离子结构（2-phenylbenzo－pyryalium）或黄烊盐（flavylium）的多羟基和甲氧基衍生物。花色苷的主要部分是它的糖苷配基，即黄烊盐。花色苷的糖苷配基又被称为花色啶（anthocyanidins）或花色素，大多数花色啶的 3-，5-，7-碳位上有取代羟基。由于 B 环各碳位上的取代基不同（羟基或甲氧基），形成了各种各样的花色啶，现在已知的有二十多种，主要有六种花色啶即天竺葵素、矢车菊素、飞燕草素、芍药色素、牵牛色素及锦葵色素（其结构如图 9-10 所示）。由于黄烊盐阳离子缺乏电子，使得游离的糖苷配基很不稳定，在自然界中一般不以游离的形式存在。其糖苷形式比糖苷配基稳定，有超过 250 种不同的花色苷从植物中分离得到。花色苷的糖基部分通常位于 3，5，7，3'，5'-碳位，所连接的糖基主要是 D-葡萄糖、L-鼠李糖、D-半乳糖、D-木糖和阿拉伯糖。

2. 花色苷的颜色和稳定性

花色苷溶于水和乙醇，不溶于乙醚、氯仿等有机溶剂，遇醋酸铅试剂会沉淀，并能被活性炭吸附。

通过采取合适的加工方法以及选用最适于特定目的的花色苷色素，人们可利用花色化学方面的知识尽可能地减少色素的降解。影响花色苷降解的主要因素为 pH、温度和氧浓度，一些次要因素通常为降解酶、抗坏血酸、二氧化硫、金属离子和糖的存在。此外，共色素形成作用也会或可能会影响花色苷的降解速率。

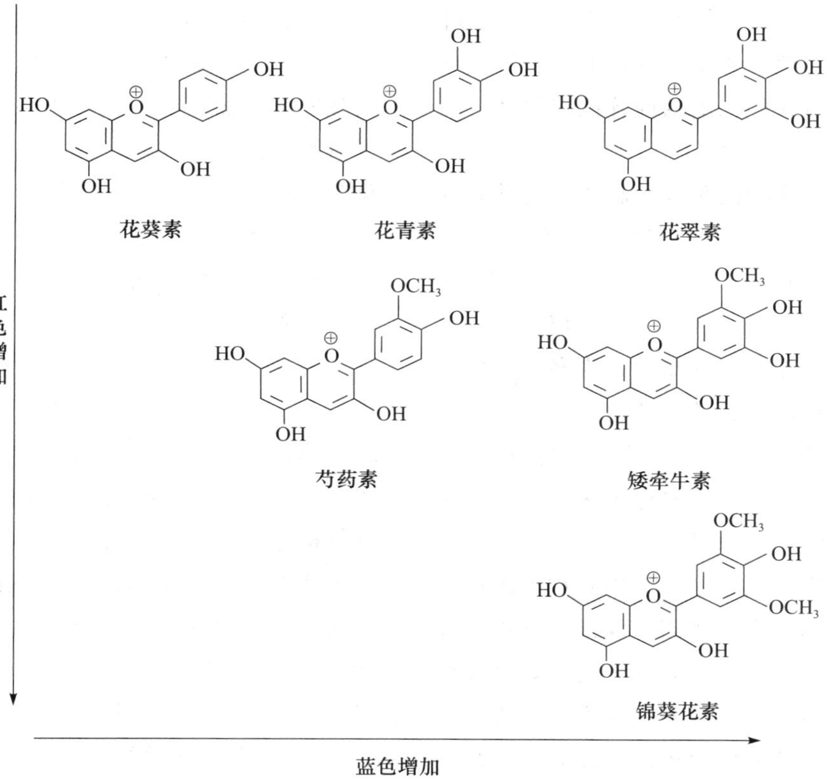

图 9-10 食品中最常见的花色苷（按红色色度和蓝色色度增加方向排列）

（1）pH 对花色素结构变化的影响 花色素其颜色随 pH 不同而改变，在酸性条件下显色较好，呈红色，在中性、近中性条件下呈无色，在碱性条件下呈蓝色。花色苷的颜色随 pH 不同而改变是由于在不同 pH 条件下其分子构型不同。在水溶液及食品中，依 pH 不同，花色苷存在 4 种可能的结构形式：蓝色醌型碱（A）、红色阳离子（AH$^+$）、无色醇型假碱（B）和无色查尔酮（C）。在整个pH 范围内，4 种结构中只有两种占主导地位。花色苷的颜色随溶液 pH 的变化而显著变化，在强酸性条件下呈现红色，弱酸性条件下呈现紫红色，随pH 的进一步增大，花色苷将逐渐褪色，而在碱性溶液中花色苷呈现蓝色。

（2）氧气与抗坏血酸的影响 由于花色苷是多酚类物质，特别容易氧化。氧气通过直接氧化花色苷或者使介质过氧化，然后通过介质间接和花色苷反应促使花色苷降解。苷花色素的不饱和性使得它们对空气中的氧比较敏感，果汁中花色苷和抗坏血酸会同时消失，这是由于抗坏血酸氧化时产生的过氧化氢诱导了花色苷的降解。在一些果汁中，由于

缺乏在抗坏血酸氧化时形成过氧化氢的条件，因此花色苷是稳定的。例如葡萄汁一定要灌装而且要尽量装满才能减少或延缓葡萄汁的颜色变成暗棕色。现在工业上亦采用充氮贮存含有花色苷的果汁，延长果汁保质期。

现已知在果汁中抗坏血酸与花色苷同时消失，这说明在两种分子间存在着某种直接的相互作用。但是这一现象并未受到很大重视，相反，由抗坏血酸诱发的花色苷降解被认为是由于抗坏血酸在氧化过程中形成的过氧化氢的间接作用所致。当有铜离子存在时可加速后一反应的进行，而当有黄酮醇如栎精和栎素存在时则抑制反应进行。H$_2$O$_2$ 能直接亲核进攻花色苷的 C-2 位，使花色苷开环生成查尔酮，接着查尔酮降解生成各种无色的酯和香兰素的衍生物，这些氧化产物或者进一步降解成小分子物质，或者相互之间发生聚合反应。抗坏血酸添加到石榴汁中可以保护花色苷免遭 H$_2$O$_2$ 降解。但高浓度抗坏血酸促进樱桃汁中花色苷的降解，可能是H$_2$O$_2$ 氧化抗坏血酸，产生的分解产物达到一定浓度时促进樱桃花色苷的降解。

（3）光的影响　光照通常会加速花色苷的降解。在红葡萄酒的光照实验中发现，酰化和甲基化的二葡萄糖苷比未酰化的二葡萄糖苷稳定得多，后者又比单葡萄糖苷稳定得多。

（4）糖及其降解产物的影响　高浓度的糖有利于花色苷的稳定，原因是高浓度糖可降低水分活度，但浓度低时恰恰相反，会加速花色苷的降解。低浓度的果糖、阿拉伯糖、乳糖和山梨糖对花色苷的降解比葡萄糖、蔗糖和麦芽糖要强得多。花色苷的降解速率取决于糖转化为糠醛的速率。

（5）金属离子的影响　长期以来人们注意到，采用涂料金属罐能在高温灭菌时保护罐装水果和蔬菜原有的颜色。花色苷可通过与金属离子形成螯合物进而提高其稳定性，在食品工业中有利于维持花色苷的稳定性，特别是当金属离子无毒害作用，甚至是人体所必需的离子时。有研究表明，花色苷在植物中所呈现的蓝色与花色苷和金属离子形成的复合物有关。但值得注意某些金属离子亦会造成果汁等变色，尤其是处理梨、桃、荔枝等水果时会产生粉红色。梨、桃和荔枝在加工时产生粉红色的原因是在酸性条件下热诱导花色素转变成花色苷，然后再与金属离子形成络合物。

（6）二氧化硫的影响　使用二氧化硫漂白时会造成水果或蔬菜的花色苷可逆或不可逆地褪色或变色。花色苷与亚硫酸盐在中性pH下形成磺酸加合物而变成无色，强酸、加热处理可使磺酸根脱除，花色苷颜色恢复。为此，亚硫酸可用于果汁和果酒生产过程中。

（7）共色素形成作用　共色素是无色或颜色很浅（主要是浅黄色）的物质，存在于植物细胞中。有很多种物质被发现具有共色素的功能。最普遍的，与花色苷结构不同类的物质是类黄酮和其他多酚、生物碱、氨基酸和有机酸。研究最多的共色素是类黄酮，包括黄酮、黄酮醇、黄烷酮和黄烷醇等，酚酸作为共色素的研究也比较深入。虽然这些化合物大部分本身并不显色，但它们可通过红移作用增强花色苷的颜色，并增加最大吸收峰波长处的吸光强度。这些络合物在加工和贮藏过程中也更稳定。在葡萄酒加工过程中，花色苷经历了一系列的反应后，形成了更加稳定复杂的葡萄酒色素。

3. 原花色素

在花色苷这个大主题下来探讨原花色素是切合实际的，虽然这类化合物并不显色，但它们与花色素具有结构类似性，在食品加工过程中，它们可转化为有色产物。原花色素又称为无色花色素或无色花色苷，无色花色素也可以二聚体、三聚体或多聚体形式存在，单体间通常通过C-4和C-8或C-4和C-6连接。

原花色素在可可豆中首次被发现，后者在酸性条件下受热后水解为矢车菊色素和（-）-表儿茶素。二聚原花色素存在于苹果、梨、可乐果及其他水果中。已知这类化合物在空气中或见光可降解为稳定的红棕色衍生物。它们对苹果汁及其他果汁的色泽和某些食品的收敛性有显著作用。为了产生收敛性，可将2～8个原花色素与蛋白质相互作用。其他在自然界中发现的原花色素在水解时可形成常见的花色素，如天竺葵色素、牵牛花色素或飞燕草色素。

（二）其他类黄酮

如前所述，花色苷是存在最广的一种类黄酮。虽然，食品中的大多数黄色是由类胡萝卜素所致，但某些黄色是由于非花色苷型类黄酮的存在所造成的。此外，类黄酮的存在也会使一些植物原料显白色，而其含酚基类黄酮的氧化产物在自然界中会显棕色和黑色。Anthoxanthin（黄酮，希腊语：anthos，花；xanthos，黄色）一词有时也用来命名一些黄酮类物质。不同类黄酮的差异与C-3位连接的氧化状态有关。通常，在自然界中发现的结构在黄酮-3-醇（儿茶素）至黄酮醇（3-羟基黄酮）和花色苷之间变化。类黄酮同样也包括二氢黄酮、二氢黄酮醇或二羟基二氢黄酮醇和黄酮-3，4-二醇（原花色素）。此外，有几类化合物不具备类黄酮基本骨架，但它们与类黄酮有相关的化学性质，因而通常也将其归入类黄酮族。它们是二羟基查尔酮、查尔酮、异黄酮、新黄酮。与花色苷相比，这一族的单体化合物因两个苯环上羟基和甲氧基以及其他取代基的数目不同而异。许多类黄酮化合物的命名与其第一次被分离时存在的来源有关，而不是根据其相应糖苷配基上的取代基来命名。这种命名的不一致给此类化合物的分类带来了混乱。

这些类黄酮化合物能与多种糖形成糖苷，包括葡萄糖、鼠李糖、半乳糖、阿拉伯糖、木糖和芹菜糖，还有少量的葡萄糖酸。取代基位置变化较大，常见的是在 7、5、4' 和 3'。花色苷比较集中在 3 位，类黄酮的 7 位是取代最频繁的位置，因为这个羟基的酸性最强。类黄酮也有酰基取代物。

类黄酮化合物的颜色及吸收光谱与分子内的不饱和性和为数不等的羟基助色团密切相关。因此也造成了天然的黄酮类化合物具有丰富的色泽。此外，和花色苷一样，类黄酮化合物能和金属离子形成螯合物。与铁和铝的螯合物能增加黄色，洋地黄酮与铝螯合产生诱人的黄色（390 nm）。

非花色苷类黄酮化合物（NA-*flavonidins*）常使食品带有颜色。尽管有些花色苷类黄酮（如卷心菜、洋葱、马铃薯中的类黄酮）是无色的，但亦不可忽视这些化合物的共色素作用（Cpoigmennt-ation），例如，槲皮素-3-鼠李糖苷会和 Fe^{3+} 络合，使得罐头芦笋带上绿黑色，若加入 EDTA 螯合剂可以避免以上情况。芦丁与锡的络合产物产生非常诱人的黄色，而且该络合物非常稳定，只要添加少量锡就可以生成这种锡的络合物。

成熟的橄榄的黑色是由于类黄酮的氧化产物造成的。

类黄酮的重要作用还包括它们的抗氧化性和对食品风味的贡献，尤其是能产生苦味。

（三）单宁

目前，单宁还没有严格的定义，许多结构各异的物质都包含在这一名称下。单宁是一类特殊的酚类化合物，之所以如此命名仅仅是由于它具有结合蛋白质和其他聚合物如多糖的能力，而与其本身确切的化学性质无关。因而，该类物质的功能性定义为具有沉淀生物碱、明胶和其他蛋白质的能力，且相对分子质量在 500～3 000 之间的水溶性多酚化合物。它们存在于橡树皮和水果中，其化学性质相当复杂。一般认为，它们分属于两类：①原花色素，也称为"缩合单宁"；②属于六羟基二酚酸一类的没食子酸葡萄糖聚酯。因为后一类物质由葡萄糖苷分子与不同的酚基团键合而成，它们也被称作可水解单宁。最重要的一个例子是葡萄糖与没食子酸及其二聚体的内酯即鞣花酸的结合。单宁的显色范围在黄白色至浅棕色区域内，并使食品具有收敛性。它们对红茶的呈色起着相当大的作用，原因是在发酵过程中儿茶素被转化为茶黄素及茶红素。单宁具有沉淀蛋白质的能力，因而可作为一种有价值的澄清剂。

五、甜菜色素类
（一）结构

含有甜菜色素的植物的颜色与含有花色苷的植物的颜色类似。甜菜色素是一类含有 β-矢车菊色素（红色）和 β-叶黄素（黄色）的色素，与花色苷的性质不同，它们的颜色不受 pH 的影响。甜菜色素（图 9-11）具有水溶性，并以内盐（两性离子）的形式存在于植物细胞的液泡中。含有该类色素的植物只限在中央种子目的 10 个科中。存在于植物中的甜菜色素与花色苷相互排斥。

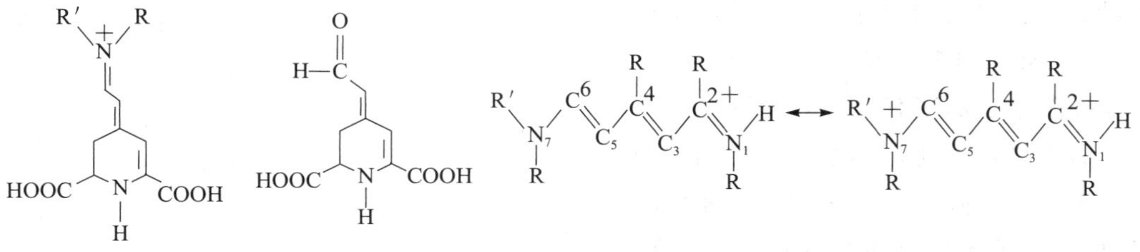

图 9-11 甜菜色素的通式

所有的 β-矢车菊色素均可共享这两个糖苷配基。并已发现在糖苷部分不同的 β-矢车菊色素存在着差异。含有甜菜色素的常见蔬菜为红甜菜和苋菜，而后者要么是在新鲜时以"绿色"被食用，要么在成熟态时以谷物形式被食用。研究最广泛的甜菜色素来自红甜菜中。

（二）物理性质

甜菜色素可强烈吸收光。甜菜苷的摩尔吸光系数值为 1 120，而仙人掌黄质则为 750，由此可说明在纯物质时它们具有很高的着色力。在 pH

4.0～7.0 范围内，甜菜苷溶液的光谱性质未有变化，其最大吸收峰在 537～538 nm 处，在此 pH 范围内，色度也不会变化；在 pH 低于 4.0 时，最大吸收峰向短波方向移动（pH 2.0 时为 535 nm）；当 pH 高于 7.0 时，最大吸收峰向长波方向移动（pH 9.0 时为 544 nm）。这些色素物质作为食品着色剂的化学性质、生物合成和稳定性已有综述发表。

（三）化学性质

像其他天然色素一样，甜菜色素受几种环境因素的影响。

1. 热和酸度

在温和的碱性条件下，甜菜苷可降解为甜菜酰胺酸（BA）及环多巴-5-葡萄糖苷（CDG）。当加热甜菜苷的酸性溶液或热处理含有甜菜根的产品时，也可形成以上两种降解产物，但速度较慢（图 9-12）。该反应与 pH 有关，在 pH 4.0～5.0 范围内稳定性最高。应当注意的是，该反应需要有水参与，因而当无水或水分有限时，甜菜苷相当稳定。由此可见，降低水分活度可减缓甜菜苷的降解速率。最适合贮藏甜菜粉中色素的推荐水分活度为 0.12（水分含量约为 2%，干基）。

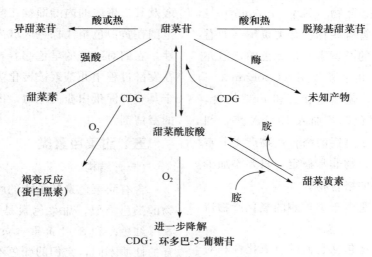

图 9-12　在遇酸或加热条件下甜菜苷的降解

2. 氧和光

造成甜菜色素降解的另一个主要因素是氧的存在。长期以来，人们已认识到甜菜罐头顶隙中的氧可加速色素的损失。当溶液中存在的氧超过甜菜苷 1 mol 以上时，甜菜苷的损失遵循一级反应动力学；当分子氧浓度降至接近甜菜苷时，其降解偏离一级反应动力学；而无氧存在时，其稳定性增加。分子氧已被视作甜菜苷氧化降解的活化剂。因为甜菜色素对氧化很敏感，这些化合物也是有效的抗氧化剂。在有氧条件下，甜菜苷的降解也受 pH 的影响。

第3节　人工色素

根据我国《食品添加剂使用标准》（GB 2760—2014）规定，我国允许使用的食用合成色素有苋菜红、胭脂红、柠檬黄、日落黄、靛蓝、亮蓝、赤藓红、新红、赤藓红铝色淀、新红铝色淀，以及合成的 β-胡萝卜素和叶绿素铜钠盐等。

一、苋菜红

苋菜红（图 9-13）又名 1-(4′-磺基-1′-萘偶氮)-2-萘酚-3，6-二磺酸三钠盐，C. I. 食用红色 9 号，食用赤色 2 号（日），编码：GB08.001；INS[*] 123；C. I.[*]：(1975) 16185。

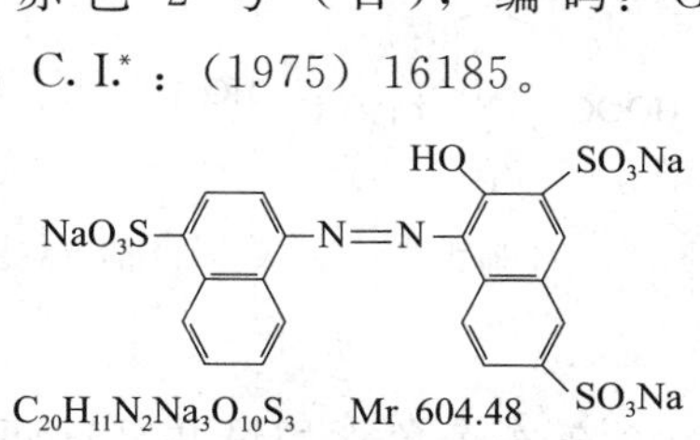

图 9-13　苋菜红化学结构

一般为棕红色粉末或颗粒。无臭。耐光、耐热性（105 ℃）强，耐氧化、还原性差，不适用于发酵食品及含有还原性物质的食品。对枸橼酸、酒石酸稳定。遇碱变为暗红色。遇铜、铁易褪色。染色力较弱。易溶于水，溶解度为 17.2 g（21 ℃），水溶液呈紫色。易溶于甘油，但微溶于乙醇。苋菜红在浓硫酸中呈紫色，稀释后呈桃红色；在浓硝酸中呈亮红色；在盐酸中呈棕色，发生黑色沉淀。若制品中色素含量高，则色素粉末有带黑的倾向。由于粉末的状态或水分的影响，即使同一批制品，其粉末的颜色也可能有些差异，但如配制溶液的浓度相同，其溶液颜色是一定的。作为食用红色色素，着色力差，通常与其他色素配合使用。

二、胭脂红

胭脂红（图 9-14）又名 1-(4′-磺基-1′-萘偶氮)-2-萘酚-6，8-二磺酸三钠盐，丽春红 4R，C.I. 食用红色 7 号。编码：GB08.002；INS124；C.I.（1975）16255。

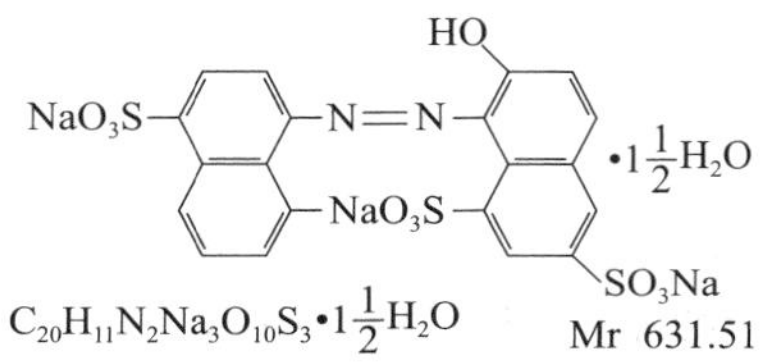
HO
NaO_3S
N=N
NaO_3S
$\cdot 1\frac{1}{2}H_2O$
SO_3Na
$C_{20}H_{11}N_2Na_3O_{10}S_3 \cdot 1\frac{1}{2}H_2O$
Mr 631.51

图 9-14　胭脂红化学结构

胭脂红为红色至深红色颗粒或粉末，无臭。耐光、耐酸、耐热性（105 ℃）强。对柠檬酸、酒石酸等果酸稳定；耐还原性、耐细菌性差，遇碱变为褐色。易溶于水，水溶液呈红色。溶于甘油，难溶于乙醇，不溶于油脂。

三、柠檬黄

柠檬黄（图 9-15）又名 3-羧基-5-羟基-1-(4′-磺基苯基)-4-(4″-磺基苯偶氮)-邻氮茂三钠盐，C.I. 食用黄色 4 号，酒石黄，FD&C 黄色 5 号（美），食用黄色 5 号（日）。编码：GB08.005；INS102；C.I.（1975）19140。

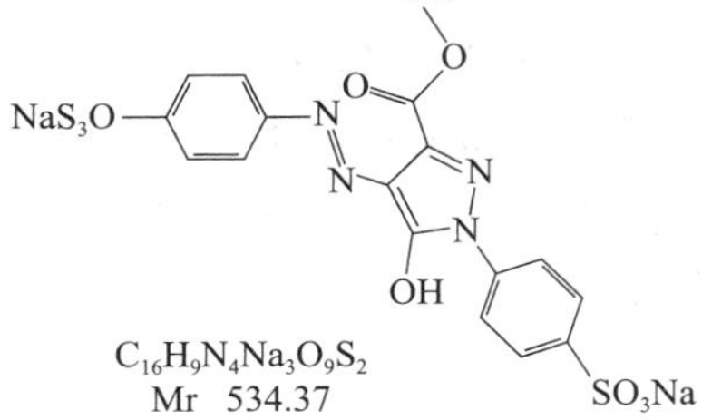
Na
O
NaS_3O
O
N
N
N
N
OH
$C_{16}H_9N_4Na_3O_9S_2$
Mr 534.37
SO_3Na

图 9-15　柠檬黄化学结构

柠檬黄为黄色至橙色颗粒或粉末，无臭，耐光性、耐热性、耐酸性和耐盐性均好，耐氧化性较差；易溶于水，溶于甘油、丙二醇；微溶于乙醇；不溶于油脂；在柠檬酸、酒石酸中稳定，是着色剂中最稳定的一种，可与其他色素复配使用，匹配性好。0.1%的水溶液呈黄色，遇碱稍变红，还原时褪色。

四、日落黄

日落黄（图 9-16）又名 1-(4′-磺基-1′-苯偶氮)-2-萘酚-6-磺酸二钠盐，橘黄，C.I. 食用黄色 3 号，FD&C 黄色 6 号（美）。编码：GB08.006；INS110；C.I.（1975）15985。

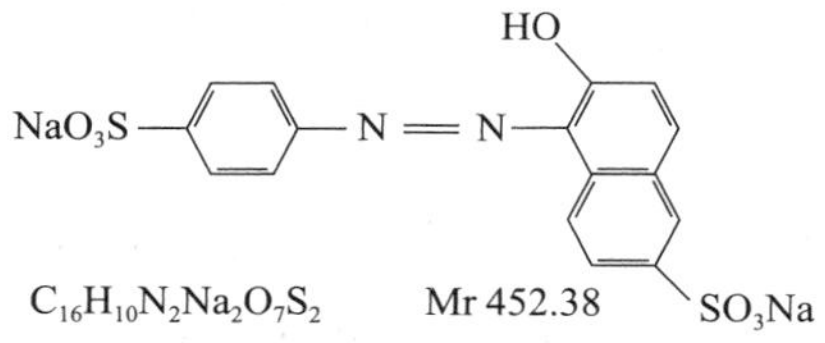
HO
NaO_3S
N = N
$C_{16}H_{10}N_2Na_2O_7S_2$
Mr 452.38
SO_3Na

图 9-16　日落黄化学结构

日落黄为橙色颗粒或粉末，无臭，耐光、耐热性（205 ℃）强，易吸湿。易溶于水，0.1%水溶液呈橙黄色；溶于甘油、丙二醇；微溶于乙醇；不溶于油脂；在柠檬酸、酒石酸中稳定，耐酸性强；遇碱呈红褐色，耐碱性尚好；还原时褪色。

五、靛蓝

靛蓝（图 9-17）又名 3，3′-二氧-2，2′-联吲哚基-5，5′-二磺酸二钠盐，靛胭脂，C.I. 食用蓝色 1 号，FD&C 蓝色 2 号。编码：GB08.008；INS132；C.I.（1975）73015。

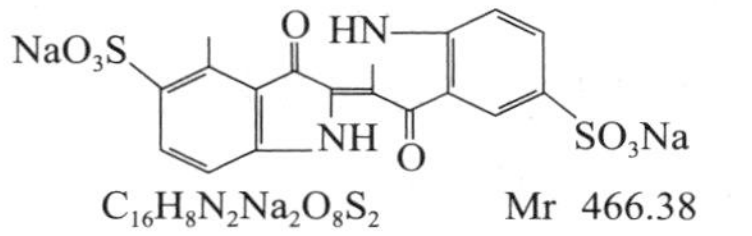
NaO_3S
O
HN
NH
O
SO_3Na
$C_{16}H_8N_2Na_2O_8S_2$
Mr 466.38

图 9-17　靛蓝化学结构

靛蓝为深紫色至紫褐色均匀粉末或颗粒，无臭，易溶于水，中性水溶液中呈蓝色，酸性时呈蓝紫色，碱性时呈绿色至黄绿色，溶于浓硫酸时呈紫蓝色，用水稀释后转呈蓝色。溶于甘油、丙二醇。难溶于乙醇、油脂。耐热性、耐光性、耐碱性、耐氧化性、耐盐性和耐细菌性均较差。还原时褪色。靛蓝易着色，有独特的色调，使用广泛。

六、亮蓝

亮蓝（图 9-18）又名［［4-［N-乙基-N-（3′-磺基苯甲基）-氨基］苯基］-（2′-磺基苯基）-亚甲基-2，5-亚环己二烯基］-（3′-磺基苯甲基）-乙基胺二钠盐，C.I. 食用蓝色 2 号，FD&C 蓝色 1 号（美），食用蓝色 1 号（日）。编码：GB08.007；INS133；C.I.（1975）42090。

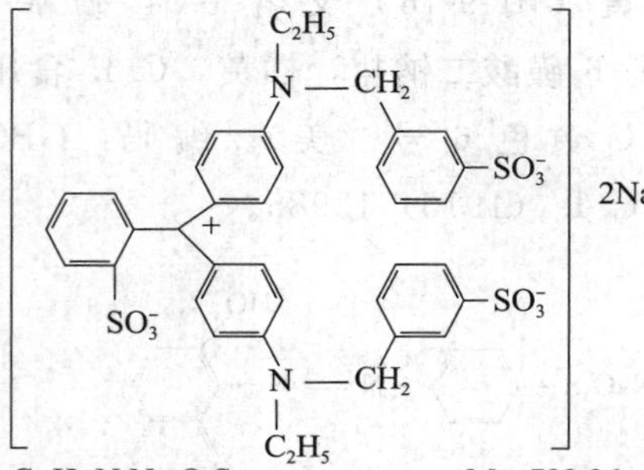

$C_{37}H_{34}N_2Na_2O_9S_3$　　Mr 792.86

图 9-18　亮蓝化学结构

红紫色均匀粉末或颗粒，有金属光泽，无臭，易溶于水，21 ℃时溶解度为 18.7 g，0 ℃时溶解度为 15 g；水溶液呈绿蓝色溶液；亦溶于乙醇、甘油、乙二醇、丙二醇，不溶于油脂。耐光性和耐热性（205 ℃）很强；在酒石酸、柠檬酸中稳定；耐碱性强；耐盐性好；但是水溶液加金属盐后会缓慢沉淀；耐还原作用较偶氮色素强；其着色度极强，通常都是与其他色素配合使用，使用量也很小，在 0.000 5%～0.01%之间。

七、赤藓红

赤藓红（图 9-19）又名 2，4，5，7-四碘荧光素，樱桃红，C.I. 食用红色 14 号，FD&C 红色 3 号（美），食用赤色 3 号（日）。编码：GB08.003；INS127；C.I.（1975）454300。

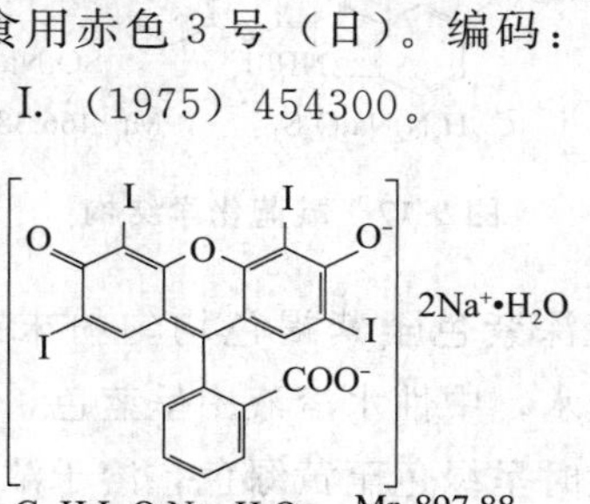

$C_{20}H_6I_4O_5Na_2 \cdot H_2O$　　Mr 897.88

图 9-19　赤藓红化学结构

赤藓红为红色至红褐色颗粒或粉末，无臭，赤藓红易溶于水，溶于乙醇、丙二醇和甘油，不溶于油脂。中性水溶液呈红色，酸性时有黄棕色沉淀，碱性时产生红色沉淀。赤藓红耐热、耐还原性好，耐光、耐酸性差；赤藓红具有良好的染色性，特别是对蛋白质染着性尤佳。在需高温焙烤的食品和碱性及中性食品中着色力较其他色素强。吸湿性强。

八、新红

新红（图 9-20）又名 2-（4′-磺基-1′-苯氮）-1-羟基-8-乙酰氨基-3，6-二磺酸三钠盐。编码：GB08.004。

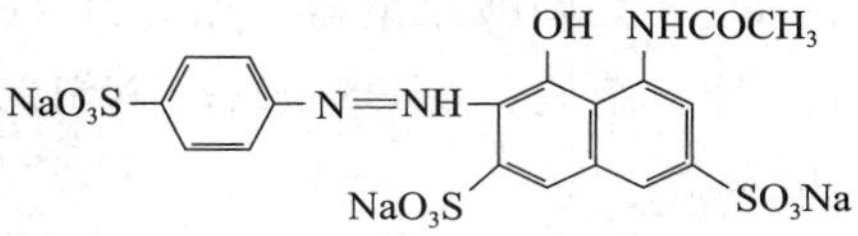

$C_{18}H_{12}N_3Na_3O_{11}S_3$　　Mr 611.36

图 9-20　新红化学结构

新红为红色均匀粉末。易溶于水，微溶于乙醇，不溶于油脂。用于饮料、配制酒、糖果等，最大使用量 0.05 g/kg。

第 4 节　色素的使用

一、食用着色剂的日允许摄入量

联合国粮农组织（FAO）和世界卫生组织（WHO）力图以他们制定的食品法规为基础协调各国的食品规则，并推出了食品添加剂（包括着色剂）“日允许摄入量（ADI）”。表 9-5 列出了部分合成与天然着色剂的日允许摄入量。联合国粮农组织与世界卫生组织将添加剂分为 3 大类，即 A、B 和 C。A 大类分为 A-1 和 A-2 两个小类，列入 A-1 小类中的添加剂的日允许摄入量是经过批准的，其中有 15 种着色剂，包括了 6 种人造染料。这些添加物不会影响消费者的健康。列入 A-2 小类的添加剂安全性测试不完全，只能暂时性使用，其中包括了甜菜红、胭脂树橙和姜黄的衍生物，这些在美国是批准使用的。

表 9-5　部分合成与天然着色剂的日允许摄入量　　　　　　　　　mg/kg 体重

合成着色剂	日摄入量	天然着色剂	日摄入量
柠檬黄	7.5	β-阿卜-8′-胡萝卜素醛	2.5
日落黄	5.0	β-胡萝卜	5.0
苋菜红	1.5	斑蝥黄	25.0
赤藓红	1.25	核黄素	0.5
亮蓝 FCF	12.5	叶绿素	GMP
靛蓝	2.5	焦糖色素	GMP

"日摄入量"是指按照此标准执行，终身安全。GMP：良好操作规范。B 大类的添加剂的安全评估仍悬而未决。C 大类亦分两个小类。FAO/WHO 认为列入 C-1 小类的添加剂用于食品不安全，列于 C-2 小类的添加剂的使用限量是经过严格检验的。总之，只有全世界各国共同努力才有希望完成普遍认可的安全使用食品着色剂的规则。

二、国际上食品添加剂的使用情况

世界上许多国家都将着色剂添加于食品中，但在这些国家中所允许使用的着色剂种类变化很大。由于国际贸易正变得日益重要，因而对着色剂的立法正引起各国的关注。不幸的是，尚未建立全球性的允许使用的着色剂清单，所以，在某些情况下，色素添加剂成为食品贸易的障碍。例如，在美国，FD&C 红色 40 号被允许用于食品，而 FD&C 红色 2 号自 1976 年起不再被允许使用。而一个极端相反的例子是，挪威禁止在食品加工业中使用任何合成染料。欧盟（EU）的立法机构试图为共同市场国家制定出统一的色素添加剂法规，每种被允许使用的着色剂都以 E-编号（E＝欧洲）命名。EU 也拥有自己体系中比较完整的天然色素的使用要求，在进行国际贸易中是必须牢记的，同时存在着某种着色剂可能被限制在一个或多个特定产品中使用的情况。一种 EU 通用着色剂或许也不能被每个 EU 国家所批准使用。显然地，EU 国家允许使用的合成和天然着色剂种类比美国和加拿大多。在亚洲范围内，日本也对着色剂在使用合成色素有很多使用要求。总体说来，它们是一类着色能力很强的粉末，所以只需要很少用量就可以得到理想的颜色，从而降低成本。此外，与天然色素相比，在加工和贮藏过程中它们更为稳定。另外，它们还有水溶性的（染料）和水不溶性（色淀）的形式。

在美国，《食品药物和化妆品条例》早在 1938 年就颁布执行，数 10 年来它一直是食品着色剂管理的准则。1960 年又制定了《着色剂修正案》，并据此对两大类着色剂执行更严格的管理。第一类是"需许可证的着色剂"，主要是合成染料。许可证意味着这些染料必须符合特定的质量标准，制造厂商必须把每批着色剂的样品送到 FDA 申请许可证。根据历来的毒理学数据，这些染料又可分为"永久"或"暂时"使用。现在美国允许使用的"许可证着色剂"有 7 种（表 9-6）；另外有两种虽可使用，但仍受到严格限制，它们是 FD&C 橙色 B 及 FD&C 柑橘红 No.2。第二类是"无需许可证的色素"，包括天然色素与某些合成的天然等同的着色剂如 β-胡萝卜素（表 9-7）。

表 9-6　FD&C 规定需许可证的着色剂（美国）

联邦政府规定的名称	形式		名称编码
	染料	沉淀色料	
FD&C 蓝色 No.1	永久	暂时	蓝色 1
FD&C 蓝色 No.2	永久	暂时	蓝色 2
FD&C 绿色 No.3	永久	暂时	绿色 3
FD&C 红色 No.3	永久	已停止使用	红色 3
FD&C 红色 No.40	永久	暂时	红色 40
FD&C 黄色 No.5	永久	暂时	黄色 5
FD&C 黄色 No.6	永久	暂时	黄色 6

表 9-7　美国无需许可证的着色剂

着色剂	使用限量	着色剂	使用限量
树橙提取物	—	蔬菜汁	—
脱水甜菜（甜菜粉）	—	干海藻金属盐	仅添加于鸡饲料，增加鸡皮和鸡蛋的颜色
斑蝥黄	每品脱液体食物或每千克固体食品中不超过 66 mg	万寿菊及提取物	仅添加于鸡饲料，增加鸡皮和鸡蛋的颜色
β-阿朴-8′-胡萝卜素醛	每磅或每升食品中不超过 15 mg	胡萝卜油	—
β-胡萝卜素	—	玉米内胚乳油	仅添加于鸡饲料，增加鸡皮和鸡蛋的颜色
焦糖色素	33 mg/kg	辣椒红素	—
胭脂虫红提取物，胭脂虫红	—	红辣椒油树脂	—
焙烤的、部分脱脂的、煮过的棉籽粉	—	核黄素	—
葡萄糖酸亚铁	成熟橄榄着色剂	番红花色素	—
葡萄皮提取物（葡萄花青素）	饮料着色剂	二氧化钛	不超过食品重量的 1%
合成氧化铁	宠物食品中使用，用量低于总重量的 0.25%	姜黄油树	—
果汁	—	姜黄	—

三、着色剂的使用

如果将水溶性色素首先溶于水中，它可与食品结合得更加均匀。为防止生成沉淀，应使用蒸馏水。各类液态色素均可自制造商购得。为防止过度着色，此类制剂中色素浓度通常不超过 3%。通常，在液态制剂中加入柠檬酸和苯甲酸钠以防止微生物腐败。

许多食品所含的水分较低，这就很难使色素完全溶解及均匀分散，结果使得着色力降低/引起色斑。这一问题可能存在于硬糖制品中，因为它的水分含量小于 1%。采取加入溶剂（如甘油或丙烯醇）而不是水的方法可以避免这一问题。解决低水分食品中分散性差这一问题的第二个方法是使用"色淀"。色淀以分散体而不是以溶液的形式存在于食品中。它们的浓度范围为 1%～40%，高浓度的色素未必能呈现高强度的颜色。色淀的粒径很关键——粒径越小，分散越好，颜色越深。色素制造商利用特殊的研磨技术可使所制成的色淀的平均粒径小于 1 μm。

与色素一样，需要将色淀预先分散于甘油、丙烯醇或食用油中。预分散有助于防止颗粒的结块，因而有利于均色，并可降低色斑产品的发生率。色淀分散体中的色素浓度在 15%～35% 范围内。一种典型的色淀分散体可含有 20%FD&C 色淀 A、20%FD&C 色淀 B、30% 甘油以及 30% 丙烯醇，最终的色素浓度为 16%。

色素制造商也将色素或色淀制成糊状或固体。加入甘油和糖粉可以制成糊状，甘油为溶剂，糖粉用来提高黏度。也可在色淀分散体的生产过程中加入胶和乳化剂制成固体色素。

称取所需的粉状色素于容器中，加入少量温水（35～50 ℃）调浆，然后加入剩余水（常温）调成所要色泽浓度。建议使用前将溶液过滤，防止因不溶物在食品上留下色斑、色点。溶液宜现用现配，若储存应避免阳光直射。容器质地为搪瓷、玻璃、不锈钢。溶解水最好为蒸馏水，其他水质应做小试测试水质是否合适。

色素在食品中的适用范围和用量应符合我国

《食品添加剂使用标准》（GB 2760—2014），由于干品色素易吸潮，导致质量降低，使用剩余的干品保持密封贮存。

四、食品的具体着色法

1. 基料着色法

将色素溶解后，加入所需着色的软态或液态食品中，搅拌均匀。

2. 表面着色法

将色素溶解后，用涂刷方法使食品着色。

3. 浸渍着色法

色素溶解后，将食品浸渍到该溶液中进行着色（有时需加热）。

其着色效果与色素的染着性和坚牢性有关。所谓染着性：食品的着色有 2 种情况，一种是色素在液体或酱状食品中溶解或分散，另一种是染着在食品表面。同一色素对不同的染色基质染着性不同，而且不同的色素对同一基质的染着性也不一样。坚牢性：被染色物质的色调稳定性或色素对周围环境变化的抵抗能力。色素的坚牢性是衡量色素品质的重要指标。坚牢度主要取决于色素的化学性质以及被染色物质的质。但使用色素品种不当或操作不当容易降低坚牢度。坚牢度是一个综合性标准，它由耐热性、耐酸性、耐碱性、抗氧化性、耐还原性、耐紫外线性、耐盐性、耐细菌性 8 个方面组成。

五、我国食用色素发展思路

我国拥有丰富的天然色素和香料资源，应加强这些资源的科研开发和生产，在满足国内食品工业使用的基础上，进入国际市场。我国食品着色剂总产量只有 11 000 t，其中天然着色剂 9 000 t，主要品种有辣椒红、红曲红、姜黄、栀子黄、高粱红、焦糖色，占 80% 以上。天然着色剂对于光、热、氧、pH 等的稳定性不如合成着色剂好，其纯度都不高，今后应在分离精制等提取工艺方面加以改进，要利用超临界萃取、膜技术、分子蒸馏等先进技术，对天然物质进行纯化，如对色素成分进行单体分离。高纯度、性能稳定的产品才具有国际竞争能力。

（一）天然食用色素的研究与开发动向

天然食用色素的研究与开发涉及的学科面较广，其科研、生产和应用主要涉及生物学、化学、生物工程、化学工程、食品工程、药理学等学科领域。天然食用色素产品的开发，需要上述各学科的相互渗透、协同攻关。

1. 生物学研究

（1）资源研究 调查含有色素的生物资源品种、分布和蕴藏量，筛选资源丰富、易于发展、色素含量高、色调齐全、性能优良、成本低的天然色素资源。

（2）育种 选育优良的植物、微生物品种，可获得抗逆性强、高产、色素含量高、杂质低的品种。

（3）引种栽培 研究规模化生产天然色素植物原料所需的良种快速繁育、栽培、病虫害防治等技术。提高产量和色素含量，降低生产成本，满足天然色素生产对原料的需求。

（4）天然色素的生物合成机制、代谢控制的研究 开展这方面的研究将更进一步地掌握天然色素的形成规律，应用于定向生物合成，以达到提高产量的目的。这对于用生物技术生产天然色素具有重要意义。

（5）细胞和组织培养研究 用细胞和组织培养的生物工程方法获取植物色素，不受地区、气候、季节、病虫害等因素的影响，易调控、周期短、占地小、成本低，有利于大量生产所需要的色素。此外，通过组织培养，可以快速繁殖良种种苗。

（6）毒性、药理和药效研究 天然食用色素与人的身体健康密切相关。按照食品卫生有关法规，食用天然色素新资源需经毒理学试验确认其安全性。此外，天然色素资源大多为传统治疗药物，色素的药理、药效、临床研究有助于了解色素的保健和治疗功能，为扩大天然色素的应用范围，开辟前景广阔的医药应用市场提供依据。

2. 化学方面的研究

（1）化学成分研究 化学成分研究，为天然食用色素的寻找、分类、提取、应用提供依据。化学成分研究的关键在于色素的分离、纯化和鉴定，近年来，化学分离、纯化新技术的应用，使复杂天然色素的组分分离和纯化取得了突破性进展，如液滴逆流色谱法、大网格树脂吸附色谱法、凝胶色谱法、高效液相色谱法的应用。在化学结构鉴定方面，应用高磁场磁共振等先进仪器设备和新的色谱技术，使天然色素化学结构的探测与研究取得了飞跃性进展。

（2）理化性质　理化性质研究，为天然食用色素的提取、精制、生产、贮藏、检测、应用提供依据。色素的理化性质涉及色素的形成、变化、反应动力学、色素与其他物质的相互作用、光、热、金属离子、微生物、食品品质对色素的影响、光谱特性等内容。近年来，国外用先进手段研究了色素的稳定、增色、变色、消色机制，从分子水平揭示了色素的理化性质，是一个值得注意的研究方向。

（3）天然色素的改性　通过改造天然色素的结构以获得新的色调或改善色素的稳定性、溶解性、着色力，对色素产品的开发有很大的应用价值。

（4）天然食用色素的检测　天然色素的定性、定量检测，是测定色素理化性质的基础，也是食品卫生检测的基础。定性检测一般由色谱、光谱、化学反应特征来确认；定量检测一般由比色法测定，需要选择适当的比色条件。食品中使用的色素检测是食品卫生监督的一项重要内容。

（二）工艺和工程技术方面的研究

研究天然色素的生成、提取、精制、浓缩、干燥等过程的工艺选择、参数优化、设备设计及制造，以提高生产能力和效率，提高工艺稳定性，降低能耗和成本，实现生产过程的连续化、自动化和清洁化。

天然色素的生产用原料是多种多样的，其生产工艺要根据原料的性质、色素的理化特点来进行设计。目前天然色素的生产有多种工艺技术可供选择，如直接粉碎法、溶剂浸提法、酶反应法、超临界 CO_2 萃取法、微波萃取法等。由于近年发展起来的超临界 CO_2 萃取技术具备一些其他生产工艺无法比拟的优点，已成为各国天然色素生产工艺应用的热点。

超临界 CO_2 萃取技术是食品工业新兴的一项萃取和分离技术。它利用超临界 CO_2 作萃取剂，从液体或固体物料中萃取、分离和纯化有效成分。与传统的化学溶剂提取法相比，其优点是无化学溶剂消耗和残留，无污染，避免了萃取物在高温下的热劣化，保护生理活性物质的活性，工艺简单，能耗低，萃取剂无毒，易回收。缺点是设备投资较大。目前国内外已有许多厂家使用该工艺生产天然食用色素产品。

（三）应用研究

研究天然食用色素的适用范围、使用方式、复方应用、调色及着色效果，可以为天然色素的推广应用提供依据。天然色素的系列化、配套化、分类应用指导，使天然色素的应用更加科学和方便，具有广阔的市场前景。

本章小结

核心内容：本章主要围绕着色素的结构、性质和加工中的作用进行介绍，主要介绍了天然色素中的血红素、叶绿素、类胡萝卜素、类黄酮与其他酚类物质等色素物质，详细阐述了这些色素的结构、性质以及在食物加工过程中它们的变化规律，通过它们所具有的性质、变化特征让读者更好地在实际生产中对它们进行利用或者修复。同时还介绍了部分化学合成色素如苋菜红、胭脂红、柠檬黄等色素，主要阐述了这些化学合成的色素的结构、化学特性、使用量等情况。最后对色素的利用综合国内外的具体使用情况进行简介，以便读者更好地掌握色素在食品加工中的使用方法以及注意事项。

学习要求：了解食品中各类色素的种类、食物来源；熟悉不同食物中色素的种类、性质、含量与生物利用情况；掌握色素在食品加工和贮藏过程中的变化及其在食品加工中的作用。

思考题

1.肌红蛋白在食品贮藏和加工中的变化如何控制？

2.防止叶绿素损失的护绿方法有哪些？

3.天然色素按其来源不同可分哪几类？

4.新鲜肉采用什么方法包装较好？为什么？

5.如何使新肉与腌制肉色泽好？

6.试述花色苷的理化特点？

7.叶绿素有哪几个重要的组成部分？如何保护果蔬制品的天然绿色？

8.试简述 5 种人工合成色素的名称、性质以及在食品加工中的应用。

9. 简要说明人工合成色素和天然色素优缺点。

参考文献

［1］ 秦卫东. 食品添加剂学. 北京：中国纺织出版社，2014.

［2］ 阚建全，谢笔钧. 食品化学. 北京：中国农业大学出版社，2016.

［3］ 王璋，许时婴，汤坚. 食品化学. 北京：中国轻工业出版社，2016.

［4］ 刘钟栋. 食品添加剂原理及应用技术. 北京：中国轻工业出版社，2000.

［5］ Saumya Singh，Gursharan Singh，Madhu Khatri. Thermo and alkali stable β-mannanase：Characterization and application for removal of food（mannans based）stain. International Journal of Biological Macromolecules，2019.05.

［6］ Srinivasan Damodaran，Kirk L. Parkin，Owen R. Fennema. 食品化学. 北京：中国轻工业出版社，2013.

第10章
风味物质

学习目的与要求：

熟悉食品风味的概念及分类；熟悉风味物质的特点；熟悉味觉和嗅觉的概念；熟悉味觉和嗅觉的生理基础；了解味觉的主要影响因素和嗅觉理论；了解嗅觉的特点和分类；了解呈味物质的呈味机制和影响因素；了解重要的呈味物质及应用；掌握食品的香气及香气成分；掌握食品中风味形成途径及食品加工中香气的生成与损失；掌握食品香气的控制方法。

学习重点：

食品风味的概念；风味物质的特点；味觉和嗅觉的概念；味觉的主要影响因素；嗅觉的特点和分类；呈味物质的呈味机制和影响因素；重要的呈味物质及应用；食品的香气及香气成分；食品中风味形成途径及食品加工中香气的生成与损失；食品香气的控制方法。

学习难点：

理解味觉和嗅觉的生理基础；嗅觉理论；呈味物质的呈味机制和影响因素；食品中风味形成途径；食品香气的控制方法。

教学目的与要求

- **研究型院校**：掌握味觉的概念、生理基础及主要影响因素；掌握嗅觉的生理基础、嗅觉理论、嗅觉的特点和分类；掌握呈味物质的呈味机制、影响因素、重要的呈味物质及应用；掌握食品的香气及香气成分；掌握食品中风味形成途径；理解食品加工中香气的生成与损失；掌握食品香气的控制方法。

- **应用型院校**：理解味觉的概念、生理基础及主要影响因素；理解嗅觉的生理基础、嗅觉理论、嗅觉的特点和分类；掌握呈味物质的呈味机制、影响因素、重要的呈味物质及应用；掌握食品的香气及香气成分；掌握食品中风味形成途径及食品加工中香气的生成与损失；掌握食品香气的控制方法。

- **农业类院校**：了解味觉和嗅觉的概念、生理基础及主要影响因素；掌握呈味物质的呈味机制、影响因素、重要的呈味物质及应用；了解食品的香气及香气成分；了解食品中风味形成途径及食品加工中香气的生成与损失；了解食品香气的控制方法。

- **工科类院校**：了解味觉和嗅觉的概念、生理基础及主要影响因素；理解嗅觉理论；掌握呈味物质的呈味机制、影响因素、重要的呈味物质及应用；了解食品的香气及香气成分、食品中风味形成途径、食品加工中香气的生成与损失、食品香气的控制方法。

第1节 引言

一、食品风味的概念

随着人们生活水平的提高，食品除满足人类生存的需要外，还应使人们获得感官的愉悦和心理的享受。具有吸引力或者能引起食欲的食品才能备受消费者的青睐。食品风味是个广泛和综合的术语，包括食品的香气和味道。食品被人们消费的先决条件是颜色和香气，而食品能被特定人群持久接受的关键因素则是美味。随着人们对食品风味的要求不断提高，提高和改进食品的风味是提高食品品质最重要的手段之一，也是推动食品工业发展的重要动力。

狭义的"食品风味"是指食品的香气、滋味和入口获得的香味；广义的"食品风味"是指摄入某种食品后产生的一种感觉，它包括味觉、嗅觉、痛觉、视觉、触觉和听觉等感觉在大脑中留下的综合印象（表10-1）。其中口腔中产生的痛觉、触觉和对温度的感觉主要由三叉神经感知。

表 10-1　食品的感官反应及分类

感官反应	分类
味觉（酸、甜、苦、咸、鲜、涩等）	化学感觉
嗅觉（香、臭等）	化学感觉
触觉（凉、热、硬、黏等）	物理感觉
运动感觉（滑、干等）	物理感觉
视觉（色、形等）	心理感觉
听觉（声音等）	心理感觉

食品的风味一般包括滋味（taste）和气味（odor）两个方面。滋味是口腔中的味蕾对酸、甜、苦、咸味等的感觉能力；气味是鼻腔黏膜的嗅觉细胞察觉痕量挥发性气体的能力。

滋味是食品中可溶性呈味物质溶于唾液或食品溶液刺激口腔内的味觉感受器（taste receptor），味神经感觉系统收集信息并将其传递到大脑的味觉中枢，最后通过大脑的综合神经中枢进行系统分析，从而产生味感（gustation）或称味觉。来自食品的刺激少数情况下是单一性的，多数情况下是复合性的，包括心理味觉（形状、色泽和光泽等）、物理味觉（软硬度、黏度、温度、咀嚼感和口感等）和化学味觉（酸味、甜味、苦味和咸味等）。

世界各国对味感的分类是不一致的（表10-2）。在生理学上味感可以分为酸、甜、苦、咸4种基本味。

表 10-2　世界各国对味感的分类

国别	味感的分类情况	味感分类个数
日本	酸、甜、苦、辣、咸	5
欧美各国	酸、甜、苦、辣、咸、金属味	6
印度	酸、甜、苦、辣、咸、淡、涩、不正常味	8
中国	酸、甜、苦、辣、咸、鲜味、涩味	7

人类对4种基本味感的感觉速度是不同的，以

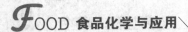

咸味最快，苦味最慢。但从人们对味的敏感性看，对苦味最为敏感。这说明不同的味有不同的强度。衡量味的敏感性的标准是呈味阈值，它是由一些味觉专家在相同条件下进行品尝评定而得出的统计值。具体地，阈值是指某一化合物能被人的感觉器官（味觉或嗅觉）辨认的最低浓度。对于4个基本味觉，每个典型代表物的阈值见表10-3。

表 10-3　4 种基本味觉典型代表物的阈值

味感（味觉）	代表物名称	阈值/%	
		25℃	0℃
酸	柠檬酸	2.5×10^{-3}	3.0×10^{-3}
甜	蔗糖	0.1	0.4
苦	硫酸奎宁	1.0×10^{-4}	3.0×10^{-4}
咸	食盐	0.05	0.25

气味主要由鼻腔上部的嗅觉上皮细胞感知。其中，能令人产生愉悦感觉的气体称为香气。食品的香气不仅可以增加人们的食欲，也有利于人体对营养物的消化和吸收。食品中的呈香物质种类繁多，多数属于非营养性物质，其香气由于结构有高度的特异性，且耐热性较差。多数食品的香气是由多种呈香物质综合产生的，很少由一种物质单独产生。只有它们相互配合恰当，才能散发出诱人的香气，否则会使食品的气味不协调，甚至出现异味。因此，要想完全而真实地反映某种香气的优劣程度，不能单纯通过阈值来表示，还需考虑它在食品中的浓度，这就引入了香气值。香气值是呈香物质的浓度和它的阈值之比，它是判断一种呈香物质在食品香气中起作用的数值，即：

$$香气值＝呈香物质的浓度÷阈值$$

当香气值<1时，人的嗅觉对这种呈香物质不敏感。

除味觉和嗅觉外，三叉神经属于耳、鼻、口之外的体觉感知系统，主要分布于鼻腔和口腔的黏膜及舌头的表面。三叉神经主要感知辛辣、麻、苦涩和清凉等味感，它对刺激非常敏感，从微弱的刺激到强烈的痛感都可以感知。

由于风味是一种感觉现象，所以对风味的理解和评价常带有强烈的个人、地区和民族的特殊倾向性和习惯性。风味是评定食品感官质量的重要内容，提高和改进食品的风味是提高食品品质最重要的手段之一。

二、食品风味的分类

由于食品风味是多种化学成分综合、协同而产生的一种综合印象，且食品风味种类繁多，千变万化，因此很难将其进行系统的分类，目前尚无系统而科学的分类方法。人们只是简单地将食品风味分为两类，一是期望的风味（desirable flavor），如橙汁、烤肉、薯片的风味；二是非期望的风味（undesirable flavor）或异味（off flavor），如油脂的酸败味、不新鲜、腐臭、豆腥的风味。1972年，Ohloff 曾提出一个分类方法，见表10-4。

表 10-4　食品风味的分类

风味种类	亚类	典型示例
水果风味	柑橘型	柑、橘、橙、柚、葡萄等
	浆果型	草莓、黑莓、苹果、香蕉
蔬菜风味	—	莴苣、芹菜
辛香料风味	芳香型	肉桂、薄荷
	催泪型	洋葱、大蒜、韭菜
	辣味性	花椒、生姜、胡椒、辣椒
饮料风味	非发酵风味	牛奶、果汁
	发酵后风味	葡萄酒、啤酒、白酒、茶叶
	复合风味	软饮料、兴奋性饮料
肉制品风味	哺乳动物风味	猪肉、牛肉
	海洋产品风味	海鱼、贝类
脂肪风味	—	橄榄油、椰子油、猪油、奶油、花生油
烹调风味	肉汤风味	鸡肉汤、牛肉汤
	蔬菜风味	马铃薯、豆荚
	水果风味	柑橘果酱、柠檬果酱
	烟熏风味	火腿
加工风味	油炸风味	炸鸡、烤肉、炸薯条
	焙烤风味	面包、饼干
恶臭风味	—	芝士（丁酸）

三、风味物质的特点

食品中体现风味的化合物称为风味物质。食品的风味物质一般有多种并相互作用，少数食品的风味物质是均匀分布的，多数食品是其中的几种风味物质起主导作用，其他的发挥辅助作用。如果以食品中的一个或几个化合物代表其特定的食品风味，那么这几种风味化合物称为食品的特征效应化合物。如乙酸异戊酯是香蕉香甜味的特征效应化合物，2，6-壬二烯醛是黄瓜的特征效应化合物。食品的特征效应化合物具有不稳定性，数目有限，浓度极低，但它们的存在为研究食品风味化学基础提供了重要依据。

风味物质一般有以下特点：

1. 种类繁多，相互影响

目前已分离鉴定茶叶中风味物质达 500 多种；咖啡中风味物质达 600 多种；白酒中风味物质达 300 多种。食品中风味物质越多，食品的风味越好。

另外，风味物质之间可产生相互协同或拮抗作用，单体成分很难简单重组其原有的风味。例如，当只有一种风味物质——(3Z)-己烯醛（浓度为 1 mg/kg）时，会产生青豆气味；而当 13 mg/kg 的 (3Z)-己烯醛和 12.5 mg/kg 的 (2E，4E)-癸二烯醛同时存在时，气味就会消失。

2. 含量微小，效果却显著

大多数风味物质作用浓度都很低。嗅感物质的含量只占到整个食品的 $10^{-17} \sim 10^{-6}$ 数量级，味感物质因食品不同而差异较大。例如，乙酸异戊酯在水中含量只要达到 5×10^{-6} mg/kg，就可产生香蕉气味。

3. 稳定性差

很多风味物质热稳定性差，易挥发，在空气中很快会自动氧化或分解。例如，油脂的嗅感成分在分离后，很快会转变成人工效应物，而油脂腐败时形成的鱼腥味组分也极难捕集；肉类的一种风味成分，即使保存在 0℃ 的四氯化碳中，也会在短时间内分解成 12 种组分；浓茶也会因风味物质自动氧化而变劣。

4. 风味物质的分子结构缺乏普遍的规律性

风味物质的分子结构是高度特异的，结构的微小变化会引起风味的较大改变。如当苯环的邻位和对位有一定基团取代时，嗅感便会产生明显的变化，见图 10-1。

另外，即使相同或相似风味的化合物，其分子结构也不具有规律性。呈现苦味的 4 种有机物生物碱、萜类、糖苷类和苦肽没有相似的官能团。盐类

物质如 $MgCl_2$、$MgSO_4$ 味也极苦，但是苦味形成机制与上述有机物形成苦味的机制截然不同。

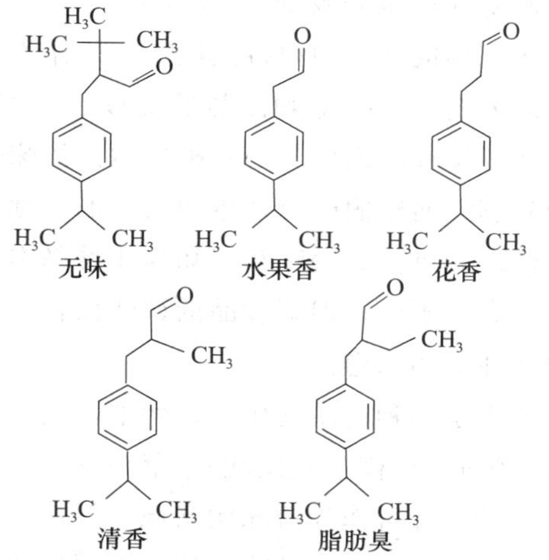

图 10-1 苯环的邻位和对位上有取代基时嗅感的变化

5. 风味物质易受外界条件的影响

风味物质还受到其浓度、介质等外界条件的影响。低浓度的戊基呋喃呈现豆腥味，高浓度时则呈现甘草味。pH 也影响风味，如味精的鲜味与味精在不同介质中的解离程度有关，当 pH＝6.0 时，鲜味最强，当 pH＞7.0 时，不呈鲜味。

第2节 风味感觉

完整的风味体验是依靠感官的综合反应以及对接收到的信息的认知加工而形成的。人们通常认为风味本身仅限于嗅觉、味觉和躯体感觉（痛觉、触觉、热觉等），但是风味感觉还来自大脑加工的大量的其他感官信息。风味感觉具有广泛性和多样性。本节主要介绍风味感觉的传统方面，即味觉和嗅觉。

一、味觉

（一）味觉的概念

味觉，也称味感，是由一种口腔中专门负责味觉感受的细胞所产生的综合感觉。从生理学的角度看只有甜，酸、咸、苦 4 种基本味感，此外还包括鲜味、辣味和涩味等。

"鲜味"一词来源于日本术语 "umami"，这种味觉从含有 L-谷氨酸的食品中发现，如肉（鸡肉）汤和意大利干酪，能释放出很浓的鲜味。其呈味物

质与其他味感物质相配合时能使食品的风味更为鲜美，所以欧美各国不把鲜味物质看作是一种独立的味感，而将其列为风味增效剂或强化剂。但在我国，鲜味已形成了一种独特的风味，仍作为一种单独的味感列出。辣味是刺激鼻腔黏膜、口腔黏膜、皮肤以及三叉神经而引起的一种痛觉。涩味是口腔蛋白受到刺激而凝固时所产生的收敛的感觉，它与触觉神经末梢有关。辣味和涩味与4种基本味感的刺激方式有所不同，但就食品的调味而言，也可看作是两种独立的味感。

味觉不是一种简单的感觉。例如，醋（乙酸）、酸奶（乳酸）、柠檬（柠檬酸）、苹果（苹果酸）和酒（酒石酸）都可作为酸味的来源，但都具有独特的感官特征。而甜味、苦味和咸味也同样如此。味觉是如何识别的？味觉是如何编码和解释的？味觉又是如何与食品的其他感官特征共同作用来决定人类感觉的？这些问题都有待于进一步研究。

（二）味觉的生理基础

味感产生的基本途径是：呈味物质溶液刺激口腔内的味感受体，再通过收集和传递信息的神经感觉系统传导到大脑的味觉中枢，最后大脑的综合神经中枢系统进行分析，从而产生味感。

口腔内的味觉感受器主要是味蕾（taste bud），或称味器（gustatory organ），其次是口腔内其他部位如软腭、咽喉。人的味蕾数目随着年龄的增长而减少，儿童味蕾较成人多，老年时因萎缩而逐渐减少，对味的敏感也随之降低。分布在人的舌部的味蕾平均为 5 235 个。

味蕾位于上皮内，呈卵圆形，长约 80 μm，厚约 40 μm。味蕾具有味孔，并与味神经相通，是分布在口腔黏膜中极其活跃的微结构（图 10-2）。每一个味蕾都由味细胞、支持细胞和基底细胞组成。近味孔处的细胞顶部有指状细胞质突起称味毛。味毛由味蕾表面的味孔伸出，是味觉感受的关键部位。味细胞平均 10～14 d 更新一次。基底细胞属未分化细胞，它将分化为味细胞。

味细胞后面连着神经纤维，这些神经纤维再集成小束通向大脑，在其传递系统中存在几个独特的神经节，它们在自己的位置上支配相应的味蕾，以便选择性地响应不同的化合物。不同的呈味物质与

不同的味细胞的受体作用，例如甜味物质的受体是蛋白质，苦味和咸味物质的受体则是脂质，有人推测苦味物质的受体也可能与蛋白质相关。

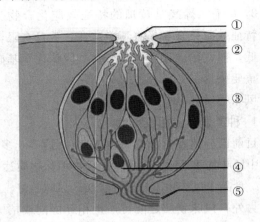

图 10-2　味蕾的结构
①味孔 ②味毛 ③味细胞 ④基底细胞 ⑤味觉神经
来源：冯涛等（2013）

试验也表明，舌头各部位对各类味觉的敏感度不同（图 10-3），舌的边缘对于酸味较为敏感，舌尖对甜味比较敏感，舌的后端对于苦味比较敏感，而舌尖和舌的两侧对于咸味比较敏感。

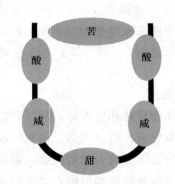

图 10-3　舌头不同部位对味觉的敏感性

唾液与味感也有密切的关系。味感物质必须溶于水后才能进入味蕾孔口刺激味细胞。将非常干燥的糖放在用滤纸擦干的舌表面时则感觉不到糖的甜味。口腔内分泌的唾液，是食物的天然溶剂。分泌腺的活动和唾液成分也在很大程度上与食物的种类相适应。食物越干燥，在单位时间内分泌的唾液量越多。吃酸梅时会分泌出稀薄而含酶少的唾液，相反地，吃蛋黄时，分泌出的唾液浓厚且富含蛋白酶。唾液还能洗涤口腔，使味蕾能更准确地辨别味感。

人的味觉是相当灵敏的。从刺激味蕾到感受到味，仅用 1.5～4.0 ms，而人的视觉（13～15 ms）、听觉（1.27～21.5 ms）或触觉（2.4～8.9 ms）的速度都远不及此。原因是味觉通过神经传递，几乎达到了神经传递的极限速度，而视觉、听觉则是通过声波或一系列次级化学反应来传递。

（三）影响味感的主要因素

影响味感的主要因素包括呈味物质的结构、温度、浓度、溶解度以及人的年龄、性别和生理状态。

1. 呈味物质的结构

呈味物质的结构是影响味感的内在因素。一般来说，羧酸（如醋酸、柠檬酸等）多呈酸味；糖类（如葡萄糖、蔗糖等）多呈甜味；生物碱、重金属盐多呈苦味；而盐类（如氯化钠、氯化钾等）多呈咸味。但也有例外，如糖精、乙酸铅等非糖有机盐也有甜味，碘化钾呈苦味而不呈咸味等。总之，物质结构与其味感间的联系较为紧密，有时分子结构上的微小变化也会使其味感发生极大的变化。

2. 温度

同一物质在质量不变的前提下，往往因温度的不同其阈值有差异。味觉一般在 10～40 ℃ 较为敏锐，其中以 30 ℃ 最为敏锐。低于 10 ℃ 或高于 50 ℃ 时，各种味觉大多变得迟钝。在 4 种基本味觉中，甜味和酸味的最佳感觉温度是 35～50 ℃，咸味的最佳感觉温度是 18～35 ℃，而苦味是 10 ℃。

各种味感阈值因温度变化而异，但在一定温度范围内这种变化具有规律性。不同的味感受温度影响的程度也不相同，盐酸受温度的影响最小，糖精甜度受温度的影响最大。

3. 浓度和溶解度

适当浓度的味感物质常会使人有愉快感，而浓度不适当的味感物质则会使人感到不愉快。不同味感受浓度的影响差异显著。一般说来，酸味和咸味在低浓度时使人产生愉快感，在高浓度时则使人感到不愉快；甜味在任何浓度下都会给人带来愉快的感受；单纯的苦味差不多总是令人不愉快的。

只有溶解后的呈味物质才能刺激味蕾。因此，溶解度大小及溶解速度也会影响味感产生的快慢及味感维持的时间。例如，蔗糖易溶解，故产生甜味快，维持的时间较短；而糖精较难溶，则味觉产生较慢，维持的时间较长。由于呈味物质只有在溶解状态下才能产生味觉，因此味觉也会受呈味物质所在介质的影响。介质的黏度能影响可溶性呈味物质向味感受器的扩散，介质的性质会影响呈味物质的溶解性或者呈味物质有效成分的释放。

4. 年龄

年龄对味觉敏感性是有影响的。60 岁以下的人味觉敏感性没明显变化，但 60 岁以上的人群对咸、酸、苦、甜 4 种味的敏感性会显著降低。究其原因，一是年龄增长到一定程度后，舌乳头上味蕾数目会减少；二是老年人自身所患的疾病也会阻碍对味觉感觉的敏感性。

5. 性别

有关性别对味觉的影响有两种观点。一种观点是在感觉基本味觉的敏感性上无性别差异；另一观点是对咸味和甜味，女性要比男性敏感，对酸味则恰好相反，但性别对苦味敏感性没有影响。

6. 生理状况

身体患某些疾病或发生异常时，会导致失味、味觉迟钝或变味。例如，患黄疸的病人，对苦味的感觉明显下降甚至丧失；糖尿病人的舌头对甜味刺激的敏感性显著下降。由于疾病引起的味觉变化有些是暂时性的，待疾病恢复后味觉可以恢复正常，有些则是永久性的变化。

从某种意义上，味觉的敏感性取决于身体的需求状况。长期缺乏抗坏血酸的人则对柠檬酸的敏感性明显增加；当人的血糖升高后，会降低对甜味的敏感性；人处在饥饿状态下会提高味觉敏感性。研究显示，4 种基本味觉的敏感性在上午 11：30 最高，在进食后 1 h 内敏感性显著下降，下降程度与所食用食物的热量值有关。食前味觉敏感性高，是由于体内生理需求较大。而进食后味觉敏感性下降，一方面是所摄入的食物满足了生理需求；另一方面则是饮食过程造成味觉感受器疲劳所致。

7. 呈味物质的相互作用

两种（或两种以上）相同或不同的呈味物质进入口腔时，会使呈味味觉改变的现象，称为呈味物质的相互作用。

（1）对比作用　指两种或两种以上的呈味物质适当调配，可使其中某种呈味物质的味觉更加协调可口的现象。如在蔗糖中添加少量食盐使蔗糖的甜味更加甜爽；在醋酸中添加一定量的食盐可使酸味更加突出；在味精中添加食盐会使鲜味更加饱满。

（2）相乘作用　指两种具有相同味感的物质，其味觉强度超过两者单独使用的味觉强度之和，也称味的协同作用。如味精与核苷酸共同使用使鲜味倍增；甘草铵本身的甜度是蔗糖的 50 倍，但与蔗糖共同使用时甜度是蔗糖的 100 倍。

（3）消杀作用　指一种呈味物质能够减弱或抑制另外一种呈味物质味觉强度的现象，也称味的拮抗作用。如砂糖、食盐、奎宁和柠檬酸，若将其中任意两种以适当比例混合，都会使其中一种的味感比单独使用时弱。

（4）变调作用　指两种呈味物质先后进入口腔后，导致味感发生改变的现象。如吃过苦味的东西，接着喝水觉得水是甜的；吃甜食后饮酒有苦味产生。

（5）疲劳作用　当长期受到某种呈味物质的刺激后，再吃相同的味感物质时感觉刺激量或刺激强度减小的现象。如常吃山珍海味，即使美味佳肴也不感觉新鲜。

二、嗅觉

嗅觉（olfaction）主要是指食品中的挥发性物质刺激鼻腔内的嗅觉神经细胞而在中枢神经引起的一种感觉（perception）。其中，产生令人愉快感觉的挥发性物质称为香味（fragrance），产生令人厌恶感觉的挥发性物质称为臭味（stink）。嗅觉是比味觉更复杂、更敏感的感觉现象。

（一）嗅觉的生理基础

对嗅觉的初步研究发现，气味物质是通过刺激位于鼻腔后上部的嗅觉上皮（olfactory epithelium）内含有嗅觉受体的嗅觉受体细胞（olfactory receptor cells）而产生嗅觉的，嗅觉受体细胞也称嗅细胞。气味物质作用于嗅细胞，产生的神经冲动经嗅神经多级传导而形成嗅觉。具体的气味传导路径是：空气中气味分子→鼻腔气流→甲介骨→受容细胞黏膜→嗅球（嗅细胞）→第一中枢→第二中枢（扁桃体等）→脑部→出现气味感觉（图 10-4）。

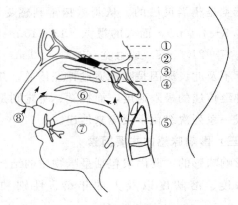

图 10-4　人鼻与口腔构造图
①嗅神经 ②嗅球 ③嗅上皮 ④鼻甲 ⑤内鼻孔 ⑥鼻腔 ⑦舌头 ⑧外鼻孔
来源：冯涛等（2013）

在嗅觉感受和传导过程中，至少有 4 个不同的系统参与，分别是：①嗅觉系统（olfactory system），主要感知挥发性物质。②三叉神经系统（trigeminal system），主要负责冷、辛辣或灼热的感知。③副味觉系统（accessory olfactory system），主要负责无味的非挥发性物质（如信息素）的感知。④末梢神经系统（terminal nerve），它的功能尚不完全清楚，但它的化学感觉刺激可能与动物的繁殖行为有关。

嗅觉受体细胞位于人的鼻腔前庭部分的上鼻道及鼻中隔后上部的嗅上皮，两侧总面积约 5 cm² 的一块嗅感上皮区域（也称嗅黏膜）。由于它们的位置较高，平静呼吸时气流很难到达。因此，要想嗅到一些不太显著的气味时，必须用力吸气，使气流上冲。嗅黏膜由嗅觉受体细胞、支持细胞以及分泌粒并列形成（图 10-5）。嗅觉受体细胞就是嗅细胞，人类鼻腔每侧约有 2 000 万个嗅细胞。嗅细胞由嗅纤毛、嗅小胞、细胞树突和嗅细胞体等组成（图 10-5 和图 10-6）。嗅细胞呈圆瓶状，细胞顶端有 5～6 条短的纤毛，细胞的底端有长突，它们组成嗅丝，穿过筛骨直接进入嗅球。位于嗅小胞上面的几根至十几根总在自发运动的纤毛，叫嗅纤毛。嗅纤毛受到存在于空气中的物质分子刺激时，有神经冲动传向嗅球，进而传向更高级的嗅觉中枢，引起嗅觉。支持细胞规则排列于黏膜浅表嗅感受细胞的树突间，起支持作用而不直接参与嗅觉处理。支持细胞上面的分泌粒能分泌出嗅黏液，覆盖在嗅黏膜表面，液层厚约 100 μm，具有保护嗅纤毛、嗅细胞组织以及溶解 K^+、Ca^{2+}、Na^+、Cl^- 等功能。

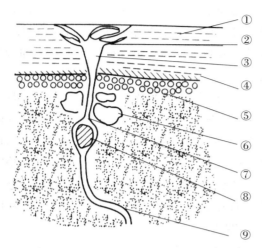

图 10-5　嗅黏膜的构造示意图

①嗅黏液 ②嗅纤毛 ③嗅小胞 ④嗅绒毛 ⑤分泌粒

⑥支持细胞 ⑦细胞树突 ⑧嗅细胞体 ⑨嗅神经

来源：冯涛等（2013）

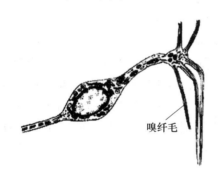

图 10-6　嗅觉受体细胞示意图

挥发性嗅感物分子随呼吸时的空气流通过外鼻进入鼻腔，与嗅黏膜上的嗅细胞接触，然后随气流通过内鼻进入肺部。因此，嗅感物分子必须溶于黏液才能与嗅纤毛接触而被吸附到嗅细胞上。有研究显示，溶解的嗅感物分子与嗅细胞膜上的分子会生成一种特殊的复合物，这种复合物以特殊的离子传导机制穿过受体细胞膜，启动有序的电过程，使信息转换成电信号脉冲。嗅细胞又与神经纤维相连，它们是三叉神经的感觉神经末梢，对嗅黏膜或鼻腔表面感受到的各种刺激信息起传递作用（图 10-7）。

（二）嗅觉理论

人们根据气味物质的分子特征及与气味之间的关系，提出了很多嗅觉理论，其中嗅觉立体化学理论、嗅觉振动理论和膜刺激理论是比较著名的。

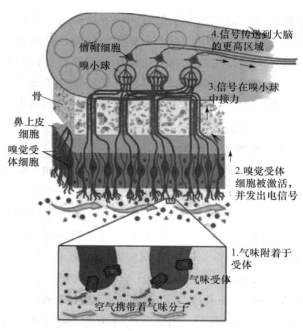

图 10-7　嗅觉系统的组织方式

来源：阚建全（2016）

1. 嗅觉立体化学理论

1952 年，Amoore 提出了嗅觉立体化学理论（stereochemical theory）。该理论首次提出主导气味（primary odor）的概念，因此该理论也称主香理论。Amoore 认为：不同物质的气味实际上是有限几种主导气味的不同组合，而每种主导气味与鼻腔内特异的主导气味受体（primary odor receptor）结合。Amoore 提出了 7 种主导气味，包括清淡气味（ethereal）、薄荷气味（minty）、樟脑气味（camphoraceous）、花香气味（floral）、辛辣气味（pungent）、发霉气味（musty）和腐烂气味（putrid）。Amoore 通过"特定嗅觉缺失症（pecifie anosmia）"实验证明了主导气味的存在及区别方法，发现对某特定气味识别能力缺失的特定嗅觉缺失症患者是由于其体内缺乏其中某一主导气味受体所致。为证明确实存在主导气味以及如何区别它们，嗅觉立体化学理论从一定程度上解释了分子形状相似的物质气味之所以差别很大的原因可能是它们具有不同的功能基团。

不同呈香物质的分子大小、立体形状、电荷分布不同，在人嗅觉受体上也存在与之结合的特定位置；一旦呈香分子嵌入特定的受体，就会产生相应的刺激信号，对应的特征风味就会被人捕捉。有 5

个嗅觉感受器位点是根据香味化合物的大小和形状同香味化合物作用，有 2 个嗅觉感受器位点是基于电荷而产生作用的。嗅觉立体化学理论首次将物质产生的嗅觉与其分子形状联系起来，解释了分子形状相似的物质气味差别大的原因可能是它们具有不同的功能基团。

2. 嗅觉振动理论

嗅觉振动理论（vibrational theory），由 Dyson 于 1937 年首次提出，接着在 1950—1960 年 Wright 将该理论进一步发展。该理论认为嗅觉受体分子能与气味分子发生共振。这是基于对光学异构体（optical isomer）和同位素取代物质（isotopic substitution）气味的对比研究的结果。对映异构体（enantiomer）具有相同的远红外光谱，但它们的气味差别很大。用氘取代气味分子虽能改变分子的振动频率，但对该物质的气味影响很小。

3. 膜刺激理论

膜刺激理论（membrane stimulus theory）认为在受体的柱状神经脂膜界面上吸附有呈香物质分子，神经周围有水分子，呈香物质分子的亲水基团向水排列，并使水形成空穴，若有离子进入此空穴，便会产生信号。

（三）嗅觉的特点和分类

1. 嗅觉的特点

嗅觉具备以下 4 方面的特点：

（1）敏锐　人的嗅觉是相当敏锐（acuity）的，某些气味化合物即使在低浓度下也会被感知，甚至个别训练有素的专家能辨别 4 000 种不同的气味。某些动物的嗅觉更为敏锐，甚至能超越现代化仪器。如犬类和鳝鱼的嗅觉比人类约灵敏 100 万倍。

（2）易疲劳与易适应　香水虽芬芳，但久闻也不觉其香。表明嗅觉细胞易产生疲劳（fatigue）而对特定气味的刺激不敏感。如果一位面包师长期在烤房工作，他会对面包的香气失去敏感性。这是由于当一些气味长期刺激嗅觉中枢神经时，会使其陷入负反馈状态（negative feedback status），感觉便受到抑制而产生适应性（adaptation），从而对该气味形成习惯。还有人注意力分散时也会感觉不到气味。疲劳、适应和习惯这 3 种现象会共同发挥作用，很难区别。

（3）个体差异大　不同的人，嗅觉差异很大，即使是嗅觉敏锐的人，敏锐性也会因气味而异。对气味极端不敏感的情况便是嗅盲，这与遗传有关。有人认为女性的嗅觉比男性敏锐，但有人却持相反意见。

（4）阈值随人的身体状况变动　女性在月经期（menses）、妊娠期（gestation）或更年期（menopause）可能会发生嗅觉减退或过敏现象；当人的身体疲劳或营养不良（malnutrition）时，嗅觉功能会降低；某些患病的人会感到食物平淡不香。这些实例都证明人的生理状况与嗅觉具有很大的相关性。

2. 嗅觉的分类

嗅感物质种类甚多，有人估计约有 40 万种，它们所引起的感觉也千差万别，十分复杂。嗅觉分类的关键是如何度量两种气味之间的相似性（similarity），也就是类别划分的标准。目前，尚无权威性的嗅觉分类方法。

Amoore 的分类最有名。他根据对 600 多种物质气味的描述、分析、归纳，将气味分为 7 种：包括清淡气味、薄荷气味、樟脑气味、花香气味、辛辣气味、发霉气味和腐烂气味。后来他又增加了第 8 种叫甜香。他认为这几种气味是主导气味，其他众多的气味可能是由这些基本气味的组合产生的复合气味。

Harper 等根据气味的品质，将嗅觉详细分成 44 类，如水果味、柠檬味、杏仁味、薄荷味、甜味、花味、肥皂味、醚味、樟脑味、芳香味、香料味、麝香味、蒜味、鱼腥味、腐臭味、腐败味、粪味、焦味、石炭酸味、汗味、草味、树脂味、油味等。

也有人在结构-气味关系的研究中，将气味划分为龙涎香气味、苦杏仁气味、麝香气味和檀香气味。Boelens 在研究了 300 种香味物质后发现气味物质可以归属为 14 类基本气味，而 Abe 通过聚类分析法，将 1 573 种气味物质分为 19 类。

第 3 节　呈味物质

一、甜味与甜味物质

甜味（sweet taste）是深受大部分人喜爱的一

种基本味感，常用于改进食品的可口性和某些食用性。具有甜味的物质较多，如糖及其衍生物这样的天然甜味物质，还有许多非糖的天然化合物、天然化合物的衍生物和合成化合物，有些已成为正在使用的或潜在的甜味剂。

（一）呈甜机制

在提出甜味学说以前，一般认为甜味与羟基（—OH）有关，因为糖类分子中含有很多羟基。但后来人们发现不同多羟基化合物的甜味相差很大。许多氨基酸、某些金属盐和不含羟基的化合物，如氯仿（$CHCl_3$）和糖精，也有甜味。上述观点就被渐渐否定。所以需要从甜味物质结构上寻找共性的东西，渐渐地发展出从物质的分子结构上解释物质与甜味关系的相关理论。

1967年，夏伦贝尔（Shallenberger）和阿克里（Acree）等提出了有关甜味物质的甜味与其结构之间关系的AH/B生甜团学说（图10-8）。他们认为，甜味化合物的分子结构中存在一个能形成氢键的基团—AH（如—OH、—H_2N、=HN），称为质子供给基；还存在一个电负性的原子基团—B（如O、N原子等），称为质子接受基。上述两种基团的距离在 $0.25 \sim 0.4$ nm；这两类基团还需满足立体化学要求，甜味物质才能与受体结合。在甜味感受器内，也存在着类似的AH/B结构单元，其两类基团的距离约为 0.3 nm，当甜味化合物的AH/B结构单元通过氢键与甜味感受器内的AH/B结构单元结合时，便对味觉神经产生刺激，从而产生了甜味。氯仿、糖精、葡萄糖等结构不同的化合物的AH/B结构如图10-9所示。

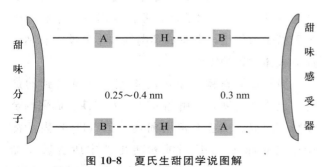

图 10-8　夏氏生甜团学说图解

夏氏生甜团学说虽然从分子化学结构的特征上解释了一个物质是否具有甜味，但是却解释不了同样具有AH/B结构的化合物甜味强度却有差异的

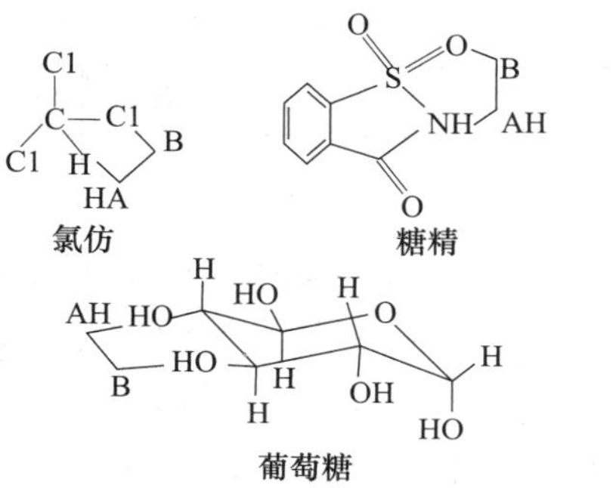

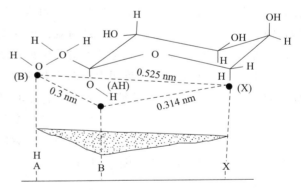

图 10-9　几种化合物的 AH/B 关系图

原因。后来 Kier 对该学说做了补充和发展，创立了 AH-B-X 学说。他认为在甜味化合物中除了 AH 和 B 两个基团外，还可能存在着一个具有适当立体结构的亲油区域。即在距 AH 基团质子约 0.314 nm和距 B 基团 0.525 nm 的地方有一个疏水基团 X（如—CH_2、—CH_3、—C_6H_5 等）时，它能与甜味感受器的亲油部位通过疏水键结合，从而稳定甜味物质与甜味受体之间的结合（图10-10）。X 部位可能促进了甜味分子与甜味感受器的接触，并因此影响到所感受的甜味强度。X 可能是甜味化合物间甜味质量差别的一个重要原因。

图 10-10　果糖甜味单元中 AH/B 和 X 之间的关系

（二）甜味强度及其影响因素

甜味的强度用"甜度"来表示，目前甜度还没有物理或化学的定量方法，只能凭人的味感来判断。通常是以在水中较稳定的非还原天然蔗糖为基准物（如以 15％或 10％的蔗糖水溶液在 20 ℃时的甜度为 1.0 或 100），用以比较其他甜味剂在同温同浓度下的甜度大小。这种相对甜度称为比甜度（表10-5）。由于是人为的比较测定，主观因素影响很大，故测定的结果往往差异很大。

表 10-5　某些糖和糖醇的比甜度

甜味剂	比甜度	甜味剂	比甜度	甜味剂	比甜度
α-D-葡萄糖	0.40～0.79	蔗糖	1.0	山梨醇	0.5～0.7
α-D-半乳糖	0.27	β-D-乳糖	0.48	半乳糖醇	0.58
α-D-木糖	0.40～0.70	β-D-麦芽糖	0.46～0.52	木糖醇	0.9～1.4

影响甜味化合物甜度的外部因素有浓度、温度、溶解程度。

1. 浓度

甜度通常随着甜味化合物浓度的增大而提高，但各种甜味化合物甜度提高的程度不同。多数糖（尤其是葡萄糖）的甜度随浓度增大的程度都大于蔗糖。例如当蔗糖与葡萄糖的浓度均小于 40% 时，蔗糖的甜度大；但当二者的浓度均大于 40% 时，其甜度基本相当。而过高浓度的人工合成甜味剂，其苦味变得非常突出，因而食品中添加甜味剂时要适量。

2. 温度

温度对甜味剂甜度的影响表现在两方面。一是温度对味觉器官的影响。感觉器官的敏锐性通常在 30 ℃时最高，所以对滋味的评价一般在 10～40 ℃，过高或过低的温度下味觉均变得迟钝。例如冰激凌的含糖量很高，但是由于我们在食用时处于低温状态，因此并不感觉非常甜。二是温度对甜味剂化学结构的影响。在较低的温度范围内，温度对蔗糖和葡萄糖的影响很小，但对果糖甜度的影响却非常大。这是因为在果糖的平衡体系中，随着温度升高，甜度大的 β-D-吡喃果糖的含量下降，而甜度小的 β-D-呋喃果糖量升高（图 10-11）。

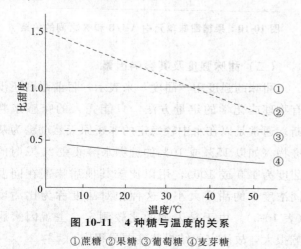

图 10-11　4 种糖与温度的关系
①蔗糖　②果糖　③葡萄糖　④麦芽糖

3. 溶解

甜味化合物和其他呈味化合物一样，在溶解状态时才能够与味觉受体结合，从而产生相应的信号并被识别。甜味化合物的溶解性质影响甜味产生的快慢与维持时间的长短。蔗糖产生甜味较快但维持时间较短，糖精产生甜味较慢但维持时间较长。

（三）甜味剂及其应用

甜味剂按其来源可以分为两类：一类是天然甜味剂，如蔗糖、果糖、淀粉糖浆、麦芽糖、葡萄糖、甘草甜素和甜菊苷等；另一类是合成甜味剂，如糖精、糖醇、帕拉金糖和甜蜜素等。合成甜味剂热值低、没有发酵性，适宜糖尿病患者和心血管患者。按生理代谢特性，还可将甜味剂分为营养性甜味剂和非营养性甜味剂。

1. 糖类天然甜味剂

单糖天然甜味剂有葡萄糖、果糖、木糖等。葡萄糖的甜味有凉爽感，甜度为蔗糖的 65%～75%，可直接食用，也可用于静脉注射。果糖的甜度最大，吸湿性特别强，难结晶，容易被消化，代谢时不需要胰岛素，适于糖尿病人和幼儿食用。木糖由木聚糖水解而成，呈无色针状结晶粉末，甜度为蔗糖的 65%，溶解性和渗透性大而吸湿性小，易溶于水，易引起褐变反应，不被微生物发酵，不产生热能，适于糖尿病人、高血压患者食用。

双糖天然甜味剂有蔗糖、麦芽糖、乳糖等。蔗糖的甜度大，甜味纯正，广泛来源于植物，在甘蔗和甜菜中含量较高，是用量最大的天然甜味剂。麦芽糖甜味爽口温和，不刺激胃黏膜，甜度为蔗糖的 1/3，营养价值在糖类中最高。乳糖来源于乳，甜度为蔗糖的 1/5，水溶性较差，食用后在小肠内受半乳糖酶的作用，分解成葡萄糖和半乳糖，有利于促进人体对钙的吸收。

另外，淀粉糖浆是淀粉不完全水解得到的产物，也称转化糖浆，由葡萄糖、麦芽糖、低聚糖及糊精等组成。工业上常用葡萄糖值（DE）表示淀粉转化的程度，DE 指淀粉转化液中所含转化糖（以葡萄糖计）干物质的百分率。DE＜30%，称为低转化糖浆；DE 在 30%～50%，称为中转化糖浆；DE＞50%，称为高转化糖浆。异构糖浆是葡萄糖在异构酶的作用下一部分异构化为果糖而制得，也称果葡糖浆。异构糖浆的主要成分和性质接近于天然果汁，具有水果清香和清凉感，味觉甜度比蔗糖浓，且具有抗结晶性好、发酵性能好、渗透压大、保湿性好、抗龋齿性好、耐贮性较好的特点。异构糖浆适用于清凉饮料和其他冷饮食品。

2. 非糖天然甜味剂

常见的非糖天然甜味剂有甘草苷（glycyrrhizin）和甜菊苷（stevioside）。甘草苷存在于豆科植物甘草的根中，由甘草酸与2分子葡萄糖醛酸缩合而成。甘草苷甜度为蔗糖的 $100\sim500$ 倍，常用的是其二钠盐或三钠盐。它可以缓和食盐的咸味，不被微生物发酵，并有抗溃疡、抗艾滋病病毒、保肝等疗效。但它的甜味产生缓慢而保留时间较长，一般与别的甜味剂混合使用。甜菊苷是甜叶菊的茎、叶内的甜味物质。糖基为槐糖和葡萄糖，配基是二萜类的甜菊醇，比甜度为 $200\sim300$。甜菊苷的甜感接近于蔗糖，对热、酸、碱都稳定，溶解性好，没有苦味和发泡性。甜菊苷广泛应用于饮料（如汽水、酒、果酒等）、焙烤食品（如面包、糕点等）、肉制品（如香肠、火腿等）中，可改善砂糖、果糖、山梨糖醇等甜味。甜叶菊苷具有清热、利尿、调节胃酸的功效，对高血压也有一定的疗效，具有广阔的发展前景。

3. 天然衍生物甜味剂

二氢查耳酮衍生物是由本来不甜的非糖天然物经改性加工而成的安全甜味剂。它是柚苷、橙皮苷等黄酮类物质在碱性条件下还原生成的开环化合物。它的甜味是蔗糖的 $100\sim20\,000$ 倍，但热稳定性较差。由于二氢查耳酮衍生物热值低，又不被细菌利用，所以它被广泛用于防龋齿和糖尿病人食品。

4. 合成甜味剂

合成甜味剂是一类用量大、用途广的食品甜味添加剂。一些合成甜味剂对人和动物有致癌致畸作用。目前，我国允许使用的合成甜味剂有：甜味素、甜蜜素、安赛蜜和糖精。

（1）甜味素　甜味素（aspartame）化学名称天冬酰苯丙氨酸甲酯，又称为蛋白糖、阿斯巴甜。它是一种二肽化合物，甜度约为蔗糖的 200 倍，甜味清凉纯正，为白色晶体，可溶于水，稳定性差。

甜味素热量低，安全且有一定的营养，在饮料工业中广泛使用，我国允许按正常生产需要添加。

（2）甜蜜素　甜蜜素（sodium cyclamate）化学名称环己基氨基磺酸钠。易溶于水，对光、热、空气稳定，加热后略有苦味。它的甜度是蔗糖的 $30\sim40$ 倍。在食品加工中具有良好的稳定性，能应用于各类食品。它与糖精按 $1:10$ 混合后，会产生协同作用，增强甜度并减少糖精的后苦味。

（3）安赛蜜　安赛蜜（acesulfame potassium），也称安赛蜜钾、安赛蜜-K、A-K 糖、乙酰舒泛钾。它类似于糖精，甜度约为蔗糖的 130 倍，呈味性质与糖精相似。易溶于水，没有营养，口感好，无热量，具有在人体内不代谢、不吸收，在口腔中不分解，不会引起龋齿，有极优的耐酸、耐热和耐酶分解性。高浓度时有苦味，适宜与其他甜味剂混合使用。对人体安全无害，安全性高。

（4）糖精　糖精（saccharin）化学名称邻苯甲酰磺酰亚胺钠盐，也称糖精钠。糖精分子本身有苦味，但溶于水中离解出离子而具有甜味，甜度是蔗糖的 $300\sim500$ 倍，后味微苦。对热不稳定，中性或碱性溶液中短时加热无变化，一般不经过代谢即排出体外。人们对糖精的安全性一直存有争议。我国允许在安全范围内使用糖精钠，要求最大用量不得超过 $0.15\ g/kg$，在婴儿食品中禁用。

二、苦味与苦味物质

苦味（bitter taste）是食品中普遍的味感之一，单纯的苦味是人们不喜欢的，但当它与甜、酸或其他味感物质适当调配时，能起到丰富或改进食品风味的特殊作用。如苦菜、苦瓜、白果、莲子、咖啡、茶叶的苦味深受人们的喜爱。苦味物质对人的消化和味觉的正常活动具有调节作用。当消化道活动发生障碍时，味觉的感受能力减退，苦味可对味觉受体进行强烈刺激，能够提高和恢复味觉的正常功能。

（一）苦味的模式

苦味像甜味一样，也取决于刺激物分子的立体化学。激发苦味与甜味感觉的分子特征类似，因而某些分子产生甜味的同时也可产生苦味。甜味分子含有两个极性基团和一个辅助性的非极性基团，但苦味分子只有一个极性基团和一个疏水基团。

也有学者认为多数苦味物质具有与甜味物质中相同的 AH/B 实体和疏水基团。AH/B 单元在特定受体部位中的取向决定分子的甜味与苦味，这些特定的受体部位位于受体腔的平坦底部。如果分子能适合为苦（或甜）味化合物定向的部位就产生苦（或甜）味；如果某分子的立体结构能使它按上述两种方向的任一方向取向，就能产生苦-甜感。例如氨基酸，D-型是甜的，而 L-型是苦的。甜味受体的疏水或亲油部位的亲油性一般是没有方向性的，因此，它既可参与产生甜味，也可参与产生苦味。分子的体积因素使位于每个受体腔中的受体部位具有立体化学选择性。综上所述，苦味模式结构基础相当广泛，多数关于苦味与分子结构的实验结果都可用现有的理论来解释。

（二）苦味物质及应用

食品和药物中的苦味剂，来源于植物的主要有 4 类：生物碱、萜类、糖苷类和苦味肽类；来源于动物的主要有苦味酸、甲酰苯胺、甲酰胺、苯基脲和尿素等。

生物碱分子中含有氮，有苦味和辛辣味。奎宁是最常用的苦味基准物。萜类化合物种类多达上万种，因含有能形成螯合物的结构（如内酯、内缩醛、内氢键、糖苷羟基等）而具有苦味。糖苷类的配基大多具有苦味，如苦杏仁苷、白芥子苷等。氨基酸侧链基团的碳原子数大于 3 且带有碱基时为苦味分子，侧链基团疏水性强则其苦味就强。

具有苦味的盐类可能与它的阴、阳离子半径之和有关。离子半径之和越大，咸味越淡，苦味越浓。例如，KBr 又咸又苦，其半径之和为 0.658 nm；NaCl 和 KCl 咸味纯正，它们半径之和小于 0.658 nm；CsCl 和 KI 苦味较浓，半径之和大于 0.658 nm。

1. 咖啡碱及可可碱

咖啡碱（caffeine）及可可碱（theobromine）都是嘌呤类衍生物，结构见图 10-12。咖啡碱在水中浓度为 150～200 mg/kg 时，显中等苦味，它存在于茶叶、咖啡和可可中。咖啡碱是一种中枢神经的兴奋剂，因此具有提神的作用。在人正常的饮用剂量下，咖啡碱对人无致畸、致癌和致突变作用。

可可碱是白色针状结晶或结晶性粉末，是巧克力的主要苦味成分，也可用于饮料。

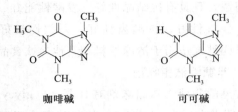

咖啡碱　　　　　　　可可碱

图 10-12　咖啡碱和可可碱的分子结构式

2. 苦杏仁苷

苦杏仁苷（amygdalin）是由氰苯甲醇与龙胆二糖所形成的苷（图 10-13）。存在于樱桃、苹果、桃、李、杏等的果核种仁及叶子中。苦杏仁苷本身无毒，但当它被 β-葡萄糖苷酶代谢分解后，就会产生有毒的氢氰酸，这也是生食杏仁、桃仁过多引起中毒的原因。苦杏仁苷的化学性质并不活泼，对健康组织影响很小，仅侵犯和破坏癌细胞。苦杏仁苷的活性成分是一种天然产生的氰化物，是人类的代谢产物，只能在癌细胞中发挥作用。因而苦杏仁苷具有良好的抗肿瘤作用，被用作治疗癌症的辅助药物。

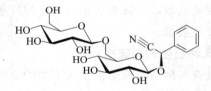

图 10-13　苦杏仁苷的分子结构式

3. 柚皮苷及新橙皮苷

柚皮苷（naringin）（图 10-14）主要存在于芸香科植物柚的果实，葡萄柚、橘、橙的果皮和果肉中。柚皮苷纯品的苦味比奎宁还要苦，检出阈值低达 0.002%。当将其水解后苦味消失，据此可脱去橙汁的苦味。柚皮苷是用醇提、萃取、层析、结晶等工序提取而成的天然色素、风味改良剂和苦味剂，广泛用于食品、饮料的生产。由于柚皮苷在碱性条件下，吡喃酮环开裂，经氢化处理，可制备二氢查尔酮甜味剂。

4. 胆汁

胆汁（bile）是肝脏分泌的黄、绿或棕色碱性液体，味苦，储存于胆囊（gall bladder）。胆汁的

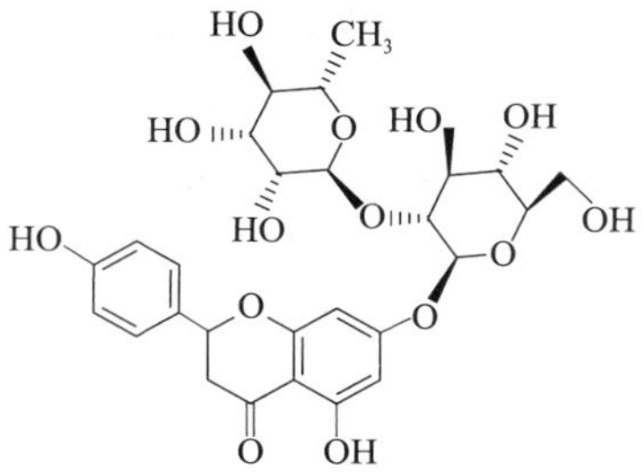

图 10-14　柚皮苷的分子结构式

颜色由所含胆色素的种类和浓度决定，由肝脏直接分泌的肝胆汁呈金黄色或桔棕色，而在胆囊储存过的胆囊胆汁则因浓缩使颜色变深。胆汁的主要成分是胆酸、鹅胆酸及脱氧胆酸，具有清热解毒、利湿、止咳、通便的作用。

5. 奎宁

奎宁（quinine），俗称金鸡纳霜，是茜草科植物金鸡纳树及其同属植物的树皮中的主要生物碱，结构见图 10-15。常被用作苦味感的标准物质，盐酸奎宁的苦味阈值大约是 10 mg/kg。奎宁可用于饮料添加剂，例如在有酸甜味特性的软饮料中，苦味能跟其他味感调和，使饮料具有清凉兴奋作用。

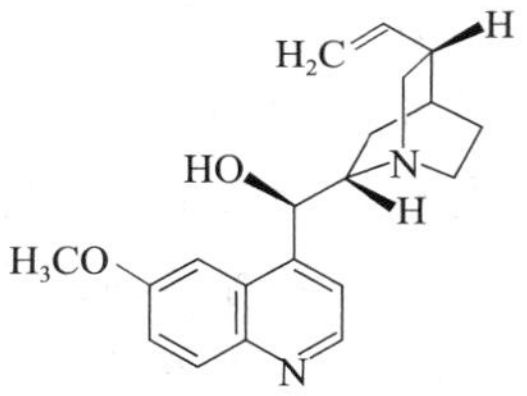

图 10-15　奎宁的分子结构式

6. 苦味酒花

酒花（hop）大量用于啤酒工业，使啤酒具有特征风味。啤酒花中的苦味成分主要为 α-酸、β-酸和黄腐酚三大类。

α-酸，又名甲种苦味酸，是啤酒花中最主要的成分，占啤酒花质量的 2%～17%。α-酸因酰基侧链的不同，存在 3 种最主要的同系物：葎草酮、合葎草酮和加葎草酮。啤酒中葎草酮最多，在麦芽汁煮沸时，它通过异构化反应生成异葎草酮。异葎草酮是啤酒在光照射下所产生的臭鼬鼠味和日晒味化合物的前体。采用预异构化的酒花提取物和清洁的棕色玻璃瓶包装啤酒就能够避免啤酒产生臭鼬鼠味

或日晒味。α-酸具有不稳定性，因而在酒体中含量极少，酒体中以异 α-酸的氧化产物为主。

β-酸与 α-酸类似，也有 3 种主要同系物，即蛇麻酮、合蛇麻酮和加蛇麻酮。β-酸本身不能为啤酒提供苦味，但它在麦汁煮沸过程中生成的氧化产物希鲁酮具有与异 α-酸类似的短暂而温和的苦感。

黄腐酚是啤酒花中含量最高的含异戊烯基的查尔酮，它在煮沸时会迅速异构化，生成苦感较低的异黄腐酚和去甲基黄腐酚。黄腐酚和异黄腐酚的氧化代谢产物以及去甲基黄腐酚的异构化产物，对啤酒的苦味都有一定的贡献。

三、酸味与酸味物质

酸味（sour taste）是由酸类化合物离解出来的质子（H⁺）同味觉感受器结合所引起的刺激，是由质子与存在于味蕾中的磷脂相互作用而产生的具有较强刺激性的一种味感。因此，凡是在溶液中能电离出 H^+ 的化合物都具有酸味。酸味可以给人一种爽快感，能促进消化、防止腐败、增加食欲、改良风味。酸味物质是食品和饮料中的重要成分或调味料。

酸味强度（sour taste intensity）有一定的评价方法，如品尝法或测定唾液分泌的流速来进行评价。品尝法常用主观等价值（PSE）来表示，指感受到相同酸味时酸味剂的浓度。PSE 值越小，表示该酸味剂在相同条件下的酸性越强。测定唾液分泌的流速是指测定每一腮腺在 10 min 内流出的唾液体积（mL）。

（一）影响酸味的主要因素

酸味主要受氢离子浓度、总酸度和酸根负离子的影响。具体解释如下：

1. 氢离子浓度

酸味是由 H^+ 形成的，更确切地说，是来自酸的水合氢离子（H_3O^+）。当溶液中的 H^+ 浓度过大（pH<3.0）时，酸味强度太大使人无法忍受；当溶液的 H^+ 浓度过低（pH>5.0～6.5）时，基本感觉不到酸味。但 H^+ 浓度和酸味之间并没有函数关系，通常在相同条件下 H^+ 浓度大的酸味剂其酸度也强。

2. 总酸度和缓冲作用

总酸度包括已离解和未离解的分子浓度。在

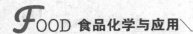
pH 相同时，总酸度和缓冲作用较大的酸味剂，酸味更强。如丁二酸比丙二酸酸味强是由于在相同 pH 时丁二酸的总酸度比丙二酸强。

3. 酸味剂阴离子的性质

酸味剂的阴离子对酸味强度和酸感品质都有很大的影响。在 pH 相同时，有机酸的酸味强于无机酸；在阴离子的结构上增加疏水性不饱和键，酸味强于相同碳数的羧酸；若在阴离子的结构上增加具有亲水性的羟基，酸性比相应的羧酸弱。

4. 其他因素

在酸味剂溶液中加入糖、食盐、乙醇时，酸味会减弱。在酸中加入适量的苦味物质，也能形成特殊的风味。水果和饮料风味的构成中通常同时具有酸味和甜味。

（二）呈酸机理

目前普遍认为，对于酸味剂 HA，H^+ 是定味基，A^- 是助味基。H^+ 在受体的磷脂头部相互发生交换反应，从而引起酸味感。在 pH 相同时，有机酸的酸味比无机酸强，是由于有机酸的 A^- 在磷脂受体的表面有较强的吸附性，减少了膜表面正电荷的密度，也减少了对 H^+ 的排斥力。二元酸的酸味随碳链延长而增强，是由于其 A^- 能形成吸附于脂膜的内氢键环状螯合物或金属螯合物，使膜表面正电荷的密度减小。若在 A^- 结构上增加疏水基团，则有利于 A^- 在脂膜上吸附，增加了膜对 H^+ 的吸引，酸味增强。若在 A^- 结构上增加亲水基团（如羧基或羟基等），酸味会减弱。

上述酸味模式虽在一定程度上解释了不少酸味现象，但还未探明 H^+、A^- 和 HA 三者中到底哪个对酸感最有影响，有关酸味的机制还有待进一步研究。

（三）重要的酸味料及其应用

1. 食醋

食醋（vinegar）是我国最常用的酸味料，醋酸含量为 3%～5%，食醋酸味强度的高低主要由其中所含醋酸量的大小所决定。食醋中还含有丰富的氨基酸、有机酸（如琥珀酸、葡萄酸、苹果酸、乳酸等）、糖、醇、酯、维生素等。现用食醋主要有"特醋""糖醋""白醋""米醋""酒醋""熏醋"等。在烹调中除用作调味外，还可防腐败、去腥味。酿醋主要使用大米或高粱为原料。由工业生产的醋酸为无色液体，有刺激性，能与水以任意比例混合，可用于调配人工合成醋，但不具有食醋风味。

2. 柠檬酸

柠檬酸（citric acid）又名枸橼酸，是在果蔬中分布最广的一种有机酸。在 20 ℃可完全溶解于水及乙醇，在冷水中比热水中易溶。柠檬酸可形成 3 种形式的酸盐，但除碱金属盐外，其他的柠檬酸盐大多不溶或难溶于水。柠檬酸的酸味圆润、滋美、爽口，入口即达最高酸感，后味延续时间短。广泛用于食品的酸味剂、抗氧化剂和 pH 调节剂，用于清凉饮料、果酱、水果和糕点等食品中。

3. 苹果酸

苹果酸（malic acid）多与柠檬酸共存，为白色（或荧白色）结晶颗粒或粉末，无臭或稍有特异臭气，易溶于水和乙醇，有特殊愉快的酸味。大自然中，以 3 种形式存在，即 *D*-苹果酸、*L*-苹果酸和其混合物 *DL*-苹果酸。

苹果酸口感接近天然果汁并具有天然香味，酸味是柠檬酸的 1.2 倍。它产生的热量低、口味柔和、滞留时间长，代谢上有利于氨基酸吸收，不积累脂肪，被誉为"最理想的食品酸味剂"。与柠檬酸合用时，有强化酸味的效果。因此广泛应用于酒类、饮料、果酱、口香糖等多种食品中。我国允许按生产正常需要量添加，通常使用量为 0.05%～0.5%。

4. 酒石酸

酒石酸（tartaric acid）广泛存在于多种植物中，如葡萄、酸角和甜角。它为无色晶体，易溶于水，酸味为柠檬酸的 1.3 倍，但稍有涩感。酒石酸与柠檬酸类似，可用于食品工业，用作啤酒发泡剂、食品酸味剂、矫味剂等，但它不适合用于配制起泡的饮料或用作食品膨胀剂。

5. 乳酸

乳酸（lactic acid）为无色液体，无气味，酸味稍强于柠檬酸，具有吸湿性，能与水、乙醇、甘油混溶。它在水果蔬菜中很少存在，现多为人工合成品。乳酸有防腐作用，可用作 pH 调节剂，可用于酿酒、合成醋、辣酱油、饮料、肉类、糕点、腌制蔬菜、加工罐头、贮藏水果等。

6. 抗坏血酸

抗坏血酸（ascorbic acid）即维生素 C（图 10-16），存在于新鲜的蔬菜和水果中，人体不能合成。天然存在的抗坏血酸有 *L* 型和 *D* 型两种，后者无生物活性。它是一种水溶性维生素。无色片状晶体，无臭，有酸味。在酸性环境中稳定，遇空气中氧、热、光、碱性物质时，易发生分解，因此在贮存、腌渍或烹调中易破坏。在食品中可作为酸味剂和维生素 C 添加剂，还有防氧化和褐变的作用。

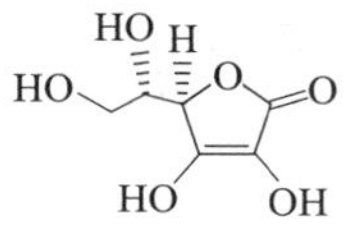

图 10-16　抗坏血酸的分子结构式

四、咸味与咸味物质

咸味（salt taste）是人类的最基本味感，没有咸味就没有美味佳肴。咸味是中性盐呈现的味道。只有 $NaCl$ 才能产生纯正的咸味，而 KCl、NH_4I 等除具咸味外还带苦味，未精制的粗盐中因含有 KCl、$MgCl_2$ 和 $MgSO_4$ 而略带苦味。苹果酸钠和葡萄糖酸钠也具有纯正的咸味，可用于加工无盐酱油。$0.1\ mol/L$ 的各种盐溶液的味感特点见表 10-6。

表 10-6　盐溶液的味感特点

味感	盐的种类
咸味	硝酸钠、氧化钠、溴化钠、碘化钠、碘化锂、氯化钾、硝酸钾、氯化铵
咸味带苦	碘化铵、溴化钾
苦味	氯化铯、溴化铯、碘化铯、硫酸镁、氯化镁
不愉快味兼苦味	氯化钙、硝酸钙
甜味	醋酸铅、醋酸铍（均有剧毒）

（一）咸味模式

咸味物质的阴阳离子共同决定了咸味，阳离子是盐的定位基，阴离子为助味基。咸味与盐离解出的阳离子关系更为密切，因为阳离子易被味觉感受器的基团（羧基或磷酸基）吸附而呈现咸味，而阴离子则影响咸味的强弱和副味。咸味强弱与味神经

对各种阴离子感应的相对大小有关。阴阳离子半径都小的盐呈咸味，半径都大的盐呈苦味，介于中间的盐呈咸苦味。通常是盐的阳离子和阴离子的原子量越大，越有增大苦味的倾向。

（二）常见的咸味物质

食品调味用的盐应该是食盐氯化钠。粗盐中常混有其他盐类，它们的含量稍高一些，就会带来苦味；但如果它们微量存在，在加工或直接食用时则又有利于呈味。所以，人们一般食用精制的食盐。但是过量摄入食盐会对身体造成不良影响，因而食盐替代物也随之产生，如葡萄糖酸钠、苹果酸钠等可用作无盐酱油和供限制摄取食盐患者的呈味料。

另外，氨基酸的盐也带有咸味，如用 86％ 的 $H_2NCOCH_2N^+H_3Cl^-$ 加入 15％ 的 5'-核苷酸钠，其咸味与食盐无区别，这可能成为未来的食品咸味剂。KCl 的咸味也较为纯正，用在运动员饮料和低钠食品中部分代替 $NaCl$，用来提供咸味和补充体内的钾。然而，使用食盐替代物后食品味感与使用食盐仍有较大的差异，这在一定程度上限制了食盐替代物的使用。

五、鲜味与鲜味物质

鲜味（delicious taste）是一种复杂的综合味感，能够使人产生食欲，具有风味增效的作用。当鲜味剂的用量高于其阈值时，能够增加食品的鲜味；但用量小于其阈值时，则只是增强风味，故欧美等国将鲜味剂称为风味增强剂（flavor enhancers）或呈味剂。

（一）呈鲜机制

鲜味分子的结构中有一条相当于 3～9 个碳原子长的脂链，且两端都带有负电荷，其结构式为 $^-O—C_n—O^-$，$n=3～9$。当 $n=4～6$ 时，鲜味最强。脂链可以是直链，也可以为脂环的一部分；其中的 C 可被 O、N、S、P 等取代。只有分子两端带有负电荷才具有鲜味，羧基经脂化、酰胺化或加热脱水形成内酯、内酰胺后，均将降低其鲜味。不过也可用一个负偶极替代其中一端的负电荷，如口蘑氨酸和鹅膏蕈氨酸等，其鲜味是味精的 5～30 倍。

（二）常见鲜味剂

常见的鲜味剂若从化学结构特征上区分，可以

分为氨基酸类、肽类、核苷酸类和有机酸类。

1. 氨基酸和肽类

在天然氨基酸中 L-谷氨酸和 L-天冬氨酸的钠盐及酰胺都具有鲜味。L-谷氨酸钠俗称味精，也称谷氨酸型鲜味剂（MSG），它是最早被发现和实现工业化生产的鲜味剂，在自然界广泛分布，海带中含量丰富，具有强烈的肉类鲜味。味精的鲜味受 pH 影响，在 pH＝3.2 时，鲜味最低；在 pH＝6 时，鲜味最高；在 pH＞7 时，鲜味消失。此外，味精也有缓和咸、酸、苦的作用，食盐是它的助鲜剂。L-天冬氨酸的钠盐和酰胺也有鲜味，是竹笋等植物性食物的主要鲜味物质。

谷氨酸羧基端与亲水性氨基酸相连形成的二肽、三肽也有鲜味，如 L-α-氨基己二酸、琥珀酸二钠、谷-谷-丝三肽、谷-胱-甘三肽、口磨氨酸等。

2. 核苷酸类

核苷酸类呈鲜味的物质有 5′-肌苷酸（5′-IMP）、5′-鸟苷酸（5′-GMP）和 5′-黄苷酸、5′-脱氧肌苷酸及 5′-脱氧鸟苷酸，前两种鲜味最强。5′-IMP 广泛分布于鸡、鱼、肉汁中，主要来自动物肌肉中 ATP 降解。5′-GMP 是香菇为代表的蕈类鲜味的主要成分。5′-核苷酸与谷氨酸钠混合使用时有协同效应，如 1％IMP＋1％GMP＋98％MSG 混合物的鲜味是纯 MSG 的 4 倍。

3. 有机酸类

琥珀酸（succinic acid）及其钠盐有鲜味，在贝类中含量最多。它可用于酒精清凉饮料、糖果的调味，其钠盐可用于酿造食品及肉类食品的加工。麦芽酚和乙基麦芽酚常作为风味增效剂在水果和甜食中使用。低浓度的麦芽酚具有甜味，高浓度的麦芽酚具有令人愉快的焦糖芳香。适量添加麦芽酚可使果汁具有圆润、柔和的味感。麦芽酚和乙基麦芽酚都可与甜味受体的 AH/B 部分相匹配，但作为风味增效剂，乙基麦芽酚更为有效。

六、辣味与辣味物质

辣味（hot taste）是由辛香料中的某些成分所引起的尖利的刺痛感和特殊的灼烧感的总称。它不属于味觉，是刺激口腔黏膜、鼻腔黏膜、皮肤、三叉神经而引起的一种痛觉。适当的辣味可促进食欲，促进消化液的分泌，在食品烹调中已被广泛使用。

（一）呈辣机理

常见的双亲性辣味物质，如辣椒素、胡椒碱、花椒碱、生姜素、丁香、大蒜素、芥子油等，极性头部是定味基，非极性尾部是助味基。它们的辣味符合 C_9 最辣规律，即分子的辣味随其非极性尾链的增长而加剧，以 C_9 左右达到最高峰，然后陡然下降（图 10-17 和图 10-18）。

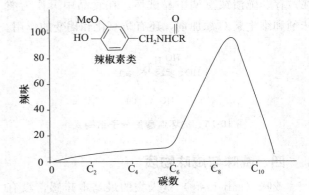

图 10-17 辣椒素与其尾链 C_n 的辣味关系

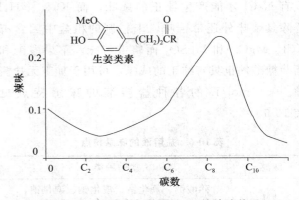

图 10-18 生姜素与其尾链 C_n 的辣味关系

一般脂肪醇、醛、酮、酸的烃链长度增长也有类似的辣味变化。上述辣味分子尾链如无顺式双键或支链时，n-C_{12} 以上将丧失辣味；若链长虽超过 n-C_{12} 但在 ω-位邻近有顺式双键，则还有辣味。顺式双键越多越辣，反式双键的多少与辣味强弱关系不大；双键在 C-9 位上影响最大；苯环的影响相当于一个 C_4 顺式双键。此外，辣味物质分子极性基的极性大小及位置与辣味的关系也很大。

（二）常见辣味物质

根据引起的感觉不同，辣味物质分为热辣味物质、辛辣味物质和刺激辣味物质。

1. 热辣（火辣）味物质

热辣味物质，也称火辣味物质，是一种无芳香的辣味，在口中能引起灼热感觉。主要有：

（1）辣椒（capsicum） 它的主要辣味成分辣椒素（capsaicine），是一类不饱和单羧酸香草基酰胺，碳链长度不等（$C_8 \sim C_{11}$），同时还有少量含饱和直链羧酸的二氢辣椒素（图 10-19）。不同品种辣椒的辣椒素含量不同，乌干达辣椒辣椒素含量高达 0.85%，印度萨姆椒为 0.3%，牛角红椒含0.2%，红辣椒含 0.06%，甜椒通常含量极低。

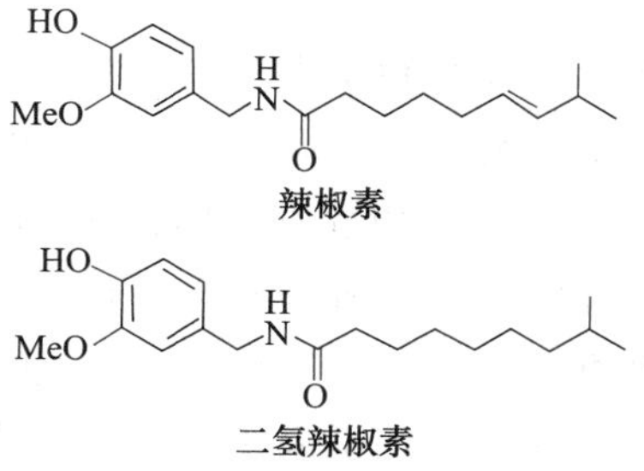

图 10-19 辣椒素和二氢辣椒素的结构式

（2）胡椒（pepper） 常见的有黑胡椒和白胡椒两种。黑胡椒由尚未成熟的绿色果实制得；白胡椒则用变黄而未变红时收获的成熟果实制得。胡椒的辣味成分主要是胡椒碱（piperine），另外还有少量类辣椒素。

胡椒碱（图 10-20）属于酰胺化合物，其不饱和烃基有顺反异构体，顺式双键越多越辣，全反式结构称异胡椒碱。胡椒经光照或储存后会降低辣味，原因是顺式胡椒碱异构化为反式结构所致。合成的胡椒碱已在食品中使用。

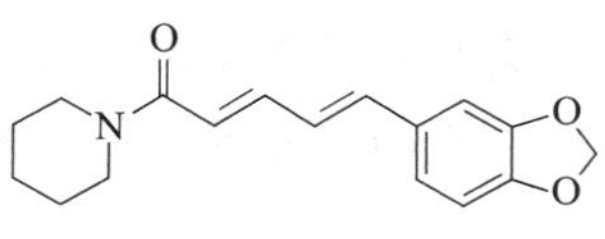

图 10-20 胡椒碱的结构式

（3）花椒（xanthoxylum） 花椒主要辣味成分为山椒素（sanshool），是酰胺类化合物，还有少量异硫氰酸烷丙酯等。花椒果皮是香精和香料的原料，除辣味成分外还含有挥发性香味成分。

2. 辛辣味物质

辛辣味物质，也称芳香辣味物质，是一类除辣味外还具有较强烈的挥发性芳香味的物质，具有味感和嗅感双重作用。

（1）姜（ginger） 姜醇、姜辣素、姜烯酚、姜酮等是姜的主要辣味成分，鲜姜的辛辣成分主要为 6-姜醇，分子中环侧链上羟基外侧的碳链长度各不相同（$C_5 \sim C_9$）。鲜姜经干燥后，姜醇会脱水生成姜烯酚类化合物，后者比姜醇更为辛辣。当姜受热时，由姜烯酚生成姜酮，辛辣味较为缓和。姜醇和姜烯酚中当 $n=4$ 时辣味最强（图 10-21）。

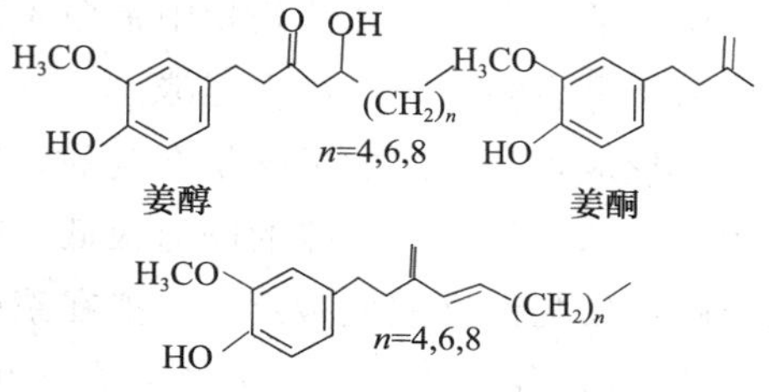

图 10-21 姜中的辣味成分

（2）肉豆蔻（nutmeg）和丁香（clove） 肉豆蔻和丁香的辛辣成分主要是丁香酚和异丁香酚。这类化合物也含有邻甲氧基苯酚基团。

（3）芥子苷（mustard glycosides） 芥子苷在水解时产生葡萄糖及芥子油。芥子苷有黑芥子苷（sinigrin）和白芥子苷（sinalbin）两种。二者在植物中的来源不同，前者来源于芥菜、黑芥的种子及辣根等蔬菜中，后者则来源于白芥籽中。

3. 刺激辣味物质

刺激辣味物质是一类除能刺激舌和口腔黏膜外，还能刺激鼻腔和眼睛，具有味感、嗅感和催泪性的物质。主要有：

（1）蒜、葱、韭菜 蒜的主要辣味成分为 3种，蒜素（生理活性最大）、二烯丙基二硫化物、丙基烯丙基二硫化物。大葱、洋葱、韭菜的主要辣味成分是二丙基二硫化物、甲基丙基二硫化物等。这些二硫化物会受热分解生成相应的硫醇，因而煮熟后的蒜、葱、韭菜等在辛辣味减弱的同时还产生甜味。

（2）芥末、萝卜 芥末、萝卜的主要辣味成分为异硫氰酸酯类化合物，其中异硫氰酸丙脂（也称芥子油）的生理活性最大，具有强烈的刺激性辣味。异硫氰酸酯类在受热时会水解为异硫氰酸，使辣味减弱。

七、涩味和涩味物质

当口腔黏膜蛋白质被凝固时，口腔中有干燥的感觉，口腔组织粗糙收缩，这时感觉到的滋味就是涩味（astringency）。涩味通常是由多酚类化合物、金属盐、醛类、多酚类与唾液中的蛋白质缔合而产生沉淀或聚集体所致。有些未成熟的水果（如柿子、苹果、香蕉）和蔬菜（如菠菜、春笋等）中由于存在草酸、香豆素和奎宁酸等也会引起涩味。此外，某些难溶的蛋白质（如干奶粉中蛋白质）与唾液中的蛋白和黏多糖结合也产生涩味。

涩味对形成食品特定的风味是有益的，如茶和红葡萄酒的涩味。但人对涩味的阈值很低，因此需要降低涩味物质的浓度或掩蔽涩味。如在茶中加入牛乳或稀奶油，使多酚和酪蛋白结合，可去除涩味。

八、清凉味

清凉味（cooling sensation）由一些物质对鼻腔和口腔中的特殊味觉感受器刺激而产生。典型的清凉味为薄荷风味，包括留兰香和冬青油的风味。

薄荷醇（menthol）是清凉味的代表物，可用薄荷的茎、叶进行水蒸气蒸馏而得到，具有清凉的味感和嗅感。它作为清凉风味剂，在糖果、清凉饮料中被广泛使用。

一些糖的结晶入口后也产生清凉感，原因是它们在唾液中溶解时要吸收热量。例如，蔗糖、葡萄糖、木糖醇和山梨醇结晶的溶解热分别为 18.1、94.4、153.0 和 110.0 J/g，后 3 种甜味剂的溶解热明显较大，具有这种清凉风味。

九、金属味

金属味主要是由 Fe^{2+} 或 $FeSO_4 \cdot 7H_2O$ 所产生的金属离子的味道。一般当原料中引入金属，或与食品接触的金属与食品之间发生离子交换，都会使食品产生令人不快的金属味。如用铁罐包装的罐头，若存放时间长就可能带有异味。

第4节　食品的香气及香气成分

一、果蔬的香气及香气成分

水果的香气成分主要是有机酸酯类、醛类、萜类和挥发性酚类，其次是醇类、酮类和挥发性酸等。水果的香气成分产生于其体内的代谢过程，因而随着果实的成熟而增加。

苹果挥发性物质中，小分子酯类物质占 78%～92%，主要是乙酸、丁酸和己酸分别与乙醇、丁醇和己醇形成的酯类。酯类中含有较多的乙酸-3-甲基丁酯、3-甲基丁酸乙酯和 3-甲基丁酸丁酯等，它们具有典型的苹果香味且阈值较低，其中 3-甲基丁酸乙酯的阈值仅为 1×10^{-7} mg/kg。苹果中的醇类物质占总挥发性物质的 6%～12%，主要醇类为丁醇和己醇。

厚皮甜瓜挥发性物质中乙酸乙酯占 50% 以上。甜瓜中还含有 6 种硫酯，即甲硫基乙酸甲酯、甲硫基乙酸乙酯、乙酸-2-甲硫基乙酯、3-甲硫基丙酸甲酯、3-甲硫基丙酸乙酯和乙酸-3-甲硫基丙酯。3-甲硫基丙酸甲酯和 3-甲硫基丙酸乙酯是菠萝中重要的香气成分。未成熟甜瓜果实中存在大量链醇和醛类物质。

草莓成熟果实中发现有肉桂酸的衍生物，以甲酯和乙酯为主，它们的前体物质为 1-O-反式肉桂酰-β-D-吡喃葡萄糖。某些品种的草莓的挥发性物质中也含有硫酯。

葡萄的香气成分中有大量的萜类物质，从葡萄挥发物质鉴定出 36 种单萜类物质，并认为沉香醇和牻牛儿醇为主要香气成分。此外，葡萄还含有苯甲醇、苯乙醇、香草醛、香草酮及其衍生物。

杏的香气成分主要有内酯类、酮类化合物、醇类、醛类、己烯醇、紫罗酮、萜烯醇类、己醛、己醇、己烯醛、内酯类等。紫罗酮和芳樟醇与果实的花香相关，内酯类则与果香相关，它们共同构成杏果实的清香，但含量的差异导致了品种间果实香气的差异。

菠萝挥发性物质中酯类物质占 44.9%。成熟香蕉果实的挥发性物质中有大量的丁香醇、丁香醇甲酯及其衍生物等酚类物质。梨的香气物质主要为乙酸乙酯、丁酸乙酯、己酸乙酯、己醛、棕榈酸异丙酯等。

蔬菜类的香气不如水果类的香气浓郁，但有些蔬菜具有特殊的香辣气味，其成分主要是一些含硫化合物。葱属植物，如葱头、大蒜、韭葱、细香葱和青葱，产生强扩散性香气。十字花科植物如甘蓝、芥末、水田芥菜、小萝卜和辣根有强烈的辛辣芳香气味，有催泪性或对鼻腔有刺激性。

风味酶在蔬菜组织细胞受损时释出，与细胞质中的香味前体底物结合，催化挥发性香气物质的产生。风味酶具有种属特异性，如在干制甘蓝时分别用洋葱风味酶和芥菜风味酶处理，得到的分别是洋葱气味和芥菜气味，而不是甘蓝气味。

二、肉的香气及香气成分

新鲜的畜禽肉一般都带有腥膻气味，风味物质主要由甲醇、乙醇、氨、硫化氢（H_2S）、硫醇（CH_3SH、C_2H_5SH）、羰基类化合物（CH_3CHO、CH_3COCH_3、$CH_3CH_2COCH_3$）等挥发性化合物组成。

在烹饪加热过程中，有 3 种途径可形成肉的香味化合物：一是脂质氧化、水解等反应形成的醛、酮、酯等化合物。二是美拉德反应，这是肉香味的最主要来源。三是不同风味化合物的进一步分解或者相互之间反应生成的新风味化合物。

含硫化合物是加热后肉类香气最重要的成分。煮肉时产生的香气化合物主要是中性的，香气特征成分是异硫化物、呋喃类化合物和苯环型化合物；烤肉时则主要生成碱性化合物，香气成分主要是吡嗪类化合物，另外还有吡咯、吡啶及异戊醛等。肉类加热香气中，H_2S 的含量对香气有影响，含量过高会产生硫臭味，含量过低会使肉的风味下降。

三、水产品的香气及香气成分

新鲜的海水鱼、淡水鱼类的气味较低，主要是由挥发性羰基化合物、醇类产生。淡水鱼（如鲤鱼）的土腥味是由于某些淡水浮游生物（如微囊藻、念珠藻、放线菌等）分泌的泥土味物质排入水中，而后通过鳃和皮肤渗入鱼体，使鱼产生泥土味。

水产品随着新鲜度的下降，逐渐呈现出鱼腥味和腐臭味。鱼腥味的特征成分是鱼皮黏液中含有的 δ-氨基戊醛、δ-氨基戊酸和六氢吡啶类化合物。鱼类血液中因含有 δ-氨基戊醛而具有强烈的腥臭味。臭气成分包括氨、二甲胺、三甲胺、甲硫胺、吲哚、粪臭素及脂肪酸氧化产物。由于这些臭气成分都是碱性物质，添加食醋可以发生中和反应，降低臭气。

四、乳制品的香气及香气成分

新鲜优质的牛乳鲜美可口，其香味成分主要是低级脂肪酸和羰基化合物，如甲醛、乙醛、丙酮、丁酮、2-戊酮、2-己酮等以及极微量的乙醚、乙醇和甲硫醚等。甲硫醚是牛乳香气的主香成分，它的阈值在蒸馏水中大约为 1.2×10^{-4} mg/L，略大于阈值就会产生异臭味和麦芽臭味。牛乳吸收外界异味的能力较强，在 35 ℃ 左右时吸收能力最强，牛乳刚挤出时恰好在这个温度范围，所以要避免与有异臭味的物料接触。

牛乳中存在脂水解酶（lipase），能使乳脂水解生成低级脂肪酸，其中丁酸的酸败臭味最强烈。可采取用青饲料而非干饲料喂养乳牛、低温贮存、尽量不搅拌或少搅拌等方法避免乳脂水解产生酸败臭气。

乳及乳制品长时间暴露在空气中，也会产生酸败气味，又称氧化臭（oxidative odour），这是由乳脂中不饱和脂肪酸自动氧化后产生的不饱和醛所致。微量的金属（如 Fe^{3+} 和 Cu^{2+}）、抗坏血酸和光线等都能催化乳制品氧化臭。

五、焙烤食品的香气及香气成分

食物在焙烤时产生的香气成分是由加热过程中发生糖类热解、羰氨反应（美拉德反应）、油脂分解和含硫化合物分解，综合而成各类食品特有的焙烤香气。

糖类是形成香气的重要前体。当温度大于 300 ℃ 时，糖类可热解形成呋喃衍生物、酮类、醛类和丁二酮等多种香气物质。

羰氨反应也会形成多种香气物质，且反应产物随温度及反应物不同而异，如亮氨酸、缬氨酸、赖氨酸、脯氨酸与葡萄糖一起适度加热时都可产生诱人的气味，而胱氨酸和色氨酸则产生臭气。

面包等面制品在焙烤过程中可产生的香气成分是羰基化合物，已鉴定的就达 70 多种。此外，面制品在发酵过程中也产生呈香物质醇、酯，在发酵面团中加入亮氨酸、缬氨酸和赖氨酸可增强面包的香气；二羟丙酮和脯氨酸在一起加热可产生饼干香气。

焙烤后的花生和芝麻都有特别诱人的香气。花生加热形成的香气成分有羰基化合物、吡嗪化合物和甲基吡咯，芝麻的主要香气成分是含硫化合物。

六、发酵食品的香气及香气成分

发酵食品及调味料的香气成分主要由微生物作用于糖、脂肪、蛋白质等物质而产生，主要有醛、酮、醇、酸和酯类物质。由于微生物代谢产物繁多，各种成分比例各异，使发酵食品的香气各有特色。

1. 果酒的香气

最重要的果酒是葡萄酒。葡萄酒的香气包括芳香和花香两大类。芳香来自果实本身，是果酒的特征香气；花香是在发酵、陈化过程中产生的。葡萄酒的香气物质有高碳醇、乙酸乙酯、己酸乙酯、辛酸乙酯、γ-内酯、乙醛、多种有机酸（如酒石酸、葡萄酸、乙酸、乳酸、琥珀酸、柠檬酸、葡萄糖酸）等。

2. 酱及酱油的香气

酱和酱油都是以大豆、小麦为原料，由霉菌、酵母菌和细菌发酵而成的调味料。酱及酱油的香气是它们的特征香气和氨基酸、肽类所产生的鲜味，食盐的咸味，有机酸的酸味等的综合味感。

酱和酱油的香气成分极为复杂，其中乙醇含量最高（1%～2%），其次还有正丁醇、异戊醇和β-苯乙醇等；酸类主要有乙酸、丙酸、异戊酸和己酸等；酯类物质有乙酸戊酯、乙酸丁酯、β-苯乙醇乙酸酯等；酚类有4-乙基愈创木酚、4-乙基苯酚和对羟基苯乙醇；羰基化合物主要有乙醛、丙酮、丁醛、异戊醛、糖醛、饱和及不饱和酮醛等。酱油的香气成分中还有含硫氨基酸转化而来的甲硫醇、二甲硫醚、甲硫氨醛、甲硫氨醇等硫化物，甲硫醇是构成酱油特征香气的主要成分，二甲硫醚使酱油产生一种青色紫菜的气味。

第5节 食品中风味形成途径

食品中风味物质形成的途径或来源大致有5个方面，即：生物合成、酶的作用、发酵作用、食物调香和高温分解作用。

一、生物合成作用

食物中的香气物质大多数是食物原料在生长、成熟和贮藏过程中通过生物合成作用形成的。食物中的香气成分主要是以氨基酸、脂肪酸、羟基酸、单糖、糖苷和色素为前体，通过进一步的生物合成而形成。

（一）以氨基酸为前体的生物合成

在许多水果和蔬菜的香气成分中，都发现含有低碳数的醇、醛、酸、酯等化合物。这些香气物质的生物合成前体有一部分是氨基酸，主要是支链氨基酸、芳香族氨基酸和含硫氨基酸。

1. 支链氨基酸

在许多水果、蔬菜中都含有低碳数的醇、醛、酸、酯等香味化合物，这些化合物的生物合成前体大部分都来自支链氨基酸。洋梨、猕猴桃、香蕉、苹果等水果是靠后期催熟来增加香气的，它们的香气成分随着水果在后熟过程中呼吸高峰期的到来而急剧生成。例如香蕉，随着蕉皮由绿色变成黄色，其特征香气物质乙酸异戊酯等酯类物质含量迅速增加。苹果和香蕉的特征香气成分分别是3-甲基丁酸乙酯和2，4-癸二烯酸酯，分别是在后熟中形成的，都是以支链氨基酸 L-亮氨酸为前体，通过生物合成产生的（图10-22）。除亮氨酸外，植物中的苯丙氨酸也能按上述生物合成途径产生香气物质。

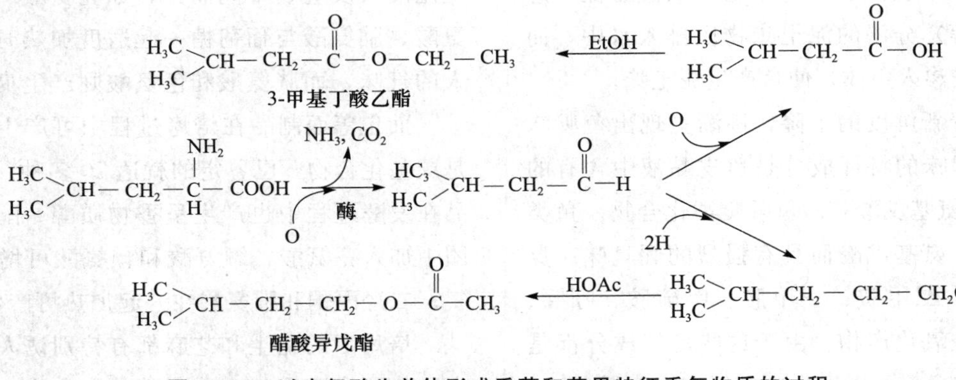

图 10-22　以亮氨酸为前体形成香蕉和苹果特征香气物质的过程

2. 芳香族氨基酸

芳香族氨基酸（如苯丙氨酸和酪氨酸）是很多水果香气物质的前体。这些香气物质如香蕉内的榄香素和5-甲基丁香酚、葡萄和草莓中的桂皮酸酯以及某些果蔬中的草香醛等。这些芳香族氨基酸在植物内可由莽草酸生成，这个生物合成过程也称为莽草酸途径。烟熏食品的香气，也是以这个途径中的某化合物为前体的。

3. 含硫氨基酸

S-氧化硫代丙醛、二烯丙基硫代亚磺酸酯（蒜素）、香菇酸分别是洋葱、大蒜、香菇的主要特征性香气物质，它们的前体分别是S-(1-丙烯基)-L-半胱氨酸亚砜、S-(2-丙烯基)-L-半胱氨酸亚砜和S-烷基-L-半胱氨酸亚砜（香菇精），这些前体物质都属于含硫氨基酸及其衍生物。大蒜和香菇特征香气物质形成的途径见图10-23和图10-24。

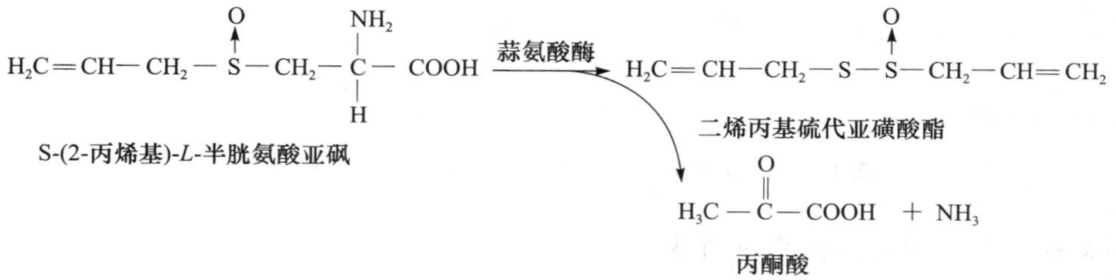

图 10-23　大蒜特征性香气成分形成途径

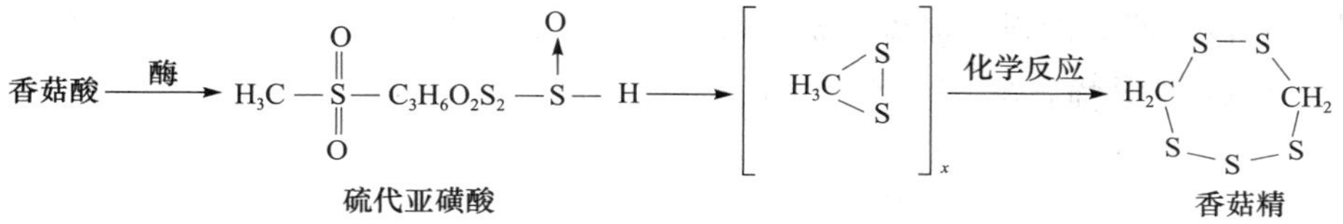

图 10-24　香菇特征性香气成分形成途径

（二）以脂肪酸为前体的生物合成

在一些瓜果及蔬菜的香气成分中，常含有 C_6 和 C_9 的醇、醛类以及由 C_6 和 C_9 的脂肪酸所形成的酯，它们多数是以脂肪酸为前体通过生物合成而形成的。按生物合成过程中催化酶的不同，分为两类反应。

1. 由脂肪氧合酶产生的香气成分

由脂肪酸经生物酶促反应合成的香气物质通常具有独特的芳香，作为前体物的脂肪酸多为亚油酸和亚麻酸。

苹果、香蕉、葡萄、菠萝和桃子中的己醛，香瓜、西瓜的特征性香气物质 2-*trans*-壬烯醛和 3-*cis*-壬烯醇，番茄的特征性香气物质 3-*cis*-己烯醛和 2-*cis*-己烯醇以及黄瓜的特征性香气物质 2-*trans*-6-*cis*-壬二烯醇等，都是以亚油酸和亚麻酸为前体，在脂肪氧合酶、裂解酶、异构酶和氧化酶等的作用下合成的（图10-25）。一般来说，C_6 的伯醇和醛类产生青草味，C_8 的仲醇和酮类具有紫罗兰般的香气，C_9 的伯醇和醛呈现甜瓜和黄瓜的香味。

2. β-氧化途径

某些水果如梨、杏、桃等在成熟时都会产生令人愉快的果香，这些香气成分很多都是由脂肪酸经 β-氧化途径衍生的中碳链化合物。由亚麻酸通过 β-氧化生成梨的特征香气成分 (2E, 4Z)-癸二烯酸乙酯，同时生成 $C_8 \sim C_{12}$ 的羟基酸，这些羟基酸在酶的催化下环化成 γ-内酯和 δ-内酯，具有椰子和桃子的特征香气。通过 β-氧化，长链脂肪酸分解生成短链酰基 CoA。自然成熟的水果比人工催熟的香气更浓，这与酶的活性有关。如自然成熟的桃子中酯类和苯甲醛的含量是人工催熟桃子的3～5倍。

（三）以羟基酸为前体的生物合成

在柑橘类等其他水果中特征性风味物质是萜烯类化合物，包括开链萜和环萜类。芒果中的单烯萜和倍半萜烯化合物占主要挥发性成分的70%～90%。这些萜类在植物组织中主要是以甲瓦龙酸

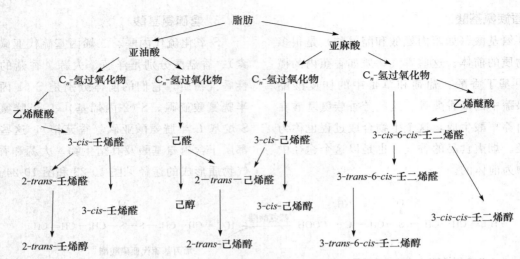

图 10-25   以脂肪酸为前体生物合成香气物质的途径

（一种 C_6 的羟基酸）为前体在酶催化下首先生成焦磷酸异戊烯酯，然后再分成两条不同的途径进行合成。产物大多具有天然芳香味，包括柠檬的特征性风味物质柠檬醛和橙花醛；酸橙、甜橙、柚子的特征性风味成分分别为苧烯、β-甜橙醛、诺卡酮等。

椰子和桃子特征风味特征物质 $C_8 \sim C_{12}$ 内酯以及乳制品特征风味物质 δ-辛内酯，是以羟基酸或脂肪氧化羟基酸产物为前体由酶催化发生环化反应形成的（图 10-26）。

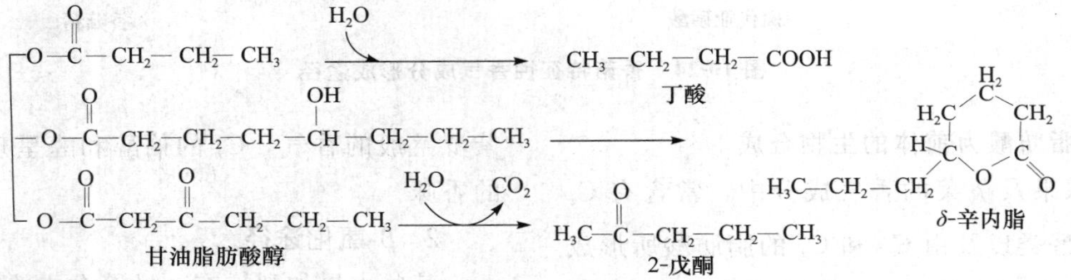

图 10-26   羟基酸环化形成香气物质的途径

（四）以单糖、糖苷为前体的生物合成

在水果中单糖不仅是水果的味感成分，而且是许多香气成分（如醇、醛、酸、酯类）的前体物质。单糖经无氧代谢生成丙酮酸后，再在脱氢酶催化下氧化脱羧生成活性乙酰辅酶 A，再分两条途径通过酶促反应合成香气物质乙酸某酯和某酸乙酯。

十字花科蔬菜如山葵、辣根、芥末、榨菜、雪里蕻等的特征性香气物质是异硫氰酸酯、硫氰酸酯和一些腈类化合物。一般认为这些辛辣味的物质并不是直接存在于植物中，而是植物细胞遭到破坏时，辛辣物质的前体硫代葡萄糖苷（又称为黑芥子苷或黑芥子素）在芥子苷酶催化下降解形成的。

（五）以色素为前体的生物合成

某些食物的香气物质是以色素为前体形成的，该过程伴随着氧化作用的进行。如番茄中的 6-甲基-5-庚烯-2-酮和法尼基丙酮是由番茄红素在酶的催化下生成的，红茶中的 β-紫罗酮和 β-大马酮可以通过类胡萝卜素氧化生成。

二、酶的作用

食物原料在加工或贮藏过程中在一系列酶的催化下可形成香气物质，在此过程中酶对食品香气的作用包括直接作用和间接作用。酶的直接作用指酶催化某一香气物质前体直接形成香气物质，如葱、蒜、卷心菜、芥菜的香气形成。而间接作用指氧化酶能催化形成的氧化产物对香气物质前体进行氧化而形成香气物质，如红茶的香气形成是茶叶中的游离氨基酸在多酚氧化酶的条件下，发生 Strecker 降解生成挥发性醛。

三、发酵作用

发酵食品及其调味品的香气成分主要是发酵基质中的蛋白质、糖类、脂肪等与微生物作用产生的，主要有醇、醛、酮、酸、酯类等物质。由于微生物代谢的产物种类繁多，且食品中各种成分比例各异，使发酵食品的香气别具特色。发酵对食品香气的影响主要体现在两个方面：一方面是原料经微生物发酵而形成香气物质，如醋的酸味，酱油的香气；另一方面是微生物发酵形成的一些非香气物质在产品的熟化和贮藏过程中进一步转化而形成香气物质，如白酒的香气成分。微生物发酵形成香气物质比较典型的例子就是乳酸发酵（图 10-27）。

四、食物调香

食物的调香是通过使用香气增强剂显著增加原有食品的香气强度或异味掩蔽剂来掩蔽原有食品的不愉快气味。常用的香气增强剂有 L-谷氨酸钠、$5'$-肌苷酸、$5'$-鸟苷酸、麦芽酚和乙基麦芽酚。香气增强剂本身也可用做异味掩蔽剂。此外，异味掩蔽剂如食醋，在烹调鱼时使用可减弱鱼腥味。

五、高温分解作用

（一）食品热处理产生的香气成分

对食物进行的热处理，最为常见的有烹煮、焙烤和油炸等方式。在热处理过程中，食品内原有的香气物质会挥发而损失，食品中的一些组分也会降解或发生相互作用而生成大量新的香气物质。

1. 烹煮中形成的风味物质

在烹煮过程中，鱼、肉等动物性食物，形成大量的香气物质；蔬菜、谷类食品，原有香气物质有部分损失，但也生成了一定量的新香气物质；水果、乳品等食品，主要是原有香气物质的挥发散失，生成新的香气物质较少。

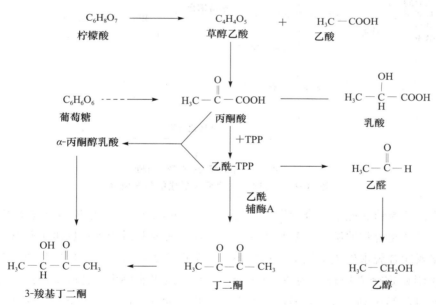

图 10-27　乳酸发酵产生的主要香气物质

在烹煮条件下发生的非酶反应（non-enzymatic reaction），主要有羟氨反应、多酚化合物的氧化、含硫化合物的降解、维生素和类胡萝卜素的分解等。因此，对于香气清淡或香气较浓但易挥发的食物，应避免长时间烹煮而损失香气。

2. 焙烤中形成的风味物质

焙烤时各类食品都会有大量的香气物质产生，可大致分为杂环类化合物、烃类及其含氧衍生物和含硫化合物 3 大类。例如，烤面包除了在发酵过程中形成醇、酯类化合物外还有 70 多种羰基化合物。炒米、炒面、炒大豆、炒花生、炒瓜子和咖啡等食物的焙烤特征香气成分，多数是吡嗪类化合物和含硫化合物。食物在焙烤时发生的非酶反应，主要有羟氨反应以及维生素、油脂、氨基酸、单糖、β-胡萝卜素、儿茶酚等的降解。

3. 油炸中形成的风味物质

油炸食品香气诱人，产生香气物质的反应途径，除与焙烤时发生的反应相似之外，还与油脂的热降解反应有关。油炸食品特有的香气物质为2，4-癸二烯醛（阈值为 5×10^{-4} mg/kg），还有高温生成的吡嗪类和酯类化合物以及油脂本身的独特香气物质。例如用椰子油炸的食品带有椰香，用芝麻油炸的食品带有芝麻酚香等。

（二）美拉德反应与风味物质

美拉德反应又称非酶褐变反应，是羰基和氨基间的加缩反应，它是醛、酮、还原糖及脂肪氧化生成的羰基化合物与胺、氨基酸、肽、蛋白质、氨的氨基化合物之间发生的化学反应，化学过程十分复杂。美拉德反应可分成初级阶段、中间阶段和最终阶段3个反应阶段（图10-28）。

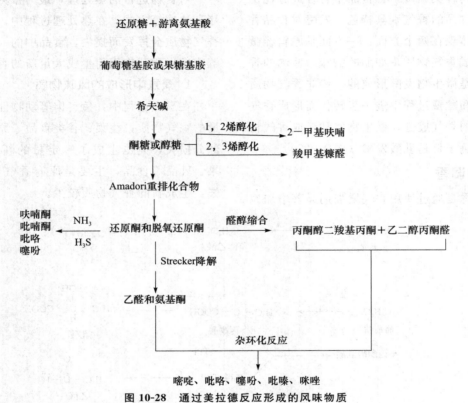

图 10-28 通过美拉德反应形成的风味物质

初级阶段主要是还原糖和氨基化合物发生羰氨缩合和分子重排，氨基化合物的游离氨基与还原糖的游离羰基发生羰氨缩合脱水生成不稳定的化合物希夫碱，因其性质不稳定会立即环化为 N-葡萄糖胺，N-葡萄糖胺经过阿马多利（Amadori）分子重排转变成还原酮和脱氧还原酮（1-氨基-1-脱氧-2-酮糖或2-氨基-2-脱氧-1-醛糖）。初级美拉德反应虽不产生食品香味，但 Amadori 重排化合物是极为重要的不挥发的香味物质的前体。

美拉德反应的中间阶段有3种反应路径：反应路径1，还原酮和脱氧还原酮会发生1，2-烯醇化反应，生成羟甲基呋喃希夫碱或者呋喃希夫碱，再经过脱氨基作用最后生成羟甲基呋喃等；反应路径

2，还原酮和脱氧还原酮会进行醛醇缩合反应，再经过脱氨基后产生还原酮类化合物，随后生成二羟基还原酮，再进一步反应生成丁间醇醛和无氮的聚合物或者裂解生成乙醛类物质，也可进一步脱水与胺类物质结合生成类黑精；反应路径3，发生Strecker 降解反应，生成的羰氨类化合物经过缩合产生吡嗪类物质。

最终反应阶段是多种活性中间体如葡萄糖酮醛、二还原酮类、不饱和醛亚胺等继续与氨基酸发生醇醛缩合、醛氨聚合、环化反应等，最终生成类黑精色素以及吡嗪和咪唑环等风味物质。

目前发现，美拉德反应能够生成3 500多种挥发性物质，虽然这些挥发性化合物的量非常少，但

它们对形成食品的风味非常重要。美拉德反应香味物根据其香气待征结构、分子形状及形成路线主要分为 4 类：①含氮杂环化合物，如吡嗪、吡啶、吡咯、呋喃、噻唑类等，主要产生坚果香、焙烤香。②环状烯醇酮结构化合物，如麦芽酚、脱氢呋喃酮等，主要产生焦糖香。③多羰基化合物，产生焦香。④单羰化合物，产生各种酮、醛类香气。

（三）热降解与风味物质的形成

在加热过程中，食品大部分基本组分和非基本组分都会发生一定程度的降解，产生种类繁多的风味化合物。基本组分的热降解主要包括糖、氨基酸和脂肪的热降解。非基本组分的热降解主要包括硫胺素热降解、抗坏血酸热降解和类胡萝卜素降解。

1. 糖的热降解

糖在没有胺类存在的情况下受热，也会发生一系列的降解反应，根据受热温度、时间等条件不同经过一系列的异构化和脱水反应后，生成以呋喃类化合物为主的嗅感成分和少量的内酯类、环二酮类等物质。

单糖和双糖一般经过熔融状态才进行热分解。当温度较低或时间较短时，会产生一种牛奶糖样的香气；如继续受热，单糖的碳链发生裂解，形成丙酮醛、甘油醛、乙二醛等低分子嗅感物；若受热温度较高或时间较长时，产物最后会聚合形成甘苦有焦煳气味的焦糖素。

多糖类一般在高温下不经过熔融状态即进行热分解。半纤维素在温度达到 200 ℃ 时开始分解，产物是脂肪酸和呋喃及其衍生物。纤维素在 300 ℃ 时开始分解，产生多种热解产物，产物的种类、数量与纤维素的来源和热解条件有关，纤维素在 600 ℃ 时的热解产物主要是脂肪酸和醛类。木质素在 310～600 ℃ 时开始热解，主要产物为酚类化合物。

2. 氨基酸的热降解

氨基酸在较高温度下，首先发生脱羧、脱氨和脱羰反应生成具有不愉快嗅感的胺类物质；若继续加热，这些产物进一步相互作用，生成具有良好香气的嗅感物质。不同氨基酸的热降解途径不同。含硫氨基酸对食品风味影响较大，它的热降解产物除硫化氢、氨、乙醛外，会同时生成具有强烈挥发性的噻唑类、噻吩类及许多含硫化合物，其中不少物质是熟肉香气的重要组分。杂环氨基酸的热分解产物对食品风味也有较大影响。杂环氨基酸中的脯氨酸和羟脯氨酸在受热时会与食品组分生成的丙酮醛作用，产生具有面包、饼干、烘玉米和谷物类香气的吡咯和吡啶类化合物。苏氨酸、丝氨酸的热分解产物主要是具有烘烤香气的吡嗪类化合物；赖氨酸的热分解产物则主要是有烘烤和熟肉香气的吡啶类、吡咯类和内酰胺类化合物。

3. 脂肪的热氧化降解

脂肪的降解也会产生令人愉快的风味物质。在无氧存在时，脂质通过脱氢、脱羧、水解和碳-碳键的断裂进行热降解。脂质在热降解中产生的化合物有碳氢化合物、β-酮酸、甲基酮、内酯和酯等。热降解产物继续与存在于脂间的少量蛋白质、氨基酸发生非酶促褐变反应，产物中的杂环化合物又会具有某些特征香气。

脂质受热会分解为游离脂肪酸。在有氧条件下，不饱和脂肪酸（油酸、亚油酸、花生四烯酸等）在 150 ℃ 以上时会生成各种挥发性的香味物质如酮、醛、酸等羰基化合物。在使用饱和脂肪酸（如硬脂甘油酸甘油酯）的油脂在空气中以 192 ℃ 加热时，其裂解产物主要是 $C_3 \sim C_{17}$ 的甲基酮、$C_4 \sim C_{14}$ 的内酯类、$C_2 \sim C_{12}$ 的脂肪酸类等。

4. 硫胺素热降解

纯的硫胺素并无嗅感，硫胺素的降解反应发生在连接两个环的亚甲基碳上，属亲核取代反应。硫胺素热降解产物主要为呋喃、呋喃硫醇、噻吩、噻唑和脂肪族含硫化合物，而其中的一些化合物存在于肉香气挥发成分中。

5. 抗坏血酸热降解

抗坏血酸在无氧条件下受热降解主要生成糠醛；在有氧条件下受热，发生脱水和脱羧反应，形成糠醛、乙二醛、甘油醛等。产物中的糠醛是烘烤后的茶叶、花生香气以及熟牛肉香气的重要组分之一；低分子醛类本身既是嗅感物，也易与其他化合物反应生成新的嗅感成分。

6. 类胡萝卜素降解

类胡萝卜素的稳定性较差，在储藏加工过程中易受热或被氧化而降解。类胡萝卜素的热降解产物

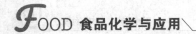

主要有β-紫罗酮、5，6-环氧紫罗酮、茶螺烯酮、二氢猕猴桃内酯、β-大马宁酮等。

第6节　食品加工与香气控制

一、食品加工中香气的生成与损失

食品内部成分在加工过程中发生着非常复杂的物理化学变化，同时伴有食物形态、质地、结构、营养及风味的变化。以香气变化为例，有些食品加工过程能提高食品的香气，如面包的焙烤、花生的炒制、肉的烹调及油炸食品的生产，而有些加工过程却使食品呈现不良气味，如果汁巴氏杀菌产生的蒸煮味、蒸煮牛肉的过熟味以及脱水制品的焦煳味等。食品加工过程总是伴有香气变化（生成与损失），因而在食品加工中如何控制食品香气的生成与减少香气损失就显得尤为重要。

二、食品香气的控制

1. 原料选择

原料的种类、产地、成熟度、新陈状况以及采后情况都会引起原料香气的差异。如在呼吸高峰期采收的水果比呼吸高峰前采收的香气要更浓郁。所以，选择合适的原料是确保食品具备良好香气的前提。

2. 加工工艺

用不同的工艺加工同样的原料得到的产品香气截然不同，尤其是加热工艺。在绿茶炒青茶中，有揉捻工艺的名茶常呈清香型，无揉捻工艺的名茶常呈花香型。杀青和干燥是炒青绿茶香气形成的关键工序，适度摊放能增加茶叶中主要呈香物质游离态的含量，不同干燥方式对茶叶香气的影响差异显著。

3. 储藏条件

茶叶在储藏过程中会发生氧化而使品质劣变，如陈味产生、质量下降。气调储藏苹果的香气比冷藏苹果要差，若气调储藏后再将苹果冷藏约15 d，其香气与一直冷藏的苹果基本一致。超低氧环境往往对水果香气的形成有负面影响。储藏条件不同，水果中呈香物质的组成模式就不同，原因是不同的储藏条件选择性地抑制或加速了某些香气物质的形成途径。

4. 包装方式

包装方式对食品香气的影响主要体现在两个方面：一是食品所处的环境条件的改变影响了食品内部的物质转化或新陈代谢，导致食品的香气变化；二是不同的包装材料对所包装食品的香气物质的选择性吸收。包装方式选择性地影响食品的某些代谢过程，如双层套袋的苹果中酯类的含量偏低；脱氧、真空及充氮包装都能有效地减缓包装茶的品质劣变；密闭、真空、充氮包装对油脂含量较高的食品的香气劣变有明显的抑制作用。目前的活性香气释放包装方式也能有效改良或保持食品香气。

5. 食品添加物

有些食品成分或添加物能与风味物质发生一定的相互作用，如蛋白质与香气物质之间有较强的结合作用。新鲜的牛奶如果与异味物质接触就会产生不愉快的气味。β-环糊精因具有特殊的分子结构和稳定的化学性质，可用来包埋香气物质，减少其挥发损失，使香气持久。

三、食品香气的增强

1. 香气回收与再添加

香气回收技术是指先将香气物质在低温下萃取出来，再把回收的香气重新添加至产品，使其保持原来的香气。香气回收技术主要有4种：①溶剂萃取法，是利用大部分食品中香气物质在某些有机溶剂中具有良好的溶解性通过溶剂萃取，把香气物质从食品中有效地提取分离出来。②蒸馏提取法，是一种利用食品中香气物质在加热时蒸发的特点，将其从食品中分离出来的方法。所获取的风味物质中没有不挥发性的物质。③顶空捕集法，是把食品密封在一个容器中，通过加热使食品香气物质聚集在容器顶部空间，然后收集起来的方法。④超临界流体萃取法，是在加压条件下，CO_2被加热超过某一温度，变为一种超临界流体（兼有气体和液体的某些特性），来萃取有机化合物。工业上利用超临界CO_2技术从很多天然产物中分离香料化合物。

2. 添加天然香精

添加香精又称调香。合成香精虽然价格便宜，但由于其安全性问题，人们很少使用。而从自然界的动植物中提取出来的完全天然的香精，具有香气自然、安全性高等特点，越来越受到消费者的青睐。目前全世界有 5 000 多种能提取使用香精的原料，常用的有 1 500 多种。同种香精在浓度不同时香味差异显著，所以使用时应注意添加量的控制。

3. 添加香味增强剂

香味增强剂是一类本身没有香气或很少有香气，但能显著提高或改变原有食品香气的物质。其增香机制是通过对嗅觉感受器的作用，提高感受器对香气物质的敏感性，降低了香气物质的感受阈值。麦芽酚和乙基麦芽酚是目前应用较多的香气增强剂。麦芽酚在酸性条件下增香、调香效果好；在碱性条件下因生成盐而降低其调香作用。乙基麦芽酚的化学性质与麦芽酚相似，增香能力为麦芽酚的 6 倍，在食品中的用量一般为 0.4～100 mg/kg。

4. 添加香气物质前体

鲜茶叶杀青后向萎凋叶中加入胡萝卜素、抗坏血酸等，能增强红茶的香气。与直接添加类似香精相比，添加香气物质前体形成的香气更为自然与和谐。

5. 酶技术

风味酶是指那些可以添加到食品中能显著增强食品风味的酶类物质。利用风味酶增强食品香气的基本原理主要有两个。

一是根据食品中的香气物质有游离态或键合态两种状态，只有游离态香气物质才能引起嗅觉刺激，而键合态的却不能，将食品中以键合态形式存在的香气物质转化成游离态，会大大提高食品的香气质量。

食品中的键合态香气物质主要以糖苷的形式存在，芒果、菠萝、葡萄、苹果、茶叶等水果和蔬菜中都存在键合态的香气物质。在葡萄酒中添加适量的糖苷酶能显著提高葡萄酒的香气；在干卷心菜中添加适量的芥子苷酶能使其香气更加浓郁。此外，食品中的一些键合态香气物质也可能是以被包埋、吸附或包裹在一些大分子物质上的形式存在，采用对应的高分子物质水解酶水解的方式可以释放这类键合态香气物质。如在绿茶饮品中添加果胶酶，可释放出芳樟醇和香叶醇。

二是食品中存在一些可被酶转化的香气物质前体，它们在酶的作用下会转化成香气物质而增强食品的香气。如多酚氧化酶和过氧化物酶可以改良红茶的香气，效果显著。过氧化氢酶和葡萄糖氧化酶用于茶饮料中的萜烯类香气物质而对茶饮料有定香作用。

本章小结

"食品风味"是指摄入某种食品后产生的一种感觉，它是包括味觉、嗅觉、痛觉、视觉、触觉和听觉等感觉在大脑中留下的综合印象。对于食品风味，目前只是简单地分为期望的风味和非期望的风味（或异味）两类。风味物质一般具有种类繁多，相互影响；含量微小，效果却显著；稳定性差；分子结构缺乏普遍的规律性；易受外界条件影响的特点。

味觉（味感），是由一种口腔中专门负责味觉感受的细胞所产生的综合感觉。从生理学的角度看只有甜、酸、咸、苦 4 种基本味感，此外还包括鲜味、辣味和涩味等。口腔内的味觉感受器主要是味蕾或称味器，其次是软腭、咽喉等。影响味感的主要因素包括呈味物质的结构、温度、浓度、溶解度以及人的年龄、性别和生理状态。

嗅觉主要是指食品中的挥发性物质刺激鼻腔内的嗅觉神经细胞而在中枢神经引起的一种感觉。嗅觉感觉到的气味有香味和臭味两种。嗅觉立体化学理论、嗅觉振动理论和膜刺激理论是比较著名的嗅觉理论。嗅觉具有敏锐、易疲劳与易适应、个体差异大、阈值随人的身体状况变动的特点。

甜味常用于改进食品的可口性和某些食用性。苦味与甜、酸或其他味感物质适当调配时，能起到丰富或改进食品风味的特殊作用。酸味可以给人一种爽快感，能促进消化、防止腐败、增加食欲、改良风味。咸味是中性盐呈现的味道，只有 NaCl 才能产生纯正的咸味。鲜味是一种复杂的综合味感，能够使人产生食欲，具有风味增效的作用。辣味是由辛香料中的某些成分所引起的尖利的刺痛感和特殊的灼烧感的总称，是一种痛觉。涩味是当口腔黏膜蛋白质被凝固，口腔中有干燥的感觉，口腔组织收缩时感觉到的滋味。凉味由一些物质对鼻腔和口腔中的特殊味觉感受器刺激而产生。金属味主要是由 Fe^{2+} 或 $FeSO_4 \cdot 7H_2O$ 所产生的金属离子的味道。

食品的香气及香气成分主要来源于果蔬、肉、水产品、乳制品、焙烤食品、发酵食品。食品中风味物质形成的途径有生物合成、酶的作用、发酵作用、食物调香和高温分解作用5个方面。食品加工过程总是伴有香气变化（生成与损失），可以从以下5方面进行控制：原料选择、加工工艺、贮藏条件、包装方式、食品添加物。食品香气的增强包括香气回收与再添加、添加天然香精、添加香味增强剂、添加香气物质前体和酶技术。

思考题

1. 名词解释：食品风味、味觉、嗅觉。
2. 食品的风味一般包括哪几个方面？
3. 在生理学上味感可以分为哪些基本味？
4. 风味物质一般有哪些特点？
5. 影响味感的主要因素包括哪些？
6. 嗅觉理论有哪些？
7. 嗅觉有哪些特点？
8. 影响甜味和酸味的主要因素是什么？
9. 请介绍几种常见食品的香气及香气成分。
10. 简要说明食品中风味物质形成的途径或来源。
11. 食品香气的控制方法有哪些？

参考文献

[1] 阚建全. 食品化学. 3版. 北京：中国农业大学出版社，2016.

[2] 冯涛，田怀香，陈福玉. 食品风味化学. 北京：中国质检出版社，2013.

[3] 黄泽元，迟玉杰. 食品化学. 北京：中国轻工业出版社，2017.

[4] 孙庆杰，陈海华. 食品化学. 长沙：中南大学出版社，2017.

[5] 王璋，许时婴，江波，等译. 食品化学. 北京：中国轻工业出版社，2003.

[6] 张晓敏. 食品风味化学. 北京：中国轻工业出版社，2009.

HAPTER

第11章
食品添加剂

学习目的与要求：

熟悉食品添加剂的基本概念；了解食品添加剂在食品领域中的
应用进展；掌握食品添加剂的应用理论、制备方法、安全性。

学习重点：

食品添加剂的概念、在食品中的作用及食品添加剂的种类。

学习难点：

食品添加剂种类和作用。

FOOD CHEMISTRY

教学目的与要求

■ **研究型院校：**熟悉食品添加剂的基本概念；了解食品添加剂在食品领域中的应用进展；掌握食品添加剂的应用理论、制备方法、安全性。

■ **应用型院校：**熟悉食品添加剂的基本概念；了解食品添加剂在食品领域中的应用进展；掌握食品添加剂的理论知识，科学、准确、合理地使用食品添加剂，充分发挥食品添加剂在食品生产加工中的作用，保证食品安全；培养学生的社会责任感，能为食品行业把好食品生产质量关、食品安全关，能改进生产工艺、加工技术和开发新的食品添加剂资源。

■ **农业类院校：**熟悉食品添加剂的基本概念；了解食品添加剂在食品领域中的应用进展；掌握食品添加剂的理论知识，科学、准确、合理地使用食品添加剂，充分发挥食品添加剂在食品生产加工中的作用，保证食品安全。

■ **工科类院校：**熟悉食品添加剂的基本概念；了解食品添加剂在食品领域中的应用进展；掌握食品添加剂的理论知识，科学、准确、合理地使用食品添加剂，充分发挥食品添加剂在食品生产加工中的作用，保证食品安全。

第1节 引言

食品添加剂关系到食品安全和消费者的健康，我国《食品添加剂使用标准》（GB 2760—2014）将食品添加剂定义为："为改善食品品质和色、香、味，以及为防腐和加工工艺的需要而加入食品中的化学合成或者天然物质。营养强化剂、食品用香料、胶基糖果中基础剂物质、食品工业用加工助剂也包括在内。"食品添加剂中不包括污染物。由于食品添加剂功能各异，有的一物多能，使用食品添加剂不仅仅局限于食品工业，也可用于化工、医药、轻工等行业，所以食品添加剂按其用途的分类，世界各国目前尚未有统一的标准。我国在《食品添加剂使用标准》（GB 2760—2014）中，将食品添加剂分为22类，分别为：酸度调节剂、抗结剂、消泡剂、抗氧化剂、漂白剂、膨松剂、胶基糖果中基础剂物质、着色剂、护色剂、乳化剂、酶制剂、增味剂、面粉处理剂、被膜剂、水分保持剂、防腐剂、稳定和凝固剂、甜味剂、增稠剂、食品用香料、食品工业用加工助剂、其他。每类添加剂中所包含的种类不同，少则几种（如抗结剂5种），多则达千种（如食用香料），总数达1 500多种。

在食品添加剂的各种分类方法中，按功能、用途的分类方法最具有使用价值，比较利于一般使用者按食品加工制造的要求快速地查找出所需要的添加剂。但此种分类方法会出现分类过粗或过细的现象。分类过细，会使同一物质在不同类别中重复出现的概率过高，给食品添加剂的管理和使用带来一些混乱；分类过粗，显然对食品添加剂的选用带来较大困难。目前，国际、国内对待食品添加剂均持严格管理、加强评价和限制使用的态度。为了确保食品添加剂的食用安全，食品添加剂必须在允许范围和规定限量内使用，且对人体无害，也不应含有其他有毒杂质，对食品营养成分不应有破坏作用。同时，不得使用食品添加剂掩盖食品的缺陷或作为伪造的手段，不得由于使用食品添加剂而改变良好的加工措施和降低卫生要求。复合添加剂在食品工业中应用也较普遍并具有较高的应用价值。复合食品添加剂，一般是指根据各种食品添加剂及食品配料单体的性质和功能，将两种或两种以上功能互补或有协同作用的单体按适当的比例复合在一起形成的复配物，它能在某种食品中独立地担当某一项功能。复合食品添加剂与单体相比具有十分显著的优点，食品添加剂的协同效应，既有功能互补、协同增效的效应，也有功能相克、相互抑制的效应，但在食品工业中有应用价值的一般是协同增效效应。

鉴于食品添加剂已成为许多加工食品的重要组分，因此在食品化学教材中编入"食品添加剂"这一章。本章仅限于讨论食品添加剂的一般原理和几类重要的天然和合成的食品添加剂的结构和功能，重点为本书其他章节中未包括的或有必要进一步讨论的物质。

第2节 膨松剂

我国允许使用的膨松剂主要可分为生物膨松剂和化学膨松剂两大类。

一、生物膨松剂

用于膨松剂的生物类制品主要是酵母。它不仅能使制品的体积膨大，呈现多孔网状结构，而且能提高制品的风味以及营养价值。酵母主要包括鲜酵母（fresh yeast）、干酵母（dry yeast）、活性干酵母（instant active dry yeast）3 种类型，需要注意的是，尽管酵母在面制品中具有重要的膨松作用，按 GB 2760—2014 规定，酵母并不属于膨松剂的管理范畴。

酵母主要是利用面团中的单糖作为其营养物质，包括配料中存在的蔗糖经水解生成转化糖，如麦芽糖、果糖等，以及淀粉经过一系列水解最后形成的葡萄糖。酵母利用这些糖类以及其他营养物质，通过进行有氧呼吸和无氧呼吸，产生 CO_2、醇、醛、有机酸等物质。生成的 CO_2 可以促使面团体积膨大并形成海绵状网络组织，而醇、醛、有机酸等物质则可以使制品呈现独特的风味和丰富的营养。

酵母的生长繁殖需要合适的环境温度条件，温度过高，乳酸菌会大量繁殖，使面团的酸度增加，食品的风味劣变，因此，一般需要将温度控制在 35 ℃以下。

二、化学膨松剂

结合在水溶液中所呈现的酸碱性及使用，化学膨松剂可分为碱性膨松剂和复合膨松剂两种类型。

（一）碱性膨松剂

碱性膨松剂主要包括碳酸氢钠、碳酸氢钾、碳酸氢铵和轻质碳酸钙等。此类膨松剂可以单独使用，也可以与其他膨松剂复配使用。具有价格低廉、保存性好、使用稳定性高等优点。但是，如果使用时机或使用量把握不好，容易导致成品外观不佳，影响食品口味，严重的甚至影响到食品的营养成分等问题。因此，在实际应用中，此类膨松剂应尽可能不单独使用，一般将碳酸氢钠、碳酸氢铵等添加剂复合使用，这样，不但可以减弱各自的缺陷，还可以控制用量，改善制品的口感及风味。

（二）复合膨松剂

复合膨松剂主要由碳酸盐、酸性膨松剂以及填充物构成。碳酸盐常用的是碳酸氢钠，用量占 20%～40%，作用是产生二氧化碳；酸性膨松剂主要包括硫酸铝钾、硫酸铝铵、磷酸氢钙、酒石酸氢钾等，占 35%～50%，作用是与碱性剂发生化学反应产生气体，并降低产品的碱性，控制反应速度和作用效果等，酸性膨松剂不能单独用作膨松剂；填充物包括淀粉和脂肪酸等，用量占 10%～40%，其作用是改善膨松剂的保存性，防止吸潮结块和失效，有调节气体产生速度，控制气泡均匀度等作用。复合膨松剂的特点是消除碱性膨松剂使用时存在的风味劣变、色泽不佳等现象，提高产品质量。

1. 复合膨松剂的分类

根据碱性盐的组成，复合膨松剂可分为 3 种类型，分别包括单一剂式复合膨松剂、二剂式复合膨松剂以及氨类复合膨松剂。单一剂式复合膨松剂指的是膨松剂中只有一种物质可以产生二氧化碳，如碱性剂的组成成分仅为碳酸氢钠；二剂式复合膨松剂是指膨松剂由两种能产生二氧化碳气体的碱性原料和酸性盐一起作用从而发挥膨松作用；氨类复合膨松剂是指除了能产生二氧化碳以外还可以产生氨气。

根据产气速度，复合膨松剂又可以分为快速膨松剂、慢速膨松剂和双重膨松剂 3 种类型。快速膨松剂是指在食品未烘焙前即可产生膨松效果；慢速膨松剂是指烘焙前较少产气，大部分气体和膨松效果在加热后才出现；双重膨松剂是指兼含有快速和慢速两种成分的。膨松剂的产气速度对于焙烤制品具有重要的意义，例如，对于蛋糕类产品来说，应使用双重膨松剂，即膨松剂中有快速和慢速产气成分，这样在整个焙烤过程中产气速率可与蛋糕组织的形成相匹配，获得质地细腻、体积膨大的蛋糕。对于馒头、包子来说，由于制作馒头、包子的面团相对较硬，要求发酵粉的产气速度稍快，若在凝结后产气过多，成品易出现"开花"现象。而对于油条等油炸食品，应选择在常温下尽可能少产气，而遇热时产气快的复合膨松剂。

复合膨松剂的产气速度主要由成分中的酸性物质所决定，一般来说，配制复合膨松剂常用的酸性物质及其产气速度的规律如下：

（1）酒石酸，反应极快，当面团在调制时已经可以产生大量的气体；

（2）酒石酸氢钾，反应速度仅次于酒石酸；

（3）磷酸二氢钙，反应快；

（4）焦磷酸钠，反应初期速度较为缓慢，但后期会加速；

（5）无水磷酸二氢钙，与焦磷酸钠性质相似；

（6）明矾，反应速度中等，大部分气体是在烘焙过程中产生；

（7）葡萄糖酸内酯，反应速度最慢。

2. 复合膨松剂配置的注意事项

（1）配制复合膨松剂时，应将各种原料成分充分干燥，并粉碎过筛，以保证均匀混合；

（2）碳酸盐与酸性物质混合时，碳酸盐使用量最好适当高于理论量，以保证产品中不残留令人不快的酸味；

（3）复合膨松剂的产气速度对于制品的品质十分重要，因此，对产气速度的选择应慎重进行；

（4）配制好的复合膨松剂应贮存于低温干燥处，以免发生分解失效；

（5）为保证不发生使用前的分解，也可以将酸性剂单独包装，待使用时与其他组分一起加入，但是，这样做使用起来不太方便。

三、膨松剂在面包制品中的应用举例

（一）配方（表 11-1）

表 11-1　面包制品配方

原料	用量/kg	原料	用量/kg
面粉	10	猪油	0.2
大豆粉	1.2	乙酰化单甘油脂肪酸	0.05
水	7.8	食盐	0.25
酵母	0.05	玉米糖	0.5

（二）工艺

面包的生产工艺过程一般包括原辅材料处理、第一次调制面团（部分面粉、部分水、全部酵母）、第一次发酵、第二次调制面团（加入剩下的辅料）、第二次发酵、整形、成型、烘烤、冷却和成品。

（三）特性及应用

酵母是生产面包必不可少的生物膨松剂，面包酵母是一种单细胞生物，属真菌类，有圆形、椭圆形等多种形态，以椭圆形的用于生产较好。酵母在有氧及无氧条件下都可以进行发酵。其生长与发酵的最适温度为 26～30 ℃，最适 pH 为 5.0～5.8。酵母耐高温的能力不及耐低温的能力，60 ℃ 以上会很快死亡，而 −60 ℃ 下仍具有活力。酵母要充分发挥作用，必须注意使用方法。一般鲜酵母与活性干酵母使用前要经过活化处理，其方法为：将酵母放在 26～30 ℃ 的适量温水中，加入少量糖，搅拌后静置一段时间，当表面出现大量气泡时即可投产。另外，酵母使用中要避免直接接触冷、热水以防失活，还要尽量避免直接接触糖、盐等具高渗透压的物质。酵母用量为鲜酵母 3% 左右，干酵母 1%～5%。

第 3 节　食品防腐剂

防腐剂是防止食品腐败变质、延长食品储存期的物质。使用防腐剂的目的是保护食品原有性质和营养价值。食品防腐剂须具备的条件是：符合食品卫生标准；防腐效果好，在低浓度下仍有抑菌作用；性质稳定，不与食品成分发生不良化学反应；本身无刺激异味；使用方便，价格合理。

全世界使用的食品防腐剂约 60 种，美国约 50 种，日本约 43 种。我国《食品添加剂使用标准》（GB 2760—2014）中规定我国食品中允许使用的食品防腐剂约 26 种，分别为苯甲酸及其钠盐，苯基苯酚，丙酸及其钠盐、钙盐，单辛酸甘油酯，对羟基苯甲酸酯类及其钠盐（对羟基苯甲酸甲酯钠，对羟基苯甲酸乙酯及其钠盐），二甲基二碳酸盐（又名维果灵），2，4-二氯苯氧乙酸，二氧化硫、焦亚硫酸钾、焦亚硫酸钠、亚硫酸钠、亚硫酸氢钠、低亚硫酸钠、二氧化碳，桂醛，联苯醚（二苯醚），硫黄，纳他霉素，乳酸链球菌素，山梨酸及其钾盐，双乙酸钠，脱氢乙酸及其钠盐，稳定态二氧化氯，硝酸钠、硝酸钾、亚硝酸钠、亚硝酸钾，液体二氧化碳（煤气化法），乙二胺四乙酸二钠，乙萘酚，乙酸钠，乙氧基喹，仲丁胺。

微生物的代谢过程比较简单，一般各种物质

都是直接通过细胞膜进入细胞内反应，任何对其生理代谢产生干扰的物质都可干扰微生物的生长。因此很多物质对人体无任何不良影响，但对微生物的生长影响很大。由于不同种类的微生物的结构特点、代谢方式是有差异的，因而同一种防腐剂对不同的微生物效果不一样。防腐剂抑制与杀死微生物的机理是十分复杂的，目前使用的防腐剂一般认为对微生物具有以下几方面的作用：破坏微生物细胞膜的结构或者改变细胞膜的渗透性，使微生物体内的酶类和代谢产物逸出细胞外，导致微生物正常的生理平衡被破坏而失活；防腐剂与微生物的酶作用，如与酶的巯基作用，破坏多种含硫蛋白酶的活性，干扰微生物体的正常代谢，从而影响其生存和繁殖。通常防腐剂作用于微生物的呼吸酶系，如乙酰辅酶 A 缩合酶、脱氢酶、电子转递酶系等；包括作用于蛋白质，导致蛋白质部分变性、蛋白质交联而导致其他的生理作用不能进行等。

各种防腐剂并不是具有上述全部的作用，但这些作用是相互关联的、相互制约的。总的说来，防腐剂的最重要的作用可能是抵制一些酶的反应，或者是抑制细胞重要成分的合成。如影响蛋白质的合成或核酸的合成。原则上说，防腐剂也能对人体细胞有同样的抑制作用。但决定的因素是防腐剂的使用浓度，在微生物细胞中所需要的抑制浓度远比人体细胞中要小。就大多数防腐剂而言，防腐剂在人体器官中很快被分解或从体内排泄出去，因此在一定的使用浓度范围内，不会对人体造成显著伤害。

食品防腐剂在食品加工中的应用举例如下：

一、山梨酸及其盐类

山梨酸难溶于水，使用时先将其溶于乙醇或碳酸氢钠、碳酸氢钾的溶液中，表 11-2 列出了溶解山梨酸需要加入的碳酸氢钠或碳酸氢钾的量。山梨酸钾较山梨酸易溶于水，且溶解状态稳定，使用方便，其 1% 水溶液的 pH 为 7～8，所以在使用时有可能引起食品的碱度升高，需加以注意。为防止氧化，溶解山梨酸时不得使用铜、铁等容器，因为这些离子的溶出会催化山梨酸的氧化过程。

表 11-2　溶解山梨酸需要的碳酸氢钠、碳酸氢钾量

山梨酸溶液质量分数/%	1	2	3	4	5	6	7	8	9
山梨酸质量/g	1.0	2.0	3.0	4.0	5.0	6.0	7.0	8.0	9.0
碳酸氢钠质量/g	0.75	1.51	2.27	3.03	3.78	45.4	52.5	60.2	68.1
碳酸氢钾质量/g	0.89	1.79	2.68	3.57	4.47	5.38	6.25	7.14	8.04

与其他防腐剂复配使用：山梨酸与苯甲酸、丙酸、丙酸钙等防腐剂可产生协同作用，提高防腐效果。与其中任何一种制剂并用时，其使用量按山梨酸及另一防腐剂的总量计，应低于山梨酸的最大使用量。

山梨酸类防腐剂在加工鱼糜制品、鲸肉制品、肉制品、海胆、墨鱼熏制品、鲜鱼熏制品、鱼贝干制品等产品时，因产品酸性不能太强，可选山梨酸作为防腐剂，在调料或腌制过程中以新鲜原料重为基础计算加入量，该量值应适当低于标准中规定的最大用量，因为这类制品在后续干燥过程中，山梨酸在制品中的浓度会相应提高。对于泡菜等含酸、水较多的食品，则按水与菜的总量，按标准加入山梨酸或山梨酸盐，要及时充分地把防腐剂分散，因山梨酸局部过浓，会在水中析出。

使用注意事项：山梨酸较易挥发，应尽可能避免加热；山梨酸能严重刺激眼睛，在使用山梨酸或其盐时，要注意勿使其溅入眼内，一旦进入眼内赶快以水冲洗；山梨酸应避免在有生物活性的动植物组织中应用，因为有些酶可使山梨酸分解为 1，3-戊二烯，不仅使山梨酸丧失防腐性能，还产生不良气味；山梨酸也不宜长期与乙醇共存，因为乙醇与山梨酸作用生成 2-L-氧基-3，5-己二烯，该物具有老鹳草气味，影响食品风味；山梨酸在储存时应注意防湿、防热（温度以低于 38 ℃为宜）；保持包装完整，防止氧化。

二、对羟基苯甲酸酯类

对羟基苯甲酸酯类在水中溶解度小，通常都是将其配制成氢氧化钠溶液、乙醇溶液或醋酸溶液使用。该类防腐剂在酱油中应用时，在 5％的氢氧化钠溶液中加 20％～50％对羟基甲酸酯类充分溶解，然后加到 80 ℃的酱油中，用量为 0.05～0.10 g/L 即可达到酱油防霉的目的。

对羟基苯甲酸酯类单用较少，通常是其甲酯、乙酯、丙酯、丁酯几种（2～3 种）混合使用。混合物较单一纯品熔点低，易溶于水，保存时不析出，防腐败效果增加。该类防腐剂也可与苯甲酸合用。

有的食品每次用量少或每次食用时需要稀释，可适当增加使用量，如一些食品的用量如下：调味料、调味汁，0.8 g/kg；水果点心，0.8 g/kg；蜜饯、糖衣水果，1 g/kg；果汁，0.8 g/kg；水果（非鲜果）或果酱，0.8 g/kg；咸橄榄，0.25 g/kg。

清凉饮料的使用量要适当小一些，因为该类食品一次性食用量大，而这类食品的杀菌条件又相对容易满足，故添加比例要小一点，如有些饮料的用量仅为 0.01～0.03 g/kg；一般清凉饮料（不经稀释饮用）使用量 0.16 g/kg；水果酸牛奶，0.12 g/kg。而需稀释后饮用的清凉饮料使用量可达 0.8 g/kg。在清凉饮料中应用该类防腐剂，可用乙醇溶液或氢氧化钠溶液溶解，也常与苯甲酸和脱氢醋酸合用。

第 4 节　食品抗氧化剂

《食品添加剂使用标准》（GB 2760—2014）定义抗氧化剂为：能防止或延缓油脂或食品成分氧化分解、变质，提高食品稳定性的物质。在食品加工和贮存过程中添加适量的抗氧化剂可有效防止食品的氧化变质。目前，世界各国允许使用的抗氧化剂种类不尽相同，美国允许使用的抗氧化剂为 24 种，德国为 12 种，英国及日本各为 11 种，加拿大及法国均为 8 种，我国 GB 2760—2014 规定允许使用的食品抗氧化剂包括丁基羟基茴香醚、二丁基羟基甲苯、没食子酸丙酯、叔丁基对苯二酚、D-异抗坏血酸及其钠盐、植酸、茶多酚、甘草抗氧物、抗坏血酸、抗坏血酸钙、抗坏血酸钠、磷脂、抗坏血酸棕榈酸酯、硫代二丙酸二月桂酯、4-己基间苯二酚、迷迭香提取物、竹叶抗氧化物、维生素 E 等。我国允许使用的抗氧化剂还包括酸度调节剂中的柠檬酸、乳酸钙、乳酸钠、酒石酸盐，漂白剂中的亚

硫酸盐类，酶制剂中的葡萄糖氧化酶，水分保持剂中的磷酸盐类，防腐剂中的山梨酸及其钾盐、乙氧基喹，稳定和凝固剂中的葡萄糖内酯、乙二胺四乙酸二钠、柠檬酸亚锡二钠，增稠剂中的壳聚糖，其他中的羟基硬脂精等。

一、抗氧化剂的种类

抗氧化剂的种类较多，其作用机理也较复杂，总结起来有以下几种：

（1）通过抗氧化剂的还原反应，降低食品内部及其周围的氧浓度，如柠檬酸亚锡二钠，消除启动脂质过氧化的引发剂。

（2）抗氧化剂释放出氢原子与油脂自动氧化反应产生的过氧化物结合，中断油脂过氧化的连锁反应，即油脂过氧化的中间自由基，如脂自由基、脂氧自由基和脂过氧自由基。

（3）将能催化及引起氧化反应的物质封闭，使其不能催化氧化反应的进行，如络合能催化氧化反应的金属离子。

（4）破坏或减弱氧化酶的活性，使其不能催化氧化反应的进行。

二、使用抗氧化剂的注意事项

各种抗氧化剂都有其特殊的物化性质，不同食品的性质也不尽相同，因此在使用抗氧化剂时必须进行全面分析和考虑。一般应注意以下几点。

（一）充分了解抗氧化剂的性能

由于不同的抗氧化剂对食品的抗氧化效果不同，当确定这种食品需要添加抗氧化剂后，应该在充分了解抗氧化剂性能的基础上，选择最适宜的抗氧化剂品种。最好是通过实验来确定。一般来说，BHA、BHT 对动物油脂的氧化具有很好的抑制作用，但是对植物油脂的氧化则无明显的抑制效果，而 TBHQ 对动物油脂和植物油脂的氧化作用均有抑制作用。

（二）正确掌握抗氧化剂的添加时机

抗氧化剂只能阻碍氧化作用，延缓食品开始氧化败坏的时间，并不能改变已经败坏的后果，因此，在使用抗氧化剂时，应当在食品处于新鲜状态和未发生氧化变质之前使用，才能充分发挥抗氧化剂的作用。这一点对于油脂尤其重要。

油脂的氧化酸败是一种自发的链式反应，在链式反应的引发期之前添加抗氧化剂，即能阻断过氧化物的产生，切断反应链，发挥抗氧化剂的功效，达到阻止氧化的目的。反之，抗氧化剂加入过迟，即使加入较多量的抗氧化剂，也已无法阻止氧化链式反应及过氧化物的分解反应，往往还会发生相反的作用。这是因为抗氧化剂本身极易被氧化，被氧化了的抗氧化剂反而可能促进油脂的氧化。

再如食品酶促氧化褐变反应开始阶段必须有酚氧化酶和氧的参加，但一旦将酚氧化成醌后，进一步聚合成黑色素的反应则是自发的。因此，使用抗氧化剂除去氧必须在开始阶段，才能起到防止食品发生酶促褐变的作用。

（三）抗氧化剂与增效剂的复配使用

由于食品的成分比较复杂，有时使用单一的抗氧化剂很难达到最佳的抗氧化效果。这时，可以采用多种抗氧化剂复合起来使用，也可以和防腐剂、乳化剂等其他食品添加剂联合使用。

在使用油溶性抗氧化剂时，往往是 2 种或 2 种以上抗氧化剂复配使用，或者是抗氧化剂与柠檬酸、抗坏血酸等增效剂复配使用，这样会大大增加抗氧化效果。

酚类抗氧化剂复配使用某些酸性物质，如柠檬酸、磷酸、乙二胺四乙酸（EDTA）等，能够显著增强抗氧化剂的作用效果。目前有两种理论解释这一原因，一种理论认为，酸性物质能与促进氧化的微量金属离子生成络合物，使金属离子失去促进氧化的作用；另一种理论认为，酸性物质（用 SH 表示，也就是酸性增效剂）能够与抗氧化剂生成的产物基团（A·）发生作用，使抗氧化剂（AH）获得再生：

$$A·+SH \rightarrow AH+S·$$

一般酚型抗氧化剂，可添加其使用量 25％～50％的柠檬酸、抗坏血酸或其他有机酸作为增效剂。选择增效剂时，必须考虑它们的溶解性，柠檬酸和柠檬酸酯的丙二醇溶液（20～200 mg/kg）溶于油和脂，从而在全脂体系中是有效的增效剂，而 EDTA 盐仅微溶于脂肪，因而不能有效地起作用。然而，在乳化体系中，如色拉调味料、蛋黄酱和人造奶油等，EDTA 盐却很有效，这是因为它们能在水相中起作用。

另外，抗氧化剂与食品稳定剂同时使用也会取得良好的效果。含脂率低的食品使用油溶性抗氧化剂时，配合使用必要的乳化剂，也是发挥其抗氧化作用的一种措施。同时，不同的复配品对某种食品有特殊的抗氧化效果，使用时应注意说明。

（四）选择合适的添加量

虽然抗氧化剂浓度较大时，抗氧化效果较好，但它们之间并不成正比，有些抗氧化剂用量过多反而会加速氧化。抗氧化剂只有在体系中有良好的溶解性才能充分发挥其抗氧化功效，因此必须注意抗氧化剂的溶解性以及毒性等问题，油溶性抗氧化剂的使用浓度一般不超过 0.02％，浓度过大除了造成使用困难外，还会引起不良作用。水溶性抗氧化剂的使用浓度相对较高，一般不超过 0.1％。

（五）控制影响抗氧化剂作用效果的因素

要使抗氧化剂充分发挥作用，就要控制影响抗氧化剂作用效果的因素。影响抗氧化剂作用效果的因素主要有光、热、氧、金属离子及抗氧化剂在食品中的分散性。

紫外线、热都能起到自由基引发剂的作用，促使抗氧化剂分解挥发而失效。一般随着温度升高，油脂的氧化明显加快，温度与油脂氧化速度的关系为温度每升高 10 ℃，氧化速度就增加 10 倍。有些抗氧化剂，经过加热，特别是高温油炸后，很容易失去抗氧化作用。如油溶性抗氧化剂 BHA、BHT 和 PG 在大豆油中经加热至 170 ℃，其完全分解失效的时间分别是：BHT 90 min，BHA 60 min，PG 30 min。BHA 在 70 ℃、BHT 在 100 ℃以上加热会迅速升华挥发。

氧是导致食品氧化变质和抗氧化剂失效的主要因素，因此要尽可能减少加工与储存过程中氧与食品的接触。如果任由食品与大量的氧直接接触，食品就会迅速氧化变质，即使添加大量的抗氧化剂，也很难达到预期的抗氧化效果。因此，在使用抗氧化剂的同时，还应采取充氮或真空密封包装，以降低氧的浓度和隔绝环境中的氧，使抗氧化剂更好地发挥作用。

内源性氧化促进剂，如痕量的金属铜、铁、植物色素及过氧化物等，它们是促进氧化的催化剂，它们能缩短诱导期，提高过氧化物的分解速度，提高自由基的产生速度，它们的存在会使抗氧化剂迅速发生氧化作用而失效。所以，在食品的加工过程中要尽量避免这些金属离子混入食品，或同时使用EDTA等螯合金属离子的增效剂。

抗氧化剂使用的剂量一般都很少，使用时必须使之十分均匀地分散在食品中。适中的氧气浓度可起到抗氧化作用。

目前食品工业主要使用的是人工合成抗氧化剂，如丁基羟基茴香醚（BHA）和2，6-二叔丁基对甲酚（BHT）等，但是化学合成抗氧化剂的安全性受到怀疑。自20世纪70年代以来，已经发现某些人工合成的抗氧化剂具有一定的毒性，可能影响人体呼吸酶的活性，甚至有致癌作用。美国、日本、欧盟等国家已经禁止使用合成抗氧化剂，如1997年，美国FDA（Food and Drug Administration）宣布食品中禁止使用BHT，日本厚生省也曾在1982年宣布禁用BHA及叔丁基对苯酚（TBHQ）。而我国使用的抗氧化剂大致分化学合成的酚类物质、维生素、天然提取物3类。国内外对抗氧化剂在食品中的应用量大且范围很广，所以具有安全性高、抗氧化能力强、无副作用、防腐保鲜等特点的天然食品抗氧化剂日益受到重视。当今，安全高效的天然抗氧化剂成为食品添加剂领域的研究热点。另外，天然抗氧化剂的提取、新种类探究、复配、改性等问题也需要取得突破性进展。

三、食品抗氧化剂的应用

食品抗氧化剂的应用举例如下：

婴幼儿配方乳粉中一般添加多不饱和脂肪酸（如DHA、AA、EPA）进行调配脂肪的比例，多不饱和脂肪酸很容易发生氧化，并在微量金属（如Cu^{2+}和Fe^{3+}）的催化作用下，容易产生有臭味的醛类物质。

保存期间乳粉蛋白质、维生素和氨基酸等受到分解破坏，营养价值降低。其中乳粉中维生素C是最容易被破坏的一类物质，一般乳粉中维生素C主要是L-抗坏血酸盐的形式，但如果有氧的存在，它迅速被氧化成脱氢抗坏血酸盐。乳粉中维生素C被破坏的程度由包装体系中氧浓度所决定，同时核黄素光化学破坏后产生的光色素和光黄素可大大加速维生素C的氧化破坏过程，这两种物质是维生

素受破坏的催化剂。

L-抗坏血酸棕榈酸酯属脂溶性产品，具有维生素C的全部生理活性，同时克服了维生素C怕热、怕光、怕潮的三大缺点，更易被机体吸收，稳定性高于维生素C。

第5节　非营养型甜味剂

甜味剂按营养价值，可分为营养型甜味剂（主要为糖醇类）和非营养型甜味剂（如甜蜜素、糖精钠、三氯蔗糖），两者主要区别在于能量含量不同，例如，非营养型甜味剂是指能量为相同甜度蔗糖的2%以下，因此一般为非碳水化合物类（即非糖类甜味剂）。

非糖类甜味剂占甜味剂的大多数，GB 2760—2014批准使用的甜味剂包括糖精钠（邻苯甲酰磺酰亚胺钠）、环己基氨基磺酸钠（甜蜜素）、天冬氨酰苯丙氨酸甲酯（甜味素、阿斯巴甜）、甜菊糖苷、乙酰磺胺酸钾（安赛蜜、AK糖）、罗汉果甜苷、天冬氨酰丙氨酰胺（阿力甜）、甘草（甘草提取物）、甘草酸铵、甘草酸一钾、苷草酸三钾、三氯蔗糖、环己基氨基磺酸钙、纽甜（阿斯巴甜的衍生物）等。

一、糖精钠

糖精钠，又名可溶性糖精或水溶性糖精，化学名称为邻苯甲酰磺酰亚胺钠。分子式为$C_7H_4NNaO_3S \cdot 2H_2O$，相对分子质量为241.20，结构式如图11-1所示。

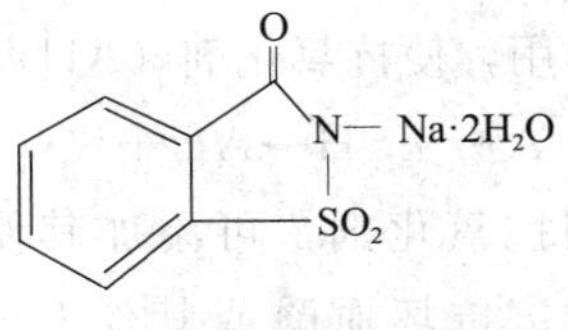

O
‖
N—Na·2H₂O
SO₂

图 11-1　糖精钠的结构式

糖精钠是用甲苯与氯磺酸反应，经氨化、氧化和加热环化得糖精，再与NaOH反应制得，为无色至白色斜方晶系板状结晶或白色结晶性风化粉末，无臭，稀浓度味甜，大于0.026%则味苦，易溶于水，难溶于无水乙醇。本品甜味强，约为蔗糖的500倍，甜味阈为0.000 18%；稳定性好、不发

酵、不变色、无热量，耐热及耐碱性弱，溶液煮沸可分解而甜味减弱，酸性条件下加热甜味消失，单独使用有持续性苦味。糖精钠为无营养甜味剂，使用中与酸味剂并用，口感清爽甜味浓郁，与其他甜味剂并用，甜味接近砂糖。尤适宜糖尿病、肥胖症等的低热食品中使用，但不适于婴儿食品。

糖精钠是最早使用的人工合成甜味剂，已有近百年的应用历史，它是有机化工合成产品。糖精钠不参加人体代谢，大部分以原型从肾脏排出。糖精钠除了在味觉上引起甜的感觉外，对人体无任何营养价值。相反，当食用较多的糖精时，会影响肠胃消化酶的正常分泌，降低小肠的吸收能力，使食欲减退。极少数人短时间内食用大量糖精钠，会引起血小板减少而造成急性大出血、多脏器损害等，引发恶性中毒事件。它对人体最大的危害是损害人的味觉器官。目前国际上对于糖精钠使用的安全性仍存在争议，我国规定在一定范围内可限量使用。可用于饮料、酱菜类、复合调味料、蜜饯、配制酒、雪糕、冰激凌、冰棍、糕点、饼干、面包、瓜子、话梅、陈皮、杨梅干、芒果干、无花果干、花生果、带壳（去壳）炒货食品。

二、环己基氨基磺酸钠

环己基氨基磺酸钠，又叫甜蜜素，分子式为 $C_6H_{12}NNaO_3S$，相对分子质量为201.22，结构式如图11-2所示。

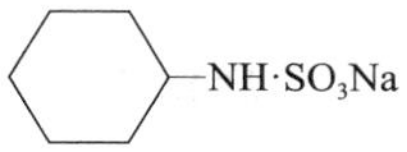

图11-2　环己基氨基磺酸钠的结构式

甜蜜素是以环己胺为原料，用氯磺酸或氨基磺酸盐磺化，再用氢氧化钠处理制得，为白色结晶或结晶性粉末，无臭、味甜，易溶于水，水溶液呈中性，几乎不溶于乙醇等有机溶剂，加热后略有苦味，分解温度为280℃，不发生焦糖化反应，对热、光、空气稳定，耐碱性强，酸性时略有分解。甜度约为蔗糖的40～50倍，但市售商品一般仅20～25倍。环己基氨基磺酸钠为无营养甜味剂，使用中可用于糖尿病患者食品。

世界上有包括美国、英国、日本等国在内的40多个国家禁止使用甜蜜素作为食品甜味剂，另

外有包括我国、欧盟、澳大利亚、新西兰在内的80多个国家允许在食品中添加甜蜜素。甜蜜素在美国曾经是一种消费量很大的人工甜味剂，被公认为安全物质，这种情况一直持续到1969年。这一年美国国家科学院研究委员会收到有关甜蜜素为致癌物的实验证据，美国食品药品管理局（FDA）为此立即发布规定严格限制使用，并于1970年8月发出了全面禁止的命令。1982年9月，Abbott实验室和能量控制委员会在大量试验事实的基础上，以最新的研究事实证明甜蜜素的食用安全性，许多国际组织也相继发表大量评论明确表示甜蜜素为安全物质，但FDA至今还没有最终解决这个问题。目前美国仍然禁止使用甜蜜素作为食品添加剂。我国规定甜蜜素可用于酱菜、调味酱汁、配制酒、糕点、饼干、面包、雪糕、冰激凌、冰棍、饮料、蜜饯、陈皮、话梅、话李、杨梅干、果冻、瓜子、腐乳、炒货。

三、乙酰磺胺酸钾

乙酰磺胺酸钾，又叫安赛蜜、双氧噁噻嗪钾或AK糖，化学名称为6-甲基-3-氢-1，2，3-氧硫氮杂环-4-酮-2，2-二氧化物钾盐，分子式为 $C_4H_4KNO_4S$，相对分子质量为201.24，结构式如图11-3所示。

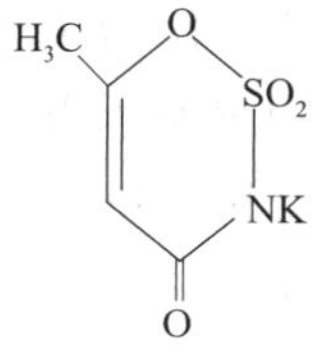

图11-3　乙酰磺胺酸钾的结构式

安赛蜜是由叔丁基乙酰乙酸酯与异氰酸氟磺酰进行加成，再与KOH反应制得，呈白色结晶状粉末，无臭，易溶于水，难溶于乙醇等有机溶剂，无明确的熔点。甜度约为蔗糖的200倍，味质较好，没有不愉快的后味。对热、酸均很稳定，缓慢加热至225℃以上才会分解。

在食品中可单独使用，也可与其他甜味剂混合使用。与甜蜜素、阿斯巴甜共用时，会产生明显的协同增效作用，但与糖精的协同增效作用较小。与蔗糖、果糖、葡萄糖或异构化糖混合使用，可取得

稠度较大、口感特性不同的效果。可用于饮料、冰激凌、糕点、糖果、果酱（不包括罐头）、酱菜、蜜饯、胶姆糖、餐桌用甜料（片状、粉状）、八宝粥罐头、果冻、面包、瓜子炒货食品、炒制坚果食品、酱油、酱、什锦水果罐头。实际生产中，安赛蜜用于果酱、果冻类食品，在口香糖、果脯和蜜饯类食品中的用量稍大，与山梨醇合用，可改善产品的质构。安赛蜜还用于制作低能量的焙烤食品，也可用山梨糖醇来保证产品有足够的体积，供糖尿病人食用。

四、天冬氨酰苯丙氨酸甲酯

天冬氨酰苯丙氨酸甲酯，又叫甜味素、阿斯巴甜、天冬甜素或蛋白糖，简称 APM，化学名称为 *L*-天冬氨酰-*L*-苯丙氨酸甲酯，分子式为 $C_{14}H_{18}N_2O_5$，相对分子质量为 294.30，结构式如图 11-4 所示。

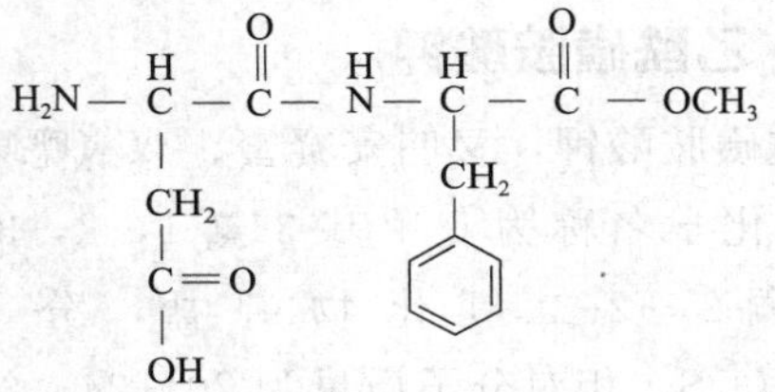

$$H_2N-\underset{\underset{\underset{OH}{|}}{\underset{C=O}{|}}{\overset{H}{\underset{|}{C}}}}{\overset{\overset{O}{\|}}{C}}-\overset{H}{\underset{\underset{|}{\underset{|}{CH_2}}}{\underset{|}{C}}}-N-\overset{H}{\underset{\underset{CH_2}{|}}{C}}-\overset{\overset{O}{\|}}{C}-OCH_3$$

图 11-4　天冬氨酰苯丙氨酸甲酯的结构式

甜味素是用甲酰基作为 *L*-天冬氨酸的氨基保护基团，先生成 N-甲酰基天冬氨酸酐，再经缩合、脱甲酰基、酯化、中和制得 *L*-APM。为白色结晶粉末、无臭，有强甜味。甜味近似蔗糖、甜度为蔗糖的 150～200 倍，甜味阈值为 0.001%～0.007%，可溶于水，在水溶液中易水解。在酸性条件下分解成单体氨基酸，在中性或碱性时可环化为二酮哌嗪，从而失去甜味。在潮湿环境下，其稳定性随湿度增高而降低。

主要用作甜味剂和增味剂。甜味素的热值仅 4 186 kJ/kg，为蔗糖的 1/200。甜味素可制成粒、片、粉或汁剂，作为蔗糖的替代品直接加到日常甜食中，尤其适合于糖尿病、肥胖病、高血压及心血管疾病患者食用。甜味素表现出强烈的甜味，经溶解稀释后与蔗糖的风味十分接近，有凉爽感，没有苦涩、甘草味与金属味，配制饮料还可增加水果

风味。

本品进入机体内，可分解为苯丙氨酸、天冬氨酸和甲醇，经过正常代谢后排出体外，像蛋白质一样在体内代谢而被吸收利用，不会蓄积在组织中。联合国粮农组织和世界卫生组织对其评价为安全可靠，允许每日摄入 0～40 mg/kg。体重 50 kg 的成年人，每日可食用 2 g（相当于 400 g 蔗糖），大大超过人们正常的食糖量。常食不产生龋齿，不影响血糖，不引起肥胖、高血压、冠心病等。可用于各类食品（罐头食品除外），按生产需要适量使用，添加甜味素之食品应标明"苯丙酮尿症患者不宜使用"。若用于需高温灭菌处理的制品，应控制加热时间不超过 30 s。

五、三氯蔗糖

三氯蔗糖又叫三氯半乳蔗糖、蔗糖素，化学名为 4，1′，6′-三氯-4，1′，6′-三脱氧半乳蔗糖，分子式为 $C_{12}H_{19}O_8Cl_3$，相对分子质量为 397.64，结构式如图 11-5 所示。

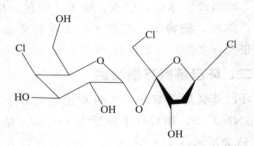

图 11-5　三氯蔗糖的结构式

三氯蔗糖是以天然蔗糖为原料经科学方法研制而成的一种蔗糖衍生物，是迄今为止人类开发出来的最完美、最具竞争力的新一代无热量甜味剂，代表了当今世界甜味剂工业发展的最高水平。三氯蔗糖甜度约为蔗糖的 600 倍，它性质稳定，耐酸，耐高温，耐储藏，无任何异味，是目前为止甜味特性最接近蔗糖的一种强力甜味剂，这些特性也决定了三氯蔗糖是目前我国唯一可以用于水果罐头、浓缩果汁、果酱等的高倍甜味剂。

三氯蔗糖为白色至近白色结晶或结晶性粉末，几乎无臭，无吸湿性，相对密度 1.66（20 ℃），熔点 125 ℃。极易溶于水、乙醇和甲醇，不溶于脂肪。味甜，甜度约为蔗糖的 600 倍，甜感的呈现速度、最大甜味的感受强度、甜味的持续时间及后味

方面，均非常接近蔗糖。低浓度时，甜味随 pH 的上升而下降，高浓度时，所受影响较小。对光、热、酸均稳定。无龋齿性，不能被口腔微生物代谢。

三氯蔗糖可用作甜味剂、增味剂。三氯蔗糖的口感醇和、浓郁，稳定性能好，热量低，有利于消费者健康。用作甜味剂，三氯蔗糖可以和传统甜味剂配合使用，也可单独使用，产品的甜味、口感非常理想。经过发达国家长达十多年的药理、毒理、生理等严格的试验，证明对人体是安全的，1990 年该产品得到联合国粮农组织和世界卫生组织（WHO/FAO）的联合食品添加剂专家委员会的批准，并以商品名"Sucralose"向全世界宣传与销售。

三氯蔗糖在人体内不参与代谢，不被人体吸收，是糖尿病人理想的甜味代用品，不会引起龋齿。在普通志愿者身上进行的长期试验表明，不会对人类健康产生不可逆作用。1994 年，JECFA 批准其 ADI 为 0～15 mg/kg 体重，我国卫健委于 1995 年批准使用，1998 年 3 月 21 日美国 FDA 批准三氯蔗糖为食品添加剂，目前加拿大、澳大利亚、俄罗斯、中国、美国、日本等 30 多个国家和地区批准使用。

三氯蔗糖可用于餐桌甜味剂、果汁（味）型饮料、酱菜类、复合调味料、配制酒、雪糕、冰激凌、冰棍、糕点、饼干、面包、不加糖的甜罐头水果、改性口香糖、蜜饯、饮料、固体饮料、浓缩果蔬汁、色拉酱、芥末酱、早餐谷物、甜乳粉、糖果、风味或果料酸奶、发酵酒、果酱类、水果馅、热加工过的水果或脱水水果、果冻类食品、酱及酱制品、醋、蚝油、酱油、调味乳。

根据三氯蔗糖的特性、特点，作为甜味剂其在食品生产加工领域的应用范围很广，归纳为以下几个方面：

用于高温食品，如焙烤类糕点食品、糖果类食品的生产中；用于发酵食品，如面包类、酸乳酪类等食品的生产中；用于低糖类健康食品中，如月饼等带糖馅类食品的生产中；利用三氯蔗糖渗透性能好的特点，用于水果罐头类、蜜饯类食品的生产中；在农、畜、水产品的生产加工中，利用三氯蔗

糖的稳定性能，将其作为调味品，使食品的咸味、酸味等口感更加柔和。

三氯蔗糖可以在许多饮料中添加使用，在营养饮料、机能性饮料的生产中，使用三氯蔗糖可以掩盖维生素和各种机能性物质产生的苦味、涩味等不良风味。由于三氯蔗糖的稳定性极好，不易与其他物质发生反应，所以在饮料生产中作为甜味剂使用时，不会对饮料的香味、色调、透明性、黏性等稳定性指标产生任何影响。三氯蔗糖在发酵乳和乳酸菌饮料生产中添加使用时，不会被一般的乳酸菌和酵母菌分解，也不会阻碍发酵过程，因此非常适用于发酵乳类、乳酸菌类饮料。

第6节　酸度调节剂

近年来，我国酸度调节剂随着食品工业、饮料业的发展，用量和品种不断增加。具有不同化学结构的酸度调节剂可以产生不同的酸味、敏锐度和呈味速度。例如，柠檬酸、L-苹果酸等所产生的是一种令人愉快的，并具有清凉感的酸味，但味觉的消失较快；而 DL-苹果酸所产生的是一种略带苦味的酸味，其酸味比柠檬酸要强，并能维持较长的口感。因此，深入了解酸度调节剂的性质和特点，能够有效地指导生产，使酸度调节剂的使用更加高效和科学。

目前，我国已批准许可使用的酸度调节剂约 47 种（GB 2760—2014）。可根据不同的特点将其进行分类，根据作用的不同，酸度调节剂主要可分为酸化剂（酸味剂）、碱化剂（碱性剂）以及具有缓冲作用的盐类（缓冲剂）3 种类型。

一、酸味剂

主要包括柠檬酸、乳酸、酒石酸、苹果酸、偏酒石酸、磷酸、乙酸（醋酸）、盐酸、己二酸、富马酸（延胡索酸，反丁烯二酸）等，共 33 种。酸味剂又可以根据其化学性质的不同可分为有机酸和无机酸两种类型。其中，磷酸和盐酸属于无机酸，柠檬酸、苹果酸、乳酸、酒石酸、偏酒石酸、富马酸、醋酸、己二酸、抗坏血酸、葡萄糖酸等属于有机酸。另外，按口感的不同，也可以对酸味剂进行分类，例如，具有愉快酸味的酸味剂有柠檬酸、

L-苹果酸、抗坏血酸、葡萄糖酸等；具有苦味的酸味剂有 DL-苹果酸；伴有涩味的酸味剂有磷酸、乳酸、酒石酸、偏酒石酸、富马酸等；其他如醋酸具有刺激性气味、谷氨酸具有鲜味等。各个国家对酸味剂的使用有不同的偏好，例如，美国使用量最多的是柠檬酸，其次是磷酸、马来酸、醋酸、富马酸、酒石酸；我国使用量最多的是柠檬酸，其次是醋酸和乳酸。

二、碱性剂

主要为碳酸盐类。包括氢氧化钠（烧碱）、碳酸钠（苏打，纯碱）、碳酸氢三钠、碳酸钾、碳酸氢钾共 10 种。

三、缓冲剂

主要包括柠檬酸钠、柠檬酸钾、柠檬酸一钠、乳酸钠共 4 种。

酸度调节剂在食品或食品加工过程中的作用有很多，下面对其作用进行了总结，但并不表示任何一种酸度调节剂都具有这些作用，另外，在不同食品中，酸味剂所发挥的作用也有所不同。

（1）赋予食品酸味。酸味是食品中重要的味道之一，例如，加入酸度调节剂可以赋予食品更为合适的糖酸比，也可以掩盖某些不好的风味，从而达到改善风味的效果。这种作用主要运用在饮料、果酱、腌制食品、配制酒、果酒等食品中。

（2）调节食品的酸度以达到加工工艺要求。酸度调节剂在加工工艺方面的作用主要表现在几个方面：首先，食品在加工过程中的酸度有时对食品的生产过程有着重要的影响，如果胶的凝胶、干酪的凝固等；其次，酸度调节剂可以有效提高酸性防腐剂的防腐效果以及可以作为抗氧化剂增效剂，如苯甲酸、山梨酸及其盐类等酸性防腐剂均需要在酸性条件下才可能发挥最佳的防腐效果，磷酸、柠檬酸、抗坏血酸等是常用的抗氧化剂增效剂；最后，酸性条件也可以提高杀菌工艺的效率，例如，食品的酸度能够影响食品的杀菌温度，一般来说，酸性越强，需要的杀菌温度越低或者杀菌时间越短；另外，酸度调节剂也可以作为复合膨松剂的酸味物质，使膨松剂产 CO_2，从而提高膨松剂的作用效果。

（3）作香味辅助剂。酸度调节剂可以在一定程度上配合增香剂发挥辅助的作用。如酒石酸可辅助葡萄的香味，磷酸可辅助可乐饮料的香味，苹果酸可辅助许多水果和果酱的香味。

（4）络合重金属离子。酸度调节剂可以发挥络合金属离子的作用，阻止因重金属离子催化的氧化或褐变反应，从而达到稳定颜色、降低浊度等。

（5）作果蔬制品的护色剂和肉制品的发色助剂。例如，柠檬酸可作果蔬护色剂；抗坏血酸既可作果蔬护色剂，又可作肉制品的发色助剂。

（6）可用于制作腌制食品。在制作腌制食品的过程中加入酸度调节剂，可以更好地发挥其防腐、提高风味的作用，保证腌制过程的顺利进行。例如，在制作酸甜芒果的过程中可加入柠檬酸，制作泡菜的过程中可加入醋酸。

（7）作加工助剂。维持一定的酸碱度可以保证食品加工过程的顺利进行。以盐酸为例，在加工橘子罐头时，使用盐酸可中和去橘络、囊衣时残留的 $NaOH$；在加工化学酱油时，可用约 20％的盐酸水解脱脂大豆粕；在制造淀粉糖浆的过程中，可利用盐酸水解淀粉。

第 7 节　水分保持剂

水分保持剂是指有助于保持食品中水分而加入的物质。它在食品加工过程中，加入后可以提高产品的稳定性，保持食品内部的持水性，改善食品的形态、风味、色泽等。在我国多指用于肉类和水产品加工增强其水分的稳定性和具有较高持水性的磷酸盐类。磷酸盐在肉类制品中可保持肉的持水性，增强结着力，保持肉的营养成分及柔嫩性。还可用于水产品、蛋制品、乳制品、谷物制品、饮料、果蔬、油脂以及改性淀粉等，在加强食品水分稳定性的同时，有效地保持了食品的新鲜程度，从而改善了食品的品质，并延长了货架期。

我国允许使用的磷酸盐类水分保持剂包括焦磷酸二氢二钠、焦磷酸钠、磷酸二氢钙、磷酸二氢钾、磷酸氢二钾、磷酸三钠、六偏磷酸钠、三聚磷酸钠、磷酸二氢钠和磷酸氢二钠 10 种。此外磷酸和磷酸三钾（酸度调节剂）、磷酸氢二铵和磷酸氢钙

（膨松剂）、磷酸三钙（抗结剂）5 种磷酸盐类在食品添加剂分类中未列入水分保持剂，但同其他磷酸盐一样可以作为水分保持剂使用。这些磷酸盐类除作为水分保持剂使用之外，还可以作为膨松剂、酸度调节剂、稳定剂、凝固剂、抗结剂等使用。

除了磷酸盐类，我国许可使用的水分保持剂还包括乳酸钠、乳酸钾和甘油等，它们较为安全，使用时可按生产需要在各类食品中适量使用。

我国许可使用的 10 种磷酸盐类水分保持剂的分子式、相对分子质量、水溶液 pH 和溶解度见表 11-3，下面介绍几种常用的磷酸盐类水分保持剂。

表 11-3　磷酸盐类水分保持剂基本性质

名称	分子式	相对分子质量	pH（1%溶液）	溶解度（20 ℃）/g
磷酸三钠	Na_3PO_4	163.94	11.5～12.1	11.0
六偏磷酸钠	$(NaPO_3)_6$	611.76	5.8～6.5	易溶
三聚磷酸钠	$Na_5P_3O_{10}$	367.86	9.4～10.0	14.6
焦磷酸钠	$Na_4P_2O_7$	265.90	9.9～10.6	6.2
磷酸二氢钠	NaH_2PO_4	119.98	4.2～4.6	46.0
磷酸氢二钠	Na_2HPO_4	141.96	8.9～9.3	7.8
磷酸二氢钙	$Ca(H_2PO_4)_2$	234.05	3.0	1.8（30 ℃）
焦磷酸二氢二钠	$Na_2H_2P_2O_7$	221.97	3.8～4.5	14.5
磷酸氢二钾	K_2HPO_4	174.18	8.7～9.3	159.7
磷酸二氢钾	KH_2PO_4	136.09	4.2～4.7	22.7

一、磷酸三钠

磷酸三钠也叫正磷酸钠、磷酸钠，常含 1～12 个结晶水。为无色至白色针状六方晶系结晶。可溶于水，不溶于有机溶剂，在水中几乎全部分解为磷酸氢二钠和氢氧化钠，水溶液呈碱性，对皮肤有一定的侵蚀作用。在干燥空气中风化，100 ℃时即失去 12 个结晶水而成无水物。他具有持水结着、乳化、络合金属离子、改善色泽、缓冲 pH 和调整组织结构等作用。LD_{50}：土拨鼠经口 2 g/kg 体重；ADI：0～70 mg/kg 体重（以磷计）。

我国《食品添加剂使用标准》（GB 2760—2014）规定：磷酸三钠可用于米粉、八宝粥罐头、谷类甜品罐头、预制水产品（半成品）、水产品罐头、婴幼儿配方食品、婴幼儿辅助食品等最大使用量 1.0 g/kg，冷冻薯条、冷冻薯饼、杂粮甜品罐头等最大使用量 1.5 g/kg，油炸坚果与籽类、膨化食品等最大使用量 2.0 g/kg，乳及乳制品、水油状脂肪乳化制品、其他脂肪乳化制品、冷冻饮品、蔬菜罐头、可可制品、巧克力和巧克力制品以及糖果、小麦粉及其制品、生湿面制品、杂粮粉、食用淀粉、即食谷物、方便米面制品、冷冻米面制品、预

制肉制品、熟肉制品、冷冻鱼糜制品、饮料类（包装饮用水类除外）、果冻等最大使用量 5.0 g/kg，乳粉和奶油粉、调味糖浆等最大使用量 10.0 g/kg，焙烤食品等最大使用量 15.0 g/kg，限植脂末、复合调味料等最大使用量 20.0 g/kg，方便湿面调味料包等最大使用量 80.0 g/kg。可单独或混合使用，最大使用量以磷酸根（PO_4^{3-}）计。

二、磷酸氢二钠和磷酸二氢钠

磷酸氢二钠常含 12 个结晶水，无水物为白色粉末，12 水合物为无色至白色结晶或结晶性粉末，在空气中易风化，极易失去 5 分子结晶水而形成七水物。可溶于水、不溶于醇。水溶液呈碱性。在 100 ℃失去结晶水而成无水物，250 ℃时分解成焦磷酸钠。它对肉制品和乳制品等具有调节 pH 和结着作用，还可提高乳制品的热稳定性。

磷酸二氢钠又称酸性磷酸钠，常见有无水物和二水物，商品也有含 1 分子结晶水的。无色结晶或白色结晶性粉末，无臭，微具潮解性。加热至 100 ℃失去全部结晶水，继续加热则分解成为酸性焦磷酸钠（$Na_3H_2P_2O_7$）。易溶于水，几乎不溶于乙醇，其水溶液呈酸性。它具有调节 pH、膨

松和结着的功能，通常与磷酸氢二钠复配使用。

磷酸氢二钠和磷酸二氢钠二者半数致死量和日许量相同。LD_{50}：小鼠腹腔注射 8.29 g/kg 体重；ADI：0～70 mg/kg 体重（以磷计）。

适用范围和使用量同磷酸三钠。

三、磷酸氢二钾和磷酸二氢钾

磷酸氢二钾又名磷酸二钾，常含 2 个结晶水，为白色结晶或无定形白色粉末，易溶于水，水溶液呈微碱性，微溶于醇，有吸湿性，温度较高时自溶。204 ℃时分子内部脱水转化为焦磷酸钾。除作为水分保持剂外，还常作为缓冲剂、螯合剂等。

磷酸二氢钾又名磷酸一钾，为无色结晶或白色颗粒状粉末。空气中稳定，在 400 ℃时失去水，变成偏磷酸盐。易溶于水，不溶于乙醇。除作为水分保持剂外，还常作为缓冲剂、螯合剂、发酵助剂、膨松剂、抗氧化增效剂等。

二者被 FDA 认定为 GRAS（一般公认安全的物质）。ADI：0～70 mg/kg 体重（以磷计）。

适用范围和使用量同磷酸三钠。

四、磷酸二氢钙

又名酸性磷酸钙、磷酸一钙、二磷酸钙，存在无水物和一水物两种结构形式。无色三斜晶系结晶或白色结晶性粉末，稍有吸湿性，易溶于盐酸、硝酸，微溶于冷水，几乎不溶于乙醇。水溶液显酸性，加热水溶液则水解为正磷酸氢钙。在 109 ℃时失去结晶水，203 ℃时则分解成偏磷酸钙。本品可作为水分保持剂、膨松剂、酸度调节剂、酵母食料、螯合剂、营养强化剂等。作膨松剂时，用于面包、馒头时会使外皮坚硬，故不常用。

二者被 FDA 认定为 GRAS（一般公认安全的物质）。ADI：0～70 mg/kg 体重（以磷计）。

适用范围和使用量同磷酸三钠。

第 8 节　稳定剂和凝固剂

我国允许使用的稳定剂和凝固剂包括硫酸钙（又名石膏）、氯化钙、氯化镁、葡萄糖酸-δ-内酯、丙二醇、乙二胺四乙酸二钠、谷氨酰胺转氨酶、柠檬酸亚锡二钠、可得然胶、薪草提取物、刺梧桐胶 11 种。这里需要说明的是这 11 种物质在食品添加剂分类上列入了稳定剂和凝固剂。而实际上能作为稳定剂和凝固剂的添加剂还有很多，如几乎全部的水分保持剂、部分增稠剂、乳化剂和酸度调节剂等都可以作为稳定剂和凝固剂使用。同时部分稳定剂和凝固剂也具有其他食品添加剂的功能，如乙二胺四乙酸二钠还可作抗氧化剂、防腐剂使用，丙二醇还可作抗结剂、消泡剂、乳化剂、水分保持剂、增稠剂等添加剂使用。

一、硫酸钙

硫酸钙俗称石膏，分子式为 $CaSO_4$，含有 2 分子结晶水的石膏又称生石膏，将其加热到 100 ℃，失去部分结晶水而成为煅石膏（$CaSO_4 \cdot 0.5H_2O$），又称烧石膏、熟石膏。继续加热到194 ℃以上，则失去全部结晶水成为无水硫酸钙。生石膏为白色结晶性粉末，无臭，有涩味。微溶于甘油，难溶于水，加水后为可塑性浆体，很快凝固。生产豆腐常用磨细的煅石膏作为凝固剂，效果最佳。最适用量相对豆浆为 0.3%～0.4%。对蛋白质凝固性缓和，所生产的豆腐质地细嫩，持水性好，有弹性。但因其难溶于水，易残留涩味和杂质。

钙和硫酸根都是人体正常成分，而且硫酸钙溶解度较小，难以被吸收，被认为是无害的，ADI 无须规定。

硫酸钙可作为稳定剂和凝固剂、增稠剂、酸度调节剂等用于豆类制品按生产需要适量使用，用于面包、糕点、饼干等最大使用量 10.0 g/kg，用于腊肠最大使用量 5.0 g/kg，用于肉灌肠类最大使用量 3.0 g/kg。

二、氯化钙

白色坚硬的碎块状结晶或晶体颗粒，无臭、味微苦，吸湿性极强，暴露于空气中极易潮解，成为潮解性的六水物。易溶于水，同时放出大量的热，其水溶液呈微酸性，溶于乙醇、醋酸。低温下溶液结晶而析出的为六水物，逐渐加热则逐渐失水，至 200 ℃时变为二水物，再加热至 260 ℃则变为白色多孔状的无水氯化钙。氯化钙一般不作为豆腐凝固剂，常作为果蔬硬化剂，即用作低甲氧基果胶和海藻酸钠的凝固剂。

氯化钙被认定为 GRAS。LD_{50}：大鼠经口 1 g/kg；ADI 不做特殊规定。

氯化钙可作为稳定剂和凝固剂、增稠剂用于豆类制品、稀奶油按生产需要适量使用，用于水果罐头、果酱、蔬菜罐头等最大使用量 1.0 g/kg，用于装饰糖果、顶饰和甜汁、调味糖浆等最大使用量 0.4 g/kg，用于饮用水（自然来源饮用水除外）最大使用量 0.1 g/L。

三、氯化镁

作为稳定剂和凝固剂使用的氯化镁主要是指含氯化镁为主的 2 种物质：盐卤和卤片。盐卤也称卤水，为海水或咸湖水制盐后的母液，淡黄色液体，呈苦涩味，主要成分为氯化镁、氯化钠、氯化钾等。卤片为氯化镁的六水合物，为无色至白色结晶或粉末，无臭，味苦，极易溶于水和乙醇，加热到 100 ℃后失去 2 个结晶水，加热到 110 ℃时开始部分分解。

氯化钙被认定为 GRAS。LD_{50}：大鼠经口 2.8 g/kg；ADI 不做特殊规定。

氯化镁可作为稳定剂和凝固剂用于豆类制品，按生产需要适量使用。

四、葡萄糖酸-δ-内酯

又称为葡萄糖酸内酯，分子式为 $C_6H_{10}O_6$，白色结晶或结晶性粉末，几乎无臭，味先甜后酸。易溶于水，稍溶于乙醇，在水中水解为葡萄糖酸及其 δ-内酯和 γ-内酯的平衡混合物。新制 1% 水溶液 pH 为 3.5，2 h 后 pH 变为 2.5。加热至 153 ℃分解。使用它点出的豆腐质地细嫩、保水性好、防腐性好，但稍带酸味。

葡萄糖酸-δ-内酯被认定为 GRAS。LD_{50}：兔静脉注射 7.63 g/kg 体重；ADI 不做特殊规定。

葡萄糖酸-δ-内酯作为稳定和凝固剂，可在各类食品中按生产需要适量使用。在内酯盒装豆腐中使用广泛。也可作为防腐剂、酸味剂和螯合剂使用。

五、乙二胺四乙酸二钠

简称 EDTA 二钠，分子式为 $C_{10}H_{14}N_2Na_2O_8 \cdot 2H_2O$。为无味无臭或微咸的白色或乳白色结晶或颗粒状粉末。易溶于水，不溶于乙醇、乙醚。2% 水溶液 pH 为 4.7。加热至 120 ℃失去结晶水成为无水物。用作螯合剂，本品可与铁、铜、钙、镁等多价离子螯合成稳定的水溶性络合物，并可与放射性物质发生络合，除去重金属离子。可用作抗氧化剂，利用其络合作用，来防止由金属引起的变色、变质、变浊及维生素 C 的氧化损失。

LD_{50}：大鼠经口 2 g/kg；ADI：0～2.5 mg/kg 体重。

乙二胺四乙酸二钠作为稳定剂、凝固剂、抗氧化剂、防腐剂等可用于地瓜果脯、腌渍的蔬菜、蔬菜罐头、坚果与籽类罐头、八宝粥罐头等最大使用量 0.25 g/kg，用于果酱、蔬菜泥（番茄沙司除外）等最大使用量 0.07 g/kg，用于复合调味料最大使用量 0.075 g/kg，用于饮料类（包装饮用水类除外）最大使用量 0.07 g/kg。

六、丙二醇

又名 1，2-丙二醇、1，2-二羟基丙烷。无色、清凉、透明吸湿黏稠液体，无臭，稍具辛辣味和甜味。能与水、醇等多数有机试剂任意混溶，但与油脂不能混溶，对光热稳定，具可燃性。

丙二醇被认定为 GRAS。LD_{50}：小鼠经口 22～23.9 mg/kg 体重；ADI：0～25 mg/kg 体重。

丙二醇可作为稳定剂和凝固剂、抗结剂、消泡剂、乳化剂、水分保持剂、增稠剂等，用于生湿面制品，能增加弹性，防止面制品干燥崩裂，增加光泽，最大使用量 1.5 g/kg；用于糕点最大使用量 3.0 g/kg。

第9节 抗结剂

抗结剂是指用于防止颗粒或粉状食品聚集结块，保持其松散或自由流动的物质。其颗粒细微、松散多孔，吸附力强。易吸附导致形成结块的水分、油脂等，使食品保持粉末或颗粒状态。我国《食品添加剂使用标准》（GB 2760—2014）许可使用的抗结剂有二氧化硅、硅铝酸钠、硅酸钙、滑石粉、亚铁氰化钾、亚铁氰化钠、微晶纤维素、磷酸三钙、硬脂酸镁、酒石酸铁 10 种。

一、亚铁氰化钾和亚铁氰化钠

亚铁氰化钾又称黄血盐、黄血盐钾，一般为水合物形式，分子式为 $K_4Fe(CN)_6 \cdot 3H_2O$。本品为浅黄色单斜晶颗粒或结晶性粉末，无臭、味咸，在空气中稳定，加热至 70 ℃开始失去部分结晶水变成白色、至 100 ℃失去全部结晶水成白色粉末。强热后分解生成剧毒物氰化钾。遇酸分解生成剧毒物氢氰酸，遇碱生成剧毒物氰化钠。但通常条件下因其氰根与铁结合牢固，故属低毒性。可溶于水，水溶液遇光则分解为氢氧化铁，不溶于乙醇、乙醚。

亚铁氰化钠又称黄血盐钠、黄钠，一般为十水合物形式，分子式为 $Na_4Fe(CN)_6 \cdot 10H_2O$。本品为一种柠檬黄色单斜晶系的菱形或针状结晶，溶于水，不溶于醇。在空气中易风化，在 50～60 ℃的条件下晶体会很快失去结晶水，在更高温度下干燥生成坚硬的块状无水盐。在常温稀酸中不分解，但在沸浓酸中分解为氢氰酸。可被氧化为铁氰化钠。强烈灼烧时分解为氰化钠、碳化铁和氮气。

亚铁氰化钾和亚铁氰化钠可用作食盐及代盐制品的抗结剂，最大使用量 0.01 g/kg（以亚铁氰根计）。

二、微晶纤维素

微晶纤维素又称纤维素胶、结晶纤维素，是一种纯净的纤维素解聚产物，由植物纤维素材料制备获得。本品为白色或几乎白色的细小粉末，无臭无味，可压成自身黏合的小片，并可在水中迅速分散。不溶于水、稀酸、稀碱溶液和大多数有机溶剂。其可用作抗结剂、增稠剂、稳定剂、分散剂等，按生产需要适量使用。还可用于低能、低脂肪的营养食品。

三、二氧化硅

又称合成无定形硅。供食品用的二氧化硅系无定形物质。按制法不同分胶体硅和湿法硅两种形式。胶体硅为白色、蓬松、无砂的精细粉末。湿法硅为白色、蓬松粉末或白色微孔颗粒。吸湿或易从空气中吸收水分，无臭无味，不溶于水、酸、有机溶剂。

作为抗结剂，二氧化硅可用于盐及代盐制品、香辛料类、固体复合调味料等最大使用量 20.0 g/kg，用于乳粉和奶油粉及其调制产品、植脂末、可可制品、脱水蛋制品、糖粉、固体饮料类等最大使用量 15.0 g/kg，用于原粮最大使用量

1.2 g/kg，用于冷冻饮品（食用冰除外）最大使用量 0.5 g/kg。二氧化硅除作为抗结剂，在实际应用中还可作为干燥剂、消泡剂、载体、增稠剂等使用，也可用作麦精饮料、果酒、酱油、醋、清凉饮料等的助滤剂、澄清剂。

四、硅铝酸钠

硅铝酸钠又称铝硅酸钠，为二氧化硅、氧化铝和氧化钠的混合物，由火山熔岩与氢氧化钠等制成。本品为白色无定形细粉或小珠粒，无臭无味，不溶于水、乙醇和其他有机溶剂，在 80～100 ℃时部分溶于强酸或强碱溶液。

硅铝酸钠用于乳粉和奶油粉及其调制产品、干酪按生产需要适量使用，用于植脂末最大使用量 5.0 g/kg。

五、磷酸三钙

又称磷酸钙、沉淀磷酸钙，为不同磷酸钙组成的混合物，通式为 $Ca_3(PO_4)_2$。本品为白色无定形粉末，无臭无味，在空气中稳定，几乎不溶于水，不溶于乙醇和丙酮，易溶于稀盐酸和硝酸。

作为抗结剂，磷酸三钙可用作乳粉、奶油粉、植脂末、米粉、小麦粉、杂粮粉、食用淀粉等。此外它又可以作为水分保持剂、膨松剂、酸度调节剂、稳定剂、凝固剂等使用，适用范围和计量同其他磷酸盐类水分保持剂。

本章小结

1. 食品添加剂包括营养强化剂、食品用香料、胶基糖果中基础剂物质、食品工业用加工助剂，但不包括污染物。

2. 我国允许使用的膨松剂主要可分为生物膨松剂和化学膨松剂两大类。

3. 抗氧化剂是能防止或延缓油脂或食品成分氧化分解、变质，提高食品稳定性的物质。在食品加工和贮存过程中添加适量的抗氧化剂可有效防止食品的氧化变质。

4. 甜味剂按营养价值，可分为营养型甜味剂（主要为糖醇类）和非营养型甜味剂（如甜蜜素、糖精钠、三氯蔗糖），两者主要区别在于能量含量不同。

5. 我国现已批准许可使用的酸度调节剂，根据作用的不同，可分为酸化剂（酸味剂）、碱化剂（碱性剂）以及具有缓冲作用的盐类（缓冲剂）3种类型。

6. 水分保持剂是指有助于保持食品中水分而加入的物质。它在食品加工过程中，加入后可以提高产品的稳定性，保持食品内部的持水性，改善食品的形态、风味、色泽等。

思考题

1. 简述食品添加剂在食品中的作用。
2. 使用食品添加剂的注意事项有哪些？
3. 食品抗氧化剂应具备的基本条件是什么？
4. 食品中允许使用的水分保持剂有哪些？
5. 食品中允许使用的稳定剂和凝固剂有哪些？

参考文献

[1] 食品添加剂使用标准（GB 2760—2014）.

[2] 李宏梁. 食品添加剂安全与应用. 北京：化学工业出版社，2012.

[3] 高彦祥. 食品添加剂. 北京：中国轻工业出版社，2011.

[4] 汤高奇，曹斌. 食品添加剂. 北京：中国农业大学出版社，2010.

[5] 天津轻工业学院食品工业教学研究室. 食品添加剂. 修订版. 北京：中国轻工业出版社，2006.

[6] 江建军. 食品添加剂应用技术. 北京：科学出版社，2010.

[7] 刘树兴，李宏梁，黄峻榕. 食品添加剂. 北京：中国石化出版社，2006.

[8] 胡国华. 食品添加剂应用基础. 北京：化学工业出版社，2005.

[9] 朱珠. 软饮料加工技术. 2版. 北京：化学工业出版社，2011.

[10] 李秀娟. 食品加工技术. 北京：化学工业出版社，2008.

[11] 王镜岩. 生物化学. 北京：高等教育出版社，2007.

[12] 李世敏. 功能食品加工技术. 北京：中国轻工业出版社，2009.

[13] 郝利平，聂乾忠，陈永泉，等. 食品添加剂. 2版. 北京：中国农业大学出版社，2009.

[14] 孙平，张津凤. 食品添加剂应用手册. 北京：化学工业出版社，2011.

[15] 郝素娥，徐雅琴，郝璐瑜，等. 食品添加剂与功能性食品：配方·制备·应用. 北京：化学工业出版社，2010.

[16] 黄文. 食品添加剂. 北京：中国计量出版社，2006.

[17] 周家华. 食品添加剂. 北京：化学工业出版社，2008.

[18] 孙宝国. 食品添加剂. 北京：化学工业出版社，2008.

[19] 李凤林，黄聪亮，余雷. 食品添加剂. 北京：化学工业出版社，2008.

[20] 高永清. 营养与食品卫生学. 北京：科学出版社，2008.

[21] 荆亚玲，闫立江，岳桂云，等. 食品防腐剂复配形式在面包中的防腐应用研究. 中国食品添加剂，2009，29（4）：197-200.

[22] 石立三，吴清平，吴慧清，等. 我国食品防腐剂应用状况及未来发展趋势. 食品研究与开发，2008，29（3）：157-161.

[23] 鲁吉珂，黎业娟，吴霄玥，等. 有机溶剂沉淀法提取乳酸链球菌素的效果. 食品科学，2012，33（10）：84-86.

[24] 张贺，田玉珍，何晓云，等. 牛磺酸的化学合成方法及应用前景. 河北农业科学，2008，12（11）：70-71.

[25] 贾博. 维生素C及其衍生物的制备工艺和应用. 河北化工，2011，34（8）：25-27.

第12章
食品中的有害成分

学习目的与要求：

掌握食品中有害成分来源及其危害；掌握食品中常见细菌毒素、霉菌毒素的形成及其危害，了解其抑制危害方法；了解食品中蕈类毒素危害；掌握食品中常见植物性毒素、动物性毒素类型及其危害，了解其抑制方法。

学习重点：

食品中常见细菌毒素、霉菌毒素的形成及其危害；食品中常见植物性毒素、动物性毒素类型及其危害。

学习难点：

食品中常见细菌毒素、霉菌毒素抑制方法；食品中常见植物性毒素、动物性毒素的去除方法。

教学目的与要求
- **研究型院校**：熟悉食品中有害成分种类、来源及预防措施；了解常见食品有害成分毒理作用；掌握食品中微生物毒素、植物性毒素、动物性毒素及加工过程产生的有害成分的种类、来源、存在形式及毒理作用；掌握能够有效降低或去除食品中有害成分的加工原理及方法。
- **应用型院校**：熟悉食品中有害成分种类、来源及预防措施；了解常见食品有害成分危害；掌握食品中微生物毒素、植物性毒素、动物性毒素及加工过程产生的有害成分的种类、存在形式及毒理作用；掌握能够有效降低或去除食品中有害成分的加工方法。
- **农业类院校**：熟悉食品中有害成分种类、来源；了解常见食品有害成分危害；掌握食品中微生物毒素、植物性毒素、动物性毒素及加工过程产生的有害成分的种类、来源、存在形式及其对安全性的影响；掌握能够有效降低或去除食品中有害成分的加工方法。
- **工科类院校**：熟悉食品中有害成分种类、来源及预防措施；了解常见食品有害成分危害；掌握食品中微生物毒素、植物性毒素、动物性毒素及加工过程产生的有害成分的种类、来源、存在形式及毒理作用；掌握有效降低或去除食品中有害成分的加工原理。

第1节　引言

食品或食品原料中含有各种分子结构不同的，对人体有毒或具有潜在危险性的物质，统称食品中有害（有毒）成分，或称为食品毒素或毒物（toxic substances）。毒物（toxin）源于希腊文字"*toxikon*" "*toxa*" "*toxikon*"，指浸过毒液的弓箭。毒素或毒物在食品毒理学中定义为"任何能够对生物体产生毒害作用的物质"。毒素一般仅指生物体自然产生的毒物，毒物指"可导致组织损伤，对机体功能有破坏作用、甚至是致死作用的一类物质"，其范围比毒素更广。食品中有害成分一般分为内源性有害成分和外源性污染物两大类，其具体产生途径见表12-1。

就有害成分的危害性大小而言，微生物污染产生的有害成分危害最大，环境污染危害次之，农药、兽药残留及食品添加剂滥用都会有不同程度的食品安全风险。任何物质摄入量不合理对人体健康都有危害，因此在本章讲述的主要是毒性强、危害大的一类有害成分。

食品中有害成分根据其对人体的健康影响，一般分为以下3种危害作用。

（1）急性中毒　有害物质摄入后，短时间内可造成机体损伤，出现临床症状，如腹泻、呕吐、疼痛等。一般微生物毒素中毒和一些毒性化学物质中毒会出现此症状。

表 12-1　食品中有害成分的来源

来源	途径
内源性有害成分	在正常条件下生物体（植物、动物、微生物）通过代谢或生物合成而产生的有毒化合物
	在应激条件下生物体（植物、动物、微生物）通过代谢或生物合成而产生的有毒化合物
外源性污染有害成分	有毒化合物直接污染食品
	有毒化合物被食品从其生存环境中吸收
	由食品将环境中吸收的化合物转化为有毒化合物
	食品加工中产生的有毒化合物

（2）慢性中毒　长期摄入，毒物在体内蓄积，几年或十几年，甚至更长时间后，造成机体损伤，表现出各种慢性中毒临床症状，如慢性的苯中毒、铅中毒、镉中毒等。

（3）致畸、致癌作用　一些有害物质可通过孕妇作用于胚胎，造成胎儿发育期细胞分化或器官形成不能够正常进行，出现畸形，如农药DDT、黄曲霉毒素 B_1 等，或某些有害物质可在体内诱发肿

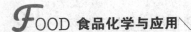

瘤生长，形成癌变。目前许多物质被怀疑与癌变有关，如亚硝胺、苯并芘、多环芳烃、黄曲霉毒素等物质。

第2节 微生物毒素

根据微生物种类可以将食品中常见的微生物毒素（microbial toxins）分为3类：霉菌毒素（mycotoxins）、细菌毒素（bacteriotoxin）和蕈类毒素（mushroom toxins）。

一、霉菌毒素

霉菌毒素是一些小分子的有机化合物，几乎所有的毒素相对分子质量小于500。目前已发现的约有50个属的霉菌能产生毒素，但其中大多数的毒素代谢与动物或人类的疾病无关，只有3个属（曲霉属、镰刀霉属、青霉属）的霉菌会产生对人或动物有致病作用的毒素。玉米、花生、棉花、大豆等是有毒霉菌容易污染的食品原料。对食品有重要影响的霉菌毒素及其对人体健康的危害见表12-2。

表 12-2　存在于食品中的霉菌毒素及其对健康的影响

毒素	霉菌	主要受影响的食品	摄入后危害
黄曲霉毒素（AFT）	黄曲霉	油料作物、谷物、豆类等，动物性食品中残留物	对肾脏有毒性，对几种动物肝脏有致癌作用，对人体肝脏也有可能致癌
杂色曲霉毒素	构巢曲霉、杂色曲霉	谷物	对大鼠肾、肝有毒性及致癌作用
棕曲霉素	棕曲霉、鲜绿青霉	谷物、生咖啡，动物食品中残留物	对大鼠肾、肝有毒性
黄变米霉毒素	岛青霉	大米	小鼠肝小叶中心坏死，肝细胞弥漫性脂肪变态
岛青霉毒素	岛青霉	大米和其他的谷物	对大鼠肾脏有毒性，有致癌作用
棒曲霉素	荨麻霉、棒曲霉及其他	苹果制品、谷类、小麦	水肿，对大鼠肾脏有毒性
镰刀霉毒素（玉米赤霉烯酮）	赤霉、镰刀菌	玉米、小麦、大麦、燕麦	引起猪和实验动物高雌激素症
单端孢霉烯族化合物（T-2毒素）	三线镰刀霉、拟枝孢镰刀菌	小米及其他谷物	食物性毒性白细胞缺乏症（ATA），在人类流行时伤亡率高达60%
串珠镰刀菌素	燕麦镰刀霉、木贼镰刀霉	豆荚类	大鼠进行性肌肉衰弱，呼吸困难，昏迷甚至死亡
橘霉素	鲜绿青霉	玉米、稻谷、大麦	致癌，损伤肾脏
3-硝基丙酸	节菱孢菌	甘蔗	中枢神经损伤
甘薯黑疤霉酮	霉菌	甘薯	中毒症状，严重者死亡
麦角生物碱	麦角菌	谷物（麦穗的黑色瘤状物）	坏疽和惊厥性麦角中毒
黑葡萄状穗霉毒素	黑葡萄状穗霉	作物秸秆、牧草	呼吸器官障碍

摄入污染霉菌毒素的食品后人体健康会受到影响，即使产生毒素的霉菌已经死亡，霉菌毒素仍然存在于食品中。另外，很多种霉菌毒素相当稳定，普通的烹饪或加工处理条件并不能破坏其结构。目前霉菌毒素污染最严重的主要是动物饲料，而动物若摄入了污染的饲料，动物性食品原料不可避免出现霉菌毒素残留的安全问题，甚至由于动物的健康出现问题导致一系列的食品安全风险。

（一）黄曲霉毒素

黄曲霉毒素（aflatoxin，AFT）是由普遍存在于粮食和饲料上的真菌产生的有毒代谢物，1960年英国有10万只以上的火鸡因摄入霉变花生粉中毒死亡。剖检中毒死鸡，发现肝脏组织出血、坏死，胆管上皮细胞异常增生等病变。从霉变的花生粉中分离出黄曲霉菌，这种霉菌分泌出的毒素定名为黄曲霉毒素。能产生黄曲霉毒素的有黄曲霉和寄生曲霉，但不是所有这些菌种的菌株都产生黄曲霉毒素，而是其中的某些菌体。黄曲霉毒素有较多的种类，主要有 B_1、B_2、G_1、G_2、M_1 和 M_2，它们的结构式不同（图12-1），其毒性也有很大差异，

其中以黄曲霉毒素 B_1 毒性最大。黄曲霉毒素耐热，100 ℃、20 h 也不能将其全部破坏，可溶于氯仿、甲醇等有机溶剂，不溶于己烷、石油醚和乙醚。引起动物中毒的病理变化主要是肝脏，如肝细胞变性、肝坏死、肝纤维化、肝癌等。国内外许多调查发现，癌症高发区常常是气候潮湿和以玉米、花生为日常食品的区域，而且由于原料特性的原因，玉米和花生也很容易被黄曲霉毒素污染。FAO/WHO 规定多数食品中 AFT B_1 ≤15 μg/kg，坚果食品中 AFT B_1 ≤10 μg/kg。美国≤20 μg/kg，日本≤10 μg/kg，以色列和瑞典规定不得检出。我国《食品中真菌毒素限量》（GB 2761—2017）中规定各类食品中 AFT B_1 限量见表 12-3。

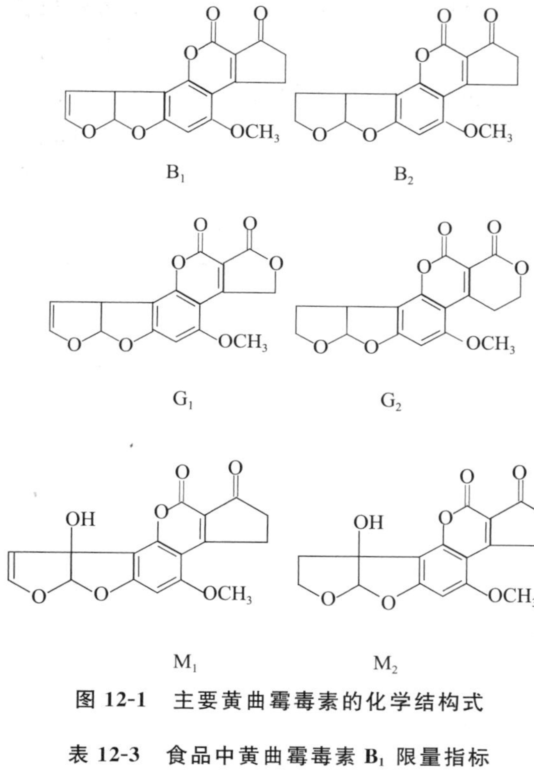

图 12-1　主要黄曲霉毒素的化学结构式

表 12-3　食品中黄曲霉毒素 B_1 限量指标

食品类别（名称）	限量/(μg/kg)
谷物及其制品	
玉米、玉米面（渣、片）及玉米制品	20
稻谷、糙米、大米	10
小麦、大麦、其他谷物	5.0
小麦粉、麦片、其他去壳谷物	5.0
豆类及其制品	
发酵豆制品	5.0

续表 12-3

食品类别（名称）	限量/(μg/kg)
坚果及籽类	
花生及其制品	20
其他熟制坚果及籽类	5.0
油脂及其制品	
植物油脂（花生油、玉米油除外）	10
花生油、玉米油	20
调味品	
酱油、醋、酿造酱	5.0
特殊膳食用食品	
婴幼儿配方食品	0.5
婴幼儿辅助食品	0.5
特殊医学用途配方食品	0.5
辅食营养补充品	0.5
运动营养食品	0.5
孕妇及乳母营养补充食品	0.5

（二）赭曲霉素毒素 A

赭曲霉素毒素 A（Ochratoxin A，OTA）化学结构为苯甲酸异香豆素（图 12-2），主要是由青霉属某些菌株和赭曲霉及黑曲霉产生，广泛存在于各种食物中，谷物及其副产品是 OTA 的主要来源，此外可可、咖啡、干果、调味品、乳汁、酒类、肉类中也存在 OTA。赭曲霉毒素 A 是苯丙氨酸与异香豆素结合的衍生物。赭曲霉毒素 A 是由多种生长在粮食（小麦、玉米、大麦、燕麦、黑麦、大米和黍类等）、花生、蔬菜（豆类）等农作物上的曲霉和青霉产生的。动物摄入了霉变饲料，这种毒素也可能出现在猪和母鸡等的肉中。赭曲霉毒素主要侵害动物肝脏与肾脏，肾脏是第一靶器官。毒素主要是引起肾脏损伤，大量的毒素也可能引起动物的肠黏膜炎症和坏死，动物试验中还观察到它的致畸作用。赭曲霉毒素 OTA 被认为与人类疾病诸如

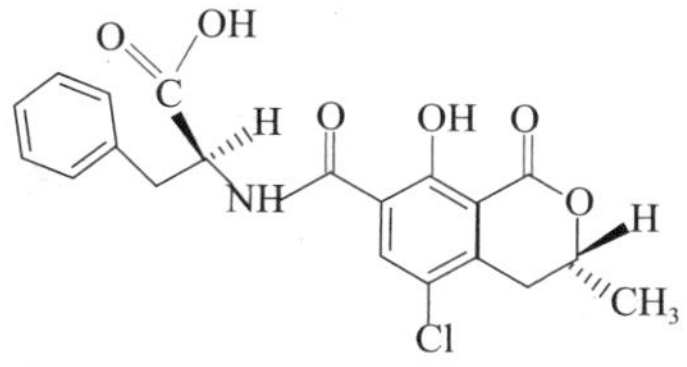

图 12-2　赭曲霉素毒素 A 的化学结构式

巴尔干地方性肾病（其特征为肾小管间质肾炎，且容易并发肾、输尿管和膀胱肿瘤）有关，对人类有可能的致癌作用。

（三）呕吐毒素

脱氧雪腐镰刀菌烯醇（deoxynivalenol，DON）又称为呕吐毒素，属单端孢霉烯族化合物，是禾谷镰刀菌、雪腐镰刀菌、燕麦镰刀菌和串珠镰刀菌等镰刀菌属的菌种引起的谷物赤霉病的重要指示性毒素。呕吐毒素是食品中常见的真菌毒素，在自然界中广泛存在，在欧洲及北美发现的 3 种毒素是脱氧雪腐镰刀菌烯醇、3-乙酰脱氧雪腐镰刀菌烯醇和 15-脱氧雪腐镰刀菌烯醇。由于它们具有很高的细胞毒素及免疫抑制性质，因此，对人类及动物的健康构成了威胁，特别是对免疫功能具有明显的影响。通常在小麦、玉米、大麦和燕麦等作物中含量较高，其化学性非常稳定，121 ℃ 高压加热 25 min 仅有少量破坏，因此在加工、储存及烹饪过程中不会被破坏，对人体健康造成很大威胁。当人摄入了被 DON 污染的食物后，会导致厌食、呕吐、腹泻、发烧、站立不稳、反应迟钝等急性中毒症状，严重时损害

造血系统造成死亡。DON 的化学结构式见图 12-3。

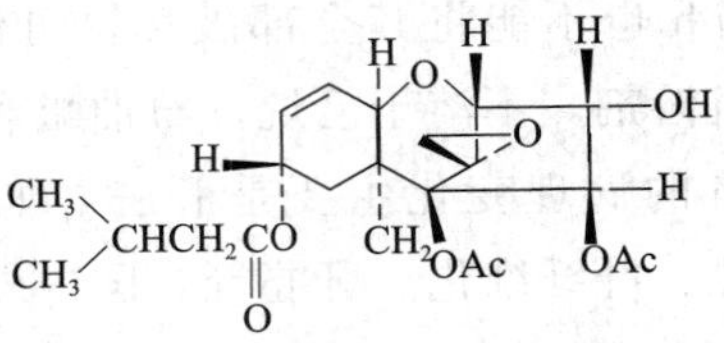

图 12-3　DON 的化学结构式

（四）伏马毒素

伏马毒素（Fumonisin，FB）是一种霉菌毒素，是由串珠镰刀菌（Fusarium moniliforme Sheld）产生的水溶性代谢产物，纯品为白色针状结晶，为一类相关的极性、水溶性代谢产物，是一类由不同的多氢醇和丙三羧酸组成的结构类似的双酯化合物，对热很稳定，不易被蒸煮破坏，在多数粮食加工处理过程中均比较稳定。主要污染粮食及其制品，并对某些家畜产生急性毒性及潜在的致癌性。到目前为止，发现的伏马毒素有 FA_1、FA_2、FB_1、FB_2、FB_3、FB_4、FC_1、FC_2、FC_3、FC_4、FP_1 共 11 种，但其分布主要以 FB_1、FB_2 和 FB_3 三种形式存在，其中 FB_1 是危害范围最大和研究最广的伏马毒素，伏马毒素的主要化学结构式见图 12-4。

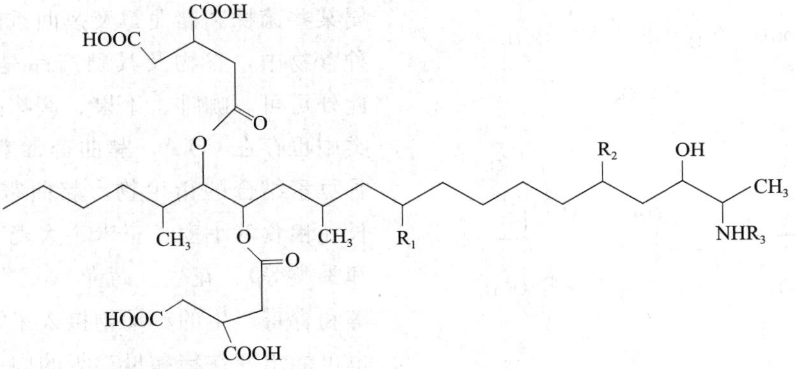

FB_1: $R_1=H$	$R_2=OH$	$R_3=OH$
FB_2: $R_1=H$	$R_2=OH$	$R_3=H$
FB_3: $R_1=OH$	$R_2=H$	$R_3=H$
FB_4: $R_1=H$	$R_2=H$	$R_3=H$
FB_6: $R_1=OH$	$R_2=OH$	$R_3=H$
FA_1: $R_1=CH_2CH$	$R_2=OH$	$R_3=OH$
FA_2: $R_1=CH_2CH$	$R_2=OH$	$R_3=H$

图 12-4　伏马毒素的主要化学结构式

（五）玉米赤霉烯酮

玉米赤霉烯酮（Zearalenone，ZEN）又称 F-2 毒素，它首先从有赤霉病的玉米中分离得到。由禾

谷镰刀菌、黄色镰刀菌、克地镰刀菌等多种镰刀霉菌产生并释放到土壤环境中的真菌毒素。镰孢菌属种在玉米中繁殖一般需要 22%～25% 的湿度。自

然界中还存在 ZEN 的多种衍生物，最常见的为 α-玉米赤霉烯酮和 β-玉米赤霉烯酮（图 12-5）。玉米赤霉烯酮具有雌激素作用，主要作用于生殖系统，可使家畜、家禽和实验小鼠产生雌性激素亢进症。妊娠期的动物（包括人）摄入含玉米赤霉烯酮的霉变食物可引起流产、死胎和畸胎。赤霉病麦面粉加工的各种面食摄入后可引起中枢神经系统的中毒症状，如发冷、恶心、头痛、神智抑郁和供给失调等。

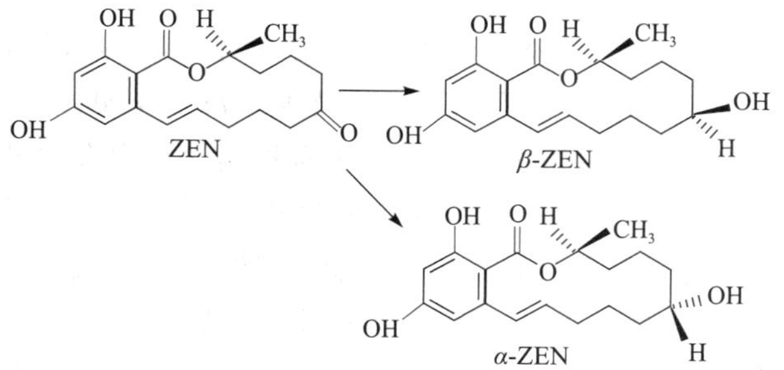

图 12-5　玉米赤霉烯酮及其两种衍生物的化学结构式

（六）T-2 毒素

T-2 毒素（T-2 toxin）是由多种镰刀菌（如三线镰刀菌、拟枝孢镰刀菌、梨孢镰刀菌等）产生的一种倍半萜烯类霉菌毒素，它属于 A 类单端孢霉烯族化合物（trichothecenes，TS）。镰刀菌群对田间作物和贮藏加工过程中的谷物（小麦、玉米、大麦、燕麦等粮食作物及其制品）的易侵染性，由菌群产生的 T-2 毒素在自然界广泛存在，通过生物体和食物链中的富集作用，从而直接或间接污染植物性与动物性食品原料及成品，对畜禽以及人体健康造成严重危害。T-2 毒素呈白色针状结晶，不易

挥发，难溶于水，易溶于有机溶剂，室温条件稳定性高，加热、加压、紫外线、中性或酸性条件下均不能使其破坏而降低毒性。鉴于 T-2 毒素的酯基结构，其能够在碱性条件下水解生成相应的醇，且可与次氯酸钠反应而丧失毒性。在肝微粒体酶作用下，T-2 毒素可脱乙酰转化成毒性较低的 HT-2，并最终形成几乎无毒的 T-2 醇。T-2 毒素的环氧基能够和四氢钾铝或氢硼化钠发生还原反应成醇，当环氧结构被破坏，毒性基本消失。T-2 毒素的化学结构式见图 12-6。

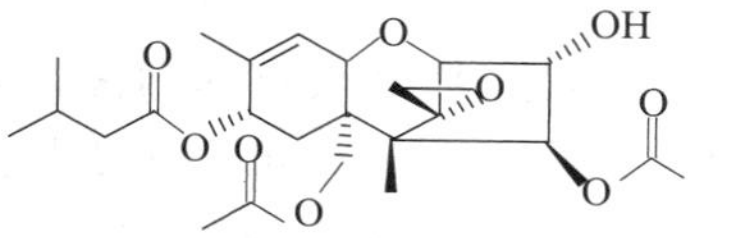

图 12-6　T-2 毒素的化学结构式

二、细菌毒素

细菌可产生内、外毒素及侵袭性酶，与细菌的致病性密切相关。细菌毒素可以区分为两种：放到菌体外的称为菌体外毒素（exotoxin）；含在体内的，在菌体破坏后而放出的，称为菌体内毒素（endotoxin）。菌体外毒素大多是蛋白质，其中有的起着酶的作用。白喉杆菌、破伤风杆菌、肉毒杆菌等的毒素均为菌体外毒素。而菌体内毒素的化学主体来自细菌细胞壁的脂多糖和蛋白质的复合体，如赤痢杆菌、霍乱弧菌及绿脓杆菌等的毒素均为菌体内毒素。细菌毒素中最主要的是沙门菌毒素、葡萄球菌肠毒素及肉毒杆菌毒素。细菌内毒素与外毒素的主要区别见表 12-4。

表 12-4　细菌外毒素与内毒素区别

区别要点	外毒素	内毒素
产生菌	多数革兰氏阳性菌，少数革兰氏阴性菌	多数革兰氏阴性菌，少数为革兰氏阳性（如苏云金芽孢杆菌）
存在部位	多数活菌分泌出，少数菌裂解后释出	细胞壁组分，菌裂解后释出
化学成分	蛋白质	脂多糖
毒性作用	强，对组织细胞有选择性毒害效应，引起特殊临床表现	较弱，各种类的毒性效应相似，引起发热、白细胞增多、微循环障碍、休克等
免疫抗原性	强，刺激宿主产生抗毒素	较弱，甲醛液处理后不形成类毒素
稳定性	60 ℃0.5 h 被破坏	160 ℃2～4 h 被破坏
处理方式	特定抗生素治疗为主	消炎药物、抗氧化剂治疗为主

（一）沙门菌毒素

沙门氏菌不产生外毒素，但有毒性较强的内毒素，为类脂、糖和蛋白质的复合物。一般由沙门氏菌引起的食物中毒都是吞入大量病菌导致。引起中毒的多为动物性食品，特别是肉类，也可由鱼类、禽类和蛋类食品引起，植物性食品引起者很少。肉类污染沙门氏菌后，感官变化不明显，不易察觉，易引起中毒。

（二）葡萄球菌肠毒素

葡萄球菌属有金黄色葡萄球菌、表皮葡萄球菌和腐生葡萄球菌 3 种，其中金黄色葡萄球菌是一种常见于人类和动物皮肤和表皮的细菌，只有少数亚型能分泌催吐活性的胞外毒素。金黄色葡萄球菌肠毒素并不是单一物质，而是由 7 个以上的单链组成的一组蛋白质，其相对分子质量为 26 000～29 000，肠毒素具有抗原性，根据免疫特性可分为 A、B、C、D、E 等型，等电点 7.0～8.6，易溶于水，难溶于有机溶剂，耐热性强，一般的烹饪温度不能将其破坏。120 ℃加热 20 min 几乎仍不被破坏，在 218～248 ℃经 30 min 才能失活，毒性完全丧失。误食后 2～3 h 出现症状，唾液增多，继之出现恶心、呕吐、腹部绞痛、腹泻等，大部分于 24～28 h 后恢复，极少因中毒死亡。

（三）肉毒杆菌毒素

肉毒杆菌（*Bacillus botulinus*），又称肉毒梭状芽孢杆菌（*Clostridium botulinum*），是一种革兰氏阳性厌氧芽孢菌，广泛分布于自然界中，其芽孢在江河湖海的淤泥沉积物、尘土和动物的粪便中都有存在，水和土壤中的芽孢是造成食物污染的主要来源。在厌氧环境中，其分泌强烈的肉毒毒素，能引起特殊的神经中毒症状，对人类和动物的致死率很高，是毒性最强的蛋白质之一。肉毒杆菌的致病性在于所产生的神经毒素——肉毒毒素，这些毒素能引起人和动物肉毒中毒。根据肉毒毒素的抗原性，肉毒杆菌至今已有 A、B、C（C_α 和 C_β）、D、E、F、G 等 7 个型，各型的肉毒杆菌分别产生相应型的毒素。其中，A、B、E、F 型可引起人群中毒，C、D 型毒素主要是畜、禽肉毒中毒的病原，对人不致病。G 型肉毒杆菌极少分离，未见 G 型菌引起人群中毒报道。我国肉毒杆菌食物中毒大多是由 A 型引起的，其他型相对较少。肉毒毒素对消化酶（胃蛋白酶、胰蛋白酶）、酸和低温很稳定，对碱（pH 7.0 以上条件下分解）和热敏感，易于被破坏失去毒性。在正常胃液中 24 h 尚不能将毒素破坏。

三、蕈类毒素

蕈类中有一些是剧毒的，我国食用蕈（食用菌）有 300 多种，有毒蕈 100 多种，能危及生命的有 20 多种。毒蕈毒素成分复杂，一般为环肽化合物。中毒类型、程度取决于毒素的化学性质与含量。依据毒蕈毒素对人体主要器官的侵害部位及症状，将毒蕈中毒情况分为肠胃炎型、神经精神型、溶血型、肝损害型、呼吸与循环衰竭型和光过敏皮炎型。目前国内外报道的毒性较强的毒素主要包括以下几种。毒蕈毒素及其衍生物的结构式见图 12-7。

	R_1	R_2	R_3	R_4	R_5
α-鹅膏蕈碱（α-鹅膏素）	CH$_2$OH	OH	NH$_2$	OH	OH
β-鹅膏蕈碱（β-鹅膏素）	CH$_2$OH	OH	OH	OH	OH
γ-鹅膏蕈碱（γ-鹅膏素）	CH$_3$	OH	NH$_2$	OH	OH
ε-鹅膏蕈碱（ε-鹅膏素）	CH$_3$	OH	OH	OH	OH
三羟鹅膏毒肽（鹅膏素）	CH$_2$OH	OH	OH	H	OH
三羟鹅膏毒肽酰胺	CH$_2$OH	OH	NH$_2$	H	OH
二羟鹅膏毒肽酰胺	CH$_3$	H	NH$_2$	OH	OH
二羟鹅膏毒肽羧酸	CH$_3$	H	OH	OH	OH
二羟鹅膏毒肽酰胺原	CH$_3$	H	NH$_2$	OH	H

图 12-7　毒蕈毒素及其衍生物的结构式

（一）鹅膏肽类毒素

鹅膏菌属（Amanita）的不少种是著名毒蕈。据统计，误食野生蕈菌的中毒事件中，95%以上都是由鹅膏菌所致。鹅膏菌产生的毒素大多属于环型多肽类毒素，统称鹅膏肽类毒素。鹅膏肽类毒素依据氨基酸的组成和结构分为鹅膏毒肽、鬼笔毒肽和毒伞素。鹅膏毒肽又称毒伞肽，基本结构为双环八肽碳架。鬼笔毒肽又称毒肽，基本结构为环状七肽碳架。毒伞素是一类单环七肽。

（二）鹅膏毒蝇碱

鹅膏毒蝇碱主要存在于毒蝇鹅膏（Amanita-muscaria）中。毒蝇鹅膏，又名毒蝇伞、捕蝇菌、蛤蟆菌，主要分布于我国黑龙江、吉林、辽宁和四川等省，存在于丝盖伞属、离褶伞属、杯伞属、小菇属。鹅膏毒蝇碱是一种无色无味的生物碱，学名氧代杂环季盐，分子式为 C$_9$H$_{20}$NO$_2$，熔点为 $180\sim181$ ℃。1954 年瑞士人 Eugster 首次分离、纯化并鉴定出 4 种异构体。鹅膏毒蝇碱易溶于水和乙醇，毒性极强，与胆碱相似。鹅膏毒蝇碱主要作用于副交感神经，引起心跳减慢、减弱，血压降低，平滑肌痉挛，瞳孔缩小，对中枢神经也有异常兴奋作用，因此食后常表现为兴奋、产生幻觉、流汗、流涎、流泪，肺部水肿而呼吸困难，昏迷甚至死亡。

（三）色胺类毒素

色胺类毒素包括蟾蜍素、光盖伞素（裸头草碱）、光盖伞辛（裸头伞辛）、4-羟基色胺、甲基裸盖伞素及其脱甲基类似物等，都是吲哚类似物、胺类物质，是一类具有神经致幻作用的神经毒素。

（四）鹿花菌素

鹿花菌（Gyromitra esculenta）的毒素（鹿花菌素）是由 Boochm 和 Kueiz 开始研究的，当时命名为马鞍菌酸（Helvelicacid），1967 年化学结构式确定并命名为鹿花菌素。鹿花菌素水解产物甲基联胺化合物为主要的毒性物质，熔点 5 ℃，对黏膜的刺激性大，也能通过皮肤吸收。鹿花菌素具有极强的溶血作用，对小白鼠的肝、胃、肠、膀胱有损害作用，LD$_{50}$ 为 1.24 mg/kg。含有鹿花菌素的蕈菌种类主要有褐鹿花菌、赭鹿花菌、大鹿花菌等。

（五）异噁唑衍生物

20 世纪 60 年代以来，瑞典、美国等国学者对毒蝇鹅膏菌（Amanita muscaria）进一步研究时，又从 A. muscaria 中发现并成功分离出 4 种作用于中枢神经系统的异噁唑（Isoxazole）衍生物，即 Trlcholomicacid、Ibotenicacid、Mucazone 和 Muscimo1，其中 Ibotenicacid 和 Muscimo1 可使神经错乱，Mucazone 作用类似于 Muscarine，Trlcholomicacid 无毒且具有明显的鲜味，是谷氨酸钠的 20 倍。

（六）鬼伞素

鬼伞素（Coprine）是从墨汁鬼伞（*Coprinus atramentarius*）中分离得到的。特殊之处在于其单独食用并不引起中毒，在食用时或在食用后的2～3 d之内饮酒即可引起脸部红肿，心率上升，头晕、恶心、呕吐，并出现呼吸困难等现象。因为Coprine（1-羟基环丙基-*L*-谷氨酰胺）及其代谢产物（Cyclopropanone hydrate）均能抑制肝脏中乙醛脱氢酶活性，影响酒精的代谢，造成乙醛在体内积累，形成中毒危害。

（七）奥来毒素（Orellanine）

Grzymala从*Cortinarius orellanus*中分离得到奥来毒素（Orellanine）。Antkowiak等最先完成化学结构的鉴定，其分子式为$C_{10}H_{10}O_6N_2$，结构式为3，3′，4，4′-四羟基-2，2′-联吡啶-N，N_9-二氧

化物。奥来毒素无色，呈晶体状，在蕈菌体内非常稳定，遇光或紫外光会分解成其他化合物，难溶于有机溶剂和水。奥来毒素作用的靶器官是肾，潜伏期为1.5～17 d，对肾脏的损伤机理还没有完全研究清楚。含奥来毒素的毒蕈主要是丝膜菌属（*Cortinarius*）的一些种类。

第3节 植物性毒素

自然界植物种类繁多，其中部分植物具有毒性，若误食或食入因加工不当而未有效除掉有毒成分的某些植物，也能引起食物中毒。已知植物中存在着许多种类内源性毒素，见表12-5。根据有毒植物所含毒性成分的特性，可将植物性毒素大致分为以下6类植物性毒素。

表 12-5 植物中内源性毒素及其中毒症状

毒素	化学性质	主要食物来源	主要中毒症状
蛋白酶抑制剂	蛋白质（相对分子质量 4 000～24 000）	豆类（大豆、绿豆、四季豆、菜豆、利马豆、鹰嘴豆、豌豆）、土豆（甜、白）、谷类	阻碍生长及食物利用，胰脏肥大
红细胞凝集素	蛋白质（相对分子质量 10 000～24 000）	豆类（大豆、四季豆、黑豆、黄豆、刀豆、小扁豆、豌豆）、蓖麻籽	阻碍生长及食物利用，在体外可使红细胞凝聚，在体外具有促进细胞培养基有丝分裂活性
皂角苷	糖苷	大豆、糖甜菜、花生、菠菜、芦笋	在体外可使红细胞溶血
硫糖苷	含硫糖苷	卷心菜及相关品种、萝卜、芜菁甘蓝、小萝卜、油菜籽、芥菜	甲状腺机能减退及甲状腺肿大
氰	生氰糖苷	豆科植物、亚麻、木薯	HCN中毒
棉籽酚色素	棉籽酚	棉籽	肝损伤、出血、水肿
山黧豆毒素	β-氨基丙腈及其衍生物	山黧豆、鹰嘴豆、野豌豆	神经中毒（中枢神经损伤）
过敏原	蛋白质	存在于所有食物中，尤其是谷类、豆类及坚果类	对敏感个体有致敏反应
苏铁苷	甲基氧化偶氮甲醇	苏铁类坚果	肝脏及其他器官的癌症
豆类毒素	甾菜碱及伴甾菜碱（嘧啶 β-葡萄糖苷）	蚕豆	溶血性贫血

续表 12-5

毒素	化学性质	主要食物来源	主要中毒症状
植物抗毒素	单体呋喃（甘薯黑疤酶酮）	甜土豆	肺水肿、肝及肾损伤
	苯并呋喃（补骨脂素）	芹菜、欧洲防风草	皮肤对光过敏
	乙炔呋喃（蚕豆酮）	蚕豆	—
	异类黄酮（豌豆素及菜豆蛋白）	豌豆、菜豆	体外细胞溶解
吡咯双烷类生物碱	二氢吡咯	菊科及紫草科植物，草根茶类	肝及肺损伤、致癌物
黄樟油精	烯丙基苯	檫木、黑胡椒	致癌物
鹅膏菌素	双环八肽	伞形毒菌蘑菇	呕吐，抽搐，肝、肾损伤，死亡
苍术苷	甾族糖苷	蓟（苍术属树胶）	损耗糖原

一、有毒蛋白质类

植物性食物有毒蛋白质包括血凝素和酶抑制剂。

血凝素（hemagglutinin）是指红细胞凝聚素，呈柱状，能与人、鸟、猪、豚鼠等动物红细胞表面的受体相结合引起凝血，故而被称作血凝素。血凝素是某些豆科、大戟科蔬菜中存在的有毒蛋白，这类毒素现已发现 10 多种，包括蓖麻毒素、巴豆毒素、相思子毒素、大豆血凝素、菜豆毒素等。对食品进行热加工处理可有效破坏血凝素，但加热到 80 ℃时其毒性最大，因此许多血凝素食物中毒都是食物加工不当引起的。

酶抑制剂主要是胰蛋白酶抑制剂和淀粉酶抑制剂，能引起消化不良和过敏反应。黄豆已发现至少有 16 种蛋白质能引起过敏反应，主要过敏原为胰蛋白酶抑制剂，这类蛋白质毒素受热后变性，可破坏其毒性，所以食用豆制品前要彻底热处理。

二、有毒氨基酸

有毒氨基酸主要指非蛋白氨基酸。在已发现的 400 多种非蛋白氨基酸中，有 20 多种具有蓄积毒性，大都存在于毒蕈和豆科植物中。它们作为一种"伪神经递质"取代正常的氨基酸，从而产生神经毒性。另外，一些含硫、含氰的非蛋白氨基酸可在体内分解，产生有毒的硫化物、氰化物而间接导致毒性。重要的毒性非蛋白氨基酸有刀豆氨酸、香豌豆氨酸、白蘑氨酸等。

三、生物碱类毒素

生物碱是一类含氮有机化合物，大多数生物碱为无色结晶型固体，具有苦味和辛辣味，不溶或难溶于水，可溶于有机溶剂，如醚、氯仿、醇等。生物碱与酸结合生成的盐类易溶于水，而难溶于有机溶剂。含有生物碱的有毒植物为曼陀罗、发芽马铃薯、毒芹等。马铃薯的致毒成分为茄碱，是一种弱碱性的生物碱，又名龙葵苷，它不是单一的成分，经层析法可分出 6 种生物碱，其中主要为 α-茄碱。马铃薯全株都含有马铃薯毒素，但在各部位的含量不同，成熟马铃薯中含量极微（0.005％～0.01％），一般不引起中毒，但在马铃薯的芽、花、叶及块茎的外层皮中含量都较高。

四、毒苷

毒苷主要有氰苷，如苦杏仁苷、芥子油苷、甾苷、多萜苷等，主要蓄积在植物的种子、果仁和幼叶中，摄入后在酶的作用下水解生成剧毒的氰、硫氰化合物，最典型的是苦杏仁苷。甜杏仁含有 0.11％苦杏仁苷，苦杏仁中含有 3％苦杏仁苷，相当于含氢氰酸 0.17％。木薯中亚麻仁苦苷经胃酸水解，产生游离氢氰酸，氰离子进入人体，能抑制约 40 种酶的活性。

五、皂苷

皂苷又称皂素，是广泛存在于植物界的一类特殊的苷类，其水溶液振摇后产生持久的肥皂样的泡沫。根据皂苷水解后生成皂苷元的结构，可分为三萜皂苷与甾体皂苷两大类。组成皂苷的糖常见的有葡萄糖、半乳糖、鼠李糖、阿拉伯糖、木糖及葡萄糖醛酸、半乳糖醛酸等，常与皂苷元 C-3 位的—OH 连接成苷。皂苷作为一种生物活性物质，越来越受到人们的关注。皂苷多为白色无定形粉末，也有结晶型化合物，分子量较大，不溶于苯、醚、氯仿等有机溶剂，而溶于水。皂苷多见于豆科植物，如皂角荚和肥皂荚等，毒素具有溶血作用，对胃肠有刺激作用，影响中枢神经系统，先兴奋后麻痹，呼吸中枢麻痹可导致死亡。

六、亚硝酸盐

某些蔬菜如小白菜、菠菜、韭菜及甜菜叶中含有较多的硝酸盐，若再大量施用含硝酸盐的氮肥或土壤中缺钼时，蔬菜中硝酸盐含量更高，另外蔬菜在存放中温度过高，出现腐败，在细菌和酶的作用下，亚硝酸盐含量会迅速增高。当过多的亚硝酸盐被吸入血液后，将正常的血红蛋白氧化成高铁血红蛋白，血红蛋白内的铁由 Fe^{2+} 变成 Fe^{3+}；高铁血红蛋白的化学性质较稳定，呈咖啡色，无携氧的能力。此外，高铁血红蛋白还能阻止正常氧合血红蛋白放出氧，因而引起组织缺氧，出现一系列的缺氧症状，轻者引起呼吸困难、循环衰竭、昏迷等，重者死亡。

第4节 动物性毒素

一、河豚鱼毒素

在海洋鱼类中，有 500 多种鱼可引起人体中毒，其毒素有内源性的，也有外源性的。其中以河豚鱼中毒最为常见。河豚鱼中毒是世界上最严重的动物性食物中毒，各国都很重视。不同种类的河豚鱼的外形不尽相同，但其共同的特征是，身体浑圆，头胸部大，腹尾部小，背上有鲜艳的斑纹或色彩，体表无鳞，口腔内有明显的两对门牙。河豚鱼味道鲜美但含有剧毒。其毒素主要有两种：河豚毒素（$C_{11}H_{17}N_2O_8$）和河豚酸（$C_{11}H_{17}N_3O_8$）。河豚毒素是小分子化合物，结构式如图 12-8 所示，为无色的棱柱体，微溶于水，对热稳定，220 ℃以上才分解，变为褐色，盐腌或日晒亦不能使之破坏。所以，一般的加热烹调或加工方法都很难将毒素去掉。因此，预防措施至关重要。0.5 mg 河豚毒素就可以

毒死一个体重 70 kg 的人。河豚鱼一般都含有毒素，其含量的多少因鱼的种类、部位及季节等而有差异，一般在卵巢孕育阶段，即春、夏季毒性最强。河豚鱼的有毒部位主要是卵巢和肝脏。河豚毒素是一种很强的神经毒，它对神经细胞膜的 Na^+ 通道具有高度专一性作用，能阻断神经冲动的传导。使呼吸抑制，引起呼吸肌麻痹。对胃、肠道也有局部刺激作用，还可使血管神经麻痹、血压下降。

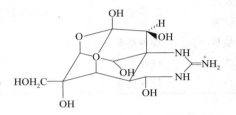

图 12-8　河豚毒素的结构式

二、麻痹性贝类毒素

麻痹性贝类毒素（paralyfric shellfish poisoning，PSP）主要存在于贝类或淡菜中，这些贝类或淡菜摄入有毒的涡鞭毛藻，并浓缩所含毒素。当海洋局部条件适合涡鞭毛藻生长而超过正常数量时，形成"赤潮"，在这种环境中生长的贝类或淡菜具有毒性。以浮游植物为食料的贻贝类、文蛤类、牡蛎、扇贝等中肠腺中就是毒素的主要蓄积部位。PSP 是一类四氢嘌呤的衍生物，其母体结构为四氢嘌呤。到目前为止，已经证实结构的 PSP 有 20 多种，根据基团的相似性，PSP 可以分为：氨甲酰基类毒素（carbamoyl compounds），如石房蛤毒素（saxitoxin，STX）、新石房蛤毒素（neosaxitoxin，neoSTX）、膝沟藻毒素 1-4（gonyautoxins GTX1-4）；N-磺酰氨甲酰基类毒素（N-sulfocarbamoyl compounds），如 C1-4、GTX5、GTX6；脱氨甲酰基类毒素（decarbamoyl compounds），如 doSTX、deneoSTX、dcGTX1-4；脱氧脱氨甲酰基类毒素（deoxydecarbomyl compounds），如 doSTX、doGTX2，3 等。PSP 呈碱性，易溶于水，可溶于甲醇、乙醇，且对酸、对热稳定，在碱性条件下易分解失活。N-磺酰氨甲酰基类毒素在加热、酸性条件下会脱掉磺酰基，生成相应的氨甲酰类毒素，而在稳定的条件下则生成相应的脱氨甲酰基毒素。PSP 是一类神经和肌肉麻

痹剂，其毒理主要是通过对细胞内钠通道的阻断，造成神经系统传输障碍而产生麻痹作用。常见的石房蛤毒素分子式为 $C_{10}H_{17}N_7O_4$，结构式见图12-9。烹饪处理温度不能破坏毒素，因此贝类在清水中放养1～3周，才能排净毒素。

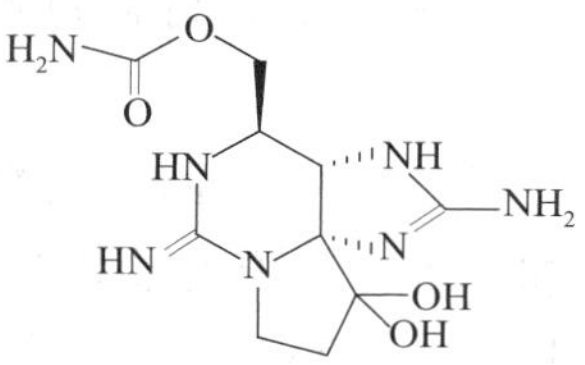

图 12-9 石房蛤毒素的化学结构式

三、组胺

海产鱼中的青皮红肉鱼类，如蛤鱼、金枪鱼、刺巴鱼、沙丁鱼等可引起类过敏性食物中毒，其原因是，这些鱼中含有较高量的组氨酸，经含有脱羧酶的细菌作用后，产生组胺（图12-10）。青皮红肉鱼，用变形杆菌或无色杆菌27℃96 h培养，都产生大量组胺（1.6～3.2 mg/g）。而皮青白肉的鱼类（鲈鱼、鲦鱼等）只能产生约0.2 mg/g的组胺，皮不青肉不红的鱼类（比目鱼、家鲫鱼、竹麦鱼等）不产生组胺。一般引起人体中毒的组胺摄入量为1.5 mg/kg体重。但与个体对组胺的过敏性关系很大。此种中毒发病快、潜伏期一般为0.5～1 h，长者可至4 h。主要表现为脸红、头晕、头疼、心跳、脉快、胸闷和呼吸促迫等。部分病人有眼结膜充血、瞳孔散大、脸发胀、唇水肿、口舌及四肢发麻、荨麻疹、全身潮红、血压下降等症状。但多数人症状轻、恢复快、死亡者较少。

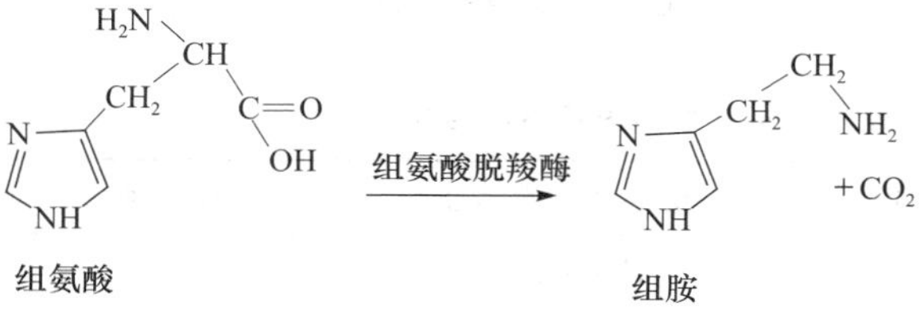

图 12-10 青皮红肉鱼组胺的生成

第5节 食品加工过程中产生的毒性成分

一、亚硝酸盐及亚硝胺

食品中硝酸盐及亚硝酸盐有两种来源：作为发色剂加入肉制品中；氮肥施用过多由土壤转移到蔬菜中。亚硝酸盐急性毒性可导致高铁血红蛋白症。血红蛋白中亚铁离子被氧化为高铁离子，血氧运输严重受阻。其慢性中毒有3个方面：硝酸盐浓度较高时干扰正常的碘代谢，导致甲状腺代谢性增大；长期摄入过量亚硝酸盐导致维生素A的氧化破坏并阻碍胡萝卜素转化为维生素A；与仲胺或叔胺结合成亚硝胺类。硝酸盐及亚硝酸盐的转变见图12-11。

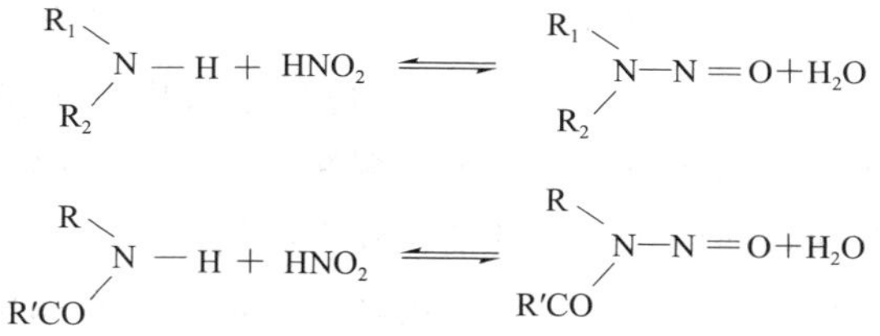

图 12-11 硝酸盐及亚硝酸盐的转变

亚硝胺基本结构有两类，一种为亚硝胺，化学性质稳定，但紫外线照射可分解，在动物体内酶解，转化为具有致癌作用的活性代谢物；另一种为亚硝酰胺，化学性质活泼，经水解后生成具有致癌作用的化合物。食品贮藏温度及时间对食品中最终亚硝胺含量有很大影响，降低食品中亚硝基化合物的有效方法是：通过良好的加工条件降低食品加工时亚硝酸盐或硝酸盐的使用量，另外提高原料的新鲜度，也可以加入大蒜、茶叶、维生素C、维生素E、酚类等以阻断亚硝基化合物的生成，降低致癌风险。

二、丙烯酰胺

2002年初，瑞典食品局和斯德哥尔摩大学科学家发现许多高温加工食品中存在丙烯酰胺。丙烯酰胺是一种不饱和酰胺，急性中毒剂量很低，即毒性强，可诱发癌变，其单体为无色透明片状结晶，沸点125℃，熔点84～85℃。能溶于水、乙醇、乙醚、丙酮、氯仿，不溶于苯及庚烷中。丙烯酰胺单体在室温下很稳定，但当处于熔点或以上温度、氧化条件以及在紫外线的作用下很容易发生聚合反应。当加热使其溶解时，丙烯酰胺释放出强烈的腐蚀性气体和氮的氧化物类化合物。丙烯酰胺具有肝脏和神经毒性，对大鼠、小鼠、豚鼠和兔子的 LD_{50} 为107～203 mg/kg体重。丙烯酰胺还对动物有生殖毒性，可导致细胞 DNA 的损伤，并对啮齿动物具有致癌性。丙烯酰胺具有较强的渗透性，可以通过未破损的皮肤、黏膜、肺和消化道吸入人体，分布于体液中。丙烯酰胺结构式见图 12-12。

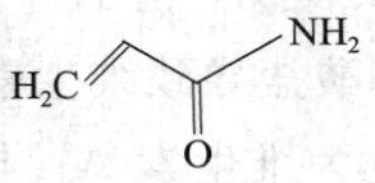

图 12-12　丙烯酰胺结构式

食品中丙烯酰胺一般认为可能的生成途径有两种（图 12-13）。一种是丙烯酰胺是由丙烯醛或丙烯酸与氨的反应而来。氨主要来自含氮化合物的高温分解，而丙烯酰胺的前体化合物丙烯醛和丙烯酸则有以下几个来源：首先丙烯醛可能来自食物中的单糖在加热过程中的非酶降解；其次它有可能来自油脂在高温加热过程中释放的甘油三酸酯和丙三

醇，油脂加热到冒烟后，分解成丙三醇和脂肪酸，丙三醇的进一步脱水或脂肪酸的进一步氧化均可产生丙烯醛；再次是食物中蛋白质和氨基酸如丙氨酸和天冬氨酸的降解；最后是来自于氨基酸或蛋白质与糖之间发生的美拉德反应，蛋氨酸、丙氨酸等多种氨基酸均可通过此反应产生丙烯醛。

另一种认为丙烯酰胺可通过食物中含氮化合物自身的反应，如水解、分子重排等作用形成，而不经过丙烯醛过程。一些小分子的有机酸如苹果酸、乳酸、柠檬酸等经过脱水或去碳酸基的作用可形成丙烯酰胺。另外也可直接由氨基酸形成，氨基酸分子的重排也是美拉德反应的常见过程。天冬酰胺酸脱掉一个二氧化碳分子和一个氨分子就可以转化为丙烯酰胺，而且土豆、小麦、燕麦、玉米等作物中均富含天冬酰胺酸。

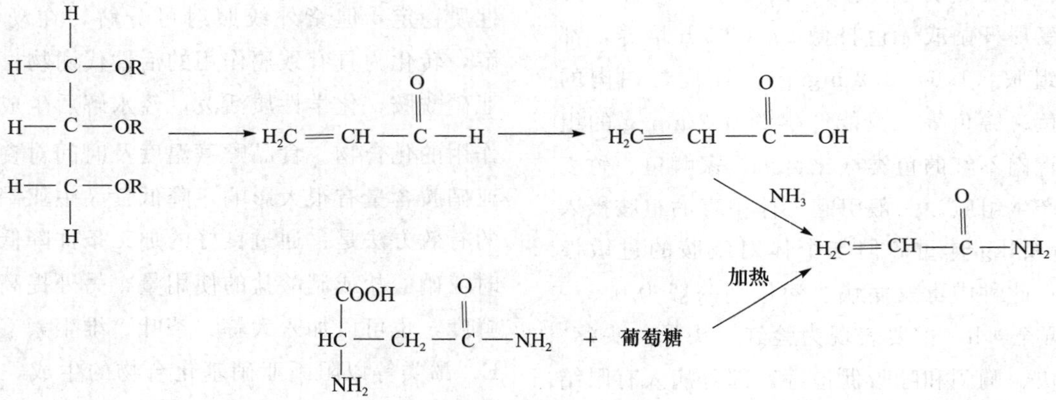

图 12-13　丙烯酰胺可能的形成机理

丙烯酰胺在食品的分布状况见表 12-6，在日常饮食中，只要有意识地避免过多摄入含有丙烯酰胺的食品，合理调配饮食，平衡膳食，由丙烯酰胺引起的健康问题是可以避免的。

表 12-6　挪威、瑞士、瑞典、英国和美国等国不同食品中丙烯酰胺含量　μg/kg

食品类别	平均值	中值	最小值～最大值	样品值
炸马铃薯片、红薯片（较薄）	1 312	1 343	170～2 287	38
炸马铃薯片（包括薯条，较厚）	537	330	＜50～3 500	39
面糊类产品	36	36	＜30～42	2
焙烤食品	112	＜50	＜50～450	19
饼干、土司、脆饼	423	142	＜30～3 200	58
早餐麦片	298	150	＜30～1 346	29
玉米脆片	218	167	34～416	7

续表12-6 $\mu g/kg$

食品类别	平均值	中值	最小值~最大值	样品值
软面包	50	30	<30~1 162	41
鱼和海产品（面糊状、碎屑状）	35	35	30~39	4
家禽或野味（面糊状、碎屑状）	52	52	39~64	2
速溶麦芽饮品	50	50	<50~70	3
巧克力粉	75	75	<50~100	2
咖啡粉	200	200	170~230	3
啤酒	<30	<30	<30	1

食品中具有丙烯酰胺抑制剂作用的有酸化剂、盐、亲水胶体、维生素、氨基酸和蛋白质、抗氧化剂、硫醇、酚类化合物以及一些植物成分。因此在食品加工中要加入这些物质，抑制丙烯酰胺的生成。作为丙烯酰胺抑制剂的酸化剂一般是有机酸，通常用柠檬酸。Jung 等发现经过体积分数为 0.2% 的柠檬酸处理的油炸和烘烤的玉米片，其丙烯酰胺的含量分别减少 82.2% 和 72.8%。此外还发现，薯条先在 1% 和 2% 柠檬酸溶液浸泡 1 h 后再进行油炸，其丙烯酰胺的含量分别降低了 73.1% 和 79.7%。据报道，薯片在热烫之前浸泡于 1% 的食盐溶液中，可以使丙烯酰胺的含量降低 62%。

三、3，4-苯并芘

苯并芘又称 3，4-苯并芘，简称 BaP，它是由一个苯环和一个芘分子稠合而成的多环芳烃类化合物，分子式为 $C_{20}H_{12}$，相对分子质量为 252.32，结构式见图 12-14，常温下以结晶状态存在，不溶于水，能溶解于苯、丙酮等有机溶剂，碱性环境下稳定，而遇酸则不稳定，易与硝酸、过氯酸、氯黄酸等反应。苯并芘的种类约有十余种，常见的有 1，2-苯并芘、3，4-苯并芘及 4，5-苯并芘。苯并芘是多环芳烃化合物中一种主要的食品污染物，天然食品中多环芳烃含量甚微，主要来自加工和环境污染，食品加工储存过程是造成 3，4-苯并芘污染的主要因素。在烟熏、焙烤或粮食的烘干过程中，食品中脂肪在高温热解或胆固醇受热作用等均可生成多环芳烃化合物，许多食物在烟熏加工中还可被燃料燃烧过程中产生的苯并芘污染。如烟熏肉制品，烟熏前猪肉，3，4-苯并芘含量为 0~

0.04 $\mu g/kg$，熏后可增加至 1~10 $\mu g/kg$，香肠熏前为 1.5 $\mu g/kg$，熏后最高达 88.5 $\mu g/kg$。

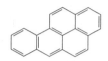

图 12-14　3，4-苯并芘的结构式

降低食品中苯并芘可通过控制加热加工条件来实现，如降低温度、缩短时间等，另外烟熏制品在加工中可对熏烟进行净化处理、使用不含苯并芘的液体烟熏制剂或控制烟熏温度均可以减少苯并芘的生成。

四、氯代丙醇

同二噁英化合物类似，氯代丙醇是一类化合物的统称，包括 3-氯-丙二醇（3-MCPD）和 1，3-二氯丙醇（1，3-DCP）两个化合物，结构式见图 12-15。氯代丙醇主要存在于酸水解植物蛋白中，酸水解植物蛋白可用于生产调味品。3-MCPD 在其他食品中也有发现存在，如酱油中含量达到 178 mg/kg。3-MCPD 是一个非基因致癌物，而 1，3-DCP 却能诱导细菌、哺乳动物细胞突变，被认为是基因致癌物。

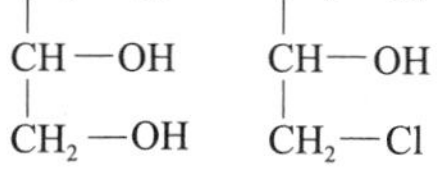

$$
\begin{array}{ll}
CH_2-Cl & CH_2-Cl \\
| & | \\
CH-OH & CH-OH \\
| & | \\
CH_2-OH & CH_2-Cl
\end{array}
$$

图 12-15　氯代丙醇的结构式

五、杂环芳胺类

烹调的鱼和肉类食品是杂环胺的主要来源，主要来自蛋白质的热解。几乎所有经过高温烹调的肉类食品都有致突变性。杂环胺的污染水平受烹调方法、温度及时间影响。长时间高温烧烤最容易形成杂环胺。需要注意的是，肉中的水分是杂环胺形成的抑制因素，油炸、烧烤要比烘烤、煨炖产生的杂环胺多。目前发现的已鉴定结构的有 19 种，且均具有致突变性能，其中 9 种具有致癌性，其结构式见图 12-16。蛋白质、氨基酸在 300 ℃以上温度下裂解时，生成杂环芳胺化合物，主要存在于肉类、鱼的表面，为非常强的致突变物质，但通常不是非常强的致癌物。另一类杂环芳胺化合物存在于 150～200 ℃焙烤食品的焦壳中，这些化合物一般为喹

啉、喹喔啉、吡啶，是肌酐、肌苷酸同氨基酸、糖反应形成的产物。杂环胺化合物除了具有致突变和致癌外，一些杂环胺如 IQ 和 PhIP 在非致癌靶器官心脏形成高水平的加合物，研究发现，8 只大鼠经口摄入 IQ 和 PhIP 2 周，其中有 7 只出现心肌组织镜下改变，包括灶性心肌细胞坏死伴慢性炎症、肌原纤维熔化和排列不齐以及 T 小管扩张等。杂环胺形成的前体普遍存在于动物性食品中，因此只能降低加工温度或改变加热方法，如不采用高温烹饪，尽量少用油炸、烧烤加工，改用微波加热也可有效降低杂环芳胺的产生。

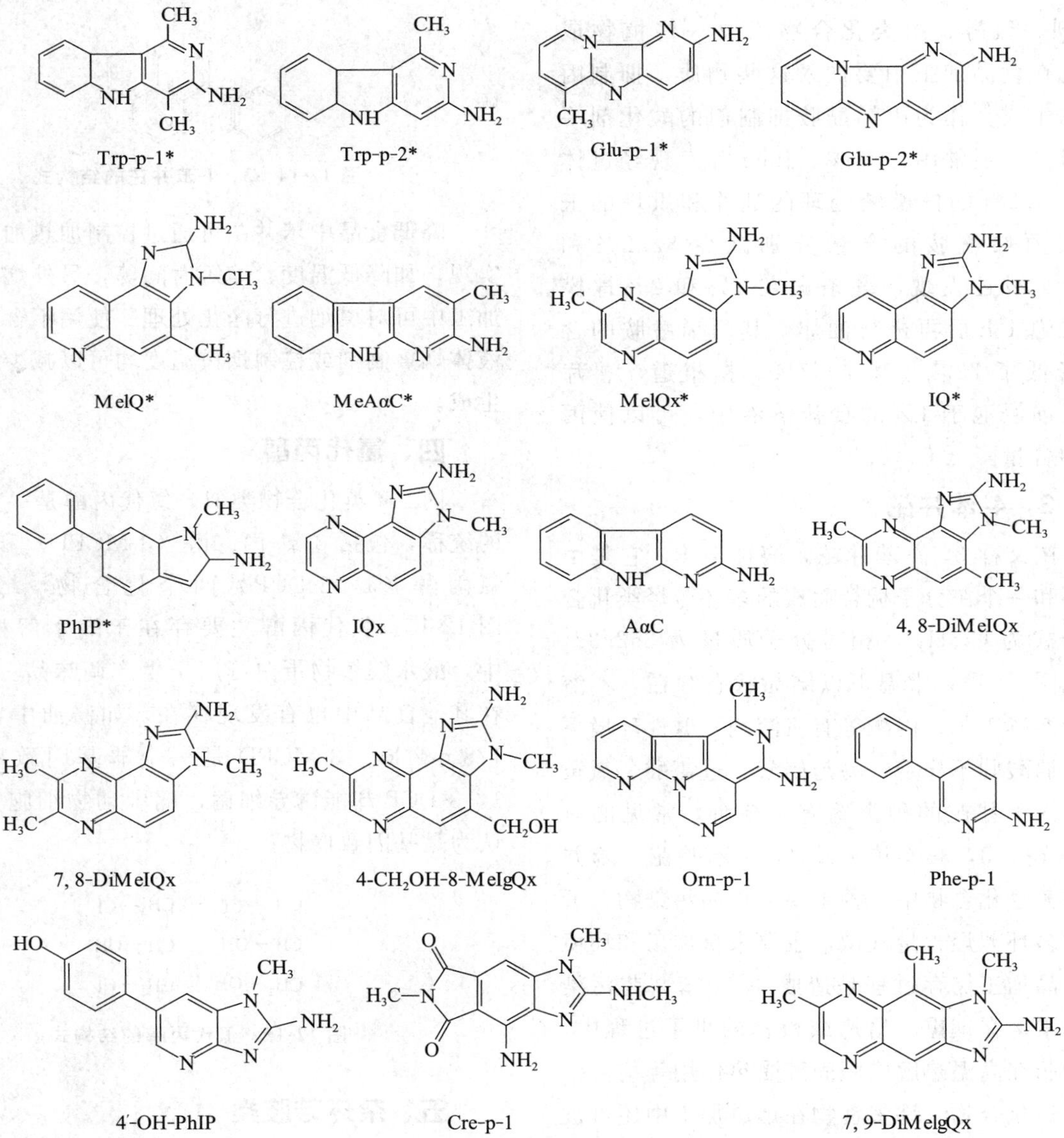

图 12-16　19 种具有致突变能力的杂环芳胺分子结构

（＊为同时具有致癌性分子）

本章小结

食品中对人体有毒或具有潜在危险性的物质，统称食品中有害（有毒）成分。这些物质来源于原料本身、食品加工过程、微生物污染及环境污染等。若食品中有害成分超过一定阈值时，可造成对人体健康的危害。

随着科技水平不断提高，食品中有害成分的研究越来越深入，有害成分的毒理作用机制及对人体的危害研究得更明确。当前人们生活水平不断提高，安全意识增加，在原料、加工、贮藏等环节加强食品有害成分含量的有效控制亟待解决，以保障人们身体健康。本章按有害成分的来源，对微生物毒素、植物毒素、动物毒素及加工过程中形成的常见有害成分做了简要阐述，本部分将为今后相关食品安全课程内容的学习奠定基础。

思考题

1. 介绍食品中有害成分来源、种类及其危害性。

2. 食品中常见霉菌毒素有哪些？查阅资料了解其产生条件，分析其对食品安全性的影响。

3. 试述食品中细菌毒素种类、区别，并列举 5～7 种常见细菌毒素。

4. 试述植物性毒素种类、来源及其毒理特征。

5. 请列举 2～3 种动物性毒素，并描述其毒性特征。

6. 请列举 3～4 种食品加工过程中产生的有毒有害物质，试述其对食品安全性影响。

7. 请查阅全球相关食品安全事件，按微生物毒素、植物性毒素、动物性毒素及食品加工中产生的有害成分进行分类，并总结规律，预测食品安全未来的风险有哪些。

参考文献

[1] 马永昆，刘晓庚. 食品化学. 南京：东南大学出版社，2007.

[2] 大卫·E. 牛顿. 食品化学. 上海：上海科学技术文献出版社，2008.

[3] 程云燕，麻文胜. 食品化学. 北京：化学工业出版社，2008.

[4] 夏延斌，食品化学. 北京：中国农业出版社，2004.

[5] 汪东风. 高级食品化学. 北京：化学工业出版社，2009.

[6] Owen R. Fennema. 食品化学. 王璋，许时婴，等译. 北京：中国轻工业出版社，2003.

[7] 程云燕，麻文胜. 食品化学. 北京：化学工业出版社，2008.

第13章
生物活性物质

学习目的与要求：

掌握各种生物活性物质概念及生理作用；掌握各种生物活性物质的种类及其在食品加工中的作用。

学习重点：

生物活性物质的种类、生理功能。

学习难点：

根据生物活性物质的性质掌握其在食品加工中的应用。

教学目的与要求

■ **研究型院校**：掌握各种生物活性物质概念及生理作用；掌握各种生物活性物质的种类及其在食品加工中的作用。

■ **应用型院校**：了解各种生物活性物质的种类、来源和生理功能；掌握各种生物活性物质在食品加工中的应用。

■ **农业类院校**：了解各种生物活性物质的概念、分类与利用情况；掌握各种生物活性物质在食品加工中的应用。

■ **工科类院校**：了解各种生物活性物质的种类、来源、生理功能；掌握各种生物活性物质在食品加工中的应用。

第1节 引言

生物活性物质，是指来自生物体内的对生命现象具体做法有影响的微量或少量物质。生物活性物质不是维持机体生长发育所必需的营养物质，但对维护人体健康、调节生理功能和预防疾病发挥重要的作用。它们种类繁多，有糖类、脂类、蛋白质多肽类、甾醇类、生物碱、苷类、挥发油等，主要存在于植物性食物中，对人体有的有利，有的有害。瑞士哲人和医生 Paracelsus 认为，植物是人类食物和药物的来源，也是毒物的来源，"所有食物都是毒物，没有无毒性的食物，仅仅是量的多少左右了他们毒性的大小。"

第2节 生物活性多糖

多糖可分为植物多糖、动物多糖和微生物多糖，它既是提供能量的主要物质（如淀粉、糖原等），又是生物的结构物质（如纤维素、半纤维素等）。具有生物学功能的多糖又被称为"生物应答效应物"或活性多糖。1936 年 Shear 开启了对多糖抗肿瘤作用的研究以后，陆续发现一些真菌多糖和高等植物多糖具有明显的抑菌抗肿瘤等活性。近年发现多糖及糖复合物具有抗肿瘤、免疫调节、降血糖、抗病毒、降血脂、抗凝血等丰富多彩的生物活性。因其来源广泛，没有毒副作用，而且药物质

量通过化学手段容易控制等优点，成为当今新药及功能保健品和绿色食品添加剂发展的新方向以及国内外学者研究的热门领域。

一、生物活性多糖生理功能

（一）免疫调节作用

人体免疫系统是个精密、覆盖全身的防卫网络，结构繁多而复杂，有医学研究显示人体 90% 以上的疾病与免疫系统失调有关。人体免疫系统并不在某一个特定的位置或是器官，相反，它是由人体多个器官共同协调运作的，不仅时刻保护着机体免受外来入侵物的危害，同时也能预防体内细胞突变引发癌症的威胁。人体的中枢免疫器官包括骨髓和胸腺，是免疫细胞发生、分化、成熟的场所。骨髓多功能干细胞到达胸腺后分化成 CD4 和 CD8 T 淋巴细胞，T 淋巴细胞有产生巨噬细胞而直接杀伤癌细胞、辅助或抑制 B 细胞分泌或合成抗体、发挥体液免疫等多种生物学功能。外周免疫器官则是成熟淋巴细胞定居的场所，也是这些细胞在外来抗原刺激下产生免疫应答的重要部位之一，包括扁桃体、脾、淋巴结、集合淋巴结等。

大量免疫实验显示，植物多糖不仅能激活 T、B 淋巴细胞，网状内皮细胞，巨噬细胞和自然杀伤细胞（NK）等免疫细胞，还能活化补体，促进功能细胞因子的生成等，从多途径、多层面对免疫系统发挥调节作用。Cheung 等（2009）从冬虫夏草中提取虫草多糖，并对其进行体外药理生物学活性研究，发现虫草多糖可显著促进细胞增殖和白细胞介素的分泌，同时虫草多糖可短暂诱导细胞外信号调控酶的磷酸化而使其激活，提高巨噬细胞的吞噬能力，并提高酸性磷酸酯酶的活性，证明虫草多糖在免疫应答方面具有极其重要的作用。梁金强等（2017）研究了香菇多糖、银耳多糖、茯苓多糖、虫草多糖和竹荪多糖组成的复合多糖能显著提高由环磷酰胺造成免疫功能低下小鼠的胸腺指数、体液 IgG 和 IgA 的水平，促进 T 淋巴细胞的增殖能力。

（二）抗肿瘤作用

癌症一直以来是医学界的一大顽症，许多药物都无法控制，植物多糖因其能有效抑制肿瘤生长又

无毒副作用而备受青睐。目前国内外已经有多种活性多糖在临床上用作抗肿瘤药物，或用于辅助治疗抗肿瘤、减轻肿瘤化疗的副作用等。

活性多糖的抗肿瘤机制主要有以下几个方面：① 植物多糖作为生物的免疫反应调节剂，可通过增强宿主免疫功能，促进多种免疫细胞和 NK 细胞的产生、干扰素和白细胞介素的分泌而杀死或抑制肿瘤细胞膜的生长，达到抑制肿瘤的目的。② 多糖诱导肿瘤细胞凋亡。有些活性植物多糖具有细胞毒活性，直接杀灭肿瘤细胞；有些是通过抑制蛋白质和核酸的合成诱导肿瘤细胞凋亡；还有些是通过影响癌基因的表达而改变肿瘤生长。甘璐等将枸杞多糖与白血病 HL-60 细胞共同培养后发现：LBP-X（20～1 000 mg/L）呈剂量依赖性抑制 HL-60 细胞增殖；作用 48 h 后，光显微镜下细胞核固缩、凝聚和断裂，出现浓染致密的颗粒块状荧光；DNA 琼脂糖凝胶电泳可见明显的"DNA 条带"，流式细胞分析图上出现凋亡峰。因此，LBP-X 对诱导人白血病 HL-60 细胞凋亡有一定作用。赵俊霞等研究了刺五加多糖诱导人小细胞肺癌 H41 细胞凋亡机制，结果表明刺五加多糖可能通过上调凋亡基因 $p53$、bax 表达，下调 $bcl-2$ 基因的表达，而诱导肿瘤细胞凋亡。Yamasaki 等通过体外实验研究发现，云芝多糖可抑制肿瘤细胞生长，增强肿瘤细胞凋亡，降低肿瘤细胞的扩散能力，从而发挥抗肿瘤的作用。③ 已有大量的研究证实实体瘤的生长和转移与新血管的形成有密切关系。抗癌的机制之一就是抑制肿瘤血管的形成。有些多糖则能有效抑制肿瘤血管的形成，阻止肿瘤的生长和转移。

（三）抗衰老、抗氧化作用

人体内有多种自由基，其中羟基自由基（·OH）是一种非常活泼的活性氧，具有极强的氧化能力，能使各种生物膜的不饱和脂肪酸发生过氧化，形成过氧化脂质，造成核酸交联错误、蛋白质分解、DNA 突变等严重后果，与机体的衰老和多种疾病有关。在正常情况下，机体内自由基的产生与清除处于动态平衡，即自由基在不断产生，同时也在不断被清除，以维持机体正常的健康状态。但是当机体衰老时，自由基产生的量增多，而机体清除自由基的能力却降低了，导致机体自由基的产生与清除的动态平衡失调，过剩的自由基对机体组织进行攻击，使机体功能紊乱。

植物多糖被学者发现具有清除自由基、抗衰老作用。龚涛等发现枸杞粗多糖能显著提高衰老小鼠血清、肝脏及脑组织 SOD 活性，降低 MDA 含量，对小鼠具有显著的抗氧化、抗衰老作用。王玉勤等（2010）研究发现黄精多糖能明显降低大鼠血清、骨骼肌 MDA 含量，提高大鼠血清内源性 SOD 和 CSH-Px 的活性及骨骼肌内源性 SOD 活性，从而得知黄精多糖可以提高机体抗氧化能力，有助于机体抗损伤。

（四）降血脂作用

血脂是人体血浆内所含脂质的总称，其中包括胆固醇（TC）、甘油三酯（TG）、胆固醇酯、β-脂蛋白、磷脂、未脂化的脂酸等。高脂血症是体内脂质代谢紊乱导致血脂水平增高的一种病症，随着人们生活习惯特别是饮食结构的改变，高脂血症的发病率近年来有明显增高的趋势，是诱发脑卒中、冠心病、心肌梗死、心脏猝死的重要危险因素，已成为全球人类健康"第一杀手"。

将不同剂量魔芋多糖加入高脂饲料喂养小鼠 20 d，结果显示魔芋多糖组小鼠体重，餐后血糖，血脂中的血清 TC、TG 水平，血清瘦素水平和小肠黏膜 Na^+-K^+-ATP 酶活性与正常对照组相比显著降低，表明魔芋多糖起到了降脂作用。杨铭铎等体外实验表明壳聚糖可抑制脂肪吸收，在体内实验中可增加脂肪从粪便中的排泄。

（五）其他作用

植物多糖除了以上生物活性外，还有抗突变、抗菌、抗病毒等其他生理功能。

二、生物活性多糖的种类、性质及应用

（一）膳食纤维

1. 膳食纤维的定义、分类

膳食纤维是指不被人体消化酶所消化的非淀粉类多糖。

膳食纤维有多种分类方法，按照溶解性的不同，分为水不溶性和水溶性膳食纤维两类：水不溶性膳食纤维是指不被人体消化酶所消化且不溶于热水的膳食纤维，如纤维素、半纤维素、木质素、原果胶等；水溶性膳食纤维是指不被人体消化酶所消

化，但可溶于温水或热水的膳食纤维，如果胶、种子胶、半乳甘露聚糖、阿拉伯胶、卡拉胶、琼脂、黄原胶、CMC 等。

按来源分类，可将膳食纤维分为植物来源、动物来源、海藻多糖类、微生物多糖类和合成类。植物来源的有纤维素、半纤维素、木质素、果胶、阿拉伯胶、愈疮胶等，是膳食纤维的主要来源，研究和应用最多；动物来源的有甲壳素、壳聚糖、胶原等；海藻多糖类有海藻酸盐、卡拉胶、琼脂等；微生物多糖类如黄原胶等；合成类如 CMC 等。

2. 膳食纤维的应用

（1）在焙烤食品中的应用　膳食纤维在焙烤食品中的应用非常广泛，几乎所有种类的膳食纤维都可添加到焙烤食品中。主要产品有高膳食纤维面包、蛋糕、饼干、桃酥、脆饼等。添加 5％～6％ 的膳食纤维，能改变产品的质构，提高持水力，增加柔软性和疏松性，防止储存期变硬。

（2）在肉制品中的应用　肉制品中添加 1％～5％膳食纤维，可保持肉制品中的水分，同时降低肉制品的热量，制成低热能香肠、低热能火腿、肉汁等肉制品。

（3）在饮料制品中的应用　膳食纤维饮料于 1988 年风靡美国，日本雪印等公司从 1986 年起先后推出了膳食纤维饮料或酸奶，每 100 g 饮料含 2.5～3.8 g 膳食纤维，其销量势头良好。我国膳食纤维饮料种类繁多，一般主要用于液体、固体和碳酸饮料，也有将膳食纤维用乳酸杆菌发酵后制成乳清型饮料。

（4）在面粉业中的应用　利用特殊加工工艺，含麸量达 50％～60％ 的面粉，适口性稍差于精白粉，但蛋白质含量、热量优于精白粉，粗脂肪低于精白粉，面粉质地疏松，可消化的蛋白量优于精白粉。国内市场仍处于开发和起步阶段。

（5）在小吃食品中的应用　小吃食品食用面广、方便快捷、有较大的消费市场。取豆渣膳食纤维 1 kg 加水 0.5 kg，淀粉 5 kg，混匀后蒸煮 30 mim，再加入食盐 90 g、糖 100 g、咖喱粉 50 g，混匀、成型，干燥至含水量 15％ 左右，油炸后得到油炸膳食纤维点心。膳食纤维也可添加到布丁、饼干、薄脆饼、糖果、口香糖等小吃食品中。

（二）真菌活性多糖

真菌多糖是从真菌子实体、菌丝体、发酵液中分离出的可以控制细胞分裂分化，调节细胞生长衰老的一类活性多糖。真菌多糖主要有香菇多糖、灵芝多糖、云芝多糖、银耳多糖、冬虫夏草多糖、茯苓多糖、金针菇多糖、黑木耳多糖等。20 世纪 50 年代开始了对真菌多糖的研究，70 年代，日本学者率先证实了香菇多糖的抗肿瘤活性，从此食（药）用真菌多糖引起了生物学、医学、药物学、食品科学等领域的广泛关注。食（药）用真菌多糖由于其独特的生理活性，正成为国内国际众多学科领域研究的热点之一。

真菌多糖由于具有增强机体免疫力而对正常细胞无毒副作用，在保健食品行业受到青睐。目前，已有多种富含或添加真菌多糖的产品出现，将上述浓缩液、菌丝体、粗糖成品、纯糖成品作为活性成分添加到各种食品中，即制成功能食品。

（三）植物活性多糖

植物活性多糖大多数是从中草药中提取的，研究较多的有茶多糖、枸杞多糖、银杏多糖、人参多糖、党参多糖、刺五加多糖、绞股蓝多糖、酸枣仁多糖、波叶多糖、栀子多糖、薏仁米多糖、大蒜多糖和猕猴桃多糖等。目前，人们已成功地从近百种植物中提取出了多糖，并广泛地用于医药和保健食品的研究和开发中，取得了较好的效果。在工业化生产中，可直接制成高浓度的多糖粗提液，然后进一步加工制成饮料、口服液，或作为营养强化剂直接加入食品中作为特殊人群的保健食品，使之由药品向功能性食品转化。

第3节　功能性低聚糖

低聚糖从作用特点可分为功能性低聚糖和普通低聚糖两大类。普通低聚糖：人们熟悉的蔗糖、麦芽糖、乳糖、环糊精、海藻糖等，可被机体消化吸收。功能性低聚糖：人体肠道内没有水解它们（除异麦芽酮糖外）的酶系，因而它们不被消化吸收而直接进入大肠内优先为双歧杆菌所利用，并能促进这些益生菌增殖。如低聚半乳糖、低聚果糖、低聚木糖、低聚异麦芽糖、低聚乳果糖、大豆低聚糖、水苏糖、棉籽糖、帕拉金糖、低聚龙胆糖等均属于功能性低聚糖。

迄今为止，已知的功能性低聚糖有 1 000 多种，自然界中只有少数食物中含有天然的功能性低聚糖，例如，洋葱、大蒜、芒壳、天门冬、菊苣根和伊斯兰洋蓟块茎等含有低聚果糖，大豆中含有大豆低聚糖，银条中含水苏糖。除低聚龙胆糖具有苦味外，其他功能性低聚糖均带有不同甜度的甜味，目前已广泛用于饮料、糖果、糕点、乳制品及调味料等多种食品中，作为功能性甜味剂替代或部分替代蔗糖。由于受到生产条件的限制，所以除大豆低聚糖等少数几种由提取法制取外，大部分低聚糖由来源广泛的淀粉原料经生物技术合成。

目前，国际上已研究开发成功的低聚糖有 80 多种，日本在这方面的研究、开发与应用位居前列，已形成工业化生产规模的低聚糖品种多达十几种。2017 年，全球年需求低聚糖 140 万 t 以上，其中以欧美国家和日本需求较大，主要是因为这些国家的民众对于低聚糖的认识较为充分，认可低聚糖的保健功用；而我国对功能性低聚糖的认知度偏低，实际产能不足 10 万 t，消费量则更少，只有少数企业将其作为功能性配料。

一、功能性低聚糖生理功能

功能性低聚糖具有低热量、抗龋齿、防治糖尿病、改善肠道菌落结构等生理作用，从 20 世纪 90 年代开始，功能性低聚糖由于其特殊的生理功能在我国广泛应用于保健品行业。

（一）促进肠道有益菌群增殖，抑制有害菌

功能性低聚糖是肠道内有益菌的重要营养物质，促使其大量繁殖，发酵产生大量的短链脂肪酸，使肠道 pH 下降，抑制大肠杆菌和产气荚膜梭菌等有害菌的生长繁殖，起到有益菌增殖因子的作用。其中最明显的增殖对象是双歧杆菌。Damien Paineau 等（2014）研究证实，补充低聚果糖可提高婴儿粪便中双歧杆菌的数量。粪便中的双歧杆菌来源于肠道，粪便中双歧杆菌数量的增加说明低聚果糖可促进肠道中双歧杆菌的增殖。人体试验证明，某些功能性低聚糖，如异麦芽低聚糖，摄入人

体后到大肠被双歧杆菌及某些乳酸菌利用，而肠道有害的产气荚膜杆菌和梭菌等腐败菌却不能利用，这是因为双歧杆菌细胞表面具有寡糖的受体，而许多寡糖是有效的双歧因子。功能性低聚糖还能将携带的病原菌通过消化道排出体外，防止病原菌在消化道内繁殖，起到清洁消化道的作用。

（二）促进代谢

（1）促进蛋白质的代谢。功能性低聚糖作为一种易发酵的糖类，可为肠道微生物提供能源，从而增加了肠道内粪氮排泄而减少尿氮排泄。有益微生物的大量增殖，将肠道内营养物质不断分解并合成微生物蛋白质，使肠道内尿素氮水平低于肠壁血管内尿素氮水平。肠壁血管和肠道内环境间会形成一个有利于血液中尿素氮向大肠传递的质量浓度梯度，血液中的尿素氮向肠腔中转移，肠腔中的尿素氮含量增高，导致粪氮排泄量增加，此外，肠道微生物的不断增殖和死亡也增加了粪氮含量。

（2）改善脂类代谢。研究发现，低聚果糖能显著降低血液及肝脏中的三酰甘油水平，同时可显著降低肝脏中脂肪酸合成酶含量及其相关基因的表达丰度。

（三）生成营养物质，促进营养物吸收

功能性低聚糖可以促进双歧杆菌增殖，而双歧杆菌可在肠道内合成维生素 B_1、维生素 B_2、维生素 B_6、维生素 B_{12}、烟酸、叶酸等营养物质。此外，由于双歧杆菌能抑制某些维生素的分解菌，从而使维生素的供应得到保障，如它可以抑制分解维生素 B_1 的解硫胺素的芽孢杆菌。

（四）防止便秘，防止腹泻

由于双歧杆菌发酵低聚糖产生大量的短链脂肪酸能刺激肠道蠕动，增加粪便的湿润度，并通过菌体的大量生长以保持一定的渗透压，从而防止便秘的发生。此外低聚糖属于水溶性膳食纤维，可促进小肠蠕动，也能预防和减轻便秘。

（五）降低血清胆固醇

研究表明，一个人的心脏舒张压高低与其粪便中双歧杆菌数占总数的比率呈明显负相关性，因此功能性低聚糖具有降低血压的生理功效。昆布寡糖对糖尿病大鼠有明显降低血糖，升高胰岛素，降低

甘油三酯、总胆固醇、游离脂肪酸，升高高密度脂蛋白胆固醇的作用。

（六）增强机体免疫能力，抵抗肿瘤

功能性低聚糖具有免疫佐剂和抗原特性，可激活机体体液免疫和细胞免疫。功能性低聚糖能与一定毒素、病毒及真核细胞的表面结合而作为这些外源抗原的佐剂，能减缓抗原的吸收，增加抗原的效价，从而加强细胞和体液免疫力。动物试验表明，双歧杆菌在肠道内大量繁殖具有提高机体免疫功能和抗癌的作用。究其原因在于双歧杆菌细胞、细胞壁成分和胞外分泌物可增强免疫细胞的活性，促使肠道免疫蛋白 A（IgA）浆细胞的产生，从而杀灭侵入体内的细菌和病毒，消除体内"病变"细胞，防止疾病的发生及恶化。

（七）低龋齿性

龋齿是我国儿童常见的一种口腔疾病，其发生与口腔微生物突变链球菌有关。研究发现，异麦芽低聚糖、低聚帕拉金糖等不能被突变链球菌利用，不会形成齿垢的不溶性葡聚糖。当它们与砂糖合用时，能强烈抑制非水溶性葡聚糖的合成和在牙齿上的附着，即不提供口腔微生物沉积、产酸、腐蚀的场所，从而阻止齿垢的形成，不会引起龋齿，可广泛应用于婴幼儿食品。

二、功能性低聚糖的种类、性质及应用

（一）低聚果糖

1. 低聚果糖的理化性质

低聚果糖（FOS）又称蔗果低聚糖或果寡糖，是广泛存在于水果、蔬菜、蜂蜜等物质中的天然活性成分，由 1～4 个果糖基以 β-1，2 糖苷键连接在蔗糖的 D-果糖基上而形成的蔗果三糖、蔗果四糖和蔗果五糖等的混合物，化学结构见图 13-1。

低聚果糖热值仅为 6.28 J/g，甜度为蔗糖的 0.3～0.6 倍，既保持了蔗糖的纯正甜味性质，又比蔗糖清爽。在 0～70 ℃时，低聚果糖的黏度随温度上升而降低。当环境 pH 为中性时，低聚果糖在 120 ℃条件下非常稳定；在 pH 为 3 的酸性条件下，温度达到 70 ℃后极易分解。低聚果糖耐高温，可抑制淀粉老化，保水性好，可应用于饮料（发酵乳、乳饮料和咖啡等）、糕点、糖果、冷饮、冰淇淋、火腿等。

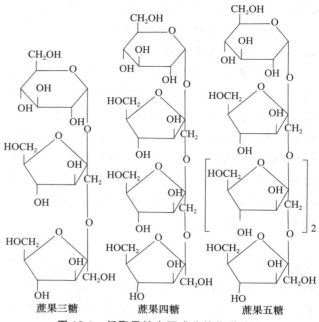

图 13-1　低聚果糖主要成分的化学结构

2. 低聚果糖在食品中的应用

低聚果糖凭借其所具有的多种优越的生理功能和理化特性，在国内外的食品、保健品等行业得到了广泛应用，被誉为集营养、保健、疗效三位一体的 21 世纪健康新糖源。

（1）在乳制品中的应用　低聚果糖在食品中最广泛的应用是在乳制品中。在发酵乳制品中添加低聚果糖，可以为产品中的双歧杆菌等益生菌提供营养源，增强益生菌活菌的数量和作用，延长保质期；在原乳、奶粉等中添加低聚果糖，还可以解决中老年人和儿童在补充营养时易上火和便秘等问题。国内有添加低聚果糖的奶粉产品。

（2）在保健品中的应用　低聚果糖具有类似膳食纤维素的功能，可以有效地降低血清胆固醇和血脂，对因血脂高而引起的高血压、动脉硬化等一系列心血管疾病有较好的改善作用。在降血压和调节血脂的食品、保健品中添加低聚果糖，不仅可以提高产品的功效，而且还可以改善产品的口感，提高产品的档次。在国内市场上，有不少以低聚果糖为原料或辅料的保健品。

（3）在谷物食品中的应用　在焙烤食品中添加低聚果糖，发生美拉德反应赋予食品良好的风味和诱人的色泽。以蔗糖为糖源，若操作不当，产品色泽很容易变暗，而低聚果糖的着色效果比蔗糖好。

此外，将适量低聚果糖添加于面包中，能产生保湿作用，防止食品变硬，并能延缓淀粉老化，使其松软可口，延长货架保存期。

（4）在糖果、饮料中的应用　作为独特的低糖、低热值、难消化的功能性甜味剂，低聚果糖添加于甜味食品、饮料中，可以改善产品口味，降低食品热值。实际上，低聚果糖可以代替部分蔗糖用于生产各种糖果、果冻、巧克力等甜食制品，既能保持一定的甜度，又能防治龋齿，特别适合于儿童食用；在果味饮料和茶饮料中添加低聚果糖，可以使产品口味更柔和清爽。

（5）在酒类中的应用　在酒类产品中添加低聚果糖，可以防止酒中内溶物沉淀，改善澄清度，提高酒的风味，使酒的口感更醇厚、更清爽。全建波将低聚果糖应用于白酒中，研究了低聚果糖与脂肪酸酯的缔合行为，测定了在体积分数为 38% 的乙醇溶液中低聚果糖对脂肪酸酯水解速率常数的影响，得出结论：低聚果糖对脂肪酸酯水解反应具有禁阻作用，从而对低度白酒中主要香味成分乙酸乙酯、乳酸乙酯等能起到较好的稳定作用。

（二）低聚半乳糖

1. 低聚半乳糖的理化性质

低聚半乳糖（GOS）分子结构一般是在半乳糖或葡萄糖分子上连接 $1 \sim 7$ 个半乳糖基，即 Gal—$(Gal)_n$—Glc/Gal（n 为 $0 \sim 6$），其分子结构式示意图见图 13-2。

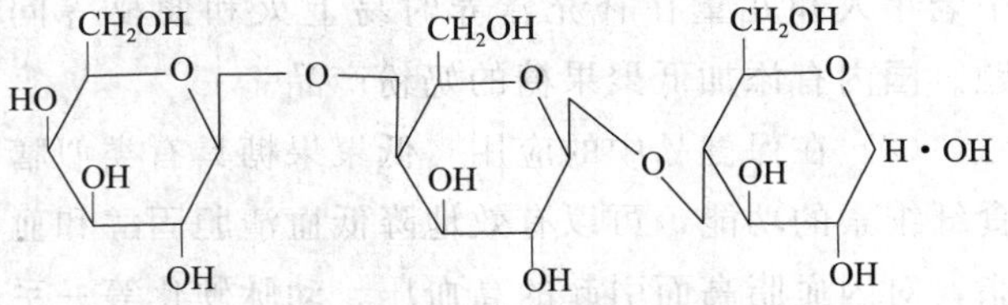

图 13-2　低聚半乳糖的分子结构

低聚半乳糖是一种具有天然属性的功能性低聚糖。在自然界中，动物的乳汁中存在微量的低聚半乳糖，而人母乳中含量较多，婴儿体内的双歧杆菌菌群的建立很大程度上依赖母乳中的低聚半乳糖成分。

低聚半乳糖甜味比较纯正，热值较低（7.1 J/g），甜度为蔗糖的 20% $\sim$ 40%，保湿性极强。在 pH 为中性条件下有较高的热稳定性，100 ℃下加热

1 h 或120 ℃下加热 30 min 后，低聚半乳糖无任何分解。低聚半乳糖同蛋白质共热会发生美拉德反应，可以用于面包、糕点等特殊性质食品的加工。

2008 年，中华人民共和国卫生部第 20 号公告批准低聚半乳糖为新资源食品，可用于婴幼儿食品、乳制品、饮料、焙烤食品、糖果，并规定了相应的使用标准。日本是全世界低聚糖最发达的国家，其中低聚半乳糖的产量居世界第二位。

2. 低聚半乳糖在食品中的应用

由于低聚半乳糖来源于牛乳，其溶解性好，被称为是双歧杆菌的生长因子，已经成为儿童成长牛奶的必备成分，并广泛应用于婴幼儿配方奶粉中。低聚半乳糖添加于牛乳中还能解决部分患有乳糖不耐症的人的营养需求。在饮料中，因为其溶液澄清无色，稳定性好、适口性好、低致龋齿性并且低聚半乳糖的功能性也不会遭到破坏，受到广大生产厂商的青睐。在烘焙食品中，低聚半乳糖具有优良的耐热性、良好的保湿性等，不会受到高温烘焙的影响。

（三）低聚木糖

低聚木糖（XOS）又称木寡糖，是由 $2 \sim 7$ 个 D-木糖分子以 β-1，4 糖苷键结合而成的功能性聚合糖，部分还含有阿拉伯糖醛酸、葡萄糖醛酸侧链，其组成以木二糖和木三糖为主，其主要成分的化学结构见图 13-3。

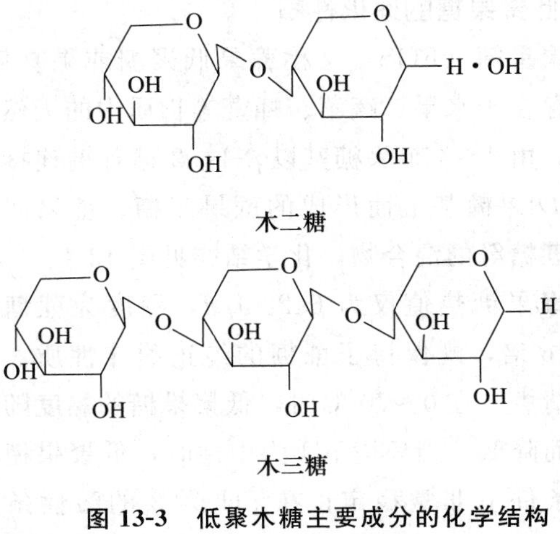

木二糖

木三糖

图 13-3　低聚木糖主要成分的化学结构

低聚木糖的生产原料是木聚糖，而木聚糖存在于玉米芯、蔗渣、棉籽糖、麦麸、桦木等天然食物纤维中，采用不同制备技术制取。

低聚木糖甜味纯正，跟蔗糖相似，甜度约为蔗糖的50%。与其他低聚糖相比，低聚木糖酸稳定性和热稳性很好，5%低聚木糖溶液在pH 2.5～8.0范围内，100℃下加热1 h几乎不分解；有研究报道，pH3.4的含有低聚木糖的饮料在室温下储存1年，该饮料中的低聚木糖保留量仍达到97%。低聚木糖的黏度较其他低聚糖要低，且随温度升高而迅速下降，在各种产品的调配使用中显得极为方便，可广泛用于酸性或需要高温处理的食品（如酸奶、乳酸菌饮料和碳酸饮料等酸性饮料）中，日本和我国已将低聚木糖醋饮料推向市场。低聚木糖的着色性较蔗糖稍弱，但与氨基酸共存时着色性较好。低聚木糖储存于－10℃也不易冻结，抗冻性较葡萄糖和蔗糖好。

（四）帕拉金糖

帕拉金糖（palatinose）又名异麦芽酮糖（Iso-maltulose），1957年 Weidenhagen 和 Horenz 在甜菜制糖过程中发现的，仅以微量水平天然存在于蔗汁和蜂蜜中，具有较好的安全性。帕拉金糖由葡萄糖与果糖以 α-1,6-糖苷键结合而成，是一种蔗糖异构体，其化学结构式见图13-4。

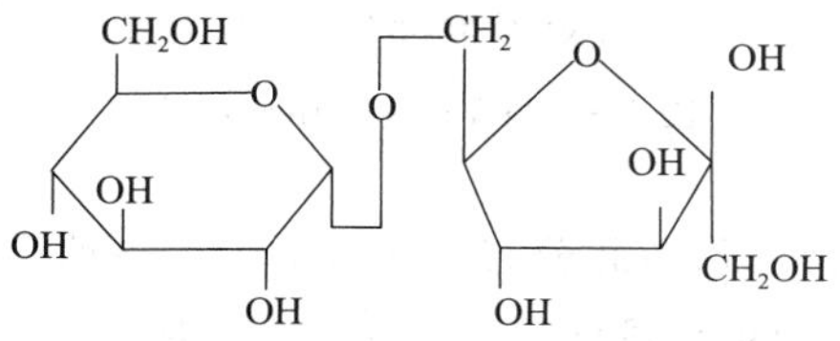

图13-4 帕拉金糖的化学结构

帕拉金糖晶体白色，无臭，味甜，甜度约为蔗糖的42%，甜味纯正，与蔗糖基本相同，其最大特点就是抗龋齿性，在肠道内可被酶解，被人体吸收缓慢，对血糖值影响不大，有益于糖尿病的防治和防止脂肪的过多积累。帕拉金糖熔点为122～124℃，耐酸，不易水解。热稳定性比蔗糖低，用帕拉金糖做熬煮试验表明，120℃时其甜味没有变化，只有轻微的褐变；140℃时，开始出现褐变、分解和聚合等反应；升温至160℃以上，这些反应明显加剧。在相对高的温度下生产的含帕拉金糖的食品在常温下可能会出现结晶现象。易溶于水，在室温下其溶解度只有蔗糖的一半，随着温度

的升高，溶解度急剧增加，80℃时可达蔗糖的85%。帕拉金糖不仅不被口腔微生物分解，也不被酵母分解，因此它可很好地应用于酵母发酵性制品中。

帕拉金糖属于健康饮食发展趋势下的前沿产品，在国外应用很广，但在中国应用开发较晚，前期需从意大利、日本、法国和美国等国家进口，其产品一直都供不应求，价位很高。据有关数据显示，2009年全球销量达50万t，同时每年以15%以上的需求量增长；2010年，我国从国外进口帕拉金糖上万吨，并且有递增的趋势。

（五）大豆低聚糖

大豆低聚糖广泛存在于各种植物中，以豆科植物含量居多。除大豆外，豇豆、扁豆、豌豆、绿豆和花生中均有大豆低聚糖。大豆低聚糖是大豆籽粒中可溶性低聚糖类的总称，主要由水苏糖、棉籽糖和蔗糖组成，含有少量毛蕊花糖。

液态大豆低聚糖为淡黄色、透明黏稠状液体，固体大豆低聚糖是淡黄色粉末，极易溶于水。大豆低聚糖与蔗糖相近，甜度为蔗糖的70%～75%，能量为8.36 kJ/g，是蔗糖的一半。大豆低聚糖的热稳定性较强，140℃下短时间不分解，在pH 3时其热稳定性优于蔗糖，可用于高温杀菌食品，如软罐头食品。大豆低聚糖黏度低于麦芽糖，而略高于蔗糖和果葡糖浆，和其他糖一样，随温度升高，黏度降低。大豆低聚糖的保湿、吸湿性比蔗糖小，水分活性接近于蔗糖，可降低水分活度，抑制微生物繁殖，在食品中可起保鲜、保湿的作用。大豆低聚糖有明显抑制淀粉老化作用，防止产品变硬，延长货架保存期。由于大豆低聚糖属非还原糖，在食品加工过程中添加，可减少美拉德反应产生和营养素的损失。

大豆低聚糖在乳制品行业中，可作为普通不甜酸奶的风味剂。在发酵的酸奶中加入大豆低聚糖后，更具奶油味和更佳的乳化状态，这种酸奶甜味增加、酸味减少，光泽性强，凝固性更好，外观分层减少。加入大豆低聚糖的酸奶，除其pH没有明显变化、货架寿命不降低、产品风味得到保留外，更具有低聚糖增殖肠内双歧杆菌，活化钙、铁、锌，减少便秘，改善腹泻，调节肠道菌群，增强人

体免疫力的功能。

第4节 生物活性多肽

活性多肽与活性蛋白质是指具有清除自由基、提高机体免疫能力、延缓衰老、降低血压等特殊功能的活性肽与蛋白质，如谷胱甘肽、降血压肽、大豆蛋白、免疫球蛋白等。

肽类是指氨基酸以肽键相连的化合物，一般是由2～100个氨基酸分子脱水缩合而成。肽类的吸收与生理作用已有了较深入的研究，涉及人体的激素、神经、细胞生长和生殖等领域，它是人体重要的生理调节物，具有重要的生物学功能。生物活性肽是在20世纪被发现的，是蛋白质中天然氨基酸以不同组成和排列方式构成的，是源于蛋白质的多功能化合物。活性肽食用安全性极高，是当前国际食品界最热门的研究课题和极具发展前景的功能因子。目前的研究认为，二肽、三肽能被完整吸收，大于三肽的寡肽能否被完整吸收还不确定，但也有研究发现四肽、五肽甚至六肽都能被动物直接吸收。很多人工合成的肽是没有活性的，只有经过严格的筛选才能放心使用。

对蛋白质在消化过程中生成的肽的作用，近年来进行了大量研究，表明这些肽除了能够为动物提供氨基酸外，还具有很多不同生理活性。研究证实，肽能促进金属离子的吸收。酪蛋白水解产物中，有些含有可与Ca^{2+}、Fe^{2+}结合的磷酸丝氨酸残基，能够提高它们的溶解性而促进吸收。铁能够以小肽铁的形式到达特定的靶组织，其转运途径不同于经运铁蛋白结合的铁，能自由地通过成熟的胎盘，因而生物学效价较高。

蛋白质在消化道中水解产生的某些肽类具有生理调节作用，它们的生理作用是直接作为神经递质或间接刺激肠道受体激素或酶的分泌而发挥的，如β-酪蛋白水解生成的酪啡肽在体内外均具有阿片肽的活性。不仅酪蛋白，小麦谷蛋白的胃蛋白酶水解产物中也存在有阿片肽活性作用的肽，这种生物活性肽可在肠道被完整吸收，然后进入血液循环，作为神经递质而发挥生理活性作用。

蛋白质降解产生的某些肽具有免疫活性作用，它们可在机体的免疫调节中发挥重要作用。研究证实，一些蛋白质水解产生的肽对动物的体液免疫和细胞免疫产生影响。如β-酪蛋白水解产生的一些三肽和六肽可以促进巨噬细胞的吞噬作用；由乳铁蛋白和大豆蛋白酶解产生的肽也同样具有免疫活性作用。

一、酪蛋白磷酸肽

（一）酪蛋白磷酸肽结构

酪蛋白磷酸肽（CPP）是以牛乳酪蛋白为原料，通过生物技术制得的富含磷酸丝氨酸（Ser－P）的天然多肽，在人和动物小肠内能有效促进钙、铁、锌等二价矿物营养素的吸收、利用，可用于各种营养、保健食品中。

酪蛋白磷酸肽分子量为2 000～4 000，含有3个磷酸丝氨酸残基组成的一个富含丝氨酸基团簇，后面紧接着两个—Glu—残基。研究表明，酪蛋白磷酸肽分子质量并不均一，一般含有25～37个氨基酸残基，有相同的核心结构，即成串的磷酸丝氨酸和谷氨酸簇，其结构见图13-5。

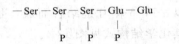

Ser: 丝氨酸；Glu: 谷氨酸；P: 磷酸基

图 13-5 CPP 活性中心结构

酪蛋白磷酸肽分布于α-酪蛋白、β-酪蛋白等牛乳酪蛋白的不同区域，经蛋白酶消化产生 CPP，主要有α_{s1}（43－58）2P、α_{s1}（59－79）5P、α_{s2}（46－70）4P、β（1－25）4P、β（1－28）4P 和β（33－48）1P 等6种。其中最典型的有α_{s2}-CPP 和β-CPP 两种。国内研究发现，酪蛋白磷酸肽中氮与磷的摩尔比值越小，其肽链越短，磷酸基的密度越大，则酪蛋白磷酸肽纯度越高，生理功能也就越强。因此，氮磷比（N/P）是评价 CPP 产品质量的最重要指标。

（二）酪蛋白磷酸肽生理功能

（1）促进钙、铁等微量元素的吸收。酪蛋白磷酸肽是一种良好的金属结合肽。在小肠这种弱碱性环境中，酪蛋白磷酸肽能与钙、铁、镁、锌等二价矿物质离子结合，防止产生磷酸盐沉淀，增强肠内可溶性矿物质的浓度，从而促进其吸收利用，是目前唯一的一种促进钙吸收的活性肽。其作用机理要源于其黏附在磷酸钙晶体表面，在中性或偏碱性条件下阻止钙的沉淀，从而促进钙在小肠中的吸收。Andrew的研究表明，暴露出的磷酸丝氨酸基团能阻止铁的沉淀，从而提高铁的生物利用率，并且发现铁的利用率和体内的碱性磷脂酶有关。

（2）抗龋齿功能。研究发现，酪蛋白磷酸肽中—Ser(P)—Ser(P)—Ser(P)—Glu—Glu片段的肽具有抗龋齿功能，并称之为抗龋齿酪蛋白磷酸肽（ACPP），酪蛋白磷酸肽中含有约86%的ACPP。多项体外动物和人体实验证明：ACPP可显著降低羟基磷灰石（牙齿的主要成分）的腐蚀溶解率；能携带再矿化和抗菌离子在牙斑部位富集；对糖溶液具有显著的防止pH下降的缓冲作用。ACPP是目前唯一不同于氟化物的抗龋齿添加剂。

（3）其他。Nagai等报道，酪蛋白磷酸肽能提高精子和卵细胞的受精率。认为酪蛋白磷酸肽能促进精子对钙离子的吸收，加强精子顶体的反应能力，进而提高精子对卵细胞的穿透能力，还能减少精子的变异程度而使胚胎发育更加稳定。

（三）酪蛋白磷酸肽在食品中的应用

酪蛋白磷酸肽作为吸收促进剂用于开发研制钙、铁功能食品的关键性原料，也是迄今为止唯一成功应用于功能性食品的生理活性肽。目前，在国外市场上，已有许多适用于儿童、老人、孕妇等不同人群的酪蛋白磷酸肽保健食品，如糖果、饮料、饼干、甜点、畜肉制品、乳制品等。日本公司推出了添加酪蛋白磷酸肽的饼干；澳大利亚墨尔本大学将ACPP加入一种糖果中，发现这种糖果诱发龋齿的危险性大大降低。粉末状的酪蛋白磷酸肽很稳定，但当混用于糕点面包之类焙烤食品中，由于需在180℃以上高温环境下加热20 min左右，对酪蛋白磷酸肽的稳定性有些影响。因此，可考虑在食品加工的后期添加酪蛋白磷酸肽，以免高温下影响其生理功能的发挥。有研究发现，在保健雪米饼中加入酪蛋白磷酸肽，可提高钙的吸收利用率，使强化后的产品品质有了提高；在制备酸豆乳饮料的工艺中，也添加了酪蛋白磷酸肽，可使产品更富有营养保健价值，同时口感和风味更佳。

二、谷胱甘肽

（一）谷胱甘肽结构

谷胱甘肽（GSH）是一种含γ-酰胺键和巯基的三肽，由谷氨酸、半胱氨酸及甘氨酸组成，其化学结构见图13-6。谷胱甘肽广泛存在于动物的肝脏、血液、酵母和小麦胚芽中，各种蔬菜等植物组织中也有少量分布。在人体血液中含26～34 mg/100 g，鸡血中含58～73 mg/100 g，猪血中含10～15 mg/100 g，在西红柿、菠萝、黄瓜中含量也较高（12～33 mg/100 g），而在甘薯、绿豆芽、洋葱、香菇中含量较低（0.06～0.7 mg/100 g）。

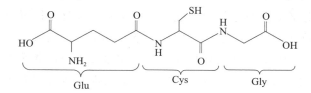

图13-6　谷胱甘肽的化学结构

谷胱甘肽有还原型（GSH）和氧化型（GSSG）两种形式，在生理条件下以还原型谷胱甘肽占绝大多数，谷胱甘肽还原酶催化两型间的互变。2分子GSH氧化脱氢后以二硫键相连，转变成氧化型谷胱甘肽，从而发挥抗氧化、清除自由基的功能。谷胱甘肽半胱氨酸上的巯基为其活性基团（故常简写为G-SH），易与某些药物（如扑热息痛）、毒素（如自由基、碘乙酸、芥子气，铅、汞、砷等重金属）等结合，而具有整合解毒作用，不仅可用于药物，更可作为功能性食品的基料，在延缓衰老、增强免疫力、抗肿瘤等功能性食品中广泛应用。

（二）谷胱甘肽生理功能

（1）有效清除自由基。谷胱甘肽主要生理作用是能够清除掉人体内的自由基，作为体内一种重要的抗氧化剂。还原型谷胱甘肽结构中含有一个活泼的巯基（—SH），易被氧化脱氢，保护许多蛋白质和酶等分子中的巯基不被有害物质氧化，让蛋白质和酶等分子发挥其生理功能，从而使生物大分子、生物膜等结构免受损害。

（2）保护肝细胞，参与解毒。肝脏是人体内谷胱甘肽含量最丰富的器官，所以也是异种生物化合物最重要的解毒器官。谷胱甘肽会结合、排除进入体内的重金属；尤其结合致癌物质，使其毒性受到抑制；谷胱甘肽与毒素结合在细胞外分解后，进入胆汁或从尿液排出。谷胱甘肽临床上用于重型病毒性肝炎、肝硬化等疾病的辅助治疗。对血清总胆红素和凝血酶原时间有明显改善。对肝癌栓塞化疗所致的肝功能损害，具有保护作用，对化疗药物致肝损害有较好的预防作用及治疗效果，特别是对于曾接受过 3 个疗程以上化疗的病人再次化疗时，预防作用更为明显。谷胱甘肽还可抑制乙醇侵害肝脏，防止脂肪肝的形成。

（3）维持红细胞的完整性。谷胱甘肽可以保护血红蛋白不受过氧化氢、自由基等氧化从而使它持续正常发挥运输氧的能力。红细胞中部分血红蛋白在过氧化氢等氧化剂的作用下，其中二价铁氧化为三价铁，使血红蛋白转变为高铁血红蛋白，从而失去了带氧能力。还原型谷胱甘肽既能直接与过氧化氢等氧化剂结合，生成水和氧化型谷胱甘肽，也能够将高铁血红蛋白还原为血红蛋白。

（4）其他。谷胱甘肽是一种细胞内重要的代谢调节物质，可通过 γ-谷氨酰转移酶直接进入细胞内，并通过"γ-谷氨酰基循环"参与众多氨基酸向细胞内的转运，进而促进蛋白质的合成，降低低白蛋白血症。谷胱甘肽还能调节乙酰胆碱代谢、抗过敏，具有防止皮肤色素沉淀、改善皮肤光泽等作用。最近有研究发现谷胱甘肽具有抑制艾滋病的作用。

（三）谷胱甘肽在食品中的应用

谷胱甘肽加入面包制品中，可起到还原作用，不仅使制造面包的时间缩短至原来的 1/2 或 1/3，劳动条件大幅度改善，并起到食品营养的强化作用及其他功能。在酸奶和婴幼儿食品中添加谷胱甘肽（相当于维生素 C），可起到稳定剂的作用。谷胱甘肽具有抗氧化作用，在鱼类、肉类食品加工中加入谷胱甘肽可抑制核酸分解、强化食品的风味并大大延长保质期。加到肉制品和干酪等食品中，具有强化风味的效果。苹果和土豆的加工产品以及葡萄汁、橘汁等的加工产品中，常使用谷胱甘肽防止相应的酶促和非酶促褐变的发生。

三、降血压肽

降血压肽是一类能够降低人体血压的小分子多肽的总称。一般具有活性的降血压肽的分子量在

1 000 以下，由蛋白酶在比较温和的情况下水解蛋白质获得。由于其降血压效果明显且对正常血压无影响、无副作用等优点，已成为目前研究的热点。

不同来源的降血压肽链长多在 2～12 个氨基酸之间，其相对分子质量大小和氨基酸组成不完全相同（表 13-1），但它们活性中心的分子结构与氨基酸组成都有一个共同的特点，即 N 末端一般为长链或具有支链的疏水性氨基酸（如亮氨酸、缬氨酸、异亮氨酸），C 末端氨基酸一般为具有环状结构的芳香族氨基酸（包括色氨酸、苯丙氨酸、酪氨酸）或脯氨酸。研究认为，降血压肽的抑制活性不仅取决于 C 端氨基酸，N 端的缬氨酸、亮氨酸、异亮氨酸或碱性氨基酸的肽，与导致血压升高的血管紧张素转化酶的亲和力较强，对其抑制效果好。目前，对这类降血压肽结构的分析还局限于对已知序列的肽进行定性的分析，因此对其作用机制等方面还需要进一步的研究。

表 13-1 降血压肽的来源与结构

来源	氨基酸序列
酒或酒精	Tyr—Gly—Gly—Tyr
无花果	Leu—Val—Arg
	Leu—Tyr—Pro—Val—Lys
牛皮胶	Gly—Pro—Val
鳕鱼	Gly—Pro—Met
乳酪	Phe—Phe—Val—Ala—Pro—Phe—Pro—Glu—Val—Phe—Gly—Lys
玉米醇溶蛋白	Leu—Ser—Pro
鲣鱼内脏	Val—Arg—Pro
沙丁鱼	Tyr—Lys—Ser—Phe—Ile—Lys—Gly—Tyr—Pro—Val—Met
	Leu—Lys—Val—Gly—Val—Lys—Gln—Tyr
金枪鱼	Pro—Thr—His—Ile—Lys—Trp—Gly—Asp
南极磷虾	Leu—Lys—Tyr

目前降血压肽在国外已有产品上市，日本早在 20 世纪 80 年代就对降血压肽进行了广泛研究，如日本公司生产的沙丁鱼肽，氨基酸残基数为 2～10，不含苦味，可直接添加于各种食物中或制作成制剂。还开发出玉米多肽混合物"缩氨酸"作为功

能性食品使用,将其制成高浓度药制剂,或作健康饮料。

我国降血压肽的应用情况还处于刚起步的阶段,仍停留在实验室研究中,暂时还无产品上市,我国广州市轻工研究所已成功研制出可规模化生产的、具有高 ACE 抑制活性的降血压肽。但在分离技术上还不够完善,提高产品活性、增加水溶性、降低苦味、提高产品在贮藏加工过程中稳定性等都是生产降血压肽必须解决的技术问题。

第5节 功能性油脂类

脂类(lipid)是脂肪和类脂的统称。脂肪是甘油和各种脂肪酸所形成的甘油三酯;类脂是一类在结构或性质上与脂肪类似的物质,如磷脂、糖脂、固醇等。人们常常把脂类与破坏能量平衡、肥胖等联系在一起,认为脂类是诱发心血管疾病和身体功能紊乱的饮食因素。并非所有的脂类都是有损健康的,有一些脂类具有特殊生理功能,在维持身体健康方面发挥着重要功能,这一类脂类被称为功能性脂类(function lipid),其作为保健食品的功能因子,目前应用最多的是多不饱和脂肪酸、磷脂和脂肪替代物等。

一、多不饱和脂肪酸

(一)多不饱和脂肪酸结构及来源

根据双键出现的位置不同,多不饱和脂肪酸分为 ω-3 和 ω-6 两个系列,距羧基最远端的双键在倒数第 3 个碳原子上的称为 ω-3,在第六个碳原子上的则称为 ω-6。

ω-3 系列多不饱和脂肪酸主要包括:α-亚麻酸(十八碳三烯酸,ALA)、二十碳五烯酸(EPA)、二十二碳六烯酸(DHA)。人体内的 ω-3 系列多不饱和脂肪酸主要来源于鱼油。在一般的陆地植物油中几乎不含 ω-3 系列的多不饱和脂肪酸如 EPA 和 DHA,但在一些高等动物的某些器官与组织中,如眼、脑、睾丸及精液中含有较多的 DHA。海藻类及海水鱼中的 EPA 和 DHA 含量较高。一般鱼中含有 5%~16% 的 EPA,7%~17% 的 DHA。从鱼的种类来看,沙丁鱼等小型青背鱼油中 EPA 含量居多,金鱼和松鱼等大型青背鱼油中 DHA 含量

较多。

ω-6 系列多不饱和脂肪酸主要包括:亚油酸(十八碳二烯酸,LA)、γ-亚麻酸(十八碳三烯酸,GLA)、花生四烯酸(二十碳四烯酸,AA)。油科类植物种子是亚油酸、亚麻酸和花生四烯酸等 ω-6 系列多不饱和脂肪酸的最主要来源。月见草是 γ-亚麻酸的主要来源,此外在某些含油的植物种子中也含有一定量的 γ-亚麻酸。在鱼油中,花生四烯酸的含量为 0.2%,在某些原生动物、阿米巴、藻类及其他微生物中也含有花生四烯酸。其结构式见图 13-7。

(二)多不饱和脂肪酸的生理功能

(1)增智、健脑。多不饱和脂肪酸对人体组织特别是脑组织的生长发育至关重要。因为脑重量的 20% 是由多不饱和脂肪酸构成的,且主要是以脂的形式存在于脑中,因而在脑细胞形成过程中起着重要作用。称为"脑黄金"的 DHA 在大脑的脂肪酸组成中占 30%,在视网膜脂中占 50% 以上。多不饱和脂肪酸对于促进胎儿脑部发育完善,提高脑神经机能,增强记忆、思考和学习能力,以及增强视网膜的反射能力,预防视力退化等都起着重要作用。

(2)预防心血管疾病。EPA 具有升高高密度脂蛋白(HDL)和降低低密度脂蛋白(LDL)的作用,比外,EPA 能抑制血小板 TXA_2 的形成,其本身转化为活性很低的 TXA_3,显示其抗血栓及扩张血管的活性;DHA 和 EPA 可以降低血清中甘油三酯的生成,降低低密度脂蛋白、极低密度脂蛋白,增加高密度脂蛋白,改变脂蛋白中脂肪酸的组成,从而增加其流动性,并能增加胆固醇的排泄,抑制内源性胆固醇的合成。因此,DHA 和 EPA 可以预防和治疗动脉硬化。

(3)抑制肿瘤、预防癌变。据报道,鱼油中的 EPA、DHA 均具有抑制直肠癌的作用,而且 DHA 的抑制效果更强。DHA 还可降低治疗胃癌、膀胱癌、子宫癌等抗肿瘤药物的耐药性。在一些肿瘤动物试验中,已证实花生四烯酸(AA)在体外能显著地杀灭肿瘤细胞,目前 AA 已试验性地用于一些抗癌新药中。膳食中补充 AA 不仅可以改变癌症患者及潜在者 AA 水平普遍偏低、对免疫调节促

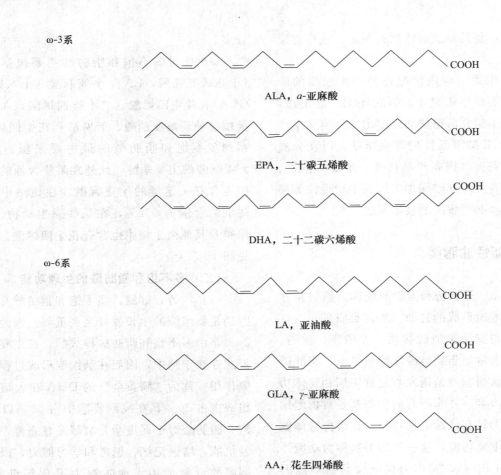

ω-3系

ALA, *a*-亚麻酸

EPA, 二十碳五烯酸

DHA, 二十二碳六烯酸

ω-6系

LA, 亚油酸

GLA, *γ*-亚麻酸

AA, 花生四烯酸

图 13-7　多不饱和脂肪酸结构式

进不足的现象，而且有利于细胞的代谢和恢复，保护正常细胞和对抗常规抗癌疗法的毒副作用，同时癌细胞的合成对胆固醇的需求量很大，AA 能降低胆固醇水平，从而抑制癌细胞的生长。

（三）多不饱和脂肪酸在食品中的应用

多不饱和脂肪酸主要作为食品营养强化因子，应用于多种形式的食品中。如：GLA 添加到牛奶与奶粉中，可提高营养价值，使牛奶与奶粉更接近母乳；*γ*-亚麻酸作为营养添加剂或功能性食品成分加入食用油、饮料、饼干、巧克力、婴儿营养乳粉、孕产妇营养乳粉等食品中；在牛奶中加入 EPA、DHA 用于强化多不饱和脂肪酸，此外，EPA 和 DHA 还可用于鱼类罐头、糖果、乳酸饮料的生产，以提高日常多不饱和脂肪酸的摄入量。

二、磷脂

（一）磷脂的定义、分类

磷脂普遍存在于动植物细胞的原生质和生物膜中，对生物膜的生物活性和机体正常代谢有重要的调节功能。磷脂是重要的两亲物质，具有由磷酸相连的取代基团（含氨碱或醇类）构成的亲水头和由脂肪酸链构成的疏水尾，它们是生物膜的重要组分、乳化剂和表面活性剂。

磷脂按其分子组成可分为甘油醇磷脂和鞘氨醇磷脂两大类（图 13-8）：

（1）甘油醇磷脂　是磷脂酸的衍生物，常见的有卵磷脂（PC）、脑磷脂（PE）、丝氨酸磷脂（PS）、肌醇磷脂（PI）、二磷脂酰甘油和缩醛磷脂等。其中，卵磷脂广泛存在于动植物体内，在禽类卵黄中含量最为丰富，达干物质总量的 8%～10%，在动物脑、精液中含量较多。脑磷脂以动物脑组织中含量最多，占脑干物质重的 4%～6%。丝氨酸磷脂是动物脑组织和红细胞中的主要类脂。肌醇磷脂存在于多种动植物组织中，常与脑磷脂共存。

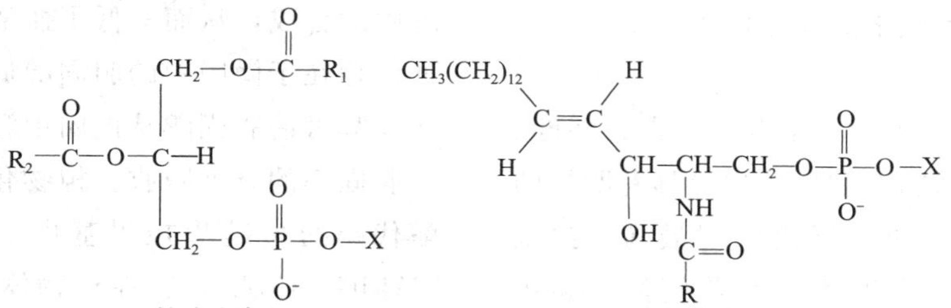

图 13-8 磷脂的结构式

（2）鞘氨醇磷脂 种类较少，由鞘氨醇、脂酸、磷酸和胆碱组成。主要存在于神经组织中，肺、脑中含量较多。

（二）磷脂的生理功能

（1）维持细胞膜结构和功能的完整性。细胞膜是细胞表面的屏障，磷脂是细胞膜的重要组成部分，肩负着细胞内外物质交换的重任。当膜的完整性受到破坏时，将出现细胞功能上的紊乱，磷脂对损伤的细胞膜具有修复功能。

（2）促进神经传导，提高大脑活力。人脑约有200亿个神经细胞，磷脂对其有重要功能。一方面，磷脂不足会导致细胞膜受损，造成智力减退。另一方面，各种神经细胞之间依靠乙酰胆碱来传递信息，食物中的磷脂被机体消化吸收后释放出胆碱，随血液循环系统送至大脑，与代谢产物乙酰基团结合生成乙酰胆碱。当大脑中乙酰胆碱含量增加时，大脑神经细胞之间的信息传递速度加快，记忆力得以增强，大脑的活力也明显提高。

（3）促进脂肪代谢、降低胆固醇。磷脂中的胆碱对脂肪有亲和力，可促进脂肪以磷脂形式由肝脏通过血液输送出去或改善脂肪酸本身在肝中的利用，并防止脂肪在肝脏里的异常积聚；同时能增强肝脏对营养的合成，并具有解毒的功能。临床上应用胆碱治疗肝硬化、肝炎和其他肝疾病，效果良好。磷脂优良的乳化性能阻止胆固醇在血管内壁的沉积并清除部分沉积物，同时改善脂肪及脂溶性维生素的吸收与利用，因此具有预防心血管疾病的作用。

第6节 功能性植物化学物

植物化学物（phytochemicals）是指由植物代谢产生的多种低分子质量的末端产物（次级植物代谢产物），并通过降解或合成产生不再对代谢过程起作用化合物的总称。植物化学物对植物生长不是必需的，但对植物抗病虫害、维护植物健康起重要作用。这些产物除个别是维生素的前体物质外均为非营养素成分，从广义上讲，植物化学物是生物进化过程中植物维持其与周围环境相互作用的生物活性分子。

植物化学物不仅存在于人类常常食用的谷类、豆类、蔬菜、水果、坚果等植物性食物中，也存在于一些药食同源的植物中。植物化学物按化学结构或功能特点，可以分为类胡萝卜素、植物固醇、皂苷、芥子油苷、多酚类、蛋白酶抑制剂、单萜类、植物雌激素、硫化物、植酸等几大类，也可以按生物活性分为抗氧化物、植物雌激素、蛋白酶抑制剂等。目前研究较多的是有机硫化合物、多酚类化合物和皂苷类等。植物化学物虽非人体必需营养素，但其所具有的生理功能，如抗癌、抗微生物、抗氧化、抗血栓、调节免疫功能、抑制炎症过程、降血压、降低胆固醇、调节血糖、促进消化等越来越受重视，是功能食品中重要的一类功能性成分。

一、植物化学物的生理功能

1. 抗癌作用

植物化学物（如芥子油苷、多酚、单萜类、硫化物等）通过抑制Ⅰ相酶和诱导Ⅱ相酶来抑制致癌作用，如十字花科植物提取的芥子油苷的代谢物萝卜硫素可活化细胞培养系统中具有去毒作用的Ⅱ相酶-苯醌还原酶。某些酚酸可与活化的致癌剂发生共价结合并掩盖DNA与致癌剂的结合位点，可抑制由DNA损伤所造成的致癌作用。植物雌激素对机体激素代谢有影响。动物试验表明，植物雌激素和芥子油苷的代谢物吲哚-3-甲醇可影响雌激素的代谢。雌激素对某些肿瘤生长有轻度促进作用，而植物性雌激素可降低雌激素的促癌作用。

2. 抗氧化作用

在发现的植物化学物中，类胡萝卜素、多酚、植物雌激素、蛋白酶抑制剂和硫化物等具有明显的抗氧化作用，其中多酚的抗氧化作用最高。据报道，红葡萄酒中的多酚提取物以及黄酮醇（槲皮素）在离体试验条件下与等量具有抗氧化作用的维生素相比，可更有效地保护低密度脂蛋白胆固醇不被氧化。某些类胡萝卜素，如番茄红素和斑蝥黄与β-胡萝卜素相比，对单线态氧和氧自由基具有更有效的保护作用。

3. 免疫调节作用

免疫系统主要具有抵御病原体的作用，同时也涉及在癌症及心血管疾病病理过程中的保护作用。适宜的营养是免疫系统维持正常功能的基础，如能量、脂肪及某些微量营养素的数量和质量。类胡萝卜素对免疫功能有调节作用；类黄酮在离体条件下的研究表明其具有免疫抑制作用；皂苷、硫化物和植酸具有增强免疫功能的作用。

4. 抗微生物作用

自古以来，某些食用性植物或调料植物就被用来处理感染。近年来，考虑到化学合成药物的副作用，又重新掀起了从植物性食物中提取具有抗微生物作用成分的热潮。球根状植物中的硫化物具有抗微生物作用；蒜素是大蒜中的硫化物，具有很强的抗微生物作用；芥子油苷的代谢物异硫氰酸盐和硫氰酸盐同样具有抗微生物活性；日常生活中的浆果（如酸莓、黑莓）可预防和治疗感染性疾病。一项人群研究发现，每月摄入 300 mL 酸莓汁就能增加具有清除尿道上皮细菌作用的物质，可见经常食用这类水果可能同样会起到抗微生物作用。

5. 降胆固醇作用

以皂苷、植物固醇、硫化物和生育三烯酚为代表的植物化学物具有降低血清胆固醇水平的作用，血清胆固醇降低的程度与食物中的胆固醇和脂肪含量有关。以皂苷为例，植物化学物降低胆固醇的作用机制可能如下：皂苷在肠中与初级胆酸结合形成微团，微团过大不能通过肠壁而减少了胆酸的吸收，使胆酸的排出增加；皂苷可增加初级胆酸在肝脏中的合成，从而降低了血清中的胆固醇浓度。此外，存在于微团中的胆固醇通常在肠外吸收，但植物固醇可使胆固醇从微团中游离出来，这样就减少了胆固醇的肠外吸收。植物化学物可抑制肝中胆固醇代谢的关键酶羟甲基戊二酸单酰 CoA 还原酶（HMG－CoA），其在动物体内可被生育三烯酚和硫化物所抑制。

二、植物化学物的种类、性质及应用

（一）多酚类化合物

1. 黄酮类化合物

黄酮类化合物（flavonoid）也称类黄酮，是广泛存在于植物界的一大类多酚化合物，多以苷类形式存在，也有一部分以游离形式存在。黄酮类化合物是以 2-苯基色原酮为母核的衍生物，分子中包括黄酮的同分异构体及其氢化和还原产物，即以 C_6—C_3—C_6 为基本碳架的一系列化合物，其结构式见图 13-9。

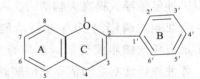

图 13-9　苯基色原酮的化学结构

天然黄酮类化合物系常见的取代基有—OH、—OCH_3 等。由于这些助色团的存在，该类化合物多显黄色，其中主要有 6 类：①黄酮及黄酮醇类，该类的槲皮素及其苷类为植物界分布最广、最多的黄酮类化合物；②二氢黄酮及二氢黄酮醇类，存在于精炼玉米油中；③黄烷醇类，茶叶中的茶多酚主要由儿茶素组成；④异黄酮及二氢异黄酮类，主要存在于豆科等植物中，如葛根素、大豆素；⑤双黄酮类，多见于裸子植物中，如银杏黄酮；⑥其他，如查尔酮、花色苷等。

黄酮类化合物是众多天然活性成分中极具应用潜力的资源之一。它不能在人体中直接合成，只能从食品中获得，因此近年来各国科学家都积极关注从植物体中提取纯度高、活性强的天然黄酮成分。黄酮类化合物在食品中的应用形式比较单一，主要作为食品添加剂或直接应用于食品中增加其保健作用。从产品形式看，种类不多，基本上是液态饮品、果蔬汁饮料、低度发酵酒、茶等。绿茶提取物中儿茶素的抗氧化特性能改善谷类、蛋糕和饼干，以及传统的健康食品和膳食添加剂的市场潜能；将绿茶提取物加入月饼中，既延长了月饼的货架期，又改良了其风味。从茶叶、竹叶中提取的黄酮类混合物所配制成的可乐型饮料及口香糖，均具有一种天然的淡淡茶香和竹香，生津止渴，口感甚佳，具有明显的除口臭，去烟味、蒜味及口腔灭菌功效。

2. 酚酸

酚酸（phenolic acid）是指在一个苯环上有多个酚羟基取代的芳香羧酸类化合物，广泛分布于自然界中，特别是一些常用中药，例如金银花、当归、川芎等。植物中，酚酸含量十分丰富，主要以糖、各种脂类以及有机酸的形式存在，很少以游离形式存在。

酚酸按其碳骨架结构的不同可分为以下几类：①苯甲酸型酚酸，常见的有对羟基苯甲酸、原儿茶酸、没食子酸、香草酸；②苯乙烯型酚酸（又称肉桂酸型酚酸），常见的包括对香豆酸、咖啡酸、芥子酸、阿魏酸；③其他，如绿原酸（咖啡酸和奎宁酸的酯化物）、鞣花酸（没食子酸的二聚体）、丹酚酸（简单酚酸的聚合物）、银杏酚酸（水杨酸在 C-6 位有较长侧链的系列化合物）。

最常见的酚酸类物质是咖啡酸，其他如阿魏酸也较常见，还有存在于许多蔬菜、水果及咖啡中的绿原酸。其他常见酚酸类衍生物还有丹宁或鞣酸，由没食子酸酯化形成的酚酸称为没食子丹宁酸。

酚酸由于其结构中有较多的酚羟基取代，因而其结构并不稳定，容易受到水分、温度、光、酶、酸以及碱等的影响而变质，这是制约酚酸类化合物提取和应用的一个重大问题，也是未来研究中将要解决的重大问题。

（二）萜类化合物

萜类化合物（terpenoid）是所有异戊二烯聚合物及其衍生物的总称，是骨架庞杂、种类繁多、数量巨大、结构千变万化的一大类重要的植物功能成分。其分子基本单元是异戊二烯，单萜由 2 个异戊二烯单元构成，倍半萜由 3 个异戊二烯单元构成，二萜由 4 个异戊二烯单元构成，依此类推。据不完全统计，萜类化合物超过了 22 000 种，是天然产物中最多的一类化合物。

萜类化合物在自然界中广泛存在，包括高等植物、真菌、微生物、昆虫及海洋生物等。富含萜烯类的食物有柑橘类水果，芹菜、胡萝卜、茴香等伞形科蔬菜，番茄、辣椒、茄子等茄科蔬菜，葫芦、苦瓜、西葫芦等葫芦科蔬菜以及黄豆等豆科植物。已发现很多萜类化合物是中草药的有效成分，同时它们也是一类重要的天然香料，是化工业和食品工业不可缺少的原料。

1. 单萜类代表性功能成分

单萜类化合物是植物挥发油的主要组成部分，广泛存在于高等植物的腺体、油室和树脂道等分泌组织中。单萜类的含氧衍生物（醇类、醛类、酮类）具有较强的香气和生物活性，是医药、食品和化妆品工业的重要原料，常用作芳香剂、防腐剂、矫味剂、消毒剂及皮肤刺激剂。

牻牛儿醇（geraniol）又称香叶醇（图 13-10），与橙花醇（图 13-11）互为顺反异构体。牻牛儿醇是玫瑰油、香叶油、柠檬草油的主要成分，具有似玫瑰的香气，为玫瑰系香精的主剂；又是各种花香香精中不可缺少的调香原料、增甜剂，用于调配生产食品、香皂、日用化妆品等。牻牛儿醇对黄曲霉菌和癌细胞有强大的抑制活性，入药用于抗菌和驱虫。临床治疗慢性支气管炎效果较好，不仅有改善肺通气功能和降低气道阻力的作用，而且对提高机体免疫功能也颇有裨益，起效快、副作用小。

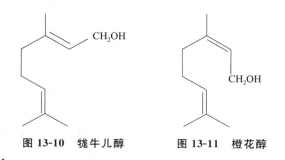

图 13-10　牻牛儿醇　　　　图 13-11　橙花醇

薄荷醇（menthol）（图 13-12）是薄荷油的主要成分，具有芳香、清凉气味，有杀菌、消炎和防腐作用，熔点为 42～44 ℃。广泛用于医疗、食品工业，是配制清凉油、十滴水、痱子水的主要成分之一。

樟脑（camphor）（图 13-13）室温下为白色或透明的蜡状固体，易升华，具有特殊刺激性的芳香气味。樟脑提炼自樟树干中，树龄越老的樟树含有樟脑比例越多，是重要的医药工业原料，我国的天然樟脑产量占世界第一位。樟脑在医药上主要作刺激剂和强心剂，可用于神经痛、炎症和跌打损伤的擦剂。

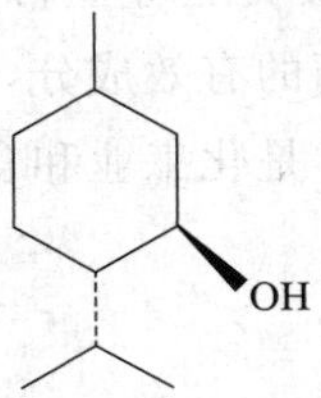

图 13-12　左旋薄荷醇 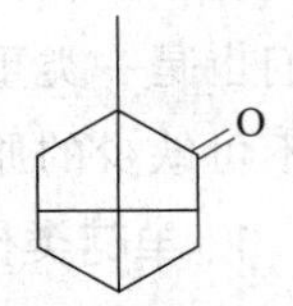　　　　　图 13-13　樟脑

2. 倍半萜类代表性功能成分

倍半萜化合物属于萜类家族分子的一种，结构中含有 15 个碳原子，由 3 个异戊二烯单元构成。倍半萜类化合物较多，无论从数目上还是从结构骨架的类型上看，都是萜类化合物中最多的一支。倍半萜类化合物多按其结构的碳环数分类，例如无环型、单环型、双环型、三环型和四环型。

倍半萜类化合物分布较广，在木兰目、芸香目、山茱萸目及菊目植物中最丰富。在植物体内常以醇、酮、内酯等形式存在于挥发油中，是挥发油中高沸点部分的主要组成部分。倍半萜类化合物多具有较强的香气和生物活性，是医药、食品、化妆品工业的重要原料。

愈创醇（guaiol）天然存在于一些植物体，尤其是愈创木油和松柏油中，也是大麻属植物中存在的多种萜类物质之一。

青蒿素（arteannuin）（图 13-14）是从复合花序植物黄花蒿茎叶中提取的有过氧基团的倍半萜内酯药物，由中国药学家屠呦呦在 1971 年发现，是抗恶性疟疾的有效成分。青蒿素具有过氧键和6-内酯环，有一个包括过氧化物在内的 1，2，4-三噁结构单元，这在自然界中十分罕见。

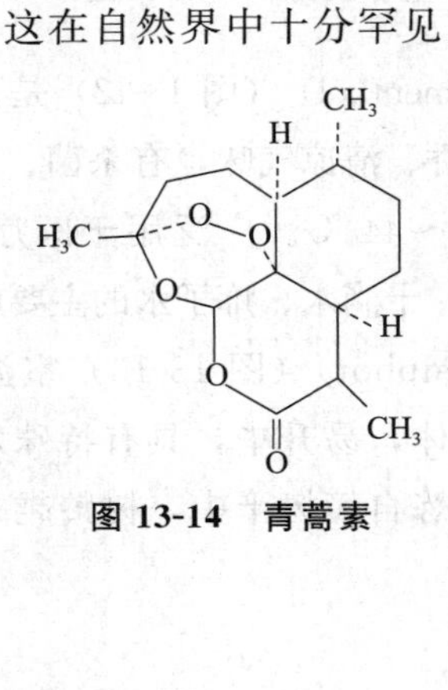

图 13-14　青蒿素

3. 二萜类代表性功能成分

二萜类化合物是由 4 分子异戊二烯聚合而成的衍生物，共有碳原子 20 个，其分子量大、挥发性较差、性质比较稳定，构造上可分为链状二萜类及环状二萜类，大部分二萜类化合物都是环状二萜。

链状二萜类化合物在自然界存在较少，常见的只有广泛存在于叶绿素的植物醇，与叶绿素分子中的卟啉结合成酯的形式存在于植物中，曾作为合成维生素 E、维生素 K_1 的原料。维生素 A 是单环二萜类分子，存在于奶油、蛋黄、鱼肝油及动物的肝脏中，是哺乳动物正常生长和发育所必需的物质，其对上皮组织具有保持生长、再生以及防止角质化的重要功能，对皮肤病有治疗作用。

4. 三萜类代表性功能成分

三萜化合物广泛存在于植物界和一些海洋生物中，存在形式有游离或者与糖结合成苷。游离三萜化合物不溶于水，易溶于有机溶剂。三萜苷类易溶于水，其水溶液剧烈振摇时能产生大量持久的肥皂样泡沫，故称为三萜皂苷。另外，三萜皂苷多具有羧基，所以又常称为酸性皂苷。

大豆皂苷是存在于大豆中的一类具有较强生物活性的物质。很早以前人们就发现了大豆皂苷，但由于它具有溶血作用，可以导致甲状腺肿大，长期以来一直被当作一种抗营养因子。近年发现，大豆皂苷具有多种有益于人体健康的生物学功能：大豆皂苷可以降低血中胆固醇和甘油三酯的含量，同时还可以抑制血清中脂类的氧化，抑制过氧化脂质的生成。大豆皂苷可抑制血小板的凝聚，具有预防血栓形成作用。大豆皂苷可使机体通过调节，增加体内 SOD 的含量，减轻自由基的损害，使体内过氧化脂质含量下降，从而起到抗氧化作用。有动物实验表明，大豆皂苷对肿瘤细胞株具有抑制作用，对人胃腺癌细胞的生长也可产生抑制作用，而且大豆皂苷的浓度越高，这种抑制作用越明显。

（三）有机硫化物

有机硫化合物是指分子结构中含有元素硫的一类植物化学物，如葱属植物的蒜素（allicin）、来源于十字花科植物的硫代葡萄糖苷（glucosinolate）及它们的降解产物等。

大量流行病学及实验研究表明此类有机硫化合

物具有系列的生理活性功能，其中最为突出的是抗癌活性和抗菌活性。美国国家癌症研究所把大蒜列为具有癌症预防作用食物的首位，有显著的抗癌、抗炎症及预防心血管疾病等生理功效，而大蒜中的最有效成分即为含硫化合物。相对蒜属植物而言，人们对来源于十字花科植物的含硫化合物的关注程度则要相对少一些，这与此类植物所含有的含硫化合物过于繁杂而且较难分析有关。

硫代葡萄糖苷（glucosinolate），简称硫苷，是来源于甘蓝属的花菜、中国大白菜、芥菜等十字花科植物的典型有机硫化合物。目前已发现的硫苷有 120 多种，其中存在于十字花科蔬菜中的约有 15 种，芥菜类蔬菜中有 9 种。根据侧链基团的不同，可以把硫苷分为脂肪族、芳香族和吲哚族三大类。硫苷化学结构通常由 1 个 β-D-硫葡萄糖基，1 个硫化肟基团，以及 1 个来源于甲硫氨酸、色氨酸或苯丙氨酸的可变侧链构成。当植物组织被破坏时，硫苷就被内源的芥子酶（硫葡萄糖苷水解酶）水解，从而释放一系列降解产物，包括呈苦味且具有生物活性的异硫氰酸酯化合物（isothiocyanate）。

异硫氰酸酯是十字花科植物独特风味的主要来源，有关十字花科植物风味中诸如刺激性的、辛辣的、催泪的、大蒜似的或辣根似的等描述都与这类物质有关。在生理功能方面，异硫氰酸酯能阻止试验动物肺、乳腺、食管、肝、小肠、结肠和膀胱等组织癌症的发生。一般情况下，异硫氰酸酯的抑癌作用是在接触致癌物前或同时给予才能发挥其应有的效能。

（四）类胡萝卜素

类胡萝卜素（carotenoid）是一类重要的天然色素的总称，普遍存在于动物、高等植物、真菌、藻类的黄色、橙红色或红色的色素之中。1831 年，Wachenroder 从胡萝卜根中结晶分离出碳水化合物类的色素，并以"胡萝卜素"命名，实际上，胡萝卜中所含有的类胡萝卜素主要是 β-胡萝卜素。之后，Berzelius 从秋天的叶片中分离提取出黄色的极性色素，并命名为"叶黄素"。随着生物物理技术的发展，人们通过色谱分析的方法分离出一系列的天然色素，并命名为"类胡萝卜素"。

类胡萝卜素具有共同的化学结构特征，分子中

心都是多烯键的聚异戊二烯长链，以此为基础，通过末端的环化、氧的加入或键的旋转及异构化等方式产生出很多衍生物。目前，已知的类胡萝卜素的成员大概有 600 多种，根据类胡萝卜素分子结构和溶解性的不同，将其分为两类：①不含氧的烃类，即胡萝卜素类。其广泛存在于高等植物和藻类中，如 α-胡萝卜素、β-胡萝卜素、番茄红素等，其易溶于石油醚、苯、氯仿等有机溶剂。②含氧衍生物类，即叶黄素类。在藻类色素中为数最多，常见的叶黄素类有辣椒红素、玉米黄素、叶黄素等，能溶于甲醇、乙醇和石油醚。

类胡萝卜素是一种具有生理活性的物质，是体内维生素 A 的主要来源，同时还具有抗氧化、免疫调节、抗癌、延缓衰老等功效。如叶黄素具有抗氧化和光过滤作用，能够在一定程度上保护视力，防止视力衰退，预防白内障等眼科疾病。β-胡萝卜素是最有效的自由基清除剂之一，能有效预防癌症。1990 年美国国家癌症研究所报道，血清中 α-胡萝卜素、β-胡萝卜素、叶黄素、番茄红素和隐黄质的高水平能降低癌症的危险性，其中 β-胡萝卜素的功能最强。在最易患癌症的危险人群中，血清中 β-胡萝卜素的水平经常很低。

第7节 功能性微生物

自然界中的微生物是"无处不在，无时不有"的，无论是空气、河流、地面、深海，还是动植物机体都有大量微生物存在。有些微生物对人体有害，如病原微生物；有些对人体既无害也无益；有些有益于人体健康。近年对肠道微生态展开了大量的工作，发现了许多益生菌及其代谢产物与人体相互作用的科学证据。同时，人类通过工业化技术，利用微生物的有益代谢产物来服务人类健康。

一、益生菌定义、分类

益生菌（probiotics）是一类对宿主有益的活性微生物，是定植于人体肠道、生殖系统内，能产生确切健康功效，从而改善宿主微生态平衡、发挥有益作用的活性有益微生物的总称。人体、动物体内有益的细菌或真菌主要有：酪酸梭菌、乳杆菌、双歧杆菌、放线菌、酵母菌等。目前世界上研究的

功能最强大的产品主要是以上各类微生物组成的复合活性益生菌，其广泛应用于生物工程、工农业、食品安全以及生命健康领域。

迄今为止，科学家已经发现的益生菌大体上可分为以下 3 类：

（1）乳杆菌（lactobacillus）　典型的杆状，从细长杆状到短的弯曲杆状，如嗜酸乳杆菌、干酪乳杆菌、詹氏乳杆菌、拉曼乳杆菌等。

（2）双歧杆菌（bifidobacterium）　1899 年法国学者 Tissier 从母乳喂养的婴儿的粪便中分离出的一种厌氧的革兰氏阳性杆菌，菌体轻度弯曲，末端常见分叉。如长双歧杆菌、断双歧杆菌、嗜热双歧杆菌等。

（3）革兰氏阳性球菌　如粪链球菌、乳球菌、中介链球菌等。

此外，还有一些酵母菌和酶亦可归入益生菌的范畴。

双歧杆菌和乳杆菌是人类或某些哺乳动物的有益生理细菌，它们寄生在人体中最复杂的微生态系统——结肠。双歧杆菌和乳杆菌的功能因子作为微生态调节剂（microecological modulator）在调节人体正常生理功能方面起重要作用。研究表明，双歧杆菌和乳杆菌在肠道内不能以形成菌落的形式定植繁殖，必须通过外源性因素如直接补充有益菌或补充能使有益菌增殖的因子，才可获得期望的由有益菌占主导地位的肠道菌群组成。

二、益生菌的生理功能

1. 帮助营养物质的消化吸收，产生重要的营养物质

人体肠道内没有益生菌群，就无法对所摄入的食物进行很好的消化、吸收，以及清除食品中的有害成分。许多益生菌株在胃肠道内可产生酶，这些酶可帮助人体更好地消化所摄入的食品及吸收食品中的营养成分。益生菌还可竞争性地黏附在肠道上皮细胞上产生屏蔽作用，进而抑制有害微生物通过肠道壁吸收营养物质及进入血液循环系统。嗜酸乳杆菌是这方面的代表菌株，可分泌消化乳糖的乳糖酶，从而缓解乳糖不耐症。双歧杆菌和嗜酸乳杆菌在肠道内发酵后，还可产生乳酸和醋酸，能提高钙、磷、铁的利用率，促进铁和维生素 D 的吸收，

产生维生素 K 及维生素 B，还可以减少胆固醇的吸收，并能降低辐射对人体的伤害。

2. 提升免疫力

益生菌通过产生杀灭有害菌的化学物质，以及与有害菌竞争空间和资源而遏制它们的生长。益生菌能抑制和清除有害菌产生的毒素。

3. 预防和治疗某些疾病

人体许多健康问题都是由体内菌群失衡引起的，决定因素是微生态的平衡，可通过使体内菌群重新达到生态平衡来实现缓解与治疗的目的。例如，腹泻、便秘、阴道感染等综合症状，国内外已经经过多年的研究和实践，证明使用特定的经临床证实的益生菌可有效地进行预防或治疗，如肠道综合征、呼吸道感染、生殖系统感染、过敏、口臭、胃溃疡等。

4. 延缓衰老

双歧杆菌具有明显抗氧化作用，能有效促进机体内超氧化自由基发生氧化、封闭和降解，加速了体内自由基的清除，从而减少自由基参与氧化反应所致的机体衰老。此外，双歧杆菌还能直接抑制肠道腐生菌的生长，减少腐生菌代谢产生的有毒物质数量及其对机体组织的毒害，调节改善肠道细菌的组成、分布及功能，从根本上降低肠道肿瘤、炎症，便秘以及心、脑血管等疾病的发病率，促进机体健康和抗衰老功能。

三、益生菌在食品中的应用

1. 在乳制品中的应用

益生菌在我国主要应用于食品中，其中 90%用在乳制品中，如酸牛奶、酸乳饮料、风味酸乳饮料、婴幼儿奶粉、活性乳、中性调味乳等产品中。尤其是在发酵乳方面，益生菌的开发利用效果更显著，并已成为热销产品。用双歧杆菌发酵的酸奶，拥有酸味纯美、无苦味，并含有 L-乳酸，且发酵后冷藏中引起的后期酸度上升少等优点，从而成为人们研究开发的热点。奶酪是一种发酵的牛奶制品，每千克奶酪由 10 kg 的牛奶浓缩而成，含有丰富的蛋白质、钙、脂肪、磷和维生素等营养成分，可作为益生菌的载体蛋白，又兼具对人体独特的生理功能。脂肪水解是干酪成熟过程中最重要的变化之一，嗜热菌、保加利亚乳杆菌（*L. bulgaricus*）

是硬质意大利和瑞士干酪的常用菌。

2. 发酵食品的生产

乳酸杆菌发酵食品包括含活菌的发酵食品及发酵后经灭菌处理得以长期保存的食品。为了改善口感、增强制品的保健作用，乳酸杆菌很少采用单菌发酵，常与乳酸链球菌、嗜热链球菌、嗜酸乳杆菌、酵母菌及双歧杆菌混合发酵。泡菜是一种风味独特的乳酸发酵蔬菜制品，原料多样、制作简便、食用方便，具有良好的感官品质、适宜的口味等优点。泡菜在发酵过程中也有着一些食用安全问题，如存在酪胺、组胺、腐胺等生物胺，控制发酵过程中生物胺的产生，是降低人群摄入生物胺总量的有效手段。有研究发现，采取乳酸菌接种发酵、增加食盐用量等措施能降低发酵蔬菜中生物胺的积累。

3. 微生态制剂的研制

微生态制剂英文"probiotics"，来源于古希腊语，意为"for life"，有人翻译为"益生素"，但多数人仍称之为"微生态制剂""活菌制剂"或"生菌剂"，是利用正常微生物或促进微生物生长的物质制成的活菌制剂。大连医学院（现大连医科大学）于20世纪70年代用双歧杆菌研制出"回春生"胶囊，用于调整肠道菌群紊乱；进入20世纪90年代，双歧杆菌类口服液一哄而上，如"三株口服液""双歧王""昂立一号"等，但是这类口服液含活菌量很少，有的根本就没有活菌，因此，这类口服液对人体的主要作用还是双歧杆菌的代谢产物而并非双歧杆菌。目前，益生菌通过冷冻干燥制成粉剂，得到可以在常温下保存的活菌性胶囊或片剂，以更好地发挥益生菌的作用，并且普及到医疗保健和食品工业上。

本章小结

本章主要介绍了生物活性多糖的生理功能、种类、性质及应用，功能性低聚糖的生理功能、分类及常见的功能性低聚糖，生物活性多肽种类及其在食品中的应用，功能性油脂类的种类、结构、功能，功能性植物化学物的生理功能、种类、性质及应用，功能性微生物的生物学活性及其在食品中的应用。

思考题

1. 生物活性多糖有哪些生物学活性？
2. 功能性低聚糖的分类有哪些？
3. 简述酪蛋白磷酸肽的主要生理功能。
4. 黄酮类化合物的分类有哪些？
5. 类胡萝卜素的主要理化性质有哪些？
6. 简述铁、锌、硒等重要矿物质元素的生理功能及其来源。

参考文献

[1] 刘志皋. 食品营养学. 2版. 北京：中国轻工业出版社，2017.

[2] 邓泽元. 功能食品学. 北京：科学出版社，2017.

[3] 车云波. 功能食品加工技术. 北京：中国质检出版社，中国标准出版社，2013.

[4] 李世敏. 功能食品加工技术. 北京：中国轻工出版社，2003.

[5] 金征宇，等. 碳水化合物化学：原理与应用. 北京：化学工业出版社，2007.

[6] 钟耀广. 功能性食品. 北京：化学工业出版社，2004.

[7] 蒋琦霞. 爆破秸秆酶法制备低聚木糖及其精制工艺研究. 无锡：江南大学食品学院，2007.

[8] John Shi. 功能性食品活性成分与加工技术. 魏新林，等，译. 6版. 北京：中国轻工业出版社，2010.

[9] 王学东，付彩霞. 医学有机化学. 2版. 山东：山东人民出版社，2015.

[10] 孙长颢. 营养与食品卫生学. 6版. 北京：人民卫生出版社，2007.

[11] 龚跃法，郑炎松，陈东红，等. 有机化学. 武汉：华中科技大学出版社，2012.

第14章
食品体系基础理论

学习目的与要求：

熟悉液体分散体系、软固体、乳状液及泡沫的结构；了解液体分散体系、软固体、乳状液及泡沫的形成机理；掌握不同食品分散体系的类型与特征及其在食品中的存在形式与应用。

学习重点：

软固体、凝胶、乳状液不同食品分散体系的类型与特征及其在食品中的存在形式与应用。

学习难点：

液体分散体系、软固体、乳状液及泡沫的结构及形成机理。

教学目的与要求

- ■ **研究型院校**：掌握不同食品分散体系的类型与特征；掌握液体分散体系、软固体、乳状液及泡沫的结构及形成机理。

- ■ **应用型院校**：了解液体分散体系、软固体、乳状液及泡沫的结构及形成机理；掌握不同食品分散体系的类型与特征及其在食品中的存在形式与应用。

- ■ **农业类院校**：了解液体分散体系、软固体、乳状液及泡沫的结构及形成机理；了解不同食品分散体系的类型与特征。

- ■ **工科类院校**：了解液体分散体系、软固体、乳状液及泡沫的形成机理；掌握不同食品分散体系的类型与特征及其在食品中的存在形式。

第1节　引言

一、食品分散体系

分散体系是一种或几种物质（离散粒子）分散在另一种物质（连续相）中形成的体系，如溶液、悬浮液、泡沫等。在分散体系中，分散相是不连续的部分，即被分散的物质；连续相是连续的部分，即分散介质或分散剂。当离散粒子呈气态时为泡沫；当粒子呈液态时称之为乳状液；当粒子为固态时为悬浮液（如含细胞碎片的橘汁）。

按分散质的大小，常把分散系统分为均相分散系统（分散质半径＜1 nm，如真溶液）和多相分散系统（分散质半径＞1 nm，如乳状液）。一般来说，在通常条件下，均相分散系的分散质（一般为小分子或小离子）与分散剂（通常为溶剂）不会分离，而多相分散系的分散质（通常为分子团、胶粒、液滴、大分子和固体颗粒）与分散剂（通常为溶剂、溶液和均质固体）则有可能分离，发生在多相分散系中的许多变化也比均相分散系更复杂。

食品绝大部分属于分散体系，只有小部分是均相溶液，根据连续相的状态划分的分散系类别见表14-1。简单结构的如牛奶、塑性脂肪、啤酒泡沫等；复杂结构的如夹心凝胶、胶状泡沫、采用挤压和旋转制得的物料、粉末、人造黄油、面团和面包等。

表 14-1　依据连续相的状态划分的分散系类别

连续相	分散相	名称	例子
气	液	液气气溶胶	云、雾
	固	固气气溶胶	烟、粉尘
液	气	泡沫（气液液溶胶）	啤酒泡沫
	液	乳状液（液液液溶胶）	牛奶
	固	悬浊液（固液液溶胶）	淀粉糊、辣椒酱、混酱
固	气	气固固溶胶	面包、泡沫塑料
	液	液固固溶胶	塑性脂肪
	固	固固固溶胶	有色玻璃、某些合金

二、食品分散体系的特征

食品的化学组成影响分散体系的性质之外，体系的物理结构也是决定性因素。分散体系中不存在热力学平衡，因为食品中的不同成分存在于不同的相或结构单元内，即使是均一的食品体系也不可能处于平衡状态，这是分散体系的重要特征。食品分散体系是微观物理意义上的非均相，至少在微观水平上是非均匀状态，所以体系在物理上可能是不稳定的，在储存过程中会发生许多形式的变化。在加工或食用过程中，分散状态也会发生变化，如搅打奶油过度后会产生黄油颗粒是不期望发生的。但是在食品分散体系中，不稳定体系可能看起来是稳定的（即在观察时间内，性质上没有出现显著变化）。这意味着其变化的速率非常小，这可能是由于：①发生化学或物理变化需要较高的活化（自由）能；②由于体系的黏度极高（例如干燥食品），分子或粒子很难移动。

食品体系中常见分散质结构单元的尺寸大小变化范围较大，可跨越6个数量级，见图14-1。食品中最常见的分散系主要包括液溶胶（如生蛋清、乳清、血清、糊化的淀粉溶液）、乳状液（如牛奶、黄油、蛋黄酱）、悬浊液（如带肉果汁、生淀粉糊）、凝胶（如果冻、凉粉、果酱、布丁）、泡沫（如啤酒泡沫、搅打蛋糊）、固溶胶（如面包、棉花糖、牛奶糖）、几种分散系的混合体系（如发面团、午餐肉）。

粒子的形状与体系中粒子所占体积的百分数 ϕ 也是影响产品性质很重要的因素。多数情况下，粒子尺寸的范围可以用来表征粒径分布，用粒子体积/表面积得平均直径（d_{vs} 或者 d_{32}）来大致估算其粒径分布。粒径分布越宽（宽度可以表示为标准偏差/平均值），不同类型平均值之间的差别就越大。

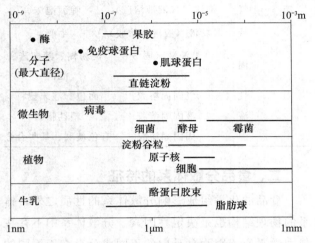

图 14-1　食品中结构单元的尺寸分布

以 O/W 型乳状液为例，如果油滴的直径为 0.03 μm，体系几乎是透明的；若直径为 0.3 μm，则体系看上去带蓝色；当直径为 3 μm 时体系呈白色；而当直径增大到 30 μm 后，通常为黄色（油的色泽）。

多相分散系统有很大的界面，对一些直径为 d（单位：m），分散相体积分数 ϕ 的球体来说，其比表面积 A（单位：m^2/m^3）为：

$$A = 6\frac{\phi}{d} \tag{14-1}$$

因此，分散相总的面积很大。如某乳状液 $\phi = 0.1$ 和 $d = 0.3$ μm，其比表面积 $A = 2m^2/m^3$。分散系的相界面很大，而且在相界上存在着界面能（单位：J/m^2），若界面为液态，则界面能又称之为界面张力（单位：N/m）。由于界面能的存在，分散系在热力学上是不稳定的。

粒子与粒子之间存在连续相，这些分隔开的连续相区域的大小与粒子的尺寸成正比，而小于分散相的体积分数 ϕ。如果分散相形成了空间填充的网络结构，则处于网络中的孔径也遵循该原则。溶剂分子穿过这些孔径的难易程度即渗透能力正比于孔径的平方。

大多数作用于粒子的外力与粒子直径的平方

（d^2）成正比，而粒子间的主要胶体吸引力与 d 成正比。这表明小粒子对来自外力（如剪切力或重力）的影响微不足道，而大粒子在外力的作用下会发生变形甚至破碎，且大粒子沉降速度更快，而且从液体中分离出小粒子比大粒子要困难得多。

三、食品分散体系对反应速率的影响

对一个直径是 d 的粒子，其扩散距离（z）的平方根是扩散时间 t 的函数：

$$\langle z^2 \rangle^{0.5} \propto \left(\frac{t}{d}\right)^{0.5} \tag{14-2}$$

一个直径为 10 nm 的粒子在水中扩散至与它直径相等的距离需用时 1 μs；直径为 1 μm 时需 1 s；而直径为 0.1 mm 时需 12 d。当某一物质扩散进入一个结构单元时，扩散系数 D、扩散距离 l 和半衰期 $t_{0.5}$（对浓度）的关系就可表示为：

$$l^2 \approx Dt_{0.5} \tag{14-3}$$

式中，存在于水中的小分子的 D 值大约是 10^{-9} m^2/s，大分子或更黏稠的溶液则低于这个值。

分散食品体系中的成分可能存在于不同的结构单元内，这会大大影响反应速率。如果一个体系包含水相（α）和油相（β），一种组分在两相中都有溶解。根据能斯特（Nernst）分布或分配定律，组分在两相中的浓度之比为一常数：

$$c_\alpha / c_\beta = 常数 \tag{14-4}$$

这个常数取决于温度，以及其他可能条件。当反应发生在多相体系中的某一相时，处在那一相中的反应物浓度影响反应速率，不是体系中总的反应物浓度，该浓度可能高于或低于总浓度，具体情况取决于式（14-4）中分配常数的数值。因为许多食品中的反应，实际上包含着层层叠叠的若干不同反应，所以总的反应方式以及产物混合物的组成，都有可能取决于组分在各相中的分配情况。化学反应常常涉及组分在分隔单元之间的传递，因而传递距离以及分子移动能力都将影响反应速率。

第 2 节　分散系的表面现象

大多数食品都具有很大的相边界或界面积，物质吸附到界面上并对体系的静力学和动力学性质产生很大影响。在两相间可能存在各种界面，主要的

有气-固、气-液、液-固和液-液界面。通常如果一相是气体（多数是空气），称为表面，而其他情况则称为界面（可交换使用），比较重要的界面现象包括固体界面的区分（其中一相是固体）和两个流体间流体界面的区分（气-液或液-液）。

一、界面张力

分散系存在很大界面和很高界面能，它与界面积成正比。当同时存在能够降低界面张力的溶质时，这些溶质会自动吸附在界面上以降低界面张力，从而降低体系总的自由能，这一类物质通称为表面活性剂或者乳化剂。每单元长度的力称为表面或界面张力：符号 γ，单位 N/m（γ_{OW} 表示油水间的张力，γ_{AS} 是气固间的张力，其他依此类推），数值上等于界面自由能。γ 的数值取决于两相的组成，也取决于温度，并且通常随温度的增加而下降。固体也有界面张力，但无法测定。表 14-2 所示为一些物质室温下的界面张力近似值。

表 14-2　室温下一些物质的界面张力近似值

mN/m

物质	对空气	对水	物质	对空气	对水
水	72	0	石蜡油	30	50*
饱和 NaCl 溶液	82	0	甘油三酯	35	30
0.02 mol/L 的 SDS 水溶液	41	0	汞	486	415
乙醇	22	0			

* 使用一些缓冲盐得到的值要低于水的值。

在一定的温度和压力下，吸附达到平衡时，具有表面活性的溶质在界面上的吸附量 Γ（单位：mol/m^2）和在溶液中的活度（约等于浓度）之间的关系符合吉布斯吸附方程：

$$\Gamma = \frac{-\alpha}{RT}\left(\frac{\mathrm{d}\gamma}{\mathrm{d}\alpha}\right)_\gamma \qquad (14-5)$$

式中，T 为绝对温度；R 为气体常数，8.314 J/(mol·K)；α 为具有表面活性的溶质的活度，mol/L。

发生以上正吸附前后，界面张力的降低值称为表面压强 Π，表示为：

$$\Pi = \gamma_0 - \gamma \qquad (14-6)$$

式中，γ_0 为吸附前的界面张力，γ 为吸附平衡后的界面张力。表面压强的大小和表面活性剂的种类、浓度、温度以及界面等有关，表面活性剂的表面活性越高，达到指定界面压时的使用浓度越小，相同表面活性剂和相同使用浓度时，在油-水界面上产生的界面压大于在气-水界面上产生的界面压。在表面活性剂的浓度高于临界胶束浓度时，剩余的表面活性剂之间彼此发生缔合形成胶束，此时吉布斯吸附方程不再适用。当几种表面活性剂同时存在时，吉布斯吸附方程也不再适用，其中当该表面活性剂吸附速度快、表面活性最强，其对表面压强的贡献最大。

二、接触角

当体系内三种互不相溶的液相相互接触或两种以上互不相溶的液相与另一固相相互接触时，在这三相之间存在一个接触线，各相间界面上的张力会相互作用，达到平衡时各界面之间就形成与这些物质有关的特定夹角 θ，称为接触角。图 14-2（A）中所示为一个气/水/固三相体系的例子。此时，作用于固体表面所在平面上的各种表面力之间必定存在着一个平衡，从而引出 Young 方程（杨氏方程）：

$$\gamma_{AS} = \gamma_{WS} + \gamma_{AW}\cos\theta \qquad (14-7)$$

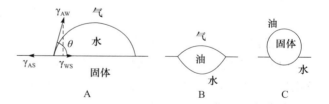

图 14-2　三相体系的接触角（θ）

接触角通常是在最黏稠的流体上得到的，其值由三者的界面张力决定。γ_{AS} 和 γ_{WS} 无法测定，但它们的差值可以由接触角推导得来。如果（$\gamma_{AS} - \gamma_{WS}$）/$\gamma_{AW}$>1，则式 14-7 无解为 0，此时固体将被液体完全湿润，如水在洁净的玻璃表面。如果上述比例<−1，则固体完全不为液体所湿润，如水在聚四氟乙烯或其他强疏水性材料表面。重力作用会改变界面上液滴的形状，如图 14-2 所示，但是接触角仍保持不变。如果液滴小于 1 mm，那么重力的影响将非常小。

图 14-2（B）所示为三种流体间比较复杂的接触情况。在此情况下，各种表面力必须既在水平面

又在竖直面达到平衡，这就出现了两个接触角。达到稳态时，铺展压力 Π_S 可以被定义为：

$$\Pi_S = \gamma_{AW} - (\gamma_{AO} + \gamma_{OW}) \qquad (14-8)$$

式中，Π_S 也可被定义为分离压。在图 14-2（B）中，$\Pi_S < 0$；如果 $\Pi_S > 0$，气-油界面和油-水界面的界面自由能之和就会小于仅仅是气-水界面的自由能，而且油会在水的表面发生铺展。图 14-2（C）所示为一个固体小颗粒置于油-水表面的例子，此时，Young 方程同样适用。当甘油三酯晶体在甘油三酯油-水界面时，该接触角在水相中大约为 140°，这时的接触角可以通过添加合适的表面活性剂（如 SDS）至水相中来降低。当添加大量的表面活性剂时，甚至可以使 $\theta = 0$，这时，水相就能够润湿晶体表面，可以应用于从油中分离脂肪晶体。晶体附着于 O/W 界面以及相关的接触角对于乳状液的稳定性非常重要。

三、弯曲界面和拉普拉斯压力

如果一个相界面是弯曲的，那么其凹面压力总是大于凸面，该压差叫作拉普拉斯压力（Laplace pressure，p_L），对一个曲率半径为 R 的弯曲半径来说：

$$p_L = \frac{2\gamma}{R} \qquad (14-9)$$

拉普拉斯压力会产生如下结果：

（1）独立的液滴与气泡都趋于球形，因此不易发生形变。原因是不呈球形的液滴内存在有压力差，其曲率半径随位置不同而不同，从而引发处在液滴内的物质从高压区向低压区移动，直到成为球形。

（2）出现毛细管上升现象。将毛细玻璃管插入水中，会形成一个弯的凹液面。对于一个半径为 r 的毛细管，这表明在弯液面之下的水相与管外相同高度的水相之间存在着大小为 $2\gamma/r$ 的压力差。管内的液体将要上升，直到由于重力引起的压力（$g\rho h$）平衡了毛细管压力。如图 14-3 所示。

（3）增强气泡中气体在气泡周围液体中的溶解性。根据拉普拉斯方程，小气泡内的气体压力上升了，同时根据 Henry 法则，气体的溶解性与它的压力成比例。粒子的曲率对于粒子材料溶解性的影响并不仅仅局限于气泡，而是可通过开尔文方程（Kelvin equation）给出普遍规律：

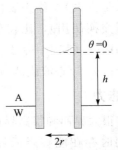

图 14-3　毛细管上升现象

$$RT\ln\frac{s(r)}{s_\infty} = \frac{2\gamma M}{\rho r} \qquad (14-10)$$

对于一个半径为 r 的球形粒子，s 代表溶解性，s_∞ 为界面表面的溶解性，M 和 ρ 分别为粒子内物质的摩尔质量与密度。

四、奥斯特瓦尔德熟化

奥斯特瓦尔德熟化（Ostuald ripening），也称歧化反应，奥氏现象是指溶解性的提高引发的现象。由于分散粒子半径越小，增溶效果越显著，于是在大小粒子同时存在时，它们就存在溶解度差异，如果分散到它们的液体介质中这种物质处于饱和状态时，就会出现了小粒子（或小气泡）小时的同时大粒子（或大气泡）增大的现象，即在分散体系中，大粒子生长并最终导致最小粒子的消失。奥斯特瓦尔德熟化只能发生在粒子成分或多或少可在分散介质中溶解的前提条件下。例如，它会发生于气泡和 O/W 型乳状液中，但不会发生于甘油三酯 O/W 型乳状液中。

奥斯特瓦尔德熟化通常与晶体一起存在于饱和溶液中，如果晶体过大，则速率较慢；同时会引起小晶体的"修圆"过程，可以通过拉普拉斯压力方程［式（14-9）］或开尔文方程［式（14-10）］解释。对于液滴和气泡来说，如果自身不圆，则凸起部位的 p_L 就大于周围 p_L，凹下部位的 p_L 方向则相反，在这些力的作用下，液滴和气泡就会逐渐变圆，直到变为球形时，各点 p_L 相等为止。对于固体粒子来说，如果粒子不圆，表面上各点的曲率半径不相等，曲率半径小的部位快速溶解，曲率半径大的部位特别是凹面部位不但溶解慢，还有从饱和溶液中不断获得刚析出的结晶的趋势，经过一段时间后，粒子就变圆。

五、界面的流变性

如果界面吸附着表面活性剂，就会具有流变学特性。界面流变有两种，分别为剪切与稀释（图14-4）。

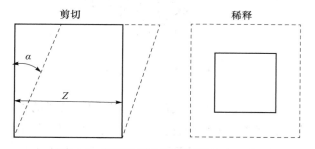

图14-4　剪切和稀释时界面的流变示意

剪切应力和其造成的界面切变速度之比被定义为界面剪切黏度 η_{SS}（单位：Ns/m），与应力 F 成正比，受力线的长度 Z 和切边弧度 α 的变化率成反比：

$$\eta_{SS} = \frac{F}{Z\,d\alpha/dt} \tag{14-11}$$

界面在变化时面积膨胀扩大而形状保持不变，将会使界面张力增加。则表面扩张模量 E_{SD} 显示这种变化所需能量的多少，并定义为：

$$E_{SD} = \frac{d\gamma}{d\ln A} \tag{14-12}$$

式中，A 为界面面积，γ 为界面张力。

六、表面张力梯度

流体界面若含有表面活性剂，就会产生表面张力梯度。同一界面上如果表面活性剂呈梯度分布，则产生一个表面张力梯度，如图14-5。当梯度足够大时，应力将与剪切应力 $\eta\Delta\nu$（η＝液体的黏度）相等且相反，这意味着表面将不能移动。流体界面若不含表面活性剂，表面将随着流动的液体而移动。在油-水界面体系中，流速在界面表面也是连续的。

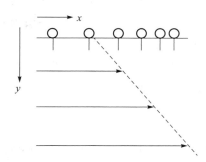

图14-5　沿着表面流动的液体所产生的表面张力梯度

在泡沫不存在表面活性剂时，处在两个气泡之间的液体向下流动，就像下落的水滴。当存在表面活性剂时，流动变慢许多，就如壁膜经受了由向下流动液体产生的应力。

当界面存在着界面张力梯度时，同一界面上的界面活性剂及分散介质中的表面活性剂会由低表面张力区向高表面张力区移动，同时它们运动还会带动其他物质一起移动，这种现象被称作马兰戈尼效应（Marangoni effect），见图14-6。

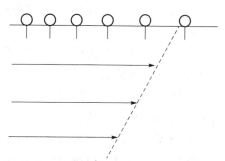

图14-6　马兰戈尼效应：表面张力梯度引起邻近液体的流动

液体分散系的界面膜稳定性乃至整个分散系的稳定性与界面上吸附有表面活性剂以及马兰戈尼效应关系密切。例如气泡这种薄液体膜的稳定性，如果该膜存在某一个浓度较稀的点，膜的表面积就会增加，因此 Γ 降低，γ 提高，同时建立了 γ-梯度，这就促使附近的液体流向这个浓度较稀点，从而恢复膜的厚度，可由"吉布斯机制（Gibbs mechanism）"解释。

表面张力梯度可以阻止乳化过程中新形成液滴之间的结合，其效果取决于膜或吉布斯弹性，被定义为表面膨胀模量的两倍（膜具有两个表面）。较厚的膜中由于含有非常高浓度的表面活性剂，表面活性剂分子可以以很低的表面载量快速地扩散至一点，恢复最初的表面张力。而薄膜中由于溶解的表面活性剂很少，通常具有很大的弹性，因此不能或者只能以非常慢的速度恢复表面张力。

七、表面活性剂的功能

食品中的表面活性剂，通常也被称为乳化剂，主要是指小分子的两亲性化合物以及蛋白质，具有以下特性：

（1）降低表面张力（γ）与拉普拉斯压力，使得界面更容易变形，对分散系的形成及稳定有重要意义。

（2）影响接触角。接触角的变化对表面润湿、物质分散、乳状液和气泡的形成及稳定都有重要的作用。

（3）降低奥斯特瓦尔德熟化现象。对泡沫的稳定性有重要意义。

（4）产生了表面张力梯度，对于乳化剂和泡沫的形成与稳定至关重要。

（5）表面活性剂吸附到离子表面可能会极大改变胶体粒子间相互作用力，绝大多数加强排斥力。所以提高了稳定性。

（6）小分子的两亲性物质可以形成胶束，从而在其内部包埋一些疏水性的分子，如油滴分子。这可以显著提高许多疏水性物质的表观溶解性，这也形成了洗涤剂的理论基础。

（7）小分子表面活性剂与蛋白质大分子发生一些特定的相互反应。如与蛋白质经常发生缔合后改变了蛋白质的等电点 pH、表观溶解性、表面活性等性质。

第3节　胶体间的相互作用及影响因素

胶体是一个含有粒子的分散体系，分散粒子要明显比小分子（如溶剂分子）大，但又未达肉眼可见的程度，粒子的尺寸范围在 0.1～10 nm。胶体通常分为两类：亲液胶体（亲溶剂的）和疏液胶体（憎溶剂的）。

疏液胶体含两相（或多相），如气体、油、水或各种结晶物质，不能自发形成，需要能量把一相分散至另一相（连续相）中，因此，形成了非平衡体系，在物理学上不稳定。

亲液胶体是通过在一种合适的溶剂中溶解另一种物质而形成，因此体系是平衡的。例如大分子（多糖、蛋白质等）和缔合胶体。缔合胶体是由像肥皂一样的两亲分子所形成的（图 14-7），这类分子都含有一个相当长的疏水性"尾巴"和一个小且极性极强的亲水性"头"。在水相环境中，这些分子趋于采用一种特殊的方式相互缔合——"尾巴"互相紧密靠在一起以避开水相，而"头"则朝向水。这样，就形成了胶束或液晶结构。

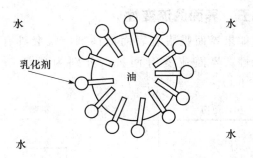

图 14-7　胶束的形成

通常而言，粒子间的作用力取决于粒子的材料特性和间隙间液体的特性。这些胶体间相互作用力的方向垂直于粒子表面，表面力与表面相切的方向对粒子表面施加作用，粒子间的作用力可以是吸引力，也可以是排斥力。

胶体粒子之间的净作用力具有以下重要作用：

（1）它决定了粒子之间是否会发生聚集以及体系的物理上不稳定性。例如，粒子之间的聚集可能会导致沉降的增加，从而迅速形成奶油层或沉降物。

（2）在其他的情况中，聚集的粒子通常会形成一个填充空间的网络结构，然后形成凝胶。此时，含有如此网络结构的系统的流变特性和稳定性就显著取决于胶体间的相互作用。

（3）这种相互作用力可以显著影响乳化液滴和气泡之间的凝聚，也可以部分影响脂肪球之间的凝聚。

胶体间相互作用的净效应同时取决于外力，例如重力、搅拌或电位梯度，以及粒子的大小与形态。进一步研究发现，粒子表面吸附的表面活性剂也可以显著改变排斥力的强度。

一、分散粒子间的范德华引力

范德华力是物质间广泛存在的作用力，对于分散相粒子来说，普遍存在的是范德华引力，其大小依赖于粒子之间距离（指粒子的外表面）的作用力。对于两个相同的球状粒子，范德华相互作用自由能可以通过下式给出：

$$V_A \approx \frac{Ar}{12h}, \quad h < \sim 10 \text{ nm} \quad (14\text{-}13)$$

式中，r 指粒子半径，nm；h 指粒子间的距离；A 指 Hamaker 常数，取决于粒子的物质及存在于粒子之间的流体性质，在数量上随着两种物质性质差别增大而显著增加。对于大部分存在于液体体系食品中的粒子而言，A 值介于 $1 \sim 1.5$ 倍 kT 值之间（在常温下，$kT \approx 4 \times 10^{-21}$ J），但是对于水中存在的气泡，A 大约为 10 倍 kT。

如果两个粒子的材料相同，而处在它们之间的液体不同，那么 A 总是正值，粒子之间存在着吸引力。如果两个粒子的材料不同，A 可能为负值，两粒子之间可能存在范德华排斥力，但这种现象非常罕见。

二、双电层

水溶液中的大部分粒子因为吸附离子或离子表面活性剂，都带有一定电量。在大部分食品中，带电量是负的。因为系统呈电中性才稳定，所以粒子周围是带相反电荷的电子云，称为补偿离子。当距离表面适当时，溶液中的正负电量浓度将达到平衡；超过此距离，由于双电层中存在过剩补偿粒子，粒子所带电量被中和。双电层即为粒子表面到溶液中某一个电荷被完全中和平面所包围的区域。溶剂分子和离子会在该层内外不断扩散，因此所观察到的双电层不是静止不动的。

电效应通常用电位 ψ（单位：V）来表示，它的值是表面距离 h 的函数，由下式给出：

$$\psi = \psi_0 e^{-\kappa h} \tag{14-14}$$

式中，ψ_0 是表面的电位，适用于水相中，因为在非水溶液相中，双电常数通常远小于水中，在这种情况下，离子强度也可忽略不计。电双层的表观厚度或迪拜（Debye）长度 $1/\kappa$，适用于常温下的较稀水溶液，由下式给出：

$$\kappa \approx 3.2 I^{0.5} \tag{14-15}$$

离子强度 I 取决于全部的离子浓度，定义如下：

$$I = \frac{1}{2} \sum m_i z_i^2 \tag{14-16}$$

式中，m 指物质的量浓度，z 指每种离子的化合价。例如对于 NaCl，I 等价于溶液的物质的量浓度；对于 $CaCl_2$，I 等于溶液物质的量浓度的 3 倍。

电位对距离的函数计算如图 14-8 所示。水溶液中的离子强度各不相同，从 1 mmol/L（水）到超过 1 mol/L（腌渍食品）。牛奶的 I 值大约是 0.075 mol/L，血浆大约是 0.14 mol/L。因此，双

分子层的厚度通常只有 1 nm 或更少。电荷相互作用取决于表面电位，而表面电位通常取决于 pH。对于大部分的食品体系，ψ_0 的绝对值低于 30 mV。当补偿离子的浓度较高时（特别是当它们为二价离子时），离子对可以在粒子表面的带电基团和补偿离子间形成，从而降低 ψ_0 的绝对值。

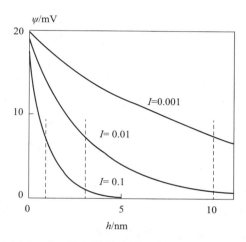

图 14-8　在 3 种不同的离子强度 I(mmol/L) 下，距荷电粒子表面不同距离处的电势

三、DLVO 理论

范德华作用自由能 V_A 和电荷作用所产生的自由能 V_E 的加和，使 DLVO（Deryagin-Landau，Verwey-Overbeek）理论能够计算两个分散粒子从无限远处移到距离 h 时所需的总自由能 V，成为表述胶体稳定性中最有用的理论。如果带电粒子具有相互靠近的趋势，那么其双电层相互重叠，粒子间相互排斥，可计算出静电排斥相互作用自由能 V_E。对于相同大小的球体而言，V_E 可近似通过下式计算：

$$V_E \propto r\psi_0^2 e^{-\kappa h} \tag{14-17}$$

V 除以 kT 所得的值，即平均动能，由布朗运动引起的两个粒子间的碰撞产生。如果该值永远大于 1，则两粒子永远无法聚集；如果该值在一定条件下出现小于 0 的情况，那么在这种条件下就会聚集。

尽管 DLVO 理论对许多无机胶体体系都是非常成功的，但其仍无法充分预测绝大多数生物源性胶体体系的稳定性。例如，乳脂肪球在等电点（3.8）时应当无电斥力，但此时它们却可抵抗聚集而稳定，这是因为还有一些相互作用未被考虑。

四、空间排斥效应

粒子界面上吸附的一些分子（如聚合物、吐温系列表面活性剂等）具有灵活的分子链（毛状物），这些分子链可伸展到连续相中，产生了粒子之间的空间排斥效应。空阻产生的机制之一是毛状物构象限制。当另一个粒子表面靠近时，毛状物被限定于它们所能变化的构象，于是熵发生了损失，导致自由能的增加，从而产生了斥力。另一个机制是体积限制效应。在接近粒子的过程中，毛状物层开始重叠，于是导致突出的毛状物密度增加，从而造成渗透压增加；于是连续相的溶剂移动到重叠区，导致空间位阻的产生。然而，只有当连续相是毛状物的优良溶剂时，这种斥力存在；若为不良溶剂，则会产生吸引力。例如，酪蛋白覆盖的乳化液滴具有突出的毛状物，在水中能稳定乳化液滴；若加入乙醇，溶剂溶解性大幅降低，造成液滴的聚集。

除溶剂影响空间排斥作用外，胶粒的大小和毛状物层的薄厚也具有较大影响。粒子越小，毛状物层越厚，排斥力越大。所以处在优良溶剂中，只有体积大、无毛状物或毛状物层薄的粒子才会发生粒子聚集；如果处在不良溶剂中时，各种粒子都可能聚集。同时，有的大分子可同时被两个胶粒表面吸附，若没有足够大分子存在而充分包盖住粒子表面，这种吸附会引起架桥性聚集。

五、排空相互作用

如果分散系中存在胶粒界面非吸附性的高分子，它们在胶粒界面处的浓度比在连续相主体内的浓度低，这是因为高分子的半径大，分子中心靠近胶粒的最近距离不可能比其分子旋转半径 R_g 更小，如图 14-9 所示。因此，分布在这两个分子之间的非吸附性大分子受到排除该区域的作用，意味着体相中的聚合物浓度由于乳化液滴的存在而上升，溶液的渗透压 Π_{osm} 也随之增加。如果此时两个液滴靠近（如聚集），它们部分的排空区域发生重叠，使体相中的聚合物浓度下降，导致渗透压降低。由于体系通常会使渗透压尽可能地降低，因而产生使液滴聚集的驱动力。排空相互作用的自由能 V_D 可根据下式估算：

$$V_D \approx -2\pi r \Pi_{osm}(2\delta - h)^2, \quad 0 < h < 2\delta, r \geqslant \delta \tag{14-18}$$

V_D 粗略正比于聚合物的物质的量浓度，同时也取决于溶剂的性能。

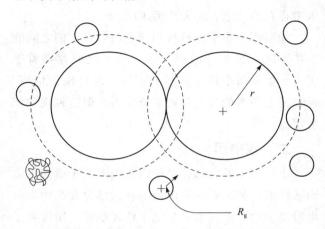

图 14-9 胶体粒子（半径 r）表面的非吸附性聚合物分子（旋转半径 R_g）的排空作用及粒子聚集时重叠排空区域（图中虚线所示）的示意图

六、聚集和聚结

液体分散体系中的分散粒子接触后，可发生聚集成团、聚集成链网状、聚结、部分聚结等变化。聚集时可以认为分散粒子的尺寸没有变化，但彼时界面上已经部分结合，聚集的状态多种多样，相当于分散粒子排列方式在不断变化，聚集时分散粒子还会有少数独立分散在连续相中，处在一种聚集和分散的平衡态。聚集的粒子如果进一步相互作用就发生聚结，聚结时分散粒子的尺寸也发生了变化。如果分散粒子或胶粒为半固态，则可能发生部分聚结，两个球形半固态小液滴合为一个较大的类似粗短柄哑铃状的半固态液滴。例如，塑性脂肪分散粒子内部既有结晶的脂肪，又有液态脂肪，当它们聚集后，搅拌界面膜就有可能被结晶脂肪刺穿。这时液态脂肪已在粒子间彼此相通，而结晶态脂肪就不易移动，此时就形成部分聚结，多个这种粒子部分聚结在一起可形成粒子性联网。

根据聚集粒子间相互作用力的性质，加入一些物质可能引起解聚。加水稀释可能导致解聚，原因如下：① 降低了渗透压（如果排空相互作用是产生聚集的主要原因）；② 降低了离子强度（增加了静电斥力）；③ 增加了溶剂性能（增加了空间排斥效应）。库仑力也可通过调节 pH 进行改变。由二价阳离子引起的"桥接"通常可以通过添加一些螯合剂进行解聚，如 EDTA。由吸附的聚合物或蛋白质引起的"桥接"通常可通过添加适当的小分子表面活性剂进行解聚。特殊相互作用（如—S—S—键）的解聚需要特殊的试剂。另外，温度的改变由于改变了溶剂的性质也会影响聚集的稳定性。

通常，液态食品中的粒子发生聚集是不被期望的。聚集会大大地增加粒子的沉降，或者可能促使乳滴的凝聚，可能会导致产品出现不均一性。在另外的一些情况中，一些弱的聚集可能是被希望的。因为它们可能会形成由聚合粒子填充的空间网络，从而形成一种（弱）凝胶。因此，这些粒子被固定化，以至不会沉降，或是只是非常缓慢地沉降。例如，巧克力奶中的可可粒和豆浆中的细胞和组织碎片。

七、其他作用

表面活性剂的种类和浓度等变量对食品体系中存在的几种胶体相互作用影响很大（表 14-3）。

表 14-3　水相体系中胶粒间的相互作用
自由能 V 的影响因素

变量	V_A	V_E	V_S
粒径	＋	＋	（＋）
粒子材料	＋	－	－
吸附层	（＋）	＋	＋
pH	－	＋	－*
离子强度	－	＋	－*
溶剂性质	－	－	＋

A＝范德华引力；E＝静电斥力；S＝空间位阻；＋有效；－无效；（＋）＝在一定条件有效；* 无电荷存在。

其中，由于粒子表面的粗糙性，DLVO 理论不适用于粒子距离很近的情况，在预示粒度的影响方面也不够正确。

疏水相互作用发生于粒子距离非常近的情况下，他们通常产生吸引力，这是由于弱的溶剂性能导致的。这种类型的相互作用与温度具有强烈的相关性，随温度的增加而增加，在接近 0℃ 时，这种力将非常弱。

如果蛋白质是一种表面活性剂，则理论上容易产生疏水相互作用。空间斥力和静电排斥共同作用会产生斥力，但这种相互作用自由能不可计算。如果 pH 在所吸附蛋白质的等电点附近，表面的负电基团和正电基团之间的静电排斥会转变成静电吸引，而且此时也会产生疏水相互作用，使被蛋白质所覆盖的粒子在近等电点时发生聚集。

第 4 节　液体分散体系

一、概述

分散体系有几种不稳定的类型，各种不同的变化之间会相互影响，具体的描述如图 14-10 所示。任何粒子尺寸增加的方式都会导致沉降作用的增强，进而加速趋于聚集粒子的聚集速度。悬浮液中的分散粒子可因溶解而进入溶液，溶解的溶质也可从饱和溶液中析出，结合到分散粒子上，大小不同的分散粒子可因增溶作用差别而发生小消大长的变化，液态或半固态分散粒子可因聚结或部分聚结而变大，不论大小如何，分散粒子还会在一定条件下聚集成体积更大的聚集体。所以，悬浮液中的分散粒子的大小和形状都可能在一定条件下变化，从而造成悬浮液不稳定。另外，分散相和连续相存在密度差异，在重力场或离心场中会出现分散粒子沉降或上浮的现象，即悬浮液出现失稳现象。

牛奶中乳清蛋白以大分子溶液形式存在，酪蛋白胶束以胶粒的形式存在，直径约为 400 nm，乳脂肪球的直径在数微米左右，所以牛奶可以说是以胶体溶液为分散介质的悬浮液。食品中的悬浮液还包括油中的脂肪晶体、果蔬汁（细胞、细胞聚集物与细胞碎片悬浮于水溶液中）以及一些组合食品（如汤）。在食品加工过程中，也会出现悬浮现象，例如，淀粉颗粒处于水中，糖晶粒处于饱和溶液中以及蛋白质聚集体处于水相中等。

二、沉降作用

如果分散相（D）和连续相（C）的密度（ρ）不同，则会对微粒产生浮力。根据阿基米德原理，作用于球体沉降方向上的净作用力为 $a\pi d^3(\rho_D - \rho_C)/6$，其中 a 代表加速度。当球体加速运行时会产生摩擦力，根据斯托克（Stokes，运动黏度单位）定律，该摩擦力等于 $3\pi d\eta_C v$，此处的 η_C 是连续相黏度，v 是与连续相有关的粒子运动的瞬时速度。当作用于球体上的净作用力与摩擦力相等时，

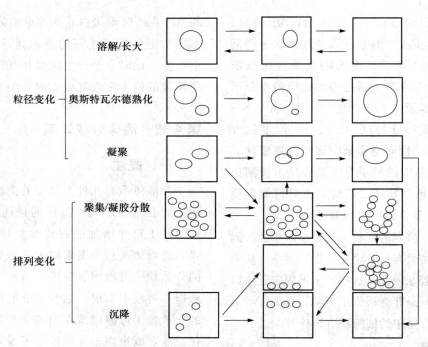

图 14-10 液体分散体系中的各种变化示意图

此平衡关系或斯托克沉降速度表示为：

$$V_s = \frac{a(\rho_D - \rho_C)d^2}{18\eta_C} \quad (14-19)$$

如果粒子的粒径非均一，呈现一定的分布，则 d^2 应替换成 $\sum n_i d_i^5 / \sum n_i d_i^3$，其中 n_i 是处于 i 区内单位体积的微粒数，直径为 d_i。沉降显著取决于粒子的尺寸，一个 $10\ \mu m$ 的球每天可沉降 $47\ cm$。通常来说，随着温度的升高，黏度下降，沉降速率增加。在式 14-19 中，如果密度差为负值，则沉降方向向上，一个通常的称谓为乳液上浮；如果密度差是正值，则沉降方向向下，被称作沉淀。

对食品而言，影响沉降最主要的因素如下：

（1）粒子是不均匀的球体。一个非轴对称的粒子往往会沉降较慢，因为它在沉降过程以摩擦力最大化的方式自动定向。

（2）温度的轻微波动会引起分散体系内部发生对流从而强烈干扰微小粒子的沉降。

（3）如果粒子聚集体的体积分数 ϕ 不是很小时，沉降受到的阻力大致可以根据式 $v = v_s(1-\phi)^8$ 来计算。当 $\phi = 0.1$ 时，沉降速率可降低 57%。

（4）如果粒子聚集，沉降速度就会加快：d^2 的增加总是大于该情况下导致的 $\Delta \rho$ 的减少。而且，大的聚集体由于具有很快的沉降速度，在沉降的过程中会结合较小的聚集体或粒子，从而使体积增大，进一步加速沉降速率。这种增加可能会使沉降速率上升几个数量级。如冷凝球蛋白的存在所导致的脂肪球聚集会导致冷的原料奶中出现迅速上浮分层现象。

（5）液体显示一个小的屈服应力：低于这个应力值时液体不会发生流动（图 14-11）。然而，由于这个屈服应力太小（$1\ Pa$ 的屈服应力相当于 $0.1\ mm$ 高的水柱），测量时往往不易觉察。但是，它常常足以阻止沉降（或上浮分层）和聚集的形成。如豆浆、许多果汁、巧克力奶和一些调味品等。

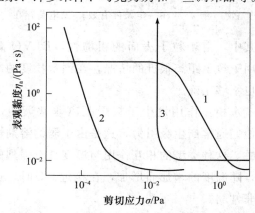

图 14-11 液体的非牛顿流体流动行为示意图

曲线 1 是典型的聚合体溶液；曲线 2 是一种非常小的粒子的弱聚集分散体系；曲线 3 是具有屈服应力的体系

第5节　软固体

许多食品都是"软固体"，或称为"半固体"，是指在外力作用下食品所能呈现的最大变形程度为弹性形变，该形变可完全恢复，并非真正的固体。例如面包、人造奶油、花生酱、番茄酱和干酪。实际上，所有的软固体都是几种物质的复合物，具有不均匀性。软固体的主要结构分类如下：

（1）凝胶　以占主导地位的液体（溶剂）和具有相互交联材质的连续相基质为特征，这一填充网络体现了固体特性。

（2）紧密堆积体系　可变形粒子构成最大程度的体积部分，粒子相互之间在一定程度上发生形变。间隙材料一般为液体，某些情形下也为弱凝胶。如蔬菜酱料（番茄酱和苹果酱）、浓缩乳状液（蛋黄酱）和多面体泡沫（啤酒泡沫）。

（3）细胞材料　由紧密相连的刚性细胞壁和细胞壁包埋的液体状物质构成，如大多数蔬菜和水果组织。

一、凝胶

（一）凝胶的类型

许多半固态食品可称为凝胶，凝胶中分散相之间彼此相连形成三维结构网，网间隙充有的分散介质或溶剂被物理和化学作用力阻留，形成具有一定塑性的半固态分散系统。对于食品凝胶而言，主要根据聚合物和粒子网络进行划分。

（1）聚合物凝胶　基质包括长的线性链状分子，它们在链的不同位点与其他分子发生交联。根据交联的特性还可细分为共价键交联和物理交联（非共价，如盐桥、微晶区域或者特定的缠结），物理交联在食品凝胶中起主要作用。

（2）颗粒凝胶　与聚合物凝胶相比，大多数的颗粒凝胶网络更加粗糙，具有更大的孔隙图。颗粒凝胶可细分为两类：一类为硬质颗粒，如塑性脂肪中的甘油三酯；另一类为可变形颗粒，如各种牛奶胶体中的酪蛋白胶束（如酸奶）。聚合物分子之间的物理交联，即颗粒之间的相互接触，应称之为"接合"而不是"键合"，因为这样的接合包括许多

单键，在 10～100 个之间。而且，一个接合区的键可能具有很多不同性质的力（如范德华力、静电力、疏水相互作用和氢键）。一些蛋白质也可通过共价键交联（如分子间的二硫键）。

根据成胶材料的特性不同，凝胶可通过多种方式诱导。一般可分为：

（1）冷置凝胶　当加热至一定温度时，形成网络结构的物质溶解或形成非常小颗粒的分散体系。然后，通过冷却工艺，物质间通过物理交联形成凝胶。如明胶、κ-卡拉胶以及刺槐豆胶和黄原胶的混合物，也包括塑性脂肪。

（2）热置凝胶　当球蛋白溶液加热至高于其变性温度，同时蛋白浓度超于临界值 c_0，就形成了凝胶。通常，这些凝胶是不可逆的，并且随着温度的降低硬度增强。c_0 的数值取决于蛋白质特性、物理化学条件和加热速率。如蛋清、大豆分离蛋白、乳清蛋白和肉蛋白质。另外，一些化学改性的多糖在高温时也可形成可逆的凝胶。这主要包括一些纤维素酯，如甲基纤维素，它含有—OCH_3，在高温下形成疏水键。一些凝胶是通过改变影响分子或胶体间相互作用的条件而形成的，如 pH、离子强度、特定的盐（如钙离子）或酶的作用。这些例子包括凝乳酶或酸诱导的牛奶凝胶，以及通过改变 pH 导致的球蛋白聚集物的冷凝胶（如 β-乳球蛋白或卵清蛋白）。

（二）流变参数

许多食品凝胶的应用和品尝特性在很大程度上取决于其机械特性。从流变学的角度来看，与真正的固体相比，凝胶是一种随着时间改变主要弹性特性的物质，而且模量相对较小（<10^7 Pa）。模量定义为作用于材料的应力 σ（单位面积上的力）和相对形变大小（应变）ε 之比。只有当 σ/ε 不依赖于 ε 时，通常才认为其发生了较小的形变。弹性特性是指在屈服应力下材料发生瞬时形变，而当屈服应力撤销后立即恢复最初形状。

但是，对许多凝胶而言，形变不是发生于简单的瞬间：最初发生弹性形变后，在应力作用下材料进一步变形；撤销应力后，凝胶并不能恢复到最初的形态，这种区别随着施加应力时间的延长而增大。因此，凝胶表现为塑性流体和黏性流体的结合

特性，即黏弹性流体行为。明胶和 κ-卡拉胶在温度低于其胶凝点时，均表现为单一的弹性行为，而凝乳酶或酸诱导的牛奶凝胶表现为黏弹性。

在较大的应力下，凝胶可能会发生破裂或屈服，这与凝胶的结构和应力增加的速率（某些凝胶）有关。破裂是指施加应力的样品发生断裂，大部分断裂为多个部分。如果材料内的广泛孔隙内包含大量溶剂，在各部分之间的空隙会立即充满溶剂，如在干酪生产过程中凝乳酶诱导产生的牛奶凝胶的切割就是这种情况。屈服是指凝胶开始流动时，但为连续的整体。黄油、人造奶油以及大部分果酱都属于屈服凝胶，而明胶和 κ-卡拉胶则属于破裂凝胶。

（三）模量

发生较小形变的凝胶可通过模量来表征。一个非常粗略的模量描述是基于一个简化的凝胶模型。在这个模型中，凝胶是由相互交联的链段构成，一个链段是由一个聚合物链或聚集的粒子链组成。当在链上施加一定力时，链上会产生一个反作用力，这个力与形变量 Δx 和相互作用力 f 对交联物间的距离 x 的导数（$\mathrm{d}f/\mathrm{d}x$）的积成正比。当等式两边都乘以单位交联区域上产生应力的链段数量 N，可得到如下公式：

$$\sigma = -N\frac{\mathrm{d}f}{\mathrm{d}x}\Delta x \tag{14-20}$$

在一定宏观应变 ε 下，通过 Δx 除特征长度 C，距离上的变化能被重新计算，C 通过网络的几何结构来确定。f 通常可表示为吉普斯（Gibbs）自由能 F 与距离 x 的导数，得到：

$$\sigma = CN\frac{\mathrm{d}^2F}{\mathrm{d}x^2}\varepsilon \tag{14-21}$$

由于 $G=\sigma/\varepsilon$ 和 $\mathrm{d}F=\mathrm{d}H-T\mathrm{d}S$，其中 H 表示焓，S 表示熵，故模量可表示为：

$$G = CN\frac{\mathrm{d}^2F}{\mathrm{d}x^2} = CN\frac{\mathrm{d}(\mathrm{d}H-T\mathrm{d}S)}{\mathrm{d}x^2} \tag{14-22}$$

（四）聚合物凝胶

交联网络间具有长且灵活的聚合物链的凝胶形变是改变这些链构象的主要原因，由于链中的化学键或弯曲或伸展，对于交联网络间具有坚硬聚合链的凝胶，形变也意味着焓的改变。大多数多糖类的凝胶属于此类型，此时熵的变化可以忽略不计。

（五）粒子凝胶

粒子通过一定条件下的相互吸引而聚集形成粒子凝胶，例如 pH、离子强度或溶剂性质的改变。相互吸引的粒子随意碰到一起，形成小的聚集体（首先成对），然后这些小的聚集体之间又发生相互碰撞，从而形成更大的聚集体。

二、功能性质

通过制作凝胶来获得一定程度的稠度或提供物理上的稳定性。所期望得到的特性和获得这些特性的途径概括总结于表 14-4 和表 14-5。

表 14-4 凝胶的稠度：基于一定目的所制备的具有机械特性的凝胶

所期望的特性	相关的参数	相关的条件
直立性	屈服应力	时间
硬度	破裂应力或屈服应力	时间、应变
成型性*	屈服应力＋复原时间	一些
拿捏性、切片性	破裂应力、破裂功	应变速率
咀嚼性	屈服及破裂特性、硬度	应变速率
强度（如膜）	破裂特性	应力、时间

＊制备凝胶以后。

表 14-5 获得物理稳定性所需要的凝胶特性

需要阻止的相关行为	凝胶所具备的特性
粒子的运动	
沉降	高黏度或显著的屈服应力＋短的复原时间
聚集	高黏度或显著的屈服应力
部分体积变化	
奥斯特瓦尔德熟化	非常高的屈服应力
溶剂的运动	
渗漏	弱的渗透性＋显著的屈服应力
对流	高黏度或显著的屈服应力
溶质的运动	
扩散	非常小的渗透性、高的溶剂黏度

收缩指除去凝胶中的液体，与之相反的情况就是膨胀，二者都是凝胶的性质，且发生没有一般的规律。在聚合物凝胶中，减弱溶剂的性质（如改变温度），增加盐（在聚合电解质中），或者增加交联点的数量等都可以引起收缩，但是收缩（或膨胀）

的发生都比较缓慢。在粒子凝胶中，基于凝胶较大的渗透性，收缩的发生可能要快得多。众所周知，经凝乳酶处理过的牛奶容易发生收缩现象，这也是制作干酪的关键步骤。

三、一些食品凝胶

（一）多糖

尽管多糖种类很多，它们仍具有一些共同的凝胶性质。大多数多糖链具有一定的刚性，其中一个原因就是有很多庞大的侧链连接在主链上。一般来说，只有当链片段上的单元结构（单糖残基）超过 10 个时，才能看得出它的弯曲。这个特性导致多糖溶液具有较大的黏度。

多糖分子间交联可分以下 3 种：

（1）微晶 ［图 14-12（1）］ 是伸展链片段的部分堆积，这是最简单的类型。这种类型在凝胶化的多糖中是不常见的（但是天然纤维素是几乎完全结晶的线性聚合物的一个例子）。直链淀粉不能形成线性链，但是据推测，单个直链淀粉螺旋的堆积能在溶液中形成微晶区域，而且如果直链淀粉浓度足够高，还会发生凝胶化。对于支链淀粉，也可以观察到相似的现象。这些现象与凝胶化淀粉的老化有关。

（2）双螺旋结构 ［图 14-12（2）］ 某些多糖（如卡拉胶、琼脂和结冷胶）根据条件不同，在极端温度下能形成双螺旋结构。每一个螺旋通常包括两个分子，但螺旋结构只能在所谓的无毛发区域（不含庞大侧链）形成。双螺旋结构通过交联形成凝胶。尽管凝胶化过程时间相当长（数秒），但形成螺旋却相当快速（毫秒）。

（3）鸡蛋盒连接 ［图 14-12（3）］ 这种类型发生于带电多糖，如带有二价阳离子的藻酸盐带有负电荷，以间隔一定的距离分布，这使得二价阳离子（如 Ca^{2+}）在两个平行的聚合分子之间形成桥联。这样就形成了刚性的连接。连接可能进一步重排形成微晶结构。在温度低于 100 ℃时，连接点不会"熔化"。

（二）明胶

在所有的食品凝胶中，明胶是最接近理想熵的胶。交联网络间具有灵活的长链段使明胶具有非常好的延伸性。由于交联持久（至少在低温时是如此），使它的弹性非常突出。

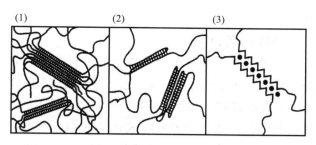

图 14-12 聚合物凝胶中各种类型的连接点

（1）堆积双螺旋，如卡拉胶 （2）明胶中的三重螺旋
（3）"鸡蛋盒"连接，如海藻酸钠

图中的黑点代表 Ca^{2+}，折线代表螺旋。高度示意，螺旋用细线表示
来源：Srinivasan Damodaran Krik, L. Parkin Owen, R. Fennema（2013）

模量随浓度的平方而大致增加，与温度的依赖性也与预测的大不相同，这些差异来自交联机制。尽管在制备明胶时对胶原做过较大的处理，分子仍保留它们的长度，并形成高度黏性的水溶液。冷却之后，分子倾向形成三重螺旋，就像胶原中脯氨酸螺旋一样。这只适用于部分明胶，且螺旋区域相对较短。明胶分子不能像其他多糖那样形成分子间的双螺旋结构。这是因为肽键不能 360° 旋转，导致一处形成螺旋结构时另一处就发生扭曲，因而这种螺旋就因为空间位阻而停止了。据推测，一个明胶分子严重弯曲形成 β-转角，然后形成一个短的双螺旋；接着，第三个折叠片会缠绕于这个螺旋上，从而完成这个结构。如果第三个折叠片是另一个分子的一部分，就形成了一个交联。随着温度的升高，三重螺旋将会"熔化"，从而使模量降低。实际上，凝胶形成机制更复杂。值得注意的是，温度与凝胶状态之间的依存关系是明胶的独有特性，它为各类食品的生产提供了可能。

（三）酪蛋白酸盐凝胶

牛奶里含有酪蛋白胶束，蛋白质聚集体的平均直径大约为 120 nm，每个包含 10^4 个酪蛋白分子。在 pH 为 4.6 时（静电斥力降低）可发生聚集而形成凝胶，而加入蛋白水解酶切去 κ-酪蛋白分子（降低空间排斥）也会形成凝胶聚集体。酪蛋白酸盐凝胶是由可形变的酪蛋白胶束组成，它们之间的接点具有灵活性。因此，这种凝胶非常弱且柔软。

在凝胶的某个区域如果没有液体可以排出，重排也会发生，形成密集区域。这称作微收缩，它可导致凝胶渗透性的增加和其网络链（即凝胶内部）

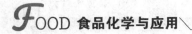

的拉直。

（四）球蛋白凝胶

如果蛋白质浓度超过临界值 c_0，许多溶解性好的球蛋白在加热时能形成凝胶。凝胶形成是一个相对较慢的过程，至少需要几分钟；达到最大硬度则需要更长时间。凝胶的形成包括许多连续的反应：①蛋白分子变性；②变性分子聚集成大致球形或伸长的粒子；③粒子形成充满空间的网络结构。这些反应会部分同时进行。

在某个 pH 下加热溶液，使之变性形成小的聚集体但不形成凝胶。冷却后，调节 pH 至等电点附近，这时候才形成凝胶，这被称为冷凝胶化，即为球蛋白凝胶的一种加工方法。挤压形成结构的过程与球蛋白热加工定形差不多，如富含蛋白质的大豆产品。

（五）混合凝胶

不同凝胶的结构和性质的差别是很大的。1％凝胶的模量可以在 5 个数量级内变化，它们破裂时的应力也可以在 100 因次内变化。几乎每一个体系都表现出各自不同的关系，当考虑到混合凝胶时，情况就更为复杂。相对比较简单的是由颗粒（如乳状液滴）填充的凝胶，其能显著改变凝胶的性质。通常，多糖混合物经常被使用。聚合物之间在凝胶化条件下的弱相互吸引可能会使其形成凝胶，即使它们各自都不能单独形成凝胶。例如，稀的黄原胶或刺槐豆胶不表现出屈服应力，但是稀混合物却可以；加热和冷却后，形成了混合连接。另一个例子是在牛奶中加入 0.03％ 的 κ-卡拉胶，从而形成较弱的凝胶。它被用到巧克力牛奶中防止可可的沉淀。

热力学不兼容会导致两种聚合物发生相分离。这种现象非常普遍，除非聚合物的浓度较低。例如，高溶解性的多糖和蛋白质的混合溶液会形成两相体系，一相富含多糖，一相富含蛋白质。明胶和多糖的右旋糖苷就是个例子。相分离在高于凝胶形成温度下混合就会直接发生；如果发生分离之后明胶溶液是连续相，那么冷却之后整个体系会冻结。聚合物之间的强相互吸引会导致复合凝聚物的形成。这表明分离的其中一相富含高浓度的聚合物混合物，而另一相则趋向于排除聚合物。完整的食品

体系要比上面所讨论的复杂许多。

四、食物的口感

食品的咀嚼特性是食品关键的质量属性。构造品通常是经过特殊设计来优化以下特性，包括风味、质构和外观。这里，我们把重点放在可被感知的质构上，其中主要涉及一致性和物理不均一性。事实上，嘴巴可被认为是一个处理食物的单元，在这里，食物根据其机械属性被作用、分解及运送至食道。此外，嘴巴和连接的鼻腔包含一些感觉器官，用来评价食品的咀嚼特性。

液体和软固体在嘴里的处理方式与硬固体是不同的。液体主要是通过舌头运送到食道，而固体食物的处理则涉及几个不同的阶段。一般来说，我们可以区分为：① 摄取/咬；② 咀嚼和润湿，包括使食物形成小而圆的物块；③ 对于小物块的吞咽及口腔清洁。在每一阶段，食物均与唾液混合，并以不同的速率和各种方式使食物发生形变。对软固体的处理也涉及舌头和上颚之间的压力与剪切作用。在这个处理过程中，消费者已经开始评价咀嚼特性，包括一些质构属性，如厚度、表面粗糙度/光滑度、绵软度等。其中，上述的一些特性是多重属性，因为它们包括了一些所能体现出来的次属性。

第 6 节　乳状液

一、概述

乳状液是一种液体分散在另一种液体中的体系。由于拉普拉斯压力存在，同时分散相为液体，乳状液的分散相一般都呈球形。决定乳状液性质的最重要变量包括以下几点：

（1）乳状液的类型　即水包油（O/W 型）或油包水（W/O）型。许多食品都是 O/W 型乳状液，如牛奶和乳制品、酱汁、调味品和汤类。真正的 W/O 型乳状液是几乎不存在的。黄油和人造黄油包含水滴，但是它们是包埋在塑性脂肪中的，脂肪晶体部分的熔化产生了 W/O 型乳状液，但很快就会分离为浮在水层上的一层油。一些 O/W 型乳状液的液滴也包含脂肪晶粒，至少在低温下是如此，因此严格来说，它们不是乳状液。

（2）液滴的粒径分布　这对体系的物理稳定性具有重要影响，一般而言，液滴越小，乳状液的稳定性越高。然而，制备乳状液所需要的能量和乳化剂用量，也随着液滴的减少而增加。典型的平均液滴直径是 $1\ \mu m$，但是体系中液滴的尺寸分布可以从 $0.2\ \mu m$ 到若干微米。由于体系的稳定性极大地取决于液滴的大小，因此粒径分布范围的宽窄也很重要。

（3）分散相的体积分数（ϕ）　在大多数食品体系中，ϕ 值介于 $0.01\sim0.4$。对于蛋黄酱，ϕ 值大约为 0.8，这个数值已经超过了刚性球体紧密填充的最大限度（大致为 0.7），这表明油滴部分变形了。体积分数对乳状液的黏性有较大影响，随着 ϕ 值增加，从稀流体过渡为糊状物。

（4）液滴周围表层的组成及厚度　这决定了界面特征和胶体的相互作用力，厚度显著影响着物理稳定性。

（5）连续相的组成　这决定了表面活性剂的溶剂条件、pH 和离子强度，从而决定了胶体的相互作用。连续相的黏度对乳状液分层有显著影响。

与悬浮液中的固体粒子不同，乳状液滴是球形的和可形变的（允许粒子的破裂和凝聚）。而且，它们的界面是液体，允许产生界面张力梯度。然而，在大多数情况下，乳状液滴的行为更像固体粒子。

二、乳状液的形成

蛋白质作为表面活性剂时形成乳状液及其稳定性都和界面吸附以及马朗戈尼效应密切相关。

液滴大小。要制备一种乳状液，需要油、水、乳化剂（即合适的表活性剂）和能量（一般是机械能）。液滴抵抗形变并破裂是由于受到了拉普拉斯压力的作用，液滴越小，拉普拉斯压力越大。这就需要很大的外加能量。添加乳化剂可以降低表面张力，降低拉普拉斯压力，从而减少打破粒子所需能量。剧烈搅拌产生的能量可以使液滴形变和破裂，如果连续相黏度非常高，搅拌可以产生足够强的黏性剪切力，可以把液滴直径打碎至几微米，普遍用于制备 W/O 型乳状液（$\eta_{oil}\approx0.05\ Pa\cdot s$）。在 O/W 型乳状液中，连续相的黏度一般较低。通过

采用高压均质机在湍流状态下出现的快速、密集强压力波动产生剪切力，能制备小至 $0.1\ \mu m$ 的液滴，获得的平均液滴大小与均质压力的 -0.6 次方成正比。当使用高速搅拌器时，搅拌速度越快，搅拌时间越长，或所选择的搅拌体积越小，能产生更小的液滴，但往往得不到平均直径小于 $1\ \mu m$ 或 $2\ \mu m$ 的液滴。

除了破坏液滴，乳化剂通过非常快发生的对流被转移至新形成的界面。深度的湍流（或者高速剪切）也能够导致液滴的频繁碰撞。在一定条件下，如果它们还没有被表面活性剂有效覆盖，将有可能在几微秒左右发生再次凝聚，这表明即使经过一次均质就可发生无数次这样的过程，每一次过程都或多或少地建立了液滴破裂与凝聚的平衡。由于吸附表面活性剂而产生的液滴间的胶体斥力，乳化剂的主要作用是阻止新形成液滴间的再凝聚。然而，无论是在湍流中还是层流中，由于搅拌作用，液滴被反复挤压，打破液滴所需的拉普拉斯压力一般为 10 kPa。样品计算表明，由于胶体排斥而导致的液滴间的"分离压"一般来说更小一些，为 0.1 kPa 或更小。因此，这个压力不足以阻止液滴靠近，因此也不能够阻止它们再凝聚。事实上，实验结果表明，乳化过程中的再凝聚和最终乳状液中的凝聚之间具有弱的关联性。

界面张力梯度将导致液体流量的显著降低，大大减少液滴靠近的速率，但是不会阻止它们靠得很近。在液滴凝聚之前，推动它们结合的应力一般是短暂存在或者具有改变的迹象（如把液滴拉开）。样品计算证实，涉及的应力和时间范围是按量值大小排列的。这种现象常常被称为吉布斯-马兰戈尼效应（Gibbs-Marangoni effect）：它的数值取决于液膜的吉布斯弹性（也即两倍的表面膨胀模量），并且这个机制与马兰戈尼效应相关。

如图 14-13 所示，为界面张力梯度的形成，从而降低了连续相从两个粒子间隙流出的速度，表面活性剂存在于连续相中。如果表面活性剂存在于液滴中，则几乎不能产生界面张力梯度，因为表面活性剂分子能快速到达界面，从而导致形成几乎恒定组成的吸附层。如果表面活性剂处于连续相，相互靠近的液滴间的薄膜将很快被表面活性剂占据，从

而保持界面张力梯度。因此，当期望形成 W/O 型乳状液时，需要低 HLB 值的乳化剂；反之，当期望形成 O/W 型乳状液时，需要高 HLB 值的乳化剂。

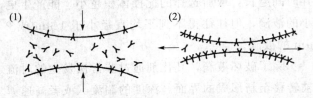

图 14-13　乳化过程中两个液滴的靠近

（Y 表示表面活性剂分子）

来源：Srinivasan Damodaran Krik, L. Parkin Owen, R. Fennema（2013）

乳化剂不仅仅是为了形成乳状液，而且需要提供乳状液形成后的持续稳定性。一种乳化剂也许非常适合制备小的液滴，但却不能提供长时间的稳定性，从而抵抗凝聚，或者反之。因此，仅仅用是否能形成小液滴来评价蛋白质作为乳化剂的能力是不合适的。通常理想的表面活性剂是需要在较宽的条件（等电点附近的 pH，高离子强度，低溶剂性能以及高温）下均能阻止聚集。

三、不稳定的类型

乳状液可以发生许多物理变化，如图 14-14 所示。图中的情形属于 O/W 型乳状液，它与 W/O 型乳状液的区别在于体系发生分层时，乳状液出现的是向下沉降，而不是上浮。各种变化间可能会相互影响。如聚集会很大程度上促进乳液上浮的发生，而乳液上浮的结果又将进一步促进聚集速度，如此往复。只有当液滴紧密靠近时才会发生凝聚（如在液滴的聚集体或上浮层中）。当相当大的分散液滴上浮时，可能上浮层之间的排列会变得很紧密，从而加速凝聚。如果上浮层中发生了部分凝聚，那么上浮层可能呈现出固体塞子的特征。

凝聚将导致大液滴的产生，而不是不规则的聚集体或凝集团。光学显微镜可观察乳状液发生的不稳定类型，如聚集、凝聚或部分凝聚。一般而言，凝聚或部分凝聚会导致更宽的粒径分布，接着，就会形成较大的液滴，或发生快速的凝集团上浮层。搅拌可以扰乱乳液上浮，还可能破坏比较弱的液滴聚集，但不包括由部分凝聚形成的凝集团。缓慢的

(1) 奥斯特瓦尔德熟化

(2) 乳液上浮

(3) 聚集

(4) 凝聚

(5) 部分凝聚

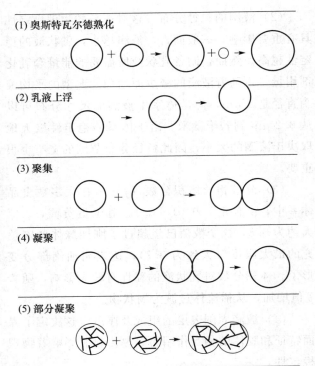

图 14-14　O/W 型乳状液中的物理不稳定类型高度示意

（4）中的接触区域尺寸可能被扩大很多倍

（5）中的短粗线表示甘油三酯晶体

来源：Srinivasan Damodaran Krik，L. Parkin Owen，R. Fennema（2013）

搅拌可以对抗真正的凝聚。如果空气被搅入 O/W 型乳状液，则可能会使液滴吸附于气泡表面。此时，由于油在 A/W 界面铺展，液滴可能会被打碎成更小的尺寸。如果液滴包含脂肪晶体，可能会产生凝集团，此时若搅入空气就能促使部分凝聚的发生。在搅拌稀奶油制备黄油和搅打奶油时发生的就是这种情况。在搅打奶油时，结块的、部分固化的液滴形成一个连续的网络结构，包裹并稳定住气泡，从而使泡沫具有一定的坚硬度。

一种阻止或延缓除奥斯特瓦尔德熟化外的其他所有不稳定性的方法是固定液滴，如使连续相凝胶化。黄油和人造黄油就是很好的例子。此时，水滴被脂肪晶体所形成的网络结构所固定。而且，由于形成了合适的接触角，一些脂肪晶体在油水界面定向排列。在这种情况下，液滴间不能相互紧密碰触。如果将产品加热使晶体熔化，则液滴将快速凝聚。通常，在人造奶油中加入合适的表面活性剂来阻止加热过程中的快速凝聚，否则会导致不期望的

飞溅。

四、凝聚

这里集中讨论 O/W 型乳状液。关于凝聚的理论仍然存在着许多困惑。

膜破裂。凝聚是由紧密靠近的液滴（同样适用于气泡间的薄膜）间的薄膜（薄片液膜）破裂所引起的。下列情况下，聚结不太可能发生：

（1）较小的液滴 ①液滴较小，液滴之间的膜面积也较小，从而膜破裂的可能性较小。②为了获得一定粒径的液滴，可能需要较多的凝聚。③上浮的速率下降。事实上，平均粒径大小是最主要的变量。

（2）液滴间的较厚液膜 这意味着液滴间具有较强的或较远的排斥力时，能提高抗凝聚的稳定性。对于 DLVO 型的相互作用，如果液滴在最小值处发生了聚集，那么将很容易发生凝聚。空间排斥作用通常对于对抗凝聚是非常有效的，因为它使液滴间保持相对分离。

（3）较大的表面张力 较大的表面张力使膜的形成和变形都变得困难（膨胀，通过在液膜表面形成波），局部变形对于破裂也是必需的，因此膜破裂所需的活化自由能是随着表面张力的增大而增加的。这是因为：

大多数小分子表面活性剂产生小的界面张力。因为小的界面张力有利于凝聚，所以能提供较大空间斥力的表面活性剂，如吐温。离子型表面活性剂只有在低的离子强度下才能有效地防止凝聚。在蛋白质稳定的乳状液中存在（或加入）小分子表面活性剂，它们趋向于从液滴表面替代蛋白质，这将降低其抗凝聚能力。如果期望达到凝聚，那么这提供了一个好的方法。例如，在体系中加入十二烷基硫酸钠和一些盐（降低电双层的厚度），通常会发生快速地凝聚。

食品乳状液在极端条件下可能发生凝聚。例如，在冷冻过程中，液晶的形成将促使乳状液滴靠近，使得在解冻过程中导致大量的凝聚。类似的情况还发生于干燥及后续的再分散过程。在该情况下，凝聚将因相对高浓度的非脂肪固体的存在而减轻。此时，如果粒子的尺寸小而且具有厚的蛋白质吸附层（如酪蛋白酸钠），就能获得最好的稳定性。预测凝聚速率通常是很困难的。最好的方法是采用灵敏的技术来估计液滴的平均粒径（如在合适波长下测量浊度），并建立随时间（如几天）变化的关系。

五、部分凝聚

在许多 O/W 型食品乳状液中，部分液滴中的油会结晶化。固体化脂肪的比例 Ψ 取决于甘油三酯的组成及温度。在乳状液液滴中，Ψ 还取决于温度变化过程，因为乳化良好的油可以耐受持久的过冷，液滴越小，该现象就越明显。如果乳状液滴中包含脂肪晶体，它们通常会形成一个连续的网状结构。这种现象极大地影响了乳状液的稳定性。影响部分凝聚速率的最重要的因素一般包括以下几种：

（1）剪切率 剪切速度越高，部分聚结越快。可能是由于：① 剪切力使分散液滴相互靠近机会增多；② 剪切力会使晶体刺穿界面膜的机会增加；③ 剪切力会使相向运动的液滴更紧密靠近。

（2）液滴的体积分数 液滴的体积分数（ϕ）升高，部分凝聚率显著增加，与 ϕ 呈平方关系。

（3）脂肪结晶化 分散油滴内的脂肪结晶分数增加，部分聚结速度增大，主要是由于增加了刺穿界面膜的机会，由于结晶的大小和形状（几何排列）可变，因此这一关系会出现波动。另外，脂肪结晶分数过小和过大时都不可能发生部分聚结，过小时失去了刺膜能力，过大则因分散油滴刚性过大和持油能力过大，即使膜已被穿孔也没有油的互流。

（4）球体直径 乳状液的球体粒径范围较广，大的球体对于更大的剪切力才会有反应；在两个球体之间，大的球体存在更大的膜面积。原因有 3 个：① 液滴越大对剪切力越敏感；② 界面接触面积更大；③ 液滴内的结晶尺寸更大。

（5）表面活性剂的种类和浓度 两个影响最为重要。一是这些变量会决定油-晶体-水的接触角，从而影响指定结晶突出的距离。二是这些变量决定了球体之间的斥力（强度和范围）。斥力越弱，两个液滴越容易彼此接近，从而增加突出的晶体刺穿他们之间膜的可能性。因此，斥力和球体体积将会决定发生部分凝聚的最小剪切率，观测值在 5～120 s^{-1} 之间。有些乳状液在所研究的剪切率内均未发现部分凝聚。加入小分子的表面活性剂一般会将蛋白质从表面置换下来，从而极大地促进部分凝聚。

第7节　泡沫

食品泡沫基本都是由疏水或低溶解度的气体分散在水溶液之中而形成的泡沫。在某种意义上，泡沫更像 O/W 型乳状液，都是疏水性液体分散在亲水性液体中。然而由于数量上的极大差别，它们的性质也有本质区别，见表14-6。较大的直径及密度差使得气泡的分层速度比乳状液的液滴高出几个数量级。空气在水中的高溶解度，将导致奥斯特瓦尔德熟化的快速发生。如果气相是 CO_2，如在某些食品中（面包，碳酸饮料等），溶解度将会增加50倍。泡沫形成的特征性时间尺度会比大部分 O/W 型乳状液高两到三个数量级。

表 14-6　泡沫与乳状液的对比

性质	泡沫1	泡沫2	乳状液 W/O	乳状液 O/W	单位
液滴/气泡直径	10^{-3}	10^{-4}	5×10^{-6}	10^{-6}	m
体积分数	0.9	0.8	0.1	0.1	—
液滴/气泡数目	10^9	10^{11}	10^{15}	10^{17}	m^{-3}
界面张力	0.05	0.05	0.005	0.01	N/m
拉普拉斯压力	2×10^2	2×10^3	4×10^3	4×10^4	Pa
分散相在连续相中的溶解度	2.1*	2.1*	0.15	0	%（体积分数）
分散相在连续相中的密度差别	-10^3	-10^3	10^2	-10^2	kg/m^3
分散相在连续相中的黏度比	10^{-4}	10^{-4}	10^2	10^2	—
时间跨度（形成过程中的特定时间）	10^{-3}	10^{-4}	10^{-5}	10^{-6}	s

分散相指空气、甘油三酯或水；* 表示如果含有 CO_2，溶解度是 0.1 MPa 下浓度的 100 倍。

一、形成

泡沫的形成可以通过过饱和法和机械法两种方法制备。

通常，一种气体（通常采用 CO_2 或 N_2O，因为它们的溶解度很高）在高压下（通常为几个大气压）溶于液相中。当压力释放后，即形成了气泡。它们并不是通过成核作用形成的，要使气泡自发形成，它的初始半径需达到约 2 nm，这需要拉普拉斯压力达到 100 MPa。为了达到这点，气体必须被加压到此压强，这当然是不切实际的。取而代之，气泡通常是从容器壁或小颗粒中存在的小的气穴中形成。对于疏水性强的固体，气体-水-固体的接触角可高达 150°，这使小的气穴可以保持在裂缝或陡峻的凹坑中。如果曲率为负，当空气未饱和时，气泡依然可以保持在那里。

通过将气体打入液体中可以制备出较小的气泡。首先，大的气泡会形成，然后它们渐渐破裂，形成较小的气泡。剪切力通常较弱，以致无法形成小的气泡，而破裂机制一般涉及在湍流场中的压力波动，就如 O/W 型乳状液的形成过程。

通过这种方法可以得到约 100 μm 的气泡，最小的可达 20 μm。搅打是工业加工可以选择的一种方法。

表面活性剂的存在有助于泡沫的形成，但用量不需要很大。例如，搅拌时若水相的表面积与体积比为 10^5（m^2/m^3），并且每平方米水表面上负载有 0.3 mg 的表面活性剂，那么表面活性剂的用量仅需体系重量的 1%。此外，表面活性剂的物质的量浓度也决定了膨胀率，这表明蛋白质需要比两亲性小分子具有更高的质量浓度。

然而，在食品工业中，蛋白质是使用较多的一种试剂，它可食用，而且可提供较为稳定的泡沫。蛋白质浓度越高，膨胀率越高，例如含有 5% 未变性乳清蛋白的溶液可以达到的膨胀率为 1 000%。然而，不同的蛋白质，达到给定的膨胀率所需的浓度差别非常大。在相同的质量浓度下，某些蛋白质水解得到的肽可获得比原蛋白质更高的膨胀率，但泡沫的物理稳定性会显著受损。根据经验法则，蛋白质的混合物，如蛋白质和肽的混合物，其发泡性质往往优于纯蛋白质。

二、泡沫的结构

搅打一停止，气泡就迅速上升，形成一个泡沫层（除非液体的黏度非常大）。浮力很快就会使得气泡互相挤压变形，使它们之间形成薄片。浮力产生的应力大约为 $\rho_水 gH$，其中 H 为泡沫层厚度（如 $H=1$ cm 时，压力约为 100 Pa）。然而，随着球形气泡开始接触，出现了明显的应力集中，这也意味着那些拉普拉斯压力为 10^3 量级的气泡将会变得更扁。进一步排除间隙中的水使气泡形成多面体的结构。当3个薄片接触（不会大于3，否则会形成不稳定的构象），就会形成带圆柱形表面边界的菱形水柱。这种结构单元就称作平台边界（plateau border）。一般情况下，剩余的小气泡很快就会因为奥斯特瓦尔德熟化而消失，这样就会形成一种更为规整的多面体泡沫，类似于蜂窝状结构。在泡沫的下层，气泡或多或少仍为球形。气泡形成后泡沫形成的各个阶段见图14-15。

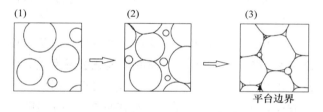

图 14-15　气泡向泡沫变化中形态结构的变化示意图

由图14-15中可以看出，气泡形成后，多面体泡沫形成的后续阶段气泡之间的片晶的厚度在这个视角尺度太小，无法观察到（气泡直径<1 mm）。当泡沫继续沥水，它的空气体积分数会增加，在泡沫层之下会形成水层。在平台边界处的拉普拉斯压力低于薄片，这使液体会流向平台边界。因为平台边界互不相连，为液体排出提供了路径。若沥水继续进行，ϕ 值会很容易升到 0.95，与膨胀率 1 900% 相对应。这种泡沫并不是非常坚固，因此不适合于食品。为了避免过度沥水，可以内装亲水性的小颗粒填充物，否则气泡会发生大量凝聚。蛋白质包覆的乳化小液滴可以起到很好的作用，它们存在于一些搅打上层。另一种方法是通过液相的凝胶化，这在充气食品中经常使用，如蛋白糖霜、泡沫煎蛋卷、奶冻、面包及蛋糕。通过使体系在早期发生凝胶化，仍可能形成球形气泡组成的泡沫。换句话说，即"气泡状"或"湿"的泡沫，而不是多面体或"干"的泡沫。

多面体的泡沫本身可被视为凝胶。泡沫的变形会导致气泡曲率的上升，相应导致拉普拉斯压力的上升，在小形变时即具有弹性行为。接着，在较大的应力下，一些气泡会滑过其他气泡，发生黏弹性形变。其结果是产生屈服应力，这会非常明显，因为即使在高处，泡沫在其自身质量下也能保持其原形。此时的屈服应力常常会超过 100 Pa。

三、影响泡沫稳定性的因素

泡沫一般会显示3种类型的不稳定性：

（1）奥斯特瓦尔德熟化（歧化反应），即由于小气泡中气压大于大气泡，则气体从小气泡扩散至大气泡（或大气中）。

（2）由于重力，从泡沫层排出或经泡沫层排出液体。

（3）由于气泡间膜的不稳定而发生的凝聚反应。

这些变化在某种程度上是相互依赖的：沥水会促进凝聚，而奥斯特瓦尔德熟化和凝聚又会提高沥水速度。

（一）奥斯特瓦尔德熟化

在食品中，气泡的体积比其他种类的泡沫都要小，奥斯特瓦尔德熟化在大多数情况下都是泡沫不稳定性中最重要的类型。在泡沫形成的数分钟内，即可观察到明显的气泡尺寸变化。由于空气可以直接扩散到大气中，气泡和大气之间的水层又很薄，因此泡沫的顶层熟化反应发生得最快。同时，在泡沫内部，奥斯特瓦尔德熟化发生的速度也相当快。

在表面活性剂不会发生解吸的条件下，当气泡收缩，面积降低，表面载量（Γ）升高时，奥斯特瓦尔德熟化有可能被减速。此时，γ 会降低，从而拉普拉斯压力也会降低，这意味着奥斯特瓦尔德熟化的驱动力减弱。当表面膨胀系数 ESD（γ 随面积变化的量）与 γ 相等时，奥斯特瓦尔德熟化甚至会停止。然而，表面活性剂通常会解吸，因此 ESD 以某一速率降低，取决于许多因素，尤其是表面活性剂的种类。用小分子表面活性剂制备的泡沫，解吸很容易进行，因此奥斯特瓦尔德熟化的减速近似可忽略不计。然而，蛋白质一般会解吸得很缓慢，尤其当组成泡沫的气体是 CO_2 时，ESD 会保持相当高的值。此时尽管气泡或乳化液滴也有可能发生塌陷，但是奥斯特瓦尔德熟化反应仍会大大减慢。如果气体是空气或氮气，意味着奥斯特瓦尔德熟化速度减慢，ESD 仍维持在较低水平，奥斯特瓦尔德熟化并未被明显抑制。

由于蛋白质吸附分子间的交联反应，会在气-水界面产生致密的表膜，例如蛋清，其在搅打过程中会发生强烈的表面变性，形成相当大的蛋白聚集体，是不可逆吸附，会强烈阻止奥斯特瓦尔德熟化的发生。如果固体颗粒具有合适的接触角，也可以达到类似的效果，如搅打奶油中的部分固化的脂肪球，完全覆盖了气泡，并且形成了遍布整个体系的网络结构。

许多复杂体系中都至少会包含一些小且具有较强的疏水性固体颗粒。只有当吸附的固体颗粒彼此接触，才会发生气泡的收缩，然后形成一个小而稳定的气泡。例如面团中的气孔，会发生强烈的奥斯特瓦尔德熟化，在最终产品中可以见到的气孔数不及最初气泡数的 1%。很多小的气泡依然存在，由固体颗粒所稳定，但是其所形成的气孔并不可见，由于它们足够分散，使面包心具有白色的外观。值得注意的是，奥斯特瓦尔德熟化也可以通过增大液相中的屈服应力来避免，但其要求达到的压强很高，约 10^4 Pa，如含有气泡的巧克力。

（二）沥水

通过建立 γ 梯度达到气/水界面的固定化可避免几乎是瞬时发生的沥水。为了避免膜表面的移动，两个气泡之间可以有的最大的垂直膜（薄片）厚度由下式计算：

$$H_{max} = \frac{2\Delta\gamma}{\rho g \delta} \qquad (14-23)$$

$\Delta\gamma$（从垂直膜的顶部到底部）可以达到的最大值可假设等于表面压强 Π，大约为 0.03 N/m。对于厚度 $\delta = 0.1$ mm 的水膜，H_{max} 为 6 cm，远大于食品泡沫的需要（6 m 是浮在洗涤剂溶液上的最大气泡高度）。

具有固定化表面的单一垂直膜的沥水时间由下式计算：

$$t(\delta) = \frac{6\eta H}{\rho g \delta^2} \qquad (14-24)$$

式中，$t(\delta)$ 是使膜沥水以到达给定厚度 δ 所需的时间。对于 1 mm 厚的水膜，使其厚度达到 10 μm 所需的沥水时间只有 6 s。然而，沥水速率随厚度的减小而降低，使厚度达到 20 nm 需要 17 d。20 nm 的厚度值是两个膜表面开始产生范德华吸引力时的近似值。预测真实泡沫的沥水速率是极其困难的，无法进行精确计算。式 14-24 可以给出同数量级的近似值。当然，沥水速度可以通过增加体系黏度使其大幅降低。为此，黏度应在极低的剪切应力下测量。屈服应力达到 $gH\rho_{水}$（H 是泡沫层厚度）时，沥水也会受到阻滞。

（三）凝聚

当气泡之间的膜破裂时，就会发生凝聚，但其反应机制因环境因素而不同，主要可分为以下 3 种：

（1）厚膜　这是指膜厚到一定程度，使两个表面之间的胶体相互作用可忽略不计。此时，吉布斯稳定机制起主要作用。只有在表面活性剂浓度很低的情况下，才会发生膜破裂，从而导致气泡凝聚。如果膜被显著拉伸，就像在搅打中经常发生的那样，破裂将很容易发生。

（2）薄膜　如果没有较强的胶体排斥力使膜厚维持在相对较大的水平，膜的破裂就极易发生。但是，单纯通过沥水使膜厚度变薄需要很长时间。另一方面，水会从膜中蒸发，尤其是在泡沫的顶层。因此，膜破裂特别容易在泡沫顶层发生，导致泡沫高度降低。与乳状液相比，泡沫更易发生凝聚。表面张力比较大（更稳定）；气泡之间的膜是"永久性"的（更不稳定）；膜面积大（更不稳定）；此外，对于泡沫而言，使凝聚程度变得显著所需要破裂的膜数量更少。同样地，当蛋白质能形成厚的吸附层时，就能形成最稳定的膜。

（3）膜上包含有外来颗粒　当膜上存有外来颗粒，尤其是脂类时，对于泡沫稳定性是极其有害的，这些颗粒会导致相对较厚的膜破裂。据推测，油在气/水界面上的铺展起到了重要作用。蛋白质覆盖的油滴具有亲水的表层，因此使油无法在气/水表面铺展。然而，当涉及脂肪球，即含有甘油三酯晶体的油滴时，油可以轻易地抵达气/水界面。

在典型的搅打奶油体系中，部分固体化的脂肪球数量很大，在这些小球中，许多都能诱发膜破裂。然而，由于数量巨大，许多油滴几乎同时与距离较近的油滴发生吸附。这样液态油将不易铺展，从而膜破裂发生的概率很小，能形成相当稳定和坚固的泡沫。然而，随着搅打继续进行，脂肪球将发生大规模的部分凝聚，形成大的脂肪凝集团，最终，它们的数量变少，发生膜破裂。换言之，过度搅打会破坏早期形成的泡沫，可以通过此方法获得黄油颗粒，即大的脂肪凝集团。

本章小结

1. 食品分散体系是一种或几种离散粒子分散在连续相中形成的体系，如溶液、悬浮液、泡沫等。

2. 食品分散体系中的成分可能存在于不同的结构单元内，会影响反应速率；分散系存在很大界面和很高界面能，与界面积成正比。

3. 拉普拉斯压力会使独立的液滴与气泡都趋于球形，并出现毛细管上升现象。同时能增强气泡中气体在气泡周围液体中的溶解性。

4. 软固体指在外力作用下食品所能呈现的最大变形程度为弹性形变；凝胶是一种随着时间改变主要弹性特性的物质，而且模量相对较小。

5. 食品泡沫基本都是由疏水或低溶解度的气体分散在水溶液之中而形成的泡沫，可以通过过饱和法和机械法两种方法制备。

思考题

1. 简述奥斯特瓦尔德熟化（Ostuald ripening）原理。

2. 泡沫体系的稳定机制包括什么？

3. 搅打稀奶油时，搅拌越久是否越好？为什么？

4. 冰激凌是泡沫结构性食品，如果要提高其结构的稳定性，该进行哪些方面研究？

参考文献

[1] 刘邻渭. 食品化学. 郑州：郑州大学出版社，2011.

[2] Damodaran S. Food Chemistry. 4版. 江波，译. 北京：中国轻工业出版社，2013.

[3] Benjamins J, Lucassen-Reynders E H. Static and dynamic properties of proteins adsorbed At three different liquid interfaces. In Food Colloids, Biopolymers and Materials (Dickinson E, van Vliet T, eds.). Royal Society of Chemistry, 2003：216-225.

[4] Lyklema J. Fundamentals of Interface and Colloid Science. Particulate Colloids. Elsevier Academic Press, 2005（4）：A3. 1-A3. 9.

[5] Walstra P. The roles of proteins and peptides in formation and stabilisation of emulsions. In Gurns and Stabilizers for the Food Industry (Williams P A, Phillips G O, eds.). Royal Society of Chemistry, 2002（11）：237-244.

CHAPTER 15

第15章
食品体系组分相互作用

学习目的与要求：

掌握食品生产及流通过程中食品各成分的相互作用原理及影响；掌握食品中蛋白质、多糖、脂类等大分子物质相互作用机制，了解其相互作用对食品的影响；了解食品中大分子物质与小分子物质间的相互作用。

学习重点：

食品中蛋白质、多糖、脂类等大分子物质两两或多组分间的相互作用，以及对食品的影响。

学习难点：

食品中蛋白质、多糖、脂类等大分子物质相互作用机制。

教学目的与要求

■ **研究型院校：** 熟悉食品体系各组分的相互作用及其对食品品质的影响，了解食品各组分相互作用机制，掌握食品中蛋白质、多糖、脂质、多酚及小分子表面活性剂等组分之间的相互作用机制，掌握相互作用对食品品质的影响，掌握影响食品色泽、风味、质构和流变性的各种相互作用。

■ **应用型院校：** 熟悉食品体系各组分的相互作用，了解食品中蛋白质、多糖、脂质、多酚等组分之间的相互作用机制，了解相互作用对食品品质的影响，掌握影响食品色泽、风味、质构和流变性的各种相互作用。

■ **农业类院校：** 熟悉食品体系各组分的相互作用及其对食品品质的影响，了解食品中蛋白质、多糖、脂质、多酚及小分子表面活性剂等组分之间的相互作用机制，掌握相互作用对食品品质的影响，掌握影响食品色泽、风味、质构和流变性的各种相互作用。

■ **工科类院校：** 熟悉食品体系各组分的相互作用及其对食品品质的影响，了解食品中蛋白质、多糖、脂质、多酚等组分之间的相互作用机制，掌握相互作用对食品品质的影响，掌握影响食品色泽、风味、质构和流变性的各种相互作用。

第1节 引言

绝大多数食品的主要组分为水、蛋白质、碳水化合物、脂肪，此外食品也含有许多其他微量组分和添加剂，如维生素、有机酸、矿物质等。这些物质构成了植物和动物组织（食品原料）的结构，作为能量储备并在活的生物体中发挥着多种生物化学功能。大多数食品组分具有化学反应活性，或至少含有活性基团（表15-1）。一般情况下，由于物理屏障存在，其中部分活性基团不会发生反应或相互作用，而在屏障失效后，传质导致活性基团接触而发生反应。食品组分的相互作用受到活性基团的化学性质、组织内部结构的区域化以及温度、pH、离子强度、离子类型（如多价阳离子）、水分活度、氧化/还原电位和流体黏度等环境因素的影响。所有以上这些因素在植物采后或动物宰后处理、原料保藏以及后期的加工过程中都会发生一系列变化。

表 15-1 食品组分的反应活性基团

反应活性基团	来源
—SH，—S—S—	蛋白质、多肽和氨基酸
—NH$_2$，—NH—C($=$NH)NH$_2$	蛋白质、氨基酸和其他含氮化合物
—OH，—CHO，R$_2$C$=$O	蛋白质、碳水化合物和低分子量羰基化合物
^{1}O$_2$，O$_2^-\cdot$，$\cdot$OH，H$_2$O$_2$，RO$\cdot$，ROO$\cdot$，ROOH，ArO$\cdot$，ArOO$\cdot$	脂类氧化产物
—COOH，—O—SO$_3$H，—O—PO$_3$H$_2$	蛋白质、果胶和其他多糖
—CHCH—，—CH$=$CH—CH2—CH$=$CH—	不饱和脂
NO$\cdot$，NO$_2^-$，O$=$N—OOH，O$=$N—OO$^-$	添加剂

食品组分间的物理化学作用会促进食品分散体系的形成，如形成泡沫、乳状液等，也能改变食品的流变学特性。流变学特性的改变对食品感官品质以及食品材料的加工特性有一定的影响，如流动性和剪切抗性等。食品组分间发生的化学反应会严重影响食品的感官和营养品质，所以全面了解掌握食品组分间发生的物理化学作用对控制和改进产品质量极为重要。图15-1至图15-3列举了食品在加工或处理过程中食品成分蛋白质、碳水化合物和脂质所发生的主要反应及其特性变化。

在原料贮藏、产品加工及产品贮藏过程中，各种因素导致食品组分发生一级化学变化（图15-1至图15-3），而一级变化产物继续反应或一级变化产物间相互作用，会发生二级变化并形成相应的产物。这类化学作用主要有美拉德反应、焦糖化反应、热降解、醌类与胺和氨基酸的反应、氧化反应（如脂质氧化）、碱性条件下蛋白质反应等。其中部分反应是人们所期望发生的，如面包烘烤所形成的焦黄色外皮、肉类烤制时产生的颜色和香气等。但有些反应是人们所不期望发生的，如炼乳和果蔬制品贮藏期间发生的反应等。多数反应会产生风味物质，有些是人们所期待的，有些反应可能导致不愉悦风味物质产生或产生毒性物质或营养成分有重大损失。

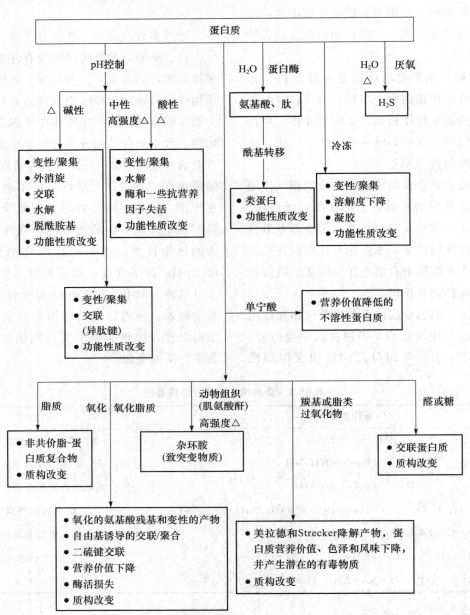

图 15-1　蛋白质成分在食品加工过程中的主要反应及特性变化

一、美拉德反应

美拉德反应又称为羰氨反应，产物为褐色的类黑精，食品中常见美拉德反应为糖（含羰基）与蛋白质、多肽、氨基酸或其他胺类物质（含氨基）参与的反应。美拉德反应详见本书第3章第4节。

二、碱性条件由热引起的反应

碱在食品加工中有广泛应用，常用于蛋白提取和质构化等，如油料种子、谷物、肉和骨头；钝化真菌毒素活性及蛋白抑制剂活性；果蔬的去皮等。蛋白质在碱性条件下受热时受到氢氧根离子的攻击，蛋白质内半胱氨酸、丝氨酸、磷酰丝氨酸和苏氨酸发生 β-消除反应，形成的脱氢丙氨酸在双键位置亲核加成，导致多肽链发生交联，产生非天然化合物。

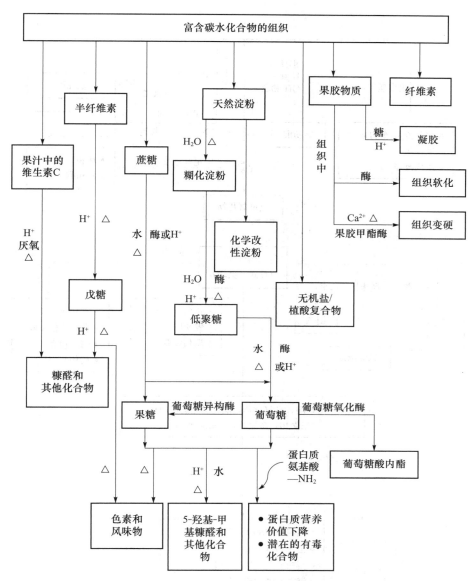

图 15-2　碳水化合物成分在食品加工过程中的主要反应及特性变化

糖类尤其是单糖在没有氨基化合物存在的情况下，加热到熔点以上的高温（一般是 140～170℃）时，因糖发生脱水与降解，也会发生褐变反应（焦糖化反应），特别在碱性条件下。焦糖化反应在酸碱条件下都可以进行，一般碱性条件下速度快一些。糖类在强热条件下生成两类物质：一类经脱水生成焦糖，另一类在高温下裂解生成小分子醛酮类，小分子醛酮类进一步缩合聚合也会有深色物质出现。食品中常见的焦糖化反应如焦糖色素加工、杀菌或热加工时食品（含糖食品）的变色等。

碱性条件下热处理谷物可释放烟酸，长时间热处理蛋白质，会出现必需氨基酸损失和外消旋现象，蛋白质营养价值下降，甚至产生毒性物质，如二氨基丙酸、D-丝氨酸。

糖直接加热，在温度超过 100℃ 且无羰基化合物参与条件下，随着糖的分解产生焦糖化反应。少量酸、碱、磷酸和某些盐催化下，反应加速。多数糖热解引起脱水，产生脱水糖，如葡萄糖加热产生葡聚糖（1，2-脱水-α-D-葡萄糖）和左旋葡聚糖（1，6-脱水-β-D-葡萄糖）。反应过程中引起糖分子

的烯醇化、脱水、断裂等一系列反应，产生不饱和环的中间产物，共轭双键吸收光，产生颜色。同时

中间产物聚合、缩合，最终产物具有一定的色泽及独特的风味。

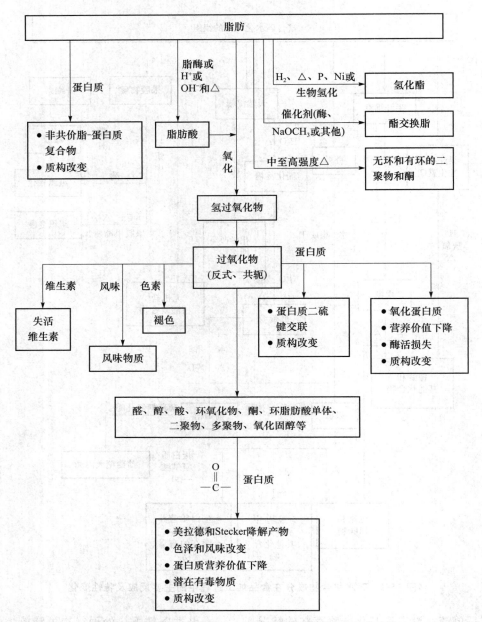

图 15-3　脂肪成分在食品加工过程中的主要反应及特性变化

食品是一个多组分共存，并且组分间相互作用的复杂体系，食品的色、香、味、形以及安全性与健康性是整个食品中共存的多组分整体作用的体现，而不是各个组分单独作用的结果或这些结果的简单累加，因而，食品组分之间的作用机制、变化规律以及变化的结果体现与结构明确的化学药品及生物制品有着很大的不同。食品中的各种组分包括蛋白质、糖类、脂类、维生素及一些含量很低的生

理活性成分等物料在高温、高压、冷冻、脱水、电场、磁场作用下分子结构、大分子构象、物理性质、感官性质等材料学因素和营养性、生物功能性质、消化吸收性等生物化学因素都会变化，这些变化及引起此变化的相互作用对特定食品的结构、感官品质、营养价值、安全性、可接受性以及生理功能会产生一定影响。因此，作为食品的典型组分，蛋白质、淀粉与脂质在多成分构成的食品复

杂体系中，除营养特性外还可作为胶凝剂、增稠剂及乳化稳定剂等，极大地影响着食品的质构、流变性及其他一些理化性质。在这些典型组分共存时，当一些物理化学条件如温度、pH、离子强度等适宜时发生共聚改性现象，即大分子上的部分基团可以相互连接复合，从而改善和赋予体系一些独特的功能性质、加工特性及品质特性。由于食品组分多而复杂，因此食品体系组分相互作用极为复杂，目前食品体系各组分相互作用相关研究也较为简单，多数研究处于简单构建体系性质表征及微观结构观察等方面。本章主要介绍蛋白质、碳水化合物、脂类各物质之间及与其他组分的相互作用，同时讲述相互作用对食品的色、香、味、形等方面及加工过程的影响。

第2节　蛋白质与其他组分的相互作用

一、蛋白质与多糖以及蛋白质与蛋白质间的相互作用

蛋白质与多糖之间的相互作用是由两种大分子的不同片段与侧链间引起大量不同分子间相互作用的平均作用结果，但哪种作用力占主导作用取决于分子的组成和结构特点。蛋白质与淀粉相互作用分子间力的类型包括共价键、静电力、范德华力、氢键、疏水作用、离子键、容积排阻作用及分子缠绕等。当两种大分子在水中共混时，蛋白质与淀粉在溶液中主要变化如图15-4所示，混合体系在一定的范围内会发生相分离，或呈可混合性（共溶）。相分离分为离析与缔合，离析是体系形成一个蛋白质富集相和一个淀粉富集相，缔合是蛋白质和淀粉相互吸引形成聚集体导致形成共存的两相（含聚集体的凝聚层和溶剂相）。

在乳制品中，某些亲水性胶体物质与蛋白质间发生相互作用，可能导致乳蛋白质失去稳定性和/或阻止由 Ca^{2+} 引起的沉淀。中性多糖如刺槐豆胶、瓜尔豆胶及大多数的聚阴离子聚合物，以及弱酸性的如阿拉伯胶与羧甲基纤维素、果胶、海藻酸钠、透明质酸、肝素、硫酸软骨素、纤维素硫酸酯等，不能阻止 Ca^{2+} 在 pH6.8 时对酪蛋白胶束和 α_{s1}-酪蛋白的沉淀作用。另外卡拉胶（尤其是 κ-卡拉胶）

能够与 α_{s1}-酪蛋白形成稳定的络合物。

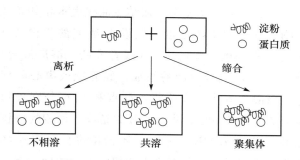

图 15-4　蛋白质与淀粉的相互作用

两种及以上生物大分子在浓溶液中的互溶性不好，使得生物大分子混合物的高浓度水溶液分成两相，形成通常所说的水包水型乳状液，达到热力学稳定状态。相分离的浓度阈值取决于生物大分子的类型。球蛋白混合物发生相分离的最低浓度为12%，而蛋白质-多糖混合物在浓度约 4% 时就会发生相分离（图15-5）。两种生物大分子溶液混合后，如果总浓度低于阈值浓度，所得到的混合物仍是均匀的各相同性溶液，一旦高于阈值浓度，混合溶液就会出现相分离：最初，富含一种生物大分子的水相分散到富含另一种生物大分子的连续水相中。因为两相都是水溶液，肉眼观察不到相的分离，经静置或离心后，这种水包水型乳状液就会出现分层，分为上下两层，每层富含一种生物大分子。

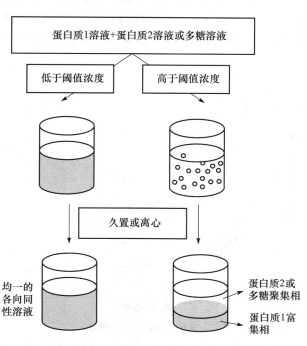

图 15-5　高浓度生物聚合物混合溶液分离形成两相体系

图 15-6 所示为典型的蛋白质-蛋白质或蛋白质-多糖混合溶液平衡相图。双结点曲线表示相分离区生物大分子的平衡浓度。假设 B 浓度的蛋白质 1 溶液与 A 浓度的蛋白质 2（或者多糖）溶液混合，则 M 点表示混合溶液的组成。经静置或离心处理后，该混合溶液分成两相，D 点和 E 点分别表示溶液的上层和下层；直线 DE 为结线。两相的体积比可以用 DM/ME 表示。将不同浓度的两种生物大分子溶液混合，分别测定两相的平衡浓度，就可以得到混合溶液的双结点相图；连接两相的平衡组成（所有的 D 点和 E 点）得到一系列结线：利用相图可知大分子混合溶液在一定浓度范围内热力学是否稳定。双结点曲线以下所有浓度的生物大分子混合物都是热力学稳定的，双结点曲线以上浓度的体系则是热力学不稳定的，会自发形成上下两相。曲线上有一个点，在该点生物大分子的总浓度最小。这一点代表特定生物大分子混合溶液的阈值浓度（T），浓度高于该点就会发生相分离。球蛋白-多糖混合物的阈值浓度通常在 4% 左右，而球蛋白-球蛋白混合物的阈值浓度高于 12%；明胶-多糖混合物的阈值浓度范围为 2%～4%，具体值取决于明胶相对分子质量分布。结线中点连线与双结点曲线的交点称为临界点 C，这是相图上可以得到的另一个有用参数，它表示两相具有相同的体积和组成。连接结线中点（为简便起见，图中仅画出一条结线）的线称为密度中线（rectilinear diameter）。

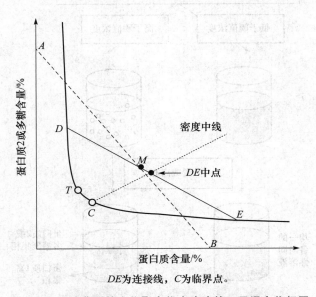

DE 为连接线，C 为临界点。

图 15-6 两种典型的生物聚合物水溶液的二元混合物相图

生物大分子混合物的热力学不相溶性及相分离源于排斥体积效应（图 15-7）。大分子 A 和 B 的大小表示它们的回转半径。粒子间最小距离等于它们的半径之和。由于分子不能相互渗透，两种生物大分子粒子不能同时占据相同的空间，因此它们会相互排斥，如图 15-7 的阴影部分。生物大分子的空间包括分子周围的水化层，因此，每个分子周围的排斥体积只有溶剂分子才能进入，而另一大分子则不能。当增加 A 的浓度时，由于总排斥体积变大，溶液中 B 可以到达的空间就会相应减少，导致 B 被迫隔离到另外一相，同时携带一定比例的溶剂分子。无规则卷曲的生物大分子（如明胶）比相对分子质量与它相近的球蛋白具有更大的排斥体积，因此较低的浓度下就会发生相分离。多糖也是如此。

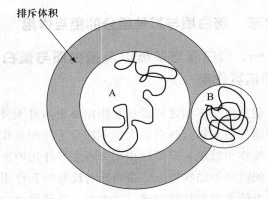

图 15-7 生物聚合物混合物相分离的排斥体积效应机制示意图

生物大分子混合溶液出现的相分离也可以通过"空缺絮凝"（depletion flocculation）过程解释。假设一个无规则卷曲的生物大分子，如明胶或多糖，溶解在球蛋白溶液中（图 15-8），当两个球蛋白分子间的可利用空间小于无规则卷曲生物大分子充分伸展所需体积时，它就会从这一空间将自己排挤出来。进而形成局部浓度梯度，产生渗透压梯度，导致球蛋白分子就被挤到溶液的一个区域，无规则卷曲的生物大分子则集中在另一个区域，从而发生相分离。大多数食品都含有蛋白质和多糖混合物，而且其浓度又高于阈值浓度，所以经常会发生相分离，影响产品的感官品质，如图 15-9 所示。相分离影响凝胶质构特性，相分离导致食品中生物大分子非均匀分布，进而引起食品质构的不均匀性。

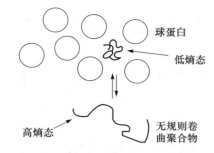

图 15-8　生物聚合物混合物相分离的空缺絮
凝机制示意图

蛋白质分子由于各种分子内作用力以及疏水相互作用的影响趋于形成各种高级结构，一些反应基团因此被包埋于结构的内部；而淀粉由于立体效应，其化学反应具有强烈的取向性。因而，蛋白质与淀粉之间的复合过程很复杂，需要较为严格的条件，目前人工合成蛋白-淀粉复合物主要有如下 4 种方法：控制自发美拉德反应的干法、加热接枝的湿法、电合成及挤压法。影响这类相互作用的因素包括电荷密度、分子柔韧性、pH、离子强度和其

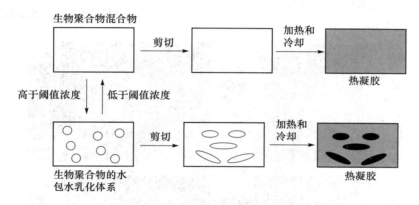

图 15-9　相分离影响凝胶质构特性示意图

他条件（如温度、压力、热处理等）。蛋白质-淀粉相互作用形成复合物的功能特性主要基于蛋白质，淀粉的引入是对蛋白质的一种改性或者说是对蛋白质功能的一种强化。此类复合物功能特性主要包括溶解性、黏度、凝胶性、乳化性、起泡性、抗氧化性等，而且已有的研究报道表明蛋白质-淀粉复合物的功能特性比单独的蛋白质或淀粉都有所改善。Hattori 等利用水溶性氨基氰产生的酸—氨基键将羧甲基马铃薯淀粉和乳清分离蛋白复合，与羧甲基淀粉相比，复合物的溶解度、润胀能力、α-淀粉酶和 β-淀粉酶的消化性能明显下降，但热稳定性提高，并通过荧光滴定确定产生新的生理学功能——视黄醇结合能力。Goel 等在玉米淀粉与酪蛋白和酪蛋白水解物相互作用的研究中，采用 Brabender 淀粉黏度仪测定加热过程中混合体系的黏度和糊化温度的变化，发现随着混合物中酪蛋白浓度的增加，糊化温度降低，冷糊黏度增加，同样在 Haake 黏度计测定其流变学曲线时，表观黏度随剪切速率不断增加而降低（剪切稀化现象），两者结合比单一淀粉更具有假塑性。Lupano 等将乳清浓缩蛋白

和木薯淀粉混合在酸性条件下加热制备凝胶体，发现木薯淀粉能增加凝胶体的持水能力；混合凝胶中出现糊化淀粉、聚集的蛋白质和较高比例高密度微粒的不同区域；加热过程中淀粉糊化先于蛋白质变性并破坏蛋白质的网络结构；由于混合物中的乳清浓缩蛋白含乳清蛋白、乳糖和钙离子使得淀粉的糊化温度升高。Bertolini 等研究发现在酪蛋白酸钠-淀粉凝胶体中，相比除马铃薯淀粉之外的单一淀粉凝胶体，酪蛋白酸钠促进了复合胶体的储能模量，增加胶体黏度；添加的酪蛋白酸钠与淀粉之间有明显的相互作用从而导致起始温度、峰值温度和终止温度的升高；酪蛋白酸钠还能促进谷物淀粉形成凝胶基质的均一性。Guan 等对采用微波辐射加热制取大豆分离蛋白-可溶性淀粉的功能性进行研究，结果表明大豆分离蛋白与淀粉经接枝改性后，溶解性、热稳定性、乳化性能及抗氧化性得到很大提高。Eric Dickinson 研究了酪蛋白与葡聚糖混合物对乳状液稳定性的影响因素，结果发现 pH 和葡聚糖浓度对乳液的粒径分布及稳定性具有显著影响。如图 15-10 和图 15-11 所示，在含有 0.1% 葡聚糖

的乳状液中，当 pH 值从 6 降至 2，乳状液的粒径也显著增加，而随着葡聚糖浓度的增加，乳状液粒径增加开始变得缓慢；当葡聚糖浓度超过 1% 时，乳状液的粒径不再有显著变化。在 pH 降低过程中，随着葡聚糖浓度的增加乳状液絮凝程度逐渐降低。这主要是因为当葡聚糖浓度升高时，蛋白质多糖混合物的静电荷也随之升高，使乳液液滴间的静电排斥作用增大从而增强了乳状液的稳定性。同时，食品工业中可利用蛋白质-淀粉的相互作用来回收蛋白质，制造可食用包装膜以及替代脂肪、奶油、肉类等开发低脂食品等。

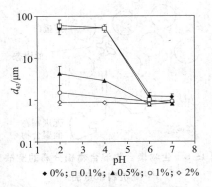

图 15-10　pH 对不同浓度葡聚糖-酪蛋白混合物稳定性的乳状液粒径的影响

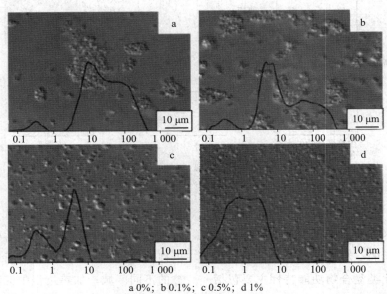

a 0%; b 0.1%; c 0.5%; d 1%

图 15-11　不同浓度葡聚糖-酪蛋白混合物稳定乳状液在 pH2.0 时粒径变化

来源：侯占群，龚树立，高彦祥（2013）

二、蛋白质与脂质的相互作用

牛奶、奶油、干酪、冰激凌、沙拉酱、蛋黄酱和各种肉糜都是常见的水包油型乳状液体系，这种结构是通过脂肪液滴分布在连续水相中形成的。油滴通过与蛋白质、卵磷脂或合成的表面活性剂的相互作用的体系稳定。冷藏的牛奶在贮藏过程中，其脂肪球的脂蛋白膜会与血清蛋白发生相互作用，导致蛋白质聚集、絮凝以及脂肪球上浮。与之相反，冰激凌在贮藏过程中气泡周围脂肪球的聚集则有利于冰激凌的质构特性保持。在油包水型乳状液食品体系中，水滴通过与固态脂肪颗粒、单酰甘油、磷脂或聚集在水-油界面处的蛋白质的相互作用使体系稳定。水滴的大小和分布会影响产品的流变性、感官特性以及微生物稳定性。小麦面粉中有许多富含半胱氨酸和碱性氨基酸残基的低相对分子质量蛋白质。硫素（thionin）、脂转移蛋白、嘌呤吲哚蛋白（Puroindoline）都属于这一类蛋白质。它们在天然状态下能够自发地同脂质或脂质聚集体结合，这些脂结合蛋白有利于脂质在气-水界面上以单分子层展开。嘌呤吲哚蛋白是非常有效的泡沫稳定剂，在稳定泡沫体系时，吲哚蛋白-α 和溶血磷脂酰胆碱具有协同效应。

乳浊液是食品体系中一类最重要的体系，为了抑制或迟滞该体系出现的乳析、絮凝、聚结、相转变和 Ostwald 熟化等不稳定过程，可以利用蛋白质与脂质的不同界面（油-水或气-水界面）

特性和相互作用来控制乳浊液稳定性，因为脂质在界面上能够降低界面张力，达到良好的乳化效果。蛋白质在界面上形成黏弹性的网络结构，从而能够稳定乳浊液。当蛋白质与脂质共存时，脂质的极性末端与蛋白质的多肽链中各个氨基酸侧链通过疏水键、静电力、范德华力作用连接，主要表现为竞争性吸附和合作吸附，溶液体系中蛋白质与脂质的种类和浓度、界面pH、其他溶质的特性及蛋白质与脂类在溶液中的比率等因素决定这两种分子发生交互作用的类型。蛋白质与脂质形成复合物存在3种结构模型：螺旋状模型、棒状模型和项链模型（图15-12），其中项链模型被认为蛋白质-脂质复合物最有可能的结构。

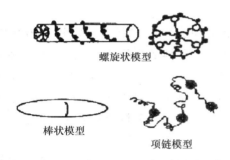

螺旋状模型

棒状模型

项链模型

图 15-12 蛋白质-脂质复合物结构模型

对于蛋白质-脂质混合体系的界面吸附，Dickinson等提出了两种不同的机理：溶解机制，由于蛋白质以蛋白质-脂质复合物的形式溶入水相而引起蛋白质的解吸，此时脂质与被吸附蛋白质有强烈相互作用；置换机制，由于脂质比蛋白质（或蛋白质-脂质复合物）更能有效地降低界面自由能而引起蛋白质的置换，此时脂质被吸附于表面。离子型脂质强烈结合到蛋白质，因而带电荷的两性分子主要通过溶解机制置换出蛋白质。而非离子型脂质与蛋白质的相互作用较弱，主要通过置换机制替代蛋白质。

蛋白质与脂质的相互作用能影响体系的热力学性质、吸附特性、界面流变学性能、HLB值等，最终影响食品体系的乳浊液形成、组织结构以及稳定性。Il'in等报道了酪朊酸钠和小分子乳化剂的模型体系中，两种分子发生作用的热效应与相互作用的形式有关，反应类型存在放热、吸热或两者兼有。Patino等研究乳清蛋白-脂类模式体系的表面

特性，发现不同脂类分子与乳清蛋白表现出不同的表面特性。乳清蛋白与油酸单甘油酯混合膜的研究发现，当油酸单甘油酯浓度高时，分子间发生竞争性吸附，而当低浓度时，膜主要由蛋白质来主导，在长时间的吸附中发生了合作性的吸附作用。而乳清蛋白与单甘酯的模式体系研究却表现出不同的特性，即使在很低的分子浓度下也发生竞争性的吸附作用。同时，他还研究了蛋白质与脂质混合膜在空气-水界面的静态性质（结构、形貌、反射率和易混能力）和动态性质（表面膨胀性质），混合膜的静态和动态特征依赖于单层组分和表面压力。Cooper等研究了脂肪酸对啤酒泡沫稳定性的影响，发现长链脂肪酸比短链脂肪酸对啤酒的泡沫稳定有更大的破坏作用。采用疏水相互作用色谱从麦芽啤酒中分离得到的多肽能结合亚油酸，这说明该蛋白质具有结合脂质的能力，能够保护脂质引起的泡沫不稳定性。Viljanen等报道在脂质体体系中牛血清蛋白、酪蛋白和乳白蛋白的氧化和花青素、花色苷及它们的糖苷配基对乳白蛋白氧化的影响。酪蛋白是脂质体模式中最稳定的蛋白质，同时也是最好的脂质体氧化的抑制剂。所有的花色素苷和其他酚类化合物都能抑制脂质和蛋白质的氧化。因为蛋白质-脂质相互作用引起的脂质体氧化破坏可以被花色素苷、花青素、鞣花单宁抑制。

由于蛋白质与脂质相互作用对食品乳浊液和泡沫稳定性有影响，许多重新结构化的食品，如冰激凌、植脂鲜奶油、咖啡伴侣以及一些婴儿营养品等食品可在该机理基础上指导配方设计和加工工艺的确定。另外，在烘焙食品中，面粉含有的蛋白质与脂质在和面阶段发生相互作用形成复合体，可增强面团的强度、弹性和韧性。同时一些食品可食用的膜和涂层中也存在蛋白质与脂质相互作用。

三、蛋白质与植物多酚的相互作用

植物多酚是一种广泛存在于植物体内的多元酚类次生代谢产物，主要存在于植物的叶、壳、果肉及种皮中，包含黄酮类、单宁类、花色苷类、酚酸类等。植物多酚具有很强的抗氧化、抑菌、抑制肿瘤细胞增殖等活性。

植物多酚能以氢键、疏水相互作用、共价键等方式与蛋白质作用，从而对蛋白质和多酚的性质产

生影响。植物多酚与蛋白质的相互作用一方面会对食品的功能性质产生有利影响，如低浓度多酚能够提高肌原纤维蛋白的凝胶强度，提高蛋清蛋白的发泡能力和泡沫稳定性；但另一方面可能会对食品品质产生一些不利影响，如多酚能与啤酒、果汁、复合饮料中蛋白质发生结合，使产品产生混浊现象，并且二者结合对蛋白质的生物利用率也有影响。

多酚与蛋白质的相互作用方式包括共价键和非共价键，如二硫键、疏水相互作用、氢键等。Haslam 阐述了蛋白质-多酚之间的相互作用，多酚具有多羟基结构使其具有较强的亲水能力，而蛋白质兼具亲水亲油性，多酚的亲水基团能够与蛋白质的亲油基团发生氢键作用形成紧密的结构。Kroll 利用反相高效液相色谱测定了肌红蛋白与酚的复合物的疏水性，与酚作用以后，疏水性增加，并且色谱峰的分辨率也受到了影响，可能是由于蛋白质结构发生改变或分子间的相互作用引起的。Wu 研究发现，表没食子酸儿茶素（EGC）和 β-乳球蛋白的结合是一个自发的过程（吉布斯自由能为负值），并且在二者的结合过程中，范德华力和氢键起主要作用，同时 EGC 覆盖了 β-乳球蛋白的表面，引起 β-乳球蛋白结构的变化。Yuksel 采用荧光探针法和等温滴定量热法（ITC）研究绿茶黄酮与乳蛋白的相互作用，加入绿茶黄酮后，乳蛋白的表面疏水位点减少，因为乳蛋白与绿茶黄酮之间发生了疏水作用，ITC 焓值测定结果说明儿茶素与 β-酪蛋白之间是非共价结合。孙玉丹在研究猕猴桃蛋白与槲皮素的相互作用时，通过测定热力学参数指出了它们的主要作用力为范德华力和氢键作用力，也有疏水作用力和静电作用力的存在。

多酚与蛋白质的相互作用方式受蛋白质的种类和浓度、酚类化合物的结构和种类以及 pH、温度、盐浓度等条件的影响，如原花青素与蛋白质的相互作用方式通常认为是非共价键形成的，而在较低的 pH 时，也可以形成共价键。在碱性环境中，蛋白质分子发生变性和解离作用，与酚结合的疏水性残基暴露，蛋白质与多酚的作用增强。温度增加，绿原酸与 α-乳白蛋白和溶菌酶会发生共价结合，是由于酚类物质发生热氧化生成醌，而醌易于攻击蛋白质与其发生共价结合。此外温度也会影响

啤酒中多酚与蛋白质的相互作用，低温时，多酚与蛋白质以氢键结合，导致啤酒出现浑浊，且该结合具有可逆性，当温度升高时，二者之间的氢键断裂，蛋白质与水发生氢键结合，混浊消失，但多酚若经过聚合和氧化以后，则易与蛋白质发生共价结合而使蛋白质沉淀析出，此时，啤酒浑浊不可逆。Sastry 研究了 pH、NaCl、温度对绿原酸和向日葵籽蛋白质相互作用的影响，pH 增加，结合位点数降低，添加 NaCl 也导致结合位点数降低，但二者对绿原酸和向日葵籽蛋白质之间的亲和程度没有影响，说明绿原酸和蛋白质之间不是离子作用，而温度对结合数和亲和能力都有影响，说明主要是氢键起作用，因为温度能促进疏水结合，干扰氢键结合。

因此，研究多酚与蛋白质之间的相互作用方式，要考虑到具体的多酚和蛋白质，不同多酚和蛋白质的结构不同，二者发生作用的位点和结合的能力也会不同，此外，还要考虑发生反应的具体条件，并且要发展和发现新的检测方法用于研究多酚和蛋白质之间的相互作用方式。

多酚与蛋白质的相互作用对蛋白质二级结构的影响主要通过傅立叶红外光谱仪、拉曼光谱、圆二色谱等仪器来分析 α-螺旋、β-折叠、β-转角和无规则卷曲的变化。多酚可以与氨基酸侧链上的基团发生作用。由于多酚具有很强的抗氧化活性，富含多酚的植物提取物通常作为抗氧化剂被添加到食品中。Jongberg 研究了不同浓度绿茶提取物与猪肉肌原纤维蛋白的相互作用，发现高浓度的酚类化合物与肌原纤维蛋白中的巯基发生共价交联，生成巯基-醌加成物，阻碍蛋白质之间形成稳定的二硫键。多酚与蛋白质发生疏水和亲水相互作用，其中疏水作用占主导，氨基酸残基与多酚形成了氢键网络结构，并且酪蛋白的构象发生改变，α-螺旋和 β-折叠含量降低，无规则卷曲和 β-转角结构增加，说明多酚导致蛋白质结构展开。Kanakis 等人在研究茶多酚与 β-乳球蛋白的相互作用时也得到了相同的结论。Zhang 等研究了绿原酸、咖啡酸、阿魏酸、香豆酸与 α-乳白蛋白和 β-乳球蛋白的相互作用，发现 α-螺旋含量降低，说明蛋白结构部分展开，而 β-折叠和 β-转角含量增

加。相反，Wu 在研究 EGC 与 β-乳球蛋白的相互作用时，发现 α-螺旋含量由对照的 23％略微增加到 26％，说明蛋白构象发生了微小变化。α-螺旋主要通过 C＝O 和 NH 之间形成的分子间氢键所维系，而多酚的存在可以干扰这些氢键，因而会对蛋白质的 α-螺旋含量产生影响。

色氨酸荧光是蛋白质三级结构固有的性质，当外加成分与蛋白质发生作用导致蛋白质构象发生改变时，荧光强度会相应发生改变。加入绿原酸，肌原纤维蛋白荧光强度降低，说明蛋白质结构展开，绿原酸与色氨酸残基之间发生相互作用，并且水溶性绿原酸可增加环境极性，产生屏蔽作用从而降低了肌原纤维蛋白的荧光强度。茶多酚能够与位于酪蛋白表面的荧光基团发生作用，儿茶素（C）和表儿茶素（EC）可使最大发射波长向短波长方向移动，是由于分子内相互作用使蛋白质结构紧密，色氨酸处于更加疏水的环境中，而表没食子酸儿茶素（EGC）和表儿茶素没食子酸酯（EGCG）导致最大发射波长向长波长方向移动，是由于色氨酸残基暴露，蛋白质结构展开。对于 β-乳球蛋白，茶多酚与其内部的荧光基团发生作用，C、EC 和 EGC 导致最大发射波长向小波长方向移动，EGCG 导致最大发射波长向长波长方向移动。

绿原酸对牛血清白蛋白和 α-乳白蛋白的溶解度没有影响，而在 pH≥8 时，会降低溶菌酶的溶解度，这是由于在较高的 pH 下，绿原酸会发生自氧化，生成自由基或醌，可与蛋白质直接发生共价结合。pH 接近 4 时，多酚与含有脯氨酸的蛋白质通过非共价键结合可以导致蛋白质的溶解度降低。β-乳球蛋白和酪蛋白巨肽与茶多酚可分别形成复合物，pH 不同时，其复合物的溶解度不同，其原因主要是由于多酚在不同 pH 下对蛋白质的粒径和 zeta 电位产生的影响不同。

蛋白质凝胶是介于固体和液体之间的连续网状结构。在脱脂乳中加入没食子酸和单宁酸均可缩短凝胶形成的时间，当添加量低于 0.8％时，凝胶的储能模量增加，而没食子酸添加量为 1％时，储能模量明显降低，凝胶失水也增多，此外，凝胶温度降低之后，储能模量增加，凝胶网络所保留的水分增加，可能是由于多酚导致氢键作用有所

加强。茶多酚可以加速 β-乳球蛋白凝胶的形成，可能是由于蛋白质聚合作用加快或者蛋白质热稳定性的降低引起的，有试验证实了茶多酚能够降低 β-乳球蛋白的热变性温度，且 β-乳球蛋白凝胶的黏度和弹性随着多酚浓度的增加而逐渐增加，因为加入多酚后氢键之间的相互作用有所加强。低浓度的绿原酸能够提高肌原纤维蛋白凝胶的弹性模量，并且凝胶强度也适度提高，而高浓度的绿原酸形成弱凝胶结构，其凝胶强度降低约 70％，弹性模量降低，流变曲线失去典型的"几"字形状，曲线变得平坦。

多酚与蛋白质的相互作用对蛋白质的其他功能特性如起泡性、热稳定性等也会产生影响。在啤酒中多酚具有沉淀蛋白质的作用，会造成组成泡沫的蛋白质减少，蛋白质过度沉淀会影响啤酒的泡沫稳定性，对啤酒的品质不利。王璇研究柚皮苷、儿茶素、芦丁、绿原酸、橙皮苷等多酚单体对鸡蛋清的打发性和泡沫稳定性的影响，结果表明多酚单体影响鸡蛋的打发性，明显地提高蛋清的打发效果，缩短达到蛋清最大打发体积的时间，还可以提高蛋清的最大打发体积或增强鸡蛋泡沫的稳定性。在蛋清蛋白中加入绿茶多酚可以影响蛋清蛋白的发泡能力和发泡稳定性、凝胶特性和热稳定性，低添加量的绿茶提取物能提高蛋清蛋白的发泡能力和泡沫稳定性，而高添加量则降低发泡能力和泡沫稳定性，此外，绿茶提取物能提高蛋清蛋白的凝胶特性，并且降低蛋清蛋白的热稳定性。酚类化合物与超氧化物歧化酶（SOD）相互作用后能提高 SOD 的热稳定性，据研究，阿魏酸、咖啡酸和香豆酸的效果好于没食子酸、儿茶素。

四、蛋白质与淀粉、脂质三组分的相互作用

在食品体系中可能还存在三组分间的相互作用。Zhang 等研究了高粱淀粉、乳清蛋白和游离脂肪酸在质量比为 20：2：1 的体系中三组分相互作用情况。当体系中存在上述三组分时，在 RVA 测定的糊黏度曲线上产生了一个显著的冷却阶段黏度峰，而蛋白质或脂肪酸单独与淀粉结合时则没有出现该峰，而且黏度峰的大小与添加到淀粉与蛋白质中的游离脂肪酸的分子结构相关。添加蛋白质和游

离脂肪酸到淀粉中糊化后观察其功能性质变化，发现溶解度降低；单独添加游离脂肪酸对溶解度影响较小，添加蛋白质则无影响。通过高效空间排阻色谱法（HPSEC）、碳水化合物及 DSC 分析发现，在色谱曲线显示三元复合物在支链淀粉和直链淀粉之间被洗脱，其分子质量大小为（6～7）×10⁶u，复合处理后的直链淀粉片段移动到较高分子量的洗脱体积。淀粉-游离脂肪酸复合物是三元复合物的结构组分之一，推测蛋白质-游离脂肪酸复合物是另一个组分之一；二硫键连接的蛋白质聚合体是重要的结构组分，且是三元复合物的组织者，游离脂肪酸扮演了连接生物大分子淀粉和蛋白质的重要角色。同时，Zhang 还研究了大豆蛋白对淀粉-游离脂肪酸复合物形成的影响，在 DSC 冷却循环中，大豆蛋白降低了 20％～30％复合物的融熔焓（除亚油酸外），提高了 150％～350％的重组放热焓；加热和冷却时淀粉-游离脂肪酸样品的热焓差异可通过加入大豆蛋白来消除；X 射线衍射（XRD）数据表明在大豆蛋白存在时淀粉-游离脂肪酸复合物的 V 形结晶结构更加清晰；冷却阶段黏度峰的形成源于淀粉-游离脂肪酸-蛋白质复合物，同时伴随着 V 形结构的淀粉-游离脂肪酸复合物形成。在稀溶液体系中大豆蛋白也能明显减少淀粉-脂肪酸复合物的数量。

五、蛋白质与小分子表面活性剂的相互作用

食品加工过程中，大分子蛋白质和小分子表面活性剂是最常用的两种表面活性物质，常见的如大豆蛋白、乳清蛋白、酪蛋白及其盐、卵清蛋白等食物蛋白质，以及卵磷脂、单硬脂酸甘油酯、司盘80、吐温20、蔗糖酯等小分子类表面活性剂。为了提升生产效率，这两种类型的表面活性物质通常复合使用于泡沫、乳液等类型食品的制备过程中。

蛋白质-小分子表面活性剂界面相互作用是构建和调控泡沫、乳液、悬浮液等界面主导食品体系及其稳定性的关键问题。

作为大分子生物聚合物，蛋白质在界面上的吸附平衡过程需要较长时间，可以是数小时、数天甚至更长的时间。受蛋白质分散液浓度、pH 和离子强度以及油类型的影响，大多数蛋白质在油-水界面吸附平衡后的界面张力一般处于 8～22 mN/m 范围，表面单层吸附量为 2～3 mg/m²。蛋白质的界面吸附一般为不可逆过程，暂未发现其在油-水界面上的解吸现象，而在气-水界面上的解吸也是极为缓慢的。蛋白质在界面上的吸附一般包括以下几个过程：①从体相扩散至两相界面。这一过程受体相蛋白质浓度和蛋白分子尺寸的影响，尺寸较大可能会导致扩散速率降低，而在极低的蛋白浓度下，扩散过程才会显著影响蛋白质的界面吸附。②蛋白质真实的吸附过程。蛋白质在界面的吸附不能立刻发生，需要克服一定的能垒，能垒的大小和蛋白质分子表面与界面间相互作用的情况有关。通过改变蛋白质的分子结构可以降低吸附过程的能垒，如通过处理诱导球蛋白发生去折叠过程，增加其表面疏水性，便会降低其吸附能垒。③界面蛋白质构象重排、交联及固化。一旦吸附到疏水的两相界面，蛋白质会发生构象改变以暴露疏水基团。由于蛋白质在界面上发生去折叠，蛋白质分子间相互作用增强，导致在界面上形成浓缩的凝胶相或玻璃相结构，最终形成致密、高黏弹性的界面网络结构。由于较慢的界面吸附过程，蛋白质无法快速、有效地降低界面张力，因而其在泡沫或乳液体系的实际形成过程中并不能发挥显著作用，但其在气泡或油滴表面形成的高弹性网络结构能抑制气泡或油滴的聚合，从而有利于泡沫或乳液体系的长期稳定。

相对于大分子蛋白质，小分子表面活性剂能更快速地从体相溶液中迁移到界面上，显示出更强的表面活性，因此能更有效地降低界面张力（表面能），有利于泡沫或乳液的形成。小分子表面活性剂能形成更紧密排列的界面吸附层，但该吸附层却不具有黏弹性，主要通过吉布斯-马兰戈尼（Gibbs-Marangoni）机制来稳定界面。该机制依赖于小分子表面活性剂在界面上的快速迁移能力，减少因界面变形导致的表面浓度梯度变化，从而保证界面结构的完整和致密度。对离子型表面活性剂而言，界面上的电荷排斥作用也有助于界面的稳定。尽管如此，小分子表面活性剂稳定的泡沫或乳液体系大多是不稳定的，容易发生聚合。因此，小分子表面活性剂通常与大分子蛋白质复合使用于泡沫及

乳液等食品体系的加工过程中，合理地利用两者的界面吸附特点，可以制备出兼具良好形成能力和长期稳定性的食品体系。

蛋白质与小分子表面活性剂在体相中的相互作用还会影响其在两相流体界面行为，如吸附行为及界面膜的流变学性质。两者在界面上的相互作用主要受界面类型（气-水或油-水）、表面活性剂类型（离子或非离子）、蛋白质与表面活性剂比例（高于或低于临界胶束浓度 CMC）等因素的影响。由于油-水和气-水界面不同的极性和疏水性程度，蛋白质和表面活性剂在两种界面上的吸附以及吸附层的流变学特性都是不同的。以气-水界面为例，蛋白质和表面活性剂在界面上的相互作用主要受表面活性剂类型和浓度的影响。对蛋白质-非离子表面活性剂来说，两者在界面上存在竞争性吸附行为，同时伴随着弱的疏水相互作用。在吸附过程的起始阶

段，复合体系的吸附速率取决于两者的体相浓度。因此，如果体相中表面活性剂的浓度高于蛋白质的浓度，表面活性剂可能会首先吸附到界面，然后也能够被表面活性更强的蛋白质取代；当表面活性剂的浓度高于一定值时（约在临界胶束浓度 CMC 处），界面将会完全被表面活性剂覆盖。

添加的小分子表面活性剂会逐渐吸附到蛋白质界面网络上的空隙处，形成表面活性剂区域（Domains），该域的不断形成导致界面蛋白网络被破裂成小的碎片，最终完全被挤压到体相，形成造山式取代（Orogenic displacement），该过程的主要驱动力即为蛋白质-表面活性剂间的非特异性疏水相互作用。英国诺里奇食品研究所 Peter Wilde 教授领导的研究团队已通过 Langmuir-Blodgett 膜结合原子力显微镜（AFM）技术对该过程进行了可视化表征，如图 15-13 所示。

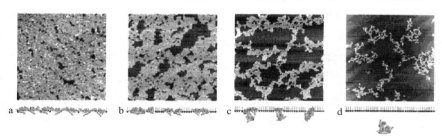

图 15-13　小分子表面活性剂 Tween20（深色）对 β-乳球蛋白
气-水界面吸附层（浅色）"造山式"取代过程 AFM 图
来源：万芝力（2016）

对蛋白质-离子表面活性剂体系来说，在起始的吸附过程，蛋白质和表面活性剂在体相中已通过静电相互作用形成了静电复合体，该过程促进了蛋白质结构的去折叠，使静电复合体具有较高的表面活性；进一步增加表面活性剂浓度，疏水作用力开始主导体相中的相互作用，随着静电复合体表面的疏水位点被逐渐结合，复合体变得越来越亲水，其表面活性也逐渐降低；最后，该复合体完全被体相中的游离表面活性剂所取代（约在临界胶束浓度 CMC 处），从而导致吸附层完全由表面活性剂形成。

万芝力研究了大豆蛋白与甜菊糖苷的相互作用，结果显示，在适中浓度（0.25%～0.5%）的甜菊糖苷（STE）下，体相溶液中的 11S 与 STE 通过非特异性分子间相互作发生弱疏水结

合，使 11S 分子构象发生改变，并促进了其刚性结构的部分解离和松散，这些变化促使 11S 在界面上进一步展开，有助于强化 11S-11S 及 11S-STE 界面相互作用，体系表现出独特的降低表面张力的协同作用及稳态的表面弹性行为。该体系表现出比单独 11S 显著提高的起泡能力，且泡沫稳定性没有发生明显变化，主要原因在于形成的兼具一定刚性和柔韧性的复合界面层，使气泡能更好地响应外部应力。在高浓度 STE 下（1%～2%，高于临界胶束浓度 CMC），STE 会先于 11S-STE 复合体吸附到界面而形成由其主导的弱表面层结构，表面弹性模量剧烈降低，形成的泡沫也变得极不稳定。在蛋白纤维化修饰对 11S-STE 界面相互作用和泡沫性质的影响研究方面，重点利用大变形扩张流变学结合利萨茹曲线

定量分析了界面在高振幅下（10％～30％）的非线性流变响应和微观结构。结果显示，11S-STE和11S纤维-STE体系表现出明显不同的吸附行为。11S纤维体系比天然11S拥有更快的吸附动力学，归因于其含有小尺度的多肽和多肽聚集体。STE明显影响了11S的吸附行为，但对11S纤维体系无显著影响。万芝力进一步研究和评估了大豆分离蛋白（SPI）-STE复合体系的乳液形成和稳定能力，以扩展其作为乳化剂配料在食品工业中的应用。结果发现，SPI-STE体系在油-水界面上具有与气-水界面类似的行为（图15-14）。在适中的STE浓度下（0.25％～1％），复合体系在降低界面张力上也显示出明显的协同性，且界面的弹性行为具有相对稳定区域，这还是因为SPI和STE在体相溶液和油-水界面上的相互作用及其引起的蛋白质结构变化和界面组分间相互作用的增强；相应地，此时体系的乳化能力比单独SPI明显提高，且制备的复合乳液具有良好的长期稳定性。在高浓度STE下（2％），形成的复合界面主要由STE覆盖，为弱弹性界面结构。通过利用STE自组装胶束实现疏水多酚抗氧化剂白藜芦醇（RES）在乳液油滴表面的定向富集，以期制备出兼具长期物理稳定性和高氧化稳定性的大豆蛋白乳液。研究发现，STE胶束的疏水性内腔能包裹疏水的RES分子，形成水溶性STE-RES复合体，从而有效地

增加RES水溶性。在制备乳液的过程中，SPI与STE竞争性吸附到油滴表面，形成复合界面膜，使复合乳液拥有更小的油滴粒径（220 nm）、更均匀的粒度分布以及更高的物理稳定性。包裹在STE胶束中的RES则会随着胶束在界面的分解、吸附而定向迁移到油-水界面上，实现RES在油滴表面的高浓度富集，从而提升其乳液抗氧化效率。进一步研究和评估了热变性SPI-STE复合体系作为稳定剂用于制备难溶性活性物质纳米悬浮液的能力，以膳食多酚RES为模型分子，采用反溶剂沉淀结合超声处理制备RES纳米悬浮液（RESN）。结果显示，RESN的形成和稳定性很大程度上依赖于复合稳定剂的组成。在STE浓度低于其CMC时（0.25％～0.5％），复合体系能生产性质更好的RESN，如更小的颗粒粒径（低于200 nm）及更高的产量和荷载效率（＞97％），这主要是因为此时的稳定剂体系具有更高的表面活性，能更快地吸附到颗粒表面，从而有助于降低颗粒粒径。同时，小分子STE能填充SPI吸附后留下的空隙，使颗粒表面被完全、紧密地覆盖，保护颗粒免受聚集、团聚的影响；相应地，RESN具有良好的储存稳定性及冻干稳定性。在较高STE浓度时（1％～2％，高于CMC），颗粒表面无法被完全保护，因此RESN在储存时变得非常不稳定，易发生颗粒聚集。

Pure SPI

Low STE concertration(0.1%)

Intermediate STE concertration(0.25%~1%)

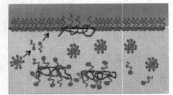

High STE concertration(2%)

SPI STE STE micelles SPI-STE complex Oil/Water interface

SPI浓度恒定为0.5%。

图15-14　SPI-STE复合体系在体相及油-水界面吸附行为示意图

来源：万芝力（2016）

马亚娣采用荧光光谱、紫外-可见吸收光谱、圆二色谱和红外光谱技术，研究了苋菜红、麦芽酚、丁基羟基甲苯、苯甲酸钠、靛蓝与血清白蛋白的相互作用。总的来讲，蛋白质与小分子物质相互作用当前的研究相对较少，亟待进一步研究，破解食品中大分子与小分子物质相互作用机制，而其中蛋白质与食品添加剂的相互作用对食品添加剂毒性机制研究具有重要价值。

第3节　多糖与其他组分的相互作用

一、多糖与脂质的相互作用

由于疏水效应水溶液中多糖与脂质发生相互作用。例如单酰基甘油分子会结合到直链淀粉螺旋结构的空腔上。直链淀粉-脂质复合物结构类似于直链淀粉-碘复合物。面团中直链淀粉与脂质复合物的形成可降低淀粉颗粒溶胀性能，提高糊化温度，烘焙过程中的加热可提高直链淀粉和脂质结合强度。直链淀粉-脂质复合物可形成凝胶，凝胶流变性质与脂质类型和浓度以及复合物的晶型有关。添加脂质（特别是磷脂）可延缓淀粉凝胶老化，使面包芯保持松软，其机理涉及脂质与淀粉亲水链段间的相互作用，该相互作用也促进许多淀粉体系胶凝化。

亲水胶体-脂质间相互作用主要因为胶体具有一定乳化性能，其中阿拉伯胶具有良好乳化性能。阿拉伯多糖分子质量很大（260～160 ku），但溶液黏度很低，这与其独特的组成有关。阿拉伯胶成分比较复杂，由 *L*-阿拉伯糖、*L*-鼠李糖和 *D*-葡萄糖醛酸组成，主要包括三种成分：高分子质量的阿拉伯半乳聚糖-蛋白质络合物（AGP）、糖蛋白和阿拉伯半乳聚糖。在 AGP 中，一些致密的亲水性多糖通过共价键连接到定位于该结合物外围的一条大的多肽链上。而疏水性氨基酸残基朝向脂相结构，使胶体物质被吸附在油-水界面上。不过，阿拉伯胶中蛋白质部分的热变性会降低其乳化性。

直链淀粉与脂质形成复合物，主要是由于直链淀粉的螺旋结构内部非极性区域与脂质的碳氢链之间的疏水性交互作用形成单螺旋包接结构，脂质憎水部分在螺旋状的淀粉结构内部（图 15-15）。通常每个螺旋有 6 个葡萄糖残基，每个复合物包含 2 个或 3 个螺旋，而且螺旋结构外径为 135 nm，内径 54 nm，轴向节距 81 nm，螺旋结构外部是亲水性的，内部是憎水性的，X 射线衍射图呈 V_h 晶型结构。淀粉-脂质复合物形成过程为：葡萄糖残基与螺旋结构内部排除在外的水分之间形成氢键，实现缠绕-螺旋的转换；脂质和淀粉螺旋结构憎水内部产生疏水相互作用。淀粉-脂质复合物为不溶性的，可分 I 和 II 两种类型结构，这取决于研究的脂质类型和实验条件（图 15-16）。类型 I 复合物在低的结晶化温度下快速形成，呈非结晶态，而类型 II 复合物在较高的结晶化温度下形成典型 V 结构。另外，I 型复合物在一定条件下通过加热（高于融熔温度）可转化为 II 型复合物。

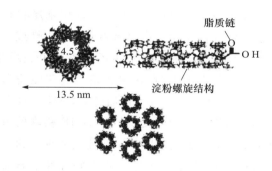

图 15-15　直链淀粉-脂质复合物的示意图

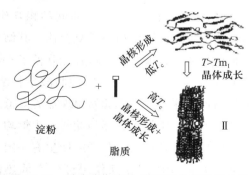

图 15-16　稀溶液中淀粉-脂质复合物形成机制

目前文献报道，淀粉-脂质复合物的加工生产方法主要有以下 6 种：蒸汽喷射蒸煮法、挤压蒸煮法、冷冻法、酶法合成、超高压法、加热法（压热、微波处理等）。淀粉与脂质复合过程中的影响因素包括脂质类型及性质（脂肪酸组成、碳链数、饱和度、极性、亲水性及顺反式构型等）、淀粉性质（淀粉种类、分子链长、直/支链淀粉含量等）、反应环境（水分、pH、温度、时间、离子强度等）。淀粉与脂质发生相互作用复合后，会影响淀粉的理化性质（黏度、膨胀力、溶解度、碘亲和力、酶解能力等）、流变学性质、糊化特性及老化特性。主要因为脂质与直链淀粉结合形成的络合结构对淀粉颗粒糊化、膨胀和溶解具有强烈的抑制作用，所得复合物水解耐受性强，且结晶化比淀粉老化易发生。Navarro 等采用动态振荡测试研究添加三甘酯对淀粉基产品黏弹性的影响，由动态参数（G'、G^*、$\tan\delta$）变化可知，添加脂质的糊与未添加的相比线性黏弹性范围增大和更高的 G'。在冷冻淀粉糊中存在三甘酯导致淀粉糊固态成分的 G' 降低，在慢冷冻后含葵花籽油淀粉糊的硬度相比含更多饱和脂肪酸组成起酥油的糊有所增加。Villwock 等采用 DSC 测定表面活性剂与 4 种不同玉米淀粉形成复合物的特征，带 C_{12} 烷基尾状物的离子表面活性剂减少糊化起始温度，而中性或带有更长烷基尾状物的表面活性剂不会发生上述现象。Tufvesson 等采用酶水解法来评价马铃薯淀粉和高直链玉米淀粉与单棕榈酸甘油酯（GMP）复合后淀粉体系的消化性能，发现加入 GMP 和热处理后马铃薯淀粉的水解速率降低；相比马铃薯淀粉，高直链玉米淀粉样品只有一半的水解速率。Huang 等考察了各种单甘酯（月桂酸、肉豆蔻酸、棕榈酸与硬脂酸单甘酯）与蜡性玉米淀粉间的相互作用，各种单甘酯均可与支链淀粉形成复合体，其结合度对于各种单甘酯无显著差异，单甘酯降低了支链分子的碘结合力。DSC 测试表明除硬脂酸单甘酯外，添加单甘酯均使淀粉的糊化起始温度显著降低，而糊化焓基本不变。添加单甘酯的淀粉回生焓均有降低，说明单甘酯对支链淀粉分子的回生有一定抑制作用。利用多糖-脂质间相互作用可生产低热值的乳状液食品。当分散体系中的微晶纤维素含量达到 2% 时，其黏度接近于 60% 的水包油乳状液，因为分散体系中形成了三维网状结构。含有 1%～1.5% 胶态微晶纤维素和 0.5% 脱水山梨醇单硬脂酸酯聚氧乙烯醚乳化剂的 20% 的大豆油乳化体系黏度、屈服值、流动性和稳定性与 65% 的纯油乳状液相似。淀粉-脂类复合物形成过程非常复杂，

其结构取决于很多因素，如淀粉的聚合度、分支程度、浓度、反应温度以及脂类的结构（如脂肪酸的链长、饱和度、极性及磷脂极性成分类型）等，长直链脂肪酸对直链淀粉的螺旋结构具有较强作用，但顺式不饱和脂肪酸进入螺旋内部空间的能力就要弱许多。淀粉-脂质复合物的形成，可改善淀粉基食材物料质地和结构稳定性（减少黏性，改变冻融稳定性和延缓老化等），诸如面包和饼干的老化、速食大米和面糊的品质、淀粉基物质的酶水解敏感性及淀粉基材料的机械性质等，都与直链淀粉-脂类复合物的结晶度和晶体尺寸有关。并且可以调节混合体系的疏水性质、降解性能、络合性能等功能性质，所含的脂质能结合更多水不溶性成分，如油类、风味物质、抗氧化剂等。因此，淀粉-脂质复合物可作为食品稳定剂、脂肪替代品、生物活性成分控释载体、降解包装材料等。

二、多糖与多糖的相互作用

多糖是食品重要组分之一，它与其他多糖、离子、蛋白质和脂质间发生的相互作用会影响食品体系的各种功能性质，如持水能力、胶凝性、成膜性、黏性和其他流变性质、冰晶生长的抑制以及泡沫和乳状液的形成与稳定等。这些功能性质对肉、水产品、干酪、蛋奶糊、奶油、冰激凌、沙拉酱、蛋糕、焙烤食品馅、果酱、果冻、果汁饮料和速溶固体饮料等食品的感官品质特性有很大作用。改性淀粉被广泛用作乳化稳定剂和增稠剂。多糖常用于食品中气体、液体和固体的包埋或络合。这些相互作用包括表面吸附、客体分子在直链淀粉和支链淀粉螺旋结构中的包裹以及淀粉颗粒间的毛细管作用等。

淀粉颗粒的微结构由 6 个直链淀粉双螺旋组成的六角形单元构成，每个单元中心有 1 个隧道，隧道内驻有大约 36 个水分子。当天然淀粉颗粒浸泡在水中时，由于它会主要在无定形区吸收自身质量 30% 左右的水，导致体积膨胀。这种膨胀是可逆的，吸附的水在室温下可通过干燥的方法除去。淀粉一旦受热后，膨胀颗粒的双螺旋和晶体结构会相继消失，最终不可逆地形成糊化淀粉。普通淀粉的糊化温度为 50～70 ℃。加入无机盐和一些低分子质量的亲水物质后，因为小分子物质和淀粉竞争结

合游离水，使淀粉糊化温度升高。在水量充足的情况下，进一步加热或剪切都会使淀粉颗粒继续溶胀，形成高黏度的淀粉糊。冷却时，淀粉糊便会形成网状结构，黏度进一步提高，形成凝胶。

在贮藏过程中，淀粉糊或淀粉凝胶消失的双螺旋晶体结构又慢慢恢复，多糖链还会通过分子间氢键作用聚集，此过程为淀粉的老化。老化的淀粉持水能力差。淀粉老化速率取决于淀粉类型即直链淀粉与支链淀粉比例、脂质含量和贮藏温度等。直链淀粉老化得较快，一般只需几小时即可完成，而支链淀粉老化较慢，往往需要数天或数周。面包、糕点及各类面食在长时间贮藏后可以观察到淀粉老化现象，凝胶中淀粉也会老化，凝胶老化往往导致树状突起（denrites）形成。

中性聚合物网状结构的水合作用取决于聚合物与溶剂间相互作用强度。结合水的牢固程度很大程度上取决于多糖或胶体物质中的亲水基团与水分子间氢键。一方面，聚电解质凝胶（如果胶）溶胀性受聚合物网络结构内反离子聚集程度的影响。反离子聚集是为了满足电中性要求，从而使凝胶内反离子浓度高于在外部介质中的浓度，在凝胶和外部介质间产生渗透压，进而使溶胀性增加。这种渗透压效应受聚合物电荷和离子强度影响。另一方面，果胶链间通过 Ca^{2+} 产生的静电力所引发的交联作用可以抵消网状结构的膨胀，降低溶胀作用（Ca^{2+} 硬化）。

在植物细胞壁中，纤维素通过半纤维素和果胶物质相互结合在一起。蒸煮时，纤维素仍保持不溶解状态，而半纤维素部分溶解。提高蒸煮介质 pH，半纤维素溶解性会有所增加。因此蔬菜（特别是荚豆）在酸性或中性条件下，硬度可保持良好，但在碱性条件下会软化。因此烹饪荚豆时可以添加少量 $NaHCO_3$。果胶对果蔬质构的影响与蔬菜成熟程度有关，因为果蔬中的非水溶性原果胶在果蔬成熟过程中会被酶解成水溶性果胶，因此，果蔬成熟后质地会变软。在碱性介质中，果胶的游离羧基会形成可溶性羧酸盐，烹饪时有助于蔬菜软化。

在一定的体系中，聚阴离子亲水胶体物质可以通过静电相互作用与阳离子反离子结合。根据多糖阴离子（—COO^-、—PO_3^{2-} 或—OSO_3^{2-}）类型和阳离子特性，反离子或沿着水化层结合，或分布在水化层的外部。因此，在配制食品体系所用的食用胶时，必须考虑不同阳离子与不同阴离子胶体物质的亲和力，例如羧甲基纤维素（CMC）或卡拉胶的结合。

在由不同多糖组成的混合溶液中，不同聚合物间的相互作用会使溶液的黏度增加，在某些情况下甚至会形成凝胶。聚合物间的协同作用程度取决于亲水胶体的化学组成和结构。琼脂糖、卡拉胶和红藻胶的凝胶性可以通过加入其他非凝胶型多糖来加强。例如，刺槐豆胶、半乳甘露聚糖和葡甘露聚糖都可使 κ-卡拉胶体系凝胶性升高。凝胶性加强现象原因有：相互作用的多糖分子间的氢键作用、κ-卡拉胶网络结构中半乳甘露聚糖的自聚集和聚合物间的不相溶性引起的排斥体积效应。即使体系中多糖的总浓度仅为 0.5%，加入半乳甘露聚糖或葡甘露聚糖时也具有协同作用，使黄原胶形成热可逆凝胶。这应该是黄原胶和其他无取代基（平滑）的聚合物之间特定的相互作用引起的。海藻酸盐和高甲氧基果胶的凝胶特性可以通过调整聚合物间协同作用来控制。譬如海藻酸盐在多价阳离子存在下能形成硬凝胶，但在低 pH 时形成沉淀；高甲氧基果胶在无阳离子、低 pH 和蔗糖浓度达到 40% 时形成凝胶。另一方面，0.6% 的海藻酸和果胶（体积比为 1∶1）混合物在低 pH 和高可溶性固形物含量条件下才会形成凝胶。这种协同效应很大程度上与聚集体的链间缔合度密切相关；聚古罗糖醛酸（海藻酸）和甲酯化的聚半乳糖醛酸（果胶）组合时会形成平行的双重结晶阵列。

淀粉与不同植物胶之间的相互作用也会改变黏度、凝胶形成速率以及形成的凝胶的流变性质。张雅媛研究了玉米淀粉与亲水性胶体协效性和作用机理，研究表明当玉米淀粉在亲水胶体中糊化时，体系的糊化曲线形状发生了明显的变化，与单独淀粉体系相比，加入瓜尔豆胶或黄原胶后，混合体系的峰值黏度和终值黏度均随着亲水胶体比例的增大而显著增加，成糊温度明显降低，但与阿拉伯胶混合后，体系呈现出相反的变化趋势，峰值黏度和终值黏度随着胶体比例的增加而急剧下降，成糊温度升高。玉米淀粉与亲水性胶体间存在着由相分离作用而引起的协同作用。3种亲水性胶体中，瓜尔豆胶与玉米淀粉混合后，在黏度上表现出更高的协同增稠作用，黄原胶次之。流变学特性测定结果表明，黄原胶或瓜尔豆胶与玉米淀粉混合后，可与体系中的淀粉分子间相互作用，使分子链段间的缠结点增加，体系具有更高的 G'。其中，瓜尔豆胶与玉米淀粉间的作用更强，混合体系具有更高的稠度系数 K，在外力剪切作用下，体系的流体指数 n 降低，假塑性增强。玉米淀粉与阿拉伯胶混合后，体系的稠度系数 K 及动态模量降低，结构最不稳定，高频率可引起凝胶结构的破坏。与单独玉米淀粉相比，混合体系糊化后凝胶表面孔洞大小和分布的均匀性上均存在显著差异。在玉米淀粉与黄原胶及瓜尔豆胶混合体系中，胶体填充于淀粉颗粒片段间，与渗漏出的直链、支链淀粉延展成光滑的片状，形成更为致密、紧凑的凝胶结构（图15-17）。添加亲水性胶体使得玉米淀粉的 T_O、T_P、T_C、T_C-T_O 提高，ΔH 降低。其中，黄原胶的作用最为显著，瓜尔豆胶次之，阿拉伯胶对玉米淀粉的 T_O 和 ΔH 的

影响作用并不显著（$P < 0.05$）。3种不同混合体系彼此之间的相转变温度及热熔值存在显著差异（$P < 0.05$）。与原淀粉相比，添加亲水性胶体使混合体系在加热过程中 G'、G'' 升高幅度变小，$\tan\delta$ 增大，混合体系最大贮能模量（G'_{max}）降低，达到最大贮能模量所需时间延长，亲水性胶体的存在阻碍了升温过程中体系内三维凝胶网络结构的形成。G'' 的变化趋势与 RVA 结果基本一致，即黄原胶与瓜尔豆胶的添加造成混合体系的 G'' 升高，阿拉伯胶使混合体系的 G'' 降低。添加亲水性胶体后，淀粉糊化过程中直链淀粉及低分子支链淀粉的渗漏量明显降低，3种亲水性胶体的影响程度存在差异，从大到小依次为瓜尔豆胶、黄原胶、阿拉伯胶。粒径分析结果表明，淀粉颗粒的膨胀受到抑制，其中，黄原胶的抑制作用更为显著。显微观察结果显示黄原胶和瓜尔豆胶能包裹在淀粉颗粒表面，抑制可溶性淀粉的溶出及其向溶液中的进一步扩散，而阿拉伯胶对淀粉颗粒的作用则较弱。在淀粉加热糊化的过程中，阿拉伯胶与玉米淀粉混合体系的弛豫时间 T_2 稍有降低，T_2 随温度的变化曲线路径与玉米原

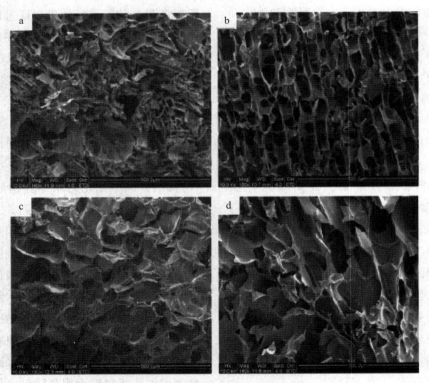

图15-17　玉米淀粉与不同亲水性胶体混合体系微观结构图（放大倍数×160）

a. 玉米淀粉　b. 玉米淀粉与阿拉伯胶　c. 玉米淀粉与黄原胶　d. 玉米淀粉与瓜尔豆胶

来源：张雅媛（2012）

淀粉基本一致。在含有黄原胶或瓜尔豆胶的混合体系中，温度对弛豫时间的作用程度小于单独淀粉体系。混合体系的弛豫时间 T_2 明显变短，变化转折点升至 $60\ ^\circ\text{C}$。质子的运动性受到亲水性胶体分子链的束缚，自由水含量及水分子的移动性下降，使得参与糊化的水分子量减少。与瓜尔豆胶相比，黄原胶体系内质子的运动速率更低，T_2 更短。在冷却阶段，黄原胶及瓜尔豆胶可与直链淀粉分子间发生相互作用，从而使分子链段间的缠结点增多，胶体与淀粉分子段间的作用延缓及阻止了部分直链淀粉分子之间凝胶化作用，抑制了淀粉由于自身分子链的重排而引起的回生。与原淀粉凝胶体系相比，玉米淀粉与亲水性胶体混合体系糊化后 2 h 内的贮能模量 G' 增长速度延缓，放置 24 h 后形成的凝胶硬度更柔软。对玉米淀粉及与不同亲水性胶体回生热力学特性分析表明，玉米淀粉及其与亲水性胶体混合体系的回生焓随贮藏时间的延长而增加，单独玉米淀粉体系的回生程度大于淀粉与胶体混合体系，其中，黄原胶的添加对玉米淀粉支链淀粉的回生具有更明显的抑制作用。采用 TLAB 型分散稳定性分析仪测定结果表明不同比例的阿拉伯胶与玉米淀粉混合体系在室温静置的过程中，发生宏观的相分离现象，稳定性降低。添加黄原胶或瓜尔豆胶后，混合体系表现出更高的稳定性，未发生宏观的相分离现象，可有效地提高玉米淀粉体系的稳定性，阻碍淀粉体系中直链淀粉与支链淀粉的相分离，其中，玉米淀粉与瓜尔豆胶配比为 8.0∶2.0 时，稳定性系数最低，体系的稳定性最好。模拟辣椒番茄酱体系，测定玉米淀粉与不同亲水性胶体对食品稳定性影响，结果采用玉米淀粉与黄原胶比例为 9.5∶0.5 的样品用于辣椒番茄酱，在产品组织状态及储存稳定性上均可获得满意的效果，可用于替代玉米交联酯化淀粉应用于辣椒番茄酱中。在贮藏阶段，亲水性胶体对淀粉的包裹作用可以保护淀粉免受酸的降解作用，体系保持较好的黏度。比变性淀粉具有更高的稠度，作为增稠剂应用于食品体系时可降低用量，从而降低食品体系总热量，实际生产中可代替或部分取代变性淀粉应用于食品体系。

三、多糖与多酚的相互作用

生物大分子与具有特异性生物活性的小分子可以通过静电、疏水、氢键等作用力结合在一起，这种结合具有特异性高、可逆等特点，例如多糖和多酚。当前有关多糖和多酚之间相互作用的研究较少，果胶和原花青素之间的相互作用涉及疏水相互作用和氢键。多糖不能阻止单宁聚集，但对颗粒大小有影响。鼠李糖二聚体 RGⅡ 对单宁聚集没有影响。在葡萄酒中鼠李糖二聚体 RGⅡ 的平均颗粒直径明显增强，表明了这种多糖和单宁之间发生了聚集。

影响多糖和多酚相互作用的因素有多酚的结构特征以及物理化学参数，结构特征包括聚合度、羟基化、甲基化、甲氧基化、酯化以及酰基化等，物理化学参数包括 pH、离子强度、温度等。用等温滴定量热法和分光光度法可以探测果胶和不同聚合度的原花青素之间的热力学参数和聚合现象。用超滤测定多酚吸附燕麦 β-葡聚糖能力时，羟基化作用有利于具有低于 3 个羟基基团的类黄酮的吸收，但对于含有 4 个或者更多的羟基基团则相反。在类黄酮的同分异构体中，吸附能力按下列顺序降低：黄酮醇＞黄烷酮＞异黄酮。酚酸的甲基化和甲氧基化均降低了其与燕麦 β-葡聚糖的吸附能力，没食子酸的酯化削弱了其与燕麦 β-葡聚糖的吸附能力，酰基化提高了儿茶素与燕麦 β-葡聚糖的吸附能力。原花青素和细胞壁物质相互作用在 pH2.2～7 之间不受影响，但是加入尿素和乙醇会降低其相互作用。吸附能力与离子强度成正比，与温度成反比。

多酚和多糖的相互作用影响多酚的生物利用率，原花青素与膳食纤维在肠道里，会导致多酚不能被生物所利用。在体外，原花青素和膳食纤维相互作用减少了多糖发酵，增加了原花青素结肠代谢物的产生。

多糖和多酚形成的络合物对食品品质有影响，能够改善食品风味以及营养价值，抑制氧化以及褐变等。茶多酚与壳聚糖相互作用对草莓具有明显的保鲜效果。多糖与多酚之间的相互作用对 DNA 有保护作用，对抗癌药物筛选、人体生理健康有特殊意义。

四、多糖、蛋白质和多酚的相互作用

蛋白质、多糖和多酚之间能够发生络合反应，通常认为多酚是蛋白质分子间的物理交联剂，由于疏水或者氢键相互作用形成不溶性聚集

体，而多糖的存在改变了这种相互作用，破坏蛋白质和多酚之间的分子缔合或者是蛋白质、多糖和多酚间形成聚集体。具体来讲，糖的添加在蛋白质的表面形成了一层保护层，一定程度上阻碍了蛋白质发生聚集，并且由于多酚活性基团的出现，它们之间形成了一种刚性的、氢键连接的蛋白质和多糖胶束结构。

不同种类多糖对蛋白质与多酚相互作用的影响也不同。研究表明，在 pH3.7 磷酸缓冲液中，温度 25 ℃条件下，淀粉可阻止儿茶素和麦醇溶蛋白聚合，降低体系浊度；葡萄糖、蔗糖、果胶对儿茶素和麦醇溶蛋白聚合无影响。一些中性和带有负电荷的多糖能够阻碍多酚结合蛋白质，黄原胶等对多酚-蛋白质沉淀有抑制作用，其中果胶是有效的蛋白沉淀抑制剂，然而瓜尔豆胶等则对其沉淀作用无显著影响。果胶对蛋白-单宁聚合物有一定的增溶作用，且增溶作用随果胶浓度增加而增强，在混浊苹果汁中，果胶-麦醇溶蛋白-儿茶素聚合物发生溶剂化或者增溶，也使体系的稳定性增强。

多酚与糖蛋白也能够发生相互作用，百里香酚与猕猴桃糖蛋白反应生成了新的复合物，相互作用以静电引力为主，根据同步荧光光谱证明猕猴桃糖蛋白与百里香酚结合位点接近猕猴桃糖蛋白的色氨酸残基。此外，多酚能够影响 P-糖蛋白转运体的功能，导致潜在的草本药物的相互作用。通过荧光染料和钙黄绿素检法检测了芒果苷、儿茶素、槲皮素和没食子酸对 P-糖蛋白活性的影响，结果表明，儿茶素和没食子酸抑制 P-糖蛋白活性，而芒果苷和槲皮素则不会抑制其活性。

蛋白质、多糖和多酚之间相互作用的应用十分广泛。在食品体系中，凝胶体系能够阻止蛋白质和多酚的沉淀。花青素和唾液中的糖蛋白之间相互作用使水果和果汁产生苦味和涩味，研究表明，一些多糖和甘露糖蛋白对酒涩味有好的影响，由于这些化合物作为能够限制单宁自动聚集的保护胶质，减少了与唾液蛋白质的反应，多糖具有阻止蛋白质-单宁聚集的能力。此外，茶多酚对体外糖基化反应有抑制作用，而且存在剂量-效应关系，同时能降低糖尿病小鼠机体内糖化血红蛋白的含量，缓解由糖基化所引起的糖尿病肾脏损伤。

第4节 影响食品色泽的相互作用

一、肌红蛋白（血红蛋白）的变化

屠宰后动物、鱼、软体动物和甲壳类动物的肉的颜色与肌红蛋白（或血红蛋白等）浓度及其化学状态有关，其中最主要是肌红蛋白，其次是血红蛋白、细胞色素和血蓝蛋白。肌红蛋白和血红蛋白都含有血红素，血红素中有二价铁，是血红素的重要官能团，也叫亚铁血红素。它可以与氧气结合，称为氧合血红素。虾、蟹及昆虫体的血色素物质是含铜的血蓝蛋白。鸡肉的红色就是肌红蛋白和血红蛋白中的血红素的颜色。血红素中二价铁与氧气结合时，颜色鲜艳，失去氧时，色泽变暗。肌红蛋白不含氧时呈暗红色，变性时为褐色。肌红蛋白、血红蛋白变性是指血色素相连接蛋白结构变化，失去了抗氧化功能，易使二价铁氧化为三价铁而成为褐色。肌红蛋白与血红蛋白中的亚铁血红素还可以与亚硝基结合形成鲜桃红色的亚硝基亚铁血红素。肉食品加工即利用这一原理来赋予肌肉以鲜艳的颜色。但过量亚硝酸根的存在也能使血红素、卟啉环上的 α-亚甲基硝基化，使血色素变绿。另外，在 O_2 和 H_2O_2 存在下，一些细菌活动产生的 H_2S 等硫化物也可直接与血红素卟啉环上的 α-亚甲基反应生成绿色的硫卟啉血绿蛋白及硫卟啉肌蛋白，这是肉类偶尔会发生变绿现象的原因。

二、类胡萝卜素的相互作用

很多果蔬的颜色都与类胡萝卜素有关。类胡萝卜素在空气和光照条件下易被氧化，但在烹饪温度条件下比较稳定。在食品贮藏和加工过程中，类胡萝卜素由于氧化会导致食品特征颜色损失，如辣椒红素的氧化导致红辣椒在贮藏过程中变色。同时类胡萝卜素的氧化也会产生风味化合物。许多鱼类的表皮和海洋甲壳类动物的外壳都具有鲜艳的色泽（黄色、橙色、红色、紫色、蓝色、银色或绿色），主要呈色物质是各种类胡萝卜素，如虾青素和角黄素，它们是与蛋白质、糖蛋白、磷酸化糖蛋白、糖脂蛋白和脂蛋白等形成非共价复合物。鱼在贮藏时，尤其在直接光照条件下，胡萝卜素蛋白复合物会发生分解从而导致褪色。虾壳内的类胡萝卜素主要是红色虾青素。在活虾体内，虾青素是以水溶性的胡萝卜素蛋白即虾青蛋白的形式存在。虾青蛋白呈蓝色，因此新鲜虾颜色为蓝色或蓝灰色，但蒸煮会导致虾体内蛋白质复合物变性，释放出游离虾青素，因此，煮熟的虾呈现为红色。

三、花青素的相互作用

水果、蔬菜和花卉中的绝大多数色素是由花青素、多羟基糖苷和黄烊盐阳离子的聚甲氧基衍生物构成，所表现出的红色、紫色或蓝色取决于其结构和水相介质的 pH。植物体内不同花青素之间的疏水相互作用、氢键和与其他酚酸和生物碱的相互作用都会影响植物的色泽强度和改变色素的光吸收波长。在红葡萄酒成熟过程中，颜色的变化主要是花青素和酚类化合物发生缩合反应以及在与丙酮酸反应中形成了其他花青素引起的。不同的衍生物可能呈蓝色、黄色、橙色、橘红色、红色和褐色。食品中花青素的稳定性极差，对酶促降解、光、热、氧、酸及抗坏血酸氧化降解等都比较敏感。例如，巴氏杀菌果酱在长期贮藏过程中，由于聚合反应发生会导致果酱颜色逐渐褪去或褐变。加工水果过程中，铝、铁和锡等离子的存在都会导致蓝紫色或灰色色素的形成。

四、非酶促褐变及黑斑生成

前类黑精为美拉德反应的前期产物，大都无色或略带黄色，是褐色类黑精的前体物。这些物质分子质量低（<1 ku），主要由与游离氨基酸的反应产生。类黑精为美拉德反应产物中的褐色大分子聚合物，主要由中间产物的聚合和/或与氨基酸残基的活性基团反应产生。类黑精在食品中更为常见。氧化脂质与蛋白质反应生成的有色化合物与美拉德反应和酶促褐变的产物相类似。脂质氧化产生的过氧化自由基、氢过氧化物或其降解物与游离氨基酸反应生成呈黄色或褐色产物；与半胱氨酸、蛋氨酸和色氨酸反应时，褐变速率特别快。因为不饱和脂肪酸较饱和脂肪酸更易氧化，所以富含多不饱和脂肪酸的食品组织褐变更快（如鱼肉）。这类褐变通常是不期望的，特别是对于家禽及鱼肉，即便在冷藏或冻藏条件下也可能会产生深色的褐变斑点。

酶促反应也会产生褐变甚至黑斑。酶促褐变由内源多酚氧化酶（PPO）引发，接下来是非酶促聚合反应。在酶促反应阶段，单酚氧化酶催化酪氨酸氧化生成二羟基苯丙氨酸（DOPA），之后二酚氧化酶催化 DOPA 氧化，并经聚合反应形成高分子质量的黑色素。DOPA 还会与蛋白质中的半胱氨酸、酪氨酸及赖氨酸残基发生反应，因此聚合反应也涉及蛋白质。甲壳类动物（如虾、螃蟹）的外壳和表皮层一旦感染黑变病就会腐败，产生深色或黑色斑点。为防止黑斑产生，可采用各种亚硫酸盐将苯醌还原成无色的 DOPA。在香蕉、桃、苹果、马铃薯、坚果及谷物类产品中也会发生类似的反应。酶促褐变不仅影响产品的外观、风味、营养和加工性能，而且大大降低耐贮性，对食品工业造成一定的经济损失。

五、金属离子导致的变色

许多食品都含有微量的过渡金属元素，常见的有 Fe^{2+}、Fe^{3+} 和 Cu^{2+}。在贮藏和热处理加工过程中，可溶性金属离子会分散在食品体系的油相和水相中。溶于油相的金属离子与脂肪酸结合形成非溶性的盐或与磷脂结合，导致油相颜色呈橙棕色。溶于水相的金属离子则与酚类物质反应产生有色产物。例如，Fe^{2+} 与邻苯二酚或邻苯三酚衍生物反应形成呈蓝色或紫色复合物；Fe^{3+} 与邻苯二酚或邻苯三酚衍生物反应形成呈橘色或棕色的类似复合物。

第5节 影响食品风味的相互作用

一、风味化合物与食品主要组分的相互作用

食品感官风味一般与食品中挥发性风味成分的浓度相关。咀嚼食物时口腔中的挥发性风味物质气体不断上升到鼻腔中。在特定温度条件下，挥发性气相风味浓度取决于食品中挥发性化合物的浓度、挥发性以及食品中其他成分与挥发性物质的亲和力，其挥发性主要受唾液中水蒸气的影响。

食品中风味物质可被蛋白质、脂质或多糖包埋，可能主要是疏水相互作用、氢键、离子键或共价键等作用，具体取决于挥发性化合物与包埋物结构。包埋抑制了食品中风味物质的挥发性，从而降

低产品在储藏过程中的风味损失。食品体系风味的稳定性取决于 pH 和温度。许多芳香化合物是疏水的或至少含有显著的疏水部分，因此在食品中风味物质会选择性地聚集在油相中。

食品体系中的亲水胶体可以降低食品中各种风味的感知强度。食品中香味被束缚的程度可能与挥发性化合物的结合有关，也应该与因黏度提高和亲水胶体聚合物网络的缠结导致挥发性化合物扩散速率下降有直接关系，具体取决于风味化合物和亲水胶体特性。面包中的诸多风味物质都包埋在直链淀粉的螺旋结构内，因此加热面包片可以释放其中的风味化合物，从而提高面包的香味。

环糊精包埋也是一种抑制风味物质或风味添加剂与食品组分在储藏过程中发生不良反应的有效方法，同时也可阻止添加物在加工过程中蒸发和发生化学降解。在微胶囊中，风味化合物的疏水性端或整个风味化合物包埋在环糊精疏水内腔，环糊精的亲水外层则有效改善其水溶性和可分散性，同时不影响食品风味。包埋复合物的形成受客体分子浓度和风味化合物与环糊精内腔的立体相容性控制。

另外蛋白质也可以通过疏水相互作用来结合各种风味物质。已有很多蛋白质结合醇、醛、酮等挥发性物质的相关报道，其中报道最多的是大豆蛋白质和牛奶蛋白质。食品中各种风味物质的挥发是造成许多产品在储藏过程中香味发生变化的原因之一，因此可利用食品风味物质与食品组分的相互作用，提高风味稳定性。

二、水解反应

牛肉熟化过程中的变化不仅产生了期望的嫩度，不同程度出现蛋白的胶凝化，而且增加了产品的游离氨基酸含量。游离 α-氨基酸含量的增加可以增强烤肉的风味形成，牛肉嫩化后游离氨基酸浓度的增加，这些主要因为溶酶体中释放出的内源蛋白酶水解了蛋白质。电击会加速胴体中酶的释放，从而加速游离氨基酸的积累，另外转氨酶也会促进氨基酸的释放。排酸牛肉中谷氨酸含量的增加就是因为转氨酶催化丙氨酸 α-氨基转移到 2-酮戊二酸上。

三、氧化反应

硝酸盐一般被用作肉制品的腌制剂，同时在熟肉制品中也有抗氧化剂的作用。硝酸盐的抗氧化作用可能包含几种机制，包括通过络合金属离子来抑制铁催化的氧化反应。相关研究表明，亚硝酸盐可迅速地与脂质氧化的二级产物——丙二醛反应，生成高分子化合物。该反应限制了 2-硫代巴比妥酸试验在检测腌肉制品中脂质氧化变质程度中的应用。

氧化脂质在酸败过程中形成的酸败化合物，尤其是羰基化合物，会与氨基酸和蛋白质反应，产生令人难以接受的挥发性气味。当有多不饱和脂肪酸存在时，还会产生 2, 4-二烯烃和共轭二烯烃，可进一步与氨基酸反应产生典型的鱼腥味。

存在于大多数植物性食品中的萜烯在储藏和加热过程中很容易被氧化，生成一些芳香化合物。氧化后的萜烯和氢过氧化物分解产生的中间化合物都可以与氨基酸和蛋白质发生反应，生成很多异味化合物。

第 6 节　影响食品质构和流变性的相互作用

一、蛋白质的冷冻变性

在冻藏鱼特别是鳕鱼中，肌原纤维蛋白交联易导致冷冻变性，使鱼肉产生不希望的硬度和一些蛋白质功能性质丧失，如持水性、脂肪乳化性、胶凝性，甚至降低 ATPase 酶活性。ATPase 酶活性的降低为肌原蛋白发生不良变化的重要指示，蛋白变性程度与冻藏时间和温度有关。鳕鱼肉中非蛋白氮主要组分为氧化三甲胺，在内源性氧化三甲胺脱甲基酶的作用下分解产生甲醛。甲醛易与蛋白质活性基团反应，引发蛋白质交联。脂质氧化产物同样会促进蛋白质交联。不仅脂质氧化产生的自由基易与蛋白质发生聚合反应，同时二级产物——二醛类物质也会与蛋白质上氨基发生缩合反应，植物萃取液中提取的天然抗氧化剂（抗坏血酸除外）可有效抑制冷藏冻藏鱼脂肪发生不良变化，鱼糜的冷冻变性一般较为严重，主要因为鱼肌肉组织被破坏，有利于以上反应进行，富含血红色素的深红色鱼肉中这种情况更为严重。因此加工中可采取措施将不良相互作用降至最低。例如，提取出水溶性蛋白质和非蛋白氮类化合物（氧化三甲胺、一些色素、促氧化剂及一些离子等），也可以除去大部分脂肪，剩下的肌原纤维浓缩蛋白即鱼糜，不仅具有比原鱼肉更好的功能性质，而且比低温条件下稳定性更好，但有约30%粗蛋白会损失掉。

另外有一些化合物能够降低冷冻温度，或增加组织液黏度，或选择性地与蛋白质的氨基酸残基发生相互作用。加入这些化合物可有效抑制鱼肌原纤维蛋白质间的交联反应。鱼糜加工中常用的鱼糜低温变性保护剂为蔗糖、山梨醇、甘露醇、海藻酸盐、多聚磷酸盐、柠檬酸盐、抗坏血酸盐、氯化钠等配制的混合物，某些氨基酸、羟基羧酸、分支低聚糖以及腺嘌呤核苷酸在模拟体系和鱼糜中应用效果也不错。在这些氨基酸中，净负电荷高的氨基酸对于防止鱼肌原纤维蛋白冷冻变性效果最好。

二、凝胶内的交联作用

食品凝胶由蛋白质和多糖等大分子物质通过聚合物链上各种功能基团间的非共价键或共价键相互作用形成，内源或外加的低分子质量化合物也可与聚合物链上的功能基团发生作用。聚合物间相互作用一般发生在溶液、分散体系、胶束或粉碎的组织结构中。蛋白质热胶凝性能对熟香肠和凝胶型水产品（如鱼糕）的期望质构极为关键。鱼糕由鱼糜制成，其生产工艺常包括两步加热：首先将品温升高到40 ℃，从而允许内源谷氨酰胺转氨酶催化交联反应；然后再加热到所要求温度。不同种类鱼的肌原纤维蛋白凝胶形成能力不同，这主要取决于其内源蛋白酶含量与活力。相反，某些鱼肉中（如太平洋白鱼、阿拉斯加鳕鱼、新西兰蓝鳕鱼或细须石首鱼），由于蛋白酶导致蛋白质过度水解，出现鱼糜凝胶强度降低。添加蛋白酶抑制剂（如牛血浆蛋白、牛血清蛋白、鸡蛋清、马铃薯蛋白提取物等），可有效防止凝胶劣化现象发生。多糖凝胶特性也由于相互作用而有所变化，在第3节中已有描述。

三、生物可降解膜的形成

在食品加工中，具有一定机械强度的生物可降解膜可作为食品配料和抗菌剂的可食性屏障，或作为酶的载体。生物可降解膜通常由各种多糖、蛋白质或蛋白质-多聚糖、蛋白质-油脂混合物来制备，膜的特性取决于组成成分以及多聚物与其他物质的

相互作用。

可食用蛋白质膜的制备包含多个步骤，一般首先通过加热、剪切或在空气-水界面的吸附作用使蛋白质变性。在涂布器中，通过溶剂蒸发或剪切等作用，使合适浓度蛋白质溶液发生多肽链间的交联，形成蛋白膜。导致蛋白质和多糖凝胶形成的相互作用与导致黏弹性膜形成的相互作用相同。在制备多组分生物可降解膜时，聚合物的选择及工艺参数条件对膜内组分间的相互作用有影响。

带有正电荷的壳聚糖在弱酸环境中可以通过静电相互作用与海藻酸盐、果胶和其他酸性多糖发生交联。蛋白质混合物形成的膜的抗拉强度和阻隔性能取决于混合物中不同反应基团数量和pH。在碱性条件下加热，可以有效增加—SH数量，从而促进干燥过程中形成更多的二硫键。这样可增加膜的抗拉强度和降低水溶性外，还可减少膜对氧气、芳香类化合物和油脂的通透性。适当剂量的电离辐射同样会使蛋白质膜发生交联作用，主要是由于电离辐射产生的羟基自由基会与酪氨酸残基发生反应。化学或酶交联可有效改善膜的塑性，提高膜在不同湿度和温度条件下的机械强度，保持膜在热水中的低溶解性，以及使膜具有期望的阻隔性能和生物可降解性。如阴离子聚合物膜可通过添加二价阳离子来改善膜特性。蛋白质膜特性改善广泛使用能与氨基酸残基的氨基反应的交联剂，主要为各种醛或N-［3-二甲胺丙基］-N′-乙基碳化二亚胺（EDC）。由于制备的是生物可降解膜，因此必须考虑交联剂的毒理学问题。由谷氨酰胺转氨酶催化的交联反应是一种十分有效的酶法选择性改性蛋白质膜方法。鱼明胶和鱼（明）胶-壳聚糖膜通过酶法或EDC处理后，其在沸水和酸性条件下的溶解度显著降低，抗拉强度提高。

四、面团及面包烘焙中的交互作用

食品加工过程中食品体系的形成与食品组分的相互作用密切相关，典型的就是面团的形成。面团形成过程中蛋白与水及各种蛋白质间的相互作用，以及蛋白质-脂质-多糖的相互作用在很大程度上决定了焙烤面制品的质量，这些作用对多孔含气产品来说极为关键。蛋白质交联一般发生在面粉与水和盐的混合过程以及后续的面包烘烤阶段。面团可以

看作是一种具有黏弹性和水合的面筋蛋白，其内含有淀粉颗粒、各种大小的细胞壁碎片、中性和极性的脂质、空气以及发酵产生的气体。

面粉与水的混合，出现面粉颗粒水化、蛋白质溶解性增加、谷蛋白聚合物解聚和重新定向形成膜状网络结构。具有很好持气性的高伸展性膜形成的重要前提物质条件就是面筋中含有大量高分子谷蛋白，并且充分混匀。小气泡的稳定性还与面团水相中具有增黏作用和表面活性的成分有关，特别是小麦粉中的戊聚糖和极性脂质组分。小气泡的稳定性导致焙烤面包具有疏松的多孔结构和较大的体积，且气泡分布均匀。面包瓤含有大量分散均一的微孔，直径为 $1\sim2$ mm，微孔有助于面包形成期望的质构和外观特性。

同时，肽链间和肽链内的二硫键对于面团形成和焙烤面包品质也非常关键。在可溶性小蛋白质和低分子质量的硫醇化合物存在下，由于二硫键交换反应会发生二硫键交联的移动（图 15-18）。可在生面团中加入氧化剂促进二硫键交联，从而达到改善面包质构的目的。焙烤过程也增加了二硫键的数目，可进一步提高面包结构的稳定性。抗坏血酸尽管是一种还原剂，但它的氧化产物脱氢抗坏血酸可作用于硫氢基，增加面团的弹性和促进气泡的形成，使面包的体积更大，从而获得更好的产品质构。此外，其他类型共价键的形成也会影响面团的品质。脱氢抗坏血酸及其热降解产物也会引起交联反应，尤其是甲基乙二醛、乙二醛、丁二酮和苏丁糖。这些降解物能与蛋白质上的赖氨酸残基发生反应。内源二胺氧化酶催化的氧化反应形成的 γ-丁醛与亲核氨基酸残基反应也可实现共价交联。在水相体系中，小麦粉蛋白的非极性氨基酸残基间的疏水相互作用对面团的形成及结构也起到支撑作用，在面包焙烤时特别明显，因为疏水相互作用随温度的升高而增强。另外，谷物蛋白中可电离的基团不多，离子间的排斥/吸引力的作用不是很大，但因为它们的键能只比共价键略低，它们仍可能发挥重要作用。

氢键能显著地影响面团的结构，Lefebvre 等报道面筋颗粒主要是在氢键和疏水相互作用下发生聚集，从而形成面团网络结构。虽然氢键比共价键要

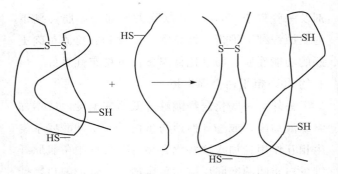

图 15-18　肽链间的巯基和二硫键的形成反应

弱很多，但是数量多，因为谷物蛋白质中有大量的谷氨酰胺残基，淀粉和戊聚糖等侧链中也有大量的羟基，这些基团与水形成大量氢键。蛋白质与淀粉的相互作用对体系的流变性质也起着重要的作用。在机械压力下，氢键间可以发生交换反应，这对模压生面团应力的释放是有利的。

淀粉颗粒同样会影响面团和面包的结构，面团中淀粉的吸水溶胀程度取决于可利用水量的多少，面团中亲水的醇溶蛋白、谷蛋白、戊聚糖等物质会和淀粉颗粒竞争水分。因此若溶胀不充分，面包瓤易碎；而溶胀过度又会使面包难以烤透。在 60 ℃左右时，由于面粉蛋白质变性和淀粉结构变化，面团的黏度开始增加。在此温度下，支链淀粉的结晶区变成无定形态；而直链淀粉-脂质复合物在 110 ℃以下都能保持稳定，但在整个焙烤过程中面包瓤不会达到此温度。因此，焙烤中空气的膨胀和挥发性发酵产物的变化最终导致产品出现多孔的蛋白质-淀粉结构。面团可以认为是泡沫体系，在焙烤过程中由于内部压力的升高使蛋白质膜破裂，最后面包瓤结构呈现海绵样。

脂质在面包结构形成中的主要作用是与面包中的蛋白质和淀粉发生相互作用。脂质在空气-水界面上的扩散是通过脂质与蛋白质的结合来进行的。面包在储藏过程中会发生淀粉老化，面包瓤逐渐变硬、弹性下降和变干。面包老化在 14 ℃左右时最快，在 -5 ℃ 和 60 ℃ 左右时基本可以忽略。提高面团的蛋白质和戊聚糖含量或添加乳化剂（尤其是单甘油酯）可以延缓面包老化。细菌 α-淀粉酶可以水解支链淀粉得到支链低聚糖，它可以阻止淀粉链的有序排列结晶，有效地防止面包的老化。

本章小结

食品是多组分、多相、非均质的物质系统，其物理化学性质不稳定。食品的营养和安全性及色、香、味、形等特性，都与食品组分之间的相互作用有关，而非单一组分特性的简单叠加。食品的主要组分为水、蛋白质、碳水化合物（淀粉、纤维素、低聚糖等）、脂肪等，此外，食品也含有许多其他微量组分和添加剂，如维生素、有机酸、矿物质等。食品体系各组分的相互作用受到活性基团的化学性质、组织内部结构的区域化以及温度、pH、离子强度、离子类型、水分活度、氧化/还原电位和流体黏度等环境因素的影响。

从20世纪90年代开始，近几十年来发达国家广泛开展了食品组分间的相互作用及作用机理研究，取得了一定成果，促进了食品品质提高和食品加工工艺的改良。今后食品组分的相互作用研究将会更深入，应用更不限于食品行业。食品组分的相互作用研究，意味着食品相关研究将不再局限于单一组分特性研究，而是深入研究食品各组分在亚分子水平、分子水平（在不同离子强度、水分活度、pH等环境条件）下各特性基团的相互作用机制，并且研究其对食品的影响。而目前的研究绝大多数为构建模拟体系，微观水平上研究组分的相互作用，因此深入分子水平进行研究，还需相关科技工作者加倍努力。

思考题

1. 试述食品中蛋白质、碳水化合物、脂质成分在食品加工过程中的变化。
2. 试述食品中蛋白质与多糖（或蛋白质）的相互作用机制，并列举2～3个蛋白质与多糖（或蛋白质）相互作用的事例，说明其相互作用对食品的影响。
3. 试述食品中蛋白质与脂类的相互作用机制，并列举2～3个蛋白质与脂类相互作用的事例，说明其相互作用对食品的影响。
4. 试述食品中蛋白质与植物多酚的相互作用机制，并列举2～3个蛋白质与植物多酚相互作用的事例，说明其相互作用对食品的影响。
5. 简述食品中蛋白质与小分子表面活性剂的相互作用。
6. 试述食品中多糖与脂类（多糖、多酚等）的相互作用机制，并列举2～3个多糖与脂类（多糖、多酚等）相互作用的事例，说明其相互作用对食品的影响。
7. 请查阅相关文献资料，试述影响食品色泽、风味、质构和流变性的相互作用有哪些，举例说明，并分析其作用机理。

参考文献

[1] 缪铭，江波，张涛. 食品典型组分相互作用的研究进展. 食品科学，2008（10）：625-629.

[2] 黄颖. β-乳球蛋白纤维/典型食品组分相互作用及其界面与乳化性质研究. 武汉：湖北工业大学，2017.

[3] 张曼，王岸娜，吴立根，等. 蛋白质、多糖和多酚间相互作用及研究方法. 粮食与油脂，2015（4）：42-46.

[4] 贾娜，刘丹，谢振峰. 植物多酚与食品蛋白质的相互作用. 食品与发酵工业，2016（6）：277-282.

[5] 侯占群，龚树立，高彦祥. 应用蛋白质与多糖分子间的相互作用制备食品乳状液. 食品科技，2013. 38（1）：56-62.

[6] 万芝力. 大豆蛋白-甜菊糖苷相互作用及对界面主导食品体系的调控研究. 广州：华南理工大学，2016.

[7] 张雅媛. 玉米淀粉与亲水性胶体协效性和作用机理的研究. 无锡：江南大学，2012.

[8] Srinivasan Damodaran, Kirk L Parkin, Owen R Fennema. 食品化学. 江波，杨瑞金，钟芳，等译. 北京：中国轻工业出版社，2013.

[9] Gelders G G, Vanderstukken T, Goesaert H, et al. Amylose-lipid complexation：a new fractionation method. Carbohydrate Polymers，2004，56：447-458.

[10] Nakazawa Y, Ya-Jane Wang. Effect of annealingon starch-palmitic acid interaction. Carbohydrate Polymers，2004，57：327-335.

[11] Becker A, Hill S E, Mitchell J R. Relevance of Amylose-Lipid Complexes to the Behaviour of Thermally Processed Starches. Starch，2001，53：121-130.

[12] Singh J, Singh N, Saxena S K. Effect of fatty acids on the rheological properties of corn and potato starch. Journal of Food Engineering，2002，52：9-16.

[13] Hansen P M T. Hydrocolloid-protein interactions：relationship to stabilization of buid milk products：a review. Progress in Food and Nutrition Science，1982（6）：127-138.

[14] Ye A，Flanagan J，Singh H. Formation of stable nanoparticles via electrostatic complexation between sodium caseinate and gum arabic. Biopolymers，2006（82）：121-133.

[15] Zhiming Gao，Yapeng Fang，et al. Hydrocolloid-food component interactions. Food Hydrocolloids，2017，68（7）：149-156.

HAPTER 16

第16章
食品化学发展趋势
和研究前沿动态

学习目的与要求：

了解食品化学的发展趋势和食品中主要营养素的研究发展方向，熟悉蛋白质、脂质、糖类等营养素的最新研究进展内容及前沿动态。

学习重点：

蛋白质、脂质和糖类三大产能营养素的研究前沿动态。

学习难点：

食品中 7 种主要营养素的最新研究成果和相关技术。

教学目的与要求

■ **研究型院校**：深入了解食品化学的发展趋势和食品中主要营养素的研究发展方向，熟悉食品中蛋白质、脂质、糖类等7种主要营养素的最新研究进展内容，特别关注最新的研究成果和相关技术，教师可督促学生查阅相关文献资料，进行深入学习。

■ **应用型院校**：了解食品化学的发展趋势，熟悉食品中主要营养素的研究发展方向，了解食品中蛋白质、脂质、糖类等7种主要营养素的最新研究进展内容、最新研究成果和相关技术。

■ **农业类院校**：了解食品化学的发展趋势和食品中主要营养素的研究发展方向，熟悉蛋白质、脂质、糖类等营养素的最新研究进展内容及前沿动态。

■ **工科类院校**：了解食品化学的发展趋势，熟悉食品中主要营养素的研究发展方向，了解蛋白质、脂质、糖类等营养素的最新研究进展内容及前沿动态，特别关注最新的研究成果和相关技术，教师可督促学生查阅相关文献资料，结合食品工程理论和技术，对食品主要成分的研究进展进行深入学习。

第1节　食品化学的发展趋势

人民各项生活水平日益提高，食品工业各个方面今后必将向更快和更健康的方向发展。食品工业各个方面发展从客观上更加依赖新科技的进步，把食品工业科研重心转向新理论和新技术的创新方向，这将为食品化学新技术的快速发展创造更有利的机会。同时，由于食品新的分析技术手段和加工技术的应用，以及食品生物化学理论和食品应用化学理论的进展，使人们对食品组成成分的微观组成结构和成分反应机制有了更深入的了解。采用现代生物技术手段和现代化工业机械加工技术改变食品的成分、结构与营养性，从食品分子水平微观分析功能食品中的主要功能因子，分析其成分所具有的特定生理活性及特有保健作用，进行深入分析研究等，将对今后食品化学的理论和应用创新产生进一步的促进和突破。因此，食品化学的发展趋势主要

包括的方面有：

（1）食材分布地域的范围跨度大，资源种类丰富而繁杂，制作加工技术多样化，因此，研究不同食材原料、组成、性质及其在加工、储运和贮藏中的变化依然是食品化学建设发展的主要方面。

（2）食品新资源的开发，例如新的食用蛋白质资源，新资源食品中有害成分的去除、风险评估和安全性评价，保护其有益成分，确保其营养作用，也是食品化学的另一发展方面。

（3）限制现有食品生产工业快速发展的种种问题，例如体系稳定性方面的变色变味、感官适口性的质地粗糙、运输贮藏方面的货架期短、口感满意度方面的风味不自然等，这些难题需要食品化学家与食品工厂技术人员等从业人员从新理论和实践新技术相结合方面探索、研究和解决。

（4）运用新技术手段对功能性食品中特定功能因子的组成、含量、结构、生理活性、安全性评估、保健作用、提取、分离、纯化方法及应用进行探索研究，促进功能性食品的健康快速发展。

（5）食品储运、保藏和保鲜新技术，化学辅助处理剂或贮藏保鲜被膜类食品相关产品的研究和开发应用方面等。

（6）健康安全食品添加剂的开发、生产和应用，运用新分析技术手段对食品风味物质、新加工工艺学等的进一步完善研究。尝试探索生物和化学改性等新技术方式。

（7）快速便捷检测和精确分析新手段的开发，食品安全检验方法和安全评价程序的进一步研究完善。

（8）食品资源的综合利用和深加工，高附加值成分和高经济价值原料的分离、确立，转化过程中的变化，产物的分离提取等加工技术探索研究。

我国现在食品化学基础还薄弱，学科建设需要发展的方面很多，随着经济、社会和生活的发展变化，食品化学的发展建设会越来越快。

第2节　食品中主要成分研究的前沿动态

一、食品中7种主要营养素研究发展方向

近年来，我国食品工业一直飞速向前发展，为

了满足人民生活水平日益提高的需要，今后的食品工业必将更快和更健康地发展，从客观上要求食品工业更加依赖科技进步，把食品科研投资的重点转向高、深、新的理论和技术方向，这将为食品化学的发展创造极有利的机会。同时，由于新的现代分析手段、分析方法和食品技术的应用以及生物学理论和应用化学理论的发展，使我们对食品组分的结构、成分以及各种反应机理有了更进一步的了解。采用生物技术和其他技术改变食品的成分、结构与营养性，从分子水平上对功能食品中的功能因子所具有的生理活性进行深入研究等，将使今后食品化学的理论和应用产生新的突破和飞跃。

因此，食品化学7种营养素今后的研究方向将有以下几个方面：

（1）继续研究不同原料和不同食品的组成、性质和在食品加工贮藏中的变化及其对食品品质和安全性的影响。

（2）研究开发新的食品资源，在发现并脱除新食品资源中的有害成分的同时，保护有益成分的营养与功能性。

（3）继续研究解决现有食品工业生产中存在的各种各样的技术问题，如变色变味、质地粗糙、货架期短、风味不佳等问题。

（4）研究食品中功能因子的组成、结构、性质、生理活性、定性定量分析和分离提取方法以及综合开发措施，为保健食品的开发提供科学依据。

（5）现代贮藏保鲜技术中辅助性的化学处理剂和膜剂的研究和应用。

（6）利用现代分析手段和高新技术，深入研究食品的风味化学和加工工艺学。

（7）新食品添加剂的开发、生产和应用研究。

（8）快速定量定性分析方法和新的检测技术的研究和开发。

（9）资源精深加工和综合利用的研究。

（10）食品基础原料的改性技术研究。

可以肯定，虽然现在的食品化学学科基础还不够深厚，未来的发展道路也不可能一帆风顺，但随着科学技术的发展，必将迎来食品化学的蓬勃发展。

二、蛋白质研究的前沿动态

蛋白质是一类由多种氨基酸按不同比例、不同顺序、以肽键相连并具有一定空间结构的高分子化合物，它是一切生物体的重要组成成分，是一种在生命活动中起关键作用的物质。如体内的各种酶、抗体、血红蛋白、肌肉蛋白、生物膜蛋白及某些激素等，其本质均为蛋白质，而且蛋白质在遗传信息的控制、高等动物的记忆及识别等方面有十分重要的作用。

（一）蛋白质芯片的应用进展

医学研究与临床诊断是蛋白质芯片应用最广泛的领域。如郑亚新等人利用表面增强激光解吸离子化蛋白质质谱分析技术，分析22例前列腺癌根治术切除标本中癌组织特有的蛋白质表达谱型时，发现在前列腺癌组织中存在一个分子量在（24 782.56±107.27）m/Z的蛋白质。该蛋白质在17例前列腺癌中16例表达为阳性（94%），在相应前列腺正常组织中无表达，在12例良性前列腺增生中亦无表达。应用激光捕获微解剖挑取肿瘤细胞，进一步证实该蛋白来源于前列腺癌细胞。又如，Rosty等通过SELDI-TOF-MS检测胰腺分泌物发现，在67%的胰腺癌与17%的其他胰腺疾病患者出现1.657 ku分子质量的蛋白质高表达，经ELlSA证实，为肝癌-肠-胰腺/胰腺炎联合蛋白I（HIP/PAP.I）。上述实验都说明，蛋白质芯片技术对于在组织标本中发现肿瘤标志蛋白是一种有效的工具。

蛋白和抗体芯片非常适合检测病人血清中的抗原、抗体和其他标志物变化，通过监测血清中多种疾病相关的标记物可以快速地为多种疾病的诊断提供依据。Joose等人将18个自身免疫病的自身抗原合成蛋白芯片，酶联免疫显色。通过对25份自身免疫病的病人血清的检测，发现该方法灵敏度高，可检测出低至40 fg的待测蛋白，而特异性非常好，与非特异蛋白无交叉反应。Roibsnon等人合成了自身免疫病诊断蛋白芯片、这些标志物包括了自身抗原、多肽、DNA、转录后修饰蛋白等196个与自身免疫病有关的标志物。利用这个芯片对病人血清进行检测，结果显示通过这种方法可对包括系统性红斑狼疮、风湿性关节炎在内的8种自身免疫病提供诊断和鉴别诊断的依据。H. Guo等利用低密度蛋白芯片检测病人血中的肌钙蛋白，诊断急性心肌梗死。使用传统的免疫组织化学染色完成检测需要 3 h, 而该方法仅需 40 min, 且样品使用量更小, 该研究显示检出的极限量可达到 1 ng/mL。

此外, 研究表明筛查性芯片主要应用于肿瘤的早期诊断, 其在感染性疾病、精神病等疾病中的应用亦有报道。

(二) 氮平衡的研究现状

人体每天必须从食物中摄取一定数量蛋白质, 用以维持正常的生命活动和工作需要。如果蛋白质摄取量不足, 就会使婴幼儿生长发育迟缓, 智力水平发育不良。成人缺乏蛋白质会出现体重减轻, 肌肉萎缩, 抵抗力下降等症状, 严重缺乏时还会导致水肿性营养不良。在正常情况下, 人在成年之后体内蛋白质含量稳定不变。虽然通过蛋白质的不断分解与合成, 细胞组织在不断地更新, 但蛋白质的总量却维持动态平衡。一般认为, 人体内全部蛋白质每天约有 3% 进行更新。由于氨基酸是组成蛋白质的基本单位, 所以蛋白质在人体内首先被分解成氨基酸, 然后大部分又重新合成蛋白质, 只有其中的一小部分分解成尿素以及其他代谢产物排出体外。这种氮排除是人体不可避免的消耗损失, 称为必要的氮损失。因此, 为维持成年人的正常生命活动, 每天必须从膳食中补充蛋白质, 才能维持人体内蛋白质总量的动态平衡。如果人体摄入氮和排出氮的量相等, 就称为氮平衡。氮平衡状态可用下式来表示:

摄入氮＝尿氮＋粪氮＋其他氮损失
(通过皮肤及其他途径排出氮)

对于正在生长发育的婴幼儿和青少年, 为了满足新增组织细胞合成的需要, 有一部分蛋白质将在体内储留, 即蛋白质的摄入量大于排出量, 摄入氮量大于排出氮量, 称为正氮平衡; 在某些疾病状态下, 可能由于大量组织细胞破坏分解, 人体排出氮量大于摄入氮量, 称为负氮平衡。

人体每天必须摄入一定量的蛋白质维持氮平衡。如果摄入蛋白质过少, 会产生蛋白质缺乏症, 如果摄入的蛋白质过多, 就会造成蛋白质中毒症。因此, 一次大量摄入蛋白质对身体健康是有害的, 过量摄取蛋白质会导致钙排泄量增多。

(三) 蛋白质相互作用实验技术的最新进展

蛋白质相互作用的研究, 是揭示生物体正常生长发育及其应对各种生物/非生物胁迫的分子机制及其调控网络的重要途径。近年来发展起来的研究蛋白质相互作用的常用实验性方法有酵母双杂交系统、串联亲和纯化、免疫共沉淀、GST Pull-down、双分子荧光互补、荧光共振能量转移、表面等离子共振分析等, 众多研究人员对其原理、发展进程、优缺点进行了研究与分析。

酵母双杂交系统 (yeast two-hybrid system, Y2H) 由 Fields 和 Song 在 1989 年首次建立使用。它的理论基础是很多真核生物的转录因子如酵母 Gal4 由两个具有不同功能的结构域组成: 转录激活结构域 (transcriptional activation domain, AD) 和 DNA 结合结构域 (DNA binding domain, BD)。两种待检测蛋白分别和 AD、BD 融合表达, 如果两者之间存在相互作用, 就有可能使 AD 和 BD 结构域结合, 行使转录功能。

串联亲和纯化 (tandem affinity purification, TAP) 是一种常用的纯化蛋白复合体的方法。Rigaut 等 1999 年首次报道了利用 TAP 技术分离纯化蛋白复合物。此后, 利用 TAP 技术大规模分析不同物种中蛋白质相互作用的报道已有很多。传统的 TAP 标签蛋白由 Protein A、TEV 蛋白酶可剪切序列和钙调蛋白结合肽 (calmodulin-binding peptide, CBP) 组成。TAP 技术通过两步亲和纯化来减少非特异性蛋白结合。首先, TAP 标记的蛋白复合物通过第一个标签 Protein A 特异性结合到 IgG 琼脂珠, 经过清洗后, 用 TEV 蛋白酶孵育 IgG 琼脂珠以释放结合的蛋白复合物, 随后复合物通过第二个标签 CBP 结合到钙调蛋白琼脂珠 (calmodulin beads), 再次清洗后, 洗脱钙调蛋白琼脂珠结合的蛋白混合物。分离纯化的蛋白通过串联质谱、免疫杂交等方法进行鉴定分析。

在后基因组时代, 研究蛋白质间相互作用及作用网络成为蛋白质组学的热门课题。在过去的研究中, 蛋白质相互作用研究的方法和技术取得了很大进步, 已在多种物种中建立了初步的蛋白质相互作用网络, 但仍存在着一些问题, 如通量低、准确度不高、灵敏度不够等。目前建立的蛋白质相互作用网络往往局限于生物体发育进程中的某一时空点。我们相信通过对现有研究方法和技术的改进、不同方法和技术的结合使用以及新技术的发明，将会不断完善生命活动中的蛋白质时空互作网络。

（四）蛋白质的互补作用

食物蛋白质中的必需氨基酸的相互比值各有不同，若将不同食物蛋白质适当混合在一起食用，使不同的食物蛋白质之间相对不足的氨基酸相互补偿，使其比值接近人体需要的模式，从而提供蛋白质的营养价值，也包括提高生物价，这种现象称为蛋白质的互补作用。例如，将大豆制品和米面按一定比例同时或相隔4 h以内食用，大豆蛋白质可弥补米面蛋白质中赖氨酸的不足。同时米面也可在一定程度上补充大豆蛋白质中蛋氨酸的不足，使混合蛋白质的氨基酸比例更接近人体需要，从而提高膳食蛋白质的营养价值。

三、脂质研究的前沿动态

脂类是油脂和类脂的总称，它们是动植物的重要组成部分，其主要成分为三酰甘油，即油脂。类脂包括各种磷脂及类固醇，它们也广泛存在于许多动植物食品中。

（一）新型脂质体构建的最新动态

针对食品工业的不同应用领域，有必要开发具有不同物理、化学和生物学特性的新型脂质体。

pH敏感性脂质体设计目的在于克服酸引发的不稳定。Sudimack等人报道，设计基于蛋黄卵磷脂、胆甾烯基琥珀酸单酯（CHEMS）、油醇（OALC）和吐温80（T-80）的抗血清pH敏感性脂质体时，通过调整T-80和OALC的摩尔比能够获得改良pH敏感性的新型脂质体。

由脱水复水法（DR）制成的卵磷脂脂质体被用于牛血清蛋白（BSA）的微胶囊化，特点在于采用植物甾醇，例如β-谷甾醇和豆甾醇，作为胆固醇的替代物制备脂质体。结果发现，与胆固醇类似，添加植物甾醇后，脂质体表现出更高的BSA包载效率。各种含有植物甾醇或胆固醇的脂质体均在pH 6或pH 7时最稳定。在储存期间加入甾醇可有效地降低TBARS，添加α-生育酚后抗氧化性就更加显著。Yung-Hsu Chan等人的研究结果表明，在脂质体的制备中用植物甾醇代替胆固醇是可行的。由于使用了具有降低胆固醇效应的植物甾醇替代胆固醇作为脂质体膜材，有助于拓宽脂质体在

食品、医药工业领域的应用。Hsieh等人也尝试使用几种脂质组分（硬脂酸、亚油酸、硬脂酸甘油酯等）作为胆固醇的替代物来制备稳定的脂质体。

（二）脂质中多不饱和脂肪酸的研究进展

长期以来人们都在研究如何从动植物油脂中提取PUFAs，但因为动植物的生长随着季节、地理位置等的影响而不断发生变化，所以PUFAs含量和构成也随之而变，况且从动植物中提取PUFAs的成本高，周期长，不能适应市场的需要。另外动植物油脂资源含油量及不饱和脂肪酸类型、比例均受到一定的限制。因此，近年来人们一直在探索利用PUFAs的新来源，即利用微生物技术来生产PUFAs。

近年来越来越多的科学家投身到微生物油脂这个领域，开发利用微生物进行功能性油脂的生产已经成为当今的一大热点。如利用深黄被孢霉（*Mor. tierellaisabe* Uina）进行γ-亚麻酸的生产，以及利用微生物生产EPA、DHA等营养价值高且具有特殊保健功能的油脂的研究。此外，利用工业废水、废气培养微生物并添加适当的培养物进行油脂的生产是一举两得的事，一方面能处理废水、废气等而起到环境保护的作用，另一方面因为能够生产油脂而解决人类资源短缺的问题。人们在开展利用分子生物学方法来改变真菌类的生物合成途径以便获得高产多不饱和脂肪酸的菌株方面做了很大的努力，通过基因工程技术、原生质体融合以及诱变等技术，对现有菌株进行改造，同时寻找廉价的培养基，可以获得高附加值PUFAs的变异株，进一步提高PUFAs的含量。

（三）脂质中多不饱和脂肪酸合成相关酶的最新研究

PUFAs的合成是以饱和脂肪酸（如硬脂酸）作为底物，通过一系列去饱和酶（desaturase，DS）和延长酶（elongase，EL）的催化作用完成的。去饱和酶是PUFAs合成途径中的关键酶，它控制着PUFAs的不饱和程度。它的脱氢作用主要表现在催化与载体结合的饱和脂肪酸或不饱和脂肪酸在酰基链上形成双键，从而使不饱和程度提高。脂肪酸去饱和酶的种类、数量及比例因生物种类的不同而不同。鉴于其决定性作用，去饱和酶受到了

广泛的关注，近年来脂肪酸去饱和酶的研究和应用均取得了引人注目的成就，国内外许多科学家致力于多不饱和脂肪酸合成代谢途径的研究。目前脂肪酸去饱和酶的研究已经取得了相当可观的进展，但不可否认的是，还有许多工作有待去做，包括多种膜结合去饱和酶基因的克隆和分离，尤其是在动物和微生物领域；在生物体内进行脂肪酸去饱和酶遗传操作对生物体本身产生的影响也有待进一步确认；另外，对脂肪酸去饱和酶的催化机理和调节机制还不是十分明了。这些因素都限制了脂肪酸去饱和酶遗传操作的更深一步的进行。

四、糖类研究的前沿动态

糖类，又称碳水化合物，具有多种重要的生理功能，是人类的主要供能物质。目前食品化学中糖类研究是研究的热点，许多最新科研成果也相继问世，极大地促进了食品化学学科的发展和食品工业的进步。

（一）多糖类可食用膜的研究进展

可食用膜是目前食品化学以及食品包装领域研究的重要方向，其中，多糖类可食用膜因具有均匀、透明等特点而备受青睐。目前，多糖类可食用膜的研究主要集中在改善其应用性能的同时，赋予其抗氧化性、抑菌性等更多的生物活性，因此展现出良好的应用前景。

目前，多糖类可食用膜的应用研究主要还是在各种水果、干果及蔬菜的保鲜方面，也有少量用于肉制品保鲜的研究。Du Hengjun 等以金针菇多糖制备可食用膜，通过不同干燥时间的红外光谱图揭示了金针菇多糖可能是通过分子内和分子间氢键结合。姚遥等研究了魔芋葡甘聚糖和普鲁兰多糖制备的复合膜，发现两种多糖之间均存在氢键作用。除了多糖-多糖分子间的氢键作用，多糖与蛋白质间也存在氢键作用。研究发现，普鲁兰多糖与明胶也能够通过氢键作用制备可食用膜，并且氢键作用影响着膜的机械性能及阻隔性能。在可食用膜的形成过程中，除基材、增塑剂之间的氢键作用外，水分子也扮演着重要角色。肖茜以傅立叶变换红外光谱（Fourier transform infrared spectroscopy，FTIR）结合二维相关性分析法研究了普鲁兰多糖、海藻酸钠与水分子间的氢键作用，揭示了普鲁兰多糖、海藻酸钠及复合膜中水分子的脱除模式，并以全衰减（attenuated total reflection，ATR）-FTIR 技术对被吸附的水分和普鲁兰多糖膜、海藻酸钠膜以及复合可食用膜之间的相互作用进行研究，提出在不同水分活度（a_w）下，基材与水分子间以及水分子自身存在极弱、弱、中等、强等不同类型的氢键作用。当 $a_w = 0.84$ 时，水分子中的两个氢供体都能与多糖吸附位点结合，这类水分子对可食用膜具有增塑作用，因此对膜的机械性能、阻隔性能以及热性能均有非常大的影响。

（二）糖类化合物分析测定方法的研究现状

随着科学技术的发展和检测技术的提高，近几年糖类化合物的分析测定包含了所有成分的分离、鉴定以及目标化合物的准确定量，常用的分析方法是色谱分离方法。

气相色谱法（gas chromatography，GC）是一种以氮气等惰性气体为流动相的色谱分离技术，因此 GC 的局限性在于不能用于测定高沸点、遇高温易分解、低蒸汽压的物质。但由于大多数糖类化合物都是固体，热稳定性差且不易汽化，所以通常使用 GC 测定时，将会对其进行降解和衍生。当 GC 与质谱等仪器串联使用时，其在测定糖类化合物方面表现出灵敏度高、分离效能高及分析速度快等特点。Ciucanu 首次将甲基碘和固体氢氧化钠在甲基亚砜中的 O-邻甲基化反应作用于血液中的单糖，使血液中的单糖衍生化，并构建 GC/MS 法成功测定了一滴全血中的中性单糖。

高效毛细管电泳法（high performance capillary electrophoresis，HPCE）是一种用毛细管作为电泳通道并施加直流电压的液相分离技术。各待测离子在施加的电场中做定向运动，由于运动速度的差异而得到分离。HPCE 具有高效、快速、试样消耗量少、成本低的优点，因此在检测糖类化合物时显示出了一定的优越性。张晖等人运用超声萃取技术提取药桑中的多糖并进行衍生化处理，建立了 HPCE 法定量分析了药桑中多糖的单糖组成。

HPLC 是在经典色谱法的基础上实现自动化的液相色谱分析法，该法利用高压输送、色谱柱分离、紫外或示差折光等检测器检测，广泛地应用于糖类化合物的检测中。Yan 等人建立了一种高效液相色谱与带电气溶胶耦合的检测方法，用于植物衍生的寡糖和多糖的中性单糖组成的分析。此法无须衍生且可区分样品中的潜在杂质，包括 Cl^-、SO_4^{2-}、Na^+。Wang 等人将功能性多糖衍生后，注入含有丁基醚的中空纤维管腔中进行液相微萃取，并通过高效液相色谱分离。

离子色谱法作为糖类化合物近几年常用的分析方法，采用高效能的离子交换树脂柱分离及高灵敏检测器检测。糖类化合物大多呈中性，其 $pKa > 12$，但在强碱性条件下，由于羟基的解离使糖类化合物完全或者部分离子化，这些离子可以在离子交换树脂上保留和分离，再以 NaOH 溶液作为洗脱液，用高灵敏检测器检测。该方法的优点包括前处理简单、分析速度快、灵敏度高、无须衍生及检出限低等，在检测糖类化合物方面具有突出的应用前景。Monti 建立了 HPAEC-PAD 法测定了硬质奶酪中的乳糖、半乳糖及葡萄糖，此法适用于 GranaPadano PDO 奶酪的 59 个样品中，其中半乳糖显示出最高的样品浓度和变异性。Ni 等人使用反相柱作为预处理柱以在线除去有机物，并且通过使用柱转换技术将糖从收集回路洗脱到分析柱，建立了具有柱切换的离子色谱法，测定了蜜汁和花蜜中的 8 种单糖和寡糖。

（三）新型糖类功能性食品添加剂及其应用的发展现状

新型糖类食品添加剂不仅安全可靠，而且具有各种功能，越来越多地应用到食品加工中。如糖醇具有吸水性，可保持食品的湿度，改善柔软度、复水性，控制结晶和组织结构，降低水分活度等作用。低聚糖具有部分生理功能和保健作用等，越来越受到重视和应用，近十几年间得到飞速发展。

糖类化合物是食品添加剂的重要来源，糖类原料生产的食品添加剂，其化学结构和天然糖类相同，安全可靠，且大都能被人体消化吸收，具有营养功能。这类食品添加剂可用化学合成、生物合成和天然提取等方法制备，随着现代技术水平的不断提高，糖生产成本的下降，糖类食品添加剂将会占到越来越重要的比重。

功能性糖类食品添加剂除营养和感官性质好以外，还具有调节生理活动的功能。如乳糖醇作为食品添加剂时具有一些保健功能，能促进双歧杆菌及其他有益菌的大量增殖，有助于人体内微生态的平衡，最新结果发现乳糖醇还是一个"感觉良好"的高效通便剂。水溶性膳食纤维功能性低聚糖由于不易被人体消化吸收，具有膳食纤维的部分生理功能，如降低血清胆固醇和预防结肠癌等，还可作为优良的饲料添加剂，起到抗生素的作用。

五、维生素研究的前沿动态

维生素是维持机体正常生理功能及细胞内特异代谢反应所必需的一类微量低分子有机化合物。目前已知有 20 多种维生素，近 10 年间不同维生素的研究取得了重大突破。有些维生素已从实验室研究阶段发展到工业生产阶段。

（一）维生素 D 的相关研究发现

维生素 D（Vitamin D，VD）是调节骨代谢的重要维生素，婴幼儿及儿童缺乏 VD 会导致佝偻病，成人及老人缺 VD 会导致骨质疏松症。近期研究表明，VD 与高血压、2 型糖尿病、血脂紊乱、代谢综合征、过敏性疾病及哮喘、免疫调节、抗炎、抗纤维化、心血管疾病、结核病、慢性肾脏病、各种癌症、感染、死亡等方面密切相关。

随着社会的发展进步、营养学研究的深入，现代人特别伴有骨质疏松的老年人认识到 VD 的必要性后，大量补充 VD，引发 VD 中毒，因此过量摄取 VD 后产生的毒害作用也受到研究者的重视。机体内 $1,25\text{-}(OH)_2D_3$ 的生成受多种因素的调控，但若摄取过量，它在体液中的浓度超过正常水平，则引发 VD 中毒。国外有因服食过量 VD 强化的牛奶而引起中毒的报道。

（二）维生素 E 的研究进展及应用前景

近年来，国内、外专家学者对维生素 E 的生理和药理作用进行了广泛深入的研究。目前，人们发现维生素 E 的主要作用有：增加氧的利用率，提高心肌对缺氧的耐受性，改善冠状动脉的血液循环；阻断脂肪酸在体内的过氧化过程，干扰自由基与色素斑的形成，从而保护细胞膜的完整性和稳定性，保持酶的活性，提高人体免疫功能；促进毛细血管血液循环，加快人体组织中的养料供给及排除代谢产物。

由于维生素 E 具有广阔发展前景，国内外的生产厂家都竭力开发更快速更有效的生产工艺，使维生素 E 成为目前世界上发展速度最快的维生素产品之一。2004 年 9 月，荷兰帝斯曼集团宣布位于瑞士塞森年生产能力可达 2.5 万 t 的全球最大的维生素 E 生产厂正式启用。目前，我国维生素 E 生产技术虽仍处于摸索前进状态，但也取得了很大进展。国内能够生产维生素 E 的厂家只有为数不多的几家，但其中两家的维生素 E 产量都已经突破了 1 万 t，占全球产量的 50% 左右。我国维生素 E 每年的出口数量在 2.5 万 t 到 2.8 万 t 之间波动，基本上达到了平衡。

（三）维生素 C 前体 2-酮基-*L*-古龙酸二步混菌发酵研究新进展

维生素 C 二步发酵是我国自主创新并拥有技术产权的一项科技技术，且现在不断应用于工业生产中，该种方法首先利用混合菌发酵，再经过化学转化的方法，逐步合成维生素 C。因为该种方法具有简化工艺、减少环境污染、降低能耗等方面的优点而被广泛应用。下面从产酸菌代谢发酵酶、伴生菌发酵物质以及一些外源添加物等方面，介绍关于维生素 C 二步发酵法的最新研究进展。

目前，我国普遍接受的小菌代谢途径是 *L*-山梨酮途径，小菌中的 SDH 是膜结合的酶，SNDH 主要存在于细胞质中，当然也有膜结合的 SNDH，SDH 和 SNDH 是小菌转化的两种关键酶，SDH 对于 *L*-山梨糖具有很高的专一性，但是 SNDH 主要以 *L*-山梨酮为最适底物，SNDH 还能以糖类类似物作为底物，利用这个特征就可以进行 SNDH 的酶活性测定。在进行发酵的过程中，发酵的产量既与小菌的 SDH 酶活性有关，又与菌落中小菌的数量成正比。SDH 酶活性很高，是生物转化过程中的限速酶。山梨酮在小菌的静息细胞中比在生长细胞中更加容易积累，但是在这一过程中积累的山梨酮会对细胞起到损害的作用。有关研究表明，在大菌和小菌混合培养的过程中，*L*-山梨酮当积累到一定含量后，就不再增加了，但是此时 2-KGA 开始大量产生，在小菌单独培养时，可以产生与混合菌培养相同的情况下基本等量的 *L*-山梨酮，但是 2-KGA 的含量大大降低。小菌的生物代谢过程就是一个氧化脱氢的过程，SNDH 作为一种辅助因

子，在进行新陈代谢的过程中，也会导致静息细胞中的 *L*-山梨酮含量降低。

六、水分研究的前沿动态

水一般占成年人总体重的 65% 左右，体内水分随年龄增长和人体脂肪组织的增加而减少。水是人体内一切细胞的成分，不同组织含量不一样。近年来对水的研究取得了新的突破。

（一）食品水分吸附等温线实验方法研究进展

美国 Decagon Devices 公司的 AquaSorp Isotherm Generator 是目前市场上唯一采用 DDI（Dynamic Dewpoint Isotherm 动态露点等温线法）原理测试等温吸附线的设备。DDI 方法最大的优势是测试时间短、采集数据量大，每个等温线采集的数据点通常大于 75 个，测试成本低（仅需水和干燥剂），但 DDI 方法和饱和盐溶液法以及动态水分吸附法测试得到的等温线可能会不同，因为 DDI 方法样品每个湿度下未达到真正的平衡。由于 AquaSorp 采用冷镜露点技术，这是相对湿度得到基本测试方法，因此所需设备无须校准。

（二）食品干燥过程中水分扩散特性的研究进展

食品干燥过程受物料内部水分分布及含量变化等因素的影响，因此，非稳定的传热过程，并涉及相际间的转移，其机理研究通常以干燥过程中含水率和温度变化规律为研究对象。近年来，水分扩散特性研究的广度和深度都在不断扩大和提升。但是，在研究的过程中依然存在着不少问题。目前对水分扩散特性的研究主要是通过建立数学扩散模型来进行讨论的。但现有的数学模型也只能够描述干燥过程中物料平均含水率的变化特性，以及与外部干燥条件如干燥方式、干燥工艺参数间的相关性，并不能够描述干燥过程中物料内部各具体位置的水分扩散过程。因此，对水分扩散特性的研究除提高数据的精确性外，引入先进的研究手段也尤为必要。

（三）食品挤压过程中水分的变化研究进展

挤压技术广泛用于食品加工领域已有几十年的历史，已从中低水分挤压发展到了高水分挤压，物料含水率高低是引起高低水分挤压过程和产品特性差异的主要原因。水分在挤压过程中具有降黏、增塑、产生汽化热及作为反应溶剂等作用，对挤压机

机筒内的温度和压力分布产生影响，最终影响物料在机腔内的停留时间及挤出产品的质构、色泽和营养等特性。

鉴于水分对挤压过程和挤出物形态、结构形成的重要性，人们已将物料含水率从物料特性中分离出来，与机筒温度、喂料速度和螺杆转速等操作参数一起加以考察，然而，这方面的报道多在中低水分或高水分挤压条件下进行的，且所考察含水率的范围较窄，致使所得结论缺少一致性和普遍性。为了进一步深入理解水分在挤压过程中的作用和重要性，很有必要将物料含水率再从操作参数中单列出来，从多个角度进行系统研究，这对挤压理论的发展、挤压技术的广泛应用以及挤压产品的开发将具有重要的理论和实际指导意义。

七、矿物质研究的前沿动态

（一）食品新技术及其在矿物质吸收利用研究方面的应用

食品新技术应用于食品加工、贮藏和检测等各个方面，这使食品工业发生了质的飞跃，不断满足着人们对于食品品质和营养方面的要求。在食品加工方面，功能性食品的开发已成为食品发展的热点；在食品检测方面，也要求更加快速有效的检测方法。下面将介绍两种矿物质吸收利用所涉及的在食品加工、贮藏及检测方面应用的新技术。

食品生物技术是指生物技术在食品工业上的应用，就是通过生物技术手段，用生物程序生产细胞或其代谢物质来制造食品，改进传统生产过程，在提高人类世界性食物不足方面具有巨大潜力。食品生物技术将是21世纪发展最快的科学技术之一。生物技术主要包括酶工程、发酵工程、细胞工程、基因工程和组织培养技术等。早在几千年前生物技术在食品方面已有应用，面包、葡萄酒、奶酪和啤酒等发酵食品在那个时候已经生产。20世纪是生物技术在食品上应用的第二个里程碑时期，在此阶段，人们对柠檬酸、氨基酸、维生素、多糖等食品通过代谢控制发酵方式生产。20世纪70年代因为重组DNA技术的发现，食品生物技术进入飞速发展时期。同时，发酵技术、细胞生理学、菌株的改良、生物反应器设计技术、生物工程下游技术、细胞固定化技术、细胞融合技术、代谢工程等许多技

术的发展也对现代食品生物技术的飞速发展起了极大的推动作用。在谷物矿物质吸收利用的研究中，应用植酸酶和蛋白酶等对植酸和蛋白质进行水解以减少其对矿物质的螯合作用，以及用 Caco-2 细胞试验进行对矿物质吸收的研究，都是生物技术在矿物质吸收利用研究上的应用。

超微粉碎技术是 20 世纪中期发展起来的食品高新技术。它分为 3 类：微米级粉碎、亚微米级粉碎和纳米级粉碎。通过超微粉碎，即在 -60 ℃ 以下的低温，将根、茎、叶、果、种子、肉、骨、皮等先结成固态，再瞬间粉碎成 $3\sim5\ \mu m$（相当于面粉粒 1/3）的微粒。由于它是无热破碎，各种活性物质及风味能最大限度地保存，并极易消化和进入肠绒毛膜被吸收，所以它在开发功能性保健食品方面特别具有优越性。某些微量活性物质在功能性食品生产上的使用添加量非常少，倘若活性物质颗粒稍大，造成添加量超标，食用者身体可能产生不良反应。超微粉碎技术能够使用行之有效的手段将微量物质粉碎到所需细小粒度，再使用混合技术使其均匀分布在食品中，使微量活性物质充分发挥作用。由此可见，在功能性食品加工中超微粉碎技术具有重要作用，它是重要的食品新技术之一。

（二）矿物质吸收利用的测定方法及相关研究

数学模型：Wolters 等用 in vitro 方法对谷物食品、水果、蔬菜和坚果中 Ca、Mg、Fe、Zn 的生物利用率进行了研究，并建立了相应的数学模型，通过预测检验 Ca、Mg、Fe、Zn 在 in vitro 实验中的可利用率，最终得出其相关系数分别为 0.89、0.87、0.90 和 0.92。

1981 年，Miller 等建立了 in vitro 方法，并将其用于模拟研究人体对不同食物中 Fe 的消化吸收。In vitro 体外消化实验是一种快速、经济的分析方法，目前被广泛应用于矿物质的生物利用率测定过程中。Juwadee Shiowatana 等则采用改进的连续流加渗透的 in vitro 方法模拟人体小肠消化吸收，测定食品中矿物质的吸收利用率，同时，他们还指出，由于渗透过程中 pH 呈现梯度变化，渗透物质连续流动，这使得连续流动渗透系统与 in vivo（活体实验）的条件相似，这使实验结果更逼近活体实验的结果，更具有实际指导意义。

Caco-2 细胞吸收模型：Caco-2 细胞，即人体结肠腺癌细胞（human colon adenocarinoma cell），它在体外培养过程中会自发进行上皮样分化且可形成紧密连接，分化出肠腔侧、顶端绒毛面和肠壁侧、底端基底面，能够表达刷状缘肽酶等酶系，在形态学、标志酶的功能表达及渗透性等方面与人体小肠上皮细胞有诸多相似之处，因此，Caco-2 细胞模型是研究吸收、转运和代谢最经典的模型之一。该细胞模型多与 in vitro 实验联合使用，在测定矿物质的渗透率的基础上，进一步测定其生物利用率。

Maria N. Garcia 等将 Caco-2 细胞与 Caki-1、Hu Tu 80 细胞对比用于 Fe 的吸收实验，结果证明 Caco-2 细胞在 Fe 的吸收方面更类似于人体小肠上皮细胞。

Angela P. Au 和 Manju B. Reddy 通过采用 Caco-2 细胞模型和外源标记的 Fe 来研究评价维生素 C、麸皮、植酸盐、茶以及多种蛋白（牛血清蛋白、酪蛋白、牛肉蛋白以及大豆蛋白）对非血红素 Fe 的生物利用率的影响。结果表明，该细胞对 Fe 的吸收率与已发表的人体对 Fe 的吸收率的数据之间具有非常高的相关度（$r=0.97$，$P<0.0001$）。

Caco-2 细胞模型由于实验周期相对较短、重现性好，目前被广泛应用于营养学的研究中，特别是营养学机理等方面的研究。该细胞模型作为一种生理学方法，在检测小肠黏膜细胞对矿物质的生物利用率方面有广阔的研究前景。

八、膳食纤维研究的前沿动态

人类生活水平提升的同时，"富贵病"以及"文明病"的发病概率正在不断增加，越来越多的人受到高血压、高血脂等病症的折磨。通过试验研究证实，适当摄入膳食纤维可以很好地预防部分疾病。因此，对膳食纤维与人类健康的研究进展分析有着鲜明的现实意义。

（一）膳食纤维与人类健康的研究进展

通过对膳食纤维的生理功能研究发现，该类物质的摄入既不能过多，也不能太少。一方面是因为需要考虑人体肠道的承受能力，另一方面需要保证膳食纤维足以发挥作用。科学合理的饮食才能达到维护身体健康的目的。对于膳食纤维摄入量的研究，不同国家具有不同国家的规定，这主要是因为各个国家居民身体素质并不相同，所以摄入量规定也不相同。其中世界卫生组织对于人体膳食纤维摄入量的规定具有一定的代表性，规定内容为每人每天需要摄入的膳食纤维数量应该保持在 28～40 g 之间，并且摄入的不溶性、可溶性膳食纤维的比例应该为 3∶1。美国的 FDA 机构对于膳食纤维摄入量的规定为每人每天保持在 20～35 g 之间，其中不溶性膳食纤维的比例应该保证在 70％～75％之间。英国规定每人每天的膳食纤维摄入量应该保持在 25～30 g 之间。德国规定每天摄入量不能低于 30 g。通过对我国居民整体素质以及健康情况进行分析，综合世界卫生组织给出的参考内容认为，膳食纤维每人每天的摄入量应该保持在 25～35 g 之间。

综上所述，膳食纤维是一种健康物质，人体在摄入之后可以不断调节身体机能，提升人体免疫能力。就目前的研究成果来看，膳食纤维的摄入可以缓解便秘、高血压以及高血脂等病症，这些病人在日常生活中应该适当摄入膳食纤维。同时，国家对于该类物质的研发已经提上日程，不久之后膳食纤维将会在人们生活中发挥更大作用。

（二）水溶性膳食纤维提取研究进展

膳食纤维的概念自 20 世纪 50 年代提出，随着人们对膳食纤维研究的逐步深入，1999 年 11 月 2 日的美国临床化学协会（AACC）年会上，膳食纤维被定义为能抗人体小肠消化吸收，而在人体大肠能部分或全部发酵的可食用植物性成分、碳水化合物及类似物质的总和，包括多糖、寡糖、木质素及相关植物物质。膳食纤维根据其溶解性能可以分为水溶性膳食纤维和水不溶性膳食纤维两类。

目前，提取水溶性膳食纤维的方法主要有酶提取、酸碱提取、微生物提取、微波提取、超声波提取、超滤膜提取等方法，其中常用的是微波提取和超声波提取方法。

水溶性膳食纤维具有多种有利于人体的生理功能，包括预防心血管疾病、糖尿病、抗肿瘤作用，所以提取利用水溶性膳食纤维是一个重要的研究方向。用于提取水溶性膳食纤维的材料来源广泛，无论谷物、真菌还是蔬菜水果都含有水溶性膳食纤维。而我国是花生、玉米和香菇等作物的生产大国，其中作物的副产物——花生壳、玉米芯和香菇柄的产量也十分巨大，因此，大力发展从新型原料中提取水溶性膳食纤维是研究的一个热点。现阶段，水溶性膳食纤维的提取方法主要是利用单一方法来提取，但组合方法提取会更具优势，如微波预处理-超声波碱解法具有提取速度快、条件较温和、对提取物的破坏力小等优点。此外，高压蒸煮法、挤压蒸煮法、超微粉碎、瞬时高压、超高压等改性处理可显著提高膳食纤维中可溶性膳食纤维成分含量。在以后的研究中，将改性处理与组合提取方法作为研究方向，水溶性膳食纤维的产率将会进一步提高。

本章小结

本章主要介绍了食品化学的发展趋势和研究前沿动态，通过对各种营养素相关的研究进展和研究成果进行简介，对食品化学的发展进行了展望。

思考题

通过对本章内容的学习，请你查阅更多的相关文献资料，加深自己对食品化学发展方向和研究内容的理解，并提出自己的看法和认识。

参考文献

［1］　宁正祥，赵谋明，宁博，等. 食品生物化学. 3 版. 广州：华南理工大学出版社，2013.

［2］　孙敬，董赛男. 食品中蛋白质的重要性. 肉类研究，2009（4）：66-73.

［3］　王璋，许时婴，汤坚. 食品化学. 北京：中国轻工业出版社，2007.

［4］　郑亚新，徐烨，Jerome P Richie，等. 蛋白质芯片技术发现前列腺癌潜在的标志物 Pca-24 蛋白. 中国癌症杂志，2005，15（3）：25-260.

［5］　王明强，武金霞，张玉红，等. 蛋白质相互作用实验技术的最新进展. 遗传，2013，35（11）：1274-1282.

［6］　吴韶敏，曹劲松. 脂质体技术应用于食品工业的最新研究进展. 中国油脂，2007（3）：42-46.

［7］　曾慧琳，王姗姗，符旭东. pH 敏感脂质体在药物传递系统中的应用. 医药导报，2014，33（3）：348-351.

［8］　何东平. 油脂化学. 北京：化学工业出版社，2013.

［9］　陆步诗，李新社，张峰. 菌酶共酵玉米秸秆生产微生物油脂的研究. 邵阳学院学报（自然科学版），2018，15（3）：52-61.

［10］　裴湛. 剩余污泥资源化合成微生物油脂制备生物柴油技术研究进展. 中国给水排水，2017，33（16）：32-36.

［11］　于璐. 离子色谱法在食品中糖类化合物的应用研究. 重庆：西南大学，2017.

［12］　张继国，张兵，王惠君，等. 食品强化策略对我国居民营养状况的改善作用. 中国健康教育，2012，28（12）：1053-1054，1058.

［13］　汪东风. 高级食品化学. 北京：化学工业出版社，2009.

［14］　吴永宁. 现代食品安全科学. 北京：化学工业出版社，2005.

［15］　阙健全. 食品化学. 3 版. 北京：中国农业大学出版社，2016.

［16］　楼佳颖，杨斌，金永明，等. 动态水分吸附分析系统在烟草中的应用. 烟草科技，2012（9）：68-70.

［17］　褚振辉，卢立新. 韧性饼干的等温吸湿特性及模型表征. 包装工程，2011，32（3）：12-15.

［18］　小杰拉德·F. 库姆斯. 维生素：营养与健康基础. 3 版. 北京：科学出版社，2009.

［19］　牛振涛，高正卿，何桂源，等. 食品新技术及其在矿物质吸收利用研究方面的应用. 轻工科技，2013，29（06）：13-14.

［20］　Rosty C，Christa L，Kuzdzal S，et al. Identification of hepatocarcinoma-intestine-pancreas/pancreatitis-associated protein I as a biomarker for pancreatic ductal adenocarcinoma by protein biochip technology. Cancer Research，2002，62（6）：1868-1875.

［21］　Joose T O，Schrenk M，Höpfl P，et al. A microarray enzyme-linked immunosorbent assay for autoimmune diagnostics. Electrophoresis，2000，21（13）：2641-2650.

［22］　Robinson W H，Digennaro C，Hueber W，et al. Autoantigen microarrays for multiplex characterization of autoantibody responses. Nature Medicine，2002，8（3）：295-301.

［23］　Hsieh Y F，Chen T L，Wang Y T，et al. Properties of liposomes prepared with various lipids. Journal of Food Science，2002，67（8）：2808-2813.

［24］　Thompson A K，Singh H. Preparation of liposomes

from milk fat globule membrane phospholipids using a microfluidizer. Journal of Dairy Science, 2006, 89 (2): 410-419.

[25] Yu X, Kappes S M, Bello-Perez L A, et al. Investigating the Moisture Sorption Behavior of Amorphous Sucrose Using Dynamic Humidity Generating Instrument. Journal of Food Science, 2008, 73 (1): E25-35.

[26] Shands J, Labuza T P. Comparison of the Dynamic Dewpoint Isotherm Method to the Static and Dynamic Gravimetric Methods for the Generation of Moisture Sorption Isotherms. IFT Annual Meeting Poster, Anaheim, CA, 2009.

[27] Angellotti E, Pittas A G. Chapter 77-The role of vitamin D in type 2 diabetes and hypertension. Vitamin D, 2018, 1 (2): 387-423.

其 他 资 源

中华人民共和国食品安全法（全文）

食品安全国家标准　食品添加剂使用标准

食品安全国家标准　食品营养强化剂使用标准

联系我们

　　如遇网站不支持手机系统的问题，建议选择其他设备或系统查看资源。如有资源内容相关问题，请手机扫描以下二维码关注"中国农业大学出版社微信号"进行留言咨询。更多资源请关注封四底部信息。